Herbert Möller

Algorithmische Lineare Algebra

Mathematische Grundlagen der Informatik

herausgegeben von
Rolf Möhring, Walter Oberschelp und Dietmar Pfeifer

In den letzten Jahren hat sich die Informatik als Hochschuldisziplin gegenüber der Mathematik soweit verselbständigt, daß auch die Lehrinhalte des Studiums hiervon zunehmend betroffen sind. Eine Umgewichtung und Neubewertung des Mathematik-Anteils in den Studiengängen der Informatik hat dazu geführt, daß zum Teil Vorlesungskonzeptionen direkt auf die spezifischen Bedürfnisse von Informatikern zugeschnitten sind.

Die Reihe soll in zweierlei Hinsicht dieser Entwicklung Rechnung tragen. Zum einen sollen Mathematiker mit besonderem Interesse für die Anwendungen der Informatik ihr spezifisches Fachwissen einbringen. Zum anderen sollen Informatiker ihre Erfahrungen einfließen lassen, die die Darstellung und Auswahl des Stoffes aus der Sicht der Informatik betreffen. Erst durch den Dialog beider Fächer ist der Anspruch, „mathematische Grundlagen der Informatik" kompetent zu vermitteln, einzulösen.

Erschienen sind die folgenden
„Bausteine für das Grundstudium":

Analysis
Eine Einführung für Mathematiker und Informatiker
von Gerald Schmieder

Numerik
Eine Einführung für Mathematiker und Informatiker
von Helmuth Späth

Stochastik
Eine anwendungsorientierte Einführung für Informatiker,
Ingenieure und Mathematiker
von Gerhard Hübner

Algorithmische Lineare Algebra
Eine Einführung für Mathematiker und Informatiker
von Herbert Möller

Weitere Titel sind in Vorbereitung.

Herbert Möller

Algorithmische Lineare Algebra

Eine Einführung für Mathematiker und Informatiker

Dieses Buch wurde mit dem Textprogramm Signum!2 und dem Zeichenprogramm STAD –
beide von Application Systems Heidelberg – auf ATARI-ST-Computern erstellt und mit
einem EPSON Stylus COLOR II ausgedruckt.
ATARI ST bzw. EPSON Stylus sind eingetragene Warenzeichen der Atari Corp. bzw. der
SEIKO EPSON Corp.

Alle Rechte vorbehalten
© Friedr. Vieweg & Sohn Verlagsgesellschaft mbH, Braunschweig/Wiesbaden, 1997

Der Verlag Vieweg ist ein Unternehmen der Bertelsmann Fachinformation GmbH.

Das Werk einschließlich aller seiner Teile ist urheberrechtlich
geschützt. Jede Verwertung außerhalb der engen Grenzen des
Urheberrechtsgesetzes ist ohne Zustimmung des Verlags unzulässig und strafbar. Das gilt insbesondere für Vervielfältigungen,
Übersetzungen, Mikroverfilmungen und die Einspeicherung und
Verarbeitung in elektronischen Systemen.

Umschlaggestaltung: Klaus Birk, Wiesbaden

Gedruckt auf säurefreiem Papier

ISBN-13: 978-3-528-05528-8   e-ISBN-13: 978-3-322-84939-7
DOI: 10.1007/978-3-322-84939-7

The algorithmic way of life is best.
Hermann Weyl (1946)

Vorwort

Vor zwanzig Jahren erschien in den USA das richtungweisende Buch "Linear Algebra and its Applications" von *Gilbert Strang* [13]. Der erste Satz seines Vorworts lautete: *"Ich glaube, daß das Lehren der Linearen Algebra zu abstrakt geworden ist."* Sein Vorhaben, Theorie und Anwendungen zu kombinieren, wurde zumindest auf dem USA-Undergraduate-Niveau außerordentlich erfolgreich verwirklicht.

Ein 1978 in Münster begonnener Versuch, das Werk von Strang an die in unseren Anfängervorlesungen üblichen Anforderungen anzupassen, zeigte allerdings, daß die ausführliche Behandlung von Anwendungen sowohl den zur Verfügung stehenden Zeitrahmen sprengt als auch einen didaktisch ausgewogenen Aufbau erschwert. Dagegen war schon damals zu erkennen, daß die von Strang ebenfalls sorgfältig herausgearbeiteten Algorithmen es ermöglichen, mehrere Probleme der verschiedenen Vorlesungen zur Linearen Algebra zu lösen: Die reinen Existenzbeweise, die sich vor allem im ersten Viertel häufen und die wenig zum Verständnis beitragen, können eliminiert werden; genügend viele anregende Beispiele sind verfügbar, und der Bedarf der Angewandten Mathematik, des Hauptabnehmers der Linearen Algebra, läßt sich sinnvoll berücksichtigen.

Im Rahmen einer 1984 durchgeführten Vorlesung über "Algorithmen in der Linearen Algebra" stellte es sich heraus, daß die bekannten und einige neue Algorithmen ein tragfähiges Fundament für einen Aufbau der Linearen Algebra bilden können, der der heutigen Bedeutung des "algorithmischen Denkens" (das heißt grob gesprochen des Denkens in Abläufen) gerecht wird und der die Weichen für einen angemessenen Einsatz von Computern in diesem dafür prädestinierten Gebiet stellt.

In den USA hat die weitere Entwicklung in der Mathematikausbildung unter anderem zu dem 1991 erschienenen, 910 Seiten umfassenden Werk "Discrete Algorithmic Mathematics" von *Stephen B. Maurer* und *Anthony Ralston* [9] geführt, dessen achtes Kapitel den Titel "Algorithmic Linear Algebra" trägt. Auch das 740-seitige Buch "Algorithms" von *Robert Sedgewick* [11], das 1983 auf den Markt kam und das inzwischen ins Deutsche übersetzt wurde, bestätigt diese Tendenz. Wegen der allgemeinen Verfügbarkeit von Computern an nordamerikanischen Hochschulen werden in beiden Werken die meisten Algorithmen in einer aus Standardprogrammiersprachen abgeleiteten Form beziehungsweise in Pascal dargestellt. Dieses Vorgehen ist bei uns noch nicht möglich. Es sei auch ausdrücklich darauf hingewiesen, daß die Orientierung an Algorithmen weder ein Lehrbuch der Numerischen Mathematik ergibt noch zu einer Vernachlässigung der formalen Aspekte der Linearen Algebra führt.

Die Dynamik der Algorithmen hat aber die Darstellungsweise in dem vorliegenden Buch an vielen Stellen beeinflußt. So ist etwa der Anfang des ersten Kapitels als Beispiel für einen Begriffsbildungsprozeß zu verstehen; bei der Entdeckung einer neuen verallgemeinerten Inversen im zweiten Kapitel wird die Genese skizziert; die besondere algorithmische Bedeutung des Adjunktensatzes, der am Schluß des fünften Kapitels in vereinfachter Weise hergeleitet wird, zeigt sich ein Kapitel später unter anderem in einem neuen grundlegenden Diagonalisierungsalgorithmus; die Entwicklung der Jordan-Normalform im sechsten Kapitel stellt eine planmäßige "Algorithmisierung" eines früheren Existenzbeweises dar, und der anschließend gewonnene Potenzsummen-Algorithmus ist das Ergebnis eines als "Design" bezeichneten Vorgangs.

An die Stelle der eleganten Existenzaussagen treten durchweg konstruktive Herleitungen. Da die entsprechenden Beweise dem Anfänger Mühe bereiten können, wird der methodische Typ und der Schwierigkeitsgrad durch die Buchstaben r, a, h für routinemäßig, anregend, herausfordernd sowie die Ziffern 1, 2, 3 für leicht, mittel beziehungsweise schwer gekennzeichnet.

Auch mehrere Bezeichnungen erhalten die für Algorithmen notwendige Klarheit. So wird jeder der Buchstaben von p bis z und von α bis γ als "Algorithmus-Symbol" betrachtet, wenn er links oben vor (der Kennzeichnung) einer beliebigen m×n-Matrix beziehungsweise einer quadratischen Matrix steht: Im Deutschen wie im Englischen handelt es sich dabei um Abkürzungen für algorithmische Zuordnungen von Matrizen.

Obwohl in diesem Buch das Problem, die Lineare Algebra zu algorithmisieren, im wesentlichen gelöst wird, ist die Arbeit keineswegs abgeschlossen. Insbesondere sind kritische Hinweise und Änderungsvorschläge willkommen. Alle hier beschriebenen Algorithmen sollen auch als Programme verfügbar sein. Ein Teil wurde bereits mit Computer-Algebrasystemen realisiert. Erfreulicherweise ist das gut geeignete "Multi-Processing Algebra Data Tool" (MuPAD) des Instituts für Automatisierung und Instrumentelle Mathematik der Universität Paderborn kostenlos über das Internet erhältlich.

Sowohl durch die von G. Strang vorgeschlagenen Computerexperimente als auch durch die in diesem Buch enthaltenen "Fundgrubenaufgaben" wird angeleitetes Entdecken in der Mathematikausbildung ermöglicht und damit der Bereich der Übungen sinnvoll erweitert. Es erweist sich dabei als besonders vorteilhaft, daß die Algorithmische Lineare Algebra viel reicher strukturiert ist als die deduktive Lineare Algebra.

Bei diesen Projekten und bei der Herstellungsarbeit haben folgende Personen dankenswerterweise geholfen. *Jürgen Maaß*, der jetzt Universitätsdozent in Linz (Österreich) ist, schrieb um 1978 einige Teile des Skriptums und führte die wissenschaftliche Begleitung durch. Ohne seine Hilfe wäre der Versuch gar nicht zustande gekommen. Die Fortführung wurde nur dadurch möglich, daß *Siegfried Kurz* in bewundernswerter Weise das erste Compuskript herstellte. Für die vielfältige Unterstützung danke ich ihm herzlich. Herrn Kollegen *Walter Oberschelp* bin ich für die sorgfältige Durchsicht der Buchvorlage und für zahlreiche Verbesserungsvorschläge dankbar. Der größte Dank gebührt *Ingrid von Storp*, meiner Frau, die auch viele formelreiche Seiten übertragen hat. Sie schuf vor allem die Rahmenbedingungen, die es ermöglichten, mit der Orientierung an Algorithmen und mit den sonstigen vielen Besonderheiten ein "Leitbuch" zu schreiben. Ihr sei deshalb dieses Werk gewidmet.

Münster, im Dezember 1996   Herbert Möller

Liste der Algorithmen

Eliminationsalgorithmus (*C.F. Gauß*, sehr bekannt)	6
Zerlegungsalgorithmus (bekannt)	48
Inversen-Algorithmus (*C.F. Gauß* und *C. Jordan*, sehr bekannt)	51
Differenzen-Algorithmus (bekannt, neue Herleitung)	66
Interpolationsalgorithmus (*I. Newton*, bekannt, neue Herleitung)	68
Spline-Algorithmus (bekannt)	68
Zeilenraumvergleichsalgorithmus (bekannt)	113
Spaltenraumbasis-Algorithmus (bekannt)	117
Linksnullraum-Algorithmus (wenig bekannt)	122
Nullraumbasis-Algorithmus (bekannt)	124
Quasi-Inversen-Algorithmus (neu)	131
Optimallösungsalgorithmus (*E.H. Moore* und *R. Penrose*, bekannt)	154
Orthonormalisierungsalgorithmus (*J.P. Gram* und *E. Schmidt*, sehr bekannt)	170
Transformationsalgorithmus ("schnelle Fourier-Transformation", *C. Runge*, *H. König*, *J.W. Cooley* und *J.W. Tukey*, bekannt)	181
Polyeder-Algorithmus (wenig bekannt)	204
Simplex-Algorithmus (*G.B. Dantzig*, bekannt)	210
Ellipsoid-Algorithmus (*L.G. Chatschijan*, bekannt, Skizze)	222
Projektionsalgorithmus (*N. Karmarkar*, bekannt, Skizze)	223
Äquivalenz-Algorithmus (neu)	246
Adjunkten-Algorithmus (*D.K. Faddejew*, *J.S. Frame* und *J.M. Souriau*, bekannt, neue Herleitung)	274
Diagonalisierungsalgorithmus (bekannt)	294
Spektralzerlegungsalgorithmus (bekannt)	299
Adjunktenspektralalgorithmus (neu)	301
Hauptachsen-Algorithmus (bekannt)	313
Singulärwert-Algorithmus (bekannt)	321
Ähnlichkeitsalgorithmus (neu)	332
Minimalpolynom-Algorithmus (bekannt)	346
Normalform-Algorithmus (bekannt)	348
Diagonalisierbarkeitsalgorithmus (neu)	355
Potenzsummen-Algorithmus (neu)	361

Inhalt

1 Der Eliminationsalgorithmus

1.1 Einführung linearer Gleichungssysteme 1
1.2 Äquivalente Umformungen 3
1.3 Der Eliminationsalgorithmus 6
1.4 Spaltenvektoren und Matrizen 13
1.5 Matrixdarstellung des Eliminationsalgorithmus 29
1.6 Einige Typen von Matrizen 53
1.7 Interpolation und weitere Anwendungen 61
1.8 Ausblick 72

2 Vektorräume

2.1 Vektorräume und Untervektorräume 79
2.2 Lineare Unabhängigkeit, Basis und Dimension 91
2.3 Die vier fundamentalen Untervektorräume 108
2.4 Orthogonalprojektion und der Optimallösungsalgorithmus ... 138
2.5 Skalarprodukte und der Orthonormalisierungsalgorithmus ... 161
2.6 Ausblick 180

3 Lineare Ungleichungssysteme

3.1 Lineare Ungleichungssysteme und konvexe Polyeder 185
3.2 Lineare Optimierung und der Simplex-Algorithmus 206
3.3 Dualitätstheorie 218
3.4 Ausblick 222

4 Lineare Abbildungen

4.1 Definition und elementare Eigenschaften 226
4.2 Lineare Abbildungen und Matrizen 233
4.3 Basistransformationen und Normalformen 240

5 Determinanten

5.1 Einführung und Eigenschaften 250
5.2 Berechnung der Determinanten 256
5.3 Anwendungen von Determinanten 268
5.4 Ausblick 277

6 Eigenwerte und Eigenvektoren

6.1 Ähnlichkeit und Diagonalform von Matrizen 280
6.2 Diagonalisierbarkeit von Matrizen 287
6.3 Normalisierung 326
6.4 Anwendungen 350

Literaturverzeichnis 381
Symbolverzeichnis 382
Namen- und Sachverzeichnis 383

Lineare Gleichungssysteme, Vektoren, Matrizen, Produktdarstellung des Eliminationsalgorithmus, Gruppen, Interpolation, Koeffizientenvergleich

Körper, Vektorräume, lineare Unabhängigkeit, Basen, fundamentale Untervektorräume, Skalarprodukte, Orthogonalität

Lineare Ungleichungssysteme, konvexe Polyeder, lineare Optimierung

Lineare Abbildungen, Matrixdarstellung, Normalformen

Determinanten, Volumina

Diagonalisierung, Eigenwerte, Eigenvektoren, Spektraltheorie, Jordan-Normalform

Strukturschema

1
Der Eliminationsalgorithmus

1.1 Einführung linearer Gleichungssysteme

Bereits in der Mittelstufe (Sekundarstufe I) der Schule werden mehrere Aufgabentypen behandelt, die auf lineare Gleichungen bzw. Gleichungssysteme führen: z.b. Mischungsrechnung (Flüssigkeiten, Legierungen usw.), Dreisatzaufgaben, Zinsaufgaben, Bewegungsaufgaben (z.B. Berg- und Talfahrt eines Schiffes), Röhrenaufgaben, Rateaufgaben mit Zahlen.

1.1.1 Beispiel

Man mischt 150 g Kupfer (Dichte $\rho = 8{,}85$ g/cm^3) mit 45 g Zink ($\rho = 7{,}1$ g/cm^3). Wie groß ist die Dichte der Legierung?

(Lösungsidee: Volumen der Legierung = Summe der Volumina von Kupfer und Zink; Volumen = Masse/Dichte)

$$V_K = \frac{150}{8{,}85} \, [\text{cm}^3], \quad V_Z = \frac{45}{7{,}1} \, [\text{cm}^3] \; ^1,$$

$$V_L = \frac{150+45}{x} \, [\text{cm}^3], \text{ also } \frac{150}{8{,}85} + \frac{45}{7{,}1} = \frac{150+45}{x},$$

d.h. $1463{,}25 \, x = 12252{,}825$.

Dieses ist eine lineare Gleichung mit einer Unbekannten. Die Lösung x ergibt sich durch Multiplikation beider Seiten mit dem reziproken Wert des Koeffizienten von x: $x = 8{,}37$ (d.h. die Dichte der Legierung ist 8,37 g/cm^3).

---

[1] Die Schreibweise V_K ist eine Abkürzung für "Volumen des Kupfers". K ist in diesem Fall ein *Index*. Wir werden sehr oft Indizes verwenden, um z.B. Elemente von Mengen zu kennzeichnen.
$M = \{x_1,...,x_m\}$ heißt, daß M eine *geordnete Menge* ist, die aus den verschiedenen Elementen $x_1,...,x_m$ besteht.

1.1.2 Beispiel

Aus einer 30%igen und einer 50%igen alkoholischen Flüssigkeit sollen durch Mischung 2 Liter einer Flüssigkeit hergestellt werden, deren Gehalt an reinem Alkohol 45 % beträgt.

Lösung:
Die gesuchten Flüssigkeitsmengen (in Liter) seien x (30%ig) und y (50%ig). Dann gilt:

$$x + y = 2,$$
$$0{,}3\,x + 0{,}5\,y = 0{,}9.$$

Diese Gleichungen bilden ein lineares Gleichungssystem mit zwei Gleichungen und zwei Unbekannten.

Mit Hilfe eines der Verfahren, die im Unterricht behandelt werden (Einsetzungsverfahren, Gleichsetzungsverfahren, Additionsverfahren, grafisches Näherungsverfahren) erhält man die Lösung $x = 0{,}5$ und $y = 1{,}5$. □

In der Schule werden nur selten Textaufgaben besprochen, die auf Gleichungssysteme mit mehr als zwei Gleichungen oder mehr als zwei Unbekannten führen. In der Praxis kommen dagegen oft Gleichungssysteme mit mehreren hundert Gleichungen und Unbekannten vor. Es ist deshalb zweckmäßig, die Theorie der linearen Gleichungssysteme allgemein, d.h. ohne Beschränkung der Gleichungs- oder Unbekanntenzahl, zu behandeln. Der Einfachheit halber definieren wir den Begriff des linearen Gleichungssystems durch explizite Beschreibung:

1.1.3 Definition des linearen Gleichungssystems

a) Eine Gleichung der Form

$$a_1 x_1 + a_2 x_2 + \ldots + a_n x_n = b$$

mit den Unbekannten (oder Unbestimmten oder Variablen) $x_1,\ldots,x_n$ und mit den reellen Zahlen $a_1,\ldots,a_n, b$ heißt *lineare Gleichung* (*mit den Koeffizienten* $a_1,\ldots,a_n$).

b) m lineare Gleichungen

$$a_{11} x_1 + a_{12} x_2 + \ldots + a_{1n} x_n = b_1$$
$$\vdots \qquad\qquad\qquad \vdots$$
$$a_{m1} x_1 + a_{m2} x_2 + \ldots + a_{mn} x_n = b_m$$

mit den Unbekannten $x_1,...,x_n$ und mit den reellen Zahlen a_{ik} und b_i ($i=1,...,m$; $k=1,...,n$) heißen *lineares Gleichungssystem mit m Gleichungen und n Unbekannten* oder kurz *m×n-System*.[2] Jedes n-Tupel $(x_1,...,x_n)$ von reellen Zahlen, für die alle Gleichungen erfüllt sind, heißt *Lösung* des linearen Gleichungssystems.

Übung 1.1.a
Versuchen Sie, eine Textaufgabe zu formulieren, die auf ein 3×3-System führt.

Die Untersuchung von linearen Gleichungssystemen stellt den wichtigsten Teil der Linearen Algebra dar. Die Fragen nach der Existenz beziehungsweise Eindeutigkeit von Lösungen sind dabei von gleicher Bedeutung wie die Suche nach geeigneten Lösungsverfahren. Wir beginnen mit der Beschreibung des wichtigsten Lösungsverfahrens, weil wir auf diesem Wege auch das Existenzproblem (und später das Eindeutigkeitsproblem) lösen können.

1.2 Äquivalente Umformungen

Wir suchen ein Lösungsverfahren, das auf beliebige m×n-Systeme anwendbar ist. Es ist deshalb naheliegend, das gegebene System schrittweise so zu vereinfachen, daß ein Teil der neuen Gleichungen ein System bildet, das wir bereits lösen können. Das ist z.B. der Fall, wenn eine der Gleichungen nur noch eine Unbekannte enthält (wie in Beispiel 1.1.1). Wir können also versuchen, durch geeignete Umformung einzelner Gleichungen des gegebenen Systems Unbekannte zu eliminieren.

---

[2] Gleichungen, die erst durch Umformung diese Gestalt erhalten, wie z.B. $x^2+2 = (x-1)^2$, wollen wir nicht als lineare Gleichungen ansehen. Die Bezeichnung "linear" hat ihren Ursprung in der (analytischen) Geometrie, wo z.B. Geraden in einer Koordinatenebene durch Gleichungen der Form $ax+by=c$ beschrieben werden können.
Falls Mißverständnisse möglich sind, werden die beiden Indizes der Koeffizienten durch ein Komma getrennt.

1.2.1 Operationen mit Gleichungen

Da die Unbekannten durch Zahlen ausgedrückt werden sollen, dürfen wir mit den Gleichungen rechnen wie mit Zahlengleichungen. Insbesondere können wir beide Seiten einer Gleichung mit derselben (von Null verschiedenen) Zahl multiplizieren, und wir können Gleichungen zueinander addieren oder voneinander subtrahieren.

Hier gehen natürlich entscheidend die Eigenschaften des verwendeten Zahlensystems ein. Wir haben die Definition des linearen Gleichungssystems (1.1.3) für reelle Zahlen formuliert. In der Praxis werden aber fast immer rationale Zahlen benutzt, die eine Teilmenge der reellen Zahlen bilden, während die ebenfalls möglichen komplexen Zahlen die reellen Zahlen umfassen. Im Unterschied zur Analysis kommt es in der Linearen Algebra nicht darauf an, mit welchem Zahlensystem man arbeitet, sondern nur darauf, welche Eigenschaften des verwendeten Systems zu Grunde gelegt werden: Es sind in allen genannten Zahlbereichen (und in vielen weiteren Systemen) die "Körperaxiome", die wir erst in der Definition des Körpers (2.1.1) zusammenstellen werden, weil wir schon in der Mittelstufe gelernt haben, intuitiv mit ihnen umzugehen.

Damit keine Lösungen verlorengehen oder neue hinzukommen, müssen wir darauf achten, daß wir nur *äquivalente Umformungen* durchführen, d.h. solche, die wir rückgängig machen können, indem wir durch geeignete Umformungen aus dem neuen Gleichungssystem wieder das vorherige zurückgewinnen (siehe Figur 1).

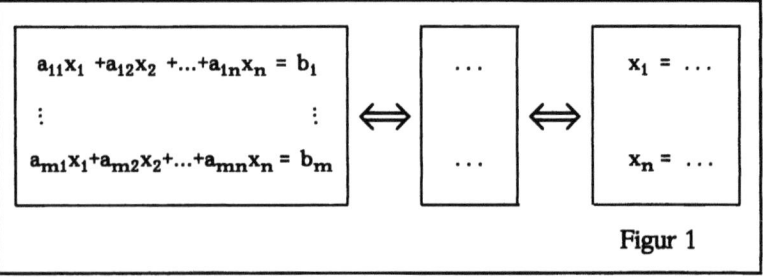

Figur 1

Jedes so erhaltene n-Tupel reeller Zahlen $(x_1,...,x_n)$ im letzten Rechteck, in dem auf der rechten Seite der Gleichungen keine Unbekannten mehr stehen, ist dann offenbar eine Lösung des gegebenen Systems - und weitere Lösungen kann es nicht geben.

1.2.2 Erlaubte Umformungen

Welche Operationen mit den Gleichungen sind nun solche äquivalenten Umformungen?

Zwei der oben erwähnten Operationen sind bereits grundlegend:

I. **Multiplikation einer Gleichung mit einer von Null verschiedenen reellen Zahl λ:**
   Sie wird rückgängig gemacht durch Multiplikation der entsprechenden neuen Gleichung mit der Zahl $1/\lambda$.

II. **Addition einer Gleichung zu einer anderen (unter Beibehaltung der ersteren):**
   Subtraktion der ersteren von der neuen Gleichung ergibt wieder das ursprüngliche System.

Durch Kombination von I. und II. erhalten wir zwei weitere wichtige äquivalente Umformungen:

III. **Addition des λ-fachen ($\lambda \neq 0$) einer Gleichung zu einer anderen;**

IV. **Vertauschung von zwei Gleichungen.**

Bezeichnen wir die betroffenen Gleichungen mit G_i bzw. G_j, so erfolgen die Umformungen nach folgendem Schema (Figur 2):

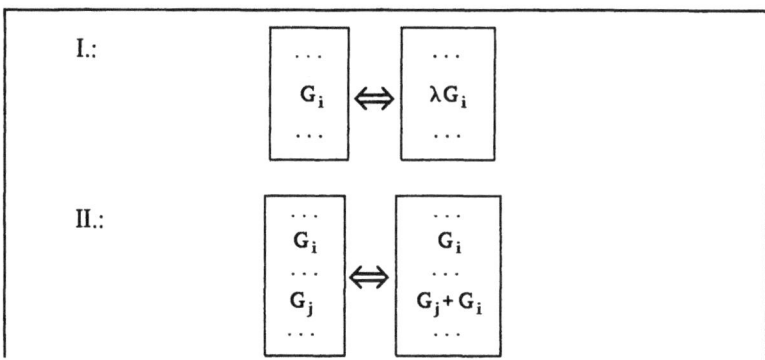

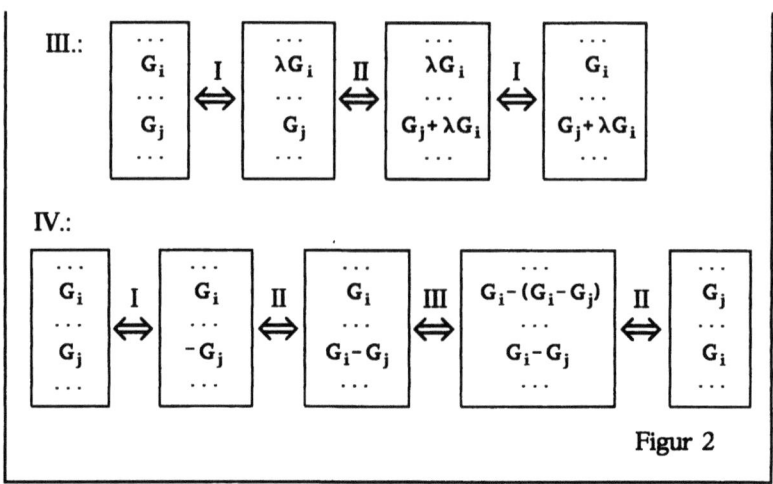

Figur 2

Um die Bezeichnung "äquivalente Umformung" zu rechtfertigen, zeigen wir noch, daß sich die jeweilige Lösungsmenge bei Anwendung einer der obigen Operationen tatsächlich nicht ändert. Sind L_1 und L_2 die Lösungsmengen vor beziehungsweise nach der Umformung, so wird zum Nachweis der Mengengleichheit $L_1 = L_2$ die in der linearen Algebra häufiger benutzte *Methode des wechselseitigen Enthaltenseins* ($L_1 \subseteq L_2$ und $L_2 \subseteq L_1$) verwendet. Ist $(x_1,...,x_n) \in L_1$, so erfüllt $(x_1,...,x_n)$ auch jedes Gleichungssystem, das durch Ausführung von I., II., III. und IV. entsteht, weil sich durch diese Operationen nur die Koeffizienten und die rechten Seiten ändern aber nicht die Lösungskomponenten. Also gilt $L_1 \subseteq L_2$. Bei den Umkehroperationen wird genauso geschlossen, so daß $L_2 \subseteq L_1$ und damit $L_1 = L_2$ folgt.

1.3 Der Eliminationsalgorithmus

Der *Eliminationsalgorithmus*, der meistens *Gaußsches*[3] *Eliminations-*

---

[3] *Carl Friedrich Gauß* (1777-1855) wird als der bedeutendste aller Mathematiker angesehen. Von allen Ideen, die seinen Namen tragen, ist diese die am meisten verwendete - obwohl ihre Entdeckung ihn sicherlich nur wenig Zeit und keine Mühe gekostet hat.

1.3.1 Der Eliminationsalgorithmus

verfahren genannt wird, beruht auf folgendem einfachen Prinzip: Ist ein m×n-System gegeben, so werden Vielfache einer Gleichung, in der die erste Unbekannte einen von Null verschiedenen Koeffizienten besitzt, zu allen übrigen Gleichungen addiert, und zwar solche Vielfache, die bewirken, daß die erste Unbekannte in den neuen Gleichungen nicht mehr vorkommt, weil sie den Koeffizienten 0 besitzt. Die m-1 neuen Gleichungen bilden dann ein (m-1)×(n-1)-System, auf das eventuell das gleiche Verfahren bezüglich der nächsten Unbekannten angewandt werden kann.

Gehen wir von einem n×n-System aus, so können wir auf diese Weise in n-1 Schritten (wenn das Verfahren nicht vorher abbricht) zu einem 1×1-System kommen, das sich unmittelbar lösen läßt. Wird diese Lösung in das vorausgegangene 2×2-System eingesetzt, so ergibt sich wieder ein 1×1-System - und so fort.

1.3.1 Beispiel

Wir betrachten zunächst als Beispiel ein 3×3-System:

$$
(1) \quad \begin{aligned} -u - v + 2w &= -1 \\ -2u + 5w &= -7 \\ u + 3v &= -5. \end{aligned}
$$

Der Koeffizient der ersten Unbekannten u in der ersten Gleichung ist von Null verschieden. Wir können also Vielfache dieser Gleichung zu den beiden anderen addieren, um daraus die Unbekannte u zu eliminieren. Dazu addieren wir das (-2)-fache der ersten Gleichung zur zweiten sowie die erste Gleichung selbst zur dritten. Das neue Gleichungssystem enthält nun ein 2×2-System:

$$
(2) \quad \begin{aligned} -u - v + 2w &= -1 \\ 2v + w &= -5 \\ 2v + 2w &= -6. \end{aligned}
$$

Den ersten Koeffizienten -1 in der ersten Gleichung nennen wir *ersten Eckkoeffizienten*. Der nächste Koeffizient, der uns als Multiplikand dienen kann, ist der Koeffizient 2 der Unbekannten v in der zweiten Gleichung. Wir bezeichnen ihn als *zweiten Eckkoeffizienten*. Addieren wir das (-1)-fache der zweiten Gleichung zur dritten, so erhalten wir bereits eine Gleichung mit nur einer Unbekannten, deren Koeffizient 1 unser *dritter Eckkoeffizient* ist:

$$
\text{(3)} \quad \begin{aligned} -u - v + 2w &= -1 \\ 2v + w &= -5 \\ w &= -1. \end{aligned}
$$

Damit ist die *Vorwärtselimination* abgeschlossen.

Nun haben wir zwei Möglichkeiten:

Entweder wir gewinnen die (einzige) Lösung des ursprünglichen Gleichungssystems durch *Rückwärtseinsetzen*, d.h. wir setzen die Lösung $w = -1$ der dritten Gleichung in die zweite und erste ein und erhalten aus der zweiten Gleichung die Lösung $v = -2$, die schließlich in die erste eingesetzt die Lösung $u = 1$ ergibt.

Oder wir setzen den Eliminationsprozeß mit der *Rückwärtselimination* fort, bis wir die Lösung des Gleichungssystems unmittelbar ablesen können. Dazu normieren wir zunächst alle Eckkoeffizienten zu 1, indem wir jede der Gleichungen durch den jeweiligen Eckkoeffizienten dividieren:

$$
\text{(4)} \quad \begin{aligned} u + v - 2w &= 1 \\ v + \tfrac{1}{2}w &= -\tfrac{5}{2} \\ w &= -1. \end{aligned}
$$

Dann eliminieren wir die letzte Unbekannte w aus der ersten und zweiten Gleichung:

$$
\text{(5)} \quad \begin{aligned} u + v &= -1 \\ v &= -2 \\ w &= -1. \end{aligned}
$$

und schließlich entfernen wir noch die zweite Unbekannte v aus der ersten Gleichung:

1.3.2 Gleichungssysteme in oberer Dreiecksform

(6)
$$u = 1$$
$$v = -2$$
$$w = -1.$$

(Natürlich hätten wir hier - wie beim Rückwärtseinsetzen - mehrere Schritte zusammenfassen können. Wir werden aber später die Gleichungssysteme (1) bis (6) einheitlich behandeln können.)

Übung 1.3.a

Wenden Sie Vorwärts- und Rückwärtselimination an, um das folgende 3×3-System zu lösen:
$$2u + v - 2w = 2$$
$$2u - w = 3$$
$$-4u - v + 4w = -6.$$
Welches sind die Eckkoeffizienten?

1.3.2 Gleichungssysteme in oberer Dreiecksform

Ganz analog erfolgt der Eliminationsprozeß bei n×n-Systemen, solange wir (von Null verschiedene!) Eckkoeffizienten vorfinden. Ist dieses bei allen n-1 Eliminationsschritten der Fall, so erhalten wir schließlich ein lineares Gleichungssystem in *oberer Dreiecksform*:

(7)
$$a'_{11}x_1 + a'_{12}x_2 + \ldots + a'_{1n}x_n = b'_1$$
$$a'_{22}x_2 + \ldots + a'_{2n}x_n = b'_2$$
$$\vdots$$
$$a'_{nn}x_n = b'_n.$$

Durch Normierung, d.h. nach Division jeder der Gleichungen durch den entsprechenden Eckkoeffizienten, folgt die *normierte obere Dreiecksform*, und Rückwärtselimination ergibt schließlich genau eine Lösung (in normierter Diagonalform).

Übung 1.3.b

Wie viele Multiplikationen und Divisionen werden (höchstens) bei der Vorwärtselimination und bei der Rückwärtselimination (einschließlich der Normierung) benötigt, um ein n×n-System mit n (nichtverschwindenden) Eckkoeffizienten zu lösen? (Bei einem Computer kann in diesem Fall die Rechenzeit für die Additionen bzw. Subtraktionen vernachlässigt werden.)

Übung 1.3.c

Lösen Sie das folgende 4×4-System:

$$\begin{aligned} 2u - v &= 5 \\ -u + 2v - w &= 0 \\ -v + 2w - x &= -5 \\ -w + 2x &= 0. \end{aligned}$$

Achtung: Fundgrube! [Hinweis: Betrachten Sie das n×n-System

mit $a_{ik} := \begin{cases} 2 & \text{für } i = k, \\ -1 & \text{für } |i-k| = 1, \\ 0 & \text{sonst.} \end{cases}$ $i, k \in \{1, \ldots, n\}$,

Welche Form haben z.B. die Eckkoeffizienten?]

1.3.3 Verschwindende Koeffizienten

Bisher haben wir nur den Fall betrachtet, daß nach jedem Eliminationsschritt ein weiterer Eckkoeffizient für den nächsten Eliminationsschritt bereitsteht. Ist dieses nicht der Fall, so gibt es zwei Möglichkeiten.

Hat die betroffene Unbekannte x_i, deren Koeffizient in der i-ten Gleichung also 0 ist, in einer späteren Gleichung (etwa der k-ten mit k>i) einen von 0 verschiedenen Koeffizienten, so können wir einfach die i-te und die k-te Gleichung vertauschen und dann mit dem Eliminationsverfahren fortfahren, denn die Vertauschung von zwei Gleichungen ist eine äquivalente Umformung.

Tritt aber x_i auch in allen nachfolgenden Gleichungen nicht mehr auf, so brauchen wir x_i daraus nicht zu eliminieren. Das Eliminationsverfahren wird dann bei der nächsten Unbekannten, die in den letzten m-i+1 Gleichungen vorkommt, fortgesetzt - falls es eine solche Unbekannte noch gibt.

1.3.3 Verschwindende Koeffizienten

Wir betrachten als Beispiel ein 3×4-System:

(8) $\begin{aligned} u-2v-2w+3x &= 2 \\ 2u-4v-2w+7x &= 3 \\ -u+2v+4w-2x &= -3 \end{aligned} \Leftrightarrow \begin{aligned} u-2v-2w+3x &= 2 \\ 2w+x &= -1 \\ 2w+x &= -1 \end{aligned} \Leftrightarrow \begin{aligned} u-2v-2w+3x &= 2 \\ 2w+x &= -1 \\ 0 &= 0. \end{aligned}$

Hier erhalten wir für jede Wahl von v und x ein 2×2-System mit genau einer Lösung für u und w, insgesamt also unendlich vielen Lösungen. Stände auf der rechten Seite der dritten Gleichung des ursprünglichen Systems eine von -3 verschiedene Zahl, so ergäbe sich im letzten System eine dritte Gleichung der Form $0=b$ mit $b \neq 0$. Diese Gleichung ist natürlich nicht erfüllbar - wie wir u,v,w und x auch wählen. Also wäre dann das gesamte letzte Gleichungssystem und damit auch das ursprüngliche unlösbar.

Übung 1.3.d

Berechnen Sie die Zahlentripel (a,b,c), für die das folgende 3×3-System lösbar ist:
$$\begin{aligned} u + 2v + w &= a \\ -2u - v + 3w &= b \\ u + 5v + 6w &= c. \end{aligned}$$

Übung 1.3.e

Bestimmen Sie bei dem 3×3-System
$$\begin{aligned} ax + by + cz &= -2 \\ cx + ay + bz &= 8 \\ bx + cy + az &= 0 \end{aligned}$$
die Koeffizienten a, b, c so, daß das Gleichungssystem genau die Lösung $x=1$, $y=-1$, $z=2$ besitzt.

Übung 1.3.f

Berechnen Sie die Koeffizienten des kubischen Polynoms $P(x) = ax^3+bx^2+cx+d$, so daß $P(-1)=0$, $P(1)=2$, $P(2)=3$ und $P(3)=12$ gilt.

1.3.4 Gleichungssysteme in Stufenform

Mit den obigen Überlegungen erkennen wir, daß bei einem beliebigen m×n-System durch Anwendung der in 1.2 beschriebenen äquivalenten Umformungen ein m×n-System der folgenden *Stufenform* erreicht werden kann:

$$
\begin{aligned}
a'_{1k_1}x_{k_1} + \ldots + a'_{1k_2}x_{k_2} + \ldots + a'_{1k_r}x_{k_r} + \ldots + a'_{1n}x_n &= b'_1 \\
a'_{2k_2}x_{k_2} + \ldots + a'_{2k_r}x_{k_r} + \ldots + a'_{2n}x_n &= b'_2 \\
&\vdots \\
a'_{rk_r}x_{k_r} + \ldots + a'_{rn}x_n &= b'_r \\
\hline
\text{(falls } r<m\text{)} \quad\quad 0 &= b'_{r+1} \\
&\vdots \\
0 &= b'_m
\end{aligned}
\qquad (9)
$$

Dabei ist $r \leq m$ (und auch $r \leq n$), die Indizes $k_1,\ldots,k_r$ sind natürliche Zahlen mit $1 \leq k_1 < k_2 < \ldots < k_r \leq n$, und die Koeffizienten $a'_{1k_1},\ldots,a'_{rk_r}$ sind alle von Null verschieden.

Sie werden *Eckkoeffizienten des m×n-Systems* genannt. Ist $r=m$, so fehlen in (9) die Gleichungen $0=b'_{r+1},\ldots,0=b'_m$.

An der Stufenform eines m×n-Systems können wir - wie bei den obigen Beispielen - unmittelbar ablesen, welcher Fall bezüglich der Lösungsanzahl vorliegt:

i) Es gibt keine Lösung, wenn $r<m$ ist und (mindestens) ein $j \in \{r+1,\ldots,m\}$ existiert, so daß $b'_j \neq 0$ gilt. Dann läßt nämlich schon die lineare Gleichung $0 \cdot x_1 + \ldots + 0 \cdot x_n = b'_j$ keine Lösung zu.

ii) Es gibt genau eine Lösung, wenn $r=n$ ist und wenn im Falle $r<m$ die Zahlen $b'_{r+1},\ldots,b'_m$ alle gleich 0 sind. Diese Lösung wird wie in 1.3.1 bzw. 1.3.2 durch Rückwärtseinsetzen oder durch Rückwärtselimination bestimmt.

iii) Es gibt unendlich viele Lösungen in allen übrigen Fällen, d.h. wenn $r<n$ ist und wenn $b'_{r+1}=\ldots=b'_m=0$ gilt, falls $r<m$ ist. Denn dann ist

I := {1,...,n}\{k₁,...,k_r} nicht leer. Setzen wir für jedes x_j mit j∈I beliebige Werte ein (und bringen die entsprechenden Summanden auf die rechte Seite), so erhalten wir stets ein r×r-System mit genau einer Lösung.

Die Fälle ii) und iii) werden wir im Kapitel 2 noch genauer untersuchen.

Übung 1.3.g
Was bedeuten die Fälle i), ii) und iii) bei einem 1×1-System?

Übung 1.3.h
Begründen Sie, wieso ein lineares Gleichungssystem mit reellen Koeffizienten niemals genau zwei verschiedene reelle Lösungen haben kann. Wie muß der Zahlbereich für die Koeffizienten und die Lösungen geändert werden, damit genau zwei Lösungen herauskommen können? Welches ist dann das einfachste System mit genau zwei Lösungen?

Übung 1.3.i
Zeigen Sie, daß ein lösbares 3×3-System

$$ax + by + cz = d$$
$$cx + ay + bz = e$$
$$bx + cy + az = f$$

mit reellen Zahlen a,b,c,d,e,f genau dann unendlich viele Lösungen (x,y,z) besitzt, wenn $a^3 + b^3 + c^3 = 3abc$ gilt.

Übung 1.3.j
Formulieren Sie in abgekürzter Umgangssprache einen Ablaufplan für die Erstellung der Stufenform eines beliebigen m×n-Systems. Numerieren Sie dazu die einzelnen Schritte, um "Schleifen" und "Sprünge" angeben zu können.

1.4 Spaltenvektoren und Matrizen

Ein Ziel mathematischer Forschung ist die Vereinfachung. Für große Zahlen m und n ist sowohl die Form eines (explizit gegebenen) m×n-Systems nach Definition 1.1.3 als auch die Beschreibung der äquivalenten Umformungen im Eliminationsalgorithmus unbefriedigend. In beiden Fällen müssen wir zuviel schreiben. Wir wollen nun versuchen, beides mit Hilfe geeigneter Definitionen zu vereinfachen.

1.4.1 Spaltenvektoren

Ein 1×n-System ist sicher einfacher als ein m×n-System. Fassen wir die untereinanderstehenden Koeffizienten auf der linken Seite bzw. die Ergebniszahlen auf der rechten Seite eines m×n-Systems zu neuen Gebilden zusammen, die *Spaltenvektoren (der Länge m)* genannt werden, so können wir anstelle des m×n-Systems formal eine lineare Gleichung mit den Unbekannten $x_1,...,x_n$ aufschreiben, deren "Koeffizienten" nun aber Spaltenvektoren sind:

$$(10) \quad \begin{pmatrix} a_{11} \\ \vdots \\ a_{m1} \end{pmatrix} x_1 + \begin{pmatrix} a_{12} \\ \vdots \\ a_{m2} \end{pmatrix} x_2 + ... + \begin{pmatrix} a_{1n} \\ \vdots \\ a_{mn} \end{pmatrix} x_n = \begin{pmatrix} b_1 \\ \vdots \\ b_m \end{pmatrix}.$$

Diese Gleichung bekommt natürlich erst dann einen Sinn, wenn die "Multiplikation" von Spaltenvektoren mit reellen Zahlen ("Skalaren") sowie die Summe und die Gleichheit von Spaltenvektoren erklärt sind. Damit (10) zur Definition des linearen Gleichungssystems (1.1.3b) äquivalent ist, müssen wir offenbar folgendermaßen definieren:

1.4.2 Definition der Spaltenvektoreigenschaften

Die *Addition* wird durch

$$\begin{pmatrix} a_1 \\ \vdots \\ a_m \end{pmatrix} + \begin{pmatrix} b_1 \\ \vdots \\ b_m \end{pmatrix} := \begin{pmatrix} a_1 + b_1 \\ \vdots \\ a_m + b_m \end{pmatrix} \quad [4]$$

---

[4] Das Symbol ":=" bedeutet "wird definiert durch". Das Pluszeichen und das Multiplikationszeichen werden hier (und im folgenden) in verschiedenen Bedeutungen verwendet, da keine Mißverständnisse auftreten können. Das Multiplikationszeichen wird meistens weggelassen. Wir kürzen Spaltenvektoren durch kleine lateinische Buchstaben mit einer "liegenden Eins" als Pfeil ab, weil Vektoren in vielen Anwendungen durch Pfeile veranschaulicht werden: $\vec{a}, \vec{b}, \vec{c},...,\vec{z}$.

$I := \{1,\ldots,n\}\setminus\{k_1,\ldots,k_r\}$ nicht leer. Setzen wir für jedes x_j mit $j \in I$ beliebige Werte ein (und bringen die entsprechenden Summanden auf die rechte Seite), so erhalten wir stets ein $r \times r$-System mit genau einer Lösung.

Die Fälle ii) und iii) werden wir im Kapitel 2 noch genauer untersuchen.

Übung 1.3.g

Was bedeuten die Fälle i), ii) und iii) bei einem 1×1-System?

Übung 1.3.h

Begründen Sie, wieso ein lineares Gleichungssystem mit reellen Koeffizienten niemals genau zwei verschiedene reelle Lösungen haben kann. Wie muß der Zahlbereich für die Koeffizienten und die Lösungen geändert werden, damit genau zwei Lösungen herauskommen können? Welches ist dann das einfachste System mit genau zwei Lösungen?

Übung 1.3.i

Zeigen Sie, daß ein lösbares 3×3-System

$$ax + by + cz = d$$
$$cx + ay + bz = e$$
$$bx + cy + az = f$$

mit reellen Zahlen a,b,c,d,e,f genau dann unendlich viele Lösungen (x,y,z) besitzt, wenn $a^3 + b^3 + c^3 = 3abc$ gilt.

Übung 1.3.j

Formulieren Sie in abgekürzter Umgangssprache einen Ablaufplan für die Erstellung der Stufenform eines beliebigen $m \times n$-Systems. Numerieren Sie dazu die einzelnen Schritte, um "Schleifen" und "Sprünge" angeben zu können.

1.4 Spaltenvektoren und Matrizen

Ein Ziel mathematischer Forschung ist die Vereinfachung. Für große Zahlen m und n ist sowohl die Form eines (explizit gegebenen) m×n-Systems nach Definition 1.1.3 als auch die Beschreibung der äquivalenten Umformungen im Eliminationsalgorithmus unbefriedigend. In beiden Fällen müssen wir zuviel schreiben. Wir wollen nun versuchen, beides mit Hilfe geeigneter Definitionen zu vereinfachen.

1.4.1 Spaltenvektoren

Ein 1×n-System ist sicher einfacher als ein m×n-System. Fassen wir die untereinanderstehenden Koeffizienten auf der linken Seite bzw. die Ergebniszahlen auf der rechten Seite eines m×n-Systems zu neuen Gebilden zusammen, die *Spaltenvektoren (der Länge m)* genannt werden, so können wir anstelle des m×n-Systems formal eine lineare Gleichung mit den Unbekannten $x_1,...,x_n$ aufschreiben, deren "Koeffizienten" nun aber Spaltenvektoren sind:

$$(10) \quad \begin{pmatrix} a_{11} \\ \vdots \\ a_{m1} \end{pmatrix} x_1 + \begin{pmatrix} a_{12} \\ \vdots \\ a_{m2} \end{pmatrix} x_2 + ... + \begin{pmatrix} a_{1n} \\ \vdots \\ a_{mn} \end{pmatrix} x_n = \begin{pmatrix} b_1 \\ \vdots \\ b_m \end{pmatrix}.$$

Diese Gleichung bekommt natürlich erst dann einen Sinn, wenn die "Multiplikation" von Spaltenvektoren mit reellen Zahlen ("Skalaren") sowie die Summe und die Gleichheit von Spaltenvektoren erklärt sind. Damit (10) zur Definition des linearen Gleichungssystems (1.1.3b) äquivalent ist, müssen wir offenbar folgendermaßen definieren:

1.4.2 Definition der Spaltenvektoreigenschaften

Die *Addition* wird durch

$$\begin{pmatrix} a_1 \\ \vdots \\ a_m \end{pmatrix} + \begin{pmatrix} b_1 \\ \vdots \\ b_m \end{pmatrix} := \begin{pmatrix} a_1 + b_1 \\ \vdots \\ a_m + b_m \end{pmatrix} \quad [4]$$

---

[4] Das Symbol ":=" bedeutet "wird definiert durch". Das Pluszeichen und das Multiplikationszeichen werden hier (und im folgenden) in verschiedenen Bedeutungen verwendet, da keine Mißverständnisse auftreten können. Das Multiplikationszeichen wird meistens weggelassen. Wir kürzen Spaltenvektoren durch kleine lateinische Buchstaben mit einer "liegenden Eins" als Pfeil ab, weil Vektoren in vielen Anwendungen durch Pfeile veranschaulicht werden: $\vec{a}, \vec{b}, \vec{c},...,\vec{z}$.

1.4.2 Spaltenvektoren

und die *Multiplikation mit einem Skalar* (*S-Multiplikation*) durch

$$\begin{pmatrix} a_1 \\ \vdots \\ a_m \end{pmatrix} \cdot c := \begin{pmatrix} a_1 \cdot c \\ \vdots \\ a_m \cdot c \end{pmatrix}$$

gegeben.

Zwei Spaltenvektoren (der Länge m)

$$\begin{pmatrix} a_1 \\ \vdots \\ a_m \end{pmatrix} \quad \text{und} \quad \begin{pmatrix} b_1 \\ \vdots \\ b_m \end{pmatrix}$$

sind genau dann gleich, wenn $a_1 = b_1, \ldots, a_m = b_m$ gilt.

Da die Verknüpfungen der Zahlen in den beiden rechts stehenden Spaltenvektoren kommutativ sind, gilt das *Kommutativgesetz* auch für diese beiden Verknüpfungen der Spaltenvektoren.

Mit den Abkürzungen

$$\vec{a}_k := \begin{pmatrix} a_{1k} \\ \vdots \\ a_{mk} \end{pmatrix} \quad \text{für } k \in J_n := \{1, \ldots, n\} \quad \text{und} \quad \vec{b} := \begin{pmatrix} b_1 \\ \vdots \\ b_m \end{pmatrix}$$

läßt sich unser Gleichungssystem 1.1.3 b) nun folgendermaßen schreiben:

(11) $\qquad \vec{a}_1 x_1 + \ldots + \vec{a}_n x_n = \vec{b}.$

Die endlichen Mengen, die aus den ersten n natürlichen Zahlen bestehen, treten in der Linearen Algebra sehr oft auf. Wir werden deshalb auch im folgenden die Abkürzung J_n für $\{1, \ldots, n\}$ mit $n \in \mathbb{N}$ benutzen.

Wenden wir die entsprechenden Rechengesetze für reelle Zahlen auf die einzelnen Komponenten von Spaltenvektoren an, die nach 1.4.2 verknüpft werden, so erhalten wir vier Gleichungen, die sich in der Definition 2.1.7 als grundlegend für die Lineare Algebra herausstellen werden:

1.4.3 Satz über Addition und S-Multiplikation von Spaltenvektoren

Für alle Spaltenvektoren $\vec{v}$, $\vec{w}$ einer festen Länge und für alle $a, b \in \mathbb{R}$ gilt

i) $\vec{v} \cdot (a+b) = \vec{v} \cdot a + \vec{v} \cdot b$, ii) $(\vec{v} + \vec{w}) \cdot a = \vec{v}a + \vec{w}a$,

iii) $(\vec{v} \cdot a) \cdot b = \vec{v} \cdot (ab)$, iv) $\vec{v} \cdot 1 = \vec{v}$.

1.4.4 Matrizen

Ein 1×1-System ist sicher noch einfacher als ein 1×n-System. Um ein solches zu erreichen, fassen wir auf der linken Seite von (10) die Unbestimmten zu einem Spaltenvektor (der Länge n) und die m·n Koeffizienten bzw. die n Spaltenvektoren der Koeffizienten zu einem neuen Gebilde zusammen, das *m×n-Matrix* genannt wird:

(12)
$$\begin{pmatrix} a_{11} & \cdots & a_{1n} \\ \vdots & & \vdots \\ a_{m1} & \cdots & a_{mn} \end{pmatrix} \begin{pmatrix} x_1 \\ \vdots \\ x_n \end{pmatrix} = \begin{pmatrix} b_1 \\ \vdots \\ b_m \end{pmatrix}.$$

Auch diese Gleichung erhält erst einen Sinn, wenn die "Multiplikation" einer m×n-Matrix mit einem Spaltenvektor der Länge n erklärt ist. Damit (12) zu (10) und somit zu dem ursprünglichen Gleichungssystem in Definition 1.1.3b) äquivalent ist, bleibt uns für diese Multiplikation nur die folgende Definition:

1.4.5 Definition des Produkts einer Matrix mit einem Spaltenvektor

Das *Produkt einer m×n-Matrix mit einem Spaltenvektor* der Länge n stellt einen Spaltenvektor der Länge m dar, der durch

$$\begin{pmatrix} a_{11} & \cdots & a_{1n} \\ \vdots & & \vdots \\ a_{m1} & \cdots & a_{mn} \end{pmatrix} \begin{pmatrix} c_1 \\ \vdots \\ c_n \end{pmatrix} := \begin{pmatrix} a_{11}c_1 + \cdots + a_{1n}c_n \\ \vdots \\ a_{m1}c_1 + \cdots + a_{mn}c_n \end{pmatrix}$$

gegeben wird.

1.4.5 Matrizen

Für dieses Produkt gilt das *Kommutativgesetz* nicht mehr, d.h. der Spaltenvektor darf nicht vor die Matrix geschrieben werden.

Mit den Abkürzungen

$$A := \begin{pmatrix} a_{11} & \cdots & a_{1n} \\ \vdots & & \vdots \\ a_{m1} & \cdots & a_{mn} \end{pmatrix}, \quad \vec{x} := \begin{pmatrix} x_1 \\ \vdots \\ x_n \end{pmatrix} \quad \text{und} \quad \vec{b} := \begin{pmatrix} b_1 \\ \vdots \\ b_m \end{pmatrix}$$

erhält also unser Gleichungssystem 1.1.3b) und Gleichung (10) die einfache Form

$$(13) \qquad A\vec{x} = \vec{b}.$$

Hier haben wir das Multiplikationszeichen gleich weggelassen. Matrizen kürzen wir durch große lateinische Buchstaben ab.

A heißt *Koeffizientenmatrix* des *m×n-Systems*. Die Zahlen a_{ik}, $i \in J_m$, $k \in J_n$ werden jetzt *Elemente (oder Komponenten) von A* genannt. Die nebeneinanderstehenden Elemente bilden die *Zeilen*, die untereinanderstehenden Zahlen die *Spalten* von A, und zwar ist a_{ik} das i-te Element in der k-ten Spalte beziehungsweise das k-te Element in der i-ten Zeile. Der Index i gibt also an, in welcher Zeile das Element a_{ik} steht (*Zeilenindex*) und der Index k, in welcher Spalte (*Spaltenindex*).

Ein Spaltenvektor der Länge m ist nichts anderes als eine m×1-Matrix. Entsprechend bezeichnen wir eine 1×n-Matrix als *Zeilenvektor der Länge n*. Für das Produkt eines Zeilenvektors der Länge m und eines Spaltenvektors der Länge m ergibt sich nach Definition 1.4.5 speziell:

$$(14) \qquad (a_1 \ \ldots \ a_m) \begin{pmatrix} b_1 \\ \vdots \\ b_m \end{pmatrix} = (a_1 b_1 + \ldots + a_m b_m).$$

Hier steht also auf der rechten Seite eine 1×1-Matrix. Da 1×1-Matrizen mit den durch 1.4.2 definierten Verknüpfungen dieselben Eigenschaften besitzen wie die reellen Zahlen, lassen wir die Matrizenklammern fort und betrachten eine 1×1-Matrix und ihr einziges Element als dasselbe. Das durch (14) definierte Produkt wird deshalb auch *Skalarprodukt* (oder *inneres Produkt*) des Zeilenvektors $(a_1 \ \ldots \ a_m)$ und des Spaltenvektors $\vec{b}$ genannt. Insbesondere können wir also die linken Seiten der linearen Gleichungen in 1.1.3 als Skalarprodukte mit dem Spaltenvektor $\vec{x}$ auffassen.

Der folgende Satz erhält seinen Namen, weil er vor allem dazu dient, die Einführung des Produkts von Matrizen vorzubereiten:

1.4.6 Vorbereitungssatz

Ist A eine $m \times n$-Matrix und ist $p \in \mathbb{N}$, so gilt

$$A(\vec{b}_1 c_1 + \ldots + \vec{b}_p c_p) = (A\vec{b}_1)c_1 + \ldots + (A\vec{b}_p)c_p$$

für alle Spaltenvektoren $\vec{b}_1, \ldots, \vec{b}_p$ der Länge n und für alle reellen Zahlen $c_1, \ldots, c_p$.

Beweis (a1):

Auf beiden Seiten der Gleichung steht ein Spaltenvektor der Länge n, dessen jeweilige Komponenten sich mit Hilfe der *Definition des Produkts einer Matrix mit einem Spaltenvektor* (1.4.5) berechnen lassen, wenn die Komponenten von A und von $\vec{b}_1, \ldots, \vec{b}_p$ verwendet werden.

Wir wählen ein anderes Vorgehen, das die *Methode der Superposition* (Zurückführung auf Spezialfälle) benutzt, die in der Linearen Algebra sowohl bei Beweisen als auch in der *Heuristik* - nämlich beim Entdecken von Zusammenhängen und beim Problemlösen - eine wichtige Rolle spielt. Die beiden sich anbietenden Spezialfälle bereiten außerdem auf die grundlegenden Begriffsbildungen in den Definitionen 2.1.11 und 4.1.2 vor.

Für $p=1$ werden auf der linken Seite zuerst alle Komponenten von $\vec{b}_1$ mit c_1 multipliziert und dann $A(\vec{b}_1 c_1)$ nach 1.4.5 berechnet, während auf der rechten Seite die Multiplikation aller Elemente von $A\vec{b}_1$ mit c_1 abschließend erfolgt. Mit Hilfe des Distributivgesetzes für die reellen Zahlen ergibt sich dann die entsprechende Gleichung. Im zweiten Fall mit $p=2$ und $c_1 = c_2 = 1$ wird ganz ähnlich geschlossen: Anwendung des Distributivgesetzes auf jeden Summanden der Kom-

1.4.7 Matrixschreibweise einer äquivalenten Umformung

ponenten von $A(\vec{b}_1+\vec{b}_2)$ und Umordnen erzeugt jeweils zwei Teilsummen, die nach 1.4.2 zu $A\vec{b}_1+A\vec{b}_2$ führen.

Den allgemeinen Fall erhalten wir nun in zwei Schritten. Mit vollständiger Induktion über p wird zunächst aus dem zweiten Fall die Aussage für $c_1 = \ldots = c_p = 1$ gewonnen, und anschließend ergibt der Übergang von $\vec{b}_i$ zu $\vec{b}_i c_i$ für $i=1,\ldots,p$ mit Hilfe des ersten Falles die Gleichung für beliebige reelle Zahlen c_i. □

Übung 1.4.a

Wir machen folgende Annahmen bzgl. der Bewohner der Bundesrepublik Deutschland, die zu Beginn bzw. am Ende des Jahres 1992 in Nordrhein-Westfalen lebten:

Von denen, die das Jahr in NRW begannen, waren am Jahresende noch 80 % in NRW, während 20 % das Land verlassen hatten.

Von denen, die sich zu Beginn des Jahres außerhalb von NRW aufhielten, waren am Ende des Jahres 10 % in NRW, die übrigen 90 % lebten weiterhin außerhalb.

Drücken Sie die folgenden Fragen unter Beachtung dieser Annahmen in der Vektorschreibweise (11) beziehungsweise in der Matrixschreibweise (13) aus und beantworten Sie sie:

i) Wenn zu Beginn (bzw. am Ende) des Jahres 17 Millionen Bundesbürger innerhalb und 62 Millionen außerhalb von NRW lebten, wie viele waren es dann am Jahresende (bzw. zu Jahresbeginn)?

ii) Welcher Prozentsatz der Bundesbürger müßte zu Beginn des Jahres in NRW gelebt haben, wenn es am Jahresende derselbe Anteil sein sollte?

1.4.7 Matrixschreibweise einer äquivalenten Umformung

Nun fehlt uns noch eine einfache Beschreibung der äquivalenten Umformungen im Eliminationsalgorithmus. Wir betrachten deshalb noch einmal unser Beispiel (1), das wir jetzt mit Hilfe der Spaltenvektoren in der folgenden Form schreiben können:

$$(15) \quad \begin{pmatrix} -1 \\ -2 \\ 1 \end{pmatrix} u + \begin{pmatrix} -1 \\ 0 \\ 3 \end{pmatrix} v + \begin{pmatrix} 2 \\ 5 \\ 0 \end{pmatrix} w = \begin{pmatrix} -1 \\ -7 \\ -5 \end{pmatrix}.$$

Die erste äquivalente Umformung bestand darin, daß wir das (-2)-fache der ersten Gleichung zur zweiten addiert haben. In der obigen Schreibweise bedeutet dieses, daß jeder der vier Spaltenvektoren in ganz analoger Weise in einen neuen Spaltenvektor übergeht:

Die erste und die dritte Komponente bleiben jeweils unverändert, und die zweite Komponente wird durch die Summe der zweiten und des (-2)-fachen der ersten Komponente ersetzt. Hat der ursprüngliche Spaltenvektor die Form

$$\begin{pmatrix} a \\ b \\ c \end{pmatrix}, \text{ so lautet der neue also } \begin{pmatrix} a \\ b-2a \\ c \end{pmatrix}.$$

Da wir aus Definition 1.4.5 bereits wissen, daß einem Spaltenvektor der Länge n durch Multiplikation (von links) mit einer n×n-Matrix wieder ein Spaltenvektor der Länge n zugeordnet wird, können wir versuchen, den Übergang von

$$\begin{pmatrix} a \\ b \\ c \end{pmatrix} =: \vec{a} \quad \text{zu} \quad \begin{pmatrix} a \\ b-2a \\ c \end{pmatrix}$$

durch Multiplikation von $\vec{a}$ mit einer möglichst einfachen 3×3-Matrix E zu beschreiben. Die einfachste Matrix dieser Art ist sicherlich

$$E = \begin{pmatrix} 1 & 0 & 0 \\ -2 & 1 & 0 \\ 0 & 0 & 1 \end{pmatrix},$$

denn sie enthält nur ein von 0 und 1 verschiedenes Element, und es gilt nach 1.4.5

$$E \begin{pmatrix} a \\ b \\ c \end{pmatrix} = \begin{pmatrix} a + 0 + 0 \\ -2a + b + 0 \\ 0 + 0 + c \end{pmatrix} = \begin{pmatrix} a \\ b-2a \\ c \end{pmatrix}.$$

Sind $\vec{a}_1, \vec{a}_2, \vec{a}_3$ und $\vec{b}$ die Spaltenvektoren in (15), so folgt mit Hilfe des *Vorbereitungssatzes* (1.4.6), daß die Multiplikation beider Seiten von (15) mit E tatsächlich dasselbe Gleichungssystem ergibt, das wir durch Multiplikation der einzelnen Spaltenvektoren mit E erhalten:

(16) $\quad E(\vec{a}_1 u + \vec{a}_2 v + \vec{a}_3 w) = (E\vec{a}_1)u + (E\vec{a}_2)v + (E\vec{a}_3)w = E\vec{b}.$

1.4.8 Matrizenmultiplikation

Fassen wir nun die Spaltenvektoren $\vec{a}_1, \vec{a}_2, \vec{a}_3$ zu der Koeffizientenmatrix A und die Spaltenvektoren $E\vec{a}_1, E\vec{a}_2, E\vec{a}_3$ zu der Matrix A' sowie die Unbestimmten u,v,w zu dem Spaltenvektor $\vec{x}$ zusammen, so erhält (16) die Form

(17) $\quad E(A\vec{x}) = A'\vec{x} = E\vec{b}.$

A' ist also die Koeffizientenmatrix des neuen Gleichungssystems. Da A' die Wirkung einer "Nacheinandermultiplikation" - nämlich von $\vec{x}$ mit A und von $A\vec{x}$ mit E - wiedergibt, wird A' das *Produkt von E und A* genannt und EA geschrieben. (Beachten Sie die Reihenfolge der Faktoren!) Durch die Einführung des Matrizenprodukts gewinnen wir schließlich die folgende einfache Form für das neue Gleichungssystem:

(18) $\quad (EA)\vec{x} = E\vec{b}.$

Ganz analog können wir nun die Definition des Produkts einer m×n-Matrix A und einer n×p-Matrix B motivieren: Die "Produktmatrix" C muß diejenige m×p-Matrix sein, die mit der durch 1.4.5 definierten Multiplikation für jeden Spaltenvektor $\vec{c}$ der Länge p dasselbe Ergebnis liefert wie die Nacheinandermultiplikation $A(B\vec{c})$, d.h. es muß

(19) $\quad C\vec{c} := A(B\vec{c})$

für alle Spaltenvektoren $\vec{c}$ der Länge p gelten.

Die obige Darstellung von A' gibt uns einen Hinweis darauf, wie C berechnet werden kann: Sind $\vec{b}_1,...,\vec{b}_p$ die Spaltenvektoren (der Länge n) von B und ist

$\vec{c} := \begin{pmatrix} c_1 \\ \vdots \\ c_p \end{pmatrix}$, so gilt aufgrund des *Vorbereitungssatzes* (1.4.6):

(20) $A(B\vec{c}) = A(\vec{b}_1 c_1 + \ldots + \vec{b}_p c_p) = (A\vec{b}_1)c_1 + \ldots + (A\vec{b}_p)c_p = C\vec{c} =: (AB)\vec{c}$,

d.h. die k-te Spalte von $C =: AB$ muß für $k=1,\ldots,p$ aus den Elementen des Spaltenvektors $A\vec{b}_k$ bestehen.

Um die Definition des Matrizenprodukts und viele weitere "Zusammensetzungen" von Matrizen in einfacher Weise aufschreiben zu können, treffen wir folgende Vereinbarung:

1.4.9 Definition der Zusammensetzung von Matrizen

Werden anstelle der Elemente einer m×n-Matrix A Matrizen A_{ik} derart eingesetzt, daß die jeweils in einer Spalte von A stehenden Matrizen gleiche Spaltenzahl und die jeweils in einer Zeile stehenden gleiche Zeilenzahl haben, so heißt A die aus $A_{11},\ldots,A_{mn}$ *zusammengesetzte Matrix*, wenn die Klammern der Matrizen A_{ik} weggelassen (beziehungsweise als nicht vorhanden angesehen) werden. Die aus den Elementen der einzelnen Untermatrizen bestehenden Teile von A werden *Blöcke* genannt. Treten bei parameterabhängigen Blockgrößen nullzeilige oder nullspaltige Blöcke auf, so gelten diese als nicht vorhanden.

Damit erhalten wir die Produktdefinition in der folgenden vorläufigen Form:

1.4.10 Definition des Produkts von zwei Matrizen

Ist A eine m×n-Matrix und $B := (\vec{b}_1 \ldots \vec{b}_p)$ eine n×p-Matrix, so wird durch

(21) $\qquad AB := (A\vec{b}_1 \ldots A\vec{b}_p)$

das *Produkt von A und B* erklärt.

Als Beispiel betrachten wir das Produkt $\begin{pmatrix} 2 & 3 \\ 4 & 0 \end{pmatrix} \begin{pmatrix} 1 & 2 & 0 \\ 5 & -1 & 0 \end{pmatrix}$.

Die drei Spaltenvektoren der Produktmatrix sind dann

$\begin{pmatrix} 2 & 3 \\ 4 & 0 \end{pmatrix} \begin{pmatrix} 1 \\ 5 \end{pmatrix} = \begin{pmatrix} 17 \\ 4 \end{pmatrix}$, $\begin{pmatrix} 2 & 3 \\ 4 & 0 \end{pmatrix} \begin{pmatrix} 2 \\ -1 \end{pmatrix} = \begin{pmatrix} 1 \\ 8 \end{pmatrix}$, $\begin{pmatrix} 2 & 3 \\ 4 & 0 \end{pmatrix} \begin{pmatrix} 0 \\ 0 \end{pmatrix} = \begin{pmatrix} 0 \\ 0 \end{pmatrix}$, also

$$\begin{pmatrix} 2 & 3 \\ 4 & 0 \end{pmatrix} \begin{pmatrix} 1 & 2 & 0 \\ 5 & -1 & 0 \end{pmatrix} = \begin{pmatrix} 17 & 1 & 0 \\ 4 & 8 & 0 \end{pmatrix}.$$

Diese Berechnungsmethode hat noch den Nachteil, daß wir gezwungen sind, nacheinander die Spalten von AB auszurechnen, während man meistens lieber zuerst die Zeilen hinschreibt. Mit Hilfe von Definition 1.4.5 können wir aber sofort jedes einzelne Element c_{ik}, $i \in J_m$, $k \in J_p$, der Produktmatrix durch die Elemente a_{ij} von A und b_{jk} von B ausdrücken. Da c_{ik} das i-te Element in der k-ten Spalte $A\vec{b}_k$ von AB ist, gilt nämlich

(22) $\quad c_{ik} = a_{i1} b_{1k} + a_{i2} b_{2k} + \ldots + a_{in} b_{nk}$ für i=1,...,m und k=1,...,p,

d.h. c_{ik} ist das Skalarprodukt des i-ten Zeilenvektors von A und des k-ten Spaltenvektors von B. (Beachten Sie, daß die Zeilenvektoren von A und die Spaltenvektoren von B dieselbe Länge n besitzen!)

Diese Tatsache nutzen wir nun aus, indem wir die Zeilenvektoren von A in geeigneter Weise abkürzen und anschließend die Elemente c_{ik} als Produkte gemäß Definition 1.4.5 schreiben. Um keine neue Buchstabenart für die Zeilenvektoren einführen zu müssen, definieren wir eine einfache aber wichtige Abbildung, die einer beliebigen m×n-Matrix eine n×m-Matrix zuordnet:

1.4.11 Definition der Transponierten

Ist
$$A = \begin{pmatrix} a_{11} & \cdots & a_{1n} \\ \vdots & & \vdots \\ a_{m1} & \cdots & a_{mn} \end{pmatrix}$$

eine m×n-Matrix, so heißt die n×m-Matrix

$${}^tA := \begin{pmatrix} a_{11} & \cdots & a_{m1} \\ \vdots & & \vdots \\ a_{1n} & \cdots & a_{mn} \end{pmatrix},$$

deren Zeilen die Spalten von A (und deren Spalten damit die Zeilen von A) sind, die *zu A transponierte Matrix* oder kurz *Transponierte von A*. Der Übergang von A zu ${}^tA$ wird *Transposition* genannt.

Zum Beispiel ist

$$^t\begin{pmatrix} 1 & 2 & 3 \\ 4 & 5 & 6 \end{pmatrix} = \begin{pmatrix} 1 & 4 \\ 2 & 5 \\ 3 & 6 \end{pmatrix} \quad \text{und} \quad {}^t\begin{pmatrix} 1 & 4 \\ 2 & 5 \\ 3 & 6 \end{pmatrix} = \begin{pmatrix} 1 & 2 & 3 \\ 4 & 5 & 6 \end{pmatrix}.$$

Insbesondere läßt sich jeder Zeilenvektor durch Transposition eines Spaltenvektors gewinnen:

$$(a_1 \ldots a_n) = {}^t\begin{pmatrix} a_1 \\ \vdots \\ a_n \end{pmatrix}.$$

Wir können also Zeilenvektoren mit ${}^t\vec{a}, {}^t\vec{b}, \ldots$ abkürzen, wobei $\vec{a}, \vec{b}, \ldots$ nach wie vor Spaltenvektoren bezeichnen. Sind ${}^t\vec{a}_1, \ldots, {}^t\vec{a}_m$ die Zeilenvektoren von A, so sind $\vec{a}_1, \ldots, \vec{a}_m$ allerdings die Spaltenvektoren von ${}^tA$ (und nicht von A!).

Damit erhalten wir aus (21) und (22) eine weitere einprägsame Form der Produktbildung:

Ist $A = \begin{pmatrix} {}^t\vec{a}_1 \\ \vdots \\ {}^t\vec{a}_m \end{pmatrix}$ eine m×n-Matrix und $B = (\vec{b}_1 \ldots \vec{b}_p)$ eine n×p-Matrix,

so gilt

$$(23) \quad AB = \begin{pmatrix} {}^t\vec{a}_1 \\ \vdots \\ {}^t\vec{a}_m \end{pmatrix} (\vec{b}_1 \ldots \vec{b}_p) = \begin{pmatrix} {}^t\vec{a}_1\vec{b}_1 & \ldots & {}^t\vec{a}_1\vec{b}_p \\ \vdots & & \vdots \\ {}^t\vec{a}_m\vec{b}_1 & \ldots & {}^t\vec{a}_m\vec{b}_p \end{pmatrix},$$

wobei ${}^t\vec{a}_i\vec{b}_k$ für $i = 1, \ldots, m$ und $k = 1, \ldots, p$ das Skalarprodukt des i-ten Zeilenvektors von A und des k-ten Spaltenvektors von B darstellt.

Übung 1.4.b

Stellen Sie ein Merkschema für die Matrizenmultiplikation her, und veranschaulichen Sie sich die Verträglichkeit der vier bisher eingeführten Produkte ab, $\vec{a}b$, $A\vec{b}$ und AB in einer Übersicht.

Als Beispiele betrachten wir die Matrizenprodukte, die den äquivalenten Umformungen von (1) nach (2) und von (2) nach (3) entsprechen. Zunächst gilt mit den obigen Bezeichnungen:

$$EA = \begin{pmatrix} 1 & 0 & 0 \\ -2 & 1 & 0 \\ 0 & 0 & 1 \end{pmatrix} \begin{pmatrix} -1 & -1 & 2 \\ -2 & 0 & 5 \\ 1 & 3 & 0 \end{pmatrix} = \begin{pmatrix} -1 & -1 & 2 \\ 0 & 2 & 1 \\ 1 & 3 & 0 \end{pmatrix}.$$

Mit $F := \begin{pmatrix} 1 & 0 & 0 \\ 0 & 1 & 0 \\ 1 & 0 & 1 \end{pmatrix}$ sowie $G := \begin{pmatrix} 1 & 0 & 0 \\ 0 & 1 & 0 \\ 0 & -1 & 1 \end{pmatrix}$ folgt dann

$$F(EA) = \begin{pmatrix} 1 & 0 & 0 \\ 0 & 1 & 0 \\ 1 & 0 & 1 \end{pmatrix} \begin{pmatrix} -1 & -1 & 2 \\ 0 & 2 & 1 \\ 1 & 3 & 0 \end{pmatrix} = \begin{pmatrix} -1 & -1 & 2 \\ 0 & 2 & 1 \\ 0 & 2 & 2 \end{pmatrix}$$ sowie

$$G(F(EA)) = \begin{pmatrix} 1 & 0 & 0 \\ 0 & 1 & 0 \\ 0 & -1 & 1 \end{pmatrix} \begin{pmatrix} -1 & -1 & 2 \\ 0 & 2 & 1 \\ 0 & 2 & 2 \end{pmatrix} = \begin{pmatrix} -1 & -1 & 2 \\ 0 & 2 & 1 \\ 0 & 0 & 1 \end{pmatrix}.$$

Außerdem ist $FE = \begin{pmatrix} 1 & 0 & 0 \\ -2 & 1 & 0 \\ 1 & 0 & 1 \end{pmatrix}$ und $(FE)A = \begin{pmatrix} -1 & -1 & 2 \\ 0 & 2 & 1 \\ 0 & 2 & 2 \end{pmatrix}$,

also $F(EA) = (FE)A$.

Diese wichtige Eigenschaft - nämlich daß Klammern beliebig gesetzt beziehungsweise weggelassen werden dürfen - könnten wir mit Hilfe von (21) und (20) sogar für beliebig lange Produkte von Matrizen mit geeigneter Zeilen- und Spaltenzahl beweisen. Da der Beweis mit zweifacher vollständiger Induktion aber länger als eine Seite und nicht ganz einfach ist, zeigen wir hier nur das *Assoziativgesetz* für Produkte von drei Matrizen:

1.4.12 Satz über die Assoziativität der Matrizenmultiplikation

Ist A eine m×n-Matrix, B eine n×p-Matrix und C eine p×q-Matrix, so gilt

(24) $\qquad (AB)C = A(BC).$

Beweis (r1):

Ist $C := (\vec{c}_1 \ ... \ \vec{c}_q)$, so folgt $(AB)(\vec{c}_1 \ ... \ \vec{c}_q) \stackrel{(21)}{=} ((AB)\vec{c}_1 \ ... \ (AB)\vec{c}_q) \stackrel{(20)}{=}$
$(A(B\vec{c}_1) \ ... \ A(B\vec{c}_q)) \stackrel{(21)}{=} A(B\vec{c}_1 \ ... \ B\vec{c}_q) \stackrel{(21)}{=} A(BC).$ □

Damit können wir auch bei dem letzten der Produkte in unserem obigen Beispiel die Klammern umsetzen bzw. weglassen:

$$(G(F(EA))) = (GFE)A = \begin{pmatrix} 1 & 0 & 0 \\ -2 & 1 & 0 \\ 3 & -1 & 1 \end{pmatrix} \begin{pmatrix} -1 & -1 & 2 \\ -2 & 0 & 5 \\ 1 & 3 & 0 \end{pmatrix} = \begin{pmatrix} -1 & -1 & 2 \\ 0 & 2 & 1 \\ 0 & 0 & 1 \end{pmatrix}.$$

Übung 1.4.c

Es sei $A = (a_{ik})$ die $n \times n$-Matrix mit $a_{ik} := \begin{cases} 1 & \text{für } k \geq i, \\ 0 & \text{sonst.} \end{cases}$

Berechnen Sie A^3.

Achtung: Fundgrube! [A^p für jedes $p \in \mathbb{N}$.]

1.4.13 Nichtkommutativität der Matrizenmultiplikation

Ein wichtiges Gesetz der Multiplikation von Zahlen wird von dem Matrizenprodukt nicht erfüllt, nämlich das *Kommutativgesetz*. Bei unserem obigen Beispiel können wir uns anschaulich klarmachen, daß die äquivalenten Umformungen, die durch Matrizenmultiplikation beschrieben werden, nicht immer vertauschbar sind:

Durch die Matrix E wird das (-2)-fache der ersten Zeile zu der zweiten addiert; G bedeutet Addition des (-1)-fachen der zweiten Zeile zur dritten. Wenden wir zuerst E an, so ändert sich die zweite Zeile, bevor sie durch G mit der dritten Zeile verknüpft wird. Insgesamt wird dann das (+2)-fache der ersten Zeile zur dritten addiert. In der umgekehrten Reihenfolge bleibt die erste Zeile ohne Einfluß auf die dritte:

$$GE = \begin{pmatrix} 1 & 0 & 0 \\ -2 & 1 & 0 \\ 2 & -1 & 1 \end{pmatrix} , \quad EG = \begin{pmatrix} 1 & 0 & 0 \\ -2 & 1 & 0 \\ 0 & -1 & 1 \end{pmatrix}.$$

> Im allgemeinen ist die Matrizenmultiplikation nicht kommutativ, d.h. es gilt nicht immer AB = BA.

1.4.14 Addition und S-Multiplikation von Matrizen

Um die Matrizen, mit denen wir die äquivalenten Umformungen beschreiben wollen, in einfacher Weise darstellen zu können, führen wir abschließend für Matrizen die entsprechenden Verknüpfungen ein wie in Definition 1.4.2 für Spaltenvektoren.

1.4.15 Definition der Addition und der S-Multiplikation für Matrizen

Sind $(\vec{a}_1 \ldots \vec{a}_n)$ und $(\vec{b}_1 \ldots \vec{b}_n)$ m×n-Matrizen, so wird die *Summe* durch
$$(\vec{a}_1 \ldots \vec{a}_n) + (\vec{b}_1 \ldots \vec{b}_n) := (\vec{a}_1+\vec{b}_1 \ldots \vec{a}_n+\vec{b}_n)$$
und die *Multiplikation mit einem Skalar (S-Multiplikation)* durch
$$c(\vec{a}_1 \ldots \vec{a}_n) = (\vec{a}_1 \ldots \vec{a}_n)c := (\vec{a}_1 c \ldots \vec{a}_n c)$$
erklärt.

Bei der S-Multiplikation steht der Zahlfaktor meistens vor der Matrix. Wir lassen deshalb im folgenden auch bei Spaltenvektoren beide Stellungen zu.

Durch die Zurückführung der Addition und der S-Multiplikation von Matrizen auf diejenige von Spaltenvektoren übertragen sich die Eigenschaften aus dem *Satz über Addition und S-Multiplikation von Spaltenvektoren* (1.4.3) sofort auf Matrizen:

1.4.16 Satz über Addition und S-Multiplikation von Matrizen

Für alle m×n-Matrizen A, B und alle $\lambda, \mu \in \mathbb{R}$ gilt

i) $(\lambda+\mu)A = \lambda A + \mu B$,   ii) $\lambda(A+B) = \lambda A + \lambda B$,

iii) $\lambda(\mu A) = (\lambda\mu)A$,   iv) $1 \cdot A = A$.

Ebenfalls sehr leicht erhalten wir die folgenden wichtigen Rechenregeln für die Matrizenmultiplikation:

1.4.17 Satz über Matrizenmultiplikation

Für alle m×n-Matrizen A, n×p-Matrizen B, C und p×q-Matrizen D sowie für alle $\lambda \in \mathbb{R}$ gilt

i) $A(B+C) = AB+AC$,   ii) $(B+C)D = BD+CD$,

iii) $A(\lambda B) = (\lambda A)B = \lambda(AB)$,   iv) $^t(AB) = {}^tB\,{}^tA$.

Die Regeln i) und ii) werden auch als *Distributivgesetze* bezeichnet.

Beweis (r1):

i), ii), iii): Wegen (23) folgen diese Aussagen unmittelbar aus den entsprechenden Beziehungen für Zeilen- und Spaltenvektoren:

$^t\vec{a}(\vec{b}+\vec{c}) = {}^t\vec{a}\,\vec{b} + {}^t\vec{a}\,\vec{c}$ (Vorbereitungssatz (1.4.6)),

$(^t\vec{b}+{}^t\vec{c})\vec{d} = {}^t\vec{b}\,\vec{d} + {}^t\vec{c}\,\vec{d}$,

$^t\vec{a}(\lambda\vec{b}) = (\lambda{}^t\vec{a})\vec{b} = \lambda({}^t\vec{a}\,\vec{b})$.

(Die Längen von $^t\vec{a}$, $\vec{b}$ und $\vec{c}$ in der ersten und dritten Gleichung sind n, die Längen von $^t\vec{b}$, $^t\vec{c}$ und $\vec{d}$ in der zweiten Gleichung dagegen p.)

iv): Mit

$$A = \begin{pmatrix} ^t\vec{a}_1 \\ \vdots \\ ^t\vec{a}_m \end{pmatrix}, \quad B = (\vec{b}_1 \dots \vec{b}_p), \quad {}^tA = (\vec{a}_1 \dots \vec{a}_m), \quad {}^tB = \begin{pmatrix} ^t\vec{b}_1 \\ \vdots \\ ^t\vec{b}_p \end{pmatrix}$$

und wegen $^t\vec{a}_i\vec{b}_k = {}^t\vec{b}_k\vec{a}_i$ gilt nach (23) die wichtige Gleichung

$$(25) \quad {}^t(AB) = {}^t\!\begin{pmatrix} ^t\vec{a}_1\vec{b}_1 & \dots & ^t\vec{a}_1\vec{b}_p \\ \vdots & & \vdots \\ ^t\vec{a}_m\vec{b}_1 & \dots & ^t\vec{a}_m\vec{b}_p \end{pmatrix} = \begin{pmatrix} ^t\vec{b}_1\vec{a}_1 & \dots & ^t\vec{b}_1\vec{a}_m \\ \vdots & & \vdots \\ ^t\vec{b}_p\vec{a}_1 & \dots & ^t\vec{b}_p\vec{a}_m \end{pmatrix} = {}^tB{}^tA. \quad \square$$

Übung 1.4.d

Bilden Sie alle möglichen Produkte von je zwei der folgenden Matrizen, wobei i die komplexe Zahl mit $i^2 = -1$ bezeichnet:

$$A_1 = (i \; -i), \quad A_2 = \begin{pmatrix} 2 & 4 \\ -1 & 0 \end{pmatrix}, \quad A_3 = \begin{pmatrix} -1 & 3 & 1 \\ 3 & 2 & 0 \end{pmatrix},$$

$$A_4 = \begin{pmatrix} 1 \\ i \end{pmatrix}, \quad A_5 = \begin{pmatrix} 2 \\ 1 \\ 3 \end{pmatrix}, \quad A_6 = \begin{pmatrix} 3 & 1 \\ -2 & 0 \\ 4 & -1 \end{pmatrix}.$$

Übung 1.4.e

Suchen Sie Beispiele von 2×2-Matrizen, so daß gilt:

a) $A^2 = \begin{pmatrix} -1 & 0 \\ 0 & -1 \end{pmatrix}$; b) $B^2 = N := \begin{pmatrix} 0 & 0 \\ 0 & 0 \end{pmatrix}$ mit $B \neq N$;

c) $CD = -DC$ mit $CD \neq N$;

d) $EF = N$, wobei $E \neq N$, $F \neq N$ und $E \neq F$ ist.

Übung 1.4.f

A und B seien n×n-Matrizen mit $n \geq 3$. Welche der folgenden Aussagen sind wahr (Begründung), welche sind falsch (Gegenbeispiel)?

a) Wenn die erste und die dritte Spalte von B gleich sind, so sind die erste und die dritte Spalte von AB auch gleich.

b) Wenn die erste und die dritte Zeile von B gleich sind, so sind auch die erste und die dritte Zeile von AB gleich.

c) Wenn die erste und die dritte Zeile von A gleich sind, so sind die erste und die dritte Zeile von AB auch gleich.

d) $(AB)^2 = A^2B^2$.

Übung 1.4.g

Dieselben Annahmen, die in Übung 1.4.a für das Jahr 1992 gemacht wurden, mögen auch für die nachfolgenden Jahre gelten. Nach wieviel Jahren würden dann mehr als 30 % der Bundesbürger in NRW leben, wenn zu Beginn des ersten Jahres 17 Millionen (von 79 Millionen) in NRW wohnen?

Übung 1.4.h

Ist $A = (a_{ik})$ eine $n \times n$-Matrix, so wird die *Spur von* A durch $Sp(A) := a_{11} + a_{22} + \ldots + a_{nn}$ definiert. Leiten Sie für alle $n \times n$-Matrizen A, B die Gleichungen $Sp(A+B) = Sp(A) + Sp(B)$ und $Sp(AB) = Sp(BA)$ her, und zeigen Sie damit, daß stets $AB - BA \neq E_n$ gilt.

Übung 1.4.i

Es sei $A = (a_{ik})$ eine $n \times n$-Stufenmatrix mit $a_{ii} = 0$ für $i = 1, \ldots, n$. Beweisen Sie, daß A^n die $n \times n$-Nullmatrix ist.

1.5 Matrixdarstellung des Eliminationsalgorithmus

Wir wollen nun die einzelnen äquivalenten Umformungen, die bei dem Eliminationsalgorithmus für ein $m \times n$-System auftreten, durch Nacheinandermultiplikation der entsprechenden Matrixgleichung $A\vec{x} = \vec{b}$ mit geeigneten, möglichst einfachen $m \times m$-Matrizen beschreiben und anschließend das Ergebnis der gesamten Vorwärtselimination durch eine einprägsame Produktdarstellung ausdrücken.

1.5.1 Elementarmatrizen

Zu jeder in 1.2.2 angegebenen äquivalenten Umformung eines beliebigen m×n-Systems mit der Koeffizientenmatrix A müssen wir also zunächst eine m×m-Matrix finden, die nach Multiplikation mit A dasselbe Ergebnis bezüglich der Zeilen von A liefert wie die äquivalente Umformung bezüglich der Gleichungen des m×n-Systems.

Da die äquivalenten Umformungen I. und II. als Spezialfälle von III. angesehen werden können, führen wir nur für die zu III. und IV. gehörenden Matrizen eigene Bezeichnungen ein:

III.: $E_{ik}(\lambda)$ mit $i,k \in \mathcal{J}_m$ und $\lambda \in \mathbb{R}$ sei eine m×m-Matrix, so daß für jede m×n-Matrix A gilt: $E_{ik}(\lambda)A$ ist diejenige m×n-Matrix, die aus A entsteht, wenn der i-te Zeilenvektor durch die Summe des i-ten Zeilenvektors und des mit λ multiplizierten k-ten Zeilenvektors ersetzt wird und alle übrigen Zeilenvektoren unverändert bleiben.

IV.: P_{ik} sei eine m×m-Matrix, so daß für jede m×n-Matrix A gilt: $P_{ik}A$ ist diejenige m×n-Matrix, die aus A entsteht, wenn der i-te und der k-te Zeilenvektor vertauscht werden und alle übrigen Zeilenvektoren unverändert bleiben. Solche Matrizen heißen *Vertauschungsmatrizen*.

Die äquivalenten Umformungen vom Typ I werden dann durch die Matrizen $E_{ii}(\lambda-1)$ mit $\lambda \neq 0$ beschrieben, während der Typ II den Matrizen $E_{ik}(1)$ entspricht.

Um die Form dieser Matrizen zu bestimmen, beachten wir, daß die n×n-Matrix

$$E_n := \begin{pmatrix} 1 & & 0 \\ & \ddots & \\ 0 & & 1 \end{pmatrix},$$

die auf der *Hauptdiagonalen* lauter Einsen und sonst nur Nullen enthält, die folgenden Eigenschaften besitzt, die sich unmittelbar durch Ausrechnen ergeben:

(26)	$AE_n = A$ für jede m×n-Matrix A, $E_n B = B$ für jede n×p-Matrix B.

E_n wird deshalb *Einheitsmatrix* genannt. Wenn keine Verwechslung möglich ist, schreiben wir E statt E_n.

Wegen $E_{ik}(\lambda)E_m = E_{ik}(\lambda)$ und $P_{ik}E_m = P_{ik}$ brauchen wir nur die geforderte Wirkung der obigen Matrizen bei der speziellen Matrix E_m festzustellen. Damit erhalten wir sofort:

1.5.1 Elementarmatrizen

II., III.:

$$E_{ik}(\lambda) = \begin{pmatrix} 1 & & & & & 0 \\ & \ddots & & & & \\ & & 1 & \cdots & \lambda & \\ & & & \ddots & \vdots & \\ & & & & 1 & \\ 0 & & & & & 1 \end{pmatrix} \begin{matrix} \\ \\ i \\ \\ k \\ \\ \end{matrix} \quad, \text{ wenn } i < k \text{ ist,}$$

(Spalten: i, k)

II., III.:

$$E_{ik}(\lambda) = \begin{pmatrix} 1 & & & & & 0 \\ & \ddots & & & & \\ & & 1 & \cdots & & \\ & & \vdots & \ddots & & \\ & & \lambda & \cdots & 1 & \\ 0 & & & & & 1 \end{pmatrix} \begin{matrix} \\ \\ k \\ \\ i \\ \\ \end{matrix} \quad, \text{ wenn } i > k \text{ ist,}$$

(Spalten: k, i)

I.:

$$E_{ii}(\lambda - 1) = \begin{pmatrix} 1 & & & & 0 \\ & \ddots & & & \\ & & 1 & & \\ & & \lambda & & \\ & & & 1 & \\ & & & & \ddots \\ 0 & & & & 1 \end{pmatrix} \quad i \quad, \quad \lambda \neq 0,$$

IV.:

$$P_{ik} = P_{ki} = \begin{pmatrix} 1 & & & & & & 0 \\ & \ddots & & & & & \\ & & 1 & & & & \\ & & & 0 & \cdots & 1 & \\ & & & \vdots & 1 & \vdots & \\ & & & \vdots & \ddots & \vdots & \\ & & & 1 & \cdots & 0 & \\ & & & & & & 1 \\ & & & & & & \ddots \\ 0 & & & & & & 1 \end{pmatrix} \begin{matrix} \\ \\ \\ i \\ \\ \\ k \\ \\ \end{matrix} \quad .$$

(Spalten: i, k)

Wir erkennen also, daß diese Matrizen bereits durch die geforderte Wirkung bei den Matrizen E_m eindeutig bestimmt sind. Aber wir müssen noch zeigen, daß auch bei der Multiplikation mit beliebigen m×n-Matrizen A das gewünschte Ergebnis folgt. Da wir mit den obigen Darstellungen nur schlecht rechnen können, wollen wir sie zunächst vereinfachen, indem wir sie als Summen schreiben. Dazu addieren wir zur Einheitsmatrix E_m geeignete Matrizen, die nur ein einziges von Null verschiedenes Element enthalten.

Bezeichnen wir die Spaltenvektoren von E_m mit $\vec{e}_1,...,\vec{e}_m$, so können wir jede m×m-Matrix, die genau eine 1 und sonst nur Nullen enthält, in der Form $\vec{e}_i{}^t\vec{e}_k$ mit $i,k \in J_m$ schreiben, und zwar ist $\vec{e}_i{}^t\vec{e}_k$ diejenige Matrix, deren i-tes Element in der k-ten Spalte gleich 1 ist, während alle übrigen Elemente gleich 0 sind.

Damit erhalten wir für die obigen Matrizen die folgenden übersichtlichen Darstellungen:

(27)
II., III.	$E_{ik}(\lambda) = E_m + \lambda \vec{e}_i{}^t \vec{e}_k$, $i \neq k$,
I.	$E_{ii}(\lambda-1) = E_m + (\lambda-1)\vec{e}_i{}^t \vec{e}_i$, $\lambda \neq 0$,
IV.	$P_{ik} = P_{ki} = E_m - \vec{e}_i{}^t\vec{e}_i - \vec{e}_k{}^t\vec{e}_k + \vec{e}_i{}^t\vec{e}_k + \vec{e}_k{}^t\vec{e}_i$
	$= E_m - (\vec{e}_i - \vec{e}_k)^t(\vec{e}_i - \vec{e}_k)$.

Nun können wir mit Hilfe des *Satzes über Matrizenmultiplikation* (1.4.17) auch die geforderten Eigenschaften nachweisen, wenn wir beachten, daß $\vec{e}_i{}^t\vec{e}_k A$ diejenige Matrix darstellt, deren i-te Zeile die k-te Zeile von A ist, während alle übrigen Zeilen nur Nullen enthalten:

III., II., I.: $\quad E_{ik}(\lambda)A = E_m A + \lambda \vec{e}_i{}^t\vec{e}_k A = A + \lambda \vec{e}_i{}^t\vec{e}_k A$;

IV.: $\quad P_{ik}A = E_m A - \vec{e}_i{}^t\vec{e}_i A - \vec{e}_k{}^t\vec{e}_k A + \vec{e}_i{}^t\vec{e}_k A + \vec{e}_k{}^t\vec{e}_i A$:

Zuerst werden die Elemente der i-ten und der k-ten Zeile von A durch Nullen ersetzt, und anschließend wird der ursprüngliche k-te Zeilenvektor von A zum neuen i-ten und der ursprüngliche i-te zum neuen k-ten Zeilenvektor addiert; insgesamt werden also der i-te und der k-te Zeilenvektor von A vertauscht.

Damit können wir jede äquivalente Umformung, die im Eliminationsalgorithmus auftritt, durch Multiplikation der jeweiligen Matrixgleichung (von links) mit einer der Matrizen aus (27) beschreiben. Da diese Ma-

1.5.3 Produkte von Elementarmatrizen

trizen grundlegend und besonders einfach sind, werden sie *Elementarmatrizen* genannt.

Übung 1.5.a

Stellen Sie die Elementarmatrizen $E_{ik}(\lambda)$ und P_{ik} als Produkte von Elementarmatrizen der Form $E_{ii}(\lambda-1)$ mit $\lambda \neq 0$ sowie $E_{ik}(1)$ mit $i \neq k$ dar. (Hinweis: Beachten Sie Figur 2.)

1.5.2 Produkte von Elementarmatrizen

Wir betrachten zunächst den Fall, daß der Eliminationsalgorithmus für das m×n-System mit der Koeffizientenmatrix A ohne Vertauschungen durchgeführt werden kann. Der Einfachheit halber schreiben wir im folgenden E_{ik} anstelle von $E_{ik}(\lambda_{ik})$. Den äquivalenten Umformungen von $A\vec{x} = \vec{b}$ entsprechen dann die aufeinanderfolgenden Multiplikationen beider Seiten mit den Elementarmatrizen $E_{21}, E_{31}, \ldots, E_{m1}, E_{32}, \ldots, E_{m2}, \ldots, E_{m,m-1}$. Das Ergebnis der äquivalenten Umformungen ist die Stufenform (9) des m×n-Systems. Die zugehörige Matrix definieren wir ganz analog:

1.5.3 Definition der Stufenmatrix

Eine m×n-Matrix $S = \begin{pmatrix} s_{11} & \cdots & s_{1n} \\ \vdots & & \vdots \\ s_{m1} & \cdots & s_{mn} \end{pmatrix}$

heißt *Stufenmatrix (mit der Stufenzahl r)* genau dann, wenn es Spaltenindizes $k_1, \ldots, k_r$ mit $1 \leq k_1 < \ldots < k_r \leq n$ gibt, so daß
i) $s_{1k_1} \neq 0, \ldots, s_{rk_r} \neq 0$ ist und
ii) $s_{ik} = 0$ gilt, wenn $i \leq r$ und $k < k_i$ oder wenn $i > r$ und k beliebig ist.

Fassen wir das Produkt der Elementarmatrizen durch
$$F := E_{m,m-1} \cdot \ldots \cdot \ldots \cdot E_{m2} \cdot \ldots \cdot E_{32} \cdot E_{m1} \cdot \ldots \cdot E_{31} \cdot E_{21}$$
zusammen, so ist das Ergebnis der Multiplikationen auf der linken Seite der Gleichung $A\vec{x} = \vec{b}$ also eine Stufenmatrix $S := FA$. Auf der rechten Seite der Gleichung ergibt sich gleichzeitig $\vec{c} := F\vec{b}$ als neuer Spaltenvektor, also

(28) $\quad S\vec{x} = \vec{c}$ mit $S := FA$ und $\vec{c} := F\vec{b}$.

Bezeichnen wir die Elementarmatrizen in unserem Beispiel jetzt mit E_{21}, E_{31} bzw. E_{32} (anstelle von E, F, G), so ist

$$E_{32} E_{31} E_{21} = \begin{pmatrix} 1 & 0 & 0 \\ 0 & 1 & 0 \\ 0 & -1 & 1 \end{pmatrix} \begin{pmatrix} 1 & 0 & 0 \\ 0 & 1 & 0 \\ 1 & 0 & 1 \end{pmatrix} \begin{pmatrix} 1 & 0 & 0 \\ -2 & 1 & 1 \\ 0 & 0 & 1 \end{pmatrix} = \begin{pmatrix} 1 & 0 & 0 \\ -2 & 1 & 0 \\ 3 & -1 & 1 \end{pmatrix},$$

und das Gleichungssystem (3) erhält die Form

$$\begin{pmatrix} 1 & 0 & 0 \\ -2 & 1 & 0 \\ 3 & -1 & 1 \end{pmatrix} \begin{pmatrix} -1 & -1 & 2 \\ -2 & 0 & 5 \\ 1 & 3 & 0 \end{pmatrix} \vec{x} = \begin{pmatrix} 1 & 0 & 0 \\ -2 & 1 & 0 \\ 3 & -1 & 1 \end{pmatrix} \begin{pmatrix} -1 \\ -7 \\ -5 \end{pmatrix}, \text{ also } \begin{pmatrix} -1 & -1 & 2 \\ 0 & 2 & 1 \\ 0 & 0 & 1 \end{pmatrix} \vec{x} = \begin{pmatrix} -1 \\ -5 \\ -1 \end{pmatrix}.$$

Wir erkennen zugleich, daß das Zusammenfassen des Produkts der Elementarmatrizen zu einer neuen Matrix keinen besonderen Nutzen bringt, weil diese Matrix Elemente enthält, die sich nicht in einfacher Weise merken bzw. deuten lassen (etwa das Element 3 im obigen Beispiel). Wir wollen aber wenigstens versuchen, den Grund für diese Störung zu finden. Dazu betrachten wir das Produkt zweier beliebiger Elementarmatrizen vom Typ III:

$$E_{ij}(\lambda) E_{kl}(\mu) = (E_m + \lambda \vec{e}_i{}^t \vec{e}_j)(E_m + \mu \vec{e}_k{}^t \vec{e}_l)$$
$$= E_m + \lambda \vec{e}_i{}^t \vec{e}_j + \mu \vec{e}_k{}^t \vec{e}_l + \lambda \mu (\vec{e}_i{}^t \vec{e}_j)(\vec{e}_k{}^t \vec{e}_l).$$

Offenbar ist der letzte Summand das "Störglied". Wegen des allgemeinen Assoziativgesetzes können wir hier die Klammern umsetzen und erhalten:

(29) $(\vec{e}_i{}^t \vec{e}_j)(\vec{e}_k{}^t \vec{e}_l) = \vec{e}_i({}^t \vec{e}_j \vec{e}_k){}^t \vec{e}_l = \begin{cases} \vec{e}_i \cdot (0) \cdot {}^t \vec{e}_l = 0 \cdot \vec{e}_i{}^t \vec{e}_l, \text{ wenn } j \neq k, \\ \vec{e}_i \cdot (1) \cdot {}^t \vec{e}_l = \vec{e}_i{}^t \vec{e}_l, \text{ wenn } j = k \text{ ist.} \end{cases}$

Den "ungestörten" Fall von Produkten mit beliebig vielen Gliedern wollen wir in einem Satz festhalten. Hierzu (und für viele weitere Darstellungen) ist es zweckmäßig, die folgenden Abkürzungen für Summen und Produkte von "addierbaren" oder "multiplizierbaren" Termen $A(j)$ beziehungsweise $M(j)$ einzuführen, wobei die Lauf-

1.5.5 Umkehrung der äquivalenten Umformungen

bereichsgrenzen der Argumente oder Indizes (hier j) nichtnegative ganze Zahlen sind und der Laufbereich auch durch (zusätzliche) Bedingungen gegeben oder eingeschränkt werden kann:

$$\sum_{j=m}^{n} A(j) := \begin{cases} 0, \text{ wenn } m > n \text{ ist,} \\ A(m), \text{ wenn } m = n \text{ ist,} \\ A(m) + \ldots + A(n), \text{ wenn } m < n \text{ ist;} \end{cases}$$

$$\prod_{j=m}^{n} M(j) := \begin{cases} 1, \text{ wenn } m > n \text{ ist,} \\ M(m), \text{ wenn } m = n \text{ ist,} \\ M(m) \cdot \ldots \cdot M(n), \text{ wenn } m < n \text{ ist.} \end{cases}$$

1.5.4 Satz über Produktauflösung

Sind $E_{i_j k_j}(\lambda_j) = E_m + \lambda_j \vec{e}_{i_j}{}^t \vec{e}_{k_j}$, $j = 1, \ldots, s$, Elementarmatrizen mit $i_j, k_j \in \mathcal{J}_m$ und $i_j \neq k_l$ für alle j, l mit $1 \leq l \leq j \leq s$, so gilt

$$\prod_{j=1}^{s} E_{i_j k_j}(\lambda_j) = E_m + \sum_{j=1}^{s} \lambda_j \vec{e}_{i_j}{}^t \vec{e}_{k_j},$$

d.h. tritt in einem Produkt von Elementarmatrizen des Typs III **kein Zweit**index eines Faktors bei einem **weiter rechts** stehenden Faktor als **Erst**index auf, so ist die Produktmatrix die zu E_m addierte Summe der um E_m verminderten Elementarmatrizen.[5]

Beweis (r1):

Bei der vollständigen Induktion ergibt s = 1 den oben behandelten Induktionsanfang, und der Induktionsschritt besteht in der Multiplikation beider Seiten der Gleichung mit einer weiteren Elementarmatrix und Anwendung von (29) auf die von E verschiedenen Summanden. □

1.5.5 Umkehrung der äquivalenten Umformungen

Sehen wir uns noch einmal unser Produkt

$$F = E_{m,m-1} \cdot \ldots \cdot E_{m2} \cdot \ldots \cdot E_{32} \cdot E_{m1} \cdot \ldots \cdot E_{31} \cdot E_{21}$$

---

[5] Mit den fett gedruckten Wortteilen (kein Zweit weiter rechts Erst) läßt sich die Voraussetzung dadurch merken (z. B. für Prüfungen), daß zuerst drei ei-Laute und dann drei e-Laute aufeinanderfolgen.

an, so erkennen wir, daß die Voraussetzungen des *Satzes über Produktauflösung* (1.5.4) erfüllt wären, wenn die Faktoren in der umgekehrten Reihenfolge auftreten würden. Die umgekehrte Reihenfolge der Elementarmatrizen entspricht aber der umgekehrten Reihenfolge der äquivalenten Umformungen, d.h. also dem Rückgängigmachen des Eliminationsalgorithmus.

Wir erinnern uns, daß die äquivalenten Umformungen gerade durch die Bedingung der Umkehrbarkeit definiert wurden, und die Umkehrung der Umformung von Typ III besteht in der Subtraktion des λ-fachen der k-ten Gleichung von der i-ten (wenn vorher das λ-fache der k-ten Gleichung zur i-ten addiert wurde).

Die zugehörige Elementarmatrix hat also die Form $E_{ik}(-\lambda)$. Man kann auch leicht nachrechnen, daß durch $E_{ik}(-\lambda)$ die Wirkung von $E_{ik}(\lambda)$ aufgehoben wird, denn wegen $i \neq k$ gilt aufgrund des *Satzes über Produktauflösung* (1.5.4):

$$(30) \qquad E_{ik}(\lambda)\, E_{ik}(-\lambda) = E + \lambda \vec{e}_i{}^t \vec{e}_k - \lambda \vec{e}_i{}^t \vec{e}_k = E.$$

Entsprechend finden wir bei den anderen Typen äquivalenter Umformungen durch Übersetzung von 1.2.2 jeweils eine Matrix, deren Produkt mit der vorliegenden Elementarmatrix die Einheitsmatrix ergibt:

$$\text{I. } E_{ii}(\lambda-1)\, E_{ii}(\tfrac{1}{\lambda}-1) = E + (\lambda-1)\vec{e}_i{}^t \vec{e}_i + (\tfrac{1}{\lambda}-1)\vec{e}_i{}^t \vec{e}_i + (\lambda-1)(\tfrac{1}{\lambda}-1)\vec{e}_i{}^t \vec{e}_i$$
$$= E, \text{ falls } \lambda \neq 0 \text{ ist};$$
$$(31) \text{ IV. } P_{ik}\, P_{ik} = \left(E - (\vec{e}_i-\vec{e}_k)^t(\vec{e}_i-\vec{e}_k)\right)^2$$
$$= E - 2(\vec{e}_i-\vec{e}_k)^t(\vec{e}_i-\vec{e}_k) + \underbrace{(\vec{e}_i-\vec{e}_k)^t(\vec{e}_i-\vec{e}_k)(\vec{e}_i-\vec{e}_k)^t(\vec{e}_i-\vec{e}_k)}_{(2)}$$
$$= E, \text{ wenn } i \neq k \text{ ist.}$$

Ersetzen wir in (30) λ durch $-\lambda$ und in (31)I. λ durch $\tfrac{1}{\lambda}$, so erhalten wir die Produkte mit vertauschten Faktoren. Zu jeder Elementarmatrix gibt es also eine Elementarmatrix vom selben Typ, so daß das linksseitige und das rechtsseitige Produkt die Einheitsmatrix darstellt. Diese wichtige Eigenschaft ist Inhalt der folgenden Definition:

1.5.6 Definition der Invertierbarkeit

Eine m×m-Matrix A heißt *invertierbar* (oder *umkehrbar* oder *regulär* oder *nichtsingulär*) genau dann, wenn es eine m×m-Matrix A' gibt, so daß AA' = A'A = E gilt.

In Abschnitt 2.3.30 werden wir nachweisen, daß für m×m-Matrizen A und A' aus AA'=E bereits A'A=E folgt (und umgekehrt). Hier können wir wenigstens zeigen, daß sich aus AA'=E und A"A=E mit m×m-Matrizen A, A' und A" stets A'=A" ergibt:

$$A' = EA' = (A''A)A' = A''(AA') = A''E = A''.$$

Insbesondere kann es also keine verschiedenen Matrizen A' und A" geben, so daß AA' = A'A = E und AA" = A"A = E gilt. Die damit eindeutig durch A bestimmte Matrix A' in Definition 1.5.6 wird *Inverse von A* genannt und mit A^{-1} (anstelle von A') bezeichnet.

Die Ergebnisse von (30) und (31) lassen sich nun folgendermaßen zusammenfassen:

1.5.7 Satz über die Invertierbarkeit der Elementarmatrizen

Alle Elementarmatrizen sind invertierbar, und es gilt

I. $(E_{ii}(\lambda-1))^{-1} = E_{ii}(\frac{1}{\lambda}-1)$, $\lambda \neq 0$,

II., III. $(E_{ik}(\lambda))^{-1} = E_{ik}(-\lambda)$, $i \neq k$,

IV. $P_{ik}^{-1} = P_{ik}$.

Jetzt können wir die einzelnen Schritte des Eliminationsalgorithmus rückgängig machen, indem wir alle Teile der Gleichungen $FA\vec{x} = S\vec{x} = F\vec{b}$ nacheinander mit der Inversen der jeweils am weitesten links stehenden Elementarmatrix multiplizieren. In unserem Beispiel sind dieses die folgenden Umkehrschritte:

$$\begin{array}{rrrl}
E_{32} E_{31} E_{21} A\vec{x} = & S\vec{x} = E_{32} E_{31} E_{21} \vec{b} & \quad | \cdot E_{32}^{-1} \\
E_{31} E_{21} A\vec{x} = & E_{32}^{-1} S\vec{x} = E_{31} E_{21} \vec{b} & \quad | \cdot E_{31}^{-1} \\
E_{21} A\vec{x} = & E_{31}^{-1} E_{32}^{-1} S\vec{x} = E_{21} \vec{b} & \quad | \cdot E_{21}^{-1} \\
A\vec{x} = & E_{21}^{-1} E_{31}^{-1} E_{32}^{-1} S\vec{x} = & \vec{b}
\end{array}$$

Genauso können wir im allgemeinen Fall die in F zusammengefaßten Elementarmatrizen schrittweise abbauen. Die jeweiligen Inversen treten dann vor der Matrix S in der entgegengesetzten Reihenfolge auf wie die zugehörigen Elementarmatrizen vor A (bzw. $\vec{b}$):

(32) $\quad A\vec{x} = E_{21}^{-1} \cdot E_{31}^{-1} \cdot \ldots \cdot E_{m1}^{-1} \cdot E_{32}^{-1} \cdot \ldots \cdot E_{m2}^{-1} \cdot \ldots \cdot \ldots \cdot E_{m,m-1}^{-1} \cdot S\,\vec{x} = \vec{b}.$

Dieses Gesetz gilt unabhängig von linearen Gleichungssystemen auch für beliebige invertierbare m×m-Matrizen:

1.5.8 Satz über die Inverse eines Produkts

Sind $A_1,\ldots,A_p$ ($p \geq 2$) invertierbare m×m-Matrizen, so ist auch $A_1 \cdot \ldots \cdot A_p$ invertierbar, und es gilt

$$(A_1 \cdot \ldots \cdot A_p)^{-1} = A_p^{-1} \cdot \ldots \cdot A_1^{-1}.$$

Beweis (r1):

Induktionsanfang p=2:

$$(A_1 A_2)(A_2^{-1} A_1^{-1}) = A_1(A_2 A_2^{-1})A_1^{-1} = A_1 E A_1^{-1} = A_1 A_1^{-1} = E,$$
$$(A_2^{-1} A_1^{-1})(A_1 A_2) = A_2^{-1}(A_1^{-1} A_1)A_2 = A_2^{-1} E A_2 = A_2^{-1} A_2 = E,$$

also

$$(A_1 A_2)^{-1} = A_2^{-1} A_1^{-1}.$$

Der Induktionsschritt unter Verwendung des allgemeinen Assoziativgesetzes erfolgt entsprechend:

$$(A_1 \cdot \ldots \cdot A_p \cdot A_{p+1})^{-1} = A_{p+1}^{-1}(A_1 \cdot \ldots \cdot A_p)^{-1} = A_{p+1}^{-1} \cdot A_p^{-1} \cdot \ldots \cdot A_1^{-1}. \quad \square$$

Damit erkennen wir zugleich, daß das Produkt der Inversen vor der Matrix S in (32) die Inverse F^{-1} von F ist, so daß wir jetzt das ursprüngliche Gleichungssystem in der Form

$$A\vec{x} = F^{-1} S \vec{x} = \vec{b}$$

schreiben können. Im Unterschied zu F ist F^{-1} ein Produkt von Elementarmatrizen in der "richtigen" Reihenfolge: Da die Zweitindizes monoton wachsen und jeder Erstindex größer als der zugehörige Zweitindex ist, kann kein Zweitindex eines Faktors bei einem weiter rechts stehenden Faktor als Erstindex auftreten. Damit sind die Voraussetzungen des *Satzes über Produktauflösung* (1.5.4) erfüllt. Ist E_{ij} die Abkürzung für $E_{ij}(\lambda_{ij})$, so gilt $E_{ij}^{-1} = E_{ij}(-\lambda_{ij})$, und wir erhalten

1.5.9 Umkehrung der äquivalenten Umformungen

(33)
$$U := F^{-1} = E_m - \sum_{k=1}^{m-1}\left(\sum_{j=k+1}^{m} \lambda_{jk}\vec{e}_j{}^t\vec{e}_k\right)$$

$$= \begin{pmatrix} 1 & & & & \\ -\lambda_{21} & 1 & & O & \\ -\lambda_{31} & -\lambda_{32} & 1 & & \\ \vdots & \vdots & & \ddots & \\ -\lambda_{m1} & -\lambda_{m2} & \cdots & -\lambda_{m,m-1} & 1 \end{pmatrix}.$$

Eine solche m×m-Matrix, bei der oberhalb der Hauptdiagonalen nur Nullen stehen, heißt *untere Dreiecksmatrix*. Entsprechend wird eine m×m-Matrix *obere Dreiecksmatrix* genannt, wenn ihre Transponierte eine untere Dreiecksmatrix ist. Enthält die Hauptdiagonale einer (unteren oder oberen) Dreiecksmatrix nur Einsen, so spricht man von einer *normierten (unteren oder oberen) Dreiecksmatrix*.

Die Elemente von $U = F^{-1}$ unterhalb der Hauptdiagonalen lassen sich noch etwas einfacher deuten: Da λ_{ij} während des Eliminationsalgorithmus so bestimmt wird, daß die Summe des mit λ_{ij} multiplizierten j-ten Elements der k_j-ten Spalte und des i-ten Elements derselben Spalte Null ergibt, ist $u_{ij} := -\lambda_{ij}$ gerade der Quotient des i-ten und des j-ten Elements der jeweiligen k_j-ten Spalte, wobei k_j wie in Definition 1.5.3 den Spaltenindex des j-ten Eckkoeffizienten bezeichnet.

Damit haben wir folgenden Satz:

1.5.9 Satz über die US-Zerlegung ohne Vertauschungen

Ist A eine m×n-Matrix, für die der Eliminationsalgorithmus ohne Vertauschungen von Zeilen durchgeführt werden kann, so besitzt A die Produktdarstellung

$$A = US,$$

wobei U eine normierte untere Dreiecksmatrix und S eine m×n-Stufenmatrix ist. Bezeichnet k_j den Spaltenindex des j-ten Eckkoeffizienten, so sind die Elemente von U unterhalb der Hauptdiagonalen die Zahlen $u_{ij} = -\lambda_{ij}$, die im Laufe der äquivalenten Umformungen von A als Quotienten des i-ten und des j-ten Elements der k_j-ten Spalte berechnet werden, bevor der entsprechende Eliminationsschritt (Addition des λ_{ij}-fachen des j-ten Zeilenvektors zum i-ten) ausgeführt wird. Die Stufenmatrix S ist die Koeffizientenmatrix der Stufenform (9) des m×n-Systems.

In unserem Beispiel lautet die Produktzerlegung

$$A = \begin{pmatrix} -1 & -1 & 2 \\ -2 & 0 & 5 \\ 1 & 3 & 0 \end{pmatrix} = \begin{pmatrix} 1 & 0 & 0 \\ 2 & 1 & 0 \\ -1 & 1 & 1 \end{pmatrix} \begin{pmatrix} -1 & -1 & 2 \\ 0 & 2 & 1 \\ 0 & 0 & 1 \end{pmatrix} = US.$$

Wir schließen diesen Abschnitt mit zwei Sätzen über das Zusammenspiel von Invertierbarkeit und Transposition sowie über Produkte von Dreiecksmatrizen.

1.5.10 Satz über Transponierte von Inversen

Ist A invertierbar, so stellt auch ^tA eine invertierbare Matrix dar, und es gilt

$$(^tA)^{-1} = {}^t(A^{-1}).$$

Beweis (r1):

Die Inverse von A erfüllt definitionsgemäß die Gleichungen

$$AA^{-1} = A^{-1}A = E.$$

Aufgrund des *Satzes über Matrizenmultiplikation* (1.4.17, iv) folgt daraus

$$^t(A^{-1})\,^tA = {}^tA\,^t(A^{-1}) = {}^tE = E,$$

so daß die Invertierbarkeit von ^tA und die Gleichung $(^tA)^{-1} = {}^t(A^{-1})$ abgelesen werden können. □

1.5.11 Satz über Produkte von Dreiecksmatrizen

Sind $A_1, \ldots, A_p$ mit $p \geq 2$ (normierte) untere beziehungsweise obere m×m-Dreiecksmatrizen, so stellt $A_1 \cdot \ldots \cdot A_p$ eine Matrix des entsprechenden Typs dar.

1.5.11 Produkte von Dreiecksmatrizen

Beweis (r1):

Wegen Teil iv) des *Satzes über Matrizenmultiplikation* (1.4.17) genügt es, den Beweis durch vollständige Induktion über p für (normierte) untere Dreiecksmatrizen zu führen:

Induktionsanfang p = 2:

Sind $A_1 =: (a_{ik})$ und $A_2 =: (b_{ik})$ untere Dreiecksmatrizen, so gilt $a_{ik} = b_{ik} = 0$ für alle $i, k \in J_m$ mit $i < k$. Setzen wir $(c_{ik}) := A_1 A_2$, so ergibt (22) für $i < k$ die Elemente

$$c_{ik} = a_{i1} 0 + \ldots + a_{ii} 0 + 0 b_{i+1,k} + \ldots + 0 b_{mk} = 0,$$

d.h. $A_1 A_2$ ist eine untere Dreiecksmatrix. Bei normierten unteren Dreiecksmatrizen gilt außerdem $a_{ii} = b_{ii} = 1$ für $i = 1, \ldots, m$, so daß $c_{ii} = a_{ii} b_{ii} = 1$ aus (22) folgt. In diesem Fall ist also auch $A_1 A_2$ eine normierte untere Dreiecksmatrix.

Der Induktionsschritt erfolgt mit Hilfe des allgemeinen Assoziativgesetzes durch Zurückführung auf ein Produkt von zwei Dreiecksmatrizen:

$$A_1 \cdot \ldots \cdot A_p A_{p+1} = (A_1 \cdot \ldots \cdot A_p) A_{p+1}. \qquad \square$$

Übung 1.5.b

a) Bestimmen Sie alle 2×2-Matrizen B, für die $B^2 = E_2$ gilt.
b) Es sei $A = (a_{ik})$ eine invertierbare 2×2-Matrix. Geben Sie A^{-1} explizit an.

Übung 1.5.c

Zeigen Sie, daß die Matrix

$$\begin{pmatrix} 2 & \frac{1}{2} & 0 & 0 \\ \frac{2}{3} & 2 & \frac{1}{3} & 0 \\ 0 & \frac{1}{2} & 2 & \frac{3}{4} \\ 0 & 0 & \frac{1}{4} & 2 \end{pmatrix}$$

invertierbar ist. (Hinweis: Stellen Sie die Matrix als Produkt von invertierbaren Matrizen dar.

Achtung: Fundgrube! [US-Zerlegung und Invertierbarkeit der m×m-Matrizen $A = (a_{ik})$ mit $a_{ii} := 2$, $i = 1, \ldots, m$, $a_{ik} := 0$ für $|i - k| \geq 2$ und $0 < a_{ik} < 1$ für $|i - k| = 1$.]

Übung 1.5.d

a) Bestimmen Sie diejenigen 3×3-Matrizen, die mit allen anderen 3×3-Matrizen vertauschbar sind.

b) Geben Sie diejenigen normierten oberen 3×3-Matrizen an, die mit allen normierten oberen 3×3-Matrizen vertauschbar sind.

Übung 1.5.e

Eine $m \times m$-Matrix A heißt *nilpotent*, wenn es ein $n \in \mathbb{N}$ gibt, so daß $A^n = (0)$ gilt. A und B seien nilpotente $m \times m$-Matrizen. Zeigen Sie:

a) Aus $A^n = (0)$ folgt, daß $E_m - A$ invertierbar ist und daß $(E_m - A)^{-1} = E_m + A + A^2 + \ldots + A^{n-1}$ gilt.

b) Aus $AB = BA$ folgt, daß $A + B$ nilpotent ist.

c) Aus $AB = BA$ folgt, daß AB nilpotent ist.

Übung 1.5.f

Es sei A eine $m \times n$-Matrix und B eine $n \times m$-Matrix. Beweisen Sie, daß $E_n - BA$ genau dann invertierbar ist, wenn $E_m - AB$ eine invertierbare Matrix darstellt. [Hinweis: Gehen Sie von der Gleichung $B(E_m - AB) = (E_n - BA)B$ aus, und formen Sie solange um, bis Sie eine Gleichung der Form $(E_n - BA)X = E_n$ erhalten.]

Übung 1.5.g

Es sei $A = (a_{ik})$ die $n \times n$-Matrix mit $a_{jj} := n$ für $j = 1, \ldots, n$ und $a_{ik} := -1$ für $i \neq k$. Zeigen Sie mit Hilfe von Übung 1.5.f, daß A invertierbar ist, und berechnen Sie A^{-1}.

Übung 1.5.h

Bestimmen Sie zu $A = \begin{pmatrix} 1 & 2 & 5 \\ 3 & 4 & 9 \end{pmatrix}$ zwei verschiedene 3×2-Matrizen B und C mit $AB = AC = E_2$.

Übung 1.5.i

Es sei A eine $n \times n$-Matrix mit $A^2 = A \neq E_n$. Beweisen Sie, daß A nicht invertierbar ist.

1.5.12 Vorteile der Produktdarstellung

Was haben wir nun mit der Produktdarstellung der Koeffizientenmatrix A eines m×n-Systems gewonnen? Zunächst sieht es so aus, als wären wir im Kreise gelaufen: In der Form $US\vec{x} = \vec{b}$ haben wir das ursprüngliche Gleichungssystem $A\vec{x} = \vec{b}$ zurückerhalten. Die folgenden Vorteile der Produktzerlegung können wir aber schon jetzt erkennen:

1. Ist die Zerlegung $A=US$ bekannt, so läßt sich das Gleichungssystem $A\vec{x} = \vec{b}'$ für jeden Spaltenvektor $\vec{b}'$ (der Länge m) mit wesentlich geringerem Aufwand als mit der Vorwärtselimination (ca. $\frac{1}{3}m^3$ Operationen - d.h. Multiplikationen und Divisionen - bei einem m×m-System; siehe Übung 1.3.b) behandeln beziehungsweise lösen: Da U eine normierte untere Dreiecksmatrix ist, läßt sich der Spaltenvektor $\vec{y}' = U^{-1}\vec{b}'$ durch "Vorwärtseinsetzen" aus dem System $U\vec{y}' = \vec{b}'$ mit ca. $\frac{1}{2}m^2$ Operationen berechnen. Ist S eine (invertierbare) obere Dreiecksmatrix, so ergibt sich die (einzige) Lösung $\vec{x}$ des Systems $US\vec{x} = \vec{b}'$ durch Rückwärtseinsetzen mit ebenfalls ca. $\frac{1}{2}m^2$ Operationen aus dem System $S\vec{x} = \vec{y}'$.

Als Beispiel hierfür geben wir am Schluß dieses Abschnitts einen Algorithmus zur Berechnung der Inversen an.

2. Die Faktoren U und S können für manche Matrizen A auch ohne Verwendung des Eliminationsalgorithmus bestimmt werden. Ein wichtiges Beispiel dafür behandeln wir in Abschnitt 1.7.

Übung 1.5.j

Lösen Sie die 3×3-Systeme $US\vec{x} = \vec{b}_k$, $k = 1, 2, 3$, mit

$$U := \begin{pmatrix} 1 & 0 & 0 \\ -1 & 1 & 0 \\ 0 & -1 & 1 \end{pmatrix}, \quad S := \begin{pmatrix} 1 & -1 & 0 \\ 0 & 1 & -1 \\ 0 & 0 & 1 \end{pmatrix},$$

$$\vec{b}_1 := \begin{pmatrix} 2 \\ -1 \\ 3 \end{pmatrix}, \quad \vec{b}_2 := \begin{pmatrix} 11 \\ 7 \\ -3 \end{pmatrix}, \quad \vec{b}_3 := \begin{pmatrix} a \\ b \\ c \end{pmatrix}.$$

Übung 1.5.k

Bestimmen Sie zu der Matrix $A = \begin{pmatrix} 1 & 1 & 1 \\ 1 & 2 & 3 \\ 1 & 4 & 9 \end{pmatrix}$ eine 3×3-Matrix X, so daß $AX = E_3$ gilt. [Hinweis: Berechnen Sie zu jedem Spaltenvektor $\vec{e}_i$ von E_3 einen Lösungsvektor $\vec{x}_i$ des Systems $A\vec{x}_i = \vec{e}_i$.]

1.5.13 Elimination mit Vertauschungen

Wie wir schon in 1.3.3 erkannt haben, können während des Eliminationsverfahrens Zeilenvertauschungen notwendig werden, um eine Null durch ein von Null verschiedenes Element zu ersetzen. Aber auch wenn ein Eckkoeffizient a_{ik} nur wenig von Null verschieden ist, wendet man in der Praxis Zeilenvertauschung an, um das betragsmäßig größte Element a_{jk} mit $j>i$ an die Stelle von a_{ik} zu bringen (*teilweise Pivotisierung*).[6]

Im allgemeinen Fall enthält also das Produkt der Elementarmatrizen, die den Eliminationsalgorithmus beschreiben, auch Vertauschungsmatrizen P_{ik} und zwar immer dann, wenn bei dem Eliminationsprozeß in einer Spalte zuerst ein geeigneter Eckkoeffizient herbeigeschafft werden muß. Wenn wir beachten, daß $P_{jj}=E$ und $E_{ik}(0)=E$ ist, können wir den Faktor F aus 1.5.2 durch

$$F = (E_{mr} \cdot \ldots \cdot E_{r+1,r} \cdot P_{i_r r}) \cdot \ldots \cdot (E_{m2} \cdot \ldots \cdot E_{32} \cdot P_{i_2 2}) \cdot (E_{m1} \cdot \ldots \cdot E_{21} \cdot P_{i_1 1})$$

ersetzen, wobei r die Stufenzahl der Stufenmatrix S = FA ist und $i_k \geq k$ für $k=1,\ldots,r$ gilt. (Im Falle r = m ist die ganz links stehende Klammer bei F zu streichen.)

Auch hier können wir A in der Form $A = F^{-1}S$ zurückgewinnen und F^{-1} als Produkt der Inversen der einzelnen Elementarmatrizen in der umgekehrten Reihenfolge schreiben (mit der entsprechenden Vereinbarung im Falle r = m):

$$(34) \quad F^{-1} = (P_{i_1 1} \cdot E_{21}^{-1} \cdot \ldots \cdot E_{m1}^{-1}) \cdot (P_{i_2 2} \cdot E_{32}^{-1} \cdot \ldots \cdot E_{m2}^{-1}) \cdot \ldots \cdot (P_{i_r r} \cdot E_{r+1,r}^{-1} \cdot \ldots \cdot E_{mr}^{-1}).$$

Aber nun ist F^{-1} wegen des Auftretens der Vertauschungsmatrizen in der Regel keine untere Dreiecksmatrix, d.h. A läßt sich nicht als Produkt US mit einer normierten unteren Dreiecksmatrix U und einer Stufenmatrix S darstellen.

Dieser Mangel läßt sich glücklicherweise durch eine einfache Überlegung beseitigen: Wir können die Vertauschungsmatrizen $P_{i_k k}$,

---

[6] "Pivot" ist die englisch-amerikanische Bezeichnung für "Dreh- und Angelpunkt" und für jeden der Koeffizienten, die wir Eckkoeffizienten nennen.

k=1,...,r, aus F^{-1} nach links herausziehen, ohne die Indexbedingung von Satz 1.5.4 zu stören. Dazu zeigen wir:

1.5.14 Satz über den Seitenwechsel von Vertauschungsmatrizen

Sind P_{ij} und $E_{kl}(\lambda)$ Elementarmatrizen vom Typ IV bzw. III, so gilt $E_{kl}(\lambda)P_{ij} = P_{ij}E_{k'l'}(\lambda)$ mit

$$k' := \begin{cases} j, & \text{wenn } k=i, \\ i, & \text{wenn } k=j, \\ k & \text{sonst,} \end{cases} \quad \text{und} \quad l' := \begin{cases} j, & \text{wenn } l=i, \\ i, & \text{wenn } l=j, \\ l & \text{sonst.} \end{cases}$$

Beweis (r1):

Wegen $P_{ij} = P_{ij}^{-1} = {}^tP_{ij}$ gilt

$$E_{k'l'}(\lambda) := P_{ij}E_{kl}(\lambda)P_{ij} = P_{ij}(E + \lambda\vec{e}_k{}^t\vec{e}_l)P_{ij} = P_{ij}EP_{ij} + \lambda P_{ij}\vec{e}_k{}^t\vec{e}_l P_{ij}$$
$$= E + \lambda(P_{ij}\vec{e}_k)^t(P_{ij}\vec{e}_l) \quad \text{mit } P_{ij}\vec{e}_k = \vec{e}_{k'} \text{ und } P_{ij}\vec{e}_l = \vec{e}_{l'}. \quad \square$$

Nun können wir jede der in F^{-1} auftretenden Matrizen $P_{i_k k}$, k=1,...,r, schrittweise mit allen weiter links stehenden Elementarmatrizen vom Typ III vertauschen. $P_{i_1 1}$ steht in (34) bereits an der richtigen Stelle. Schreiben wir $E_{ik}(u'_{ik})$ anstelle von E_{ik}^{-1}, wobei $u'_{ik} := -\lambda_{ik}$ die im Eliminationsalgorithmus gebildeten Quotienten sind, so bewirkt das Vorziehen von $P_{i_2 2}$, daß in der ersten Klammer $E_{21}(u'_{21})$ durch $E_{i_2 1}(u'_{21})$ sowie $E_{i_2 1}(u'_{i_2 1})$ durch $E_{21}(u'_{i_2 1})$ ersetzt wird. Entsprechend ergibt das Vorziehen der Matrix $P_{i_k k}$ mit $k \in \{2,...,r\}$ in der j-ten Klammer für jedes j mit j<k die Ersetzung von $E_{kj}(u'_{kj})$ durch $E_{ikj}(u'_{kj})$ sowie von $E_{i_k j}(u'_{i_k j})$ durch $E_{kj}(u'_{i_k j})$.

Da das allgemeine Ergebnis nicht ganz einfach ist, betrachten wir zunächst ein Beispiel:

1.5.15 Beispiel

Es sei A eine 4×4-Matrix, für die der Eliminationsalgorithmus die folgende Darstellung ergibt:

$$P_{21}E_{21}(u'_{21})E_{31}(u'_{31})E_{41}(u'_{41})P_{42}E_{32}(u'_{32})E_{42}(u'_{42})P_{43}E_{43}(u'_{43})S$$
$$= P_{21}P_{42}E_{41}(u'_{21})E_{31}(u'_{31})E_{21}(u'_{41}) \quad E_{32}(u'_{32})E_{42}(u'_{42})P_{43}E_{43}(u'_{43})S$$
$$= P_{21}P_{42}P_{43}E_{31}(u'_{21})E_{41}(u'_{31})E_{21}(u'_{41}) \quad E_{42}(u'_{32})E_{32}(u'_{42}) \quad E_{43}(u'_{43})S.$$

Beachten Sie, daß die Argumente der Ausgangsmatrizen $E_{ik}(u'_{ik})$ bei den Vertauschungen unverändert bleiben. Da sich auch die Zweitindizes aller Elementarmatrizen vom Typ III nicht ändern und da die Indexbedingung des *Satzes über Produktauflösung* (1.5.4) durchweg gilt, lassen sich die drei Produkte von Elementarmatrizen ohne die Permutationsmatrizen als Summen schreiben, bei denen die Elemente der zugehörigen normierten unteren Dreiecksmatrizen einfach abgelesen werden können.

Die entsprechenden Vertauschungen ergeben dann

$$U' = \begin{pmatrix} 1 & & & O \\ u'_{21} & 1 & & \\ u'_{31} & u'_{32} & 1 & \\ u'_{41} & u'_{42} & u'_{43} & 1 \end{pmatrix} \xrightarrow{(P_{42})} \begin{pmatrix} 1 & & & O \\ \boxed{u'_{41}} & 1 & & \\ u'_{31} & u'_{32} & 1 & \\ \boxed{u'_{21}} & u'_{42} & u'_{43} & 1 \end{pmatrix} \xrightarrow{(P_{43})} \begin{pmatrix} 1 & & & O \\ u'_{41} & 1 & & \\ \boxed{u'_{21}} & \boxed{u'_{42}} & 1 & \\ u'_{31} & u'_{32} & u'_{43} & 1 \end{pmatrix} = U.$$

Im allgemeinen Fall ist $U' := \prod_{k=1}^{m-1} \left(\prod_{j=k+1}^{m} E_{jk}(u'_{jk}) \right) =: (\tilde{u}'_1 \ldots \tilde{u}'_m)$ aufgrund des *Satzes über Produktauflösung* (1.5.4) die normierte untere Dreiecksmatrix, deren Elemente u'_{ik} unterhalb der Hauptdiagonalen die bei dem Eliminationsalgorithmus gebildeten Quotienten sind. Da in der Produktdarstellung kein Zweitindex weiter rechts als Erstindex auftritt und da $P_{i_k k}$ für $k = 2, \ldots, r$ in (34) nur mit Elementarmatrizen vertauscht wird, deren Zweitindex kleiner ist als k und i_k, bleiben alle Zweitindizes unverändert. Außerdem wird beim Ersetzen der Erstindizes die Indexbedingung des *Satzes über Produktauflösung* (1.5.4) nicht verletzt, so daß aufgrund der Summendarstellung die Indexvertauschungen beim Vorziehen von $P_{i_k k}$, $k = 2, \ldots, r$, jeweils die Vertauschung des k-ten und des i_k-ten Elements der j-ten Spalte für $j = 1, \ldots, k-1$ in der zugehörigen Matrix bedeuten. Unter Beachtung der Reihenfolge des Herausziehens erhalten wir also

$$A = F^{-1}S = (P_{i_1 1} \cdot \ldots \cdot P_{i_r r}) \cdot U \cdot S$$

mit
$$U = (P_{i_{rr}} \cdot \ldots \cdot P_{i_{22}} \bar{u}'_1 \quad P_{i_{rr}} \cdot \ldots \cdot P_{i_{33}} \bar{u}'_2 \quad \ldots \quad P_{i_{rr}} \bar{u}'_{r-1} \quad \bar{u}'_r \quad \ldots \quad \bar{u}'_m).$$

Wegen $k \leq i_k$ für $k=1,\ldots,r$ ist U wieder eine normierte untere Dreiecksmatrix. Der Übergang von U' zu U läßt sich damit folgendermaßen beschreiben:

> Sind $P_{i_1 1}, \ldots, P_{i_r r}$ die während des Eliminationsalgorithmus bei der Matrix A auftretenden Vertauschungsmatrizen mit $i_k \geq k$ für $k=1,\ldots,r$ ($P_{jj} = E$) und ist U' die Quotientenmatrix, so ergibt sich die normierte untere Dreiecksmatrix U der US-Zerlegung von $(P_{i_{rr}} \cdot \ldots \cdot P_{i_1 1}) \cdot A$ durch die folgenden Vertauschungen von Elementen aus U':
>
> 1. $u'_{21} \Leftrightarrow u'_{i_2 1}$, $u''_{ik} := u'_{ik}$ "sonst",
> 2. $(u''_{31} \; u''_{32}) \Leftrightarrow (u''_{i_3 1} \; u''_{i_3 2})$, $u'''_{ik} := u''_{ik}$ "sonst",
> $\ldots$
> (r-1). $(u^{(r-1)}_{r1} \ldots u^{(r-1)}_{r,r-1}) \Leftrightarrow (u^{(r-1)}_{i_r 1} \ldots u^{(r-1)}_{i_r, r-1})$, $u^{(r)}_{ik} := u^{(r-1)}_{ik}$ "sonst".

Durch Multiplikation von A mit
$$P := P_{i_{rr}} \cdot \ldots \cdot P_{i_1 1} = (P_{i_1 1} \cdot \ldots \cdot P_{i_{rr}})^{-1}$$
ergibt sich schließlich die Produktdarstellung

$$(35) \qquad PA = US,$$

die wir auch folgendermaßen deuten können: Wenn wir die Zeilen von A in derselben Weise und Reihenfolge miteinander vertauschen, wie es während des Eliminationsverfahrens geschieht, so erhalten wir stets eine Matrix, die eine US-Zerlegung besitzt. Der Übergang von dem Gleichungssystem $A\vec{x} = \vec{b}$ zu $PA\vec{x} = US\vec{x} = P\vec{b}$ gibt dann die entsprechende Vertauschung von Gleichungen wieder.

Der Spaltenvektor $P\vec{b}$ läßt sich leicht berechnen, da das Produkt $P = P_{i_{rr}} \cdot \ldots \cdot P_{i_1 1}$ eine sehr einfache Gestalt besitzt:

1.5.16 Definition der Permutationsmatrix

Eine $m \times m$-Matrix P heißt *Permutationsmatrix* genau dann, wenn in jeder Zeile und in jeder Spalte von P genau eine 1 steht und P sonst nur Nullen enthält.

Jede Vertauschungsmatrix P_{ik} ist offenbar eine Permutationsmatrix, und das Produkt $P_{ik}P'$ einer Vertauschungsmatrix mit einer Permutationsmatrix P' ist wieder eine Permutationsmatrix, da bei der Vertauschung zweier Zeilen von P' die Zahl der Nullen und Einsen in jeder Zeile und in jeder Spalte unverändert bleibt. Vollständige Induktion ergibt damit:

1.5.17 Satz über das Produkt von Vertauschungsmatrizen
Jedes Produkt von endlich vielen Vertauschungsmatrizen stellt eine Permutationsmatrix dar.

Im folgenden Abschnitt werden wir zeigen, daß jede Permutationsmatrix auch als endliches Produkt von Vertauschungsmatrizen geschrieben werden kann.

Nun können wir den allgemeinen Fall zusammenfassen:

1.5.18 Zerlegungssatz

Zu jeder m×n-Matrix A gibt es eine Permutationsmatrix P, eine normierte untere Dreiecksmatrix U und eine m×n-Stufenmatrix S, so daß
$$PA = US$$
gilt. P, U und S können folgendermaßen bestimmt werden:

Der Eliminationsalgorithmus ergibt die Stufenmatrix S mit der Stufenzahl r. Sind $P_{i_1 1}, \ldots, P_{i_r r}$ mit $i_k \geq k$ für $k = 1,\ldots,r$ ($P_{jj} = E$) die während des Verfahrens auftretenden Vertauschungsmatrizen, so gilt $P = P_{i_r r} \cdot \ldots \cdot P_{i_1 1}$. Ist U' die Quotientenmatrix, deren Elemente u'_{ik} unterhalb der Hauptdiagonalen wie im *Satz über die US-Zerlegung ohne Vertauschungen* (1.5.9) zu berechnen sind, so ergibt sich U aus U', indem nacheinander die folgenden Elemente miteinander vertauscht werden:

Das zweite und das i_2-te Element der ersten Spalte, dann das dritte und das i_3-te Element der ersten beiden Spalten und so weiter bis schließlich in der ersten bis (r-1)-ten Spalte jeweils das r-te und das i_r-te Element.

1.5.19 Beispiel

Führen wir bei unserer vertrauten Beispielmatrix teilweise Pivotisierung durch und sammeln die Quotienten in der vorweg notierten Matrix U', so erhalten wir nacheinander die Matrizen

$$U' = \begin{pmatrix} 1 & 0 & 0 \\ \frac{1}{2} & 1 & 0 \\ -\frac{1}{2} & -\frac{1}{3} & 1 \end{pmatrix}, \quad A = \begin{pmatrix} -1 & -1 & 2 \\ -2 & 0 & 5 \\ 1 & 3 & 0 \end{pmatrix} \xrightarrow{P_{21}} \begin{pmatrix} -2 & 0 & 5 \\ -1 & -1 & 2 \\ 1 & 3 & 0 \end{pmatrix} \xrightarrow{E_{31}E_{21}}$$

$$\begin{pmatrix} -2 & 0 & 5 \\ 0 & -1 & -\frac{1}{2} \\ 0 & 3 & \frac{5}{2} \end{pmatrix} \xrightarrow{P_{32}} \begin{pmatrix} -2 & 0 & 5 \\ 0 & 3 & \frac{5}{2} \\ 0 & -1 & -\frac{1}{2} \end{pmatrix} \xrightarrow{E_{32}} \begin{pmatrix} -2 & 0 & 5 \\ 0 & 3 & \frac{5}{2} \\ 0 & 0 & \frac{1}{3} \end{pmatrix} = S,$$

$$U = \begin{pmatrix} 1 & 0 & 0 \\ -\frac{1}{2} & 1 & 0 \\ \frac{1}{2} & -\frac{1}{3} & 1 \end{pmatrix}. \quad \text{Mit} \quad P = P_{32}P_{21} = \begin{pmatrix} 0 & 1 & 0 \\ 0 & 0 & 1 \\ 1 & 0 & 0 \end{pmatrix} \quad \text{ist dann}$$

$$PA = \begin{pmatrix} -2 & 0 & 5 \\ 1 & 3 & 0 \\ -1 & -1 & 2 \end{pmatrix} = \begin{pmatrix} 1 & 0 & 0 \\ -\frac{1}{2} & 1 & 0 \\ \frac{1}{2} & -\frac{1}{3} & 1 \end{pmatrix} \begin{pmatrix} -2 & 0 & 5 \\ 0 & 3 & \frac{5}{2} \\ 0 & 0 & \frac{1}{3} \end{pmatrix} = US.$$

Übung 1.5.1

Bestimmen Sie die US-Zerlegung von PA zu der Matrix

$$A := \begin{pmatrix} 0 & 3 & -1 & 0 \\ 3 & 0 & 0 & 1 \\ -1 & 0 & 0 & 3 \\ 0 & 1 & 3 & 0 \end{pmatrix},$$

wenn während des Eliminationsalgorithmus die erste und dritte Zeile sowie die zweite und vierte Zeile vertauscht werden (wegen der sich ergebenden ganzzahligen Quotienten): $P = P_{42}P_{31}$.

1.5.20 Die UDO-Zerlegung einer invertierbaren Matrix

Ist A eine invertierbare m×m-Matrix, so läßt sich die Stufenmatrix S weiter aufspalten. Da PA und U^{-1} invertierbar sind, ist auch $S = U^{-1}PA$ invertierbar. Insbesondere besitzt $S\vec{x} = \vec{e}_m$ eine Lösung. Also ist $s_{mm} \neq 0$, d.h. S hat die Stufenzahl m, und alle Diagonalelemente $d_1 := s_{11}, \ldots, d_m := s_{mm}$ sind Eckkoeffizenten. Damit gilt

$$S = \begin{pmatrix} d_1 & & O \\ & \ddots & \\ O & & d_m \end{pmatrix} \begin{pmatrix} 1 & s_{12}/d_1 & \cdots & s_{1m}/d_1 \\ & \ddots & \ddots & \vdots \\ & & 1 & s_{m-1,m}/d_{m-1} \\ O & & & 1 \end{pmatrix} =: D\,O.$$

Allgemein heißt eine m×m-Matrix

$$\begin{pmatrix} d_1 & & & O \\ & \ddots & & \\ & & d_r & \\ & & & 0 \\ O & & & & \ddots \\ & & & & & 0 \end{pmatrix} \quad \text{mit } d_1 \neq 0, \ldots, d_r \neq 0$$

Diagonalmatrix (mit der Stufenzahl r). Damit können wir den *Zerlegungssatz* (1.5.18) durch folgenden Satz ergänzen:

1.5.21 Satz über die UDO-Zerlegung von invertierbaren Matrizen

Ist A eine invertierbare m×m-Matrix und P die Permutationsmatrix, die die Zeilenvertauschungen während des Eliminationsalgorithmus wiedergibt, so besitzt PA die Produktdarstellung

PA = UDO.

Dabei ist U die normierte untere Dreiecksmatrix aus dem *Zerlegungssatz* (1.5.18), D ist die Diagonalmatrix (mit der Stufenzahl m), deren Diagonalelemente die Eckkoeffizienten in ihrer vorgegebenen Reihenfolge sind, und O ist die Koeffizientenmatrix der oberen Dreiecksform (7) nach der Normierung.

In diesem Fall sind die Faktoren der Produktdarstellung PA = UDO sogar eindeutig durch PA bestimmt:

1.5.22 Satz über die Eindeutigkeit der UDO-Zerlegung

Es sei A eine m×m-Matrix und P eine m×m-Permutationsmatrix. Gilt $PA = U_1 D_1 O_1 = U_2 D_2 O_2$ mit normierten unteren Dreiecksmatrizen U_1, U_2, Diagonalmatrizen D_1, D_2 mit der Stufenzahl m und normierten oberen Dreiecksmatrizen O_1, O_2, so folgt $U_1 = U_2$, $D_1 = D_2$ und $O_1 = O_2$.

1.5.23 Der Inversen-Algorithmus von *Gauß* und *Jordan*

Beweis (a1):

Wir formen die Gleichung $U_1 D_1 O_1 = U_2 D_2 O_2$ zunächst so um, daß auf der einen Seite eine untere Dreiecksmatrix und auf der anderen Seite eine obere Dreiecksmatrix steht. Dazu multiplizieren wir von links mit U_2^{-1} und von rechts mit O_1^{-1} und erhalten

$$U_2^{-1} U_1 D_1 = D_2 O_2 O_1^{-1}.$$

Da U_2 ein Produkt von Elementarmatrizen ist, die zugleich untere Dreiecksmatrizen sind, gilt das gleiche für U_2^{-1} aufgrund des *Satzes über die Invertierbarkeit der Elementarmatrizen* (1.5.7) und des *Satzes über die Inverse eines Produkts* (1.5.8). Mit Hilfe des *Satzes über Produkte von Dreiecksmatrizen* (1.5.11) folgt dann, daß U_2^{-1} und damit auch $U_3 := U_2^{-1} U_1 D_1$ eine untere Dreiecksmatrix ist. Der *Satz über Transponierte von Inversen* (1.5.10) ergibt weiter, daß O_1^{-1} eine obere Dreiecksmatrix darstellt. Also ist aufgrund des *Satzes über Produkte von Dreiecksmatrizen* (1.5.11) auch $O_3 := D_2 O_2 O_1^{-1}$ eine obere Dreiecksmatrix. Wegen $U_3 = O_3$ müssen diese beiden Matrizen eine Diagonalmatrix D_3 sein.

In dem Produkt $(U_2^{-1} U_1) D_1$ werden die Spalten der normierten unteren Dreiecksmatrix $U_2^{-1} U_1$ mit den entsprechenden Diagonalelementen von D_1 multipliziert. Aus $D_3 = (U_2^{-1} U_1) D_1$ folgt damit durch Vergleich der Diagonalelemente, daß $D_3 = D_1$ gilt. Derselbe Schluß auf $^t D_3 = {}^t(D_2 O_2 O_1^{-1}) = ({}^t O_1)^{-1} \, {}^t O_2 \, {}^t D_2$ angewandt ergibt $D_3 = D_2$. Da diese Diagonalmatrizen als Produkte von Elementarmatrizen invertierbar sind, erhalten wir schließlich die gekürzten Gleichungen $E = U_2^{-1} U_1$ und $E = O_2 O_1^{-1}$, die zu $U_1 = U_2$ und $O_1 = O_2$ führen. □

1.5.23 Der Inversen-Algorithmus von *Gauß* und *Jordan*[7]

Jede invertierbare m×m-Matrix A besitzt aufgrund des *Satzes über die UDO-Zerlegung von invertierbaren Matrizen* (1.5.21) sowie mit (34) eine Produktdarstellung

---

[7] *Camille Jordan* (1838 - 1922), französischer Mathematiker.
Die französische Aussprache des Namens mit Betonung der letzten Silbe klingt wie dschordang.

$$A = (P^{-1}U)DO = F^{-1}DO.$$

Jede der Matrizen F^{-1}, D und O ist dabei Produkt von endlich vielen Elementarmatrizen. Das gleiche gilt wegen des *Satzes über die Invertierbarkeit von Elementarmatrizen* (1.5.7) und des *Satzes über die Inverse eines Produkts* (1.5.8) auch für

$$A^{-1} = O^{-1}D^{-1}F.$$

Die Gleichung $(O^{-1}D^{-1}F)A = E$ beschreibt aber zugleich die äquivalenten Umformungen von A, und zwar gibt F die Vorwärtselimination wieder, D^{-1} die Normierung und O^{-1} die Rückwärtselimination. Fassen wir diese Gleichung mit der Gleichung $(O^{-1}D^{-1}F)E = A^{-1}$ zusammen, indem wir A und E beziehungsweise E und A^{-1} spaltenweise zu einer Matrix vereinen, so erhalten wir wegen (21)

$$O^{-1}D^{-1}F \cdot (A \ E) = (E \ A^{-1}).$$

Dieses ist die Grundlage des *Inversen-Algorithmus* (von *Gauß* und *Jordan*): Wendet man die äquivalenten Zeilenumformungen, die A in E überführen gleichzeitig auf E an, so erhält man A^{-1}.

Dieses Verfahren hat einerseits den in 1.5.12 erwähnten Vorteil der Ökonomie, denn es bedeutet die gleichzeitige Lösung der m Gleichungssysteme $A\vec{x}_i = \vec{e}_i$, $i = 1,...,m$. Andererseits braucht man nicht vorher zu wissen, ob A invertierbar ist, denn das Verfahren ergibt zugleich ein Kriterium für die Invertierbarkeit einer gegebenen $m \times m$-Matrix A: Erhält man durch äquivalente Umformungen die Einheitsmatrix (beziehungsweise eine Stufenform mit der Stufenzahl m), so ist A als Produkt von Elementarmatrizen invertierbar. Tritt jedoch im Laufe des Verfahrens eine Zeile auf, deren erste Hälfte nur Nullen enthält, so ist A nicht invertierbar.

Als Beispiel betrachten wir zum letzten Mal unsere Standardmatrix:

1.5.24 Beispiel

$$(A \ E) = \begin{pmatrix} -1 & -1 & 2 & | & 1 & 0 & 0 \\ -2 & 0 & 5 & | & 0 & 1 & 0 \\ 1 & 3 & 0 & | & 0 & 0 & 1 \end{pmatrix} \xrightarrow{E_{31}E_{21}} \begin{pmatrix} -1 & -1 & 2 & 1 & 0 & 0 \\ 0 & 2 & 1 & -2 & 1 & 0 \\ 0 & 2 & 2 & 1 & 0 & 1 \end{pmatrix} \xrightarrow{E_{32}} \begin{pmatrix} -1 & -1 & 2 & 1 & 0 & 0 \\ 0 & 2 & 1 & -2 & 1 & 0 \\ 0 & 0 & 1 & 3 & -1 & 1 \end{pmatrix}$$

$$\xrightarrow{D^{-1}} \begin{pmatrix} 1 & 1 & -2 & -1 & 0 & 0 \\ 0 & 1 & \frac{1}{2} & -1 & \frac{1}{2} & 0 \\ 0 & 0 & 1 & 3 & -1 & 1 \end{pmatrix} \xrightarrow{E_{13}E_{23}} \begin{pmatrix} 1 & 1 & 0 & 5 & -2 & 2 \\ 0 & 1 & 0 & -\frac{5}{2} & 1 & -\frac{1}{2} \\ 0 & 0 & 1 & 3 & -1 & 1 \end{pmatrix}$$

$$\vec{E}_{12}\begin{pmatrix} 1 & 0 & 0 & | & \frac{15}{2} & -3 & \frac{5}{2} \\ 0 & 1 & 0 & | & -\frac{5}{2} & 1 & -\frac{1}{2} \\ 0 & 0 & 1 & | & 3 & -1 & 1 \end{pmatrix} = (E \ A^{-1}). \text{ Also ist } A^{-1} = \begin{pmatrix} \frac{15}{2} & -3 & \frac{5}{2} \\ -\frac{5}{2} & 1 & -\frac{1}{2} \\ 3 & -1 & 1 \end{pmatrix}$$

Berechnen Sie zur Kontrolle AA^{-1}.

Übung 1.5.m
Bestimmen Sie alle 2×2-Matrizen, für die $A^tA = E_2$ gilt.

Übung 1.5.n
Berechnen Sie mit Hilfe des Inversen-Algorithmus die Inverse der 3×3-Matrix
$$\begin{pmatrix} 1 & \frac{1}{2} & \frac{1}{3} \\ \frac{1}{2} & \frac{1}{3} & \frac{1}{4} \\ \frac{1}{3} & \frac{1}{4} & \frac{1}{5} \end{pmatrix} \quad \text{auf folgende Weisen:}$$

a) durch exakte Rechnung,

b) indem Sie jedes Element und jedes Zwischenergebnis so runden, daß höchstens drei Ziffern hinter dem Komma stehen (z.B. $\frac{2}{3} = 0{,}666$).

Übung 1.5.o
Beweisen Sie für $m\times m$-Matrizen A, daß mit A^2 auch A invertierbar ist und daß dann $A^{-1} = A(A^2)^{-1}$ gilt.

1.6 Einige Typen von Matrizen

Zunächst wollen wir etwas Ordnung unter den zahlreichen Matrizen schaffen, die wir in den letzten Abschnitten kennengelernt haben. Anschließend betrachten wir mehrere wichtige Anwendungen, die auf Gleichungssysteme mit vielen Gleichungen und Unbekannten, aber mit sehr speziellen Koeffizientenmatrizen führen.

1.6.1 Die allgemeine lineare Gruppe GL(n;ℝ)

Die invertierbaren Matrizen haben bisher die meisten angenehmen

Eigenschaften gezeigt. Wir wollen deshalb für jedes $n \in \mathbb{N}$ die Menge der invertierbaren n×n-Matrizen etwas genauer untersuchen.

Aufgrund des *Satzes über die Inverse eines Produkts* (1.5.8) ist das Produkt von endlich vielen invertierbaren n×n-Matrizen wieder eine invertierbare n×n-Matrix. Das Assoziativgesetz gilt für je endlich viele (beliebige) n×n-Matrizen, die Gleichung $E_n B = B$ ist ebenfalls für beliebige n×n-Matrizen B erfüllt, und zu jeder invertierbaren Matrix A gibt es aufgrund der Definition die inverse Matrix A^{-1} mit $A^{-1}A = E$.

Damit stellt die Menge der invertierbaren n×n-Matrizen zusammen mit der Matrizenmultiplikation, der Einheitsmatrix E_n und der Inversenbildung ein Gebilde dar, das als *Gruppe* bezeichnet wird. Diese wichtigste *algebraische Struktur* wird folgendermaßen definiert:

1.6.2 Definition der Gruppe

Ein Viertupel $(G, \circ, n, ^{-})$, bestehend aus
- einer nichtleeren Menge G,
- einer *Verknüpfung* (oder *Komposition*) $\circ : G \times G \to G$, $(a,b) \mapsto a \circ b$,
- einem ausgezeichneten ("neutralen") Element $n \in G$ sowie
- einer Abbildung ("Inversenabbildung") $^{-} : G \to G$, $a \mapsto \bar{a}$.

heißt *Gruppe* genau dann, wenn gilt:
G1 (Assoziativgesetz) $(a \circ b) \circ c = a \circ (b \circ c)$ für alle $a,b,c \in G$,
G2 (Eigenschaft des neutralen Elements) $n \circ a = a$ für alle $a \in G$,
G3 (Eigenschaft der inversen Elemente) $\bar{a} \circ a = n$ für alle $a \in G$.
Eine Gruppe heißt *abelsch* (oder *kommutativ*), wenn außerdem
G4 $a \circ b = b \circ a$ für alle $a,b \in G$ erfüllt ist.
Die Eigenschaften G1, G2 und G3 werden Gruppenaxiome genannt.

Der Vorteil einer solchen *axiomatischen Definition* liegt einerseits darin, daß wir höchst verschiedenartige Gebilde unter einem einheitlichen Gesichtspunkt ordnen können. Andererseits gelten alle Schlußfolgerungen, die wir mit Hilfe der Regeln der Logik allein aus den Axiomen ziehen können, für alle Gebilde, die die Axiome erfüllen. Bei abelschen Gruppen wird die Verknüpfung oft als "Addition" geschrieben. Ist die Verknüpfung eine "Multiplikation", so wird das Malzeichen meistens weggelassen. Wir geben zunächst einige Beispiele für Gruppen und ziehen anschließend einige Folgerungen aus den Gruppenaxiomen.

1.6.3 Beispiele

1. $(\mathbb{Z},+,0,-)$, $(\mathbb{Q},+,0,-)$ und $(\mathbb{R},+,0,-)$: Das inverse Element zu a ist -a.

2. $(\mathbb{Q}\setminus\{0\},\cdot,1,1/\,)$ und $(\mathbb{R}\setminus\{0\},\cdot,1,1/\,)$: Das inverse Element zu a ist $1/a$.

3. Bezeichnet $\mathbb{R}^+$ die Menge der positiven reellen Zahlen, so ist auch $(\mathbb{R}^+,\cdot,1,1/\,)$ eine Gruppe.

Alle diese Gruppen sind abelsch.

4. Bezeichnen wir die Menge der invertierbaren n×n-Matrizen vorübergehend mit U_n, so ist nach unseren Vorüberlegungen $(U_n,\cdot,E_n,\square^{-1})$ eine Gruppe, die *allgemeine lineare Gruppe* genannt und mit $GL(n;\mathbb{R})$ bezeichnet wird. Für n>1 ist diese Gruppe nicht abelsch. Zum Beispiel gilt $\begin{pmatrix}1 & 0\\1 & 1\end{pmatrix}\begin{pmatrix}1 & 1\\0 & 1\end{pmatrix}=\begin{pmatrix}1 & 1\\1 & 2\end{pmatrix}$ und $\begin{pmatrix}1 & 1\\0 & 1\end{pmatrix}\begin{pmatrix}1 & 0\\1 & 1\end{pmatrix}=\begin{pmatrix}2 & 1\\1 & 1\end{pmatrix}$.

5. Es sei M eine nichtleere Menge und $S(M)$ die Menge der *bijektiven*[8] (d.h. umkehrbaren) Abbildungen von M auf sich selbst. Die Verknüpfung sei die *Hintereinanderausführung* von Abbildungen, das neutrale Element die *identische Abbildung* $\mathrm{id}_M:M\to M$, $x\mapsto x$ und das inverse Element zu $f\in S(M)$ sei die *Umkehrabbildung* $f^{-1}\in S(M)$ mit $f^{-1}\circ f=\mathrm{id}_M$. Um zu erkennen, daß $(S(M),\circ,\mathrm{id}_M,\square^{-1})$ eine Gruppe ist, müssen wir in diesem Falle nur noch das Assoziativgesetz nachweisen: Sind $f,g,h\in S(M)$ und ist $x\in M$, so gilt
$((h\circ g)\circ f)(x) = (h\circ g)(f(x)) = h(g(f(x))) = h((g\circ f)(x)) = (h\circ(g\circ f))(x)$, also
$$(h\circ g)\circ f = h\circ(g\circ f).$$
Diese wichtige Gruppe heißt *symmetrische Gruppe* der Menge M. Sie ist im allgemeinen nicht abelsch. Den speziellen Fall, daß $M=J_m$ ist, behandeln wir im nächsten Abschnitt.

6. $(\mathbb{N}_0,+,0,-)$ und $(\mathbb{N},\cdot,1,1/\,)$ sind keine Gruppen, da die jeweiligen Inversenabbildungen nicht in $\mathbb{N}_0$ beziehungsweise $\mathbb{N}$ definiert sind.

---

[8] Eine Abbildung $g:A\to B$ heißt *injektiv*, wenn $g(x)\ne g(y)$ für alle $x,y\in A$ mit $x\ne y$ gilt, *surjektiv*, wenn es zu jedem $z\in B$ ein $x\in A$ mit $z=g(x)$ gibt, und *bijektiv*, wenn g injektiv und surjektiv ist.

Die in dem folgenden Satz zusammengestellten Eigenschaften zeigen einerseits, daß das neutrale Element in G2 und das inverse Element in G3 auch rechts (statt links) in den Verknüpfungen stehen können und andererseits, daß das neutrale Element und die Inversenabbildung bereits durch G und $\circ$ festgelegt sind. Man schreibt deshalb anstelle des Viertupels meistens kürzer $(G,\circ)$, und wenn klar ist, um welche Verknüpfung es sich handelt, bezeichnet man oft die Gruppe nur mit G.

1.6.4 Satz über Gruppeneigenschaften

Es sei $(G,\circ,n,^-)$ eine Gruppe.
1. Dann gilt $a \circ \bar{a} = n$ und $a \circ n = a$ für alle $a \in G$.
2. Aus $a \circ c = b \circ c$ mit $a,b,c \in G$ und ebenso aus $c \circ a = c \circ b$ folgt $a = b$ (*Kürzungsregel*).
3. Das neutrale Element und die Inversenabbildung sind eindeutig durch G und $\circ$ bestimmt.

Beweis (r1):

1. Nach G3 gibt es zu jedem $\bar{a} \in G$ ein $\bar{\bar{a}} \in G$ mit $\bar{\bar{a}} \circ \bar{a} = n$. G1 und G2 ergeben dann $a \circ \bar{a} = n \circ (a \circ \bar{a}) = (\bar{\bar{a}} \circ \bar{a}) \circ (a \circ \bar{a}) = \bar{\bar{a}} \circ ((\bar{a} \circ a) \circ \bar{a}) = \bar{\bar{a}} \circ (n \circ \bar{a}) = \bar{\bar{a}} \circ \bar{a} = n$.

Daraus folgt weiter $a \circ n = a \circ (\bar{a} \circ a) = (a \circ \bar{a}) \circ a = n \circ a = a$.

2. Nach Multiplikation der ersten vorausgesetzten Gleichung mit $\bar{c}$ von rechts und Anwendung von 1. und G1 ergibt sich $a = a \circ n = a \circ (c \circ \bar{c}) = (a \circ c) \circ \bar{c} = (b \circ c) \circ \bar{c} = b \circ (c \circ \bar{c}) = b \circ n = b$. Analog erhalten wir die zweite Aussage mit G1, G2 und G3 nach Multiplikation mit $\bar{c}$ von links.

3. Sind n und n' Elemente aus G, die $a = n \circ a = n' \circ a$ für ein $a \in G$ erfüllen, so folgt $n = n'$ mit der Kürzungsregel. Ebenso ergibt 2. für alle $\bar{a}$ und $\tilde{a}$ aus G mit $n = \bar{a} \circ a = \tilde{a} \circ a$, $a \in G$, daß $\bar{a} = \tilde{a}$ gilt. □

Übung 1.6.a

Es sei $(G,\circ,n,^-)$ eine Gruppe. Zeigen Sie, daß die folgenden Beziehungen gelten:

1. Zu je zwei Elementen $a,b \in G$ gibt es genau ein $x \in G$ und genau ein $y \in G$, so daß $x \circ a = b$ und $a \circ y = b$ gilt.

1.6.4　Die allgemeine lineare Gruppe GL(n;ℝ)

2. $\overline{(\overline{a})} = a$ für alle $a \in G$.

3. $\overline{(a \circ b)} = \overline{b} \circ \overline{a}$ für alle $a, b \in G$.

Übung 1.6.b

Für $n \in \mathbb{N}$ sei $G_n := \left\{ \begin{pmatrix} a & b \\ c & d \end{pmatrix} \mid a,b,c,d \in \mathbb{Z} \text{ und } ad - bc = n \right\}$, und durch $\det \begin{pmatrix} a & b \\ c & d \end{pmatrix} := ad - bc$ werde die Abbildung det von der Menge aller 2×2-Matrizen nach ℝ definiert.

a) Zeigen Sie, daß $\det(AB) = \det(A)\det(B)$ für alle 2×2-Matrizen A, B gilt.

b) Beweisen Sie, daß G_1 mit der üblichen Matrizenmultiplikation eine Gruppe ist, und untersuchen Sie, ob G_n für $n \geq 2$ mit der Matrizenmultiplikation eine Gruppe darstellt.

c) Weisen Sie nach, daß $XAY \in G_n$ für jedes $n \in \mathbb{N}$, für alle $A \in G_n$ und für alle $X, Y \in G_1$ gilt.

Übung 1.6.c

Zeigen Sie für 2×2-Matrizen A und B mit $A \neq (0)$, $B \neq (0)$ und $AB = (0)$, daß $\det A = 0$ und $\det B = 0$ gilt. [Hinweis: Benutzen Sie die Übungen 1.5.b und 1.6.b.]

Übung 1.6.d

Für jedes $a \in \mathbb{N}$ sei $z(a) := \max\{k \in \mathbb{N}_0 \mid 2^k \leq a\}$, und $b_k(a)$, $k = 0, \ldots, z(a)$, seien die eindeutig bestimmten "Binärziffern" von a mit $b_k(a) \in \{0,1\}$ für $k = 0, \ldots, z(a)$ sowie $a =: \sum_{k=0}^{z(a)} b_k(a) \, 2^k$. Außerdem werde $b_k(a) := 0$ für $k > z(a)$ sowie $z(0) := 0$ und $b_0(0) := 0$ gesetzt. Für alle $m, n \in \mathbb{N}_0$ wird die Verknüpfung ++ (*binäre Addition*, gelesen "biplus") durch

$$m \mathbin{+\!\!+} n := \sum_{k=0}^{z(m+n)} |b_k(m) - b_k(n)| \, 2^k$$ definiert.

1) Zeigen Sie, daß $(\mathbb{N}_0, \mathbin{+\!\!+}, 0, \mathrm{id})$ eine abelsche Gruppe ist.

2) Geben Sie mit Hilfe der für jedes $a \in \mathbb{N}$ erklärten Abkürzung $\hat{a} := 2^{z(a)}$ ein rekursives Berechnungsverfahren an, das es erlaubt, die binäre Summe $m \mathbin{+\!\!+} n$ für Zahlen m, n unter 100 im Kopf auszurechnen.

Achtung: Fundgrube!

[Bestimmung aller "Verluststellungen" beim *Nimspiel* mit Hilfe der binären Addition. Das Nimspiel wird von zwei Personen folgendermaßen gespielt: Zunächst werden aus einer Menge von Gegenständen Haufen gebildet, wobei die Anzahl der Haufen und die Anzahl der Gegenstände in jedem Haufen ganz beliebig ist. Dann verkleinern die Spieler abwechselnd jeweils irgendeinen der Haufen. Wer schließlich nichts mehr wegnehmen kann, weil alle Haufen entfernt wurden, hat verloren.

Ein n-tupel $(s_1,\ldots,s_n) \in \mathbb{N}_0^n$ wird "Stellung" genannt. Ein n-tupel $(t_1,\ldots,t_n) \in \mathbb{N}_0^n$ heißt "Folgestellung" von $(s_1,\ldots,s_n)$, wenn es ein $k \in \{1,\ldots,n\}$ gibt, so daß $t_k < s_k$ und $t_i = s_i$ für $i \neq k$ gilt. Eine Stellung s heißt "Verluststellung", wenn jede Folgestellung von s eine "Gewinnstellung" ist oder wenn $s = (0,\ldots,0) \in \mathbb{N}_0^n$ gilt. Eine Stellung s heißt "Gewinnstellung", wenn es eine Folgestellung von s gibt, die eine "Verluststellung" ist (*rekursive Definition!*).]

Übung 1.6.e

Für $\varphi \in \mathbb{R}$ sei $D_\varphi := \begin{pmatrix} \cos\varphi & -\sin\varphi \\ \sin\varphi & \cos\varphi \end{pmatrix}$. Beweisen Sie die folgenden Aussagen:

a) $D_\varphi D_\psi = D_{\varphi+\psi} = D_\psi D_\varphi$ für alle $\varphi, \psi \in \mathbb{R}$;

b) ${}^t D_\varphi = D_{-\varphi} = D_\varphi^{-1}$ für alle $\varphi \in \mathbb{R}$;

c) $SO(2) := (\{D \in GL(2;\mathbb{R}) \mid \text{Es gibt } \varphi \in \mathbb{R}, \text{ so daß } D = D_\varphi \text{ gilt}\}, \cdot)$ ist eine Gruppe.

Übung 1.6.f

Zeigen Sie, daß $O(2) := (\{A \in GL(2;\mathbb{R}) \mid A^t A = E_2\}, \cdot)$ eine Gruppe darstellt. [Hinweis: Beachten Sie die Übungen 1.5.b, 1.5.m und 1.6.b.]

Übung 1.6.g

Beweisen Sie folgende Aussagen für 2×2-Matrizen A, und bestimmen Sie dann alle nilpotenten 2×2-Matrizen:

a) $A^2 - \text{Sp}(A) A + (\det A) E_2 = (0)$;

b) Ist A nilpotent, so folgt $\text{Sp}(A) = 0$;

c) Ist A nilpotent, so gilt $A^2 = (0)$.

[Hinweis: Nutzen Sie mehrmals die Gleichung in a) aus.]

1.6.5 Die symmetrische Gruppe von J_n und die Gruppe der n×n-Permutationsmatrizen

Die in Beispiel 1.6.3.5 eingeführte *symmetrische Gruppe* $(S(M), \circ, \text{id}_M, \overset{-1}{\square})$ der endlichen Menge $M = J_n$ wird mit S_n bezeichnet. Jede Abbildung $\sigma \in S(J_n)$ heißt *Permutation* der Zahlen $1,\ldots,n$. Üblicherweise schreibt man Permutationen in der Form

$$\sigma := \begin{pmatrix} 1 & 2 & \ldots & n \\ \sigma(1) & \sigma(2) & \ldots & \sigma(n) \end{pmatrix}.$$

Für $n=2$ sind das die Permutationen $\begin{pmatrix} 1 & 2 \\ 1 & 2 \end{pmatrix}, \begin{pmatrix} 1 & 2 \\ 2 & 1 \end{pmatrix}$.

$S(J_3)$ besteht aus 6 Permutationen:

$$\begin{pmatrix} 1 & 2 & 3 \\ 1 & 2 & 3 \end{pmatrix}, \begin{pmatrix} 1 & 2 & 3 \\ 1 & 3 & 2 \end{pmatrix}, \begin{pmatrix} 1 & 2 & 3 \\ 2 & 1 & 3 \end{pmatrix}, \begin{pmatrix} 1 & 2 & 3 \\ 2 & 3 & 1 \end{pmatrix}, \begin{pmatrix} 1 & 2 & 3 \\ 3 & 1 & 2 \end{pmatrix}, \begin{pmatrix} 1 & 2 & 3 \\ 3 & 2 & 1 \end{pmatrix}.$$

Sind $\sigma, \tau \in S_n$, so ergibt die Hintereinanderausführung

$$\tau \circ \sigma = \begin{pmatrix} 1 & \ldots & n \\ \tau(1) & \ldots & \tau(n) \end{pmatrix} \circ \begin{pmatrix} 1 & \ldots & n \\ \sigma(1) & \ldots & \sigma(n) \end{pmatrix} = \begin{pmatrix} 1 & \ldots & n \\ \tau(\sigma(1)) & \ldots & \tau(\sigma(n)) \end{pmatrix}.$$

Zum Beispiel ist

$$\begin{pmatrix} 1 & 2 & 3 \\ 1 & 3 & 2 \end{pmatrix} \circ \begin{pmatrix} 1 & 2 & 3 \\ 2 & 3 & 1 \end{pmatrix} = \begin{pmatrix} 1 & 2 & 3 \\ 3 & 2 & 1 \end{pmatrix}, \text{ aber } \begin{pmatrix} 1 & 2 & 3 \\ 2 & 3 & 1 \end{pmatrix} \circ \begin{pmatrix} 1 & 2 & 3 \\ 1 & 3 & 2 \end{pmatrix} = \begin{pmatrix} 1 & 2 & 3 \\ 2 & 1 & 3 \end{pmatrix},$$

d.h. S_3 ist nicht abelsch. Für jedes n mit $n \geq 3$ zeigen die entsprechenden beiden Permutationen, die genauso beginnen wie die obigen und die alle übrigen Elemente festlassen, daß S_n für $n \geq 3$ nicht abelsch ist. S_1 und S_2 sind offensichtlich abelsch.

Jeder Permutation $\sigma \in S(J_n)$ läßt sich eine Permutationsmatrix

$$P_\sigma := (\vec{e}_{\sigma(1)} \ldots \vec{e}_{\sigma(n)}) = \vec{e}_{\sigma(1)}{}^t\vec{e}_1 + \ldots + \vec{e}_{\sigma(n)}{}^t\vec{e}_n$$

zuordnen, d.h. für $k=1,\ldots,n$ wird durch σ der Zeilenindex $\sigma(k)$ der einzigen 1 in der k-ten Spalte festgelegt. Umgekehrt bestimmen bei jeder n×n-Permutationsmatrix P die Zeilenindizes der Einsen in den einzelnen Spalten genau eine Permutation $\sigma \in S(J_n)$. Bezeichnet Perm_n die Menge der n×n-Permutationsmatrizen, so stellt also

(37) $\quad \Phi: S(J_n) \to \text{Perm}_n, \quad \sigma \mapsto P_\sigma = (\vec{e}_{\sigma(1)} \ldots \vec{e}_{\sigma(n)})$

eine bijektive Abbildung dar.

Sind $\sigma, \tau \in S_n$ und P_σ, P_τ die zugeordneten Permutationsmatrizen, so gilt

$$P_\tau \cdot P_\sigma = (\vec{e}_{\tau(1)}{}^t\vec{e}_1 + \ldots + \vec{e}_{\tau(n)}{}^t\vec{e}_n)(\vec{e}_{\sigma(1)}{}^t\vec{e}_1 + \ldots + \vec{e}_{\sigma(n)}{}^t\vec{e}_n)$$

$$= \vec{e}_{\tau(\sigma(1))}{}^t\vec{e}_1 + \ldots + \vec{e}_{\tau(\sigma(n))}{}^t\vec{e}_n = P_{\tau \circ \sigma},$$

da alle übrigen Summanden nach (29) verschwinden. Der Hintereinanderausführung von zwei Permutationen wird also durch Φ das Produkt der zugehörigen Permutationsmatrizen zugeordnet:

(37) $\qquad \Phi(\tau \circ \sigma) = \Phi(\tau) \cdot \Phi(\sigma).$

Da sich jede Permutationsmatrix in der Form $P = P_\sigma$ mit $\sigma \in S(J_n)$ schreiben läßt, ist damit zugleich gezeigt, daß das Produkt von zwei Permutationsmatrizen wieder eine Permutationsmatrix ist.

Um zu erkennen, daß $(\text{Perm}_n, \cdot, E_n, \square^{-1})$ mit der Inversenabbildung von Matrizen eine Gruppe (und zwar eine "Untergruppe" von $GL(n;\mathbb{R})$) darstellt, müssen wir noch zeigen, daß jede Permutationsmatrix invertierbar ist und daß die Inverse wieder eine Permutationsmatrix ergibt. Zusammen mit dem *Satz über die Invertierbarkeit der Elementarmatrizen* (1.5.7), dem *Satz über die Inverse eines Produkts* (1.5.8) und dem *Satz über das Produkt von Vertauschungsmatrizen* (1.5.17) erhalten wir diese Eigenschaft aus dem folgenden Satz:

1.6.6 Satz über Permutationsmatrizen

Jede Permutationsmatrix P ist Produkt von endlich vielen Vertauschungsmatrizen (Elementarmatrizen vom Typ IV), und es gilt

$$P^{-1} = {}^tP.$$

Beweis (r1):

$P = E_n$ stellt eine spezielle Vertauschungsmatrix dar. Im Falle $P \neq E_n$ führen wir durch Multiplikation mit den Vertauschungsmatrizen $P_{i_1 1}, \ldots, P_{i_n n}$ ($i_k \geq k$, $P_{jj} = E_n$) Zeilenvertauschungen in der Weise durch, daß schließlich $P_{i_n n} \cdot \ldots \cdot P_{i_1 1} \cdot P = E_n$ gilt. Dann ist $P = (P_{i_n n} \cdot \ldots \cdot P_{i_1 1})^{-1} = P_{i_1 1} \cdot \ldots \cdot P_{i_n n}$ und $P^{-1} = P_{i_n n} \cdot \ldots \cdot P_{i_1 1} = {}^tP_{i_n n} \cdot \ldots \cdot {}^tP_{i_1 1} = {}^tP$. □

Damit ist auch $(\text{Perm}_n, \cdot, E_n, \square^{-1})$ eine Gruppe.

Die bijektive Abbildung Φ stellt zwischen S_n und dieser Matrizengruppe einen Zusammenhang her, den man *Gruppenisomorphismus* nennt. Im Hinblick auf die Gruppenstruktur sind diese Gruppen nicht zu unterscheiden: Sie gehen durch Umbenennung ineinander über.

Übung 1.6.h

Bestimmen Sie die kleinste natürliche Zahl k, so daß $P^k = E_3$ für alle 3×3-Permutationsmatrizen P gilt.

1.7 Interpolation und weitere Anwendungen

1.7.1 Die UDO-Zerlegung der *Vandermonde*-Matrix

In der Praxis tritt sehr oft das folgende *Interpolationsproblem* auf:

Gegeben sind $n+1$ paarweise verschiedene Zahlen ("Stützstellen") $x_0,...,x_n$ und zu jeder Zahl x_i ein Wert ("Stützwert") w_i, $i=0,...,n$. Gesucht wird ein Polynom[9]

$$P(x) = c_0 + c_1 x + ... + c_n x^n,$$

so daß $P(x_i) = w_i$ für $i = 0,...,n$ gilt.

Die Paare (x_i, w_i), $i=0,...,n$, können dabei sowohl durch einen Meßvorgang als auch durch einen theoretischen Ansatz gegeben sein, letzteres z.B. wenn eine komplizierte Funktion f, deren Funktionswerte $f(x_i)$ an geeigneten Stützstellen x_i bekannt sind, durch Polynome angenähert werden soll. Die wesentliche Bedeutung der Interpolation mit Polynomen liegt heute in dem zweiten Bereich, der die Grundlage für viele Verfahren der praktischen Mathematik (z.B. für die numerische Differentiation und Integration) darstellt.

Die Fälle $n=0$ mit $P(x) = w_0$ und $n=1$ mit $P(x) = w_0 + \dfrac{w_1 - w_0}{x_1 - x_0}(x - x_0)$

werden schon im Schulunterricht behandelt.

Setzen wir in $P(x)$ für x die $n+1$ verschiedenen Zahlen x_i ein, so erhalten wir für die Unbekannten c_i, $i=0,...,n$, ein $(n+1)\times(n+1)$-System mit der Koeffizientenmatrix

---

[9] Im Sinne der Algebra sind damit in diesem Buch stets *Polynomfunktionen* gemeint, in die man einsetzen kann, während *Polynome* mit Unbestimmten gebildet werden.

$$V_n = \begin{pmatrix} 1 & x_0 & x_0^2 & \cdots & x_0^n \\ 1 & x_1 & x_1^2 & \cdots & x_1^n \\ \cdots & & & & \\ 1 & x_n & x_n^2 & \cdots & x_n^n \end{pmatrix},$$

die **Vandermonde-Matrix** genannt wird.

Mit $\vec{c} := \begin{pmatrix} c_0 \\ \vdots \\ c_n \end{pmatrix}$ und $\vec{w} := \begin{pmatrix} w_0 \\ \vdots \\ w_n \end{pmatrix}$ lautet das Gleichungssystem also

(38) $\qquad V_n \vec{c} = \vec{w}.$

Um dieses System zu lösen, könnten wir versuchen, die US- bzw. UDO-Zerlegung von V_n zu bestimmen. Mit Hilfe unserer bisher gewonnenen Theorie ist das sicher sehr mühsam. Wir entwickeln deshalb zunächst einen günstigeren Ansatz für das gesuchte Polynom $P(x)$, indem wir es so einrichten, daß bei Hinzunahme eines weiteren Paares (x_k, w_k) immer nur ein neuer Koeffizient berechnet werden muß. Das ist z.B. der Fall, wenn wir $P(x)$ als Summe von Polynomen $a_k p_k(x)$, $k = 0, \ldots, n$, mit

$$p_k(x) := \begin{cases} 1 & \text{für } k = 0, \\ (x-x_0)\ldots(x-x_{k-1}) & \text{für } k = 1, \ldots, n, \end{cases}$$

schreiben:

$$P(x) = a_0 p_0(x) + a_1 p_1(x) + \ldots + a_n p_n(x);$$

denn nun erhalten wir nach dem Einsetzen der x_i als Koeffizientenmatrix des $(n+1) \times (n+1)$-Systems mit dem Unbekanntenvektor $\vec{a} := {}^t(a_0 \ldots a_n)$ eine untere Dreiecksmatrix, nämlich

$$\begin{pmatrix} p_0(x_0) & \cdots & p_n(x_0) \\ \cdot & & \cdot \\ \cdot & & \cdot \\ \cdot & & \cdot \\ p_0(x_n) & \cdots & p_n(x_n) \end{pmatrix} = \begin{pmatrix} 1 & & & & O \\ 1 & x_1-x_0 & & & \\ 1 & x_2-x_0 & (x_2-x_0)(x_2-x_1) & & \\ \vdots & \vdots & \vdots & \ddots & \\ 1 & x_n-x_0 & (x_n-x_0)(x_n-x_1) & \cdots & (x_n-x_0)\cdots(x_n-x_{n-1}) \end{pmatrix}.$$

Sie ist das Produkt der normierten unteren Dreiecksmatrix

1.7.1 Die UDO-Zerlegung der Vandermonde-Matrix 63

$$U_n := \begin{pmatrix} 1 & & & & O \\ 1 & 1 & & & \\ 1 & p_1(x_2)/p_1(x_1) & 1 & & \\ \vdots & \vdots & & \ddots & \\ 1 & p_1(x_n)/p_1(x_1) & \cdots & p_{n-1}(x_n)/p_{n-1}(x_{n-1}) & 1 \end{pmatrix}$$

und der Diagonalmatrix (mit der Stufenzahl n+1)

$$D_n := \begin{pmatrix} p_0(x_0) & & O \\ & \ddots & \\ O & & p_n(x_n) \end{pmatrix}.$$

Damit ist das Gleichungssystem

$$(39) \qquad (U_n D_n)\vec{a} = \vec{w}$$

eindeutig durch "Vorwärtseinsetzen" lösbar.

Die Zahlen $a_0,...,a_n$, die bei vielen Anwendungen auftreten, werden wir im nächsten Abschnitt noch genauer untersuchen.

Jetzt können wir auch das ursprüngliche Gleichungssystem $V_n \vec{c} = \vec{w}$ lösen, indem wir die Polynome $p_k(x)$, k=2,...,n, "ausmultiplizieren" und die Summe $a_0 + a_1 p_1(x) + ... + a_n p_n(x)$ nach Potenzen von x ordnen. Da $p_k(x)$ für k=2,...,n ein Produkt von k Linearfaktoren ist, hat $p_k(x)$ nach dem Ausmultiplizieren die Form

$$p_k(x) =: c_{0k} + c_{1k}x + ... + c_{k-1,k}x^{k-1} + x^k.$$

Außerdem ist $p_0(x)=1$ und $p_1(x) = c_{01}+x$ mit $c_{01} := -x_0$. Für $1 \leq i \leq k \leq n$ ist $(-1)^i c_{k-i,k}$ die Summe aller möglichen verschiedenen Produkte von je i verschiedenen Zahlen aus $\{x_0,...,x_{k-1}\}$. Bei jeder Permutation von $x_0,...,x_{k-1}$ geht $(-1)^i c_{k-i,k}$ in sich selbst über. $(-1)^i c_{k-i,k}$ wird deshalb die *i-te elementarsymmetrische Funktion* von $x_0,...,x_{k-1}$ genannt und mit $\sigma_i(x_0,...,x_{k-1})$ bezeichnet:

$$\sigma_1(x_0,...,x_{k-1}) = x_0 + ... + x_{k-1},$$
$$\sigma_2(x_0,...,x_{k-1}) = x_0 x_1 + ... + x_0 x_n + x_1 x_2 + ... + x_{k-2} x_{k-1},$$
$$\vdots \qquad \qquad \vdots$$
$$\sigma_k(x_0,...,x_{k-1}) = x_0 \cdot ... \cdot x_{k-1}.$$

Definieren wir noch $c_{kk} := 1$ für $k=0,\ldots,n$ und $c_{jk} := 0$, wenn $0 \leq k < j \leq n$ ist, so stellt die Matrix

$$C_n := \begin{pmatrix} c_{00} & \cdots & c_{0n} \\ \vdots & & \vdots \\ c_{n0} & \cdots & c_{nn} \end{pmatrix}$$

eine normierte obere Dreiecksmatrix dar, und es gilt

$$(1 \ x \ \ldots \ x^n) C_n = (p_0(x) \ p_1(x) \ \ldots \ p_n(x))$$

für jede reelle Zahl x. Setzen wir nun für x nacheinander die Zahlen $x_0,\ldots,x_n$ ein und fassen die entsprechenden Zeilenvektoren auf der linken beziehungsweise der rechten Seite zu Matrizen zusammen, so erhalten wir die entscheidende Gleichung

(40) $\qquad V_n C_n = U_n D_n.$

Zusammen mit (39) folgt daraus sofort

$$\vec{w} = (U_n D_n) \vec{a} = (V_n C_n) \vec{a} = V_n (C_n \vec{a}),$$

d.h. $\vec{c} = C_n \vec{a}$ ist eine Lösung des ursprünglichen Systems $V_n \vec{c} = \vec{w}$.

Da C_n eine normierte obere Dreiecksmatrix ist, stellt auch C_n^{-1} eine normierte obere Dreiecksmatrix dar (siehe den Beweis des *Satzes über die Eindeutigkeit der UDO-Zerlegung* (1.5.22)). Durch Multiplikation von rechts mit $O_n := C_n^{-1}$ gewinnen wir nun aus (40) die UDO-Zerlegung von V_n:

(41) $\qquad V_n = U_n D_n O_n.$

Aufgrund des *Satzes über die Eindeutigkeit der UDO-Zerlegung* (1.5.22) sind die Matrizen U_n, D_n und O_n durch V_n eindeutig bestimmt, und aufgrund des *Satzes über die Inverse eines Produkts* (1.5.8) ist V_n als Produkt von invertierbaren Matrizen selbst invertierbar. Der Koeffizientenvektor $\vec{c} = V_n^{-1} \vec{w}$ des Interpolationspolynoms $P(x)$ ist also ebenfalls eindeutig bestimmt. Damit können wir jetzt sehr leicht den folgenden Satz beweisen, der die Grundlage der Methode des *Koeffizientenvergleichs* bei Polynomen ist und der in Satz 5.3.6 auf die in Abschnitt 1.2.1 angekündigten allgemeineren algebraischen Strukturen übertragen wird:

1.7.2 Koeffizientenvergleichssatz

Sind $P(x)=c_0+c_1x+\ldots+c_nx^n$ und $Q(x)=b_0+b_1x+\ldots+b_mx^m$ mit $0\leq m\leq n$ Polynome, deren Werte an mehr als n verschiedenen Stellen übereinstimmen, so gilt $b_i=c_i$ für $i=0,\ldots,m$ sowie $c_i=0$ für $i=m+1,\ldots,n$, falls $n>m$ ist.

Beweis (r1):

Falls $m<n$ ist, setzen wir $b_i=0$ für $i=m+1,\ldots,n$. Nach Voraussetzung gibt es mindestens n+1 verschiedene Zahlen x_i, $i=0,\ldots,n$, für die $Q(x_i)=P(x_i)=:w_i$ gilt. Mit $\vec{b}:={}^t(b_0\ldots b_n)$, $\vec{c}:={}^t(c_0\ldots c_n)$ und $\vec{w}:=(w_0\ldots w_n)$ folgt dann wie oben $V_n\vec{b}=V_n\vec{c}=\vec{w}$, also $\vec{b}=\vec{c}=V_n^{-1}\vec{w}$. □

Insbesondere besitzt jedes Polynom $P(x)$ genau eine Darstellung in der Form $P(x)=c_0+c_1x+\ldots+c_nx^n$ mit $c_n\neq 0$. Die Zahl n wird *Grad* des Polynoms genannt.

1.7.3 Interpolationsformeln

Zum Abschluß wollen wir die Methode des Koeffizientenvergleichs anwenden, um zwei nützliche Eigenschaften der Komponenten $a_0,\ldots,a_n$ des Lösungsvektors $\vec{a}$ des Gleichungssystems $U_nD_n\vec{a}=\vec{w}$ herzuleiten und um die Matrix O_n aus (41) explizit zu bestimmen.

Da die ersten k+1 Zeilen der unteren Dreiecksmatrix U_nD_n nur von $x_0,\ldots,x_k$ abhängen, ist a_k für $k=0,\ldots,n$ nur von $x_0,\ldots,x_k$ und $w_0,\ldots,w_k$ abhängig. Um diese Abhängigkeit auszudrücken, führen wir für a_k das Symbol

$$a_k =: \Delta^k(x_0,\ldots,x_k)w$$

ein, das aus einem gleich ersichtlichen Grunde *k-ter Differenzenquotient* von $(x_0,w_0),\ldots,(x_k,w_k)$ genannt wird. Das abschließende w ist hier als Symbol einer Funktion aufzufassen, für die $w(x_i)=w_i$, $i=0,\ldots,k$, gilt. Ist anstelle der Werte $w_0,\ldots,w_k$ eine Funktion f vorgegeben, so wird $\Delta^k(x_0,\ldots,x_k)f$ entsprechend mit den Werten $f(x_i)$, $i=0,\ldots,k$, gebildet.

Zunächst folgt wegen $\vec{c}=C_n\vec{a}$, daß

(42) $$c_n = a_n = \Delta^n(x_0, \ldots, x_n)w$$

gilt. Wir entwickeln nun zwei weitere Darstellungen des Interpolationspolynoms P(x), aus denen sich dann durch Koeffizientenvergleich die gewünschten Eigenschaften ergeben.

Für die Polynome $Q_k(x) := \prod_{\substack{j=0 \\ j \neq k}}^{n} \frac{x-x_j}{x_k-x_j}$, $k = 0, \ldots, n$, gilt $Q_k(x_k) = 1$ und $Q_k(x_i) = 0$ im Falle $i \neq k$. Damit ist

(43) $$P(x) = \sum_{k=0}^{n} w_k Q_k(x)$$

eine weitere Form des Interpolationspolynoms, die *Lagrangesche Interpolationsformel* genannt wird. Ihre Herleitung stellt ein schönes Beispiel für das heuristische Prinzip der "Superposition" dar. In der Praxis spielt diese Formel heute nur eine geringe Rolle, weil sie wegen der vielen Multiplikationen nicht sehr effektiv ist.

Durch Ausmultiplizieren der Linearfaktoren von $Q_k(x)$ für $k=0,\ldots,n$ und Zusammenfassen der Koeffizienten von x^n in den einzelnen Summanden von (43) erhalten wir wegen (42) den Koeffizienten c_n von P(x) in der Form

(44) $$\Delta^n(x_0, \ldots, x_n)w = \sum_{k=0}^{n} w_k \prod_{\substack{j=0 \\ j \neq k}}^{n} (x_k-x_j)^{-1}.$$

Die folgende rekursive Herleitung des Interpolationspolynoms ergibt zugleich ein rekursives Berechnungsverfahren für die höheren Differenzenquotienten. Dazu führen wir die ebenfalls eindeutig bestimmten Interpolationspolynome $P_{j,k}(x)$ mit $0 \leq j \leq k \leq n$ für die Paare (x_j, w_j), $(x_{j+1}, w_{j+1}), \ldots, (x_k, w_k)$ ein, d.h. $P_{j,k}(x)$ sei das Polynom vom Grade $k-j$, für das $P_{j,k}(x_i) = w_i$ gilt, wenn $i \in \{j, j+1, \ldots, k\}$ ist. Setzen wir außerdem $P_{j,j}(x) := w_j$ für $j = 0, \ldots, n$, so erhalten wir die *Rekursionsformel von Neville*:

(45) $$P_{j,k}(x) = \frac{1}{x_k-x_j}\left[(x-x_j)P_{j+1,k}(x) + (x_k-x)P_{j,k-1}(x)\right] \text{ für } 0 \leq j < k \leq n,$$

1.7.3 Interpolationsformeln

und $P_{0,n}(x)$ ist das gesuchte Interpolationspolynom $P(x)$.

Vergleichen wir auf beiden Seiten der Gleichung (45) die Koeffizienten der höchsten Potenz x^{k-j} und beachten wir, daß in diesem Fall (42) mit k-j anstelle von n und mit $(x_j,...,x_k)$ anstelle von $(x_0,...,x_n)$ gilt, so erhalten wir die Rekursionsformel

$$\Delta^0(x_i)w = w_i \quad \text{für } i=0,...,n,$$
$$(46) \quad \Delta^{k-j}(x_j,...,x_k)w = \frac{1}{x_k-x_j}\left[\Delta^{k-j-1}(x_{j+1},...,x_k)w - \Delta^{k-j-1}(x_j,...,x_{k-1})w\right]$$
$$\text{für } 0 \leq j < k \leq n,$$

die die Bezeichnung "k-ter Differenzenquotient" rechtfertigt und die vor allem das in Figur 3 angedeutete Berechnungsverfahren ermöglicht:

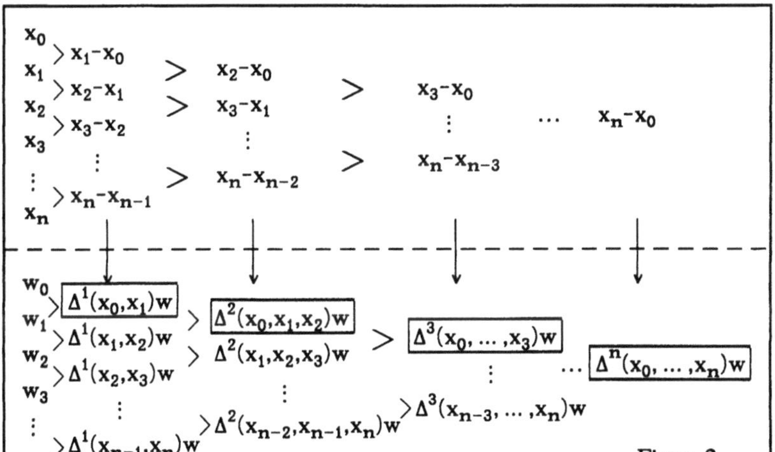

Figur 3

Die normierte obere Dreiecksmatrix O_n der UDO-Zerlegung von V_n können wir nun folgendermaßen explizit bestimmen: Wegen (41) ist der (k+1)-te Spaltenvektor $\bar{o}_k$ von O_n der Lösungsvektor des Gleichungssystems $U_n D_n \bar{o}_k = \bar{v}_k$, wobei wir mit $\bar{v}_k = {}^t(x_0^k ... x_n^k)$ den (k+1)-ten Spaltenvektor von V_n bezeichnen. Kürzen wir die Funktion $x \mapsto x^k$ mit id^k ab, so ist das k-te Element in der i-ten Zeile von O_n also $\Delta^i(x_0,...,x_i)\text{id}^k$.

Abschließend fassen wir die Lösung des Interpolationsproblems in dem folgenden Satz zusammen:

1.7.4 Interpolationssatz

Sind $(x_0,w_0),...,(x_n,w_n)$ n+1 Zahlenpaare mit $x_i \neq x_j$ für $i \neq j$, so gibt es genau ein Polynom P(x) n-ten Grades, so daß $P(x_i)=w_i$ für $i=0,...,n$ gilt. Dieses Polynom besitzt die Darstellung

$$(47) \qquad P(x) = \sum_{k=0}^{n} (\Delta^k(x_0,...,x_k)w) \prod_{j=0}^{k} (x-x_j)$$

(*Newtonsche Interpolationsformel*).

1.7.5 Interpolation mit kubischen Splinefunktionen

In diesem Abschnitt werden wir eine ganz andersartige Lösung des Interpolationsproblems kennenlernen, die außerdem auf einen weiteren Matrizentyp - die sogenannten Bandmatrizen - führt.

Ist die Anzahl der Stützstellen sehr groß, so bereitet es auch mit einer Rechenanlage einige Mühe, die Koeffizienten des Interpolationspolynoms zu bestimmen. In vielen Fällen begnügt man sich deshalb bei der Interpolation mit Funktionen, die sich aus Polynomen niederen Grades zusammensetzen. Wir betrachten hier den folgenden wichtigen Spezialfall:

1.7.6 Definition der kubischen Splinefunktion

Sind $x_0,...,x_{m+1}$ Stützstellen mit $x_0 < ... < x_{m+1}$, so heißt eine Funktion $x \mapsto s(x)$, $x \in [x_0, x_{m+1}]$[10], *natürliche kubische Splinefunktion* (zu $x_0,...,x_{m+1}$), wenn es kubische Polynome $P_j(x)$, $j=0,...,m$, gibt, so daß gilt:

i) $s(x) = P_j(x)$ für $x \in [x_j, x_{j+1}]$, $j=0,...,m$,
ii) $P'_{j-1}(x_j) = P'_j(x_j)$ für $j=1,...,m$,
iii) $P''_{j-1}(x_j) = P''_j(x_j)$ für $j=1,...,m$ und $P''_0(x_0) = P''_m(x_{m+1}) = 0$.

Dieser Ansatz und die Bezeichnung "natürliche kubische Splinefunktion" haben ihren Ursprung in einer praktischen Lösung des Interpo-

---

[10] Für $a,b \in \mathbb{R}$ mit $a \leq b$ bezeichnet $[a,b] := \{x \in \mathbb{R} \mid a \leq x \leq b\}$ ein *abgeschlossenes Intervall*.

1.7.6 Interpolation mit kubischen Splinefunktionen

lationsproblems durch technische Zeichner: Sie verwendeten früher zum Kurvenzeichnen einen elastischen Stab (Holzlatte, engl. spline), der so gebogen wurde, daß er durch die gegebenen Stützpunkte hindurchführte. Auf Grund der physikalischen Gesetzmäßigkeiten verschwindet die vierte Ableitung der so gewonnenen Funktion überall. Zwischen je zwei aufeinanderfolgenden Stützstellen wird damit die Interpolationsfunktion durch ein Polynom beschrieben, dessen Grad höchstens 3 ist. Links von dem ersten und rechts von dem letzten Stützpunkt verläuft der Stab geradlinig, so daß die zweite Ableitung an der ersten und letzten Stützstelle verschwindet. (Dieses ist der Grund für den Zusatz "natürlich".)

Wir wollen nun zeigen, daß eine natürliche kubische Splinefunktion durch Vorgabe der $m+2$ Stützstellen $x_0,...,x_{m+1}$ und der zugehörigen Stützwerte $s_0,...,s_{m+1}$ eindeutig bestimmt ist und daß sie durch geschickte Elimination der unbekannten Polynomkoeffizienten in einfacher Weise berechnet werden kann. Dazu schreiben wir die gesuchten kubischen Polynome in der Form

$$P_j(x) = a_j + b_j(x-x_j) + \tfrac{1}{2}c_j(x-x_j)^2 + \tfrac{1}{6}d_j(x-x_j)^3, \quad j=0,...,m.$$

Für die $4m+4$ unbekannten Koeffizienten ergeben sich folgende lineare Gleichungen: jeweils m durch die Bedingungen i) und ii), $m+2$ durch Bedingung iii) und $m+2$ durch die Vorgabe der Stützwerte. Also liegt zunächst ein $(4m+4) \times (4m+4)$-System vor, das wir nun schrittweise reduzieren.

1. Wegen $P_j''(x) = c_j + d_j(x-x_j)$ erhalten wir aus iii) mit $c_{m+1} := 0$ die Beziehungen $c_j = c_{j-1} + d_{j-1}(x_j - x_{j-1})$, $j=1,...,m+1$. Elimination der Koeffizienten d_j ergibt dann

$$P_j''(x) = \frac{1}{x_{j+1}-x_j}(c_{j+1}(x-x_j) + c_j(x_{j+1}-x)), \quad j=0,...,m.$$

2. Durch zweimalige Integration von $P_j''(x)$ folgt

(48) $$P_j(x) = K_j(x) + L_j(x)$$

mit den kubischen Polynomen

(49) $$K_j(x) = \frac{1}{6(x_{j+1}-x_j)}(c_{j+1}(x-x_j)^3 + c_j(x_{j+1}-x)^3)$$

und mit den linearen Polynomen $L_j(x)$ (Integrationskonstanten!), die wir mit Bedingung i) und mit den vorgegebenen Stützwerten wegen $L_j(x_j) = s_j - K_j(x_j)$ sowie $L_j(x_{j+1}) = s_{j+1} - K_j(x_{j+1})$ folgendermaßen berechnen können:

$$(50) \quad L_j(x) = \frac{s_{j+1} - K_j(x_{j+1})}{x_{j+1} - x_j}(x - x_j) + \frac{s_j - K_j(x_j)}{x_{j+1} - x_j}(x_{j+1} - x), \quad j = 0, \ldots, m.$$

3. Für die verbleibenden unbekannten Koeffizienten $c_1, \ldots, c_m$ ergibt Bedingung ii) wegen

$$P_j'(x) = K_j'(x) - \frac{K_j(x_{j+1}) - K_j(x_j)}{x_{j+1} - x_j} + \Delta^1(x_j, x_{j+1})s$$

die folgenden Gleichungen:

$$P_{j-1}'(x_j) = \tfrac{1}{6}(2c_j + c_{j-1})(x_j - x_{j-1}) + \Delta^1(x_{j-1}, x_j)s =$$
$$P_j'(x_j) = -\tfrac{1}{6}(2c_j + c_{j+1})(x_{j+1} - x_j) + \Delta^1(x_j, x_{j+1})s, \quad j = 1, \ldots, m.$$

Bringen wir alle Unbekannten auf die linke Seite und dividieren die j-te Gleichung durch $\tfrac{1}{6}(x_{j+1} - x_{j-1})$, so erhalten wir mit der Abkürzung $q_j := \frac{x_j - x_{j-1}}{x_{j+1} - x_{j-1}}$ die Gleichungen

$$q_j c_{j-1} + 2c_j + (1-q_j)c_{j+1} = 6\Delta^2(x_{j-1}, x_j, x_{j+1})s, \quad j = 1, \ldots, m,$$

die wegen $c_0 = c_{m+1} = 0$ und mit

$$B := \begin{pmatrix} 2 & 1-q_1 & & & O \\ q_2 & 2 & 1-q_2 & & \\ & \ddots & \ddots & \ddots & \\ & & q_{m-1} & 2 & 1-q_{m-1} \\ O & & & q_m & 2 \end{pmatrix}, \quad \vec{c} := \begin{pmatrix} c_1 \\ \vdots \\ c_m \end{pmatrix}, \quad \vec{d} := \begin{pmatrix} 6\Delta^2(x_0, x_1, x_2)s \\ \vdots \\ 6\Delta^2(x_{m-1}, x_m, x_{m+1})s \end{pmatrix}$$

als m×m-System geschrieben werden können:

$$(51) \quad B\vec{c} = \vec{d}.$$

4. Die US-Zerlegung von B läßt sich mit Hilfe der Eckkoeffizienten e_j, die rekursiv durch $e_1 := 2$, $e_{k+1} := 2 - q_{k+1}(1-q_k)e_k^{-1}$, $k = 1, \ldots, m-1$, bestimmt sind, direkt angeben:

$$(52) \quad B = \begin{pmatrix} 1 & & O \\ q_2/e_1 & 1 & \\ & \ddots & \ddots \\ O & q_m/e_{m-1} & 1 \end{pmatrix} \begin{pmatrix} e_1 & 1-q_1 & & O \\ & \ddots & \ddots & \\ & & e_{m-1} & 1-q_{m-1} \\ O & & & e_m \end{pmatrix} =: US.$$

Wegen $0<q_j<1$ ergibt sich mit vollständiger Induktion $1<e_j<2$ für $j=2,...,m$. Also hat S den Rang m, und $\vec{c}$ berechnet sich eindeutig aus den besonders einfachen Gleichungssystemen $U\vec{x}=\vec{d}$ und $S\vec{c}=\vec{x}$, die der Vorwärtselimination und dem Rückwärtseinsetzen entsprechen. Setzen wir die Koeffizienten $c_1,...,c_m$ in (49) ein, so erhalten wir schließlich mit (50) und (48) die ebenfalls eindeutig bestimmten kubischen Interpolationspolynome $P_j(x)$, $j=0,...,m$.

Matrizen, die wie B nur in der Nähe der Hauptdiagonalen von Null verschiedene Elemente enthalten, treten in der Praxis verhältnismäßig oft auf. Sie haben deshalb einen Namen:

1.7.7 Definition der Bandmatrix

Eine Matrix $\begin{pmatrix} b_{11} & \cdots & b_{1n} \\ \vdots & & \vdots \\ b_{n1} & \cdots & b_{nn} \end{pmatrix}$ heißt *Bandmatrix der halben Bandbreite* b genau dann, wenn $b_{ij}=0$ für alle $i,j\in\{1,...,n\}$ mit $|i-j|\geq b$ gilt. Eine Bandmatrix mit $b=2$ wird *tridiagonale Matrix* genannt.

In unserem Fall ist die halbe Bandbreite 2. Besitzt eine Bandmatrix B mit der halben Bandbreite b eine US-Zerlegung, so sind U und S ebenfalls Bandmatrizen mit der halben Bandbreite b; denn die Nullen unterhalb der Hauptdiagonalen außerhalb des Bandes gehen durch Division mit einem Eckkoeffizienten in U ein, und die Nullen oberhalb der Hauptdiagonalen außerhalb des Bandes werden durch die elementaren Zeilenumformungen, die S ergeben, gar nicht berührt. Zur Berechnung von U und S werden dann höchstens $b(b-1)n$ Divisionen und Multiplikationen benötigt. Ist b im Verhältnis zu n klein, so verläuft die Vorwärtselimination und das Rückwärtseinsetzen bei einer n×n-Bandmatrix also um Größenordnungen schneller als bei beliebigen n×n-Matrizen (mit ca. n^3 Operationen).

Matrizen, die höchstens cn von 0 verschiedene Elemente haben, wobei c unabhängig von n klein ist, heißen *schwach besetzt*.

1.8 Ausblick

1.8.1 Abgrenzungen

Die Lineare Algebra hat in ihrer Entwicklung als eigenständiges Teilgebiet der Mathematik seit etwa 40 Jahren eine Reihe von Funktionen übernommen. Für die Reine Mathematik liefert sie einen wesentlichen Teil des Begriffs- und Methodenfundaments. Durch die Bereitstellung des linearen Modells, das neben das infinitesimale und das stochastische Modell tritt, erlangt sie ihre große Bedeutung für die Angewandte Mathematik aber auch für die Natur- und Wirtschaftswissenschaften. Im Sinne einer ersten und einfachsten Approximationsstufe ist sie schließlich Ausgangspunkt für die Numerische Mathematik.

Als axiomatisch-deduktive Theorie hat die Lineare Algebra in der Reinen Mathematik keine Abgrenzungsprobleme. Da die Algorithmische Lineare Algebra diesen Rahmen verläßt, steht sie zahlreichen Forderungen der genannten Abnehmer sowie der Diskreten Mathematik und der Informatik gegenüber. Obwohl deren Bedürfnisse bereits vom Ansatz her berücksichtigt werden, bleiben einige Wünsche - zumindest in dieser ersten Darstellung - unerfüllt. Die Ausblicke sollen deshalb sowohl Skizzen von dazugehörigen Themen bringen als auch die vorgenommene Grenzziehung begründen. Auf historische Zusammenhänge kann hier nicht eingegangen werden.

1.8.2 Anwendungen von Matrizen

Wir haben Matrizen als Schemata zur Abkürzung von linearen Gleichungssystemen gewonnen. In der Praxis findet man Matrizen darüberhinaus in zahlreichen Situationen sowohl als reine "Datenstruktur" als auch mit den hier eingeführten und weiteren Verknüpfungen. Es folgen einige Beispiele, die jeweils für eine umfangreichere Klasse von Anwendungen typisch sind.

i) Mehrstufige Produktionssysteme

In der betrieblichen Wirtschaft kommt es sehr oft vor, daß gewisse Endprodukte in einer Reihe von Verarbeitungsstufen aus einer Anzahl von Rohstoffen oder Ausgangsprodukten herzustellen sind. In jeder Stufe gibt eine Matrix an, wieviele Einheiten der jeweils vorliegenden

Zwischenprodukte zur Herstellung jedes der Folgeprodukte für die nächste Stufe benötigt werden. Berechnet man die Zuordnungen beim Überspringen irgendeiner Stufe, so stellt sich heraus, daß die zugehörigen beiden Matrizen in der entsprechenden Reihenfolge zu multiplizieren sind. Beim Zusammenfassen mehrerer Stufen treten die Produkte aller zwischen diesen Stufen vorliegenden Matrizen auf. Insbesondere erhält man den Bedarf an Ausgangsprodukten zur Herstellung von gewünschten Mengen der Endprodukte, indem man den Spaltenvektor, der diese Zahlangaben enthält, der Reihe nach von links mit allen Matrizen der voraufgehenden Stufen multipliziert.

Da in der Praxis - etwa eines Chemiekonzerns - Produktbildungen mit einer größeren Anzahl von Matrizen und mehreren Tausend Zeilen und Spalten auftreten, ist es notwendig, den Rechenaufwand zu minimieren, indem die günstigste Reihenfolge von Teilprodukten bestimmt wird. Dieses algorithmische Problem wird mit "dynamischer Programmierung" gelöst, die auf einer extremen Anwendung des Prinzips "Teile und Herrsche" beruht: Man berechnet und speichert alle minimalen Lösungen bei jeweils zwei Matrizen beginnend mit zunehmender Faktorenzahl und nutzt dabei die vorher gewonnenen Informationen (siehe [11], Kapitel 42).

ii) Adjazenzmatrizen in der Graphentheorie

Viele Anwendungsprobleme betreffen gewisse Objekte und Verbindungen zwischen ihnen. Als mathematisches Modell werden dann meistens *Graphen* verwendet. Sie bestehen aus einer endlichen Menge V von Knoten (oder Ecken) und einer Menge E von Kanten, die zweielementige Teilmengen von V sind. Da die Knoten nicht weiter spezifiziert werden, lassen sie sich den Zahlen $1,\ldots,n$ zuordnen, wenn n die Anzahl der Elemente von V bezeichnet.

Oft ist auf allen Kanten eine Richtung festgelegt. Dann spricht man von gerichteten Graphen und sieht E als Teilmenge von $V \times V$ an. Jeder Graph läßt sich als gerichteter Graph auffassen, indem die Kanten durch Paare von Kanten mit entgegengesetzten Richtungen ersetzt werden. Einen gerichteten Graphen beschreibt man sehr einfach - wenn auch nicht immer effizient - durch seine *Adjazenzmatrix*

$$(a_{ij}) \in \mathbb{Q}^{n \times n} \text{ mit } a_{ij} := \begin{cases} 1, & \text{wenn } (i,j) \in E, \\ 0 & \text{sonst.} \end{cases}$$

Entsprechend kann man einem nicht gerichteten Graphen eine Adjazenzmatrix zuordnen, deren 1-Elemente symmetrisch zur Hauptdiagonalen stehen.

Operationen mit Adjazenzmatrizen treten im Zusammenhang mit dem folgenden Begriff auf. Ein (m+1)-tupel $(k_0,\ldots,k_m) \in J_n^{m+1}$ heißt *Weg* (oder *Pfad*) der Länge m zwischen den Knoten k_0 und k_m genau dann, wenn $(k_{i-1}, k_i) \in E$ für $i = 1,\ldots,m$ gilt. Ist A die Adjazenzmatrix eines Graphen, so beweist man mit vollständiger Induktion über m, daß $^t\bar{e}_i A^m \bar{e}_j$ für $i, j \in J_n$ die Anzahl der Wege mit der Länge m zwischen den Knoten i und j darstellt.

In der Praxis müssen den Kanten oft Eigenschaften zugeordnet werden, die für die Lösung des Problems entscheidend sind. Ein (gerichteter) Graph (V, E) mit einer "Bewertungsfunktion" $b: E \to \mathbb{R}$ heißt *bewerteter (gerichteter) Graph*. Gehört in einem bewerteten gerichteten Graphen jeder Knoten zu einer Kante, so spricht man von einem *Netzwerk*.

In der Adjazenzmatrix (a_{ij}) eines bewerteten gerichteten Graphen wird $a_{ij} := b(i,j)$ gesetzt, wenn $(i,j) \in E$ ist. Da 0 ein Wert von b sein kann, muß a_{ij} für $(i,j) \notin E$ durch ein Symbol erklärt werden, das nicht zur Wertemenge von b gehört. Im Hinblick auf das wichtige Problem der "kürzesten Wege", das wir gleich behandeln werden, wählt man meistens das Symbol ∞ und führt die Verknüpfungen sowie den Vergleich mit reellen Zahlen auf natürliche Weise ein.

Die Länge eines Weges $(k_0,\ldots,k_m)$ in einem bewerteten gerichteten Graphen wird durch $\sum_{i=1}^{m} b(k_{i-1}, k_i)$ definiert. Den folgenden merkwürdigen Algorithmus zur Bestimmung der jeweils kürzesten Weglänge zwischen allen Knotenpaaren haben *R. Bellmann* und *L.R. Ford Jr.* gefunden. Sind $B, C \in (\mathbb{R} \cup \{\infty\})^{n \times n}$, so wird zunächst eine Verknüpfung $B * C$ erklärt, bei der ausgehend von dem Matrizenprodukt BC in jedem der n^2 Skalarprodukte die Summation durch Minimumbildung und die Multiplikation durch Addition zu ersetzen ist. Bildet man dann mit der Adjazenzmatrix A die Matrizen A_m rekursiv durch $A_1 := A$ und $A_{k+1} := A_k * A$ für $k = 1, 2, \ldots$, so ergibt vollständige Induktion über m, daß $^t\bar{e}_i A_m \bar{e}_j$ für $i, j \in J_n$ die minimale Länge aller Wege zwischen i und j ist, die aus genau m Kanten bestehen. Das Symbol ∞ bedeutet dabei, daß zwischen i und j kein Weg aus m Kanten existiert.

1.8.2 Anwendungen von Matrizen

Enthält $b(E)$ nur nichtnegative Zahlen, so kann man nach s Schritten abbrechen, wenn an keiner Position von A_s eine Verkleinerung gegenüber A_{s-1} eintritt. Das Minimum der Längen aller Wege zwischen i und j ist dann $\min\{r \in \mathbb{R} \mid \text{Es gibt } h \in J_{s-1} \text{ mit } r = {}^t\hat{e}_i A_h \hat{e}_j\}$. Speichert man zu jedem von ∞ verschiedenen Element die Indizes, die zu den minimalen Summen gehören, so kann man auch alle Wege mit der jeweiligen minimalen Länge angeben.

iii) Verflechtungsprobleme

In der Realität verlaufen mehrstufige Prozesse wie die Produktionssysteme unter ii) nur selten unabhängig voneinander. Interner Verbrauch bei der Herstellung von komplexen Erzeugnissen, Rückflüsse bei chemischen Produktionsvorgängen und allgemein vielfältige Verflechtungen bei betriebs- und volkswirtschaftlichen Prozessen führen dazu, daß der gesuchte Produktionsvektor $\vec{x}$ und der Ergebnisvektor $\vec{b}$ sich durch einen Vektor $\vec{y}$ unterscheiden, der die internen Verflechtungen in der Form $\vec{y} = A\vec{x}$ wiedergibt. Dabei ist A eine quadratische Matrix, die die Anteile der für die einzelnen Komponenten verbrauchten Ressourcen enthält. Sie besteht also aus nichtnegativen Zahlen, die kleiner als 1 sind, und das mathematische Modell hat die Form $\vec{x} - \vec{y} = (E - A)\vec{x} = \vec{b}$.

Da $\vec{x}$ und $\vec{b}$ nur nichtnegative Komponenten enthalten dürfen, ist neben der Frage nach der Invertierbarkeit von $E - A$ zu klären, ob in $(E - A)^{-1}$ negative Elemente vorkommen. Dieses Problem läßt sich mit Hilfe des Eigenwertbegriffs aus dem sechsten Kapitel lösen.

Ein weiterer wichtiger Anwendungsbereich dieser Art sind die "Markow-Ketten", die spezielle Zufallsprozesse beschreiben. Wir werden in Beispiel 6.1.3 darauf eingehen. Sie führen auf "stochastische Matrizen", deren Elemente nichtnegativ sind und deren Spaltensummen 1 ergeben.

1.8.3 Iterative Verfahren bei großen linearen Gleichungssystemen

Bei der algorithmischen Behandlung von linearen Gleichungssystemen tritt ein mehrfaches Abgrenzungsproblem auf. Einerseits gibt es etablierte Gebiete, die sich intensiv mit den zugehörigen numerischen Verfahren beschäftigen, nämlich die Numerik (siehe [12]), die auch viele andere Themenbereiche umfaßt, die Numerische Lineare Algebra (z.B. [3]) sowie die Theorie der Matrizen und ihrer Anwendungen (vor allem [14]).

Andererseits kann es sich ergeben, daß die algorithmische Darstellung eines Problemkreises unterschiedliche Situationen berücksichtigen muß. Das wären in diesem Falle spezielle sehr große Gleichungssysteme. Die Grenze der Variablenzahl bei der Lösung von linearen Gleichungssystemen mit invertierbarer Koeffizientenmatrix durch Eliminationsverfahren wird in Abhängigkeit von der technologischen Entwicklung immer weiter hinausgeschoben und liegt zur Zeit zwischen 10^4 und 10^6. Aber schon seit mehr als 150 Jahren sind *Iterationsverfahren* bekannt, mit denen die gesuchte Lösung bei jeweils wesentlich größeren schwach besetzten Koeffizientenmatrizen durch eine Folge von Vektoren komponentenweise approximiert wird.

Wir gehen auf diese Methode nur hier im Ausblick ein, weil die zugehörigen Algorithmen sehr speziell sind und weil die analytischen Probleme der Konvergenzsicherung dominieren. Mehrere Iterationsverfahren zur Lösung linearer Gleichungssysteme beruhen darauf, daß man das Gleichungssystem $A\vec{x} = \vec{b}$ mit $A \in \mathbb{R}_n^{n \times n}$ und $\vec{b} \in \mathbb{R}^{n \times 1}$ durch Aufspaltung von A in der Form $A = B - C$ mit $B \in \mathbb{R}_n^{n \times n}$ in eine *Fixpunktgleichung* $\vec{x} = B^{-1} C \vec{x} + B^{-1} \vec{b}$ überführen kann. Bildet man dann die "Iterationsfolge" $\vec{x}_{n+1} := B^{-1} C \vec{x}_n + B^{-1} \vec{b}$ für $n \in \mathbb{N}$ mit beliebigem $\vec{x}_1 \in \mathbb{R}^{n \times 1}$, so läßt sich mit Hilfe des Eigenwertbegriffs aus Kapitel 6 eine hinreichende Bedingung für die Konvergenz von $(\vec{x}_n)_n$ gegen die Lösung $\vec{x}$ formulieren.

In der Praxis sorgt man dafür, daß sich B^{-1} möglichst einfach berechnen läßt. Wird A so permutiert, daß die Diagonalelemente eine invertierbare Diagonalmatrix D bilden, so führen die beiden naheliegenden Möglichkeiten mit $B := D$ auf das *Gesamtschrittverfahren* von *C.G.J. Jacobi* und mit der Dreiecksmatrix $B := \sum_{i=1}^{n} \sum_{k=1}^{i} (^t\vec{e}_i A \vec{e}_k)(\vec{e}_i {}^t\vec{e}_k)$ auf das *Einzelschrittverfahren* von *C.F. Gauß* und *P.L. v. Seidel*.

1.8.4. Aufwandsabschätzung und Komplexität

Zur Bewertung der Leistungsfähigkeit eines Algorithmus und zum Vergleich von Algorithmen für dieselbe Aufgabe verwendet man Auf-

1.8.4 Aufwandsabschätzung und Komplexität

wandsabschätzungen, die allerdings von einer Reihe von Umständen abhängen. Diese Untersuchungen werden in den zur theoretischen Informatik gehörenden Gebieten der Algorithmenanalyse und der Komplexitätstheorie durchgeführt. Wir können hier nur auf sehr wenige Aspekte eingehen und zum Beispiel keine "Turing-Maschine" zum Vergleich heranziehen.

Stattdessen zählen wir die für die Durchführung eines Algorithmus notwendigen arithmetischen Operationen Addition, Subtraktion, Multiplikation, Division und Vergleich. Das Ergebnis wird meistens in Abhängigkeit von der Zeilenanzahl m und der Spaltenanzahl n der Ausgangsmatrix stark vereinfacht durch den Typ des dominierenden Terms wiedergegeben. Üblicherweise benutzt man dazu die Schreibweise $f(n) = O(g(n))$, die bedeuten soll, daß es Konstanten $c > 0$ und $p > 0$ gibt, mit denen $f(n) \leq c\, g(n)$ für alle $n \in \mathbb{N}$ mit $n \geq p$ gilt.

Da bei den Algorithmen der Linearen Algebra oft auch die Konstante c eine Rolle spielt, verwenden wir die Abkürzung $f(n)\eta_n$, in der $(\eta_n)_n$ eine Folge mit $\lim_{n \to \infty} \eta_n = 1$ ist.

Für einige der behandelten Algorithmen gibt es Verbesserungen, die erst bei sehr großen Matrizen vorteilhaft sind. Das bekannteste Beispiel stammt von V. *Strassen* (1968), der für die Multiplikation von $n \times n$-Matrizen einen Algorithmus mit $O(n^{2,81})$ Operationen fand, während das Standardverfahren $O(n^3)$ Operationen benötigt. Er benutzt die Identität $\begin{pmatrix} A & B \\ C & D \end{pmatrix}\begin{pmatrix} E & F \\ G & H \end{pmatrix} = \begin{pmatrix} T+U-V+W & X-W \\ V-Y & Z-T-X+Y \end{pmatrix}$ mit $T := (A+D)$ $(E-H)$, $U := (B+D)(G+H)$, $V := D(E+G)$, $W := (A-B)H$, $X := A(F+H)$, $Y := (D-C)E$ und $Z := (A+C)(E+F)$, in der 7 Multiplikationen und 18 Additionen vorkommen. Wird diese Formel rekursiv auf $2^{m-1} \times 2^{m-1}$-reihige Blockmatrizen angewandt, so kann man zwei $2^m \times 2^m$-Matrizen mit 7^m Multiplikationen und $6(7^m - 4^m)$ Additionen multiplizieren. Bei einer $n \times n$-Matrix ergibt damit das Prinzip des "Teilens und Herrschens" eine Operationenzahl $O(n^\alpha)$ mit $\alpha := \dfrac{\log 7}{\log 2} = 2{,}807...$ (siehe [7], 4.6.4). Inzwischen ist diese Schranke auf $O(n^{2,376})$ herabgedrückt (Stand von 1988).

Bei der Zählung der Operationen gewinnen wir nur eine Aussage über die "Laufzeit" eines Algorithmus. Zur Komplexität gehört aber auch der maximale Speicherplatzbedarf während des Ablaufs. Wird zum Beispiel der Eliminationsalgorithmus für eine $m \times n$-Matrix von einem Computer-Algebrasystem mit rundungsfreier rationaler Arithmetik durchgeführt, so ist es ein nicht naheliegendes Ergebnis von *J. Edmonds* (1967), daß es eine Darstellung für die auftretenden rationalen Zahlen gibt, bei der die Laufzeit und der Speicherbedarf durch ein Polynom in m und n nach oben beschränkt ist (siehe [6], 1. Kapitel).

1.8.5 Parallelrechnen

Aufgrund der stark gesunkenen Hardwarepreise und der extremen Miniaturisierung von Prozessoren findet seit einiger Zeit eine rasante Entwicklung von Parallelrechnern und damit auch von *parallelen Algorithmen* statt. Da sowohl große Unterschiede in der Anzahl und Leistungsfähigkeit der verwendeten Prozessoren bestehen als auch zahlreiche Kommunikationsmöglichkeiten zwischen den Prozessoren denkbar sind, gibt es eine solche Fülle von Rechnertypen, daß wir sie nicht einmal andeutungsweise beschreiben können.

Es sollen lediglich zwei Beispiele aus der Linearen Algebra erwähnt werden, die einen Hinweis auf die Art der Verbesserung gegenüber Algorithmen für nur einen Prozessor geben. Die Multiplikation von zwei $n \times n$-Matrizen ist mit n^3 Prozessoren auf einem *Hypercube-Netzwerk* in $O(\log n)$ Schritten möglich (*E. Dekel, D. Nassimi, S. Sahni*: Parallel matrix and graph algorithms. SIAM J. Comp. **10**, No. 4, 1981). Ein Hypercube besteht aus 2^q ($q \in \mathbb{N}$) Prozessoren und stellt einen Parallelrechner mit festem Verbindungsnetzwerk dar, bei dem je zwei Prozessoren miteinander verbunden sind, wenn sich ihre binären Adressen in genau einer Bitposition unterscheiden.

Für eine wichtige Klasse von Algorithmen haben *H.T. Kung* und *C.E. Leiserson* 1980 die Bezeichnung *systolische Algorithmen* eingeführt, weil sie unter anderem folgende Eigenschaften haben: Sie lassen sich mit Hilfe weniger Typen einfacher Prozessoren realisieren, die eine bestimmte Anzahl von Datenströmen rhythmisch pulsierend (wie die Systole des Herzmuskels) verarbeiten und jeweils nur mit wenigen Nachbarn austauschen. Mit Hilfe eines solchen Algorithmus läßt sich die Multiplikation einer $n \times n$-Matrix und eines Vektors der Länge n mit $2n-1$ Prozessoren in $4n-2$ Schritten durchführen (siehe [11], Kapitel 40).

2
Vektorräume

2.1 Vektorräume und Untervektorräume

Im ersten Kapitel haben wir beliebige lineare Gleichungssysteme gelöst, indem wir sie schrittweise durch äquivalente Umformungen vereinfachten. Dabei erkannten wir zwar, wie viele Lösungen ein lineares Gleichungssystem besitzen kann und wie man die Lösung im Falle der eindeutigen Lösbarkeit gewinnt. Aber einige wichtige Fragen sind noch nicht beantwortet oder gar nicht angesprochen worden, z.B. ob es einfachere Kriterien für die Lösbarkeit beziehungsweise die eindeutige Lösbarkeit gibt und wie sich die Lösungsmenge zweckmäßig beschreiben läßt, wenn unendlich viele Lösungen vorliegen.

In diesem Kapitel werden wir die Theorie der linearen Gleichungssysteme weiterführen und abschließen, indem wir den Begriff des Vektorraums zu Hilfe nehmen. Dieser Begriff wird sich dann als grundlegend für alle weiteren Teile der Linearen Algebra herausstellen. Um ihn in voller Allgemeinheit zu erhalten, beachten wir zunächst, daß wir bisher nur einen Teil der Eigenschaften verwendet haben, die die reellen Zahlen bis auf Umbenennungen ("Isomorphie") eindeutig charakterisieren: Die "Ordnung"[1] und die für die Analysis sehr wichtige "Vollständigkeit"[2] wurden nicht benötigt. Die übrigen Eigenschaften sind typisch für eine große Zahl von Gebilden, mit denen wir genauso "rechnen" können wie im ersten Kapitel mit den reellen Zahlen:

---

[1] *Ordnung* von $\mathbb{R}$: Für jede reelle Zahl a gilt genau eine der Aussagen a>0, a=0, -a>0, und für je zwei positive reelle Zahlen a, b sind auch a+b und a·b positiv.

[2] *Vollständigkeit* von $\mathbb{R}$: (z.B.) Jede Intervallschachtelung in $\mathbb{R}$ enthält eine reelle Zahl.

2.1.1 Definition des Körpers

Ein Siebentupel $(K, ⊞, ⊡, \mathbf{0}, \mathbf{1}, ⊟, ⌸)$ bestehend aus einer nichtleeren Menge K, zwei Verknüpfungen

$⊞: K \times K \to K$, $(a,b) \mapsto a ⊞ b$,

$⊡: K \times K \to K$, $(a,b) \mapsto a ⊡ b$,

zwei ausgezeichneten Elementen $\mathbf{0}, \mathbf{1}$
und zwei Abbildungen

$⊟: K \to K$, $a \mapsto ⊟a$,

$⌸: K^* \to K^*$, $a \mapsto ⌸a$, mit $K^* := K \setminus \{\mathbf{0}\}$

heißt *Körper* genau dann, wenn gilt:

K1 ("Additive Gruppe")

$(K, ⊞, \mathbf{0}, ⊟)$ ist eine abelsche Gruppe,

K2 ("Multiplikative Gruppe")

$(K^*, ⊡|K^* \times K^*, \mathbf{1}, ⌸)$ ist eine abelsche Gruppe, [3]

K3 ("Links-Null")

$\mathbf{0} ⊡ a = \mathbf{0}$ für alle $a \in K$,

K4 ("Rechts-Distributivgesetz")

$a ⊡ (b ⊞ c) = (a ⊡ b) ⊞ (a ⊡ c)$ für alle $a, b, c \in K$.

Bevor wir einige wichtige Eigenschaften und Beispiele für Körper zusammenstellen, schließen wir uns den üblichen Vereinbarungen zur Vereinfachung der Schreibweise an:

1. Das $⊡$-Zeichen wird weggelassen.
2. Statt a·b schreibt man meistens ab,
   a-b bedeutet a+(-b),
   $\frac{a}{b}$ bedeutet a(/b).
3. "Multiplikation bindet stärker als Addition", d.h. wir können Klammern bei Produkten weglassen und z.B. in K4 a(b+c)=ab+ac schreiben.
4. Falls klar ist, welche Verknüpfungen, neutralen Elemente und Inversenabbildungen gemeint sind, wird der Körper (K,+,·,0,1,-,/) kurz mit K bezeichnet.

---

[3] $⊡|K^* \times K^*$ heißt *Einschränkung von* $⊡$ *auf* $K^* \times K^*$: Es werden nur Elemente aus K^* verknüpft, und jedem Paar aus $K^* \times K^*$ wird dasselbe Element aus K zugeordnet wie dem Paar aus $K \times K$.

2.1.2 Satz über Körpereigenschaften

Es sei $(K,+,\cdot,0,1,-,/)$ ein Körper. Dann gilt:
1. $a \cdot 0 = 0$ für alle $a \in K$,[4]
2. K ist "nullteilerfrei", d.h. für $a,b \in K$ mit $ab=0$ folgt $a=0$ oder $b=0$,
3. $a(-b) = (-a)b = -(ab)$ für alle $a,b \in K$,
4. $(-a)(-b) = ab$ für alle $a,b \in K$.

Beweis (r1):

1. Wegen K4 gilt $a \cdot 0 = a \cdot (0+0) = a \cdot 0 + a \cdot 0$, und mit der *Kürzungsregel* des *Satzes über Gruppeneigenschaften* (1.6.4) folgt $a \cdot 0 = 0$.

2. Nach K2 gilt $ab \in K^*$ für alle $a,b \in K^*$. Ist also $ab=0$, so muß $a=0$ oder $b=0$ sein.

3. Aus $ab + a(-b) = a(b+(-b)) = a \cdot 0 = 0$ folgt $a(-b) = -(ab)$, und $ab + (-a)b = (a+(-a))b = 0 \cdot b = 0$ ergibt entsprechend $(-a)b = -(ab)$.

4. Mit 3. sowie Übung 1.6.a.2 erhalten wir schließlich $(-a)(-b) = -((-a)b) = -(-(ab)) = ab$. □

2.1.3 Beispiele

1. $\mathbb{Q}$ und $\mathbb{R}$ sind Körper, $\mathbb{Z}$ ist kein Körper.

2. $\mathbb{C} := (\mathbb{R} \times \mathbb{R}, +, \cdot, 0, 1, -, 1/)$ wird durch folgende Definitionen zum Körper der "komplexen Zahlen":
$(a_1,b_1) + (a_2,b_2) := (a_1+a_2, b_1+b_2)$,
$(a_1,b_1) \cdot (a_2,b_2) := (a_1 a_2 - b_1 b_2, a_1 b_2 + a_2 b_1)$,
$0 := (0,0)$,
$1 := (1,0)$,
$-(a,b) := (-a,-b)$,
$1/(a,b) := \left(\frac{a}{a^2+b^2}, \frac{-b}{a^2+b^2}\right)$.

Durch die Abbildung $\mathbb{R} \to \mathbb{C}$, $a \mapsto (a,0)$ erhalten wir einen zu $\mathbb{R}$ "isomorphen" Körper, der in $\mathbb{C}$ enthalten ist. Mit den Abkürzungen $a := (a,0)$, $b := (b,0)$ und $i := (0,1)$ schreibt man dann $(a,b) = (a,0) + (b,0) \cdot (0,1) = a + bi$.

---

[4] Zusammen mit K2 und K3 folgt damit $ab = ba$ und $(ab)c = a(bc)$ für alle $a,b,c \in K$.

3. Neben den zu $\mathbb{Q}$ und $\mathbb{R}$ isomorphen Körpern enthält $\mathbb{C}$ noch eine Fülle von weiteren "Unterkörpern", z.B. die "algebraischen Zahlkörper": Sie bestehen jeweils aus den rationalen Zahlen (in $\mathbb{C}$), aus endlich vielen Nullstellen von Polynomen mit rationalen Koeffizienten sowie allen Elementen, die sich aus diesen durch endlich viele Operationen in $\mathbb{C}$ gewinnen lassen. Der algebraische Zahlkörper $\mathbb{Q}(\sqrt{2})$, der zu $\mathbb{Q}$ und $\sqrt{2}$ gehört, enthält z.B. genau die Elemente der Form $a+b\sqrt{2}$ mit $a,b \in \mathbb{Q}$, denn Summen, Produkte und Inverse solcher Elemente haben wieder diese Form.

4. Die bisher genannten Körper haben unendlich viele Elemente. Es gibt aber auch "endliche Körper". Der kleinste Körper besteht aus zwei Elementen 0 und 1. Die Verknüpfungen werden durch die folgenden "Verknüpfungstafeln" definiert:

+	0	1
0	0	1
1	1	0

·	0	1
0	0	0
1	0	1

Zu jeder Primzahl p erhalten wir einen endlichen Körper Z_p mit p Elementen $0,1,\ldots,p-1$, wenn wir die Verknüpfungen folgendermaßen einführen: Ist c eine ganze Zahl und $r_p(c)$ der kleinste nichtnegative Rest von c beim Teilen durch p, so sei

$$a \boxplus b := r_p(a+b),$$
$$a \boxdot b := r_p(a \cdot b),$$
$$\boxminus a := r_p(-a),$$

für alle $a,b \in \{0,\ldots,p-1\}$. Zu jedem $a \in J_{p-1}$ ist $\boxslash a$ das eindeutig bestimmte Element aus J_{p-1} mit $a \boxdot (\boxslash a) = 1$.

Ohne Beweis sei erwähnt, daß die Anzahl der Elemente eines endlichen Körpers stets eine Primzahlpotenz p^m, $m \in \mathbb{N}$, ist und daß es zu jeder Primzahlpotenz p^m einen (und bis auf Isomorphie nur einen) endlichen Körper mit p^m Elementen gibt.

Übung 2.1.a

a) Weisen Sie nach, daß $Z_7 := (\{0,\ldots,6\},+,\cdot)$ mit den in Beispiel 2.1.3.4 definierten Verknüpfungen ein Körper ist.
b) Berechnen Sie den Wochentag, auf den Silvester 1999 fällt.

Übung 2.1.b

Leiten Sie die Verknüpfungstafeln der additiven und der multiplikativen Gruppe eines Körpers ($\{0,1,a,b\}, +, \cdot, 0, 1$) mit vier Elementen her. [Hinweis: Sie dürfen annehmen, daß es einen solchen Körper gibt.]

Übung 2.1.c

Jedes Buch größerer Verlage wird mit einer zehnstelligen Zahl gekennzeichnet, die "Internationale Standard-Buchnummer (ISBN)" heißt, wobei die letzte Ziffer auch die römische Zahl X (für 10) sein kann. Die Ziffern $z_1, \ldots, z_9$ (von links nach rechts) haben dabei folgende Bedeutung: z_1 bezeichnet die Ländergruppe, zu der der Verlag gehört, $z_2 z_3 z_4$ steht für den Verlag und $z_5 \ldots z_9$ für die Titelnummer des Buches innerhalb des Verlages. Das letzte Zeichen z_{10} stellt einen "Prüfcode" dar, der mit Hilfe der in Beispiel 2.1.3.4 angegebenen Funktion $r_{11}(c)$ durch $z_{10} := r_{11}(\sum_{i=1}^{9} i z_i)$, $X := 10$, bestimmt wird. Zeigen Sie, daß der Prüfcode mit Sicherheit erkennen läßt, ob einer der beiden häufigsten Fehler vorliegt, nämlich ob (genau) eine Ziffer falsch angegeben oder ob (genau) zwei (verschiedene) Ziffern vertauscht wurden.

Das folgende Anwendungsbeispiel soll zeigen, daß auch lineare Gleichungssysteme über endlichen Körpern in der Praxis eine Rolle spielen.

2.1.4 Ein fehlerkorrigierender Code

In der Informationstechnik werden Signale und Nachrichten meistens binär verschlüsselt, um sie in bequemer Weise übertragen zu können. Die entsprechenden Code-Wörter (z.B. Symbolblöcke einer festen Länge) bestehen also nur aus zwei Symbolen (z.B. 0,1 oder 0,L). Da bei der Übertragung Störungen vorkommen, ist es in vielen Fällen zweckmäßig, die Code-Wörter so "redundant" zu gestalten, daß der Empfänger erkennen kann, ob ein übermitteltes Wort kein oder (höchstens) ein falsches Symbol enthält. Läßt sich ein erkannter Fehler sogar stets in eindeutiger Weise korrigieren, so spricht man von einem *fehlerkorrigierenden Code*.

2.1.4 Ein fehlerkorrigierender Code

Wir wollen hier einen solchen Code mit Hilfe linearer Gleichungssysteme über dem Körper $K=\mathbb{Z}_2$ konstruieren, und zwar sind die gesuchten Code-Wörter der Länge n Lösungen eines Gleichungssystems $A\vec{x}=\vec{0}$ mit einer m×n-Matrix A, die nur aus Nullen und Einsen besteht. Die Verknüpfungen + und · werden dabei durch die Verknüpfungstafeln in Beispiel 2.1.3.4 definiert.

Um geeignete Matrizen A zu finden, beachten wir, daß ein Spaltenvektor $\vec{w}$, der genau an der i-ten Stelle von einem Code-Wort $\vec{x}$ abweicht, in der Form $\vec{w}=\vec{x}+\vec{e}_i$ geschrieben werden kann. Wegen des *Satzes über Matrizenmultiplikation* (1.4.17) ist dann

$$A\vec{w} = A(\vec{x}+\vec{e}_i) = A\vec{x}+A\vec{e}_i = \vec{0}+A\vec{e}_i = A\vec{e}_i,$$

und $A\vec{e}_i$ stellt den i-ten Spaltenvektor von A dar. Wählen wir als Komponenten des i-ten Spaltenvektors von A die Ziffern der Dualzahldarstellung von i (eventuell mit Anfangsnullen - von oben nach unten geschrieben), so gibt also die im Dezimalsystem zu $A\vec{w}$ gehörende Zahl an, ob $\vec{w}$ ein Code-Wort ist oder an welcher Stelle $\vec{w}$ von einem Code-Wort abweicht. Dann braucht zur Fehlerkorrektur nur das entsprechende Symbol durch das komplementäre ersetzt zu werden.

Als Beispiel betrachten wir die durch $A\vec{x}=\vec{0}$ mit

$$A := \begin{pmatrix} 0 & 0 & 0 & 1 & 1 & 1 & 1 \\ 0 & 1 & 1 & 0 & 0 & 1 & 1 \\ 1 & 0 & 1 & 0 & 1 & 0 & 1 \end{pmatrix}$$

definierten Code-Wörter der Länge 7. Nach 1.3.4 iii) erhalten wir wegen

$$x_1=x_3+x_5+x_7, \; x_2=x_3+x_6+x_7, \; x_4=x_5+x_6+x_7$$

die folgenden 16 Code-Wörter (als Spaltenvektoren einer 7×16-Matrix):

$$\begin{pmatrix} 0 & 1 & 1 & 0 & 1 & 0 & 1 & 0 & 1 & 0 & 0 & 1 & 0 & 1 \\ 0 & 1 & 0 & 1 & 1 & 1 & 0 & 0 & 1 & 1 & 0 & 0 & 1 & 0 & 0 & 1 \\ 0 & 1 & 0 & 0 & 0 & 1 & 1 & 1 & 0 & 0 & 0 & 0 & 1 & 1 & 1 & 1 \\ 0 & 0 & 1 & 1 & 1 & 1 & 1 & 1 & 0 & 0 & 0 & 1 & 0 & 0 & 0 & 1 \\ 0 & 0 & 1 & 0 & 0 & 1 & 0 & 0 & 1 & 1 & 0 & 1 & 0 & 1 & 1 & 1 \\ 0 & 0 & 0 & 1 & 0 & 0 & 1 & 0 & 1 & 0 & 1 & 1 & 1 & 0 & 1 & 1 \\ 0 & 0 & 0 & 0 & 1 & 0 & 0 & 1 & 0 & 1 & 1 & 1 & 1 & 1 & 0 & 1 \end{pmatrix}.$$

Zunächst erkennen wir, daß sich je zwei Code-Wörter an mindestens drei Stellen unterscheiden. Damit können keine zwei Spaltenvektoren, die an genau einer Stelle von einem Code-Wort abweichen, gleich sein.

Da es zu jedem Code-Wort 7 fehlerhafte Wörter gibt, erhalten wir mit den 16 Code-Wörtern und den 7·16 fehlerhaften Wörtern bereits sämtliche $2^7=128$ Wörter der Länge 7. Wird z.B. das Wort $\vec{w}={}^t(0\ 1\ 0\ 1\ 1\ 0\ 1)$ empfangen, so ist $A\vec{w}={}^t(1\ 0\ 0)$. Wegen $1\cdot 2^2+0\cdot 2^1+0\cdot 2^0 = 4$ ist also die vierte Komponente von $\vec{w}$ falsch, und das zugehörige Code-Wort lautet berichtigt ${}^t(0\ 1\ 0\ 0\ 1\ 0\ 1)$.

Besteht die $m\times(2^m-1)$-Matrix A aus den Ziffern der Dualzahldarstellungen von $i=1,\dots,2^m-1$, so gewinnt man analog eine vollständige Menge von $2^{(2^m-4)}$ Code-Wörtern der Länge 2^m-1. Solche Codes werden *Hamming-Codes* genannt.

2.1.5 Lösbarkeit und Lösungsmenge linearer Gleichungssysteme

In 1.3.4 haben wir die Lösbarkeit eines linearen Gleichungssystems an der zugehörigen Stufenform abgelesen, und im Falle unendlich vieler Lösungen erkannten wir, wie die Lösungen durch Einsetzen beliebiger Werte für bestimmte Variablen berechnet werden können. Diese beiden Fragen nach der Lösbarkeit linearer Gleichungssysteme und nach der Darstellung der Lösungsmenge wollen wir jetzt genauer untersuchen. Bei der ersten Frage werden wir eine vertiefte Einsicht gewinnen, und auf die zweite Frage erhalten wir sogar eine wesentlich einfachere Antwort als in 1.3.4. Zunächst betrachten wir zwei Beispiele.

Ist das Gleichungssystem $A\vec{x}=\vec{b}$ mit

$$A = \begin{pmatrix} 0 & 1 \\ 2 & 3 \\ 2 & 0 \end{pmatrix} \quad \text{und} \quad \vec{b} = \begin{pmatrix} 1 \\ 0 \\ 1 \end{pmatrix}$$

über $\mathbb{R}$ lösbar? Diese spezielle Frage ersetzen wir sogleich durch folgende allgemeinere: Für welche Spaltenvektoren

$$\vec{b} = \begin{pmatrix} b_1 \\ b_2 \\ b_3 \end{pmatrix} \quad \text{besitzt das Gleichungssystem} \quad \begin{pmatrix} 0 & 1 \\ 2 & 3 \\ 2 & 0 \end{pmatrix} \vec{x} = \vec{b}$$

eine Lösung? Da mehr Gleichungen als Unbekannte vorliegen, erwarten wir, daß nur für einen kleinen Teil der Spaltenvektoren $\vec{b}$ eine Lösung existiert. Beachten wir die Gleichungen (1.11) und (1.12), so können wir die "möglichen" Spaltenvektoren $\vec{b}$ sofort in der Form

(1) $$\vec{b} = x_1 \begin{pmatrix} 0 \\ 2 \\ 2 \end{pmatrix} + x_2 \begin{pmatrix} 1 \\ 3 \\ 0 \end{pmatrix} \quad \text{mit } x_1, x_2 \in \mathbb{R}$$

angeben. Betrachten wir diese Spaltenvektoren als Punkte im $\mathbb{R}^3$, so stellt die entsprechende Punktmenge eine Ebene durch die Punkte $(0,0,0)$, $(0,2,2)$ beziehungsweise $(0,3,3)$ und $(1,3,0)$ dar (siehe Figur 4).

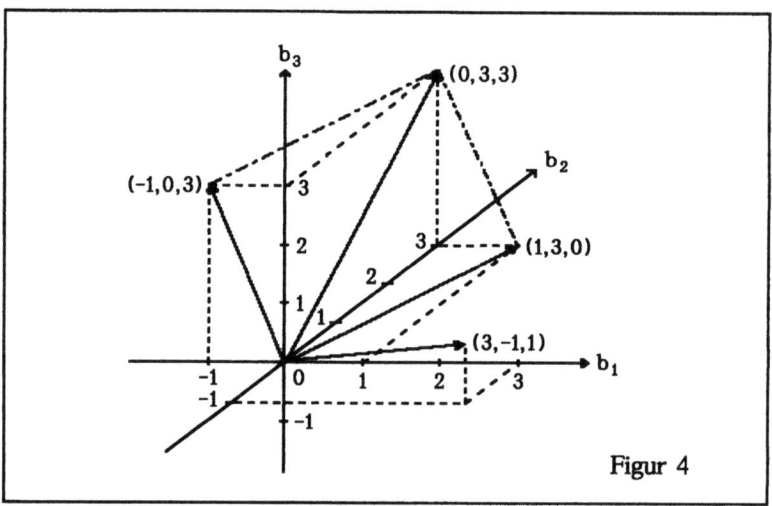

Figur 4

Insbesondere erkennen wir, daß der Vektor $\vec{b} = {}^t(1\ 0\ 1)$ nicht in dieser Ebene liegt,

d.h. $\begin{pmatrix} 0 & 1 \\ 2 & 3 \\ 2 & 0 \end{pmatrix} \vec{x} = \begin{pmatrix} 1 \\ 0 \\ 1 \end{pmatrix}$ ist unlösbar.

Allgemein können wir also versuchen, das Lösbarkeitsproblem für ein lineares Gleichungssystem $A\vec{x}=\vec{b}$ mit $A=(\vec{a}_1 \ldots \vec{a}_n)$ dadurch zu klären, daß wir die Menge $\{\vec{y} \in K^{m \times 1} | \text{Es gibt } x_1, \ldots, x_n \in K, \text{ so daß } \vec{y} = \vec{a}_1 x_1 + \ldots + \vec{a}_n x_n \text{ gilt}\}$ untersuchen und feststellen, ob $\vec{b}$ in dieser Menge liegt.

Als zweites Beispiel betrachten wir das einfachere lineare Gleichungssystem

2.1.7 Vektorräume

> (2) $\qquad 3x_1-x_2+x_3 = 0$.

Es ist sicher lösbar, und für jede Lösung gilt $x_3=-3x_1+x_2$. Wählen wir x_1 und x_2 beliebig aus $\mathbb{R}$, so läßt sich jeder Lösungsvektor $\vec{x}={}^t(x_1\ x_2\ x_3)$ in der Form $\vec{x}={}^t(x_1\ x_2\ -3x_1+x_2)$ darstellen. Mit Hilfe von Definition 1.4.2 können wir dafür

> (3) $\qquad \vec{x} = x_1 \begin{pmatrix} 1 \\ 0 \\ -3 \end{pmatrix} + x_2 \begin{pmatrix} 0 \\ 1 \\ 1 \end{pmatrix}$ mit $x_1, x_2 \in \mathbb{R}$

schreiben.

Auch hier bildet die Menge der Lösungen $\vec{x}$ als Punktmenge im $\mathbb{R}^3$ eine Ebene. Sehen wir etwas genauer hin, so erkennen wir, daß es sich sogar um dieselbe Ebene handelt wie oben. Das liegt unter anderem daran, daß der einzige Zeilenvektor ${}^t\vec{a} = (3\ -1\ 1)$ der Koeffizientenmatrix in (2) auf jedem der vier Spaltenvektoren $\vec{a}_i$ aus (1) und (3) "senkrecht steht", d.h. es gilt ${}^t\vec{a}\,\vec{a}_i=0$ (siehe (1.14) und Figur 4).

2.1.6 Vektorräume

Die obige Ebene ist aber nicht nur eine *Teilmenge* von $\mathbb{R}^3$. Sie besitzt auch eine "lineare Struktur", denn mit je zwei Punkten gehört stets auch deren "Verbindungsgerade" zur Ebene. Das bedeutet für je zwei zugehörige Spaltenvektoren $\vec{a}_1, \vec{a}_2$, daß auch alle Vektoren $x_1\vec{a}_1+x_2\vec{a}_2$ mit $x_1,x_2 \in \mathbb{R}$ in der Teilmenge enthalten sind. Damit besitzt die Teilmenge eine ähnliche Struktur wie die Menge aller Spaltenvektoren (einer festen Länge). Insbesondere gelten die Eigenschaften aus den *Sätzen über Addition und S-Multiplikation von Spaltenvektoren* (1.4.3) beziehungsweise *von Matrizen* (1.4.16).

Die Möglichkeit der "linearen Verknüpfung" zusammen mit diesen Verträglichkeitseigenschaften ergibt den folgenden grundlegenden Begriff der Linearen Algebra:

> ### 2.1.7 Definition des Vektorraums
> Es sei $(K,+,\cdot,0,1)$ ein Körper. Ein Tripel $(V,\boxplus,\boxdot)$ bestehend aus

> einer nichtleeren Menge **V**, einer "inneren" Verknüpfung
> $\boxplus: V \times V \to V, \ (\vec{v},\vec{w}) \mapsto \vec{v} \boxplus \vec{w},$ [5]
> und einer "äußeren" Verknüpfung
> $\boxdot: K \times V \to V, \ (a,\vec{v}) \mapsto a \boxdot \vec{v},$
> heißt *K-Vektorraum* (oder *Vektorraum über* K) genau dann, wenn gilt:
> V1 (**V**,$\boxplus$) ist eine abelsche Gruppe;
> V2 a) $(a+b)\boxdot\vec{v} = (a\boxdot\vec{v}) \boxplus (b\boxdot\vec{v})$,
> b) $a\boxdot(\vec{v}\boxplus\vec{w}) = (a\boxdot\vec{v}) \boxplus (a\boxdot\vec{w})$,
> c) $(a\cdot b)\boxdot\vec{v} = a\boxdot(b\boxdot\vec{v})$,
> d) $1\boxdot\vec{v} = \vec{v}$
> für alle $\vec{v},\vec{w} \in V$ und alle $a,b \in K$.

Das neutrale Element des Vektorraums wird mit $\vec{0}$ bezeichnet. Es heißt *Nullvektor*. Wir vereinbaren zur Vereinfachung der Schreibweise die entsprechenden Konventionen wie im Anschluß an Definition 2.1.1. Die Bedeutung des jeweiligen '+'- bzw. '·'-Zeichens ist dann jeweils aus dem Zusammenhang erkennbar.

2.1.8 Beispiele

1. Die Menge der m×n-Matrizen mit Elementen aus einem Körper K und mit der Matrizenaddition sowie der Multiplikation mit einem Skalar als Verknüpfungen bildet wegen des *Satzes über Addition und S-Multiplikation von Matrizen* (1.4.16) einen K-Vektorraum, den wir mit $K^{m \times n}$ bezeichnen. Insbesondere ist $K^{m \times 1}$ der Vektorraum der Spaltenvektoren der Länge m und $K^{1 \times n}$ der Vektorraum der Zeilenvektoren der Länge n.

2. Ist (L,+,·) ein Körper, $K \subseteq L$, $K \neq \emptyset$ und $(K,+|K \times K, \cdot|K \times K)$ ein "Unterkörper" von L, so stellt $(L,+,\cdot|K \times L)$ einen K-Vektorraum dar. So ist z.B. jeder Körper K (über sich selbst) ein K-Vektorraum. $\mathbb{R}$ und $\mathbb{Q}(\sqrt{2})$ sind $\mathbb{Q}$-Vektorräume, und $\mathbb{C}$ ist ein $\mathbb{R}$-Vektorraum.

3. Ist $\mathcal{X}$ eine nichtleere Menge und K ein Körper, so wird die Menge

---

[5] Da keine Mißverständnisse zu befürchten sind, verwenden wir für die Elemente beliebiger Vektorräume dieselbe Schreibweise wie für Spaltenvektoren.

$V = Abb(X,K)$ aller Abbildungen $f: X \to K$ ein K-Vektorraum, wenn man eine Addition

$$+: V \times V \to V, \quad (f,g) \mapsto f+g,$$

durch $(f+g)(x) := f(x)+g(x)$ für alle $x \in X$ und eine Skalarmultiplikation

$$\cdot : K \times V \to V, \quad (\lambda, f) \mapsto \lambda f,$$

durch $(\lambda f)(x) := \lambda f(x)$ für alle $x \in X$ definiert. In der abelschen Gruppe $(V, +)$ ist $0: X \to K$ mit $0(x) := \vec{0}$ für alle $x \in X$ das neutrale Element und $-: V \to V$, $f \mapsto -f$ mit $(-f)(x) := -f(x)$ für alle $x \in X$ die Inversenabbildung. Für $X = \mathbb{N}$ (bzw. $\mathbb{N}_0$) erhalten wir *Folgenräume* und z.B. für $X = K = \mathbb{R}$ oder $X = K = \mathbb{C}$ *Funktionenräume*. Weitere Beispiele werden wir später kennenlernen.

2.1.9 Satz über Eigenschaften von Vektorräumen

Ist V ein K-Vektorraum, so gilt
1. $0 \cdot \vec{v} = \vec{0}$ für alle $\vec{v} \in V$,
2. $a \cdot \vec{0} = \vec{0}$ für alle $a \in K$,
3. $a \cdot \vec{v} \neq \vec{0}$ für alle $a \in K \setminus \{0\}$ und alle $\vec{v} \in V \setminus \{\vec{0}\}$,
4. $(-1) \cdot \vec{v} = -\vec{v}$ für alle $\vec{v} \in V$.

Beweis (r1):

1. Nach V2 a) gilt $0 \cdot \vec{v} = (0+0) \cdot \vec{v} = 0 \cdot \vec{v} + 0 \cdot \vec{v}$. Außerdem ist $0 \cdot \vec{v} = \vec{0} + 0 \cdot \vec{v}$, und die *Kürzungsregel* aus dem *Satz über Gruppeneigenschaften* (1.6.4) ergibt $0 \cdot \vec{v} = \vec{0}$.

2. Analog folgt mit V2 b) $a \cdot \vec{0} = a \cdot (\vec{0} + \vec{0})$, und wegen $a \cdot \vec{0} = \vec{0} + a \cdot \vec{0}$ erhalten wir $a \cdot \vec{0} = \vec{0}$.

3. Ist $a \cdot \vec{v} = \vec{0}$ und $a \neq 0$, so folgt mit V2 d) und c): $\vec{v} = 1 \cdot \vec{v} = (a^{-1} a) \cdot \vec{v} = a^{-1} \cdot (a \cdot \vec{v}) = a^{-1} \cdot \vec{0} = \vec{0}$.

4. Mit V2 d) und a) sowie dem ersten Teil dieses Satzes erhalten wir $\vec{v} + (-1) \cdot \vec{v} = 1 \cdot \vec{v} + (-1) \cdot \vec{v} = (1-1) \cdot \vec{v} = 0 \cdot \vec{v} = \vec{0}$, und Teil 3 des *Satzes über Gruppeneigenschaften* (1.6.4) ergibt die Behauptung. □

2.1.10 Untervektorräume

Ähnlich wie bei Gruppen und Körpern spielen auch bei Vektorräumen die "strukturtreuen" Teilmengen eine wichtige Rolle.

2.1.11 Satz zur Definition des Untervektorraums

Es sei $(V,+,\cdot)$ ein K-Vektorraum und U eine nichtleere Teilmenge von V, für die gilt:

U1 $\vec{v}+\vec{w} \in U$ für alle $\vec{v}, \vec{w} \in U$,

U2 $a \cdot \vec{v} \in U$ für alle $a \in K$ und alle $\vec{v} \in U$.

Dann ist $(U,+\,|\,U \times U, \cdot\,|\,K \times U)$ ein K-Vektorraum. U wird *Untervektorraum von* V genannt.

Beweis (r1):

Das Assoziativgesetz und das Kommutativgesetz der Addition V1 sowie alle Eigenschaften unter V2 sind in U erfüllt, weil sie in V gelten. Da U nicht leer ist, gibt es mindestens ein $\vec{v} \in U$. Damit ist $0 \cdot \vec{v} = \vec{0} \in U$, und wegen $\vec{v}+\vec{0}=\vec{v}$ für alle $\vec{v} \in U$ stellt $\vec{0}$ auch das neutrale Element in U dar. Entsprechend folgt mit U2 beziehungsweise mit Teil 4 des *Satzes über Eigenschaften von Vektorräumen* (2.1.9), daß $-\vec{v}=(-1)\cdot\vec{v}$ in U liegt und daß $-\vec{v}$ für jedes $\vec{v} \in U$ das inverse Element zu $\vec{v}$ ist. □

2.1.12 Beispiele

1. Jeder Vektorraum V ist natürlich auch Untervektorraum von sich selbst. Ebenso ist der *Nullvektorraum* $\{\vec{0}\}$ als Untervektorraum in jedem Vektorraum V enthalten.

2. In $K^{m \times n}$ erhalten wir Untervektorräume, wenn wir diejenigen Matrizen betrachten, die nur an bestimmten Stellen von 0 verschiedene Elemente enthalten, z.B. ist $(\{(a\ b\ 0)\,|\,a,b \in \mathbb{R}\},+,\cdot)$ ein Untervektorraum von $\mathbb{R}^{1 \times 3}$.

3. Ist $A \in K^{m \times n}$, so stellt $N(A):=\{\vec{v} \in K^{n \times 1}\,|\,A\vec{v}=\vec{0}\}$ einen wichtigen Untervektorraum von $K^{n \times 1}$ dar, der *Nullraum von* A genannt wird. $N(A)$ ist nichtleer, da $A\vec{0}=\vec{0}$ gilt, und mit $\vec{v}, \vec{w} \in N(A)$ liegen wegen des *Satzes über Matrizenmultiplikation* (1.4.17) auch $\vec{v}+\vec{w}$ und $a\vec{v}$ für jedes $a \in K$ in $N(A)$.

4. Analog wie in 3. können wir zeigen, daß $S(A):=\{\vec{y} \in K^{m \times 1}\,|\,\text{Es gibt } \vec{x} \in K^{n \times 1}, \text{ so daß } \vec{y}=A\vec{x} \text{ ist}\}$ einen Untervektorraum von $K^{m \times 1}$ darstellt. Dieser im folgenden ebenfalls oft verwendete Untervektorraum heißt *Spaltenraum von* A.

2.2.1 Lineare Unabhängigkeit, Basis und Dimension

5. Ist $C(\mathbb{R}):=\{f:\mathbb{R}\to\mathbb{R}\,|\,f$ stetig$\}$ und $D(\mathbb{R}):=\{f:\mathbb{R}\to\mathbb{R}\,|\,f$ differenzierbar$\}$, so sind $C(\mathbb{R})$ und $D(\mathbb{R})$ zusammen mit den in Beispiel 2.1.8.3 erklärten Verknüpfungen Untervektorräume von $(\mathrm{Abb}(\mathbb{R},\mathbb{R}),+,\cdot)$, und $D(\mathbb{R})$ ist außerdem ein Untervektorraum von $C(\mathbb{R})$. Aus den Rechenregeln für die Ableitung folgt, daß die Menge der Lösungen einer homogenen linearen *Differentialgleichung* $a_0 y + a_1 y' + \ldots + a_n y^{(n)} = 0$ mit $y:=f(x)$ und $y^{(k)}:=f^{(k)}(x)$ für $k=1,\ldots,n$ einen Untervektorraum von $D(\mathbb{R})$ bildet.

6. Die Menge der Polynomfunktionen $\{P:\mathbb{R}\to\mathbb{R}, t \mapsto a_0 + a_1 t + \ldots + a_n t^n \,|\, n\in\mathbb{N}_0, a_i \in \mathbb{R}$ für $i=0,\ldots,n\}$ ist ebenfalls ein Untervektorraum von $D(\mathbb{R})$.

Übung 2.1.d

Es sei W ein K-Vektorraum, und U, V seien Untervektorräume von W. Zeigen Sie, daß $U = W$ oder $V = W$ gilt, wenn $U \cup V = W$ erfüllt ist.

2.2 Lineare Unabhängigkeit, Basis und Dimension

Mit Beispiel 2.1.12.4 können wir das in 2.1.5 entwickelte Kriterium für die Lösbarkeit eines linearen Gleichungssystems folgendermaßen formulieren:

$A\vec{x} = \vec{b}$ ist genau dann lösbar, wenn $\vec{b} \in S(A)$ gilt.

Nun kommt es darauf an, $S(A)$ möglichst einfach zu beschreiben. Zunächst führen wir für die typische Darstellungsweise der Elemente von $S(A)$ eine zweckmäßige Bezeichnung ein:

2.2.1 Definition der Linearkombination, der linearen Hülle und des Erzeugendensystems

a) Ist V ein K-Vektorraum und sind $\vec{a}_1,\ldots,\vec{a}_n \in V$, so heißt $\vec{x}$ *Linearkombination* von $\vec{a}_1,\ldots,\vec{a}_n$ genau dann, wenn es Skalare $x_1,\ldots,x_n \in K$ gibt, so daß

$$\vec{x} = \sum_{i=1}^{n} x_i \vec{a}_i$$

gilt.

b) Ist M eine nichtleere Teilmenge von V, so wird die Menge aller Linearkombinationen von je endlich vielen Vektoren aus M

lineare Hülle von M genannt und mit $\operatorname{Lin} M$ bezeichnet. Außerdem wird $\operatorname{Lin} \emptyset := \{\vec{0}\}$ gesetzt.

c) M heißt *Erzeugendensystem* von $\operatorname{Lin} M$.

2.2.2 Satz über die lineare Hülle

Ist V ein K-Vektorraum und M eine beliebige nichtleere Teilmenge von V, so ist $\operatorname{Lin} M$ ein Untervektorraum von V und zwar der kleinste Untervektorraum von V, der M enthält, d.h. für jeden Untervektorraum W von V mit $M \subseteq W$ gilt $\operatorname{Lin} M \subseteq W$.

Beweis (r1):

1. $\operatorname{Lin} M$ ist ein Untervektorraum von V: $\operatorname{Lin} M$ ist nichtleer, denn es gilt $\operatorname{Lin} \emptyset = \{\vec{0}\}$, und für $M \neq \emptyset$ folgt mit V2 d), daß $\vec{a} \in \operatorname{Lin} M$ für alle $\vec{a} \in M$ erfüllt ist, d.h. es gilt stets

(4) $\qquad M \subseteq \operatorname{Lin} M.$

Sind $\vec{x}, \vec{y} \in \operatorname{Lin} M$, so gibt es $\vec{a}_1, \ldots, \vec{a}_m, \vec{b}_1, \ldots, \vec{b}_n \in M$ und $x_1, \ldots, x_m, y_1, \ldots, y_n \in K$, so daß

$$\vec{x} = \sum_{i=1}^{m} x_i \vec{a}_i \quad \text{und} \quad \vec{y} = \sum_{j=1}^{n} y_j \vec{b}_j$$

gilt. Dann sind

$$\vec{x} + \vec{y} = \sum_{i=1}^{m} x_i \vec{a}_i + \sum_{j=1}^{n} y_j \vec{b}_j \quad \text{und} \quad c\vec{x} = \sum_{i=1}^{m} (cx_i) \vec{a}_i$$

für jedes $c \in K$ Linearkombinationen von je endlich vielen Vektoren aus M.

2. $\operatorname{Lin} M$ ist minimal: Ist W ein Untervektorraum von V mit $M \subseteq W$ und ist

$$\vec{x} = \sum_{i=1}^{m} x_i \vec{a}_i \in \operatorname{Lin} M \quad \text{mit} \quad \vec{a}_i \in M \quad \text{und} \quad x_i \in K,$$

so gilt wegen $M \subseteq W$ auch $\vec{a}_i \in W$. Da W ein Untervektorraum ist, liegt also $\vec{x}$ in W, d.h. $\operatorname{Lin} M$ ist ein Untervektorraum von W. □

2.2.3 Beispiele

1. Bezeichnen wir mit $\vec{e}_{p,k}$ den k-ten Einheitsvektor in $K^{p \times 1}$, $k = 1, \ldots, p$,

2.2.3 Lineare Unabhängigkeit, Basis und Dimension   93

so gilt $K^{m\times n} = \text{Lin}\{\vec{e}_{m,i}{}^t\vec{e}_{n,j} | i=1,...,m\,;\,j=1,...,n\}$. Ist m=1 oder n=1, so schreiben wir einfacher $K^{m\times 1} = \text{Lin}\{\vec{e}_1,...,\vec{e}_m\}$ bzw. $K^{1\times n} = \text{Lin}\{{}^t\vec{e}_1,...,{}^t\vec{e}_n\}$.

2. Der Spaltenraum $S(A)$ einer Matrix $A = (\vec{a}_1 \ldots \vec{a}_n) \in K^{m\times n}$ erhält nun die Form $S(A) = \text{Lin}\{\vec{a}_1,...,\vec{a}_n\}$.

3. Ist $A := (1 \ldots 1) \in K^{m\times 1}$, $m>1$, und $M := \{\vec{e}_2-\vec{e}_1, \vec{e}_3-\vec{e}_1,...,\vec{e}_m-\vec{e}_1\} \subset K^{m\times 1}$, so gilt $N(A) = \text{Lin}\,M$: Denn einerseits ist offenbar $\vec{e}_k - \vec{e}_1 \in N(A)$ für $k=2,...,m$; aufgrund des *Satzes über die lineare Hülle* (2.2.2) gilt also $\text{Lin}\,M \subseteq N(A)$. Andererseits läßt sich jeder Vektor $\vec{x} = {}^t(x_1 \ldots x_m) \in N(A)$ wegen

$$x_1 = -\sum_{k=2}^m x_k \quad \text{in der Form} \quad \vec{x} = \sum_{k=2}^m x_k(\vec{e}_k - \vec{e}_1)$$

darstellen, d.h. es ist $N(A) \subseteq \text{Lin}\,M$.

4. Für $K = \mathbb{R}$ oder $\mathbb{C}$ sei P_n der K-Vektorraum der Polynomfunktionen, deren Grad nicht größer als n ist. Dann gilt $P_n = \text{Lin}\{\text{id}^0,...,\text{id}^n\}$, wobei id^0 die konstante Funktion $x \mapsto 1$ und id^k für $k \geq 1$ die Potenzfunktion $x \mapsto x^k$, $x \in K$, bezeichnet. Für den Vektorraum $K[x]$ der Polynome in einer Unbestimmten mit Koeffizienten aus K gilt entsprechend $K[x] = \text{Lin}\{x^i | i \in \mathbb{N}_0\}$ mit $x^0 := 1$.

5. Es sei $F := (\{(a_k)_{k \in \mathbb{N}} | a_k \in K\}, +, \cdot)$ der Vektorraum aller Folgen aus K nach Beispiel 2.1.8.3 und $E := \{(\delta_{ik})_{k \in \mathbb{N}} | i \in \mathbb{N}\}$ mit

$$\delta_{ik} := \begin{cases} 0, & \text{wenn } i \neq k, \\ 1, & \text{wenn } i = k. \end{cases} \quad (\text{"Kronecker-Symbol"})$$

Dann ist $F \neq \text{Lin}\,E$, denn alle Folgen aus $\text{Lin}\,E$ enthalten auf Grund der Definition der Linearkombination nur endlich viele von 0 verschiedene Elemente.

Übung 2.2.a

Bestimmen Sie einen Vektor $\vec{b} \in \mathbb{R}^{4\times 1}$, so daß $\text{Lin}\{\vec{b}\}$ der Lösungsraum des folgenden Gleichungssystems ist:

$$\begin{aligned} x_1 + 2x_2 + 3x_3 + 4x_4 &= 0 \\ 4x_1 + x_2 + 2x_3 + 3x_4 &= 0 \\ 3x_1 + 4x_2 + x_3 + 2x_4 &= 0. \end{aligned}$$

Der folgende Satz liefert ein nützliches Kriterium für die Gleichheit der linearen Hüllen von Teilmengen eines Vektorraums. (In Satz 2.3.7

werden wir für den Fall der Spaltenräume von Matrizen ein wesentlich einfacheres Kriterium herleiten.)

2.2.4 Satz über die Gleichheit von linearen Hüllen

Ist V ein K-Vektorraum und sind M_1 und M_2 Teilmengen von V, so ist $\text{Lin}\,M_1 = \text{Lin}\,M_2$ genau dann, wenn $M_1 \subseteq \text{Lin}\,M_2$ und $M_2 \subseteq \text{Lin}\,M_1$ gilt.

Beweis (r1):

Wegen der Symmetrie der Aussage genügt es zu zeigen, daß $\text{Lin}\,M_1 \subseteq \text{Lin}\,M_2$ genau dann gilt, wenn $M_1 \subseteq \text{Lin}\,M_2$ erfüllt ist.
1. Aus $\text{Lin}\,M_1 \subseteq \text{Lin}\,M_2$ folgt wegen $M_1 \subseteq \text{Lin}\,M_1$ sofort $M_1 \subseteq \text{Lin}\,M_2$.
2. Aufgrund des *Satzes über die lineare Hülle* (2.2.2) gilt $\text{Lin}\,M_1 \subseteq \text{Lin}\,M_2$, wenn $M_1 \subseteq \text{Lin}\,M_2$ vorausgesetzt wird. □

Übung 2.2.b

Es seien $V_1 := \text{Lin}\left\{\begin{pmatrix}1\\1\\5\end{pmatrix}, \begin{pmatrix}2\\3\\13\end{pmatrix}\right\}$, $V_2 := \text{Lin}\left\{\begin{pmatrix}1\\-1\\-2\end{pmatrix}, \begin{pmatrix}3\\-2\\-3\end{pmatrix}\right\}$ und $V_3 := \text{Lin}\left\{\begin{pmatrix}1\\-1\\-1\end{pmatrix}, \begin{pmatrix}4\\-3\\-1\end{pmatrix}, \begin{pmatrix}3\\-1\\3\end{pmatrix}\right\}$. Untersuchen Sie, welche der linearen Hüllen gleich sind.

Übung 2.2.c

Für $\vec{a} \in K^{m \times 1}$ sei $E_{\vec{a}} := \{\vec{x} \in K^{m \times 1} \mid {}^t\vec{a}\,\vec{x} = 0\}$. Beweisen Sie die folgenden Aussagen:
i) $E_{\vec{a}}$ ist ein Untervektorraum von $K^{m \times 1}$;
ii) Für $\vec{a}, \vec{b} \in K^{m \times 1}$ gilt $E_{\vec{a}} = E_{\vec{b}}$ genau dann, wenn $\text{Lin}\{\vec{a}\} = \text{Lin}\{\vec{b}\}$ erfüllt ist.

Wir wollen nun versuchen, unter den vielen möglichen Erzeugendensystemen eines (Unter-)Vektorraums besonders zweckmäßige zu finden. Dazu definieren wir:

2.2.5 Definition der linearen Unabhängigkeit

Ist V ein K-Vektorraum und sind $\vec{a}_1,...,\vec{a}_n \in V$, so heißen die

2.2.6 Lineare Unabhängigkeit, Basis und Dimension

Vektoren $\vec{a}_1,...,\vec{a}_n$ *linear unabhängig* genau dann, wenn gilt: Aus

$$\sum_{i=1}^{n} c_i \vec{a}_i = \vec{0}$$

mit $c_i \in K$ folgt $c_i = 0$ für $i=1,...,n$, (oder äquivalent dazu: $\sum_{i=1}^{n} c_i \vec{a}_i \neq \vec{0}$ für alle $(c_1,...,c_n) \in K^n \setminus \{(0,...,0)\}$). Andernfalls heißen die Vektoren *linear abhängig*.

Ist M eine nichtleere endliche Teilmenge von V, so heißt M linear unabhängig beziehungsweise linear abhängig, wenn die entsprechende Aussage für die Vektoren von M gilt. Eine unendliche Teilmenge M von V heißt linear unbhängig, wenn je endlich viele verschiedene Vektoren aus M linear unabhängig sind. Die leere Menge $\emptyset$ wird als linear unabhängig angesehen.

Eine unendliche Teilmenge M von V ist also linear abhängig, wenn es endlich viele verschiedene Vektoren aus M gibt, die linear abhängig sind. Für nichtleere endliche Mengen M sind die bei unendlichen Teilmengen auftretenden Endlichkeitsbedingungen von selbst erfüllt: Ist nämlich L eine linear abhängige Teilmenge von M, so ist auch M linear abhängig, da sich die nichttriviale Linearkombination[6] von $\vec{0}$ aus Lin L durch Hinzunahme der mit 0 multiplizierten Vektoren aus $M \setminus L$ zu einer nichttrivialen Linearkombination von $\vec{0}$ aus Lin M erweitern läßt. Umgekehrt müssen alle Teilmengen von M linear unabhängig sein, wenn M es ist.

2.2.6 Beispiele

a) Lineare Unabhängigkeit:

1. $\vec{e}_1,...,\vec{e}_n \in K^{n \times 1}$ sind linear unabhängig:

$$c_1 \vec{e}_1 + ... + c_n \vec{e}_n = \begin{pmatrix} c_1 \\ \vdots \\ c_n \end{pmatrix} = \begin{pmatrix} 0 \\ \vdots \\ 0 \end{pmatrix}$$

bedeutet nach Definition der Gleichheit von Vektoren, daß $c_i = 0$ für $i=1,...,n$ gilt.

---

[6] Die Linearkombinationen $\sum_{i=1}^{n} c_i \vec{a}_i$ mit $(c_1,...,c_n) \in K^n \setminus \{(0,...,0)\}$ heißen *nichttrivial*.

96 Lineare Unabhängigkeit, Basis und Dimension 2.2.6

Der Beweis für die lineare Unabhängigkeit der Matrizen $\vec{e}_{m,i}{}^t\vec{e}_{n,j} \in K^{m \times n}$, i=1,...,m ; j=1,...,n , in Beispiel 2.2.3.1 verläuft analog.

2. Jeder Vektor $\vec{v} \in V \setminus \{\vec{0}\}$ ist linear unabhängig: Wegen Teil 3 des *Satzes über Vektorraumeigenschaften* (2.1.9) folgt aus $c \cdot \vec{w} = \vec{0}$ und $\vec{w} \neq \vec{0}$, daß c = 0 sein muß.

3. Für jedes $n \in \mathbb{N}_0$ ist die Menge der ersten n+1 Potenzfunktionen $\{id^0,...,id^n\}$ linear unabhängig, weil aufgrund der Gleichheitsdefinition für Funktionen $c_0 id^0 + ... + c_n id^n = 0 \cdot id^0$ mit $c_0 + c_1 x + ... + c_n x^n = 0$ für alle $x \in K$ (=$\mathbb{R}$ oder $\mathbb{C}$) gleichbedeutend ist. Setzen wir n+1 verschiedene Zahlen $x_0,...,x_n$ für x ein, so erhalten wir mit $\vec{c} := {}^t(c_0 ... c_n)$ das Gleichungssystem $V_n \vec{c} = \vec{0}$, wobei V_n eine Vandermonde-Matrix darstellt, die wegen (1.41) invertierbar ist. Damit folgt $\vec{c} = V_n^{-1} \vec{0} = \vec{0}$.

4. Der Nachweis für die lineare Unabhängigkeit der ersten n+1 Monome $\{1, x, ..., x^{n+1}\} \subset K[x]$ ist erheblich einfacher, da ein Polynom $c_0 + c_1 x + ... + c_m x^m$ und das Nullpolynom 0 definitionsgemäß genau dann gleich sind, wenn $c_0 = c_1 = ... = c_m = 0$ gilt.

b) Lineare Abhängigkeit

5. Der Nullvektor $\vec{0}$ ist stets linear abhängig, denn es gilt $1 \cdot \vec{0} = \vec{0}$, und in jedem Körper K ist $1 \neq 0$.

6. Zwei gleiche Vektoren aus V sind linear abhängig, denn es ist $1\vec{a} + (-1)\vec{a} = \vec{0}$ für jedes $\vec{a} \in V$ wegen Teil 4 des *Satzes über Vektorraumeigenschaften* (2.1.9).

Übung 2.2.d

Untersuchen Sie die folgenden Vektoren aus $\mathbb{R}^{1 \times 3}$ bzw. $\mathbb{R}^{1 \times 4}$ auf lineare Unabhängigkeit:

a) $\vec{a}_1 = (3\ 5\ 7)$, $\vec{a}_2 = (1\ -1\ 0)$, $\vec{a}_3 = (1\ 0\ 8)$;
b) $\vec{b}_1 = (3\ 4\ -1)$, $\vec{b}_2 = (-1\ 2\ -2)$, $\vec{b}_3 = (1\ 8\ -5)$, $\vec{b}_4 = (0\ 2\ 6)$;
c) $\vec{c}_1 = (-3\ 1\ 1\ 0)$, $\vec{c}_2 = (-2\ 0\ 0\ 1)$, $\vec{c}_3 = (0\ 0\ 4\ -1)$, $\vec{c}_4 = (1\ 2\ 0\ 0)$.

Übung 2.2.e

Es seien $\vec{v}_i \in \mathbb{R}^{m \times 1}$, i=1,2,3, und $\vec{w}_k := \vec{v}_1 + \vec{v}_2 + \vec{v}_3 - \vec{v}_k$, k=1,2,3. Zeigen Sie, daß die Vektoren $\vec{w}_1, \vec{w}_2, \vec{w}_3$ genau dann linear unabhängig sind, wenn $\vec{v}_1, \vec{v}_2, \vec{v}_3$ linear unabhängige Vektoren darstellen.

2.2.7 Lineare Unabhängigkeit, Basis und Dimension

Übung 2.2.f

a) Für welche Werte von $a \in \mathbb{R}$ sind die Vektoren $(0\ 1\ a)$, $(a\ 0\ 1)$ und $(1\ a\ 0)$ in $\mathbb{R}^{1 \times 3}$ linear abhängig?

b) Für welche Werte von $b \in \mathbb{R}$ sind die Vektoren $(b+1\ 5\ 3)$, $(1\ 4b-2\ -1)$ und $(1\ 4\ 2b+7)$ in $\mathbb{R}^{1 \times 3}$ linear unabhängig?

Das nächste sehr wichtige Beispiel halten wir als Satz fest:

2.2.7 Satz über die Maximalzahl linear unabhängiger Vektoren

Mehr als m Vektoren aus $K^{m \times 1}$ sind stets linear abhängig.

Beweis (a2):

Wir gehen von n Vektoren $\vec{a}_1, \ldots, \vec{a}_n \in K^{m \times 1}$ mit $n > m$ aus, fassen sie zu einer m×n-Matrix $A := (\vec{a}_1 \ldots \vec{a}_n)$ zusammen und zeigen, daß mindestens zwei verschiedene Vektoren $\vec{x} = {}^t(x_1 \ldots x_n) \in K^{n \times 1}$ mit $A\vec{x} = \vec{0}$ existieren. Wegen $A\vec{x} = \vec{a}_1 x_1 + \ldots + \vec{a}_n x_n$ ist dann die lineare Abhängigkeit von $\vec{a}_1, \ldots, \vec{a}_n$ bewiesen. Aufgrund des *Satzes über die US-Zerlegung mit Vertauschungen* (1.5.18) gibt es eine Permutationsmatrix P, eine normierte untere Dreiecksmatrix U und eine m×n-Stufenmatrix S, so daß $PA = US$ gilt. Jede Lösung $\vec{x}$ der Gleichung $S\vec{x} = \vec{0}$ ist dann wegen $A\vec{x} = P^{-1}US\vec{x}$ auch eine Lösung von $A\vec{x} = \vec{0}$.

Die Stufenzahl r von S (d.h. die Anzahl der Eckkoeffizienten) ist höchstens gleich m, also nach Voraussetzung kleiner als die Spaltenzahl n. Sind $\vec{d}_1, \ldots, \vec{d}_n$ die Spaltenvektoren von S und $k_1, \ldots, k_r$ die Spaltenindizes der Eckkoeffizienten, so bilden die ersten r Zeilen der Matrix $(\vec{d}_{k_1} \ldots \vec{d}_{k_r})$ eine obere Dreiecksmatrix (mit nichtverschwindenden Diagonalelementen), während die übrigen m-r Zeilen nur Nullen enthalten. Setzen wir $M := \{\vec{d}_j \mid j \in J_n \setminus \{k_1, \ldots, k_r\}\}$, so sind auch bei jedem Vektor $\vec{w} \in \text{Lin } M$ (mindestens) die letzten m-r Komponenten Null. Damit ist das Gleichungssystem $\vec{d}_{k_1} x_{k_1} + \ldots + \vec{d}_{k_r} x_{k_r} = -\vec{w}$ für jedes $\vec{w} \in \text{Lin } M$ eindeutig durch Rückwärtseinsetzen lösbar (siehe 1.3.4.ii)).

Bringen wir die zu $-\vec{w}$ gehörige Linearkombination aus $\text{Lin } M$ auf die linke Seite und ordnen die Summanden nach wachsenden Spaltenindizes, so erhalten wir also zu jedem Vektor $\vec{w}$ aus $\text{Lin } M$, der eine nichttriviale Linearkombination der Vektoren aus M darstellt, genau eine vom Nullvektor verschiedene Lösung $\vec{x}$ der Gleichung $S\vec{x}=\vec{0}$ und nach der obigen Überlegung auch von $A\vec{x}=\vec{0}$. □

Das folgende nützliche Kriterium für lineare Abhängigkeit wird es uns anschließend auch ermöglichen, linear abhängige Erzeugendensysteme zu verkleinern:

2.2.8 Satz über ein Kriterium für lineare Abhängigkeit
Eine nichtleere endliche Teilmenge M von V ist genau dann linear abhängig, wenn es ein $\vec{a} \in M$ gibt, so daß $\vec{a} \in \text{Lin}(M \setminus \{\vec{a}\})$ gilt.[7]

Beweis (r2):

i) Es sei zunächst $M = \{\vec{a}\}$. Nach Beispiel 2.2.6 (2. und 5.) ist M genau dann linear abhängig, wenn $\vec{a} = \vec{0}$ gilt. Andererseits ist $\text{Lin}(M \setminus \{\vec{a}\}) = \text{Lin}\,\emptyset = \{\vec{0}\}$ nach Definition 2.2.1. Also gilt $\vec{a} \in \text{Lin}(M \setminus \{\vec{a}\})$ ebenfalls genau dann, wenn $\vec{a} = \vec{0}$ ist.

ii) Es sei $M = \{\vec{a}_1, \ldots, \vec{a}_n\}$ mit $n \geq 2$. Ist M linear abhängig, so gibt es $(c_1, \ldots, c_n)$ $\in K^n \setminus \{(0, \ldots, 0)\}$ derart, daß $c_1 \vec{a}_1 + \ldots + c_n \vec{a}_n = \vec{0}$ gilt. Ist etwa $c_k \neq 0$, so folgt

$$\vec{a}_k = \sum_{\substack{i=1 \\ i \neq k}}^{n} \left(-\frac{c_i}{c_k}\right) \vec{a}_i, \text{ also } \vec{a}_k \in \text{Lin}(M \setminus \{\vec{a}_k\}).$$

Umgekehrt bedeutet die Existenz eines $\vec{a}_k \in M$ mit $\vec{a}_k \in \text{Lin}(M \setminus \{\vec{a}_k\})$, daß es Koeffizienten $c'_i \in K$, $i \neq k$, gibt, so daß

$$\vec{a}_k = \sum_{\substack{i=1 \\ i \neq k}}^{n} c'_i \vec{a}_i$$

gilt. Mit $c'_k := -1$ stellt dann aber $\sum_{i=1}^{n} c'_i \vec{a}_i = \vec{0}$ eine nichttriviale Linear-Linearkombination von $\vec{0}$ in M dar, d.h. M ist linear abhängig. □

Übung 2.2.g
Es seien $\vec{a}_1, \ldots, \vec{a}_5$ linear unabhängige Vektoren aus einem K–Vektorraum V. Zeigen Sie, daß für $\vec{a} \in V$ genau dann $\vec{a} \notin \text{Lin}\{\vec{a}_1, \ldots, \vec{a}_5\}$ gilt, wenn die Vektoren $\vec{a}, \vec{a}_1, \ldots, \vec{a}_5$ linear unabhängig sind.

---

[7] $\vec{a} \in \text{Lin}(M \setminus \{\vec{a}\})$ bedeutet, daß $\vec{a}$ Linearkombination der von $\vec{a}$ verschiedenen Vektoren aus M ist.

2.2.11 Lineare Unabhängigkeit, Basis und Dimension

2.2.9 Satz über die Verkleinerung des Erzeugendensystems
Ist M eine nichtleere endliche Teilmenge von V und $\bar{a} \in M$ mit $\bar{a} \in \text{Lin}(M \setminus \{\bar{a}\})$, so gilt $\text{Lin}(M \setminus \{\bar{a}\}) = \text{Lin} M$.

Beweis (r1):

Aufgrund des *Satzes über die Gleichheit von linearen Hüllen* (2.2.4) ist $\text{Lin}(M \setminus \{\bar{a}\}) = \text{Lin} M$ genau dann, wenn $M \setminus \{\bar{a}\} \subseteq \text{Lin} M$ und $M \subseteq \text{Lin}(M \setminus \{\bar{a}\})$ gilt. Wegen $M \setminus \{\bar{a}\} \subseteq \text{Lin}(M \setminus \{\bar{a}\}) \subseteq \text{Lin} M$ und mit der Voraussetzung $\bar{a} \in \text{Lin}(M \setminus \{\bar{a}\})$ sind beide Bedingungen erfüllt. □

Offenbar können wir diesen Verkleinerungsprozeß solange fortsetzen, bis ein linear unabhängiges Erzeugendensystem vorliegt:

2.2.10 Satz über linear unabhängige Erzeugendensysteme
Ist M eine endliche Teilmenge von V, so gibt es eine linear unabhängige Teilmenge B von M, so daß $\text{Lin} B = \text{Lin} M$ gilt.

Beweis (r1):

Vollständige Induktion über die Anzahl m der Elemente von M.
Induktionsanfang: $M = \emptyset$ ist nach Definition 2.2.5 linear unabhängig.
Induktionsschritt:
Die Aussage sei für alle Teilmengen mit m Elementen bewiesen, und M sei eine Teilmenge mit m+1 Elementen. Ist M linear abhängig, so gibt es aufgrund der *Sätze über ein Kriterium für lineare Abhängigkeit* (2.2.8) und *über die Verkleinerung des Erzeugendensystems* (2.2.9) ein $\bar{a} \in M$, so daß $\text{Lin}(M \setminus \{\bar{a}\}) = \text{Lin} M$ gilt. Da $M \setminus \{\bar{a}\}$ eine Teilmenge mit m Elementen ist, gibt es nach Induktionsannahme eine linear unabhängige Teilmenge B mit $B \subseteq M \setminus \{\bar{a}\} \subset M$ und $\text{Lin} B = \text{Lin}(M \setminus \{\bar{a}\}) = \text{Lin} M$. □

Linear unabhängige Erzeugendensysteme haben folgende wichtige Eigenschaft:

2.2.11 Satz über eindeutige Linearkombinationen
Ist B eine nichtleere, linear unabhängige Teilmenge von V, so läßt

> sich jeder Vektor $\vec{v} \in \text{Lin} B$ eindeutig aus endlich vielen Vektoren von B linear kombinieren.

Beweis (r1):

Wir nehmen an, es gäbe zwei Linearkombinationen von je endlich vielen Vektoren aus B, die denselben Vektor darstellen. Es sei $\{\vec{c}_1,...,\vec{c}_n\}$ eine endliche Teilmenge von B, die alle Vektoren enthält, die in mindestens einer der beiden Linearkombinationen von $\vec{v}$ mit einem von Null verschiedenen Koeffizienten vorkommen. Dann können wir beide Linearkombinationen in der Form $\vec{v} = \sum_{i=1}^{n} a_i \vec{c}_i = \sum_{i=1}^{n} b_i \vec{c}_i$ mit $a_i, b_i \in K$ schreiben und erhalten als Differenz $\vec{0} = \vec{v}-\vec{v} = \sum_{i=1}^{n} (a_i-b_i)\vec{c}_i$.

Da $\vec{c}_1,...,\vec{c}_n$ linear unabhängige Vektoren sind, folgt $a_i = b_i$, $i=1,...,n$, d.h. die Linearkombination des Vektors $\vec{v} \in \text{Lin} B$ ist eindeutig bestimmt. □

Damit haben wir sehr zweckmäßige Erzeugendensysteme gefunden:

2.2.12 Definition der Basis

Eine Teilmenge B des K-Vektorraums (bzw. Untervektorraums) V heißt *Basis von* V genau dann, wenn B ein linear unabhängiges Erzeugendensystem von V ist.

2.2.13 Beispiele

1. Aufgrund der Definitionen 2.2.1 und 2.2.5 ist die leere Menge $\emptyset$ eine Basis des Nullvektorraums $\{\vec{0}\}$.

2. $\{\vec{e}_{m,j}{}^t \vec{e}_{n,k} | j=1,...,m; k=1,...,n\}$ stellt eine Basis von $K^{m \times n}$ dar (siehe die Beispiele 2.2.3 und 2.2.6). Insbesondere ist $\{\vec{e}_1,...,\vec{e}_n\}$ die "Standardbasis" von $K^{n \times 1}$.

3. $\{\text{id}^0,...,\text{id}^n\}$ ist eine Basis des Vektorraums P_n der Polynomfunktionen, deren Grad höchstens n ist (siehe die Beispiele 2.2.3 und 2.2.6).

4. $\{1,x,x^2,...\}$ stellt eine Basis des Vektorraums $K[x]$ aller Polynome mit Koeffizienten aus K dar (siehe dieselben Beispiele).

2.2.13 Lineare Unabhängigkeit, Basis und Dimension

5. Die Folgenmenge $E = \{(\delta_{ij})_{j\in\mathbb{N}} \mid i\in\mathbb{N}\}$ ist keine Basis des Vektorraums F aller Folgen aus K, denn nach Beispiel 2.2.3 gilt $\operatorname{Lin} E \neq F$. Es ist zwar bekannt, daß F eine Basis besitzt, man kann aber keine Basis explizit angeben.

Übung 2.2.h

Die ersten vier *Legendre-Polynome* P_0, P_1, P_2, P_3 werden durch $P_0(x) := 1$, $P_1(x) := x$, $P_2(x) := \frac{1}{2}(3x^2 - 1)$, $P_3(x) := \frac{1}{2}(5x^3 - 3x)$ definiert. Zeigen Sie, daß P_0, P_1, P_2, P_3 eine Basis des $\mathbb{R}$-Vektorraums aller Polynome vom Grad ≤ 3 bilden, und stellen Sie die Monome id^0, $\operatorname{id}^1, \operatorname{id}^2, \operatorname{id}^3$ als Linearkombinationen der Basiselemente dar.

Übung 2.2.i

Für jede komplexe Zahl $z = x + iy$ mit $x, y \in \mathbb{R}$ wird die konjugiert komplexe Zahl $\bar{z} \in \mathbb{C}$ durch $\bar{z} := x - iy$ definiert. Zu jeder Matrix $A = (a_{ik}) \in \mathbb{C}^{m \times n}$ definiert man $\bar{A} := (\bar{a}_{ik})$. Es sei $H := \{A \in \mathbb{C}^{2\times 2} \mid {}^t\bar{A} = A\}$ und $H_0 := \{A \in H \mid \operatorname{Sp}(A) = 0\}$.

i) Beweisen Sie, daß $H := (H, +, \cdot)$ ein $\mathbb{R}$-Vektorraum ist und daß die Menge der Matrizen

E_2, $N_1 := \begin{pmatrix} 0 & 1 \\ 1 & 0 \end{pmatrix}$, $N_2 := \begin{pmatrix} 0 & -i \\ i & 0 \end{pmatrix}$, $N_3 := \begin{pmatrix} 1 & 0 \\ 0 & -1 \end{pmatrix}$ eine Basis von H bildet.

ii) Zeigen Sie, daß $H_0 := (H_0, +, \cdot)$ ein $\mathbb{R}$-Untervektorraum von H ist und daß $\{N_1, N_2, N_3\}$ eine Basis von H_0 (über $\mathbb{R}$) bildet.

Übung 2.2.j

Für $k \in \mathbb{N}_0$ definieren wir die Polynomfunktionen $g_k : \mathbb{R} \to \mathbb{R}$ durch $x \mapsto g_k(x) := \prod_{j=0}^{k-1}(x-j)$. Weisen Sie nach, daß $\{g_0, \ldots, g_n\}$ eine Basis des Vektorraums P_n aller Polynomfunktionen mit einem n nicht überschreitenden Grad bildet, und stellen Sie die Potenzfunktionen $\operatorname{id}^2, \operatorname{id}^3$ und id^4 als Linearkombinationen der Basiselemente $g_0, \ldots, g_4$ dar. [Hinweis: Sie können die Ergebnisse des Abschnitts 1.7.1 verwenden.]

Achtung: Fundgrube! [Rekursionsformel für die Koeffizienten $S(n,j)$ der Linearkombinationen $\operatorname{id}^n = \sum_{j=1}^{n} S(n,j) g_j$; Darstellung der Polynome $PS_m(N) := \sum_{k=1}^{N} k^m$ als Linearkombinationen von $\binom{N+1}{j+1}$, $j = 1, \ldots, m$.]

Übung 2.2.k

Es sei V ein von $\{\vec{0}\}$ verschiedener K-Vektorraum und B eine nichtleere Teilmenge von V. Zeigen Sie, daß die folgenden Aussagen äquivalent sind:
a) B ist eine Basis von V;
b) B ist linear unabhängig, und jede Teilmenge B' von V mit $B \subset B'$ ist linear abhängig;
c) B stellt ein Erzeugendensystem von V dar, und keine echte Teilmenge von B ist ein Erzeugendensystem von V.

Das Beispiel 2.2.13.5 legt die Frage nahe, ob jeder Vektorraum eine Basis besitzt. Der Nachweis dafür, daß dieses der Fall ist, läßt sich für beliebige Vektorräume nur mit Hilfe nicht ganz unproblematischer "transfiniter" Methoden der Mengenlehre (z.B. des *Lemmas von Zorn*) erbringen. Für eine große Zahl von Vektorräumen - darunter die meisten der für die Praxis wichtigen - haben wir in dem *Satz über linear unabhängige Erzeugendensysteme* (2.2.10) bereits die Existenz einer Basis bewiesen. Da wir für diese Vektorräume noch wesentlich mehr zeigen können, geben wir ihnen einen Namen:

2.2.14 Definition des endlich erzeugten Vektorraums

Ein K-Vektorraum V heißt *endlich erzeugt* genau dann, wenn es eine endliche Teilmenge M von V gibt, so daß $V = \text{Lin} M$ gilt.

Aufgrund des *Satzes über linear unabhängige Erzeugendensysteme* (2.2.10) besitzt jeder endlich erzeugte Vektorraum sogar eine endliche Basis. Darüberhinaus gilt der folgende Satz, der es erlaubt, die Elementzahlen aller Basen eines endlich erzeugten Vektorraums zu vergleichen:

2.2.15 Satz über Basen und linear unabhängige Vektoren

Ist $\{\vec{b}_1,...,\vec{b}_n\}$ eine Basis des K-Vektorraums V und sind $\vec{v}_1,...,\vec{v}_m$ linear unabhängige Vektoren aus V, so gilt $m \leq n$.

Beweis (a2):

Da $V = \text{Lin}\{\vec{b}_1,...,\vec{b}_n\}$ ist, gibt es zu jedem Vektor $\vec{v}_j$, $j=1,...,m$, Skalare

2.2.17 Dimension eines Vektorraums

$a_{ij} \in K$, $i=1,\ldots,n$, so daß $\vec{v}_j = \sum_{i=1}^{n} a_{ij} \vec{b}_i$ gilt. Jede Linearkombination von $\vec{v}_1,\ldots,\vec{v}_m$ läßt sich dann folgendermaßen als Linearkombination von $\vec{b}_1,\ldots,\vec{b}_n$ schreiben:

$$(5) \qquad c_1 \vec{v}_1 + \ldots + c_m \vec{v}_m = \sum_{j=1}^{m} c_j \left(\sum_{i=1}^{n} a_{ij} \vec{b}_i \right) = \sum_{i=1}^{n} \left(\sum_{j=1}^{m} a_{ij} c_j \right) \vec{b}_i.$$

Fassen wir nun die Skalare a_{ij} zu Vektoren $\vec{a}_j := {}^t(a_{1j} \ldots a_{nj}) \in K^{n \times 1}$, $j=1,\ldots,m$, zusammen, so gilt $\vec{a}_1 c_1 + \ldots + \vec{a}_m c_m = \vec{0} \in K^{n \times 1}$ genau dann, wenn die Gleichungen $\sum_{j=1}^{m} a_{ij} c_j = 0$ für $i=1,\ldots,n$ erfüllt sind. Wegen (5) ist dieses gleichbedeutend mit $c_1 \vec{v}_1 + \ldots + c_m \vec{v}_m = \vec{0} \in V$. Da die Vektoren $\vec{v}_1,\ldots,\vec{v}_m$ als linear unabhängig vorausgesetzt wurden, folgt $c_j = 0$ für $j=1,\ldots,m$. Damit sind auch die Spaltenvektoren $\vec{a}_1,\ldots,\vec{a}_m$ linear unabhängig, und der *Satz über die Maximalzahl linear unabhängiger Vektoren* (2.2.7) ergibt $m \leq n$. □

Da wir schon wissen, daß jeder endlich erzeugte Vektorraum V eine Basis besitzt, folgt nun sofort, daß jede Basis von V endlich ist und daß alle Basen von V dieselbe Elementzahl haben. Denn ist $\{\vec{b}_1,\ldots,\vec{b}_n\}$ eine Basis von V, so kann es aufgrund des *Satzes über Basen und linear unabhängige Vektoren* (2.2.15) keine Basis mit mehr als n Elementen geben, da dann mehr als n Vektoren von V linear unabhängig wären. Ebenso kann keine Basis mit weniger als n Elementen existieren, da in diesem Falle $\{\vec{b}_1,\ldots,\vec{b}_n\}$ zu viele linear unabhängige Elemente enthalten würde. Damit können wir zusammenfassen:

2.2.16 Satz über die Elementanzahl von Basen
Jeder endlich erzeugte K-Vektorraum V besitzt eine endliche Basis, und alle Basen von V haben dieselbe Elementanzahl.

In vielen Lehrbüchern wird zur Herleitung dieses Satzes der nach *E. Steinitz* benannte *Austauschsatz* bewiesen, der zusätzlich zu der Aussage des *Satzes über Basen und linear unabhängige Vektoren* (2.2.15) die Existenz einer Permutation $\sigma \in S_n$ zeigt, mit der $\{\vec{v}_1,\ldots,\vec{v}_m,$

$\vec{b}_{\sigma(m+1)}, \ldots, \vec{b}_{\sigma(n)}\}$ eine Basis von V darstellt. [8]

2.2.17 Definition der Dimension eines Vektorraums

Ist V ein endlich erzeugter K-Vektorraum, so heißt die allen Basen von V gemeinsame Elementanzahl die *Dimension von* V. Sie wird mit $\dim_K V$ abgekürzt.
Ist V nicht endlich erzeugt, so heißt V *unendlich-dimensional*.

Falls kein Mißverständnis möglich ist, wird auch $\dim V$ anstelle von $\dim_K V$ geschrieben.

2.2.18 Beispiele

1. $\dim_K \{\vec{0}\} = 0$; 2. $\dim K^{m \times n} = mn$; 3. $\dim_K P_n = n+1$ ($K = \mathbb{R}$ oder $\mathbb{C}$);
4. $\dim_\mathbb{R} \mathbb{C} = 2$; denn $\{1, i\}$ ist eine Basis des $\mathbb{R}$-Vektorraums $\mathbb{C}$ (siehe Beispiel 2.1.3.2); $\dim_\mathbb{C} \mathbb{C} = 1$.

Ist die Dimension eines endlich erzeugten Vektorraums bekannt, so kann mit Hilfe des folgenden Satzes einfacher als mit der Definition nachgewiesen werden, daß eine gegebene Teilmenge eine Basis bildet:

2.2.19 Basissatz

Ist V ein endlich erzeugter K-Vektorraum mit $n := \dim_K V > 0$, so stellt jedes aus n Vektoren bestehende Erzeugendensystem von V eine Basis von V dar, und auch je n linear unabhängige Vektoren aus V bilden eine Basis von V.

---

[8] Als Verallgemeinerung der linear unabhängigen Teilmengen von endlichen Erzeugendensystemen hat *H. Whitney* um 1935 den folgenden Begriff eingeführt, der heute in verschiedenen Anwendungsbereichen eine zentrale Rolle spielt.
Ist E eine endliche Menge und $\mathcal{U}$ eine Menge von Teilmengen von E, so heißt $(E, \mathcal{U})$ *Matroid* genau dann, wenn gilt:
i) $\emptyset \in \mathcal{U}$, und aus $I \in \mathcal{U}$, $J \subseteq I$ folgt $J \in \mathcal{U}$.
ii) Für jedes $T \subseteq E$ haben alle in $\mathcal{U}$ liegenden maximalen Untermengen von T ("Basen") dieselbe Elementanzahl.
Die Forderung ii) ist äquivalent zu einer Eigenschaft, die dem *Austauschsatz* entspricht.

2.2.19 Lineare Unabhängigkeit, Basis und Dimension

Beweis (r1):

Es seien $\vec{a}_1,\ldots,\vec{a}_n$ die betreffenden Vektoren. Dann ist im ersten Fall zu zeigen, daß sie linear unabhängig sind, und im zweiten Fall, daß sie ein Erzeugendensystem von **V** darstellen. Beide Nachweise werden indirekt geführt. Wäre $\mathbf{V} = \mathrm{Lin}\{\vec{a}_1,\ldots,\vec{a}_n\}$ mit linear abhängigen Vektoren $\vec{a}_1,\ldots,\vec{a}_n$, so gäbe es aufgrund der *Sätze über ein Kriterium für lineare Unabhängigkeit* (2.2.8), *über die Verkleinerung des Erzeugendensystems* (2.2.9) und *über linear unabhängige Erzeugendensysteme* eine Basis von **V**, die weniger als n Elemente hätte - im Widerspruch zum *Satz über die Elementanzahl von Basen* (2.2.16).

Die Annahme, daß $\mathrm{Lin}\{\vec{a}_1,\ldots,\vec{a}_n\} \subset \mathbf{V}$ mit linear abhängigen Vektoren $\vec{a}_1,\ldots,\vec{a}_n$ gilt, ergäbe, daß ein $\vec{b} \in \mathbf{V}$ mit $\vec{b} \notin \mathrm{Lin}\{\vec{a}_1,\ldots,\vec{a}_n\}$ existiert. Dann wären aber die n+1 Vektoren $\vec{a}_1,\ldots,\vec{a}_n,\vec{b}$ in **V** linear unabhängig - im Widerspruch zum *Satz über Basen und linear unabhängige Vektoren* (2.2.15). □

Übung 2.2.l

Es sei $\{\vec{a}_1,\ldots,\vec{a}_n\}$ eine Basis des K-Vektorraums **V**, und es seien $\alpha_1,\ldots,\alpha_n \in K$ sowie $\vec{a} := \alpha_1 \vec{a}_1 + \ldots + \alpha_n \vec{a}_n$. Leiten Sie jeweils notwendige und hinreichende Bedingungen für $\alpha_1,\ldots,\alpha_n$ her, so daß

i) $\{\alpha_1 \vec{a}_1,\ldots,\alpha_n \vec{a}_n\}$ eine Basis von **V** ist,

ii) die Vektoren $\vec{a}_1 - \vec{a},\ldots,\vec{a}_n - \vec{a}$ linear unabhängig sind [Hinweis: Beachten Sie Übung 1.5.f] und

iii) die Mengen $\{\vec{a}_1,\ldots,\vec{a}_n,\vec{a}\} \setminus \{\vec{a}_i\}$ für jedes $i \in J_n$ eine Basis von **V** bilden.

Übung 2.2.m

i) Es sei $S := \{A \in K^{n \times n} \mid {}^t A = A\}$ die Teilmenge der *"symmetrischen"* Matrizen von $K^{n \times n}$. Berechnen Sie $\dim_K \mathrm{Lin}\, S$.

ii) Zeigen Sie, daß die Menge der *"schiefsymmetrischen"* Matrizen $S_1 := \{A \in K^{n \times n} \mid {}^t A = -A\}$ und die Menge $S_2 := \{A \in K^{n \times n} \mid \mathrm{Sp}(A) = 0\}$ mit den Verknüpfungen aus $K^{n \times n}$ Untervektorräume von $K^{n \times n}$ sind, und berechnen Sie $\dim_K S_i$, $i = 1, 2$, für $K = \mathbb{R}$ sowie für den Körper K, der aus zwei Elementen besteht.

Übung 2.2.n

Für $\vec{a} \in K^{m \times 1}$ sei $E_{\vec{a}} := \{\vec{x} \in K^{m \times 1} \mid {}^t \vec{a} \vec{x} = 0\}$ wie in Übung 2.2.c definiert. Zeigen Sie, daß dann $\dim E_{\bar{a}} \in \{m-1, m\}$ gilt und daß zu jedem $(m-1)$-dimensionalen Untervektorraum U von $K^{m\times 1}$ ein $\bar{a} \in K^{m\times 1}$ mit $U = E_{\bar{a}}$ existiert.

2.2.20 Die Fibonacci-Folge

Als Anwendung von Basen für Untervektorräume des Folgenvektorraums untersuchen wir die rekursiv definierte Folge $(f_n)_{n\in\mathbb{N}}$ mit $f_1=1$, $f_2=1$ und $f_{n+2}=f_{n+1}+f_n$ für alle $n\in\mathbb{N}$. Sie geht auf das folgende Problem zurück, das von dem italienischen Mathematiker *Leonardo von Pisa* (genannt *Fibonacci* = Sohn des Bonacci 1180? -1250?) stammt: Wie viele Kaninchenpaare werden in einem Jahr von einem Paar erzeugt (das Paar selbst mitgerechnet), wenn jedes Paar vom zweiten Monat an in jedem Monat ein neues Paar erzeugt und keine Todesfälle eintreten?

Die Anzahl der Paare am Anfang des n-ten Monats ist dann f_n:

n	1	2	3	4	5	6	7	8	9	10	11	12	13	14	15	16	⋯
f_n	1	1	2	3	5	8	13	21	34	55	89	144	233	377	610	987	⋯

Leonardo von Pisa war der erste "Fachmathematiker" des Abendlandes. Er reiste als Kaufmann in den Orient, lernte dort die Mathematik der Antike durch die von den Arabern übermittelten Schriften kennen und schrieb nach seiner Rückkehr ein bedeutendes "Rechenbuch" ("Liber abaci", 1202), das arithmetische und algebraische Unterweisungen enthielt. Er verwendete als erster in Mitteleuropa Buchstaben als Vertreter von ganzen und gebrochenen Zahlen und rechnete mit der Null, mit negativen und irrationalen Zahlen wie mit den bis dahin gebräuchlichen positiven rationalen Zahlen.

Die Fibonacci-Folge besitzt zahlreiche Anwendungen und zusammen mit ihren Verallgemeinerungen soviele Eigenschaften, daß eine eigene Zeitschrift "Fibonacci Quarterly" gegründet wurde. Hier können nur einige Anwendungsbeispiele erwähnt werden:

In der Biologie kann man Pflanzen mit spiraliger Blattstellung nach dem Winkel ordnen, den zwei aufeinanderfolgende Blattstände bilden: Setzt man $q := \alpha/360$, so ist z.B. $q=2/5$ bei Apfel und Eiche, $q=3/8$ beim

2.2.20 Die Fibonacci-Folge

Birnbaum, q=5/13 bei der Weide, und auch q=1/2, q=1/3 und q=8/21 kommen vor. Alle diese Quotienten haben die Form $q = f_n / f_{n+2}$.

In der Architektur und in der Kunst (vor allem der alten Griechen) sind die Brüche f_n / f_{n+1} Näherungen für die Maßzahl $x = \frac{1}{2}(\sqrt{5} - 1) \approx 0.618$ des längeren Stücks bei der Teilung der Einheitsstrecke nach dem "goldenen Schnitt" ($(1-x):x = x:1$).

In der numerischen Mathematik ist $\lim(f_{n+1}/f_n) = \frac{1}{2}(1+\sqrt{5}) \approx 1.618$ die "Konvergenzordnung" der "Regula falsi", und in der Zahlentheorie ist f_{n+2}/f_{n+1} der n-te Näherungsbruch der "Kettenbruchentwicklung" von $\frac{1}{2}(1+\sqrt{5})$.

Die rekursive Definition der Fibonacci-Folge hat den Nachteil, daß wir die Abhängigkeit der Folgenglieder von n und insbesondere das Wachstumsverhalten nicht erkennen können. Wir wollen deshalb eine typische Methode der Linearen Algebra anwenden, um eine günstigere Darstellung der Folgenglieder zu finden. Dieselbe Methode führt auch bei sehr vielen rekursiv definierten Folgen der Form

$$y_{n+k} = \sum_{i=0}^{k-1} a_i y_{n+i}, \quad k \in \mathbb{N}, \ a_i \in \mathbb{R},$$

zum Erfolg. Solche Gleichungen heißen "homogene lineare *Differenzengleichungen* mit konstanten Koeffizienten".

Wir zeigen, daß die Folgenmenge $D := \{(a_n)_{n \in \mathbb{N}} \mid a_n \in \mathbb{R}, \ a_{n+2} = a_{n+1} + a_n$ für alle $n \in \mathbb{N}\}$ ein zweidimensionaler Untervektorraum des Folgenraums F ist und berechnen eine geeignete Basis. Vollständige Induktion ergibt, daß jede Folge aus D eindeutig durch die Werte von a_1 und a_2 bestimmt ist. Bezeichnen wir mit $f(a,b)$ diejenige Folge aus D, für die $a_1 = a$, $a_2 = b$ gilt, so erhalten wir ebenfalls mit vollständiger Induktion

$$f(a,b) + f(a',b') = f(a+a', b+b'),$$
$$cf(a,b) = f(ac, bc) \text{ für alle } a,b,a',b',c \in \mathbb{R}.$$

Damit ist D ein Untervektorraum von F. Die beiden Folgen $f(1,0)$ und $f(0,1)$ bilden wegen $f(a,b) = af(1,0) + bf(0,1)$ für alle $a,b \in \mathbb{R}$ ein Erzeugendensystem von D. Außerdem sind sie linear unabhängig, denn aus $c_1 f(1,0) + c_2 f(0,1) = f(c_1, c_2) = f(0,0)$ folgt $c_1 = c_2 = 0$. Also ist $\dim_{\mathbb{R}} D = 2$. Aber $\{f(1,0), f(0,1)\}$ ist leider keine geeignete Basis zur Darstellung der Fibonacci-Folge $f(1,1)$, da sich beide Folgen nur durch die Anfangsglieder von $f(1,1)$ unterscheiden.

Schon die Werte der ersten acht Quotienten f_{n+1}/f_n legen die Vermutung nahe, daß $f(1,1)$ näherungsweise wie eine geometrische Folge $(cd^n)_{n\in\mathbb{N}}$ wächst. Wir stellen deshalb zunächst fest, ob $D\setminus\{f(0,0)\}$ geometrische Folgen enthält. Für $d \neq 0$ ist $d^{n+2} = d^{n+1} + d^n$ für alle $n \in \mathbb{N}$ äquivalent zu $d^2 = d+1$, da wir durch d^n dividieren können. Diese Gleichung besitzt die Lösungen

$$d_1 = \tfrac{1}{2}(1+\sqrt{5}) \text{ und } d_2 = \tfrac{1}{2}(1-\sqrt{5}).$$

Die beiden Folgen $(d_i^n)_{n\in\mathbb{N}}$, $i=1,2$, liegen also in D. Sie sind linear unabhängig, denn aus $c_1 f(d_1, d_1^2) + c_2 f(d_2, d_2^2) = f(0,0)$ folgt wegen $d_i^2 = d_i + 1$, $i=1,2$, und $d_1 - d_2 = \sqrt{5}$, daß $c_1 = c_2 = 0$ ist. Aufgrund des *Basissatzes* (2.2.19) bilden sie also eine Basis von D. Die Koeffizienten der Linearkombination von $f(1,1)$ bezüglich dieser Basis bestimmen wir aus $f_1 = 1 = ad_1 + bd_2$, $f_2 = 1 = ad_1^2 + bd_2^2$ zu $a = -b = 1/\sqrt{5}$. Damit gilt

$$f_n = \tfrac{1}{\sqrt{5}} \left\{ \left(\tfrac{1+\sqrt{5}}{2}\right)^n - \left(\tfrac{1-\sqrt{5}}{2}\right)^n \right\} \text{ für alle } n \in \mathbb{N}.$$

Wegen $(1/\sqrt{5})|d_2^n| < \tfrac{1}{2}$ für alle $n \in \mathbb{N}$ folgt schließlich

$$(6) \qquad \boxed{f_n = \left[\tfrac{1}{\sqrt{5}} \left(\tfrac{1+\sqrt{5}}{2}\right)^n + \tfrac{1}{2} \right] \text{ für alle } n \in \mathbb{N},}$$

wobei $[x]$ die größte ganze Zahl $\leq x$ bezeichnet. ($[x+\tfrac{1}{2}]$ ist dann die nächste ganze Zahl bei x.)

2.3 Die vier fundamentalen Untervektorräume

In diesem Abschnitt sei $A = (\vec{a}_1 \ldots \vec{a}_n) \in K^{m\times n}$ eine beliebige m×n-Matrix mit Elementen aus einem Körper K, und $A = GS$ sei aufgrund des *Zerlegungssatzes* (1.5.18) eine Produktdarstellung von A mit einer invertierbaren m×m-Matrix G ($:= P^{-1}U$) und einer m×n-Stufenmatrix S mit der Stufenzahl r. Wir wollen nun die im letzten Abschnitt eingeführten Begriffe verwenden, um Lösbarkeitskriterien für lineare Gleichungssysteme $A\vec{x} = \vec{b}$ zu entwickeln sowie die Lösungsmengen zu beschreiben. Gleichzeitig werden wir dabei verschiedene Methoden zur Konstruktion von Basen kennenlernen.

2.3.1 Definition der Untervektorräume zur Matrix A

In den Beispielen 2.1.12.4 und 2.2.3.2 haben wir bereits den *Spaltenraum* von A

$$S(A) := \{\vec{y} \in K^{m \times 1} \mid \text{Es gibt } \vec{x} \in K^{n \times 1} \text{ mit } A\vec{x} = \vec{y}\}$$

und in Beispiel 2.1.12.3 den *Nullraum* von A

$$N(A) := \{\vec{x} \in K^{n \times 1} \mid A\vec{x} = \vec{0}\}$$

eingeführt. Als mindestens ebenso grundlegend werden sich die beiden Untervektorräume erweisen, die wir zu der transponierten Matrix ^tA erhalten. Es ist der Untervektorraum

$$Z(A) := S(^tA) \subseteq K^{n \times 1},$$

der *Zeilenraum* von A heißt, weil die Spaltenvektoren von ^tA die Zeilenvektoren von A sind, sowie der Untervektorraum $N(^tA)$, der *Linksnullraum* von A genannt wird, weil $^tA\vec{y} = \vec{0}$ gleichbedeutend ist mit $^t\vec{y}A = {}^t\vec{0}$, so daß

$$L(A) := N(^tA) = \{\vec{y} \in K^{m \times 1} \mid {}^t\vec{y}A = {}^t\vec{0} \in K^{1 \times n}\}$$

gesetzt werden kann.

Diese Darstellungen sind zugleich typisch für die meisten Untervektorräume. Entweder ist ein Untervektorraum die lineare Hülle von gegebenen Vektoren - wie im ersten und dritten Fall, oder er wird wie im zweiten und vierten Fall durch einschränkende Bedingungen - z.B. lineare Gleichungen - definiert. In allen Fällen geht es darum, überflüssige Vektoren beziehungsweise Bedingungen (Gleichungen) zu eliminieren, also geeignete Basen zu konstruieren. Wir beginnen mit dem Zeilenraum von A, weil wir für ihn am leichtesten eine Basis angeben können.

2.3.2 Der Zeilenraum $Z(A)$

Wir zeigen zunächst, daß $Z(A) = Z(S)$ gilt. Wegen $A = GS$ und $S = FA$ mit $F := G^{-1} \in K^{m \times m}$ ist

(7) $\qquad {}^tA = {}^tS\,{}^tG$ und ${}^tS = {}^tA\,{}^tF$.

Setzen wir

(8) $\qquad {}^tF =: (\vec{x}_1 \ldots \vec{x}_m)$ und ${}^tG =: (\vec{y}_1 \ldots \vec{y}_m)$,

so gilt wegen (1.21)

(9) $\qquad {}^tA = ({}^tS\vec{y}_1 \ldots {}^tS\vec{y}_m)$ und ${}^tS = ({}^tA\vec{x}_1 \ldots {}^tA\vec{x}_m)$.

Jeder Spaltenvektor von ${}^tA$ ist also eine Linearkombination der Spaltenvektoren von ${}^tS$, d.h. jeder Spaltenvektor von ${}^tA$ liegt in $S({}^tS)$, und umgekehrt gehört jeder Spaltenvektor von ${}^tS$ zu $S({}^tA)$. Aufgrund des *Satzes über die Gleichheit von linearen Hüllen* (2.2.4) gilt damit $S({}^tA) = S({}^tS)$, also

(10) $\qquad\qquad Z(A) = Z(S)$.

Da S eine Stufenmatrix mit der Stufenzahl r ist, sind genau die ersten r Spaltenvektoren der Matrix ${}^tS$ von $\vec{0}$ verschieden. Setzen wir

(11) $\qquad {}^tS =: (\vec{z}_1 \ldots \vec{z}_m) = (\vec{z}_1 \ldots \vec{z}_r\, \vec{0} \ldots \vec{0})$,

so ist also $\text{Lin}\{\vec{z}_1,\ldots,\vec{z}_r\} = S({}^tS)$.

Außerdem sind $\vec{z}_1,\ldots,\vec{z}_r$ linear unabhängig, denn aus $c_1\vec{z}_1 + \ldots + c_r\vec{z}_r = \vec{0}$ folgt für die k_i-ten Komponenten, $i=1,\ldots,r$, wobei k_i die Spaltenindizes der Eckkoeffizienten s_{ik_i} von S sind:

$$c_1 s_{1k_1} = 0$$
$$\vdots \qquad \ddots \qquad \vdots$$
$$c_1 s_{1k_r} + \ldots + c_r s_{rk_r} = 0.$$

Da die Eckkoeffizienten von Null verschieden sind, ergibt sich durch Vorwärtseinsetzen nacheinander $c_1 = 0, \ldots, c_r = 0$.

Damit ist $\{\hat{z}_1,...,\hat{z}_r\}$ eine Basis von $S({}^tS)$, und wegen $S({}^tS) = Z(S) = Z(A)$ erhalten wir:

2.3.3 Satz über die Dimension des Zeilenraums

Ist S eine Stufenmatrix zu A mit der Stufenzahl r, so bilden die ersten r Spaltenvektoren von ${}^tS$ eine Basis von $Z(A)$. Damit gilt

(12) $\dim Z(A) = r$.

Die Stufenzahl r von S ist also nur von A (und nicht von $G = P^{-1}U$ oder S) abhängig.

2.3.4 Definition des Ranges einer Matrix

Die nur von A abhängige Stufenzahl r von S, die zugleich die Dimension von $Z(A)$ ist, heißt *Rang* von A. Sie wird mit Rang A bezeichnet.

Um Matrizen, deren Rang bekannt oder eindeutig bestimmt ist, einfach kennzeichnen zu können, verwenden wir die Abkürzung

$$K_r^{m \times n} := \{A \in K^{m \times n} \mid \text{Rang } A = r\},$$

die allerdings im Falle $r > 0$ nur eine Teilmenge und nicht einen Untervektorraum von $K^{m \times n}$ beschreibt.

2.3.5 Anwendungen des Zeilenraums

Die wichtigste Anwendung von $Z(A)$ ist die Berechnung einer Basis zu der linearen Hülle von endlich vielen Vektoren aus $K^{m \times 1}$ oder $K^{1 \times n}$. In beiden Fällen bilden wir die Matrix A, deren Zeilen aus den Komponenten der gegebenen Spaltenvektoren beziehungsweise Zeilenvektoren bestehen, bringen A durch elementare Zeilenumformungen auf die Stufenform S mit dem Rang r und erhalten als Basis die ersten r Spaltenvektoren von ${}^tS$ beziehungsweise die ersten r Zeilenvektoren von S.

2.3.6 Beispiel

Gegeben seien die Spaltenvektoren
$$\vec{a}_1 = {}^t(1\ 3\ 3\ 2),\ \vec{a}_2 = {}^t(2\ 6\ 9\ 5)\ \text{und}\ \vec{a}_3 = {}^t(-1\ -3\ 3\ 0).$$
Dann ist
$$A = \begin{pmatrix} 1 & 3 & 3 & 2 \\ 2 & 6 & 9 & 5 \\ -1 & -3 & 3 & 0 \end{pmatrix} = \begin{pmatrix} 1 & 0 & 0 \\ 2 & 1 & 0 \\ -1 & 2 & 1 \end{pmatrix} \begin{pmatrix} 1 & 3 & 3 & 2 \\ 0 & 0 & 3 & 1 \\ 0 & 0 & 0 & 0 \end{pmatrix} =: GS.$$

Damit bilden $\vec{z}_1 = {}^t(1\ 3\ 3\ 2)$ und $\vec{z}_2 = {}^t(0\ 0\ 3\ 1)$ eine Basis von Lin$\{\vec{a}_1, \vec{a}_2, \vec{a}_3\}$. Ebenso ist $\{{}^t\vec{z}_1, {}^t\vec{z}_2\}$ eine Basis von Lin$\{{}^t\vec{a}_1, {}^t\vec{a}_2, {}^t\vec{a}_3\}$. □

Übung 2.3.a

Es sei $U := \text{Lin}\{(1\ -2\ 5\ -3), (2\ 3\ 1\ -4), (3\ 8\ -3\ -5)\} \subseteq \mathbb{R}^{1\times 4}$. Berechnen Sie $\dim_\mathbb{R} U$.

Übung 2.3.b

Es sei $W := \text{Lin}\left\{\begin{pmatrix} 1 & -5 \\ -4 & 2 \end{pmatrix}, \begin{pmatrix} 1 & 1 \\ -1 & 5 \end{pmatrix}, \begin{pmatrix} 2 & -4 \\ -5 & 7 \end{pmatrix}\right\} \subseteq \mathbb{R}^{2\times 2}$. Bestimmen Sie eine Basis von W.

Eine weitere wichtige Anwendung besteht darin, daß wir sehr viel einfacher als mit dem *Satz über die Gleichheit von linearen Hüllen* (2.2.4) die Gleichheit von Zeilenräumen (und damit auch von Spaltenräumen) feststellen können. Dazu führen wir den folgenden Begriff ein:

2.3.7 Definition der Reduzierten

Ist $A \in K_r^{m\times n} \setminus \{(0)\}$ und stellt S eine Stufenmatrix zu A dar, so bezeichnen wir als *reduzierte Stufenmatrix von A* oder kurz *Reduzierte von A* diejenige $r\times n$-Stufenmatrix $\tilde{S}$, die aus S durch Weglassen der Nullzeilen und durch folgende elementare Zeilenumformungen mit der i-ten Zeile für $i = r, \ldots, 1$ entsteht:
i) Normierung des i-ten Eckkoeffizienten, d.h. Division der i-ten Zeile durch s_{ik_i}, und jeweils direkt anschließend
ii) Rückwärtselimination in der k_i-ten Spalte, so daß auch oberhalb der Eckkoeffizienten nur Nullen stehen.[9]

---

[9] $\tilde{S}$ heißt auch *Gauß-Jordan-Normalform* oder *Hermitesche Normalform* von A.

2.3.8   Gleichheit von Zeilenräumen

Ist $A=(0)\in K^{m\times n}$, so betrachten wir die leere Matrix $\tilde S\in K^{0\times m}$ als reduzierte Stufenmatrix zu A.
Die Matrix

$$\overset{\approx}{S} := \begin{cases} \tilde S & \text{wenn } r=m \text{ ist,} \\ \begin{pmatrix} \tilde S \\ 0 \end{pmatrix} \in K^{m\times n}, & \text{wenn } r<m \text{ gilt,} \end{cases}$$

nennen wir *Reduzierte* (von A) *ohne Nullzeilenstreichung*.

Zu der Matrix A in unserem obigen Beispiel gehört also die Reduzierte

$$\tilde S = \begin{pmatrix} 1 & 3 & 0 & 1 \\ 0 & 0 & 1 & \tfrac{1}{3} \end{pmatrix}.$$

2.3.8   Satz über die Gleichheit von Zeilenräumen

Ist $A\in K^{m\times n}$, $A_1\in K^{p\times n}$ und sind $\tilde S$ bzw. $\tilde S_1$ reduzierte Stufenmatrizen zu A bzw. A_1, so gilt $Z(A)=Z(A_1)$ genau dann, wenn $\tilde S=\tilde S_1$ ist. Insbesondere hängt die reduzierte Stufenmatrix $\tilde S$ zu A nur von A und nicht von $G=P^{-1}U$ oder S ab.

Beweis (h2):

i) Der Zeilenraum von A ist genau dann der Nullvektorraum, wenn A eine Nullmatrix darstellt, und $\tilde S$ ist definitionsgemäß genau dann die leere Matrix, wenn $A=(0)$ gilt. Also ist die Aussage des Satzes für $r=0$ richtig.

ii) Es sei nun $A\in K^{m\times n}\setminus\{(0)\}$, und $\tilde S$ sei eine reduzierte $r\times n$-Stufenmatrix zu A. Da $\overset{\approx}{S}$ aus A durch elementare Zeilenumformungen entsteht, gibt es eine $m\times m$-Matrix H, die als Produkt von Elementarmatrizen invertierbar ist, so daß $A=H\overset{\approx}{S}$ gilt. Analog wie in 2.3.2 folgt damit $Z(A)=Z(\overset{\approx}{S})=Z(\tilde S)$. Insbesondere ist $Z(A)=Z(A_1)$, wenn die zugehörigen reduzierten Stufenmatrizen $\tilde S$ und $\tilde S_1$ gleich sind.

iii) Wir müssen also noch zeigen, daß für reduzierte Stufenmatrizen $\tilde S$ und $\tilde S_1$ aus $Z(\tilde S)=Z(\tilde S_1)$ stets $\tilde S=\tilde S_1$ folgt.

1. Schritt (Gleichheit der Ränge): Da die Spaltenvektoren von ${}^t\tilde S$ und ${}^t\tilde S_1$ Basen desselben Untervektorraums $Z(\tilde S)$ bilden, haben $\tilde S$ und $\tilde S_1$ aufgrund des *Satzes über die Elementanzahl von Basen* (2.2.16) dieselbe Zeilenzahl r und damit gleichen Rang.

2. Schritt (Eigenschaften der "Kombinationsmatrizen"): Aufgrund des *Satzes über die Gleichheit von linearen Hüllen* (2.2.4) ist jeder Spaltenvektor von $^t\tilde{S}$ eine Linearkombination der Spaltenvektoren von $^t\tilde{S}_1$ und umgekehrt. Es gibt also Matrizen $C, C_1 \in K^{r \times r}$, so daß

$$(13) \qquad {}^t\tilde{S}_1 = {}^t\tilde{S}\,{}^tC, \quad {}^t\tilde{S} = {}^t\tilde{S}_1\,{}^tC_1 \quad \text{bzw.} \quad \tilde{S} = C_1\tilde{S}_1, \quad \tilde{S}_1 = C\tilde{S}$$

gilt. Setzen wir wechselseitig ein, so erhalten wir $^t\tilde{S}_1 = {}^t\tilde{S}_1({}^tC_1{}^tC)$ und $^t\tilde{S} = {}^t\tilde{S}({}^tC\,{}^tC_1)$. Wegen der linearen Unabhängigkeit der Spaltenvektoren von $^t\tilde{S}$ und $^t\tilde{S}_1$ ergibt der *Satz über eindeutige Linearkombinationen* (2.2.11)

$$^tC_1\,{}^tC = E_r, \quad {}^tC\,{}^tC_1 = E_r,$$

d.h. C und C_1 sind invertierbar.

Schreiben wir nun $\tilde{S} =: (\hat{s}_1 \ldots \hat{s}_n)$, $\tilde{S}_1 =: (\hat{s}'_1 \ldots \hat{s}'_n)$ und bezeichnen die Spaltenindizes der jeweiligen Eckkoeffizienten mit k_i bzw. k'_i, $i=1,\ldots,r$, so ist einerseits

$$(\hat{s}_{k_1} \ldots \hat{s}_{k_r}) = (\hat{s}'_{k'_1} \ldots \hat{s}'_{k'_r}) = E_r$$

und andererseits wegen (1.21) und (13)

$$C = CE_r = (C\hat{s}_{k_1} \ldots C\hat{s}_{k_r}) = (\hat{s}'_{k_1} \ldots \hat{s}'_{k_r}),$$
$$C_1 = C_1 E_r = (C_1\hat{s}'_{k'_1} \ldots C_1\hat{s}'_{k'_r}) = (\hat{s}_{k'_1} \ldots \hat{s}_{k'_r}).$$

3. Schritt (Position der ersten Eckkoeffizienten): Durch einen indirekten Schluß erkennen wir, daß $k_1 = k'_1$ gelten muß, denn wäre $k_1 < k'_1$ oder $k'_1 < k_1$, so würde $\hat{s}'_{k_1} = \vec{0}$ bzw. $\hat{s}_{k'_1} = \vec{0}$ folgen, da in $\tilde{S}_1$ vor $\hat{s}'_{k'_1}$ und in $\tilde{S}$ vor $\hat{s}_{k_1}$ nur Nullvektoren stehen. In den invertierbaren Matrizen C und C_1 können aber keine Nullspalten vorkommen, da die Spaltenvektoren einer invertierbaren Matrix linear unabhängig sind. Damit ist

$$(14) \qquad k_1 = k'_1 \quad \text{und} \quad \hat{s}'_{k_1} = \hat{s}_{k'_1} = \hat{e}_1.$$

4. Schritt (Position aller Eckkoeffizienten): Wir zeigen nun mit vollständiger Induktion über r, daß $k_i = k'_i$ für $i=1,\ldots,r$ gilt. Daraus folgt $C = C_1 = E_r$, so daß der Satz dann bewiesen ist. Der Induktionsanfang

2.3.9   Gleichheit von Zeilenräumen

$r=1$ ist in (14) enthalten, und die Induktionsannahme besagt, daß für reduzierte Stufenmatrizen $\tilde{S}^*$, $\tilde{S}_1^*$ mit dem Rang $r-1$ ($r \geq 2$) und mit $Z(\tilde{S}^*) = Z(\tilde{S}_1^*)$ die Spaltenindizes der jeweiligen Eckkoeffizienten übereinstimmen.

Streichen wir in $\tilde{S}$ und $\tilde{S}_1$ die erste Zeile, so erhalten wir reduzierte Stufenmatrizen $\tilde{S}^*$ und $\tilde{S}_1^*$ mit dem Rang $r-1$. Wir brauchen also nur noch zu beweisen, daß $Z(\tilde{S}^*) = Z(\tilde{S}_1^*)$ gilt. Schreiben wir ${}^t\tilde{S} =: (\vec{t}_1 \ldots \vec{t}_r)$ und ${}^t\tilde{S}_1 =: (\vec{t}_1' \ldots \vec{t}_r')$, so folgen aus (13) mit ${}^tC =: (c_{ik})$ und ${}^tC_1 =: (c_{ik}')$ die Linearkombinationen

$$\vec{t}_j' = \sum_{k=1}^r c_{jk} \vec{t}_k \quad \text{und} \quad \vec{t}_i = \sum_{k=1}^r c_{ik}' \vec{t}_k' \quad \text{für } i,j \in J_r.$$

Wegen (14) gilt

$$0 = {}^t\vec{e}_{k_1}\vec{t}_j' = \sum_{k=1}^r c_{jk} ({}^t\vec{e}_{k_1}\vec{t}_k) = c_{j1} \quad \text{für } j = 2, \ldots, r \text{ und}$$

$$0 = {}^t\vec{e}_{k_1}\vec{t}_i = \sum_{k=1}^r c_{ik}' ({}^t\vec{e}_{k_1}\vec{t}_k') = c_{i1}' \quad \text{für } i = 2, \ldots, r;$$

d.h. alle Spaltenvektoren von ${}^t\tilde{S}_1^*$ sind Linearkombinationen der Spaltenvektoren von ${}^t\tilde{S}^*$ und umgekehrt. Also ist wieder aufgrund des *Satzes über die Gleichheit von linearen Hüllen* (2.2.4) $Z(\tilde{S}^*) = Z(\tilde{S}_1^*)$, so daß nach Induktionsannahme $k_i = k_i'$ für $i = 2, \ldots, r$ gilt. □

Da wir nun wissen, daß $\tilde{S}$ eindeutig durch A bestimmt ist, setzen wir in Zukunft

$$\boxed{{}^rA := \tilde{S} \quad \text{und} \quad {}^r_0A := \tilde{S}.}$$

2.3.9 Beispiel

Es sei

$$A = \begin{pmatrix} 1 & 1 & 5 \\ 2 & 3 & 13 \end{pmatrix}, \quad B = \begin{pmatrix} 1 & -1 & -2 \\ 3 & -2 & -3 \end{pmatrix}, \quad C = \begin{pmatrix} 1 & -1 & -1 \\ 4 & -3 & -1 \\ 3 & -1 & 3 \end{pmatrix}.$$

Wir wollen feststellen, welche der Zeilenräume $Z(A)$, $Z(B)$, $Z(C)$ gleich sind. Durch elementare Zeilenumformungen erhalten wir die folgenden reduzierten Stufenmatrizen:

$$A \to \begin{pmatrix} 1 & 1 & 5 \\ 0 & 1 & 3 \end{pmatrix} \to \begin{pmatrix} 1 & 0 & 2 \\ 0 & 1 & 3 \end{pmatrix}, \quad B \to \begin{pmatrix} 1 & -1 & -2 \\ 0 & 1 & 3 \end{pmatrix} \to \begin{pmatrix} 1 & 0 & 1 \\ 0 & 1 & 3 \end{pmatrix},$$

$$C \to \begin{pmatrix} 1 & -1 & -1 \\ 0 & 1 & 3 \\ 0 & 2 & 6 \end{pmatrix} \to \begin{pmatrix} 1 & -1 & -1 \\ 0 & 1 & 3 \\ 0 & 0 & 0 \end{pmatrix} \to \begin{pmatrix} 1 & 0 & 2 \\ 0 & 1 & 3 \end{pmatrix}.$$

Also stimmen nur die Zeilenräume von A und C überein.

Übung 2.3.c

Untersuchen Sie, ob die Matrizen $\begin{pmatrix} 1 & 3 & 5 \\ 1 & 4 & 3 \\ 1 & 1 & 9 \end{pmatrix}$ und $\begin{pmatrix} 1 & 2 & 3 \\ -2 & -3 & -4 \\ 7 & 12 & 17 \end{pmatrix}$ denselben Spaltenraum haben.

2.3.10 Der Spaltenraum S(A)

Unser Zeilenraumbeispiel mit

$$A = \begin{pmatrix} 1 & 3 & 3 & 2 \\ 2 & 6 & 9 & 5 \\ -1 & -3 & 3 & 0 \end{pmatrix}, \quad S = \begin{pmatrix} 1 & 3 & 3 & 2 \\ 0 & 0 & 3 & 1 \\ 0 & 0 & 0 & 0 \end{pmatrix}$$

zeigt, daß die Spaltenräume S(A) und S(S) nicht immer gleich sind; denn bei allen Vektoren aus S(S) ist die dritte Komponente 0. Der folgende Zusammenhang läßt erkennen, daß es auch hier sinnvoll ist, eine Basis von S(S) zu bestimmen, weil wir mit ihrer Hilfe sofort eine Basis für S(A) angeben können.

i) Wegen A=GS mit $A =: (\tilde{a}_1 \ldots \tilde{a}_n)$ und $S =: (\tilde{s}_1 \ldots \tilde{s}_n)$ ist $\tilde{a}_i = G\tilde{s}_i$ und $\tilde{s}_i = G^{-1}\tilde{a}_i$, $i=1,\ldots,n$. Bezeichnen wir mit $I \subseteq \{1,\ldots,n\}$ eine beliebige nichtleere Indexmenge und besteht zwischen $\tilde{a} \in S(A)$ und $\tilde{s} \in S(S)$ der Zusammenhang $\tilde{a} = G\tilde{s}$ bzw. $\tilde{s} = G^{-1}\tilde{a}$, so ist $\sum_{i \in I} c_i \tilde{a}_i = \tilde{a}$ genau dann erfüllt, wenn $\sum_{i \in I} c_i \tilde{s}_i = \tilde{s}$ gilt. Also ist $\{\tilde{a}_i | i \in I\}$ genau dann eine linear unabhängige Teilmenge beziehungsweise ein Erzeugendensystem von S(A), wenn $\{\tilde{s}_i | i \in I\}$ eine linear unabhängige Teilmenge beziehungsweise ein Erzeugendensystem von S(S) darstellt.

ii) Ist $I_b := \{k_1,\ldots,k_r\}$ die Menge der Spaltenindizes der Eckkoeffizienten von S, so erkennen wir wie im Beweis des *Satzes über die Maximalzahl linear unabhängiger Vektoren* (2.2.7), daß $B := \{\tilde{s}_i | i \in I_b\}$ eine Basis von S(S) darstellt: Da die ersten r Zeilen der Matrix $(\tilde{s}_{k_1} \ldots \tilde{s}_{k_r})$ eine obere Dreiecksmatrix bilden (während die übrigen Zeilen nur Nullen enthalten), ist das Gleichungssystem

(15) $$\sum_{i \in I_b} \vec{s}_i x_i = -\vec{v}$$

für jedes $\vec{v} \in S(S)$ **eindeutig** durch Rückwärtseinsetzen lösbar. Für $\vec{v} = \vec{0}$ folgt daraus sofort, daß B linear unabhängig ist. Außerdem erhalten wir unmittelbar $S(S) \subseteq \text{Lin } B$. Da $B \subseteq S(S)$ ohnehin gilt, ergibt der *Satz über die lineare Hülle* (2.2.2) $\text{Lin } B = S(S)$.

Zusammen mit den Überlegungen unter i) haben wir also

2.3.11 Satz über Basis und Dimension des Spaltenraums

Es sei $A = (\vec{a}_1 \ldots \vec{a}_n) \in K^{m \times n}$. Sind $k_1, \ldots, k_r$ die Spaltenindizes der Eckkoeffizienten einer Stufenmatrix S zu A und wird

$$^wA := (\vec{a}_{k_1} \ldots \vec{a}_{k_r})$$

gesetzt, so bilden die Spaltenvektoren von ^wA eine Basis von $S(A)$, und es gilt

(16) $\dim S(A) = r = \dim Z(A)$ bzw.

(17) $\text{Rang } ^tA = \text{Rang } S = \text{Rang } A$.

Da sich die Positionen der Spaltenindizes $k_1, \ldots, k_r$ beim Übergang von S zu ^rA nicht ändern, hängen diese Indizes wie ^rA nur von A ab. Sie heißen *Basisindizes* und die zugehörigen Variablen *Basisvariablen*. Die Indizes aus $I_f := J_n \setminus I_b$ werden *freie Indizes* genannt, weil die zugehörigen *freien Variablen* bei der Darstellung der Vektoren aus $N(A)$ gemäß 1.3.4 iii) beliebig gewählt werden können. Mit den Basisindizes ist auch die Matrix ^wA, die wir *Wahlbasismatrix von* A nennen, eindeutig durch A festgelegt. Sie entsteht formal aus A durch Multiplikation von rechts mit der *Untereinheitsmatrix (von A)* $^uA := (\vec{e}_{k_1} \ldots \vec{e}_{k_r}) \in K^{n \times r}$, die mit ^{tr}A in den Eckkoeffizienten übereinstimmt und die sonst nur Nullen enthält.

Mehrere wichtige Anwendungen dieser Matrizenzuordnungen beruhen auf dem folgenden Satz, der unter anderem eine explizite Darstellung der Matrix H aus dem Beweis des *Satzes über die Gleichheit von Zeilenräumen* (2.3.8) ergibt.

2.3.12 Reduziertensatz

Ist $A \in K_r^{m \times n}$ mit $r < m$ und wird $L := (\vec{e}_{r+1} \ldots \vec{e}_m) \in K^{m \times (m-r)}$ gesetzt, so gilt

(18) $$A = (^wA\ P^{-1}L)\ _0^rA$$

mit $(^wA\ P^{-1}L) \in GL(m;K)$, wobei P die im *Zerlegungssatz* (1.5.18) bestimmte Matrix darstellt. Für jedes $A \in K^{m \times n} \setminus \{(0)\}$ ergibt sich

(19) $$A = {^wA}\ ^rA.$$

Beweis (a1):

In dem *Zerlegungssatz* (1.5.18) haben wir Matrizen P, U und S gewonnen, mit denen A in der Form $A = P^{-1}US$ dargestellt werden kann. Die elementaren Zeilenumformungen, die S in $_0^rA$ überführen, lassen sich explizit durch Elementarmatrizen beschreiben. Da es jetzt nicht auf die Reihenfolge ankommt, normieren wir zunächst alle Eckkoeffizienten. Dadurch ergibt sich als Faktor eine Diagonalmatrix der Form $D := (s_{1k_1}\vec{e}_1 \ldots s_{rk_r}\vec{e}_r\ L)$, wobei $s_{1k_1}, \ldots, s_{rk_r}$ die Eckkoeffizienten von S sind. Als Produkt von Elementarmatrizen des Typs I ist D invertierbar. Durch Invertieren des Produkts der Elementarmatrizen, die die Rückwärtselimination wiedergeben, entsteht eine obere Dreiecksmatrix

$$O = E_{r-1,r}^{-1}(\lambda_{r-1,r}) \cdot \ldots \cdot E_{1r}^{-1}(\lambda_{1r}) \cdot \ldots \ldots \cdot E_{23}^{-1}(\lambda_{23}) E_{13}^{-1}(\lambda_{13}) E_{12}^{-1}(\lambda_{12})$$

mit $\lambda_{ij} := -\dfrac{s_{ik_j}}{s_{ik_i}}$.

Da kein Zweitindex weiter rechts als Erstindex auftritt, erhalten wir durch Anwendung des *Satzes über störungsfreie Multiplikation* (1.5.4)

$$O = E_m + \sum_{j=2}^{r} \sum_{i=1}^{j-1} \frac{s_{ik_j}}{s_{ik_i}} \vec{e}_i\ ^t\vec{e}_j.$$

Damit folgt $DO = D + \sum_{j=2}^{r} \sum_{i=1}^{j-1} s_{ik_j} \vec{e}_i\ ^t\vec{e}_j$. Die ersten r Spalten von DO stimmen also mit denjenigen Spalten von S überein, die zu den entsprechenden Eckkoeffizienten gehören und die deshalb durch $S\ ^uA$ zusammengefaßt werden können. Da auf die Nullzeilen von S keine Zeilenoperationen anzuwenden sind, bleiben die letzten $m-r$ Spalten von E_m in DO erhalten.

2.3.12 Der Spaltenraum $S(A)$

Nach (1.21) ist $(P^{-1}U)(DO) = (P^{-1}US\,^uA\ P^{-1}UL)$. Wegen $P^{-1}US = A$ ergibt die erste Matrix $A\,^uA = {}^wA$. Aus der expliziten Angabe von U in dem *Satz über die US-Zerlegung ohne Vertauschungen* (1.5.9) und im *Zerlegungssatz* (1.5.18) folgt, daß auch die letzten $m-r$ Spalten von U und E_m gleich sind, so daß $UL = L$ gilt.

Da in dem Produkt $A = (P^{-1}UDO)\,^r_0A = ({}^wA\ P^{-1}L)\,^r_0A$ die Elemente von $P^{-1}L$ mit den Elementen der Nullzeilen von $\,^r_0A$ zu multiplizieren sind, folgt für $0 < r < m$ Gleichung (19) unmittelbar aus (18). Im Falle $0 < r = m$ ergibt sich (19) wie oben ohne die Matrizen L beziehungsweise $P^{-1}L$.

□

Die Matrix $P^{-1}L$, die aus den letzten $m-r$ Spalten von P^{-1} besteht, läßt sich einfach berechnen, indem die Zeilenvertauschungen, die während des Eliminationsverfahrens auftreten, in umgekehrter Reihenfolge auf L angewendet werden. Die Matrizen $\,^r_0A$, $\,^rA$ und $\,^wA$ sind stets eindeutig durch A bestimmt, der Faktor $P^{-1}UDO = ({}^wA\ P^{-1}L)$ und auch die einzelnen Matrizen P, U, D und O dagegen im allgemeinen nicht.

Mit Hilfe des Spaltenraums eines Matrizenprodukts erhalten wir auch eine Vergleichsmöglichkeit für die Ränge der entsprechenden Matrizen. Ist $A \in K^{m \times n}$ und $B \in K^{n \times p}$, so gilt nämlich $S(AB) \subseteq S(A)$, denn aus $\vec{y} = AB\vec{x}$ folgt $\vec{y} = A\vec{z}$ mit $\vec{z} := B\vec{x}$. Daraus ergibt sich außerdem $Z(AB) = S({}^tB\,^tA) \subseteq S({}^tB) = Z(B)$. Da die Dimension eines Untervektorraums nicht größer sein kann als die Dimension eines umfassenden Vektorraums, haben wir den folgenden nützlichen Satz gewonnen:

2.3.13 Rangvergleichssatz

Sind A und B Matrizen, für die AB erklärt ist, so gilt
Rang $AB \leq \min\{$Rang A, Rang $B\}$.[10]

Aufgrund der in 2.3.10 dargestellten Zusammenhänge zwischen $\{\vec{a}_i \mid i \in I\}$ und $\{\vec{s}_i \mid i \in I\}$ wird der Spaltenraum anstelle des Zeilenraums verwen-

---

[10] Ist M eine endliche Teilmenge von $\mathbb{R}$, so bezeichnet $\min M$ das kleinste Element (*Minimum*) und $\max M$ das größte Element (*Maximum*) von M.

det, wenn es darauf ankommt, aus einer gegebenen Menge von Vektoren $\{\vec{a}_1,...,\vec{a}_n\} \subset K^{m \times 1}$ eine linear unabhängige Teilmenge auszuwählen oder eine gegebene Menge von linear unabhängigen Vektoren zu einer Basis des (Unter-) Vektorraums zu ergänzen. Da $\{\vec{a}_i | i \in I_b\}$ aufgrund des *Satzes über Basis und Dimension des Spaltenraums* (2.3.11) eine maximale linear unabhängige Teilmenge von $\{\vec{a}_1,...,\vec{a}_n\}$ ist, genügt es, den zweiten Anwendungsfall festzuhalten und ein Beispiel dafür zu betrachten.

2.3.14 Basisergänzungssatz

Sind die Vektoren $\vec{a}_1,...,\vec{a}_k \in K^{m \times 1}$ mit $k < m$ linear unabhängig und stellt $\{\vec{b}_1,...,\vec{b}_m\}$ eine Basis von $K^{m \times 1}$ dar, so bilden die Spaltenvektoren von $^W(\vec{a}_1 \ ... \ \vec{a}_k \ \vec{b}_1 \ ... \ \vec{b}_m)$ eine Basis von $K^{m \times 1}$, die $\vec{a}_1,...,\vec{a}_k$ enthält.

2.3.15 Beispiel

Gegeben sind die linear unabhängigen Vektoren $\vec{a}_1 = {}^t(-1 \ 0 \ 0 \ 1)$ und $\vec{a}_2 = {}^t(-3 \ 2 \ 0 \ 1)$ sowie die Vektoren $\vec{b}_1 = {}^t(0 \ 2 \ 0 \ -2)$, $\vec{b}_2 = {}^t(2 \ 0 \ 0 \ 0)$, $\vec{b}_3 = {}^t(-1 \ 1 \ 0 \ 0)$ und $\vec{b}_4 = {}^t(0 \ 1 \ 1 \ 1)$.

Wir wollen versuchen, die Vektoren $\vec{a}_1$, $\vec{a}_2$ durch Vektoren aus $\{\vec{b}_1,\vec{b}_2,\vec{b}_3,\vec{b}_4\}$ zu einer Basis von $\mathbb{R}^{4 \times 1}$ zu ergänzen. Dazu überführen wir die Matrix $A = (\vec{a}_1 \ \vec{a}_2 \ \vec{b}_1 \ \vec{b}_2 \ \vec{b}_3 \ \vec{b}_4)$ durch elementare Zeilenumformungen (mit Vertauschung der 3. und 4. Zeile) in die Stufenmatrix

$$A = \begin{pmatrix} -1 & -3 & 0 & 2 & -1 & 0 \\ 0 & 2 & 2 & 0 & 1 & 1 \\ 0 & 0 & 0 & 2 & 0 & 2 \\ 0 & 0 & 0 & 0 & 0 & 1 \end{pmatrix}.$$

Da die ersten beiden Spaltenvektoren von A und damit auch von S linear unabhängig sind, gilt $k_1 = 1$, $k_2 = 2$. In unserem Fall sind $k_3 = 4$ und $k_4 = 6$ die weiteren Basisindizes. Wegen $\dim \mathbb{R}^{4 \times 1} = 4$ ist also $\{\vec{a}_1, \vec{a}_2, \vec{b}_2, \vec{b}_4\}$ eine Basis von $\mathbb{R}^{4 \times 1}$.

Sind nur die Vektoren $\vec{a}_1$, $\vec{a}_2$ gegeben, so wählt man zur Ergänzung Vektoren einer bekannten Basis des $\mathbb{R}^{4 \times 1}$, z.B. $\{\vec{e}_1, \vec{e}_2, \vec{e}_3, \vec{e}_4\}$. □

2.3.16 Der Linksnullraum L(A) und der Nullraum N(A)

Für den Linksnullraum von A können wir ähnlich einfach wie für den Zeilenraum Z(A) eine Basis bestimmen. Natürlich gewinnen wir dann durch Transponieren der Matrix A auch eine Basis des Nullraums N(A). Der übliche Weg verläuft umgekehrt: Mit Hilfe des in 1.3.4 iii) beschriebenen Ansatzes wird eine Basis von N(A) und - wenn der Linksnullraum überhaupt eingeführt ist - auch von L(A) angegeben beziehungsweise der jeweilige Nullraum in Parameterform dargestellt. Da das herkömmliche Verfahren ziemlich kompliziert ist, behandeln wir zuerst die neue, übersichtlichere Methode.

Wir verwenden dieselben Bezeichnungen wie in 2.3.2: (7) $^tS = {^tA}{^tF}$, (8) $^tF =: (\vec{x}_1 ... \vec{x}_m)$ und (11) $^tS =:(\vec{z}_1 ... \vec{z}_m) = (\vec{z}_1 ... \vec{z}_r \vec{0} ... \vec{0})$. Nach (9) gilt dann $^tS = (^tA\vec{x}_1 ... {^tA}\vec{x}_m) = (\vec{z}_1 ... \vec{z}_r \vec{0} ... \vec{0})$, also $^tA\vec{x}_i = \vec{0}$ für $i = r+1,...,m$, falls $r < m$ ist. Wir zeigen, daß

$$B := \{\vec{x}_{r+1},...,\vec{x}_m\} \text{ im Falle } r<m \text{ bzw.}$$
$$B := \emptyset \text{ im Falle } r=m \text{ eine Basis von L(A)}$$

darstellt.

Als Spaltenvektoren der invertierbaren Matrix ^tF sind die Vektoren $\vec{x}_1,...,\vec{x}_m$ linear unabhängig, denn aus $^tF\vec{c} = \vec{0}$ folgt direkt $\vec{c} = (^tF)^{-1}\vec{0} = \vec{0}$. Damit ist einerseits $\{\vec{x}_{r+1},...,\vec{x}_m\}$ (bzw. $\emptyset$) linear unabhängig, und andererseits gilt Lin$\{\vec{x}_1,...,\vec{x}_m\} = K^{m\times 1}$ aufgrund des *Basissatzes* (2.2.19). Ist nun $\vec{x} \in L(A)$, so besitzt $\vec{x}$ als Element von $K^{m\times 1}$ eine Darstellung $\vec{x} = c_1\vec{x}_1 + ... + c_m\vec{x}_m$, und es folgt $\vec{0} = {^tA}\vec{x} = c_1\vec{z}_1 + ... + c_m\vec{z}_m = c_1\vec{z}_1 + ... + c_r\vec{z}_r$. Da $\{\vec{z}_1,...,\vec{z}_r\}$ als Basis von Z(A) linear unabhängig ist, muß $c_1 = ... = c_r = 0$ gelten. Damit erhalten wir $\vec{x} = c_{r+1}\vec{x}_{r+1} + ... + c_m\vec{x}_m \in \text{Lin}B$, falls $r<m$ ist, beziehungsweise $\vec{x} = \vec{0} \in \text{Lin}\emptyset$ für $r=m$. Also gilt $L(A) \subseteq \text{Lin}B$. Da wir oben bereits $B \subseteq L(A)$ bewiesen haben, ergibt der *Hüllengleichheitssatz* (2.2.4) Lin$B$ = L(A), d.h. B ist eine Basis von L(A).

Zur Berechnung der Basis von L(A) müssen wir die Matrix F bestimmen. Ähnlich wie bei dem *Inversen-Algorithmus* (1.5.23) von Gauß und Jordan gilt hier

$$F(A \; E_m) = (FA \; FE_m) = (S \; F).$$

Wir brauchen also nur die Zeilenumformungen, die die Matrix A in die Stufenmatrix S überführen, gleichzeitig auf die Zeilen der Einheitsmatrix E_m anzuwenden. Dabei wird dann E_m in F beziehungsweise (A E_m) in (S F) überführt.

Dieses wichtige Ergebnis halten wir in dem folgenden Satz fest:

2.3.17 Satz über Basis und Dimension des Linksnullraums

Ist $A \in K_r^{m \times n}$ mit $r < m$ und wird
$$^v A := {}^t(\vec{e}_{r+1} \ldots \vec{e}_m) U^{-1} P \in K_{m-r}^{(m-r) \times m}$$
gesetzt, wobei U und P die Matrizen aus dem *Zerlegungssatz* (1.5.18) sind, so bilden die Spaltenvektoren von ^{tv}A eine Basis von L(A). Für $r = m$ ist L(A) ein Nullvektorraum. Damit gilt stets

(20) $\qquad \dim L(A) = m - r$.

Die Matrix $U^{-1}P$ entsteht aus E_m durch simultane Anwendung der Zeilenumformungen, die A in die Stufenmatrix $U^{-1}PA$ überführen.

Damit die Matrix ^vA ebenfalls eindeutig durch A festgelegt ist, denken wir uns die elementaren Zeilenumformungen algorithmisch mit minimalen Zeilenindizes und mit frühestmöglichem Abbruch durchgeführt. Dann nennen wir ^vA *Verschwindende von A* wegen des Verschwindens für $r = m$ und wegen der aus dem obigen Satz folgenden Gleichungen

(21) $\qquad ^vA\, A = (0) \in K^{(m-r) \times n}$ und $A\,^{tvt}A = (0) \in K^{m \times (n-r)}$,

wobei sich die zweite Aussage durch Transponieren der ersten mit ^tA anstelle von A ergibt.

Wegen $r = \dim S({}^tA)$ erhalten wir aus (20) die Gleichung

(22) $\qquad \dim S({}^tA) + \dim N({}^tA) = m$.

Da ^tA eine beliebige $n \times m$-Matrix ist, gilt für die $m \times n$-Matrix A entsprechend die *erste Dimensionsformel*

(23) $\qquad \dim S(A) + \dim N(A) = n$,

2.3.17 Der Linksnullraum L(A) und der Nullraum N(A)

d.h. es ist $\dim N(A) = n-r$.

Damit brauchen wir aufgrund des *Basissatzes* (2.2.19) nur noch eine linear unabhängige Teilmenge von $N(A)$ mit $n-r$ Elementen zu bestimmen. Wegen $A = GS$ mit einer invertierbaren $m \times m$-Matrix G gilt $A\vec{x} = GS\vec{x} = \vec{0}$ genau dann, wenn $S\vec{x} = \vec{0}$ ist, d.h. ähnlich wie bei dem Zeilenraum von A haben wir hier den einfachen Zusammenhang

$$(24) \qquad N(A) = N(S).$$

Unterscheiden wir wie in 2.3.10 die Menge der Basisindizes $I_b = \{k_1, \ldots, k_r\}$ und die Menge der freien Indizes $I_f = J_n \setminus I_b$, so erhalten wir als Spezialfall von (15), daß jedes der Gleichungssysteme

$$(25) \qquad \sum_{i \in I_b} \hat{s}_i x_{ik} = -\hat{s}_k \quad \text{mit } k \in I_f$$

durch Rückwärtseinsetzen eindeutig lösbar ist. Wegen

$$\sum_{i \in I_b} \hat{s}_i x_{ik} + \hat{s}_k \cdot 1 + \underbrace{\sum_{i \in I_f \setminus \{k\}} \hat{s}_i \cdot 0}_{} = \vec{0}$$

definieren wir die Vektoren $\vec{b}_k := {}^t(b_{1k} \ldots b_{nk})$ für $k \in I_f$ durch

$$(26) \quad b_{jk} := \begin{cases} \text{Lösungskomponente } x_{jk} \text{ von (25) für } j \in I_b, \\ 1 \text{ für } j = k, \\ 0 \text{ sonst (d.h. für } j \in I_f \setminus \{k\}). \end{cases}$$

Da $S\vec{b}_k = \sum_{j=1}^{n} \hat{s}_j b_{jk} = \vec{0}$ gilt, ist $\vec{b}_k \in N(S)$ für jedes $k \in I_f$, und aus $\sum_{k \in I_f} c_k \vec{b}_k = \vec{0}$ folgt für jedes $j \in I_f$, daß $0 = {}^t\vec{e}_j \vec{0} = {}^t\vec{e}_j \sum_{k \in I_f} c_k \vec{b}_k = c_j b_{jj} = c_j$ ist. Damit haben wir $n-r$ linear unabhängige Vektoren in $N(S)$ gefunden, die zugleich die gesuchte Basis von $N(A)$ darstellen.

Da die Lösung von (25) durch Rückwärtseinsetzen denselben Aufwand erfordert wie die Rückwärtselimination, können wir bei der algorithmischen Bestimmung der Basis ohne Nachteil $S = {}^r_0 A$ wählen. Die Koeffizientenmatrix auf der linken Seite von (25) ist dann $(\hat{s}_{k_1} \ldots \hat{s}_{k_r}) = \begin{pmatrix} E_r \\ 0 \end{pmatrix} \in K^{m \times r}$. Um die Spaltenvektoren der rechten Seite von (25) aus ${}^r_0 A$ herausziehen zu können, setzen wir für die freien Indizes $I_f =:$

$\{k_1', \ldots, k_{n-r}'\}$ mit $k_1' < \ldots < k_{n-r}'$. Die Matrix $^yA := \left(\vec{e}_{k_1'} \ldots \vec{e}_{k_{n-r}'}\right) \in K^{n \times (n-r)}$, die wir wegen der Verbindung zu ^uA die *Übrigbleibende von* A nennen, faßt dann durch das "Produkt" $^rA^yA \in K^{r \times (n-r)}$ die "freien" Spaltenvektoren zusammen - ähnlich wie A^uA die Wahlbasismatrix ^wA ergibt.

Dabei ist zu beachten, daß ^uA und ^yA in Produkten nur als "*Buchhaltungsmatrizen*" aufzufassen sind, die nicht wirklich ausmultipliziert werden. Der links stehende Faktor ^uA in $^uA^rA^yA \in K^{n \times (n-r)}$ fügt in diesem Sinne n−r Nullzeilen so in $^rA^yA$ ein, daß die r Zeilen von $^rA^yA$ an den Positionen $k_1, \ldots, k_r$ stehen. Dann fehlen nur noch die 1-Komponenten von (25), die sich durch Addition von ^yA erfassen lassen. Damit gilt

(27) $\qquad \left(\vec{b}_{k_1'} \ldots \vec{b}_{k_{n-r}'}\right) = {}^yA - {}^uA^rA^yA,$

und wir haben den folgenden wichtigen Satz:

2.3.18 Nullraumbasissatz

Ist $A \in K_r^{m \times n}$ mit $r < n$ und wird
$$^zA := {}^yA - {}^uA^rA^yA \in K^{n \times (n-r)}$$
gesetzt, so bilden die Spaltenvektoren von ^zA eine Basis von $N(A)$. Für $r = n$ stellt $N(A)$ einen Nullvektorraum dar.

Wegen der ungewöhnlichen additiven Struktur nennen wir ^zA die *Zusammengesetzte* von A.[11]

Übung 2.3.d

Für $\vec{a} \in \mathbb{R}^{n \times 1}$ sei $E_{\vec{a}} := \{\vec{x} \in \mathbb{R}^{n \times 1} \mid {}^t\vec{a}\vec{x} = 0\}$, und es seien $\vec{a}_1, \ldots, \vec{a}_k \in \mathbb{R}^{n \times 1}$ mit $k \leq n$. Beweisen Sie die folgenden Aussagen:

i) $U := E_{\vec{a}_1} \cap \ldots \cap E_{\vec{a}_k}$ ist ein Untervektorraum von $\mathbb{R}^{n \times 1}$;

ii) Die Vektoren $\vec{a}_1, \ldots, \vec{a}_k$ sind genau dann linear unabhängig, wenn $\dim_\mathbb{R} U = n - k$ gilt.

Übung 2.3.e

Bestimmen Sie eine Matrix A, für die $^zA \neq {}^{tvt}A$ gilt.

---

[11] Die Algorithmussymbole lassen sich durch das Wort **Jury** merken.

2.3.20 Anwendungen der Nullräume 125

Achtung: Fundgrube! [Bedingungen für Gleichheit, Maximalzahl der von Null verschiedenen Elemente in den "Kompositionsmatrizen" gemäß (13).]

2.3.19 Anwendungen der Nullräume

Da die Nullräume Lösungsmengen der sogenannten *"homogenen" linearen Gleichungssysteme* sind, bedeutet die Angabe einer Basis für einen Nullraum zugleich die endgültige Lösung des zugehörigen homogenen Gleichungssystems. Zweifellos ist der *"Simultan-Algorithmus"* zur Berechnung von ^{tvt}A übersichtlicher als der herkömmliche *"Auflösungsalgorithmus"* für ^zA. Auch bei der Anzahl der Operationen (Multiplikationen und Divisionen) ist der neue Algorithmus konkurrenzfähig: Für eine Matrix $A \in K_r^{m \times n}$ mit $r > 0$ erfordert die Überführung in die Stufenform (höchstens)

$$\sum_{k=1}^{r-1} (m-k)(n+1-k) = (m-\tfrac{1}{2}r)(n+1-\tfrac{1}{2}r)r + \tfrac{1}{12}r^3$$

Operationen, die Rückwärtselimination zur Berechnung von ^r_0A erfolgt in $\tfrac{1}{2}r(r+1)(n-r)$ Schritten, und die Simultanumformung von E_n benötigt $\sum_{k=1}^{r-1}(n-k)(k-1) = \tfrac{1}{2}(r-1)(r-2)(n-\tfrac{2}{3}r)$ Operationen, wobei die Multiplikationen mit 0 und 1 natürlich nicht gezählt werden.

In dem folgenden Beispiel vergleichen wir die beiden hergeleiteten Methoden.

2.3.20 Beispiel

Für unsere schon früher verwendete Matrix

$$A = \begin{pmatrix} 1 & 3 & 3 & 2 \\ 2 & 6 & 9 & 5 \\ -1 & -3 & 3 & 0 \end{pmatrix}$$

ergibt der Simultan-Algorithmus

$$(^tA \; E_4) = \begin{pmatrix} 1 & 2 & -1 & | & 1 & 0 & 0 & 0 \\ 3 & 6 & -3 & | & 0 & 1 & 0 & 0 \\ 3 & 9 & 3 & | & 0 & 0 & 1 & 0 \\ 2 & 5 & 0 & | & 0 & 0 & 0 & 1 \end{pmatrix} \to \begin{pmatrix} 1 & 2 & -1 & | & 1 & 0 & 0 & 0 \\ 0 & 0 & 0 & | & -3 & 1 & 0 & 0 \\ 0 & 3 & 6 & | & -3 & 0 & 1 & 0 \\ 0 & 1 & 2 & | & -2 & 0 & 0 & 1 \end{pmatrix} \to$$

$$\to \begin{pmatrix} 1 & 2 & -1 & | & 1 & 0 & 0 & 0 \\ 0 & 3 & 6 & | & -3 & 0 & 1 & 0 \\ 0 & 0 & 0 & | & \boxed{-3 & 1 & 0 & 0} \\ 0 & 0 & 0 & | & \boxed{-1 & 0 & -\tfrac{1}{3} & 1} \end{pmatrix},$$

d.h. $\{\bar{x}_3, \bar{x}_4\}$ mit $\bar{x}_3 := {}^t(-3\ 1\ 0\ 0)$, $\bar{x}_4 := {}^t(-1\ 0\ -\frac{1}{3}\ 1)$ bildet eine Basis von $N(A)$ (nicht von $L(A)$, da wir von $({}^tA\ E_n)$ ausgegangen sind!).

Für den Auflösungsalgorithmus benötigen wir die Reduzierte ^rA, die wir in diesem Falle aus Beispiel 2.3.6 erhalten:

$$^rA = \begin{pmatrix} 1 & 3 & 0 & 1 \\ 0 & 0 & 1 & \frac{1}{3} \end{pmatrix}.$$

Die Elemente von $^zA = {}^yA - {}^uA\,{}^rA\,{}^yA$ können nun unmittelbar aus ^rA entnommen werden. Zunächst ist $^uA = (\hat{e}_1\ \hat{e}_3)$, wobei 1 und 3 die Indizes der Eckkoeffizienten sind. Mit den übrigen Indizes in aufsteigender Reihenfolge wird $^yA = (\hat{e}_2\ \hat{e}_4)$ gebildet. Durch $-{}^uA\,{}^rA\,{}^yA$ kommen die mit -1 multiplizierten Elemente der Spaltenvektoren von ^rA, deren Indizes freie Variable sind, in diejenigen Zeilen von ^yA, die keine 1 enthalten. Also gilt

$$^zA = \begin{pmatrix} -3 & -1 \\ 1 & 0 \\ 0 & -\frac{1}{3} \\ 0 & 1 \end{pmatrix}$$

Aufgrund des *Nullraumbasissatzes* (2.3.18) bilden damit die Vektoren $\bar{b}_2 := {}^t(-3\ 1\ 0\ 0)$ und $\bar{b}_4 := {}^t(-1\ 0\ -\frac{1}{3}\ 1)$ eine Basis von $N(A)$. Offenbar ist $\bar{b}_2 = \bar{x}_3$ und $\bar{b}_4 = \bar{x}_4$. □

Übung 2.3.f

Bestimmen Sie alle reellen Lösungen des folgenden homogenen Gleichungssystems:

$$\begin{aligned} x_1 - 3x_2 + 4x_3 + x_4 &= 0 \\ -6x_2 + 6x_3 + 6x_4 &= 0 \\ 2x_1 + x_2 + x_3 - 5x_4 &= 0. \end{aligned}$$

Der folgende Satz ergibt weitere nützliche Anwendungen der Nullräume:

2.3.21 Satz über den Spaltenraum als Nullraum

Es sei $A \in K_r^{m \times n}$ eine Matrix mit $s := m - r > 0$. Stellt $\{\hat{c}_1, ..., \hat{c}_s\}$ eine Basis von $L(A)$ dar und wird $C := {}^t(\hat{c}_1\ ...\ \hat{c}_s) \in K^{s \times m}$ gesetzt, so gilt $S(A) = N(C)$. Insbesondere ist $S(A) = N(^vA)$.

2.3.23 Inhomogene lineare Gleichungssysteme

Beweis (a1):

1. Wegen ${}^t\vec{c}_k A = {}^t\vec{0} \in K^{1\times n}$ für $k=1,\ldots,s$ ist $CA=(0)\in K^{s\times n}$.
2. Zu jedem $\vec{b}\in S(A)$ gibt es $\vec{x}\in K^{n\times 1}$, so daß $A\vec{x}=\vec{b}$ gilt. Mit 1. folgt dann $\vec{0}=CA\vec{x}=C\vec{b}$, d.h. $\vec{b}\in N(C)$. $S(A)$ ist also ein Untervektorraum von $N(C)$.
3. Wegen $s=\dim L(A)=\dim S(C)$ sowie (16) und (22) erhalten wir $\dim S(A)=\dim Z(A)=m-\dim L(A)=m-\dim S(C)=\dim N(C)$. Aufgrund des *Basissatzes* (2.2.19) ist damit jede Basis von $S(A)$ auch Basis von $N(C)$. Also gilt $S(A)=N(C)$.
4. Aus dem *Satz über Basis und Dimension des Linksnullraums* (2.3.17) entnehmen wir, daß $C={}^v A$ gewählt werden kann. □

2.3.22 Beispiel

Wir suchen ein homogenes Gleichungssystem, dessen Lösungsmenge die lineare Hülle der Vektoren

$$\vec{a}_1 := {}^t(1\ -2\ 0\ 3),\quad \vec{a}_2 := {}^t(1\ -1\ -1\ 4)\text{ und }\vec{a}_3 := {}^t(1\ 0\ -2\ 5)$$

ist. Setzen wir $A=(\vec{a}_1\ \vec{a}_2\ \vec{a}_3)$, so stellt die Matrix C aus dem *Satz über den Spaltenraum als Nullraum* (2.3.21) eine Koeffizientenmatrix des gesuchten Gleichungssystems dar. Mit dem Simultan-Algorithmus erhalten wir

$$(A\ E_4) = \begin{pmatrix} 1 & 1 & 1 & | & & & & \\ -2 & -1 & 0 & | & & E_4 & & \\ 0 & -1 & -2 & | & & & & \\ 3 & 4 & 5 & | & & & & \end{pmatrix} \to \begin{pmatrix} 1 & 1 & 1 & | & 1 & 0 & 0 & 0 \\ 0 & 1 & 2 & | & 2 & 1 & 0 & 0 \\ 0 & -1 & -2 & | & 0 & 0 & 1 & 0 \\ 0 & 1 & 2 & | & -3 & 0 & 0 & 1 \end{pmatrix}$$

$$\to \begin{pmatrix} 1 & 1 & 1 & | & 1 & 0 & 0 & 0 \\ 0 & 1 & 2 & | & 2 & 1 & 0 & 0 \\ 0 & 0 & 0 & | & \boxed{2\ \ 1\ \ 1\ \ 0} \\ 0 & 0 & 0 & | & \boxed{-5\ -1\ \ 0\ \ 1} \end{pmatrix}.$$

Also ist $C = \begin{pmatrix} 2 & 1 & 1 & 0 \\ -5 & -1 & 0 & 1 \end{pmatrix}$, und das zugehörige Gleichungssystem lautet

$$2x_1 + x_2 + x_3 \phantom{{}+x_4} = 0$$
$$-5x_1 - x_2 \phantom{{}+x_3} + x_4 = 0.$$

Zwei weitere Anwendungen der Nullräume finden sich in dem folgenden Abschnitt 2.4. □

2.3.23 Inhomogene lineare Gleichungssysteme

Ist $A \in K^{m \times n}$ und $\vec{b} \in K^{m \times 1} \setminus \{\vec{0}\}$, so heißt das lineare Gleichungssystem $A\vec{x} = \vec{b}$ *inhomogen*. Wir haben nun alle Hilfsmittel zur Verfügung, um die Lösungsmenge $L(A,\vec{b}) := \{\vec{x} \in K^{n \times 1} \mid A\vec{x} = \vec{b}\}$ eines inhomogenen linearen Gleichungssystems vollständig und befriedigend zu beschreiben. Zunächst stellen wir fest, daß $L(A,\vec{b})$ kein Untervektorraum von $K^{n \times 1}$ ist; denn dann müßte aufgrund des *Satzes zur Definition des Untervektorraums* (2.1.11) der Nullvektor $\vec{0}$ in $L(A,\vec{b})$ liegen, was wegen $\vec{b} \neq \vec{0}$ nicht möglich ist. Wie wir zum Beispiel in 2.1.5 gesehen haben, kann auch $L(A,\vec{b}) = \emptyset$ gelten. Dieser Fall wird in Abschnitt 2.4 wieder aufgenommen.

Die Frage nach der Lösbarkeit erhält jetzt die Form: Wann ist $L(A,\vec{b}) \neq \emptyset$? Die tautologische Antwort aus 2.2 - nämlich, daß $A\vec{x} = \vec{b}$ genau dann lösbar ist, wenn $\vec{b} \in S(A)$ gilt - können wir nun durch zwei effektive Kriterien ergänzen:

2.3.24 Satz über die Lösbarkeit eines inhomogenen Gleichungssystems

Ist $A \in K_r^{m \times n}$ mit $r < m$, $\vec{b} \in K^{m \times 1}$ und $C \in K^{(m-r) \times m}$ die durch den *Satz über den Spaltenraum als Nullraum* (2.3.21) bestimmte Matrix, so sind folgende Aussagen äquivalent:

i) $L(A,\vec{b}) \neq \emptyset$;
ii) $\vec{b} \in S(A)$;
iii) $\text{Rang}(A\ \vec{b}) = r$;
iv) $C\vec{b} = \vec{0}$.

Im Falle $r = m$ ist stets $L(A,\vec{b}) \neq \emptyset$, $\vec{b} \in S(A)$ und $\text{Rang}(A\ \vec{b}) = r$.

Beweis (r1):

Aufgrund der Definition von $S(A)$ sind i) und ii) äquivalent.

ii) $\Rightarrow$ iii): Ist $\vec{b} \in S(A)$, so gilt $S(A) = S((A\ \vec{b}))$. Damit folgt $\text{Rang}(A\ \vec{b}) = \dim S((A\ \vec{b})) = \dim S(A) = r$.

iii) $\Rightarrow$ ii): Da $S(A)$ Untervektorraum von $S((A\ \vec{b}))$ ist, ergibt sich aus aus $\dim S((A\ \vec{b})) = \dim S(A)$, daß $S(A) = S((A\ \vec{b}))$ sein muß. Aufgrund des *Hüllengleichheitssatzes* (2.2.4) ist damit $\vec{b} \in S(A)$.

ii) $\Leftrightarrow$ iv): Dieses ist genau die Aussage des *Satzes über den Spalten-*

raum als Nullraum (2.3.21).

Für r=m folgt iii) aus der allgemeingültigen Ungleichungskette
$$r \leq \text{Rang}(A\ \vec{b}) \leq m.$$
Da die Äquivalenzbeweise für i), ii) und iii) auch im Falle r=m gelten, sind damit die Aussagen i) und ii) ebenfalls erfüllt. □

Übung 2.3.g

Bestimmen Sie zu dem linearen Gleichungssystem
$$\begin{aligned} x\quad\ -3z &= -3 \\ 2x+ky-\ z &= -2 \\ x+2y+kz &= 1 \end{aligned}$$
in den Unbekannten x,y,z die Werte von $k \in \mathbb{Q}$ so, daß sich i) eine eindeutige Lösung, ii) keine Lösung und iii) mehr als eine Lösung ergibt. Geben Sie in den Fällen i) und iii) alle Lösungen an.

Ist $A \in K^{m \times m}$ invertierbar, so stellt $\vec{x} = A^{-1}\vec{b}$ für jedes $\vec{b} \in K^{m \times 1}$ die eindeutig bestimmte Lösung des Gleichungssystems $A\vec{x} = \vec{b}$ dar. Deshalb liegt die Frage nahe, ob es zu jeder Matrix $A \in K^{m \times n}$ "verallgemeinerte Inverse" V derart gibt, daß $L(A,\vec{b}) \neq \emptyset$ für ein beliebiges $\vec{b} \in K^{m \times 1}$ genau dann gilt, wenn $V\vec{b} \in L(A,\vec{b})$ erfüllt ist.

Da natürlich $L(A,\vec{b})$ nicht leer ist, wenn $V\vec{b}$ in $L(A,\vec{b})$ liegt, brauchen wir nur nach einer Matrix V zu suchen, mit der $V\vec{b}$ eine Lösung darstellt, wenn $A\vec{x} = \vec{b}$ lösbar ist. V ist also genau dann eine geeignete Matrix, wenn $A(V\vec{b}) = \vec{b}$ für alle $\vec{b} \in S(A)$ gilt. Wegen $A\vec{x} \in S(A)$ folgt $AVA\vec{x} = A\vec{x}$ für alle $\vec{x} \in K^{m \times 1}$, und Einsetzen der Einheitsvektoren ergibt die notwendige Bedingung AVA=A.

Ist AVA=A erfüllt und gibt es ein $\vec{x}$ mit $A\vec{x} = \vec{b}$, so können wir von $AVA\vec{x} = A\vec{x}$ ausgehend die Schlußrichtung umkehren. Wir erkennen damit, daß jede Matrix $V \in K^{n \times m}$ mit AVA=A unserer Forderung genügt. Ist A zusätzlich eine invertierbare Matrix, so folgt aus $AV = AVE = (AVA)A^{-1} = AA^{-1} = E$, daß $A^{-1} = V$ gelten muß. Damit ist es gerechtfertigt, solche Matrizen als "verallgemeinerte Inverse" zu bezeichnen - zumal sie in vielen Bereichen der numerischen Mathematik eine wichtige Rolle spielen. Allerdings ist die Namensgebung in den zahlreichen Literaturstellen sehr uneinheitlich. Um eine symmetrische Beziehung zwischen den Matrizen A und V (und - wie wir in Übung 2.3.h sehen werden - auch gleichen Rang) zu erhalten, nimmt man meistens noch die Gleichung hinzu, die aus AVA=A durch Vertauschen von A und V hervorgeht:

2.3.25 Definition der verallgemeinerten Inversen

Ist $A \in K^{m \times n}$, so heißt eine Matrix $V \in K^{n \times m}$ *verallgemeinerte Inverse von A* genau dann, wenn
(28) $\qquad AVA = A$
gilt, und *symmetrisch verallgemeinerte Inverse*, genau dann wenn
(29) $\qquad AVA = A$ und $VAV = V$
erfüllt ist.

Die Frage, ob es zu jeder Matrix $A \in K^{m \times n}$ eine verallgemeinerte Inverse gibt, beantworten wir nun positiv durch die Angabe von (symmetrisch) verallgemeinerten Inversen in einer neuen Form, die gegenüber den bisher bekannten Darstellungen den Vorteil hat, daß sie einfacher berechnet werden kann.

Wir versuchen den *Inversen-Algorithmus* von Gauß und Jordan zu verallgemeinern, indem wir $(A\, E_m)$ durch elementare Zeilenumformungen in $\begin{pmatrix} {}^rA & {}^sA \\ 0 & {}^vA \end{pmatrix}$ überführen, wobei die Reduzierte ${}^rA \in K^{r \times n}$ aufgrund des *Satzes über die Gleichheit von Zeilenräumen* (2.3.8) durch A eindeutig bestimmt ist und im Falle Rang $A < m$ die Aufspaltung der rechten Hälfte durch die Methode zur Berechnung einer Nullraumbasis in 2.3.16 nahegelegt wird. Damit die Matrix ${}^sA$ ebenfalls eindeutig durch A festgelegt ist, denken wir uns wie bei ${}^vA$ die elementaren Zeilenumformungen algorithmisch mit minimalen Zeilenindizes und mit frühestmöglichem Abbruch durchgeführt. Dann nennen wir ${}^sA \in K^{r \times m}$ *Simultane von A*.

Ähnlich wie bei dem Inversen-Algorithmus ergibt ${}^sA$ die gesuchte Matrix: Es müssen nun n-r Nullzeilen in ${}^sA$ so eingefügt werden, daß die j-te Zeile von ${}^sA$ für $j=1,\dots,r$ die k_j-te Zeile der erweiterten Matrix wird, wobei $k_1,\dots,k_r$ die Basisindizes von A sind. Diese Erweiterung von ${}^sA$ kann formal durch Multiplikation von links mit ${}^uA$ erreicht werden.

2.3.26 Satz über die Quasi-Inverse

Ist $A \in K^{m \times n} \setminus \{(0)\}$, so stellt die *Quasi-Inverse* ${}^qA := {}^uA\,{}^sA$ eine symmetrisch verallgemeinerte Inverse von A dar, und auch ${}^{tqt}A = {}^{tst}A\,{}^{tut}A$ ist eine symmetrisch verallgemeinerte Inverse von A.[12]

Insbesondere gilt $L(A,\vec{b}) \neq \emptyset$ genau dann, wenn ${}^qA\vec{b}$ in $L(A,\vec{b})$ liegt.

Beweis (a1):

Werden die elementaren Zeilenumformungen durch die Matrix $F \in GL(m;K)$ beschrieben, so folgt

$$F(A\ E_m) = (FA\ F) = \begin{pmatrix} {}^rA & {}^sA \\ 0 & {}^vA \end{pmatrix}, \text{ also } F = \begin{pmatrix} {}^sA \\ {}^vA \end{pmatrix} \text{ und } FA = \begin{pmatrix} {}^sAA \\ {}^vAA \end{pmatrix} = \begin{pmatrix} {}^rA \\ 0 \end{pmatrix}.$$

Neben (21) gilt damit

(30) $\qquad\qquad {}^sAA = {}^rA.$

Aufgrund der Definitionen von ${}^rA$ und ${}^uA$ ist außerdem

(31) $\qquad\qquad {}^rA\,{}^uA = E_r.$

Nun erhalten wir einerseits

$$A\,{}^qAA = (A\,{}^uA)({}^sAA) = {}^wA\,{}^rA = A$$

wegen (30) und (19) und andererseits

$${}^qAA\,{}^qA = {}^uA({}^sAA)\,{}^uA\,{}^sA = {}^uA({}^rA\,{}^uA)\,{}^sA = {}^uA E_r\,{}^sA = {}^qA$$

mit (31).

Durch Transponieren der beiden Gleichungen in (29) ergibt sich, daß V genau dann eine symmetrisch verallgemeinerte Inverse von A ist, wenn ${}^tV$ eine symmetrisch verallgemeinerte Inverse von ${}^tA$ darstellt. Damit folgt auch die Aussage für ${}^{tqt}A$.

Das Lösbarkeitskriterium für inhomogene Gleichungssysteme $A\vec{x} = \vec{b}$

---

[12] Die Quasi-Inverse wurde ursprünglich durch ${}^{tst}A\,{}^{tut}A$ eingeführt. Die jetzige Form stammt von dem Studenten *Lars Diening*, der auch eine Basis für den Untervektorraum $\{X \in K^{n \times m} \mid AXA = (0) \in K^{m \times n}\}$ von $K^{n \times m}$ gefunden hat (siehe Abschnitt 4.3.10).

haben wir bereits in den Vorüberlegungen zu den verallgemeinerten Inversen bewiesen. □

Im Hinblick auf die Wahlmöglichkeit bei der Nullraumbasis ist es günstig, daß wir nun auch bei der Verwendung einer symmetrisch verallgemeinerten Inversen zum Test der Lösbarkeit eines inhomogenen linearen Gleichungssystem mit Hilfe einer potentiellen Lösung entscheiden können, ob wir mit A oder mit ^tA beginnen. In 2.4.23 werden wir eine weitere wichtige verallgemeinerte Inverse kennenlernen, mit deren Hilfe man sogar **jedes** inhomogene Gleichungssystem mit Elementen aus $\mathbb{R}$ oder $\mathbb{C}$ in sinnvoller Weise eindeutig "lösen" kann. Abschnitt 4.3.10 enthält eindeutige Parameterdarstellungen für alle verallgemeinerten Inversen.

Übung 2.3.h

i) Beweisen Sie, daß Rang V ≥ Rang A für jede verallgemeinerte Inverse V von A gilt.

ii) Zeigen Sie, daß eine verallgemeinerte Inverse V von A genau dann eine symmetrisch verallgemeinerte Inverse von A darstellt, wenn Rang V = Rang A erfüllt ist.

Übung 2.3.i

Bestimmen Sie eine Matrix A, für die $^qA \ne {}^{tq\,t}A$ gilt.
Achtung: Fundgrube! [Bedingungen für Gleichheit, Maximalzahl der von Null verschiedenen Elemente.]

Übung 2.3.j

Es sei $A := \begin{pmatrix} 2 & -1 \\ 1 & 0 \\ -3 & 4 \end{pmatrix}$ und $B := \begin{pmatrix} -1 & -8 & -10 & 8 \\ 1 & -2 & -5 & 3 \\ 9 & 22 & 15 & -17 \end{pmatrix}$. Berechnen Sie mit Hilfe von ^qA eine Matrix $X \in \mathbb{Q}^{2 \times 4}$, die AX = B erfüllt oder entscheidet, daß diese Gleichung unlösbar ist.

Nun können wir auch die Frage nach der Lösungsgesamtheit eines lösbaren inhomogenen Gleichungssystems $A\vec{x} = \vec{b}$ beantworten. Dazu sei $A \in K^{m \times n}$, $\vec{b} \in K^{m \times 1}$ und $\vec{x}_0 \in L(A,\vec{b})$. Für jede Lösung $\vec{x} \in L(A,\vec{b})$ folgt $A(\vec{x}-\vec{x}_0) = A\vec{x} - A\vec{x}_0 = \vec{b} - \vec{b} = \vec{0}$, also $\vec{x} - \vec{x}_0 \in N(A)$. Umgekehrt stellt jedes $\vec{x} \in K^{n \times 1}$ mit $\vec{x} - \vec{x}_0 \in N(A)$ eine Lösung dar, weil $A\vec{x} = A(\vec{x}-\vec{x}_0+\vec{x}_0) = A(\vec{x}-\vec{x}_0)+A\vec{x}_0 = \vec{0}+\vec{b} = \vec{b}$ gilt. Führen wir nun für einen beliebigen Vektorraum V, einen Untervektorraum U von V und für $\vec{v} \in V$ die Abkürzung

2.3.28 Inhomogene lineare Gleichungssysteme

$$\vec{v}+U := \{\vec{x} \in V \mid \vec{x}-\vec{v} \in U\}$$

ein und beachten wir die Darstellungen des Nullraums in dem *Satz über Basis und Dimension des Linksnullraums* (2.3.17) beziehungsweise im *Nullraumbasissatz* (2.3.18), so haben wir damit

---

2.3.27 Satz über die Lösungsgesamtheit

Ist $A \in K^{m \times n}$, $\vec{b} \in K^{m \times 1}$ und $\vec{x}_0 \in L(A,\vec{b})$, so gilt $L(A,\vec{b}) = \vec{x}_0 + N(A)$ mit

$$N(A) = \begin{cases} S(^{z}A), & \text{wenn Rang } A < n \text{ ist,} \\ \{\vec{0}\} & \text{für Rang } A = n. \end{cases}$$

Ist $L(A,\vec{b}) \neq \emptyset$, so erhält man also die Lösungsgesamtheit des inhomogenen Gleichungssystems $A\vec{x} = \vec{b}$, indem man eine (beliebige feste) Lösung $\vec{x}_0$ des inhomogenen Systems zu jedem Vektor der Lösungsmenge des zugehörigen homogenen Gleichungssystems $A\vec{x} = \vec{0}$ addiert.

2.3.28 Beispiel

Wir wählen wieder $A = \begin{pmatrix} 1 & 3 & 3 & 2 \\ 2 & 6 & 9 & 5 \\ -1 & -3 & 3 & 0 \end{pmatrix}$ und fragen nach der Lösbarkeit beziehungsweise nach der Lösungsmenge der inhomogenen Gleichungssysteme $A\vec{x} = \vec{b}_i$ mit $\vec{b}_1 = \begin{pmatrix} 1 \\ 5 \\ 5 \end{pmatrix}$, $\vec{b}_2 = \begin{pmatrix} -1 \\ 0 \\ 3 \end{pmatrix}$.

Im Anschluß an Beispiel 2.3.20 erhalten wir ^{tqt}A anstelle von ^qA:

$$(^tA\ E_n) \to \begin{pmatrix} 1 & 2 & -1 & | & 1 & 0 & 0 & 0 \\ 0 & 3 & 6 & | & -3 & 0 & 1 & 0 \\ \hline 0 & 0 & 0 & | & -3 & 1 & 0 & 0 \\ 0 & 0 & 0 & | & -1 & 0 & -\frac{1}{3} & 1 \end{pmatrix} \to \begin{pmatrix} 1 & 0 & -5 & | & 3 & 0 & -\frac{2}{3} & 0 \\ 0 & 1 & 2 & | & -1 & 0 & \frac{1}{3} & 0 \\ \hline 0 & 0 & 0 & | & -3 & 1 & 0 & 0 \\ 0 & 0 & 0 & | & -1 & 0 & -\frac{1}{3} & 1 \end{pmatrix}$$

also $^{st}A = \begin{pmatrix} 3 & 0 & -\frac{2}{3} & 0 \\ -1 & 0 & \frac{1}{3} & 0 \end{pmatrix}$, $^{tut}A = \begin{pmatrix} 1 & 0 & 0 \\ 0 & 1 & 0 \end{pmatrix}$ und $^{vt}A = \begin{pmatrix} -3 & 1 & 0 & 0 \\ -1 & 0 & -\frac{1}{3} & 1 \end{pmatrix}$.

Wegen $^{tqt}A = {^{tst}A}\,{^{tut}A}$ ist dann

$$\vec{v}_1 := {^{tst}A}(^{tut}A\vec{b}_1) = \begin{pmatrix} 3 & -1 \\ 0 & 0 \\ -\frac{2}{3} & \frac{1}{3} \\ 0 & 0 \end{pmatrix} \begin{pmatrix} 1 \\ 5 \end{pmatrix} = \begin{pmatrix} -2 \\ 0 \\ 1 \\ 0 \end{pmatrix}, \quad \vec{v}_2 := {^{tst}A}(^{tut}A\vec{b}_2) = \begin{pmatrix} -3 \\ 0 \\ \frac{2}{3} \\ 0 \end{pmatrix}$$

sowie $A\vec{v}_1 = \begin{pmatrix} 1 \\ 5 \\ 5 \end{pmatrix} = \vec{b}_1$ und $A\vec{v}_2 = \begin{pmatrix} -1 \\ 0 \\ 5 \end{pmatrix} \neq \vec{b}_2$. Damit gilt

$$L(A,\vec{b}_1) = \begin{pmatrix} -2 \\ 0 \\ 1 \\ 0 \end{pmatrix} + \text{Lin}\left\{ \begin{pmatrix} -3 \\ 1 \\ 0 \\ 0 \end{pmatrix}, \begin{pmatrix} -1 \\ 0 \\ -\frac{1}{3} \\ 1 \end{pmatrix} \right\} \text{ und } L(A,\vec{b}_2) = \emptyset.$$

Zum Vergleich behandeln wir dieselben Gleichungssysteme mit der US-Zerlegung von PA. Hier haben wir zwei Möglichkeiten: Wir können die Spaltenvektoren $\vec{b}_1$ und $\vec{b}_2$ an A anfügen und gleichzeitig umformen, oder wir notieren die normierte untere Dreiecksmatrix U sowie die Permutationsmatrix P und berechnen mit ihrer Hilfe die umgeformten Spaltenvektoren $\vec{b}'_1, \vec{b}'_2$. Denn einerseits ist $A\vec{x}=\vec{b}_i$ äquivalent zu $S\vec{x} = U^{-1}PA\vec{x} = U^{-1}P\vec{b}_i =: \vec{b}'_i$, und andererseits beschreibt $U^{-1}P(A\ \vec{b}_1\ \vec{b}_2)$ $= (S\ \vec{b}'_1\ \vec{b}'_2)$ die äquivalenten Zeilenumformungen.

$$(A\ \vec{b}_1\ \vec{b}_2) = \begin{pmatrix} 1 & 3 & 3 & 2 & | & 1 & -1 \\ 2 & 6 & 9 & 5 & | & 5 & 0 \\ -1 & -3 & 3 & 0 & | & 5 & 3 \end{pmatrix} \to \begin{pmatrix} 1 & 3 & 3 & 2 & | & 1 & -1 \\ 0 & 0 & 3 & 1 & | & 3 & 2 \\ 0 & 0 & 6 & 2 & | & 6 & 2 \end{pmatrix}$$

$$\to \begin{pmatrix} 1 & 3 & 3 & 2 & | & 1 & -1 \\ 0 & 0 & 3 & 1 & | & 3 & 2 \\ 0 & 0 & 0 & 0 & | & 0 & -2 \end{pmatrix} = (S\ \vec{b}'_1\ \vec{b}'_2).$$

Mit $U = \begin{pmatrix} 1 & 0 & 0 \\ 2 & 1 & 0 \\ -1 & 2 & 1 \end{pmatrix}$ und $P=E_3$ erhalten wir aus $U\vec{b}'_i = P\vec{b}_i$ durch Vorwärtseinsetzen dieselben Spaltenvektoren $\vec{b}'_1$ und $\vec{b}'_2$ wie oben. Da wir nur äquivalente Umformungen ausgeführt haben, gilt $L(A,\vec{b}_i) = L(S,\vec{b}'_i)$. Nach 1.3.4 beziehungsweise aufgrund der Aussage iii) des *Satzes über die Lösbarkeit eines inhomogenen Gleichungssystems* (2.3.24) ist damit $L(A,\vec{b}_1) \neq \emptyset$ und $L(A,\vec{b}_2) = \emptyset$. Zur Berechnung einer speziellen Lösung $\vec{x}_0 = {}^t(x_1\ x_2\ x_3\ x_4)$ setzen wir für die freien Variablen $x_2 = x_4 = 0$. Dann gilt $x_1 + 3x_3 = 1$, $3x_3 = 3$, so daß wir $\begin{pmatrix} x_1 \\ x_3 \end{pmatrix} = \begin{pmatrix} -2 \\ 1 \end{pmatrix}$ durch durch Rückwärtseinsetzen erhalten.

Mit dem in Beispiel 2.3.20 bestimmten Nullraum ergibt sich schließlich dieselbe Darstellung der Lösungsmenge wie oben. □

Da die Lösungsmengen inhomogener linearer Gleichungssysteme auch als Teilräume von Vektorräumen eine Rolle spielen, erhalten sie eine eigene Bezeichnung:

2.3.29 Definition des affinen Unterraums
Eine Teilmenge M eines K-Vektorraums V heißt *affiner Unterraum* von V genau dann, wenn es ein $\vec{v} \in V$ und einen Untervektorraum $U \subseteq V$ gibt, so daß $M = \vec{v} + U$ gilt.

$L(A,\vec{b})$ ist also ein affiner Unterraum von $K^{n \times 1}$. Umgekehrt läßt sich auch jeder affine Unterraum $\vec{v}+U$ von $K^{n \times 1}$ als Lösungsmenge eines inhomogenen Gleichungssystems darstellen: Man bestimmt (wie in Beispiel 2.3.22) eine Matrix C mit $N(C) = U$ und setzt $\vec{b} := C\vec{v}$. Dann ist $L(C,\vec{b}) = \vec{v} + U$.

Im $\mathbb{R}^3$ sind Punkte, Geraden und Ebenen (sowie $\emptyset$ und $\mathbb{R}^3$) affine Unterräume.

2.3.30 Rechtsinverse, Linksinverse und Rangkriterien

Im Anschluß an die Definition der Invertierbarkeit (1.5.6) haben wir gezeigt, daß aus $A, A', A'' \in \mathbb{R}^{m \times m}$ und $AA' = A'A = E$ stets $A' = A''$ folgt. Mit den Ergebnissen des letzten Abschnitts können wir nun für beliebige Matrizen $A \in K^{m \times n}$ Kriterien für die Existenz solcher "Rechtsinversen" beziehungsweise "Linksinversen" angeben. Dazu definieren wir:

2.3.31 Definition der Rechts- und Linksinversen
Ist $A \in K^{m \times n}$, so heißt eine Matrix $A' \in K^{n \times m}$ *Rechtsinverse von* A genau dann, wenn $AA' = E_m$ gilt. Eine Matrix $A'' \in K^{n \times m}$ heißt *Linksinverse von* A genau dann, wenn $A''A = E_n$ gilt.

2.3.32 Satz über Rechts- und Linksinverse
Ist $A \in K^{m \times n}_r$, so sind die folgenden Aussagen äquivalent ("universelle Lösbarkeit"):
 i) $r = m$;
 ii) $L(A,\vec{b}) \neq \emptyset$ für jedes $\vec{b} \in K^{m \times 1}$;
 iii) Es gibt eine Rechtsinverse A' von A.

Ebenso sind die folgenden Aussagen äquivalent ("Eindeutigkeit")
iv) $r = n$;
v) $L(A,\vec{b})$ enthält für jedes $\vec{b} \in K^{m \times 1}$ höchstens eine Lösung;
vi) Es gibt eine Linksinverse A'' von A.

Ist $m = n$, so folgt die Invertierbarkeit schon aus der Existenz einer Rechtsinversen oder einer Linksinversen.

Beweis (r2):

Im *Satz über die Lösbarkeit eines inhomogenen Gleichungssystems* (2.3.24) wurde gezeigt, daß ii) aus i) folgt.

ii)⇒iii): Mit $\vec{x}_i \in L(A,\vec{e}_i)$ für $i = 1,\ldots,m$ ist $A' := (\vec{x}_1 \ldots \vec{x}_m)$ eine Rechtsinverse von A.

iii)⇒i): $AA' = E_m$ ergibt $A(A'\vec{b}) = \vec{b}$ für jedes $\vec{b} \in K^{m \times 1}$. Also ist $S(A) = K^{m \times 1}$, d.h. es gilt $r = m$.

v) als Folgerung aus iv) ist mit der *ersten Dimensionsformel* (23) bewiesen.

v)⇒iv): Enthält $L(A,\vec{b})$ für jedes $\vec{b} \in K^{m \times 1}$ höchstens eine Lösung, so muß insbesondere $L(A,\vec{0}) = N(A) = \{\vec{0}\}$ gelten. Also ist $\dim N(A) = n - r = 0$.

iv)⇒vi): Da n die Zeilenzahl von ${}^tA$ ist, gibt es nach iii) eine Matrix $C \in K^{m \times n}$, so daß ${}^tAC = E_n$ gilt. Wegen ${}^tCA = E_n$ können wir $A'' := {}^tC$ wählen.

vi)⇒iv): $A''A = E_n$ ergibt ${}^tA({}^tA''\vec{c}) = \vec{c}$ für jedes $\vec{c} \in K^{n \times 1}$. Also ist $S({}^tA) = K^{n \times 1}$, und es gilt $r = n$.

Im Falle $n = m$ sind i) und iv) beide erfüllt oder beide nicht erfüllt. Also besitzt A genau dann dann sowohl eine Rechtsinverse A' als auch eine Linksinverse A'', wenn $r = n = m$ gilt. Aufgrund des Beweises im Anschluß an die Definition der Invertierbarkeit (1.5.6) folgt dann sogar $A' = A''$, und A ist invertierbar. □

Dieser Beweis zeigt auch, daß man mit Hilfe der Rechts- beziehungsweise Linksinversen von A die Lösungen $A'\vec{b} \in L(A,\vec{b})$ und ${}^tA''\vec{c} \in L({}^tA,\vec{c})$ gewinnt. Ist $r = n$ und $L(A,\vec{b}) \neq \emptyset$, so gilt wegen $AA''(A\vec{x}) = A\vec{x} = \vec{b}$ auch $A''\vec{b} \in L(A,\vec{b})$.

2.3.34 Rechtsinverse, Linksinverse und Rangkriterien

Die Existenz von Rechts- oder Linksinversen einer Matrix A hängt also davon ab, ob der Rang größtmöglich ist. Umgekehrt besteht auch ein Zusammenhang zwischen dem Rang und der maximalen Größe aller invertierbaren "Untermatrizen" von A. Diese anschaulich durch Streichen von Zeilen und Spalten aus A entstehenden Matrizen lassen sich folgendermaßen präzisieren:

2.3.33 Definition der s-reihigen Untermatrix

Ist $A \in K^{m \times n}$ und $s \in \mathbb{N}$ mit $s \leq \min\{m,n\}$, so heißt eine Matrix $B \in K^{s \times s}$ *s-reihige Untermatrix* von A genau dann, wenn es natürliche Zahlen $j_1, \ldots, j_s$ und $j'_1, \ldots, j'_s$ mit $1 \leq j_1 < \ldots < j_s \leq m$ und $1 \leq j'_1 < \ldots < j'_s \leq n$ gibt, so daß $B = {}^t(\vec{e}_{m,j_1} \ldots \vec{e}_{m,j_s}) A (\vec{e}_{n,j'_1} \ldots \vec{e}_{n,j'_s})$ gilt.

2.3.34 Extraktionssatz

Ist $A \in K_r^{m \times n} \setminus \{(0)\}$, so stellt die *Extrahierte* ${}^xA := {}^{tut}AA^uA$ eine invertierbare r-reihige Untermatrix von A dar. Alle s-reihigen Untermatrizen von A mit $s > r$ sind nicht invertierbar, d.h. r ist die maximale Zeilenzahl der invertierbaren Untermatrizen von A.

Beweis (a2):

Da die Zeilenvektoren von ${}^{tut}A \in K^{r \times m}$ und die Spaltenvektoren von ${}^uA \in K^{n \times r}$ jeweils r Einheitsvektoren mit steigenden 1-Positionen sind, stellt ${}^xA$ eine r-reihige Untermatrix von A dar. Für den Nachweis der Invertierbarkeit von ${}^xA$ genügt es aufgrund des *Satzes über Rechts- und Linksinverse* (2.3.32), Rang ${}^xA = r$ herzuleiten.

Sind $k_1, \ldots, k_r$ die Basisindizes von $A =: (\vec{a}_1 \ldots \vec{a}_n)$, so gilt

$$(32) \qquad {}^xA = {}^{tut}A {}^wA = \left({}^{tut}A\vec{a}_{k_1} \ldots {}^{tut}A\vec{a}_{k_r}\right).$$

Der *Satz über Basis und Dimension des Spaltenraums* (2.3.11) ergibt, daß $\{\vec{a}_{k_1}, \ldots, \vec{a}_{k_r}\}$ ein Erzeugendensystem von $S(A)$ ist. Da es zu jedem $\vec{y} \in S({}^{tut}AA)$ ein $\vec{x} \in K^{n \times 1}$ mit $\vec{y} = {}^{tut}AA\vec{x}$ gibt und da $A\vec{x}$ als Linearkombination von $\vec{a}_{k_1}, \ldots, \vec{a}_{k_r}$ dargestellt werden kann, folgt durch Multiplikation der jeweiligen Linearkombination von links mit ^{tut}A, daß $B := \{^{tut}A\bar{a}_{k_1}, \ldots, ^{tut}A\bar{a}_{k_r}\}$ ein Erzeugendensystem von $S(^{tut}AA)$ ist. Wegen $^{tut}AA = {}^t({}^tA{}^{ut}A) = {}^{twt}A$ und wegen Rang ^{twt}A = Rang ^{wt}A = Rang $^tA = r$ nach (17) folgt aufgrund des *Basissatzes* (2.2.19), daß B eine Basis von $S(^{tut}AA)$ darstellt. Da B nach (32) aus den Spaltenvektoren von ^xA besteht, gilt Rang $^xA = r$.

Ist $s > r$, so sind aufgrund des *Satzes über Basen und linear unabhängige Vektoren* (2.2.15) je s Spaltenvektoren von A linear abhängig. Die entsprechenden nichttrivialen Linearkombinationen des Nullvektors bleiben erhalten, wenn sie von links mit einer Matrix $^t(\hat{e}_{m,j_1} \ldots \hat{e}_{m,j_s})$, $1 \leq j_1 < \ldots < j_s \leq m$, multipliziert werden, wobei sich in der Linearkombination die Spaltenvektoren einer beliebigen s-reihigen Untermatrix von A ergeben. Damit besteht jede s-reihige Untermatrix von A aus linear abhängigen Spaltenvektoren. Da die Spaltenvektoren einer invertierbaren Matrix B wegen $N(B) = \{\hat{0}\}$ linear unabhängig sind, kann keine s-reihige Untermatrix von A für $s > r$ invertierbar sein. ▫

Übung 2.3.k

Zeigen Sie, daß $^uA(^xA)^{-1}\,{}^{tut}A$ für jedes $A \in K^{m \times n} \setminus \{(0)\}$ eine symmetrisch verallgemeinerte Inverse von A ist.

Achtung: Fundgrube! [Zusammenhang mit ^qA und ^{tqt}A.]

2.4 Orthogonalprojektion und der Optimallösungsalgorithmus

Zwei Gründe sprechen dafür, auch unlösbare lineare Gleichungssysteme genauer zu untersuchen. Einerseits treten in praktischen Anwendungen bei einem als linear bekannten Zusammenhang zum Beispiel durch Meßfehler bedingt nur selten exakt lösbare lineare Gleichungssysteme auf. Das dadurch entstehende "lineare Ausgleichsproblem" (siehe Seite 148 und 2.4.17) wurde schon von *C.F. Gauß* durch die "Methode der kleinsten Quadrate" gelöst. Die damit angedeutete Minimierungsaufgabe ergibt andererseits eine gute Gelegenheit, in Vektorräumen frühzeitig eine zusätzliche Struktur einzuführen, die es ermöglicht, jedem Vektor eine "Länge" beziehungsweise Vektorpaaren einen "Abstand" und einen "Winkel" zuzuordnen.

Um in dem Grundkörper einen "Betrag" zur Verfügung zu haben, werden in den folgenden beiden Abschnitten nur die Körper $\mathbb{R}$ und $\mathbb{C}$ zugelassen, für die $\mathbb{K}$ (gelesen: Doppel-K) als gemeinsames Symbol gebräuchlich ist. Zu einer komplexen Zahl $u = x + iy$ mit $x, y \in \mathbb{R}$ ist $\bar{u} := x - iy$ die *konjugiert komplexe Zahl*; $\operatorname{Re} u := x$ wird *Realteil* und $\operatorname{Im} u := y$ *Imaginärteil von* u genannt. Die nichtnegative reelle Zahl $|u| := \sqrt{u\bar{u}} = \sqrt{(\operatorname{Re} u)^2 + (\operatorname{Im} u)^2}$ ist dann der *Betrag von* u. Für jedes $A \in \mathbb{C}^{m \times n}$ bezeichnet $\bar{A}$ diejenige Matrix, die aus den konjugiert komplexen Elementen von A besteht.

Wir entwickeln zunächst die benötigte allgemeine Theorie und lösen dann das lineare Ausgleichsproblem mit Hilfe der Pseudo-Inversen, die sogar für beliebige lineare Gleichungssysteme mit Elementen aus $\mathbb{K}$ eine eindeutig bestimmte "Optimallösung" ergibt.

2.4.1 Metrik und Norm

Ist $A \in \mathbb{K}^{m \times n}$ und $\bar{b} \in \mathbb{K}^{m \times 1}$ mit $\bar{b} \notin S(A)$, so bezeichnet man die Bestimmung von Vektoren $\bar{x} \in \mathbb{K}^{n \times 1}$, für die ein geeignet erklärter "Abstand" von $A\bar{x}$ und $\bar{b}$ minimal wird, als *lineares Ausgleichsproblem*. Der aus dem Punktraum $\mathbb{R}^2$ bekannte Abstand zweier Punkte wird durch den Begriff der Metrik unabhängig von einer linearen Struktur verallgemeinert:

2.4.2 Definition der Metrik

Es sei X eine Menge. Eine Abbildung $d: X \times X \to \mathbb{R}$, $(x,y) \mapsto d(x,y)$ heißt *Metrik auf* X genau dann, wenn für alle $x, y, z \in X$ gilt:

M1 $d(x,y) = d(y,x)$ (*Symmetrie*);
M2 $d(x,z) \leq d(x,y) + d(y,z)$ (*Dreiecksungleichung*);
M3 $d(x,y) = 0$ genau dann, wenn $x = y$ ist (*Identifikation*).

Eine Menge X zusammen mit einer Metrik auf X heißt *metrischer Raum*.

Aus M2 für $z = x$ zusammen mit M3 und M1 folgt $0 = d(x,x) \leq d(x,y) + d(y,x) = 2d(x,y)$, d.h. es gilt $0 < d(x,y)$ für alle $x, y \in X$ mit $x \neq y$.

Läßt sich in einem $\mathbb{K}$-Vektorraum **V** jedem Vektor eine Länge zuordnen, deren Eigenschaften der Anschauung entsprechen, so kann man - wie wir gleich zeigen werden - als Abstand von zwei Vektoren aus **V** die Länge des Differenzvektors verwenden. Da dieser Längenbegriff nicht nur geometrische Bedeutung hat, wird er ähnlich wie die Metrik durch die folgenden Eigenschaften eingeführt:

2.4.3 Definition der Norm

Es sei **V** ein $\mathbb{K}$-Vektorraum. Eine Abbildung $\|\ \|: \mathbf{V} \to \mathbb{R}$, $\vec{x} \mapsto \|\vec{x}\|$ heißt *Norm auf* **V** genau dann, wenn für alle $\vec{x}, \vec{y} \in \mathbf{V}$ und alle $\lambda \in \mathbb{K}$ gilt:

N1 $\quad \|\lambda \vec{x}\| = |\lambda|\ \|\vec{x}\| \quad$ (*Betragshomogenität*);

N2 $\quad \|\vec{x} + \vec{y}\| \leq \|\vec{x}\| + \|\vec{y}\| \quad$ (*Dreiecksungleichung*);

N3 $\quad \|\vec{z}\| \neq 0$ für alle $\vec{z} \in \mathbf{V} \setminus \{\vec{0}\} \quad$ (*Anisotropie*).

Ein $\mathbb{K}$-Vektorraum **V** zusammen mit einer Norm auf **V** heißt *normierter Raum*.

Ein Vektor $\vec{x}$ heißt *normiert*, wenn $\|\vec{x}\| = 1$ ist.

Analog zur Metrik folgt hier aus N2 für $\vec{y} = -\vec{x}$ zusammen mit N1 für $\lambda = 0$ und $\lambda = -1$, daß $0 = \|\vec{x} - \vec{x}\| \leq \|\vec{x}\| + \|-\vec{x}\| = 2\|\vec{x}\|$ gilt. N3 ergibt damit

(33) $\qquad 0 < \|\vec{x}\|$ für alle $\vec{x} \in \mathbf{V} \setminus \{\vec{0}\}$.

Bei der folgenden Einführung einer Metrik durch eine Norm und später bei der Festlegung einer Norm durch ein Skalarprodukt spricht man von der *Induzierung* einer Metrik beziehungsweise einer Norm.

2.4.4 Satz über die Induzierung einer Metrik

Ist **V** ein $\mathbb{K}$-Vektorraum mit der Norm $\|\ \|$, so stellt die Abbildung $d: \mathbf{V} \times \mathbf{V} \to \mathbb{R}$, $(\vec{x}, \vec{y}) \mapsto \|\vec{x} - \vec{y}\|$ eine Metrik auf **V** dar.

Beweis (r1):

N1 mit $\lambda = -1$ ergibt M1, aus N2 folgt M2 in der Form $\|\vec{x} - \vec{z}\| = \|(\vec{x} - \vec{y}) + (\vec{y} - \vec{z})\| \leq \|\vec{x} - \vec{y}\| + \|\vec{y} - \vec{z}\|$, und M3 gilt, weil $\|\vec{x} - \vec{y}\| = 0$ nach N3 zu $\vec{x} - \vec{y} = \vec{0}$ äquivalent ist. □

Die Umkehrung dieses Satzes ist nicht immer richtig, d.h. nicht jede Metrik wird von einer Norm induziert. Auf jedem $\mathbb{K}$-Vektorraum V mit mindestens zwei Elementen läßt sich durch

$$d(\vec{x},\vec{y}) := \begin{cases} 0 & \text{für } \vec{x} = \vec{y}, \\ 1 & \text{für } \vec{x} \neq \vec{y}, \end{cases}$$

offensichtlich eine Metrik (die sogenannte *diskrete Metrik*) einführen. Würde d durch eine Norm $\| \ \|$ induziert, so wäre $\|\vec{x}-\vec{y}\|=1$ für alle $\vec{x},\vec{y} \in V$ mit $\vec{x} \neq \vec{y}$, und für $\vec{x} \neq \vec{0}$, $\vec{y}=\vec{0}$ sowie für alle $\lambda \in \mathbb{R}$ mit $\lambda > 1$ ergäbe sich $\|\lambda \vec{x}\| = 1 \neq \lambda = \lambda \|\vec{x}\|$ im Widerspruch zu N1.

2.4.5 Skalarprodukt und Orthogonalität

Im Hinblick auf die Ziele, Normen zu induzieren und Winkel beziehungsweise Orthogonalität für Paare von Vektoren zu erklären, lassen sich ausgehend von dem in (1.14) eingeführten Standardskalarprodukt im $\mathbb{R}^{m \times 1}$ die notwendigen Eigenschaften des allgemeinen Skalarprodukts herleiten. Da die Leistungsfähigkeit dieses grundlegenden Begriffs nicht gleich zu erkennen ist, bringen wir die Definition ohne weitere Motivation, entwickeln dann die für das lineare Ausgleichsproblem benötigten Ergebnisse und vertiefen schließlich die Untersuchungen im folgenden Abschnitt 2.5.

Mit den ersten beiden Eigenschaften des Skalarprodukts werden zunächst die ebenfalls sehr wichtigen Begriffe der "symmetrischen Bilinearform" und der "hermiteschen Form" definiert. Da in der linearen Algebra noch weitere "Formen" auftreten, stellen wir zur Begriffserklärung die entsprechende Definition voran, obwohl sie später nicht explizit benötigt wird:

2.4.6 Definition der Form

Ist V ein K-Vektorraum und $m \in \mathbb{N}$, so heißt eine Abbildung $f: V^m \to K$, $(\vec{x}_1,...,\vec{x}_m) \mapsto f(\vec{x}_1,...,\vec{x}_m)$ *Form auf* V genau dann, wenn es eine Abbildung $g: K^m \to K$ gibt, so daß $f(\lambda_1 \vec{x}_1,...,\lambda_m \vec{x}_m) = g(\lambda_1,...,\lambda_m) f(\vec{x}_1,...,\vec{x}_m)$ für alle $(\lambda_1,...,\lambda_m) \in K^m$ und alle $(\vec{x}_1,...,\vec{x}_m) \in V^m$ gilt.

2.4.7 Definition der symmetrischen Bilinearform und der hermiteschen Form

Es sei V ein $\mathbb{K}$-Vektorraum. Eine Abbildung $h: V \times V \to \mathbb{K}$, $(\vec{x}, \vec{y}) \mapsto h(\vec{x}, \vec{y})$ heißt für $\mathbb{K} = \mathbb{R}$ *symmetrische Bilinearform auf* V und für $\mathbb{K} = \mathbb{C}$ *hermitesche Form auf* V genau dann, wenn gilt:

H1 $h(\vec{x}, \lambda\vec{y} + \mu\vec{z}) = \lambda h(\vec{x}, \vec{y}) + \mu h(\vec{x}, \vec{z})$ für alle $\vec{x}, \vec{y}, \vec{z} \in V$ und alle $\lambda, \mu \in \mathbb{K}$ (*Linearität in der zweiten Komponente*);

H2 $h(\vec{x}, \vec{y}) = \overline{h(\vec{y}, \vec{x})}$ für alle $\vec{x}, \vec{y} \in V$ (*Symmetrie* für $\mathbb{K} = \mathbb{R}$ und *konjugierte Symmetrie* für $\mathbb{K} = \mathbb{C}$).

Da eine symmetrische Bilinearform auf einem $\mathbb{R}$-Vektorraum V zugleich eine hermitesche Form auf V darstellt, gebrauchen wir die Bezeichnung "hermitesche Form" als Oberbegriff für beide Fälle.

Im Falle $\mathbb{K} = \mathbb{R}$ folgt die Linearität in der ersten Komponente aus der Symmetrie der Form, so daß die Bezeichnung "Bilinearform" gerechtfertigt ist.

2.4.8 Definition des Skalarprodukts und des euklidischen beziehungsweise unitären Vektorraums

Ist V ein $\mathbb{K}$-Vektorraum, so heißt eine Abbildung $\langle , \rangle : V \times V \to \mathbb{K}$, $(\vec{x}, \vec{y}) \mapsto \langle \vec{x}, \vec{y} \rangle$, *Skalarprodukt auf* V genau dann, wenn sie eine hermitesche Form auf V ist und wenn

$\langle \vec{x}, \vec{x} \rangle > 0$ für alle $\vec{x} \in V \setminus \{\vec{0}\}$ (*positive Definitheit*)

gilt.

Ein $\mathbb{R}$-Vektorraum zusammen mit einem Skalarprodukt heißt *euklidischer Vektorraum*, ein $\mathbb{C}$-Vektorraum mit einem Skalarprodukt wird *unitärer Vektorraum* genannt.

2.4.9 Beispiele

1. Für $V = \mathbb{K}^{m \times 1}$ ist $(\vec{x}, \vec{y}) \mapsto {}^t\overline{\vec{x}} \vec{y}$ das *Standardskalarprodukt*.

2. Auf $V = \mathbb{K}^{m \times n}$ wird durch $\langle A, B \rangle := \mathrm{Sp}({}^t\overline{A} B)$ ein Skalarprodukt erklärt, das für $n=1$ mit dem Standardskalarprodukt übereinstimmt.

3. Auf dem Funktionenraum $C([0,1])$ mit reellen oder komplexen Funktionswerten stellt

$$(f,g) \mapsto \int_0^1 \overline{f(t)}\, g(t)\, dt$$

ein Skalarprodukt dar. Hier erfordert der Nachweis natürlich Hilfsmittel aus der Analysis.

Ist **V** ein euklidischer oder unitärer Vektorraum, so bezeichnen wir im folgenden das zugehörige Skalarprodukt stets mit $\langle\,,\,\rangle$. Für die Induzierung einer Norm und für die Einführung von Winkeln wird eine Ungleichung benötigt, der jedes Skalarprodukt genügt:

2.4.10 Satz über die Ungleichung von Cauchy, Schwarz und Bunjakowski

Ist **V** ein euklidischer oder unitärer Vektorraum und wird $\|\vec{v}\| := \sqrt{\langle \vec{v},\vec{v}\rangle}$ für jedes $\vec{v}\in V$ gesetzt, so gilt

(34) $\qquad |\langle \vec{x},\vec{y}\rangle| \leq \|\vec{x}\|\,\|\vec{y}\|$

für alle $\vec{x},\vec{y}\in V$.

Beweis (r1):

Wegen $\langle \vec{v},\vec{v}\rangle \geq 0$ für jedes $\vec{v}\in V$ ist die Definition von $\|\vec{v}\|$ sinnvoll.

Für alle $\vec{x},\vec{y}\in V$ und jedes $\lambda\in\mathbb{K}$ gilt

(35) $\quad 0 \leq \langle \vec{x}-\lambda\vec{y},\, \vec{x}-\lambda\vec{y}\rangle = \langle \vec{x},\vec{x}\rangle - \lambda\langle\vec{x},\vec{y}\rangle - \overline{\lambda}\overline{\langle\vec{x},\vec{y}\rangle} + \overline{\lambda}\lambda\langle\vec{y},\vec{y}\rangle.$

Im Falle $\vec{y}\neq\vec{0}$ kann $\lambda := \overline{\langle\vec{x},\vec{y}\rangle}\langle\vec{y},\vec{y}\rangle^{-1}$ gewählt werden, so daß sich der dritte und vierte Summand wegheben. Nach Multiplikation mit $\langle\vec{y},\vec{y}\rangle$ und Ordnen der Terme folgt wegen der Monotonie der Wurzelfunktion die Behauptung, die für $\vec{y}=\vec{0}$ offensichtlich erfüllt ist. □

2.4.11 Satz über die Induzierung einer Norm

Auf jedem euklidischen oder unitären Vektorraum **V** stellt die Abbildung $\|\ \|: V\to\mathbb{R},\ \vec{x}\mapsto\sqrt{\langle\vec{x},\vec{x}\rangle}$ eine Norm dar.

Beweis (r1):

N1 folgt aus $\|\lambda\vec{x}\| = \sqrt{\langle\lambda\vec{x},\lambda\vec{x}\rangle} = \sqrt{\overline{\lambda}\lambda\langle\vec{x},\vec{x}\rangle} = |\lambda|\,\|\vec{x}\|.$

Bei dem Nachweis von N2 verwenden wir, daß $|\mathrm{Re}\, z| \leq |z|$ für alle $z \in \mathbb{C}$ gilt, so daß

(36) $\quad |\mathrm{Re}\langle \vec{x},\vec{y}\rangle| \leq |\langle \vec{x},\vec{y}\rangle| \leq \|\vec{x}\|\, \|\vec{y}\|$ für alle $\vec{x},\vec{y} \in V$

wegen (34) erfüllt ist. Damit erhalten wir

$$\|\vec{x}+\vec{y}\|^2 = \langle \vec{x}+\vec{y}, \vec{x}+\vec{y}\rangle = \langle \vec{x},\vec{x}\rangle + \langle \vec{x},\vec{y}\rangle + \overline{\langle \vec{x},\vec{y}\rangle} + \langle \vec{y},\vec{y}\rangle$$
$$= \|\vec{x}\|^2 + 2\,\mathrm{Re}\,\langle \vec{x},\vec{y}\rangle + \|\vec{y}\|^2 \leq (\|\vec{x}\| + \|\vec{y}\|)^2,$$

und die Monotonie der Wurzelfunktion ergibt N2.

Die positive Definitheit des Skalarprodukts ist äquivalent mit N3. □

Wie bei der Metrik ist auch hier die Umkehrung des Satzes nicht immer richtig, d.h. es gibt Normen, die nicht von einem Skalarprodukt induziert werden. Zum Beispiel läßt sich durch

$$\|\vec{x}\| := \max\{|{}^t\vec{x}\vec{e}_i| \mid i=1,\ldots,m\}$$

eine Norm auf $\mathbb{R}^{m\times 1}$ definieren. Gäbe es ein Skalarprodukt $\langle\,,\,\rangle$ auf $\mathbb{R}^{m\times 1}$ mit $\|\vec{x}\| = \sqrt{\langle \vec{x},\vec{x}\rangle}$, so müßte $\langle \vec{x},\vec{y}\rangle = \frac{1}{2}\left(\|\vec{x}+\vec{y}\|^2 - \|\vec{x}\|^2 - \|\vec{y}\|^2\right)$ sein. Diese Abbildung wäre aber für $m \geq 2$ etwa wegen $\langle \vec{e}_1 + \vec{e}_2, \vec{e}_2\rangle = 1$ und $\langle \vec{e}_1, \vec{e}_2\rangle + \langle \vec{e}_2, \vec{e}_2\rangle = \frac{1}{2}$ nicht bilinear.

Im folgenden wird mit $\|\ \|$ stets die Norm bezeichnet, die durch das jeweilige Skalarprodukt $\langle\,,\,\rangle$ induziert ist.

2.4.12 Satz über geometrische Eigenschaften

In jedem euklidischen oder unitären Vektorraum V gilt

(37) $\quad \|\vec{x}-\vec{y}\|^2 = \|\vec{x}\|^2 + \|\vec{y}\|^2 - 2\,\mathrm{Re}\,\langle \vec{x},\vec{y}\rangle$ $\quad$ (*Pythagorasgleichung*)

und

(38) $\quad \|\vec{x}-\vec{y}\|^2 + \|\vec{x}+\vec{y}\|^2 = 2\left(\|\vec{x}\|^2 + \|\vec{y}\|^2\right)$ $\quad$ (*Parallelogrammgleichung*)

für alle $\vec{x},\vec{y} \in V$.

Beweis (r1):

Aus (35) mit $\lambda=1$ folgt (37), und Addition der beiden aus (35) für $\lambda=1$ und $\lambda=-1$ entstehenden Gleichungen ergibt (38). □

Die Gleichung (37) entspricht eigentlich dem *Cosinussatz* der ebenen Geometrie. Tatsächlich nimmt $\dfrac{\mathrm{Re}\,\langle \vec{x},\vec{y}\rangle}{\|\vec{x}\|\,\|\vec{y}\|}$ für alle $\vec{x},\vec{y} \in V\setminus\{\vec{0}\}$ wegen

(36) nur reelle Werte zwischen -1 und 1 an, und es gilt

$$\frac{\mathrm{Re}\langle\lambda\vec{x},\mu\vec{y}\rangle}{\|\lambda\vec{x}\|\,\|\mu\vec{y}\|} = \frac{\mathrm{Re}\langle\vec{x},\vec{y}\rangle}{\|\vec{x}\|\,\|\vec{y}\|} \text{ für alle } \lambda,\mu\in\mathbb{R} \text{ mit } \lambda>0 \text{ und } \mu>0.$$

Damit könnte durch $\sphericalangle(\vec{x},\vec{y}) := \arccos\frac{\mathrm{Re}\langle\vec{x},\vec{y}\rangle}{\|\vec{x}\|\,\|\vec{y}\|}$ ein Winkel im Bogenmaß zwischen 0 und π sinnvoll definiert werden. Dann wäre aber in unitären Vektorräumen die Orthogonalität von zwei Vektoren - dem Winkel $\frac{\pi}{2}$ entsprechend - durch $\mathrm{Re}\langle\vec{x},\vec{y}\rangle = 0$ zu erklären, wodurch sich im Vergleich mit euklidischen Vektorräumen, in denen $\mathrm{Re}\langle\vec{x},\vec{y}\rangle = \langle\vec{x},\vec{y}\rangle$ ist, eine sehr unhandliche Theorie ergäbe. Man verzichtet deshalb in unitären Vektorräumen auf die Einführung von Winkeln und definiert die Orthogonalität passend zur Winkeldefinition

(39) $\sphericalangle(\vec{x},\vec{y}) := \arccos\frac{\langle\vec{x},\vec{y}\rangle}{\|\vec{x}\|\,\|\vec{y}\|} \in [0,\pi]$ für $\vec{x},\vec{y} \in V\setminus\{\vec{0}\}$

in euklidischen Vektorräumen **V**:

2.4.13 Definition der Orthogonalität
Ist **V** ein euklidischer oder unitärer Vektorraum, so heißen zwei Vektoren $\vec{x},\vec{y} \in V$ *orthogonal* genau dann, wenn $\langle\vec{x},\vec{y}\rangle = 0$ gilt.

Übung 2.4.a

Zeigen Sie, daß die Norm $\|\ \|$ eines normierten Raums **V** genau dann von einem Skalarprodukt $\langle\ ,\ \rangle$ auf **V** induziert wird, wenn die Norm in **V** die Parallelogrammgleichung (38) erfüllt.
[Hinweis: Stellen Sie zunächst $\langle\vec{x},\vec{y}\rangle$ mit Hilfe von (35) durch Normenquadrate dar, leiten Sie dann die Gleichung $2\langle\vec{x},\vec{y}\rangle + 2\langle\vec{z},\vec{y}\rangle = \langle\vec{x}+\vec{z},2\vec{y}\rangle$ für alle $\vec{x},\vec{y},\vec{z} \in V$ aus (38) her, und benutzen Sie zum Schluß ein "Stetigkeitsargument" für den Nachweis der Linearität in der zweiten Komponente.]

2.4.14 Definition des orthogonalen Komplements und der Orthogonalprojektion
Es sei **V** ein euklidischer oder unitärer Vektorraum und **U** ein Untervektorraum von **V**. Dann wird

$U^\perp := \{\vec{v} \in V \mid \langle\vec{v},\vec{u}\rangle = 0 \text{ für alle } \vec{u}\in U\}$ (gelesen: **U** ortho)

orthogonales Komplement von U *in* V genannt.
Eine Abbildung $\varphi: V \to U$ heißt *Orthogonalprojektion von* V *auf* U genau dann, wenn $\vec{v} - \varphi(\vec{v}) \in U^\perp$ für alle $\vec{v} \in V$ gilt.

Übung 2.4.b

Es sei V ein euklidischer oder unitärer Vektorraum, U ein Untervektorraum von V und $\varphi: V \to U$ eine Orthogonalprojektion von V auf U. Beweisen Sie die folgenden Eigenschaften von φ:

i) $\varphi(\vec{u}) = \vec{u}$ für alle $\vec{u} \in U$;

ii) $\varphi(\vec{w}) = \vec{0}$ für alle $\vec{w} \in U^\perp$.

iii) Zu jedem $\vec{v} \in V$ gibt es genau ein Paar $(\vec{u}, \vec{w}) \in U \times U^\perp$ mit $\vec{v} = \vec{u} + \vec{w}$, und es gilt $\varphi(\vec{v}) = \vec{u}$, d.h. φ ist eindeutig durch U bestimmt.

Wenn keine Mißverständnisse auftreten können, nennen wir das Bild von $\vec{v} \in V$ unter der Orthogonalprojektion von V auf U auch kurz "Orthogonalprojektion von $\vec{v}$ auf U".

Am Schluß des Abschnitts 2.5 werden wir erkennen, daß für endlich erzeugte euklidische oder unitäre Vektorräume V stets $V = \mathrm{Lin}(U \cup U^\perp)$ gilt und daß daraus die Existenz der (eindeutig bestimmten) Orthogonalprojektion von V auf U folgt.

2.4.15 Orthogonale Komplemente der fundamentalen Untervektorräume

2.4.16 Satz über orthogonale Komplemente

Ist $A \in \mathbb{K}^{m \times n}$, so gilt bezüglich des jeweiligen Standardskalarprodukts $Z(\bar{A})^\perp = N(A)$, $N(A)^\perp = Z(\bar{A})$ in $\mathbb{K}^{n \times 1}$ und $S(A)^\perp = L(\bar{A})$, $L(\bar{A})^\perp = S(A)$ in $\mathbb{K}^{m \times 1}$. Zu jedem $\vec{x} \in \mathbb{K}^{n \times 1}$ gibt es genau ein Paar $(\vec{x}_z, \vec{x}_n) \in Z(\bar{A}) \times N(A)$, so daß

(40) $$\vec{x} = \vec{x}_z + \vec{x}_n$$

gilt, und zu jedem $\vec{y} \in \mathbb{K}^{m \times 1}$ existiert genau ein Paar $(\vec{y}_s, \vec{y}_l) \in S(A) \times L(\bar{A})$ mit

(41) $$\vec{y} = \vec{y}_s + \vec{y}_l.$$

Die Vektoren $\vec{x}_z$, $\vec{x}_n$, $\vec{y}_s$ und $\vec{y}_l$ sind dabei die Orthogonalprojek-

2.4.16 Orthogonale Komplemente

tionen von $\vec{x}$ beziehungsweise $\vec{y}$ auf die entsprechenden fundamentalen Untervektorräume.

Beweis (a1):

Für $A \in \mathbb{K}_r^{m \times n}$ seien $\vec{v} \in N(A) \subseteq \mathbb{K}^{n \times 1}$ und $\vec{w} \in Z(\bar{A}) \subseteq \mathbb{K}^{n \times 1}$. Dann gilt $A\vec{v} = \vec{0}$, und es gibt $\vec{x} \in \mathbb{K}^{m \times 1}$ mit $\vec{w} = {}^t\bar{A}\vec{x}$. Damit folgt $\langle \vec{v}, \vec{w} \rangle = {}^t\bar{\vec{v}}\vec{w} = {}^t\bar{\vec{v}}{}^t\bar{A}\vec{x} = {}^t\overline{(A\vec{v})}\vec{x} = {}^t\vec{0}\,\vec{x} = 0$. Also ist $N(A) \subseteq Z(\bar{A})^\perp$ und $Z(\bar{A}) \subseteq N(A)^\perp$.

Im ersten Fall können wir auch umgekehrt schließen: Ist $\vec{v} \in Z(\bar{A})^\perp$, so gilt $0 = \langle \vec{v}, {}^t\bar{A}\vec{x} \rangle = {}^t\bar{\vec{v}}{}^t\bar{A}\vec{x} = {}^t\overline{(A\vec{v})}\vec{x}$ für alle $\vec{x} \in \mathbb{K}^{m \times 1}$. Insbesondere ergibt sich ${}^t\overline{(A\vec{v})} = {}^t\overline{(A\vec{v})}E_m = {}^t\vec{0}$, also $\vec{v} \in N(A)$, so daß damit $N(A) = Z(\bar{A})^\perp$ bewiesen ist.

Die zweite Gleichheit zeigen wir zusammen mit einer wichtigen Summendarstellung. Wegen der positiven Definitheit aller Skalarprodukte gilt stets $U \cap U^\perp = \{\vec{0}\}$, also auch $Z(\bar{A}) \cap N(A) = \{\vec{0}\}$. Sind $\{\vec{a}_1, \ldots, \vec{a}_r\}$ sowie $\{\vec{a}_{r+1}, \ldots, \vec{a}_n\}$ Basen von $Z(\bar{A})$ beziehungsweise $N(A)$, so stellt $\{\vec{a}_1, \ldots, \vec{a}_n\}$ eine Basis von $\mathbb{K}^{n \times 1}$ dar; denn für jede Linearkombination $\sum_{k=1}^{n} \lambda_k \vec{a}_k = \vec{0}$ mit $\lambda_k \in \mathbb{K}$ folgt $\sum_{k=1}^{r} \lambda_k \vec{a}_k = -\sum_{k=r+1}^{n} \lambda_k \vec{a}_k \in Z(\bar{A}) \cap N(A) = \{\vec{0}\}$, also $\lambda_1 = \ldots = \lambda_n = 0$.

Für jedes $\vec{x} \in \mathbb{K}^{n \times 1}$ gibt es $\lambda_1, \ldots, \lambda_n \in \mathbb{K}$, so daß $\vec{x} = \sum_{k=1}^{n} \lambda_k \vec{a}_k$ gilt. Setzen wir $\vec{x}_z := \sum_{k=1}^{r} \lambda_k \vec{a}_k$ und $\vec{x}_n := \sum_{k=r+1}^{n} \lambda_k \vec{a}_k$ für $r < n$ sowie $\vec{x}_n := \vec{0}$ für $r = n$, so folgt

$$\vec{x} = \vec{x}_z + \vec{x}_n \text{ mit } \vec{x}_z \in Z(\bar{A}) \text{ und } \vec{x}_n \in N(A).$$

Diese Darstellung ist eindeutig; denn aus $\vec{x} = \vec{x}'_z + \vec{x}'_n$ mit $\vec{x}'_z \in Z(\bar{A})$ und $\vec{x}'_n \in N(A)$ folgt $\vec{x}_z - \vec{x}'_z = \vec{x}'_n - \vec{x}_n \in Z(\bar{A}) \cap N(A) = \{\vec{0}\}$, also $\vec{x}'_z = \vec{x}_z$ und $\vec{x}'_n = \vec{x}_n$.

Wegen $\langle \vec{x} - \vec{x}_z, \vec{v} \rangle = \langle \vec{x}_n, \vec{v} \rangle = 0$ für alle $\vec{v} \in Z(\bar{A})$ ist $\vec{x}_z$ die Orthogonalprojektion von $\vec{x}$ auf $Z(\bar{A})$, und entsprechend ergibt sich $\vec{x}_n$ als Orthogonalprojektion von $\vec{x}$ auf $N(A)$.

Aus $\vec{x} = \vec{x}_z + \vec{x}_n \in N(A)^\perp$ folgt $0 = \langle \vec{x}, \vec{x}_n \rangle = \langle \vec{x}_n, \vec{x}_n \rangle$, also $\vec{x}_n = \vec{0}$ und damit $\vec{x} = \vec{x}_z \in Z(\bar{A})$, so daß nun auch $Z(\bar{A}) = N(A)^\perp$ bewiesen ist.

Für ${}^t\bar{A}$ anstelle von A ergibt sich $L(\bar{A}) = S(A)^\perp$, $S(A) = L(\bar{A})^\perp$ und

$\vec{y} = \vec{y}_s + \vec{y}_1$ für jedes $\vec{y} \in \mathbb{K}^{m \times 1}$

mit eindeutig bestimmten Vektoren $\vec{y}_s \in S(A)$ und $\vec{y}_1 \in L(\bar{A})$. □

In 2.4.23 werden explizite Formeln für die Berechnung der Orthogonalprojektionen auf $S(A)$ und $Z(\bar{A})$ bestimmt. Die übrigen beiden orthogonalen Projektionen ergeben sich dann durch Differenzbildung aus (40) und (41).

Die folgende Anwendung des *Satzes über orthogonale Komplemente* (2.4.16) führt zu einer Abbildung, mit deren Hilfe wir anschließend das lineare Ausgleichsproblem lösen werden. Zunächst betrachten wir die durch A erklärte Abbildung

$\hat{A}: \mathbb{K}^{n \times 1} \to S(A)$, $\vec{x} \mapsto A\vec{x}$ (gelesen: A Dach).

Für jedes $\vec{y} \in S(A)$ gibt es $\vec{x}_z \in Z(\bar{A})$ und $\vec{x}_n \in N(A)$, so daß $\vec{y} = A(\vec{x}_z + \vec{x}_n) = A\vec{x}_z$ gilt, d.h. $\hat{A} \mid Z(\bar{A})$ ist surjektiv. Sind $\vec{x}_z, \vec{x}'_z \in Z(\bar{A})$ mit $A\vec{x}_z = A\vec{x}'_z$, so folgt $A(\vec{x}_z - \vec{x}'_z) = \vec{0}$, also $\vec{x}_z - \vec{x}'_z \in Z(\bar{A}) \cap N(A) = \{\vec{0}\}$ und damit $\vec{x}_z = \vec{x}'_z$, d.h. $\hat{A} \mid Z(\bar{A})$ ist auch injektiv. Als bijektive Abbildung besitzt $\hat{A} \mid Z(\bar{A})$ eine Umkehrabbildung $\alpha: S(A) \to Z(\bar{A})$, $A\vec{x}_z \mapsto \vec{x}_z$, die wir mit Hilfe von (41) zu einer Abbildung

(42) $\quad \alpha: \mathbb{K}^{m \times 1} \to Z(\bar{A})$, $A\vec{x}_z + \vec{y}_1 \mapsto \vec{x}_z$,

auf $\mathbb{K}^{m \times 1}$ erweitern. Den durch $\hat{A}$ und α hergestellten Zusammenhang zwischen den fundamentalen Untervektorräumen geben die Figuren 5 und 6 wieder, die räumlich-perspektivisch aufgefaßt werden sollten:

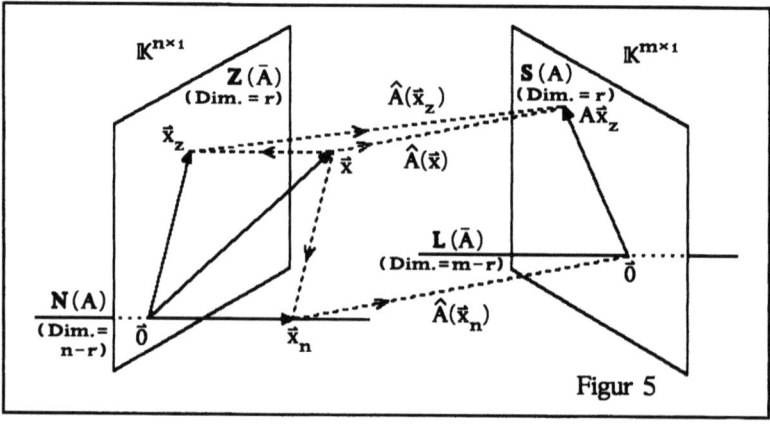

Figur 5

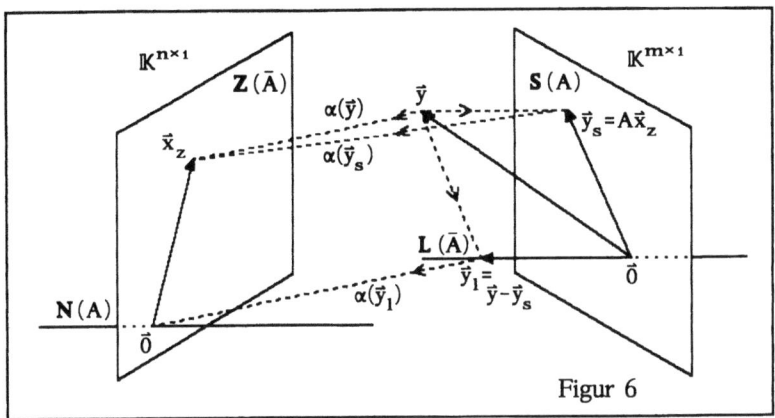

Figur 6

2.4.17 Das lineare Ausgleichsproblem

Dieser Abschnitt 2.4 wurde durch das Problem eingeleitet, unlösbare lineare Gleichungssysteme $A\vec{x}=\vec{b}$ mit $A \in \mathbb{K}^{m \times n}$ und $\vec{b} \in \mathbb{K}^{m \times 1}$ sinnvoll näherungsweise zu lösen (siehe Seite 138). Mit den inzwischen eingeführten Begriffen läßt sich dieses *lineare Ausgleichsproblem* durch die Forderung präzisieren, ein $\vec{x}_o \in \mathbb{K}^{n \times 1}$ so zu bestimmen, daß $\|A\vec{x}_o - \vec{b}\|$ minimal wird.

In der Praxis treten unlösbare lineare Gleichungssysteme hauptsächlich auf, wenn die Anzahl m der Gleichungen größer ist als die Anzahl n der Unbekannten. Der folgende einfache Fall eines linearen Zusammenhangs zwischen zwei Größen führt bereits zu einer wesentlichen Idee für die Lösung des allgemeinen Falles und läßt auch erkennen, wieso das von Gauß eingeführte Verfahren "*Methode der kleinsten Quadrate*" heißt. Gegeben seien n Meßwerte u_i und d_i, i=1,...,n, etwa die gemessenen Umfänge und Durchmesser verschiedener Kreise, die nach dem Eintragen in ein Koordinatensystem näherungsweise einen linearen Zusammenhang der Form $u = pd$ erkennen lassen (Figur 7).

Um die normalerweise auftretenden Meßfehler "auszugleichen", wird eine (Ursprungs-) Gerade gesucht, die die Meßpunkte "möglichst gut" annähert. Es kommt hier also darauf an, die Steigung der "Ausgleichsgeraden" zu bestimmen. Ist $u(d) = pd$ die Funktionsgleichung dieser Geraden, so entsteht durch die Meßwerte ein lineares Gleichungssystem $pd_i = u_i$, $i=1,\ldots,n$. Damit ist $A = \vec{d} := {}^t(d_1 \ldots d_n) \in \mathbb{R}^{n\times 1}$, $\vec{b} = \vec{u} := {}^t(u_1 \ldots u_n) \in \mathbb{R}^{n\times 1}$ und $\vec{x} = p \in \mathbb{R}^{1\times 1}$.

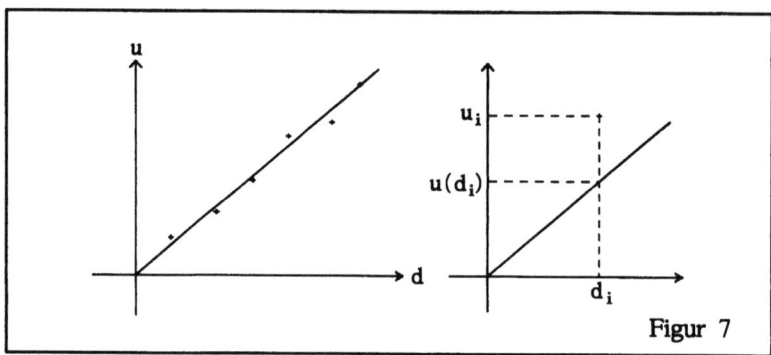

Figur 7

Der Ansatz, den man heute als Minimierung der Norm (beziehungsweise des Normenquadrats) von $A\vec{x} - \vec{b}$ formuliert, wurde von Gauß im Zusammenhang mit dem ebenfalls von ihm gefundenen "Fehlerwahrscheinlichkeitsgesetz" eingeführt, aus dem sich herleiten läßt, daß bei Beobachtungsgrößen, die nur mit "zufälligen" Fehlern behaftet sind, der günstigste Wert der unbekannten Größe durch Minimierung der entsprechenden "Fehlerquadratsumme" gewonnen werden kann.

In unserem Fall ist also p so zu bestimmen, daß

$$\|p\vec{d} - \vec{u}\|^2 = \sum_{i=1}^{n} (pd_i - u_i)^2$$

minimal wird. Nach (35) gilt

$$\langle p\vec{d} - \vec{u}, p\vec{d} - \vec{u}\rangle = p^2 \|\vec{d}\|^2 - 2p\langle \vec{d}, \vec{u}\rangle + \|\vec{u}\|^2,$$

so daß sich durch quadratische Ergänzung oder durch Differenzieren nach p die Steigung $p_0 = \dfrac{\langle \vec{d}, \vec{u}\rangle}{\|\vec{d}\|^2}$ ergibt, für die die Quadratsumme ihren kleinsten Wert annimmt.

Im allgemeinen Fall ist dieses Vorgehen nicht möglich, aber schon die Veranschaulichung des speziellen Falles für $n=2$ führt zu einer wesentlichen Idee (Figur 8): Die Vektoren $p_0\vec{d}$ und $p_0\vec{d} - \vec{u}$ sind orthogonal, da

$$\langle p_0\vec{d}, p_0\vec{d} - \vec{u}\rangle = p_0^2 \|\vec{d}\|^2 - p_0\langle \vec{d}, \vec{u}\rangle = \frac{\langle \vec{d}, \vec{u}\rangle^2}{\|\vec{d}\|^2} - \frac{\langle \vec{d}, \vec{u}\rangle^2}{\|\vec{d}\|^2} = 0.$$

gilt. Im Hinblick auf den allgemeinen Fall läßt sich damit $p_0\vec{d}$ als Orthogonalprojektion von $\vec{u}$ auf den Untervektorraum $S(\vec{d})$ deuten.

2.4.19   Ausgleichslösung und Optimallösung

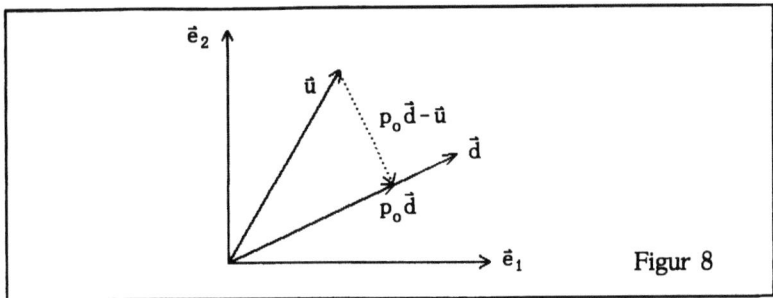

Figur 8

Wir definieren nun zunächst die beiden Lösungstypen, die den anschließenden Weg zur allgemeinen und eindeutigen Lösung des linearen Ausgleichsproblems bestimmen.

2.4.18 Definition der Ausgleichslösung und der Optimallösung

Ist $A \in \mathbb{K}^{m \times n} \setminus \{(0)\}$ und $\vec{b} \in \mathbb{K}^{m \times 1}$, so heißt $\vec{x}_1 \in \mathbb{K}^{n \times 1}$ *Ausgleichslösung* von $A\vec{x} = \vec{b}$ genau dann, wenn $\|A\vec{x}_1 - \vec{b}\| \leq \|A\vec{x} - \vec{b}\|$ für alle $\vec{x} \in \mathbb{K}^{n \times 1}$ gilt, wobei die Norm durch das Standardskalarprodukt induziert sei.

Ein Vektor $\vec{x}_0 \in \mathbb{K}^{n \times 1}$ wird genau dann *Optimallösung von* $A\vec{x} = \vec{b}$ genannt, wenn $\vec{x}_0$ eine Ausgleichslösung mit minimaler Norm ist.

2.4.19 Satz über die Ausgleichslösungen

Es sei $A \in \mathbb{K}^{m \times n} \setminus \{(0)\}$ und $\vec{b} \in \mathbb{K}^{m \times 1}$. Dann sind die folgenden Aussagen äquivalent:

i) $\vec{x}_1 \in \mathbb{K}^{n \times 1}$ ist eine Ausgleichslösung von $A\vec{x} = \vec{b}$;

ii) $A\vec{x}_1$ stellt die Orthogonalprojektion von $\vec{b}$ auf $S(A)$ dar;

iii) Es gelten die *Normalgleichungen*

(43) $^t\!\bar{A}A\vec{x}_1 = {}^t\!\bar{A}\vec{b}$.

Beweis (a1):

Der *Satz über orthogonale Komplemente* (2.4.16) ergibt für $\vec{b}$ die eindeutige Darstellung $\vec{b} = \vec{b}_s + \vec{b}_1$ mit orthogonalen Vektoren $\vec{b}_s \in S(A)$

und $\vec{b}_1 \in L(A)$.

Da $A\vec{x} - \vec{b}_s$ für jedes $\vec{x} \in \mathbb{K}^{n \times 1}$ in $S(A)$ liegt, sind auch $A\vec{x} - \vec{b}_s$ und $\vec{b}_1 = \vec{b} - \vec{b}_s$ orthogonal. Mit Hilfe der Pythagorasgleichung (37) erhalten wir also $\|A\vec{x} - \vec{b}\|^2 = \|(A\vec{x} - \vec{b}_s) - (\vec{b} - \vec{b}_s)\|^2 = \|A\vec{x} - \vec{b}_s\|^2 + \|\vec{b} - \vec{b}_s\|^2$ für jedes $\vec{x} \in \mathbb{K}^{n \times 1}$.

Damit ist $\|A\vec{x}_1 - \vec{b}\|$ genau dann minimal, wenn $A\vec{x}_1 = \vec{b}_s$ gilt. Wegen $A\vec{x}_1 - \vec{b} = \vec{b}_s - \vec{b} = -\vec{b}_1 \in L(\bar{A})$ ist dieses gleichbedeutend mit ${}^t\bar{A}(A\vec{x}_1 - \vec{b}) = (0)$, also mit der Gültigkeit der Normalgleichungen ${}^t\bar{A}A\vec{x}_1 = {}^t\bar{A}\vec{b}$. □

Wegen ihrer Bedeutung bezeichnen wir die Koeffizientenmatrix ${}^t\bar{A}A$ der Normalgleichungen als *Normalmatrix von* A. Die folgenden Ergebnisse über Normalmatrizen benötigen wir, um Aussagen über die Lösbarkeit und die Lösungsmenge der Normalgleichungen zu erhalten.

2.4.20 Satz über die Normalmatrix

Für jedes $A \in \mathbb{K}_r^{m \times n}$ gilt

i) $N(A) = N({}^t\bar{A}A)$,

ii) $S({}^t\bar{A}) = S({}^t\bar{A}A)$ und

iii) Rang ${}^t\bar{A}A = r$.

Insbesondere stellt ${}^t\bar{A}A$ genau dann eine invertierbare Matrix dar, wenn $r = n$ ist.

Beweis (a1):

Aus $\vec{x} \in N(A)$ folgt ${}^t\bar{A}A\vec{x} = \vec{0}$, also $N(A) \subseteq N({}^t\bar{A}A)$. Umgekehrt gilt $\|A\vec{x}\|^2 = {}^t\vec{\bar{x}}\,{}^t\bar{A}A\vec{x} = 0$ für alle $\vec{x} \in N({}^t\bar{A}A)$. Wegen der Anisotropie der Norm ergibt sich $A\vec{x} = \vec{0}$, also $N({}^t\bar{A}A) \subseteq N(A)$ und damit $N(A) = N({}^t\bar{A}A)$.

Aufgrund des *Satzes über orthogonale Komplemente* (2.4.16) erhalten wir daraus $S({}^t\bar{A}) = Z(\bar{A}) = N(A)^\perp = N({}^t\bar{A}A)^\perp = Z({}^t A\bar{A}) = S({}^t\bar{A}A)$. Wegen Rang ${}^t\bar{A}A = \dim S({}^t\bar{A}A) = \dim S({}^t\bar{A}) = $ Rang ${}^t\bar{A} = $ Rang A nach (16) und (17) gilt auch iii).

Da ${}^t\bar{A}A \in \mathbb{K}^{n \times n}$ ist, folgt die Invertierbarkeitsaussage mit Hilfe des *Satzes über Rechts- und Linksinverse* (2.3.32). □

Ist p eine Primzahl, $K = \mathbb{Z}_p$ der zugehörige endliche Körper und $A := {}^t(1 \ldots 1) \in K^{p \times 1}$, so gilt ${}^t A A = (0) \in K^{1 \times 1}$. Solche "Degenerationen" sind ein Grund dafür, daß die vielen Anwendungen, in denen $^t A A$ (beziehungsweise $^t \bar{A} A$) eine Rolle spielt, nicht auf endliche Körper oder auf Körper, die einen endlichen Körper enthalten, übertragen werden können.

2.4.21 Satz über die Normalgleichungen

Für jedes $A \in \mathbb{K}_r^{m \times n} \setminus \{(0)\}$ und alle $\vec{b} \in \mathbb{K}^{m \times 1}$ sind die Normalgleichungen (43) lösbar.

Im Falle $r = n$ ist die Lösung $\vec{x}_1 := (^t \bar{A} A)^{-1} \, ^t \bar{A} \vec{b}$ eindeutig bestimmt, und $\hat{P} : \mathbb{K}^{m \times 1} \to S(A)$, $\vec{b} \mapsto P \vec{b}$ mit $P := A (^t \bar{A} A)^{-1} \, ^t \bar{A} \in \mathbb{K}^{m \times m}$ stellt die Orthogonalprojektion von $\mathbb{K}^{m \times 1}$ auf $S(A)$ dar.

Beweis (a1):
Es ist $^t \bar{A} \vec{b} \in S(^t \bar{A})$, und aufgrund des *Satzes über die Normalmatrix* (2.4.20 ii)) gilt $S(^t \bar{A}) = S(^t \bar{A} A)$. Der *Satz über die Lösbarkeit eines inhomogenen Gleichungssystems* (2.3.24) ergibt damit, daß $^t \bar{A} A \vec{x} = \, ^t \bar{A} \vec{b}$ stets lösbar ist.

Ebenfalls mit Hilfe des *Satzes über die Normalmatrix* folgt, daß $^t \bar{A} A$ für $r = n$ eine invertierbare Matrix darstellt, so daß in diesem Fall die Lösung $\vec{x}_1$ eindeutig ist. Der *Satz über die Ausgleichslösungen* (2.4.19) zeigt dann, daß $A \vec{x}_1 = A (^t \bar{A} A)^{-1} \, ^t \bar{A} \vec{b} = P \vec{b}$ für jedes $\vec{b} \in \mathbb{K}^{m \times 1}$ die Orthogonalprojektion von $\vec{b}$ auf $S(A)$ liefert. □

Es ist unmittelbar zu erkennen, daß die Matrix P die Gleichungen $P^2 = P$ und $^t \bar{P} = P$ erfüllt. Eine Matrix aus $\mathbb{K}^{m \times m}$ mit diesen beiden Eigenschaften heißt *Projektionsmatrix*. Ist K ein beliebiger Körper und $P \in K^{m \times m}$, so wird nur die Bedingung $P^2 = P$ für eine Projektionsmatrix P gefordert. Der folgende Satz bereitet die abschließende Lösung des linearen Ausgleichsproblems vor, bei der Projektionsmatrizen eine wesentliche Rolle spielen werden.

2.4.22 Satz über die Optimallösung

Es sei $A \in \mathbb{K}^{m \times n} \setminus \{(0)\}$ und $\vec{b} \in \mathbb{K}^{m \times 1}$. Ein Vektor $\vec{x}_0 \in \mathbb{K}^{n \times 1}$ ist genau dann Optimallösung von $A \vec{x} = \vec{b}$, wenn

i) $A\vec{x}_0$ die Orthogonalprojektion von $\vec{b}$ auf $S(A)$ darstellt und
ii) $\vec{x}_0$ in $Z(\bar{A})$ liegt.

Dadurch ist $\vec{x}_0$ eindeutig bestimmt, und es gilt $\vec{x}_0 = \alpha(\vec{b})$.

Beweis (a1):

Aufgrund des *Satzes über die Ausgleichslösungen* (2.4.19) ist Teil i) äquivalent dazu, daß jede Optimallösung eine Ausgleichslösung darstellt.

Es sei also $\vec{b}_s$ die Orthogonalprojektion von $\vec{b}$ auf $S(A)$ und $\vec{x}_0$ eine beliebige Lösung von $A\vec{x} = \vec{b}_s$. Aufgrund der Definition von α ist $\alpha(\vec{b})$ eine solche Lösung. Der *Satz über die Lösungsgesamtheit* (2.3.27) ergibt dann, daß $\vec{x}_0 = \alpha(\vec{b}) + \vec{x}_n$ mit $\vec{x}_n \in N(A)$ gilt, d.h. alle Ausgleichslösungen von $A\vec{x} = \vec{b}$ unterscheiden sich nur durch die Nullraumkomponente $\vec{x}_n$, die wegen $\alpha(\vec{b}) \in Z(\bar{A})$ zu $\alpha(\vec{b})$ orthogonal ist. Mit Hilfe der Pythagorasgleichung (37) folgt also $\|\vec{x}_0\|^2 = \|\alpha(\vec{b}) + \vec{x}_n\|^2 = \|\alpha(\vec{b})\|^2 + \|\vec{x}_n\|^2$, so daß $\|\vec{x}_0\|$ genau dann minimal ist, wenn $\vec{x}_n = \vec{0}$ und damit $\vec{x}_0 = \alpha(\vec{b})$ gilt. □

2.4.23 Satz über die Pseudo-Inverse

i) Ist $A \in \mathbb{K}^{m \times n} \setminus \{(0)\}$, und wird

(44) $$P_A := {}^{tr}\bar{A}({}^{tw}\bar{A}A{}^{tr}\bar{A})^{-1}\,{}^{tw}\bar{A}$$

gesetzt, so gilt

(45) $$\alpha(\vec{b}) = P_A \vec{b} \quad \text{für alle } \vec{b} \in \mathbb{K}^{m \times 1}.$$

ii) Dabei ergibt Multiplikation mit $A P_A = {}^w A({}^{tw}\bar{A}{}^w A)^{-1}\,{}^{tw}\bar{A}$ die Orthogonalprojektion von $\mathbb{K}^{m \times 1}$ auf $S(A)$, und Multiplikation mit $P_A A = {}^{tr}\bar{A}({}^r A {}^{tr}\bar{A})^{-1}\,{}^r A$ liefert die Orthogonalprojektion von $\mathbb{K}^{n \times 1}$ auf $Z(\bar{A})$.

iii) Die *Pseudo-Inverse* (*Moore-Penrose-Inverse*) P_A stellt die einzige symmetrisch verallgemeinerte Inverse V von A dar, die $\overline{{}^t(AV)} = AV$ und $\overline{{}^t(VA)} = VA$ erfüllt.

2.4.23 Die Pseudo-Inverse

Beweis (a2):

i) Ist $A \in \mathbb{K}_r^{m \times n} \setminus \{(0)\}$, so sind ${}^{tr}A {}^{tr}\bar{A} \in \mathbb{K}^{r \times r}$ und ${}^{tw}\bar{A} {}^w A \in \mathbb{K}^{r \times r}$ aufgrund des *Satzes über die Normalmatrix* (2.4.20) wegen Rang ${}^{tr}\bar{A} =$ Rang ${}^w A = r$ invertierbar. Mit der Zerlegung $A = {}^w A {}^r A$ aus dem *Reduziertensatz* (2.3.12) gilt

(46) $\quad {}^{tr}\bar{A}({}^{tw}\bar{A}A{}^{tr}\bar{A})^{-1}\,{}^{tw}\bar{A} = {}^{tr}\bar{A}({}^{r}A{}^{tr}\bar{A})^{-1}({}^{tw}\bar{A}{}^w A)^{-1}\,{}^{tw}\bar{A},$

so daß ${}^P A$ durch (44) definiert werden kann.

Aufgrund des *Satzes über die Optimallösung* (2.4.22) brauchen wir nur zu zeigen, daß ${}^P A \vec{b}$ für jedes $\vec{b} \in \mathbb{K}^{m \times 1}$ die Eigenschaften i) und ii) der Optimallösung hat. Mit $A = {}^w A {}^r A$ und (46) erhalten wir $A {}^P A = {}^w A({}^{tw}\bar{A}{}^w A)^{-1}\,{}^{tw}\bar{A}$. Da die Rangbedingung erfüllt ist, ergibt der *Satz über die Normalgleichungen* (2.4.21), daß $A\widehat{{}^P A}$ die Orthogonalprojektion von $\mathbb{K}^{m \times 1}$ auf $S({}^w A)$ und damit auf $S(A)$ darstellt. Wegen ${}^P A \vec{b} = {}^{tr}\bar{A} \vec{y}$ mit $\vec{y} := ({}^{tw}\bar{A}A{}^{tr}\bar{A})^{-1}\,{}^{tw}\bar{A}\vec{b} \in \mathbb{K}^{r \times 1}$ ist ${}^P A \vec{b} \in S({}^{tr}\bar{A})$, und aufgrund des *Satzes über die Gleichheit von Zeilenräumen* (2.3.8) gilt $S({}^{tr}\bar{A}) = Z({}^r\bar{A}) = Z(\bar{A})$.

Damit ist ${}^P A \vec{b}$ für jedes $\vec{b} \in \mathbb{K}^{m \times 1}$ die eindeutig bestimmte Optimallösung $\alpha(\vec{b})$ von $A\vec{x} = \vec{b}$, d.h. die Abbildung $\alpha: \mathbb{K}^{m \times 1} \to Z(\bar{A})$ kann durch die Zuordnung $\vec{y} \mapsto {}^P A \vec{y}$ erklärt werden, so daß $\alpha = \widehat{{}^P A}$ gilt.

ii) Oben wurde schon gezeigt, daß $A\widehat{{}^P A}$ die Orthogonalprojektion von $\mathbb{K}^{m \times 1}$ auf $S(A)$ ergibt. Analog folgt mit Hilfe des *Satzes über die Normalgleichungen* (2.4.21), daß $\widehat{{}^P A A}$ mit ${}^P A A = {}^{tr}\bar{A}({}^r A {}^{tr}\bar{A})^{-1}\,{}^r A$ die Orthogonalprojektion von $\mathbb{K}^{n \times 1}$ auf $S({}^{tr}\bar{A}) = Z(\bar{A})$ liefert. Wegen $\alpha = \widehat{{}^P A}$ steht dieses Ergebnis im Einklang damit, daß $\hat{A} \mid Z(\bar{A})$ und $\widehat{{}^P A} \mid S(A)$ Umkehrabbildungen voneinander sind, wodurch sich der Name "Pseudo-Inverse" für ${}^P A$ rechtfertigen läßt.

iii) Die vier Eigenschaften
(a) $A {}^P A A = A$, (b) ${}^P A A {}^P A = {}^P A$, (c) $\overline{{}^t (A {}^P A)} = A {}^P A$, (d) $\overline{{}^t ({}^P A A)} = {}^P A A$
ergeben sich ohne weiteres durch Ausrechnen. Sind $X, Y \in \mathbb{K}^{n \times m}$ Matrizen, die anstelle von ${}^P A$ die Gleichungen (a) bis (d) erfüllen, so folgt
$\quad X \stackrel{b}{=} XAX \stackrel{c}{=} X {}^t \bar{X} {}^t \bar{A} \stackrel{a}{=} X {}^t \bar{X} {}^t \bar{A} {}^t \bar{Y} {}^t \bar{A} \stackrel{c}{=} XAXAY =$
$\stackrel{b}{=} XAY \stackrel{b}{=} XAYAY \stackrel{d}{=} {}^t \bar{A} {}^t \bar{X} {}^t \bar{A} {}^t \bar{Y} Y \stackrel{a}{=} {}^t \bar{A} {}^t \bar{Y} Y \stackrel{d}{=} YAY \stackrel{a}{=} Y.$

Damit ist $^P A$ die einzige Matrix, für die (a) bis (d) gilt. □

Die Pseudo-Inverse $^P A$ heißt auch *Moore-Penrose-Inverse*, weil *E.H. Moore* (1920) als Erster Matrizen mit den Eigenschaften (a) bis (d) untersuchte und weil *R. Penrose* (1955) die bis dahin nicht beachteten Ergebnisse von Moore neu entdeckte. Zu (45) analoge Darstellungen ergeben sich für jede *Vollrangzerlegung* $A = BC$ mit $B \in \mathbb{K}_r^{m \times r}$ und $C \in \mathbb{K}_r^{r \times n}$. Zum Beispiel verwendet *G. Strang* anstelle von $^w A$ und $^r A$ die Matrizen $\underline{U} := P^{-1}U(\vec{e}_1 ... \vec{e}_r)$ und $\underline{S} := {}^t(\vec{e}_1 ... \vec{e}_r)S$, wobei P, U und S durch den *Zerlegungsalgorithmus* bestimmt sind. In 6.2.35 findet sich eine einfachere Darstellung für $^P A$, die aber in der Regel nur näherungsweise berechnet werden kann.

2.4.24 Summe und Durchschnitt von Untervektorräumen

Die beiden Summendarstellungen (40) und (41) aus dem *Satz über orthogonale Komplemente* (2.4.16) haben sich bei der Lösung des linearen Ausgleichsproblems schon als sehr nützlich erwiesen. Wir wollen deshalb diesen Abschnitt mit der Einordnung des speziellen Sachverhalts in die allgemeine Theorie abschließen, wobei sich sowohl wichtige Zerlegungen von Vektorräumen als auch Zuordnungen von Untervektorräumen zu zwei (oder mehr) Untervektorräumen ergeben.

2.4.25 Definition der Summe von Untervektorräumen

Sind U und V Untervektorräume eines K-Vektorraums W, so wird
$$U + V := \{\vec{w} \in W \mid \text{Es gibt } \vec{u} \in U \text{ und } \vec{v} \in V, \text{ so daß } \vec{w} = \vec{u} + \vec{v} \text{ ist}\}$$
Summe von U und V genannt.

Der folgende Satz enthält eine einfachere Darstellung für $U + V$, die zugleich zeigt, daß $U + V$ stets ein Untervektorraum ist:

2.4.26 Satz über die Summe von Untervektorräumen

Sind U und V Untervektorräume eines K-Vektorraums, so gilt
$$U + V = \text{Lin}(U \cup V).$$

2.4.29 Summe und Durchschnitt von Untervektorräumen 157

Beweis (r1):

Für alle $\vec{u} \in U$ und alle $\vec{v} \in V$ folgt wegen $\vec{u}, \vec{v} \in U \cup V$, daß $\vec{u}+\vec{v} \in \text{Lin}(U \cup V)$ und damit $U+V \subseteq \text{Lin}(U \cup V)$ gilt.
Umgekehrt gibt es zu jedem $\vec{w} \in \text{Lin}(U \cup V)$ definitionsgemäß Elemente $\vec{u}_1, \ldots, \vec{u}_k \in U$, $\vec{v}_1, \ldots, \vec{v}_m \in V$ und $\lambda_1, \ldots, \lambda_k, \mu_1, \ldots, \mu_m \in K$, so daß $\vec{w} = \lambda_1 \vec{u}_1 + \ldots + \lambda_k \vec{u}_k + \mu_1 \vec{v}_1 + \ldots + \mu_m \vec{v}_m$ ist. Setzen wir $\vec{u} := \lambda_1 \vec{u}_1 + \ldots + \lambda_k \vec{u}_k$ und $\vec{v} := \mu_1 \vec{v}_1 + \ldots + \mu_m \vec{v}_m$, so gilt $\vec{w} = \vec{u} + \vec{v}$ mit $\vec{u} \in U$ und $\vec{v} \in V$, also $\vec{w} \in U+V$ □

2.4.27 Beispiel

Ist $A \in K^{m \times n}$, $B \in K^{m \times r}$ und $C := (A\ B) \in K^{m \times (n+r)}$, so gilt $S(A) + S(B) = S(C)$; denn wegen $A\vec{u} + B\vec{v} = (A\ B)\binom{\vec{u}}{\vec{v}}$ für alle $\vec{u} \in K^{n \times 1}$ und alle $\vec{v} \in K^{r \times 1}$ ist $\vec{x} \in S(A) + S(B)$ genau dann erfüllt, wenn $\vec{x} \in S(C)$ gilt.

Die Vereinigung von Untervektorräumen U und V eines K-Vektorraums ist im allgemeinen kein K-Vektorraum, z.B.

$$\text{Lin}\left\{\binom{1}{0}\right\} \cup \text{Lin}\left\{\binom{0}{1}\right\} \subset \mathbb{R}^{2 \times 1} \text{ enthält nicht } \binom{1}{0} + \binom{0}{1} = \binom{1}{1}.$$

Für den mengentheoretischen Durchschnitt von zwei (oder mehr) Untervektorräumen gilt dagegen:

2.4.28 Satz über den Durchschnitt von Untervektorräumen

Sind U und V Untervektorräume eines K-Vektorraums W, so ist auch ihr *Durchschnitt* $U \cap V$ ein Untervektorraum von W.

Beweis (r1):

Aus $\vec{x}, \vec{x}' \in U \cap V$ und $c \in K$ folgt $\vec{x}+\vec{x}' \in U$, $c\vec{x} \in U$, $\vec{x}+\vec{x}' \in V$ und $c\vec{x} \in V$, also $\vec{x}+\vec{x}' \in U \cap V$ und $c\vec{x} \in U \cap V$. Außerdem ist $\vec{0} \in U \cap V$. Aufgrund des *Satzes zur Definition des Untervektorraums* (2.1.11) ist damit $U \cap V$ ein Untervektorraum von W. □

2.4.29 Beispiel

Ist $A \in K^{k \times n}$, $B \in K^{m \times n}$ und $D := \binom{A}{B} \in K^{(k+m) \times n}$, so gilt $N(A) \cap N(B) = N(D)$; denn $A\vec{x} = \vec{0}$ und $B\vec{x} = \vec{0}$ sind genau dann gleichzeitig erfüllt, wenn $D\vec{x} = \binom{A}{B}\vec{x} = \vec{0}$ ist.

Nachdem wir (23) als "erste Dimensionsformel" hergeleitet haben (Seite 122), beweisen wir nun mit Hilfe des Durchschnitts als *zweite Dimensionsformel* eine Darstellung für dim($U+V$), die in 4.2.4 auf beliebige endlich erzeugte K-Vektorräume übertragen wird.

2.4.30 Satz über die zweite Dimensionsformel

Sind U und V Untervektorräume von $K^{n\times 1}$, so gilt
(47) $\dim(U+V) = \dim U + \dim V - \dim(U \cap V)$.

Beweis (a2):

Es sei $\{\vec{a}_1,\ldots,\vec{a}_k\}$ eine Basis von U, $\{\vec{b}_1,\ldots,\vec{b}_m\}$ eine Basis von V und $C := (\vec{a}_1 \ldots \vec{a}_k\ \vec{b}_1 \ldots \vec{b}_m)$. Der Beweis erfolgt dann in drei Schritten:

1. $\dim(U+V) = \dim S(C)$;
2. $\dim(U \cap V) = \dim N(C)$;
3. $\dim(U \cap V) + \dim(U+V) = \dim U + \dim V$.

1. Schritt: Nach Beispiel 2.4.27 ist $U+V = S(C)$, also

---

(48) $\dim(U+V) = \dim S(C)$.

---

2. Schritt: Den Zusammenhang zwischen $N(C)$ und $U \cap V$ erkennen wir durch folgende Überlegung: Da ${}^t(x_1 \ldots x_{k+m}) \in N(C)$ genau dann gilt, wenn $x_1\vec{a}_1+\ldots+x_k\vec{a}_k+x_{k+1}\vec{b}_1+\ldots+x_{k+m}\vec{b}_m = \vec{0}$ ist, spalten wir die Summe auf und setzen $\vec{y} := x_1\vec{a}_1+\ldots+x_k\vec{a}_k = -x_{k+1}\vec{b}_1-\ldots-x_{k+m}\vec{b}_m$. Damit folgt $\vec{y} \in U \cap V$. Wir definieren deshalb

$f: N(C) \to U \cap V$, ${}^t(x_1 \ldots x_{k+m}) \mapsto x_1\vec{a}_1+\ldots+x_k\vec{a}_k$

und zeigen, daß jede Basis von $N(C)$ durch f auf eine Basis von $U \cap V$ abgebildet wird.

a) f ist bijektiv: Da $\{\vec{a}_1,\ldots,\vec{a}_k\}$ und $\{\vec{b}_1,\ldots,\vec{b}_m\}$ linear unabhängig sind, gibt es aufgrund des *Satzes über eindeutige Linearkombinationen* (2.2.11) zu jedem $\vec{y} \in U \cap V$ genau eine Linearkombination $\vec{y} = x_1\vec{a}_1+\ldots+x_k\vec{a}_k \in U$ und genau eine Linearkombination $\vec{y} = -x_{k+1}\vec{b}_1-\ldots-x_{k+m}\vec{b}_m \in V$, also genau einen Vektor $\vec{x} := {}^t(x_1 \ldots x_{k+m}) \in N(C)$ mit $f(\vec{x}) = \vec{y}$.

b) Sind $\vec{x}, \vec{x}' \in N(C)$ und ist $c \in K$, so gilt
$f(\vec{x}+\vec{x}') = (x_1+x_1')\vec{a}_1+\ldots+(x_k+x_k')\vec{a}_k = f(\vec{x})+f(\vec{x}')$ und
$f(c\vec{x}) = (cx_1)\vec{a}_1+\ldots+(cx_k)\vec{a}_k = cf(\vec{x})$.

2.4.32   Direkte Summe

c) $\{\vec{c}_1,\ldots,\vec{c}_p\}$ sei eine Basis von $N(C)$. Ist $\vec{y} \in U \cap V$ und $\vec{x} := \overset{-1}{f}(\vec{y}) =:$
$=: u_1\vec{c}_1 + \ldots + u_p\vec{c}_p$, so folgt wegen b) mit vollständiger Induktion
$\vec{y} = u_1 f(\vec{c}_1) + \ldots + u_p f(\vec{c}_p)$, d.h. $\text{Lin}\{f(\vec{c}_1),\ldots,f(c_p)\} = U \cap V$.

d) $\{f(\vec{c}_1),\ldots,f(\vec{c}_p)\}$ ist linear unabhängig, denn aus $v_1 f(\vec{c}_1) + \ldots + v_p f(\vec{c}_p) = \vec{0}$
folgt $f(v_1\vec{c}_1 + \ldots + v_p\vec{c}_p) = \vec{0}$ (wegen b)), $v_1\vec{c}_1 + \ldots + v_p\vec{c}_p = \vec{0}$ (wegen $f(\vec{0}) = \vec{0}$
und wegen der Bijektivität von f), $v_1 = \ldots = v_p = 0$ (wegen der linearen
Unabhängigkeit von $\vec{c}_1,\ldots,\vec{c}_p$). Damit ist $\{f(\vec{c}_1),\ldots,f(\vec{c}_p)\}$ eine Basis
von $U \cap V$, also $\dim(U \cap V) = \dim N(C)$.

3. Schritt: Nun folgt $p = \dim(U \cap V) = \dim N(C) \overset{(23)}{=} (k+m) - \dim S(C) \overset{(48)}{=}$
$(k+m) - \dim(U+V)$. Da $k = \dim U$ und $m = \dim V$ ist, haben wir damit
die Behauptung des Satzes.   □

Der Fall $U \cap V = \{\vec{0}\}$, also $\dim(U+V) = \dim U + \dim V$, ist besonders wichtig:

2.4.31   Definition der direkten Summe

Sind U und V Untervektorräume des K-Vektorraums W, so heißt
W *direkte Summe von* U *und* V (in Zeichen: $W = U \oplus V$) genau
dann, wenn $W = U + V$ und $U \cap V = \{\vec{0}\}$ gilt.

Neben dieser Definition werden auch andere Charakterisierungen benötigt.

2.4.32   Satz über direkte Summen

Für Untervektorräume U, V und W von $K^{n \times 1}$ sind folgende Aussagen äquivalent:

    i) $W = U \oplus V$;
   ii) Zu jedem $\vec{w} \in W$ gibt es genau ein Paar $(\vec{u}, \vec{v})$ mit $\vec{u} \in U$, $\vec{v} \in V$
       und $\vec{w} = \vec{u} + \vec{v}$;
  iii) $W = U + V$ und $\dim W = \dim U + \dim V$;
  iv) $U \cap V = \{\vec{0}\}$, $U \subseteq W$, $V \subseteq W$ und $\dim W = \dim U + \dim V$.

Beweis (r1):

i) und ii) haben gemeinsam, daß jedes $\vec{w} \in W$ eine Darstellung $\vec{w} = \vec{u} + \vec{v}$

mit $\vec{u} \in U$ und $\vec{v} \in V$ besitzt. Die Herleitung der Eindeutigkeit aus $U \cap V = \{\vec{0}\}$ und des umgekehrten Schlusses erfolgt jeweils indirekt: Hätte $\vec{w}$ zwei verschiedene Darstellungen $\vec{w} = \vec{u}_i + \vec{v}_i$, $i=1,2$, mit $\vec{u}_i \in U$, $\vec{v}_i \in V$, so läge $\vec{u}_1 - \vec{u}_2 = \vec{v}_2 - \vec{v}_1 \ne \vec{0}$ in $U \cap V$. Gäbe es in $U \cap V$ einen von $\vec{0}$ verschiedenen Vektor $\vec{u}$, so hätte $\vec{0}$ die beiden verschiedenen Darstellungen $\vec{0} + \vec{0} = \vec{u} + (-\vec{u})$.

Zum Nachweis der übrigen Äquivalenzen wird iii) aus i), iv) aus iii) und i) aus iv) jeweils mit Hilfe der zweiten Dimensionsformel (47) hergeleitet. Bei den ersten beiden benutzt man, daß $\dim(U \cap V) = 0$ genau dann gilt, wenn $U \cap V = \{\vec{0}\}$ ist. Im dritten Fall erhält man zunächst $\dim W = \dim(U+V)$. Da außerdem $U+V \subseteq W$ ist, stellt jede Basis von $U+V$ auch eine Basis von W dar, so daß $U+V = W$ gilt. □

Mit der Übertragung des *Satzes über die zweite Dimensionsformel* (2.4.30) auf beliebige endlich erzeugte K-Vektorräume in 4.2.4 erweitert sich entsprechend die Gültigkeit des *Satzes über direkte Summen*. Im Abschnitt 6.2.8 werden direkte Summen für mehr als zwei Untervektorräume definiert.

Übung 2.4.c

Es seien U, W_1, W_2 Untervektorräume eines K-Vektorraums V.

i) Zeigen Sie, daß $(U \cap W_1) + (U \cap W_2) \subseteq U \cap (W_1 + W_2)$ gilt.

ii) Geben Sie für $V = \mathbb{R}^{2 \times 1}$ Untervektorräume U, W_1, W_2 mit $(U \cap W_1) + (U \cap W_2) \ne U \cap (W_1 + W_2)$ an.

Übung 2.4.d

In dem Vektorraum der Polynome mit Koeffizienten aus $\mathbb{R}$ seien $U := \mathrm{Lin}\{x^3 + 4x^2 - x + 3, x^3 + 5x^2 + 5, 3x^3 + 10x^2 - 5x + 5\}$ und $V := \mathrm{Lin}\{x^3 + 4x^2 + 6, x^3 + 2x^2 - x + 5, 2x^3 + 2x^2 - 3x + 9\}$ Untervektorräume. Bestimmen Sie je eine Basis von $U + V$ und $U \cap V$.

Übung 2.4.e

Für $\vec{a} \in K^{n \times 1}$ sei $E_{\vec{a}} := \{\vec{x} \in K^{n \times 1} \mid {}^t\vec{a}\vec{x} = 0\}$ (vgl. die Übungen 2.2.c und 2.2.n).

i) Beweisen Sie, daß $E_{\vec{a}} \oplus \mathrm{Lin}\{\vec{y}\} = K^{n \times 1}$ für jedes $\vec{a} \in K^{n \times 1}$ und für alle $\vec{y} \in K^{n \times 1} \setminus E_{\vec{a}}$ gilt. [Hinweis: Bestimmen Sie im Falle $\vec{a} \ne \vec{0}$ eine Basis von $E_{\vec{a}}$, die durch $\vec{y}$ zu einer Basis von $K^{n \times 1}$ ergänzt wird.]

2.5.3 Skalarprodukte und der Orthonormalisierungsalgorithmus   161

ii) Zeigen Sie für $K = \mathbb{R}$, daß $E_{\vec{a}} \oplus \text{Lin}\{\vec{a}\} = \mathbb{R}^{n \times 1}$ für jedes $\vec{a} \in \mathbb{R}^{n \times 1}$ erfüllt ist.

Übung 2.4.f

Wie in Übung 2.2.m (Seite 105) seien S und S_1 die Untervektorräume der symmetrischen und der schiefsymmetrischen Matrizen in $K^{n \times n}$. Zeigen Sie, daß $K^{n \times n} = S \oplus S_1$ gilt.

2.5 Skalarprodukte und der Orthonormalisierungsalgorithmus

2.5.1 Hermitesche Matrizen

Im letzten Abschnitt wurden einige Begriffe allgemeiner eingeführt als es das lineare Ausgleichsproblem erforderte. Wir wollen nun Nutzen daraus ziehen, indem wir den grundlegenden Begriff des Skalarprodukts in endlich erzeugten $\mathbb{K}$-Vektorräumen genauer untersuchen, um schließlich die Berechnung von vielen damit zusammenhängenden Größen erheblich vereinfachen zu können.

Zunächst klären wir die Beziehung zwischen hermiteschen Formen und Matrizen. Dazu definieren wir:

2.5.2 Definition der hermiteschen Matrix

Eine Matrix $H \in \mathbb{K}^{n \times n}$ heißt *hermitesch* genau dann, wenn $H = {}^t\bar{H}$ gilt.

Zur Vereinheitlichung der Sprechweise nennen wir im Falle $\mathbb{K} = \mathbb{R}$ eine *symmetrische Matrix* also auch hermitesch - entsprechend der Vereinbarung in 2.4.6, symmetrische Bilinearformen für $\mathbb{K} = \mathbb{R}$ als hermitesche Formen aufzufassen.

2.5.3 Satz über hermitesche Formen und Matrizen

Es sei V ein $\mathbb{K}$-Vektorraum mit der Basis $B := \{\vec{b}_1, \ldots, \vec{b}_n\}$. Ist h eine hermitesche Form auf V und $M_{B,h} \in \mathbb{K}^{n \times n}$ diejenige Matrix, deren Elemente durch

> $^t\bar{e}_i M_{\mathcal{B},h} \bar{e}_k := h(\vec{b}_i, \vec{b}_k)$ für $i,k = 1,\ldots,n$
>
> bestimmt sind, so ergibt die Zuordnung $h \mapsto M_{\mathcal{B},h}$ eine bijektive Abbildung von der Menge der auf V hermiteschen Formen auf die Menge der hermiteschen Matrizen in $\mathbb{K}^{n \times n}$.
>
> Mit Hilfe des *Koordinatenisomorphismus*
>
> $$x_{\mathcal{B}} : V \to \mathbb{K}^{n \times 1}, \sum_{k=1}^{n} x_k \vec{b}_k \mapsto {}^t(x_1 \ldots x_n),$$
>
> kann die Umkehrabbildung $H \mapsto f_{\mathcal{B},H}$ durch
>
> $$f_{\mathcal{B},H}(\vec{x},\vec{y}) := {}^t\overline{x_{\mathcal{B}}(\vec{x})} H x_{\mathcal{B}}(\vec{y}) \text{ für alle } \vec{x},\vec{y} \in V$$
>
> dargestellt werden.

Beweis (a2):

Da keine Mißverständnisse auftreten können, lassen wir hier der Einfachheit halber überall den Index $\mathcal{B}$ für die festliegende Basis weg.

i) Wegen ${}^t\bar{e}_k \overline{M_h} \bar{e}_i = \overline{h(\vec{b}_k,\vec{b}_i)} = h(\vec{b}_i,\vec{b}_k) = {}^t\bar{e}_i M_h \bar{e}_k$ für $i,k = 1,\ldots,n$ ist M_h für jede hermitesche Form h auf V eine hermitesche Matrix.

ii) Die wichtige bijektive Abbildung x, deren Bezeichnung sich im vierten Kapitel klären wird, hat aufgrund des *Satzes über eindeutige Linearkombinationen* (2.2.11) die "Linearitätseigenschaft"

$$x(\lambda\vec{x} + \mu\vec{y}) = \lambda x(\vec{x}) + \mu x(\vec{y}) \text{ für alle } \vec{x},\vec{y} \in V \text{ und alle } \lambda,\mu \in \mathbb{K}.$$

Der *Satz über Matrizenmultiplikation* (1.4.17) ergibt damit H1. Wegen

$f_H(\vec{y},\vec{x}) = {}^t\overline{x(\vec{y})} H x(\vec{x}) = {}^t\overline{\left({}^t\overline{x(\vec{x})} {}^t\bar{H} x(\vec{y})\right)} = \overline{f_H(\vec{x},\vec{y})}$ gilt auch H2, so daß f_H für jede hermitesche Matrix $H \in \mathbb{K}^{n \times n}$ eine hermitesche Form auf V darstellt.

iii) Die Umkehreigenschaften lassen sich einfach nachweisen, wenn man beachtet, daß $x(\vec{b}_j) = \bar{e}_j$ für $j = 1,\ldots,n$ gilt. Ist $H \in \mathbb{K}^{n \times n}$ eine hermitesche Matrix, so erhalten wir ${}^t\bar{e}_i H \bar{e}_k = {}^t\overline{x(\vec{b}_i)} H x(\vec{b}_k) = f_H(\vec{b}_i,\vec{b}_k) = {}^t\bar{e}_i M_{f_H} \bar{e}_k$ für $i,k = 1,\ldots,n$, also $H = M_{f_H}$. Wegen $M_h = H$ für $h := f_H$ folgt daraus die Surjektivität von $h \mapsto M_h$.

Für jede hermitesche Form h auf V und für $i,k = 1,\ldots,n$ gilt

$$f_{M_h}(\vec{b}_i,\vec{b}_k) = {}^t\bar{e}_i M_h \bar{e}_k = h(\vec{b}_i,\vec{b}_k).$$

Mit H1 und H2 sowie durch vollständige Induktion ergibt sich

$$\text{(49)} \quad h(\vec{x},\vec{y}) = \sum_{i=1}^{n} \sum_{k=1}^{n} {}^t\vec{e}_i \overline{x(\vec{x})} \, {}^t\vec{e}_k \, x(\vec{y}) h(\vec{b}_i,\vec{b}_k) \text{ für alle } \vec{x},\vec{y} \in V.$$

Damit folgt $f_{M_h} = h$. Ist $h' = f_{M_h}$, eine von h verschiedene hermitesche Form auf V, so gilt auch $f_{M_{h'}} \neq f_{M_h}$, also $M_{h'} \neq M_h$, das heißt $h \mapsto M_h$ ist bijektiv, und $H \mapsto f_H$ stellt die Umkehrabbildung von $h \mapsto M_h$ dar. □

2.5.4 Positiv definite Matrizen

In dem *Satz über hermitesche Formen und Matrizen* haben wir eine umkehrbar eindeutige Zuordnung aller hermiteschen Formen auf einem n-dimensionalen $\mathbb{K}$-Vektorraum und aller hermiteschen Matrizen in $\mathbb{K}^{n \times n}$ erhalten. Um auch die Skalarprodukte vollständig beschreiben zu können, benötigen wir eine Charakterisierung derjenigen hermiteschen Matrizen, die zu positiv definiten hermiteschen Formen gehören. Wir definieren diese Eigenschaft zunächst auf naheliegende aber ineffiziente Weise und beweisen anschließend eine einfache notwendige und hinreichende Bedingung für das Vorliegen dieses Merkmals, das auch in anderen Zusammenhängen eine Rolle spielt.

2.5.5 Definition der positiv definiten Matrix

Eine hermitesche Matrix $H \in \mathbb{K}^{n \times n}$ heißt *positiv definit* genau dann, wenn ${}^t\overline{\vec{x}} H \vec{x} > 0$ für alle $\vec{x} \in \mathbb{K}^{n \times 1} \setminus \{\vec{0}\}$ gilt.

Wegen dieser Definition und wegen der Bijektivität des Koordinatenisomorphismus x_B ist die im *Satz über hermitesche Formen und Matrizen* (2.5.3) für alle $\vec{x},\vec{y} \in V$ definierte hermitesche Form

$$f_{B,H}(\vec{x},\vec{y}) = {}^t\overline{x_B(\vec{x})} H x_B(\vec{y})$$

genau dann ein Skalarprodukt auf V, wenn H eine positiv definite Matrix darstellt. Die Zuordnung $H \mapsto f_{B,H}$ ergibt also eine bijektive Abbildung von der Menge der positiv definiten Matrizen aus $\mathbb{K}^{n \times n}$ auf die Menge der Skalarprodukte auf V. Damit erhalten wir durch das folgende effiziente Kriterium für die positive Definitheit von hermiteschen Matrizen auch eine vollständige Übersicht über alle Skalarprodukte auf endlich erzeugten $\mathbb{K}$-Vektorräumen.

2.5.6 Satz über die UDO-Darstellung von positiv definiten Matrizen

Eine hermitesche Matrix $H \in \mathbb{K}^{n \times n}$ ist genau dann positiv definit, wenn der *Zerlegungsalgorithmus* **ohne Zeilenvertauschungen** eine UDO-Darstellung für H ergibt, bei der D **nur positive reelle Diagonalelemente** enthält.

Beweis (a2):
Um uns mit der Situation vertraut zu machen, beginnen wir mit dem einfacheren Nachweis dafür, daß die Existenz einer UDO-Zerlegung mit positiven reellen Diagonalelementen in D für die positive Definitheit von H hinreichend ist. Zunächst schließen wir aus H = UDO und aus der Invertierbarkeit von U, D und O, daß H invertierbar ist. Aufgrund des *Satzes über die Eindeutigkeit der UDO-Zerlegung* (1.5.22) folgt dann aus $UDO = H = {}^t\bar{H} = {}^t\bar{O}{}^t\bar{D}{}^t\bar{U} = {}^t\bar{O}D{}^t\bar{U}$, daß $U = {}^t\bar{O}$ und $O = {}^t\bar{U}$ gilt. Mit den Abkürzungen ${}^t\bar{c}_k := {}^t\bar{e}_k O$ für die Zeilenvektoren von O und $d_k := {}^t\bar{e}_k D \bar{e}_k > 0$, $k = 1, \ldots, n$, für die Diagonalelemente von D erhalten wir also

$$(50) \quad {}^t\bar{\vec{x}} H \vec{x} = {}^t\overline{(O\vec{x})} D(O\vec{x}) = \sum_{k=1}^{n} d_k \overline{({}^t\bar{c}_k \vec{x})} ({}^t\bar{c}_k \vec{x}) \geq 0 \text{ für alle } \vec{x} \in \mathbb{K}^{n \times 1}.$$

Da O eine invertierbare Matrix darstellt, gilt ${}^t\bar{c}_k \vec{x} = 0$ für $k = 1, \ldots, n$ genau dann, wenn $\vec{x} = \vec{0}$ ist. Also folgt, daß H positiv definit ist.

Nun zeigen wir, daß jede positiv definite hermitesche Matrix H eine UDO-Zerlegung (ohne Zeilenvertauschungen) mit positiven Diagonalelementen in D besitzt. Zuerst erkennen wir indirekt, daß H invertierbar ist; denn andernfalls hätte H linear abhängige Spaltenvektoren. Dann gäbe es einen Vektor $\vec{x} \neq \vec{0}$, so daß $H\vec{x} = \vec{0}$ und damit ${}^t\bar{\vec{x}} H \vec{x} = 0$ wäre - im Widerspruch zur positiven Definitheit von H.

Mit der Abkürzung $H_k := {}^t(\bar{e}_1 \ldots \bar{e}_k) H (\bar{e}_1 \ldots \bar{e}_k) \in \mathbb{K}^{k \times k}$, $k = 1, \ldots, n$, für die *k-te Hauptuntermatrix* von H und mit $\vec{x}_k \in \mathbb{K}^{k \times 1}$ sowie $\vec{0} \in \mathbb{K}^{(n-k) \times 1}$ gilt

2.5.7 Definitheit und Normalmatrizen

$$({}^t\bar{\vec{x}}_k \, {}^t\bar{0})H\begin{pmatrix}\vec{x}_k \\ \vec{0}\end{pmatrix} = {}^t\bar{\vec{x}}_k H_k \vec{x}_k,$$

d.h. H_k ist für jedes $k \in \{1,\ldots,n\}$ positiv definit und damit invertierbar. Wenden wir von den elementaren Zeilenumformungen, die H in die Stufenmatrix S überführen, diejenigen, die nur die ersten k Zeilen betreffen, auf H_k an, so erhalten wir die k-te Hauptuntermatrix S_k von S. Müßte die k-te Zeile mit einer darunterliegenden vertauscht werden, weil das letzte Diagonalelement von S_k gleich Null ist, so enthielte S_k eine Nullzeile. Dann wäre S_k und damit auch H_k nicht invertierbar - im Widerspruch zu der obigen Folgerung aus der positiven Definitheit von H_k.

Da H selbst invertierbar ist und da keine Zeilenvertauschungen notwendig sind, besitzt H eine eindeutige UDO-Zerlegung. Für die hermitesche Matrix H ergibt sich also wie bei (50) die Darstellung

$${}^t\bar{\vec{x}} H \vec{x} = \sum_{k=1}^{n} d_k \overline{({}^t \vec{c}_k \vec{x})}({}^t \vec{c}_k \vec{x}).$$

Für $\vec{y}_i := O^{-1}\vec{e}_i$, $i=1,\ldots,n$, gilt dann ${}^t\bar{\vec{y}}_i H \vec{y}_i = d_i \in \mathbb{K}$, und aus der positiven Definitheit von H folgt $d_i > 0$ für $i=1,\ldots,n$. □

Die spezielle UDO-Zerlegung, die sich für positiv definite Matrizen in dem obigen Beweis ergab, führt zu einer weiteren Zerlegung, die in dem folgenden Satz einen nützlichen Zusammenhang mit den Normalmatrizen herstellt.

2.5.7 Satz über Definitheit und Normalmatrizen

i) Ist $H \in \mathbb{K}^{n \times n}$ eine positiv definite Matrix mit der Zerlegung $H = {}^t\bar{O}DO$ und bezeichnet $D^{\frac{1}{2}}$ diejenige Diagonalmatrix, deren Diagonalelemente die Quadratwurzeln der entsprechenden Elemente von D sind, so folgt

(51) $\qquad H = {}^t\bar{R}R$ mit $R := D^{\frac{1}{2}}O$, [13]

und R stellt die einzige obere Dreiecksmatrix mit positiven reellen Diagonalelementen dar, die $H = {}^t\bar{R}R$ erfüllt.

---

[13] Für $\mathbb{K} = \mathbb{R}$ wird diese Darstellung in der numerischen Mathematik *Cholesky-Zerlegung* genannt.

ii) Es gilt

(52) $\quad {}^t\bar{x}\, {}^t\bar{A}A\, \bar{x} \geq 0$ für jedes $A \in \mathbb{K}^{m \times n}$ und für alle $\bar{x} \in \mathbb{K}^{n \times 1}$.

iii) Die Normalmatrix ${}^t\bar{A}A$ ist für jedes $A \in \mathbb{K}^{m \times n}$ hermitesch. Sie ergibt genau dann eine positiv definite Matrix, wenn $A \in \mathbb{K}_n^{m \times n}$ ist.

Beweis (a1):

i) Aufgrund des *Satzes über die UDO-Darstellung von positiv definiten Matrizen* (2.5.6) hat H die Zerlegung $H = {}^t\bar{O}DO$ mit einer normierten oberen Dreiecksmatrix O und einer Diagonalmatrix D, deren Diagonalelemente reell und positiv sind. Deshalb kann $D^{\frac{1}{2}}$ gebildet werden. Es folgt $H = {}^t\bar{O}D^{\frac{1}{2}}D^{\frac{1}{2}}O = {}^t\overline{(D^{\frac{1}{2}}O)}(D^{\frac{1}{2}}O)$, wobei $D^{\frac{1}{2}}O$ als Produkt von invertierbaren oberen Dreiecksmatrizen von demselben Typ ist. Die Diagonalelemente von $D^{\frac{1}{2}}O$ und $D^{\frac{1}{2}}$ stimmen überein.

Da sich jede obere Dreiecksmatrix R_1 mit positiven reellen Diagonalelementen in der Form $R_1 = D_1^{\frac{1}{2}}O_1$ mit einer positiv definiten Diagonalmatrix D_1 und einer normierten oberen Dreiecksmatrix O_1 schreiben läßt, folgt aus $H = {}^t\bar{R}_1 R_1 = {}^t\bar{O}_1 D_1 O_1$ aufgrund des *Satzes über die Eindeutigkeit der UDO-Zerlegung* (1.5.22), daß $D_1 = D$, $O_1 = O$ und damit $R_1 = R$ ist.

ii) Wegen ${}^t\bar{x}\, {}^t\bar{A}A\, \bar{x} = {}^t\overline{(A\bar{x})}(A\bar{x}) = \|A\bar{x}\|^2$ mit der Norm zum kanonischen Skalarprodukt in $\mathbb{K}^{m \times 1}$ gilt ${}^t\bar{x}\, {}^t\bar{A}A\, \bar{x} \geq 0$ für alle $\bar{x} \in \mathbb{K}^{n \times 1}$.

iii) Da ${}^t\overline{({}^t\bar{A}A)} = {}^t\bar{A}A$ ist, stellt ${}^t\bar{A}A$ für jedes $A \in \mathbb{K}^{m \times n}$ eine hermitesche Matrix dar. Der Beweis zu ii) zeigt, daß ${}^t\bar{A}A$ genau dann positiv definit ist, wenn $N(A) = \{\bar{0}\}$ gilt. Die erste Dimensionsformel (23) ergibt damit $\text{Rang}\, A = n$ als notwendige und hinreichende Bedingung für die positive Definitheit der Normalmatrix ${}^t\bar{A}A$. □

Übung 2.5.a

Zeigen Sie für jede positiv definite Matrix $H \in \mathbb{K}^{n \times n}$: Es gibt "Linearformen" $f_i : \mathbb{K}^{n \times 1} \to \mathbb{K}$, $i = 1, \ldots, n$, mit $f_i(\lambda \bar{y} + \mu \bar{z}) = \lambda f_i(\bar{y}) + \mu f_i(\bar{z})$ für alle $\bar{y}, \bar{z} \in \mathbb{K}^{n \times 1}$, alle $\lambda, \mu \in \mathbb{K}$ und für jedes $i \in J_n$, so daß ${}^t\bar{x} H \bar{x} = |f_1(\bar{x})|^2 + \ldots + |f_n(\bar{x})|^2$ für alle $\bar{x} \in \mathbb{K}^{n \times 1}$ gilt.

2.5.8 Orthonormalbasen

Ist **V** ein euklidischer oder unitärer Vektorraum mit der Basis $B = \{\vec{b}_1,\ldots,\vec{b}_n\}$, so lassen sich aufgrund des *Satzes über hermitesche Formen und Matrizen* (2.5.3) die Werte des Skalarprodukts $\langle,\rangle$ in der Form

(53) $\quad \langle \vec{x},\vec{y} \rangle = {}^t\overline{x_B(\vec{x})}\, M_{B,\langle,\rangle}\, x_B(\vec{y})$ mit ${}^t\vec{e}_i\, M_{B,\langle,\rangle}\, \vec{e}_k = \langle \vec{b}_i, \vec{b}_k \rangle$,

$i,k \in J_n$, für alle $\vec{x}, \vec{y} \in V$

darstellen.

Für die positiv definite Matrix $M_{B,\langle,\rangle}$, die *Strukturmatrix* (zur Basis B) genannt wird, ergibt der *Satz über Definitheit und Normalmatrizen* (2.5.7) die Zerlegung

(54) $\quad\quad\quad\quad\quad M_{B,\langle,\rangle} = {}^t\bar{R}R$

mit einer eindeutig bestimmten oberen Dreiecksmatrix R, deren Diagonalelemente reell und positiv sind. Gleichung (53) erhält damit die Form

$$\langle \vec{x}, \vec{y} \rangle = {}^t\overline{\bigl(Rx_B(\vec{x})\bigr)}\bigl(Rx_B(\vec{y})\bigr).$$

Da R invertierbar ist, liegt die Vermutung nahe, daß es eine Basis B' von **V** gibt, so daß $R x_B(\vec{x}) = x_{B'}(\vec{x})$ für alle $\vec{x} \in$ **V** gilt. Um diese Vermutung zu überprüfen, gehen wir umgekehrt vor und betrachten die Wirkung eines Basiswechsels bei x_B. Es sei also

(55) $\quad W =: (w_{ik}) \in GL(n;\mathbb{K})$ und $\vec{b}'_k := \sum_{i=1}^{n} w_{ik}\, \vec{b}_i$ für $k = 1,\ldots,n$,

wobei wir in Übereinstimmung mit den Vektorsummen im ersten Kapitel die Koeffizienten der Linearkombination von $\vec{b}'_k$ dem k-ten Spaltenvektor von W entnehmen.

Mit $\vec{c} = {}^t(c_1 \ldots c_n)$ folgt aus $\vec{0} = \sum_{i=1}^{n} c_i \vec{b}'_i$ und (2.5), daß $W\vec{c} = \vec{0}$ also $\vec{c} = \vec{0}$ gilt. Damit ist $B' := \{\vec{b}'_1,\ldots,\vec{b}'_n\}$ eine linear unabhängige Menge in **V**, und der *Basissatz* (2.2.19) ergibt, daß B' eine Basis von **V** darstellt. Wegen

$$\vec{x} = \sum_{i=1}^{n} x_i \vec{b}_i = \sum_{k=1}^{n} x'_k \vec{b}'_k = \sum_{k=1}^{n} \sum_{i=1}^{n} w_{ik}\, x'_k\, \vec{b}_i \quad \text{für jedes } \vec{x} \in \mathbf{V}$$

folgt $x_i = \sum_{k=1}^{n} w_{ik} x'_k$ für $i = 1, \ldots, n$ aufgrund des *Satzes über eindeutige Linearkombinationen* (2.2.11), d.h. es gilt

(56) $\quad x_{B'}(\vec{x}) = W x_B.(\vec{x})$ für alle $\vec{x} \in V$,

wobei $B' = \{\vec{b}'_1, \ldots, \vec{b}'_n\}$ durch (55) definiert ist.
Wird (56) in (53) eingesetzt, so ergibt sich wegen der Eindeutigkeit der Darstellung die "Transformationsformel"

(57) $\quad M_{B',<,>} = {}^t\overline{W} M_{B,<,>} W.$

Mit $W := R^{-1}$ und wegen (54) erhalten wir insbesondere $M_{B',<,>} = E_n$ und

(58) $\quad \langle \vec{x}, \vec{y} \rangle = {}^t\overline{x_B.(\vec{x})} x_B.(\vec{y})$ für alle $\vec{x}, \vec{y} \in V$.

Bei dieser speziellen Basis lassen sich die Werte des Skalarprodukts $\langle,\rangle$ also sehr einfach mit Hilfe des Standardskalarprodukts in $\mathbb{K}^{n \times 1}$ berechnen, während normalerweise die Darstellung (49) mit einer Summe von n^2 Produkten verwendet würde. Diese starke Vereinfachung kommt natürlich daher, daß $\langle \vec{b}'_i, \vec{b}'_k \rangle = \delta_{ik}$ für alle $i, k \in J_n$ gilt. Da Basen mit dieser Eigenschaft in **jedem** euklidischen oder unitären Vektorraum eine besondere Rolle spielen, haben sie einen Namen:

2.5.9 Definition der Orthonormalbasis
Ist **V** ein euklidischer oder unitärer Vektorraum, so heißt eine Basis *B* von **V** *Orthonormalbasis* genau dann, wenn je zwei verschiedene Vektoren aus *B* orthogonal sind und wenn $\|\vec{b}\| = 1$ für alle $\vec{b} \in B$ gilt.

Durch (58) wissen wir schon, daß jeder endlich erzeugte euklidische oder unitäre Vektorraum eine Orthonormalbasis besitzt. Die Herleitung läßt allerdings kaum erkennen, wieso die neuen Basisvektoren paarweise orthogonal sind. Wir geben deshalb noch das "anschauli-

2.5.9 Orthonormalbasen

che" und etwas einfachere **Gram-Schmidt'sche Orthogonalisierungsverfahren** an, das *J.P. Gram* und *E. Schmidt* unabhängig voneinander gefunden haben.

Da die Matrix des Basiswechsels $W = R^{-1}$ eine obere Dreiecksmatrix mit von Null verschiedenen Diagonalelementen ist, gilt $\text{Lin}\{\vec{b}_1', \ldots, \vec{b}_k'\} = \text{Lin}\{\vec{b}_1, \ldots, \vec{b}_k\}$ für $k = 1, \ldots, n$, und die Vektoren $\vec{b}_k, k = 1, \ldots, n$, lassen sich durch

$$(59) \qquad \vec{b}_k = \sum_{j=1}^{k} r_{jk} \vec{b}_j' \text{ mit } r_{jk} := {}^t\vec{e}_j R \vec{e}_k \text{ für } j, k \in J_n$$

darstellen. Bilden wir auf beiden Seiten von (59) die Skalarprodukte mit $\vec{b}_j'$ für $j = 1, \ldots, n$, so folgt

$$(60) \qquad r_{jk} = \langle \vec{b}_j', \vec{b}_k \rangle \text{ für } j, k \in J_n.$$

Da $r_{kk} > 0$ und $\|\vec{b}_k'\| = 1$ gilt, kann $\vec{b}_k'$ rekursiv durch $\vec{b}_1' = \dfrac{\vec{b}_1}{\|\vec{b}_1\|}$ und $\vec{b}_k' = \dfrac{\vec{b}_k - \vec{p}_k}{\|\vec{b}_k - \vec{p}_k\|}$ mit $\vec{p}_k := \sum_{j=1}^{k-1} \langle \vec{b}_j', \vec{b}_k \rangle \vec{b}_j'$ für $k = 2, \ldots, n$ berechnet werden. Wegen $\|\vec{b}_k - \vec{p}_k\| \vec{b}_k' \in (\text{Lin}\{\vec{b}_1', \ldots, \vec{b}_{k-1}'\})^\perp$ für $k = 2, \ldots, n$ ist $\vec{p}_k$ die Orthogonalprojektion von $\vec{b}_k$ auf $\text{Lin}\{\vec{b}_1', \ldots, \vec{b}_{k-1}'\}$ (siehe Figur 9).

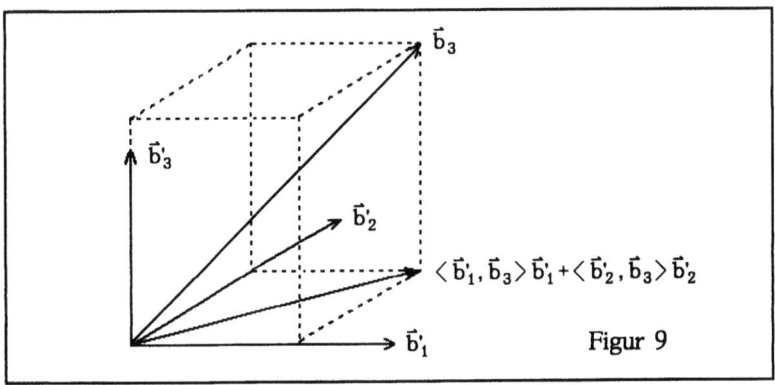

Figur 9

Diese wichtigen Ergebnisse fassen wir in dem folgenden Satz zusammen:

2.5.10 Orthonormalisierungssatz

Es sei **V** ein euklidischer oder unitärer Vektorraum mit der Basis $\{\vec{b}_1,\ldots,\vec{b}_n\}$, deren Strukturmatrix die eindeutig bestimmte Zerlegung $^t\bar{R}R$ habe, wobei R eine obere Dreiecksmatrix mit positiven reellen Diagonalelementen ist. Dann stellt $\{\vec{b}'_1,\ldots,\vec{b}'_n\}$ mit

$$\vec{b}'_k := \sum_{i=1}^{k} (^t\vec{e}_i\, R^{-1}\, \vec{e}_k)\, \vec{b}_i \quad \text{für } k=1,\ldots,n$$

eine Orthonormalbasis von **V** dar. Diese Basisvektoren lassen sich rekursiv durch

$$\vec{b}'_1 = \frac{\vec{b}_1}{\|\vec{b}_1\|} \quad \text{und} \quad \vec{b}'_k = \frac{\vec{b}_k - \vec{p}_k}{\|\vec{b}_k - \vec{p}_k\|} \quad \text{mit} \quad \vec{p}_k := \sum_{j=1}^{k-1} \langle \vec{b}'_j, \vec{b}_k \rangle\, \vec{b}'_j$$

für $k=2,\ldots,n$ berechnen.

Bei beiden Berechnungsverfahren kann man es so einrichten, daß Quadratwurzeln möglichst spät zu ziehen sind. Einerseits führt nämlich die Darstellung $R = D^{\frac{1}{2}}O$ nach (51) zu der Aufspaltung

$$\vec{b}'_k = \left(^t\vec{e}_k\, D^{-\frac{1}{2}}\, \vec{e}_k\right) \sum_{i=1}^{k} \left(^t\vec{e}_i\, O^{-1}\, \vec{e}_k\right) \vec{b}_i \quad \text{mit} \quad D^{-\frac{1}{2}} := (D^{-1})^{\frac{1}{2}} = (D^{\frac{1}{2}})^{-1},$$

und andererseits läßt sich durch $\vec{b}''_1 := \vec{b}_1$ und

$$\vec{b}''_k := \sum_{i=1}^{k} \left(^t\vec{e}_i\, O^{-1}\, \vec{e}_k\right) \vec{b}_i = \vec{b}_k - \sum_{j=1}^{k-1} \frac{\langle \vec{b}''_j, \vec{b}_k \rangle}{\langle \vec{b}''_j, \vec{b}''_j \rangle}\, \vec{b}''_j \quad \text{für } k=2,\ldots,n$$

eine Basis aus paarweise orthogonalen Vektoren konstruieren, die erst abschließend normiert werden.

Da für Vektoren $\vec{b}_1,\ldots,\vec{b}_n$, die "fast" linear abhängig sind, bei dem zweiten Verfahren durch die Differenzbildung "Auslöschungseffekte" auftreten können, verwendet man in der Praxis abgewandelte *Orthonormalisierungsalgorithmen*, bei denen zum Beispiel der jeweils neu berechnete Basisvektor von allen verbliebenen (und eventuell auch schon modifizierten) Vektoren subtrahiert wird.

2.5.11 Beispiel

In dem euklidischen Vektorraum $\mathbb{R}^{2\times 2}$ mit der Skalarproduktzuweisung $\langle A, B \rangle := \text{Sp}(^tAB)$ gehen wir von den Basiselementen $B_1 := \begin{pmatrix} 1 & 1 \\ 1 & 1 \end{pmatrix}$,

$B_2 := \begin{pmatrix} 1 & 1 \\ -1 & -1 \end{pmatrix}$, $B_3 := \begin{pmatrix} 1 & 0 \\ 0 & 0 \end{pmatrix}$ aus und konstruieren eine Orthonormalbasis von $\mathbb{U} := \text{Lin}\{B_1, B_2, B_3\}$ mit beiden Methoden des *Orthonormalisierungssatzes*.

Die zugehörige Strukturmatrix $\begin{pmatrix} 4 & 0 & 1 \\ 0 & 4 & 1 \\ 1 & 1 & 1 \end{pmatrix}$ besitzt die Zerlegung ${}^t R R$ mit

$R = \begin{pmatrix} 2 & 0 & 0 \\ 0 & 2 & 0 \\ 0 & 0 & \frac{1}{2}\sqrt{2} \end{pmatrix} \begin{pmatrix} 1 & 0 & \frac{1}{4} \\ 0 & 1 & \frac{1}{4} \\ 0 & 0 & 1 \end{pmatrix}$, so daß $R^{-1} = \begin{pmatrix} 1 & 0 & -\frac{1}{4} \\ 0 & 1 & -\frac{1}{4} \\ 0 & 0 & 1 \end{pmatrix} \begin{pmatrix} \frac{1}{2} & 0 & 0 \\ 0 & \frac{1}{2} & 0 \\ 0 & 0 & \sqrt{2} \end{pmatrix}$ ist. Damit bilden die Matrizen $B_1' := \frac{1}{2} B_1$, $B_2' := \frac{1}{2} B_2$ und $B_3' := \sqrt{2}\left(-\frac{1}{4} B_1 - \frac{1}{4} B_2 + B_3\right) = \frac{1}{2}\sqrt{2} \begin{pmatrix} 1 & -1 \\ 0 & 0 \end{pmatrix}$ eine Orthonormalbasis von $\mathbb{U}$.

Der unmodifizierte Orthonormalisierungsalgorithmus von Gram und Schmidt besteht hier aus den folgenden Rechenschritten: Wegen $\|B_1\| = 2$ ist $B_1' = \frac{1}{2} B_1$. Da $\langle B_1', B_2 \rangle = 0$ und $\|B_2\| = 2$ gilt, ergibt sich $B_2' = \frac{1}{2} B_2$. Nun führt $\langle B_1', B_3 \rangle = \frac{1}{2}$, $\langle B_2', B_3 \rangle = \frac{1}{2}$ und $\|B_3 - \frac{1}{4} B_1 - \frac{1}{4} B_2\| = \frac{1}{2}\sqrt{2}$ zu $B_3' = \frac{1}{2}\sqrt{2} \begin{pmatrix} 1 & -1 \\ 0 & 0 \end{pmatrix}$.

Wichtige Beispiele aus der Analysis sind im letzten Abschnitt und in den Ergänzungen dieses Kapitels zu finden.

Übung 2.5.b

Auf $\mathbb{R}^{3 \times 1}$ werde durch $\langle \vec{x}, \vec{y} \rangle := {}^t \vec{x} \begin{pmatrix} 2 & -1 & 0 \\ -1 & 2 & -1 \\ 0 & -1 & 2 \end{pmatrix} \vec{y}$ für alle $\vec{x}, \vec{y} \in \mathbb{R}^{3 \times 1}$ eine symmetrische Bilinearform definiert. Zeigen Sie, daß $\langle \, , \, \rangle$ ein Skalarprodukt darstellt, und bestimmen Sie bezüglich dieses Skalarprodukts eine Orthonormalbasis für $\mathbb{R}^{3 \times 1}$.

2.5.12 Die QR-Zerlegung

Ist $B = (\vec{b}_1 \ldots \vec{b}_n) \in \mathbb{K}_n^{m \times n}$, so bilden die Spaltenvektoren von B eine Basis des euklidischen oder unitären Vektorraums $\mathbf{S}(B)$ mit dem kanonischen Skalarprodukt. Der *Orthonormalisierungssatz* (2.5.10) ergibt dann eine Orthonormalbasis für $\mathbf{S}(B)$, deren Vektoren üblicherweise mit $\vec{q}_1, \ldots, \vec{q}_n$ bezeichnet werden. Für die Matrix $Q := (\vec{q}_1 \ldots \vec{q}_n) \in \mathbb{K}_n^{m \times n}$ gilt also ${}^t \bar{Q} Q = E_n$, d.h. ${}^t \bar{Q}$ ist eine Linksinverse von Q. Die Linearkombinationen in (59) können jetzt als Matrizenprodukt

(61) $\quad B = QR$

geschrieben werden, wobei $R =: (r_{ik}) \in GL(n;\mathbb{K})$ die eindeutig bestimmte obere Dreiecksmatrix mit positiven reellen Diagonalelementen aus der Zerlegung ${}^t\bar{R}R$ der Strukturmatrix zur Basis $\{\vec{b}_1,\ldots,\vec{b}_n\}$ ist.

Die umgeschriebenen Rekursionsgleichungen des Orthonormalisierungsalgorithmus

$$\vec{b}_m = \langle \vec{q}_1, b_m \rangle \vec{q}_1 + \ldots + \langle \vec{q}_{m-1}, \vec{b}_m \rangle \vec{q}_{m-1} + \|\vec{b}_m - \vec{p}_m\| \vec{q}_m \text{ für } m = 1,\ldots,n$$

ergeben wegen der Eindeutigkeit der Linearkombinationen die Elemente r_{ik} von R in der einfacher zu berechnenden Form

$$r_{ik} = \langle \vec{q}_i, \vec{b}_k \rangle \text{ für } k > i, \ r_{ii} = \|\vec{b}_i - \vec{p}_i\| \text{ und } r_{ik} = 0 \text{ für } i < k.$$

Ähnlich wie die US-Darstellung spielt auch die QR-Zerlegung (mit mehreren Modifikationen) eine wichtige Rolle in der numerischen Mathematik. Zum Beispiel hat das (unlösbare) Gleichungssystem $B\vec{x} = \vec{b}$ aufgrund des *Satzes über die Normalgleichungen* (2.4.21) und mit (61) die eindeutig bestimmte Ausgleichslösung

$$\vec{x}_1 = ({}^t\bar{B}B)^{-1} {}^t\bar{B}\vec{b} = ({}^t\bar{R}R)^{-1} {}^t\bar{R} {}^t\bar{Q}\vec{b} = R^{-1} {}^t\bar{Q}\vec{b},$$

die wegen der Dreiecksgestalt von R wesentlich leichter zu berechnen ist als die allgemeine Form von $\vec{x}_1$.

Ist B und damit auch Q quadratisch mit n linear unabhängigen Spaltenvektoren, so gilt aufgrund des *Satzes über Rechts- und Linksinverse* (2.3.32) auch $Q {}^t\bar{Q} = E_n$, d.h. die Zeilenvektoren von Q sind ebenfalls normiert und paarweise orthogonal. Vor allem aber ist Q invertierbar mit der sehr einfach zu bestimmenden Inversen $Q^{-1} = {}^t\bar{Q}$. Matrizen mit dieser Eigenschaft spielen unabhängig von der QR-Zerlegung in den folgenden Kapiteln und in zahlreichen Anwendungen eine wichtige Rolle. Wir definieren deshalb schon jetzt:

2.5.13 Definition der orthogonalen und der unitären Matrix

Eine Matrix $Q \in \mathbb{R}^{n \times n}$ heißt *orthogonal* genau dann, wenn ${}^tQQ = E_n$ gilt. Eine Matrix $Q \in \mathbb{C}^{n \times n}$ wird genau dann *unitär* genannt, wenn ${}^t\bar{Q}Q = E_n$ erfüllt ist.

2.5.14 Die QR-Zerlegung

Natürlich ist jede orthogonale Matrix auch unitär. Obwohl das Adjektiv "unitär" eigentlich schon (für unitäre Vektorräume) vergeben ist, werden wir es manchmal auch als Oberbegriff (statt "orthogonal oder unitär") verwenden.

Wir haben bereits erkannt, daß orthogonale und unitäre Matrizen invertierbar sind. Es läßt sich leicht zeigen, daß sie sogar Untergruppen von $GL(n;\mathbb{K})$ bilden (siehe auch die Übungen 1.6.e und 1.6.f). Für unitäre Matrizen A und B gilt nämlich $(AB)^{-1} = B^{-1}A^{-1} = {}^t\bar{B}\,{}^t\bar{A} = {}^t\overline{(AB)}$ und $(A^{-1})^{-1} = A = {}^t(\overline{{}^t\bar{A}}) = {}^t(\overline{A^{-1}})$. Also sind auch AB und A^{-1} unitär. Da die übrigen Gruppeneigenschaften schon in $GL(n;\mathbb{K})$ gelten, erhalten wir zusammenfassend:

2.5.14 Satz über orthogonale und unitäre Gruppen

Wird $O(n) := \{Q \in \mathbb{R}^{n \times n} \mid {}^tQQ = E_n\}$ und $U(n) := \{Q \in \mathbb{C}^{n \times n} \mid {}^t\bar{Q}Q = E_n\}$ gesetzt, so stellen $O(n)$ und $U(n)$ zusammen mit der Matrizenmultiplikation, der Einheitsmatrix als neutralem Element und der Inversenbildung Untergruppen von $GL(n;\mathbb{K})$ dar, die *orthogonale Gruppe* beziehungsweise *unitäre Gruppe* (zum Rang n) genannt werden.

Ein weiterer Grund für die Bedeutung der orthogonalen und unitären Matrizen liegt darin, daß für jede solche Matrix Q die Abbildung $\hat{Q} : \mathbb{K}^{n \times 1} \to \mathbb{K}^{n \times 1}, \vec{x} \mapsto Q\vec{x}$, wegen

(62) $\quad {}^t\overline{(Q\vec{x})}(Q\vec{y}) = {}^t\vec{\bar{x}}\,{}^t\bar{Q}Q\vec{y} = {}^t\vec{\bar{x}}\vec{y}$ für alle $\vec{x}, \vec{y} \in \mathbb{K}^{n \times 1}$

das Standardskalarprodukt "invariant" läßt. Damit bleiben Längen und für $\mathbb{K} = \mathbb{R}$ auch Winkel erhalten.

In der Geometrie ergeben sich daraus Anwendungen im Umkreis der "Kongruenzabbildungen". Für die numerische Mathematik sind orthogonale Matrizen sehr wertvoll, unter anderem weil man mit ihrer Hilfe vereinfachen kann, ohne die Stabilität eines Verfahrens zu gefährden; denn wegen der Längentreue bleiben etwaige Rundungsfehler unter Kontrolle. Von dieser Art sind auch die *Householder-Transformationen*, die in der folgenden Übung auftreten.

Übung 2.5.c

Zeigen Sie, daß $Q_{\vec{a}} := E_n - \frac{2}{\vec{a}^t\vec{a}}\vec{a}^t\vec{a}$ für jedes $\vec{a} \in \mathbb{R}^{n\times 1}\setminus\{\vec{0}\}$ eine orthogonale Matrix ist, und deuten Sie $\hat{Q}_{\vec{a}}$ für $n=3$ geometrisch.

2.5.15 Orthogonale Summen

Mit Hilfe von Orthonormalbasen können wir nun zeigen, daß in jedem endlich erzeugten euklidischen oder unitären Vektorraum V für beliebige Untervektorräume U stets $V = \text{Lin}(U \cup U^{\perp})$ gilt. Dazu ergänzen wir eine Basis $\{\vec{b}_1,\ldots,\vec{b}_m\}$ von U zu einer Basis $\{\vec{b}_1,\ldots,\vec{b}_n\}$ von V, indem wir aus irgendeiner Basis B von V $n-m$ Vektoren entnehmen, die zusammen mit $\vec{b}_1,\ldots,\vec{b}_m$ linear unabhängig sind. Algorithmisch wenden wir auf die Koordinatenvektoren $x_B(\vec{b}_1),\ldots,x_B(\vec{b}_m)$ den *Basisergänzungssatz* (2.3.14) mit der Basis $\{\vec{e}_1,\ldots,\vec{e}_n\}$ von $\mathbb{K}^{n\times 1}$ an.

Wird dann der Orthonormalisierungsalgorithmus mit $\{\vec{b}_1,\ldots,\vec{b}_n\}$ ausgeführt, so entsteht eine Orthonormalbasis $\{\vec{b}'_1,\ldots,\vec{b}'_n\}$ von V, für die außerdem $\text{Lin}\{\vec{b}'_1,\ldots,\vec{b}'_m\} = U$ gilt. Da $\vec{w} = \lambda_1\vec{b}'_1 + \ldots + \lambda_n\vec{b}'_n \in U^{\perp}$ mit $\lambda_i = \langle\vec{b}'_i,\vec{w}\rangle = 0$ für $i=1,\ldots,m$ gleichbedeutend ist, muß $U^{\perp} = \text{Lin}\{\vec{b}'_{m+1},\ldots,\vec{b}'_n\}$ sein, woraus sich $\text{Lin}(U \cup U^{\perp}) = V$ ergibt.

Wegen der positiven Definitheit des Skalarprodukts ist außerdem $U \cap U^{\perp} = \{\vec{0}\}$, so daß wir $V = U \oplus U^{\perp}$ schreiben können. Sind U und W Untervektorräume von V mit $V = U \oplus W$ und gilt $\langle\vec{u},\vec{w}\rangle = 0$ für alle $\vec{u} \in U$ und $\vec{w} \in W$, so bezeichnet man V auch als *orthogonale Summe* von U und W. Aufgrund der im *Satz über direkte Summen* (2.4.32) bewiesenen Eindeutigkeit der Summanden in der Darstellung als direkte Summe folgt $W = U^{\perp}$ und $W^{\perp} = U$.

Bei nicht endlich erzeugten Vektorräumen braucht eine solche Zerlegung nicht zu existieren. Man kann zum Beispiel mit Hilfsmitteln aus der Analysis zeigen, daß in dem euklidischen Vektorraum der auf $[0,1]$ stetigen Funktionen mit dem Skalarprodukt $(f,g) \mapsto \int_0^1 f(x)g(x)\,dx$ für den Untervektorraum P aller Polynome $P^{\perp} = \{0\,\text{id}^0\}$ gilt.

Mit Hilfe der Zerlegung von V in die orthogonale Summe von U und $U^{\perp}$ läßt sich die Orthogonalprojektion φ von V auf U durch $\varphi(\vec{v}) := \vec{u}$ für jedes $\vec{v} \in V$ beschreiben, wobei $\vec{v} = \vec{u} + \vec{w}$ die eindeutig bestimmte

Darstellung mit $\vec{u} \in U$ und $\vec{w} \in U^\perp$ ist. Eine endliche Orthonormalbasis von U ermöglicht sogar die explizite Angabe der Orthogonalprojektion ohne Verwendung von $U^\perp$:

2.5.16 Satz über die Orthogonalprojektion

Es sei V ein euklidischer oder unitärer Vektorraum und U ein endlich erzeugter Untervektorraum von V. Ist $\{\vec{b}'_1, \ldots, \vec{b}'_m\}$ eine Orthonormalbasis von U bezüglich des auf U eingeschränkten Skalarprodukts $\langle\,,\,\rangle$, so stellt

$$\varphi : V \to U, \vec{v} \mapsto \sum_{k=1}^{m} \langle \vec{v}, \vec{b}'_k \rangle \vec{b}'_k$$

die Orthogonalprojektion von V auf U dar.

Beweis (r1):
Einerseits ist $\varphi(\vec{v}) \in U$ für alle $\vec{v} \in V$, und andererseits gilt

$$\langle \vec{v} - \varphi(\vec{v}), \vec{b}'_i \rangle = \langle \vec{v}, \vec{b}'_i \rangle - \sum_{k=1}^{m} \langle \vec{v}, \vec{b}'_k \rangle \langle \vec{b}'_k, \vec{b}'_i \rangle = 0$$

für $i = 1, \ldots, m$, so daß $\vec{v} - \varphi(\vec{v}) \in U^\perp$ folgt. □

Übung 2.5.d

Es seien U und W Untervektorräume eines endlich erzeugten euklidischen oder unitären Vektorraums. Zeigen Sie, daß $(U + W)^\perp = U^\perp \cap W^\perp$ und $(U \cap W)^\perp = U^\perp + W^\perp$ gilt.

2.5.17 Orthonormalbasen von Polynom-Vektorräumen

Im Beispiel 2.2.13.3 haben wir für den $\mathbb{R}$-Vektorraum der Polynome, deren Grad höchstens n mit $n \in \mathbb{N}_0$ ist, die Bezeichnung P_n eingeführt und festgehalten, daß $\{id^0, \ldots, id^n\}$ eine Basis von P_n darstellt. Aufgrund der Definition des Erzeugendensystems und der linearen Unabhängigkeit ist damit $\{id^0, id^1, \ldots\}$ eine Basis des $\mathbb{R}$-Vektorraums P aller Polynome.

Wird auf P zum Beispiel durch $(f,g) \mapsto \int_{-1}^{1} f(x) g(x) \, dx$ ein Skalarprodukt eingeführt, so ergibt der Orthonormalisierungsalgorithmus eine Folge von Polynomen $p_0, p_1, \ldots$, von denen die ersten $n+1$ für jedes

$n \in \mathbb{N}_0$ eine Orthonormalbasis von P_n darstellen. Da diese Polynome aufgrund der rekursiven Konstruktion unabhängig von n sind, bildet ihre Vereinigung eine Orthonormalbasis von **P**.

Ähnlich wie die (eventuell auf geeignete Intervalle eingeschränkten) Potenzfunktionen zu Bausteinen für die Potenzreihenfunktionen werden, spielen auch die Entwicklungen nach "**orthogonalen**" **Polynomen** eine wesentliche Rolle in der Mathematik und in der theoretischen Physik. Wir schließen deshalb dieses Kapitel mit dem wichtigsten Beispiel einer solchen Polynomfolge - nämlich den *Legendre-Polynomen*, die unter anderem in der Potentialtheorie, der Schwingungstheorie und bei der Darstellung von Wärmeleitungsvorgängen verwendet werden.

Polynomfolgen mit ähnlichen Eigenschaften ergeben sich, wenn in dem Skalarprodukt $(f,g) \mapsto \int_{-1}^{1} w(x) f(x) g(x) dx$ eine andere geeignete "Gewichtsfunktion" (oder "Belegungsfunktion") $x \mapsto w(x)$ mit $w(x) \geq 0$ für alle x mit $-1 < x < 1$ benutzt wird. Weitere wichtige Beispiele zum gleichen Integrationsbereich sind $w(x) := (1-x)^\alpha (1+x)^\beta$ mit $\alpha > -1$, $\beta > -1$ (*Jacobi-Polynome*) und $w(x) := (1-x^2)^{-\frac{1}{2}}$ beziehungsweise $w(x) := (1-x^2)^{\frac{1}{2}}$ (*Tschebyscheff-Polynome* erster und zweiter Art).

Die folgende Herleitung ist auch methodisch interessant, weil sie das erste Verfahren aus dem *Orthonormalisierungssatz* (2.5.10) bei den Untervektorräumen P_n für beliebiges $n \in \mathbb{N}_0$ verwendet und deshalb anders als üblich keine Hilfsmittel aus der Analysis benötigt (abgesehen von der Berechnung der Strukturmatrix).

Sind s_{ik} mit $i, k \in J_{n+1}$ die Elemente der Strukturmatrix S_n, die zu P_n mit der Standardbasis gehört, so gilt

$$s_{ik} = \int_{-1}^{1} x^{i-1} x^{k-1} dx = \begin{cases} \dfrac{2}{i+k-1}, & \text{wenn } i+k \text{ gerade ist,} \\ 0 & \text{sonst.} \end{cases}$$

Zuerst bestimmen wir die Diagonalmatrix D_n und die normierte obere Dreiecksmatrix O_n in der Zerlegung $S_n = {}^t O_n D_n O_n$ aus dem *Satz über die UDO-Darstellung von positiv definiten Matrizen* (2.5.6), um anschließend die Koeffizienten des normierten Legendre-Polynoms p_k für $k \in J_n$ aufgrund des *Orthonormalisierungssatzes* (2.5.10) als

2.5.17 Orthonomalbasen von Polynom-Vektorräumen

Elemente des $(k+1)$-ten Spaltenvektors von $R_n^{-1} := O_n^{-1} D_n^{-\frac{1}{2}}$ zu gewinnen. Durch Ausmultiplizieren von ${}^t O_n D_n O_n$ mit $O_n = (u_{ik})$ und $D_n = \sum_{i=1}^{n+1} d_i \vec{e}_i {}^t \vec{e}_i$ erhalten wir die Gleichungen

$$(63) \quad \sum_{j=1}^{i} d_j u_{ji} u_{jk} = s_{ik} \text{ für alle } i,k \in J_{n+1} \text{ mit } i \leq k,$$

aus denen - bei $i=1$ beginnend - d_i und u_{ik} rekursiv berechnet werden können. Mit vollständiger Induktion folgt zunächst, daß d_i und u_{ik} von n unabhängig sind, womit das Weglassen einer entsprechenden Kennzeichnung gerechtfertigt ist. Im folgenden geben wir deshalb auch keine obere Schranke für die Indizes an.

Die Aussage, daß $u_{ik} = 0$ gilt, wenn $i+k$ ungerade ist, ergibt sich ohne weiteres mit vollständiger Induktion. Durch die damit naheliegende Fallunterscheidung bei den Indizes werden wir zu Vermutungen geführt, die sich mit der Abkürzung

$$q_{m,n} := \prod_{j=1}^{n} \frac{1}{2m+2j-1} \text{ für } m,n \in \mathbb{N}_0$$

folgendermaßen zusammenfassen lassen:

$$(64) \quad \begin{aligned} d_{n+1} &= \frac{2}{2n+1} (n! \, q_{0,n})^2 \text{ für alle } n \in \mathbb{N}_0 \text{ und} \\ u_{n+1,n+2m+1} &= \frac{(n+2m)!}{n! \, 2^m \, m!} q_{n+1,m} \text{ für alle } m,n \in \mathbb{N}_0. \end{aligned}$$

Zum Nachweis betrachten wir nun anstelle von (63) die Gleichungen

$$\sum_{m=1}^{i} d_{2m-1} u_{2m-1,2i-1} u_{2m-1,2k-1} = \frac{2}{2i+2k-3} \text{ und}$$

$$\sum_{m=1}^{i} d_{2m} u_{2m,2i} u_{2m,2k} = \frac{2}{2i+2k-1} \text{ für } i,k \in \mathbb{N} \text{ mit } i \leq k.$$

Einsetzen der Werte aus (64) auf der jeweils linken Seite und Umformen unter Verwendung von $q_{m,n} = \frac{q_{0,m+n}}{q_{0,m}}$ und $q_{0,n} = \frac{2^n n!}{(2n)!}$ führt auf die *Schachtelsummen* $\Sigma_{2i-1,2k-1}$ und $\Sigma_{2i,2k}$, die sich durch sukzessives Ausklammern rekursiv darstellen lassen:

$$\Sigma_{2i-1,2k-1} = \frac{2}{(2i-1)(2k-1)} B_{i-1} \text{ mit } B_0 := 4i-3 \text{ und}$$

$$B_r := 4i-4r-3 + \frac{4r(k-i+r)}{(4i-2r-1)(2k+2i-2r-1)} B_{r-1} \text{ für } r=1,\ldots,i-1,$$

$$\Sigma_{2i,2k} = \frac{2}{(2i+1)(2k+1)} B'_{i-1} \text{ mit } B'_0 := 4i-1 \text{ und}$$

$$B'_r := 4i-4r-1 + \frac{4r(k-i+r)}{(4i-2r+1)(2k+2i-2r+1)} B'_{r-1} \text{ für } r=1,\ldots,i-1.$$

Vollständige Induktion über r ergibt dann $B_r = \frac{(4i-2r-3)(2k+2i-2r-3)}{2k+2i-3}$

und $B'_r = \frac{(4i-2r-1)(2k+2i-2r-1)}{2k+2i-1}$ für $r=0,\ldots,i-1$, so daß

$\Sigma_{2i-1,2k-1} = \frac{2}{2i+2k-3}$ und $\Sigma_{2i,2k} = \frac{2}{2i+2k-1}$ für alle $i,k \in \mathbb{N}$ mit $i \leq k$ folgt.

Diese nach dem jeweils letzten Summanden der linken Seite aufzulösenden Gleichungen ermöglichen den Induktionsschritt in dem Beweis für die Gültigkeit von (64), wobei der Fall $k=i$ zunächst die Diagonalelemente ergibt, die dann als Quotienten in die Darstellung von u_{ik} für $k>i$ eingehen.

Aus der Positivität aller Diagonalelemente d_{n+1} läßt sich nun auch mit Hilfe des *Satzes über die UDO-Darstellung von positiv definiten Matrizen* (2.5.6) ohne Infinitesimalrechnung die positive Definitheit von $(f,g) \mapsto \int_{-1}^{1} f(x) g(x) dx$ folgern.

Durch Ausmultiplizieren von $O_n^{-1} O_n = E_{n+1}$ mit $O_n^{-1} =: (v_{ik})$ erhalten wir im Falle $i=k$ sofort $v_{ii}=1$ für alle $i \in \mathbb{N}$. Mit vollständiger Induktion folgt außerdem $v_{ik}=0$, wenn i+k ungerade ist. Für die übrigen Elemente, die sich rekursiv aus den Gleichungen

$$\sum_{m=i}^{k} v_{2i-1,2m-1} u_{2m-1,2k-1} = 0 \text{ und } \sum_{m=i}^{k} v_{2i,2m} u_{2m,2k} = 0 \text{ für alle } i,k \in \mathbb{N}$$

mit $k>i$ bestimmen lassen, beweisen wir wie oben die Vermutung

$$(65) \quad v_{n+1,n+2m+1} = (-1)^m \frac{(n+2m)!}{n! \, 2^m m!} q_{n+m,m} \text{ für alle } m,n \in \mathbb{N}_0.$$

Werden die Werte aus (64) und (65) in die Summen auf der linken Seite der jeweiligen Bestimmungsgleichung eingesetzt, so ergeben

2.5.17 Orthonormalbasen von Polynom-Vektorräumen

sich nach Umformen und Ausklammern die Schachtelsummen

$$\Sigma'_{2i-1,2k-1} = \binom{k-1}{i-1}\frac{q_{2i-2,k-i+1}}{q_{i-1,k-i}}B''_{k-i} \text{ mit } B''_0 := 4k-3 \text{ und}$$

$$B''_r := 4k-4r-3-\frac{r(2k+2i-2r-3)}{(k-i-r+1)(4k-2r-1)}B''_{r-1} \text{ für } r=1,\dots,k-i, \text{ sowie}$$

$$\Sigma'_{2i,2k} = \binom{k-1}{i-1}\frac{q_{2i-1,k-i+1}}{q_{i,k-i}}B'''_{k-i} \text{ mit } B'''_0 := 4k-1 \text{ und}$$

$$B'''_r := 4k-4r-1-\frac{r(2k+2i-2r-1)}{(k-i-r+1)(4k-2r+1)}B'''_{r-1} \text{ für } r=1,\dots,k-i.$$

Mit vollständiger Induktion über r folgt nun $B''_r = \frac{(4k-2r-3)(k-i-r)}{k-i}$ und

$B'''_r = \frac{(4k-2r-1)(k-i-r)}{k-i}$ für $r=0,\dots,k-i$, so daß $\Sigma'_{2i-1,2k-1} = \Sigma'_{2i,2k} = 0$

für alle $i,k \in \mathbb{N}$ mit $i < k$ gilt. Damit steht auch der Induktionsschritt für den Beweis von (65) zur Verfügung.

Der *Orthonormalisierungssatz* (2.5.10) ergibt die Orthonormalbasis $\{p_0,p_1,\dots\}$ von **P**, wobei die Koeffizienten von p_n dem letzten Spaltenvektor von $O_n^{-1} D_n^{-\frac{1}{2}}$ zu entnehmen sind. Um Polynome mit rationalen Koeffizienten zu erhalten, bildet man die **Legendre-Polynome** $P_n = \frac{1}{\sqrt{n+\frac{1}{2}}} p_n$. Sie haben damit die Form

$$P_n = \frac{1}{\sqrt{n+\frac{1}{2}}} \frac{1}{\sqrt{d_{n+1}}} \sum_{m=0}^{[\frac{n}{2}]} v_{n+1-2m,n+1} \text{id}^{n-2m}$$

$$= \frac{1}{2^n} \sum_{m=0}^{[\frac{n}{2}]} (-1)^m \binom{n}{m}\binom{2n-2m}{n} \text{id}^{n-2m} \text{ für jedes } n \in \mathbb{N}_0.$$

Die Darstellung der alten Basiselemente id^n durch die Legendre-Polynome folgt aus (59):

$$\text{id}^n = \sum_{m=0}^{[\frac{n}{2}]} \sqrt{d_{n-2m+1}}\, u_{n-2m+1,n+1} P_{n-2m}$$

$$= \sum_{m=0}^{[\frac{n}{2}]} 2^{n-2m} \frac{2n-4m+1}{2n-2m+1} \binom{n}{m} \frac{1}{\binom{2n-2m}{n-m}} P_{n-2m} \text{ für jedes } n \in \mathbb{N}_0.$$

Diese bisher nur mit tieferliegenden Hilfsmitteln erreichten Ergebnisse fassen wir in dem folgenden Satz zusammen.

2.5.18 Satz über die Legendre-Polynome

Sind $P_n := \frac{1}{2^n} \sum_{m=0}^{[\frac{n}{2}]} (-1)^m \binom{n}{m} \binom{2n-2m}{n} \mathrm{id}^{n-2m}$ für $n \in \mathbb{N}_0$ die *Legendre-Polynome* und wird $p_n := \sqrt{n+\frac{1}{2}} P_n$ für $n \in \mathbb{N}_0$ gesetzt, so ist $\{p_0, p_1, \ldots\}$ eine Orthonormalbasis des aus allen Polynomen mit reellen Koeffizienten bestehenden euklidischen Vektorraums mit dem Skalarprodukt $(f,g) \mapsto \int_{-1}^{1} f(x)g(x)\,dx$, und es gilt

(66) $\qquad \mathrm{id}^n = \sum_{m=0}^{[\frac{n}{2}]} 2^{n-2m} \frac{2n-4m+1}{2n-2m+1} \binom{n}{m} \frac{1}{\binom{2n-2m}{n-m}} P_{n-2m}$

für jedes $n \in \mathbb{N}_0$.

Übung 2.5.e

Zeigen Sie, daß P_n für jedes $n \in \mathbb{N}_0$ folgende Eigenschaften hat:

i) $P_n = \frac{1}{2^n n!} f_n^{(n)}$, wobei $f_n^{(n)}$ die n-te Ableitung von $f_n := (\mathrm{id}^2 - \mathrm{id}^0)^n$ ist;

ii) $(n+2) P_{n+2} = (2n+3) \,\mathrm{id}\, P_{n+1} - (n+1) P_n$;

iii) $P_n(1) = 1$;

iv) $(\mathrm{id}^0 - \mathrm{id}^2) P_n'' = 2\,\mathrm{id}\, P_n' - n(n+1) P_n$;

v) $(\mathrm{id}^0 + \mathrm{id}^2) P_{n+1}' = (n+1)(-\mathrm{id}\, P_{n+1} + P_n)$.

Achtung: Riesige Fundgrube! [Zahlreiche weitere Eigenschaften, entsprechende Gleichungen bei Jacobi-Polynomen und Tschebyscheff-Polynomen, analytische Herleitungen.]

2.6 Ausblick

2.6.1 Hilbert-Räume mit vollständigen Orthonormalsystemen

Wir schließen an den *Satz über die Legendre-Polynome* (2.5.18) an und ordnen das Ergebnis in einen wesentlich weiteren Rahmen ein, der zu dem Gebiet der "Funktionalanalysis" gehört. Zunächst vergrößern wir den $\mathbb{R}$-Vektorraum der auf $I_1 := [-1,1]$ eingeschränkten Polynome, indem wir die Menge aller Funktionen $u: I_1 \to \mathbb{R}$ betrachten, für die

$\|u\|_2 := \left(\int_{-1}^{1} |u(x)|^2 \, dx \right)^{\frac{1}{2}}$ existiert und endlich ist.

Die entsprechende Funktionenmenge, die zusammen mit dem durch $(f,g) \mapsto \int_{-1}^{1} f(x) g(x) \, dx$ definierten Skalarprodukt einen euklidischen Vektorraum bildet, wird mit $L_2(I_1)$ bezeichnet. Definiert man mit Hilfe der Norm $\| \ \|_2$ analog zur Infinitesimalrechnung einer reellen Veränderlichen die Konvergenz von Folgen aus $L_2(I_1)$ und den Begriff der Cauchy-Folge, so läßt sich zeigen, daß in $L_2(I_1)$ jede Cauchy-Folge konvergent ist. Ein unitärer Vektorraum mit dieser Vollständigkeitseigenschaft wird *Hilbert-Raum* genannt.

Die am Anfang von 2.5.17 erwähnte Bedeutung der Legendre-Polynome kommt nun daher, daß für jede Funktion $u \in L_2(I_1)$ eine Reihenentwicklung $u = \sum_{k=0}^{\infty} c_k p_k$ mit $c_k := \int_{-1}^{1} u(x) p_k(x) \, dx$ möglich ist, wobei die Konvergenz der Reihe bezüglich der Norm $\| \ \|_2$ gemeint ist. Durch diese Eigenschaft zusammen mit der paarweisen Orthonormalität stellen die normierten Legendre-Polynome ein *vollständiges Orthonormalsystem* des Hilbert-Raums $L_2(I_1)$ dar.

In dem Hilbert-Raum $L_2(I_2)$ mit $I_2 := [0, 2\pi]$ und mit dem Skalarprodukt $(f,g) \mapsto \int_{0}^{2\pi} f(x) g(x) \, dx$ bilden die Funktionen $C_0 := \left(x \to \frac{1}{\sqrt{2\pi}}, I_2 \right)$, $C_k := \left(x \to \frac{1}{\sqrt{\pi}} \cos kx, I_2 \right)$ und $S_k := \left(x \to \frac{1}{\sqrt{\pi}} \sin kx, I_2 \right)$ für $k = 1, 2, \ldots$ ein vollständiges Orthonormalsystem. Jedes $u \in L_2(I_2)$ besitzt damit eine Darstellung als *Fourier-Reihe* $u = a_0 C_0 + \sum_{k=1}^{\infty} \left(a_k C_k + b_k S_k \right)$ mit $a_k := \int_{0}^{2\pi} u(x) C_k(x) \, dx$, $k \in \mathbb{N}_0$, und $b_k := \int_{0}^{2\pi} u(x) S_k(x) \, dx$, $k \in \mathbb{N}$, bezüglich der Norm, die durch das Skalarprodukt induziert wird.

2.6.2 Die schnelle Fourier-Transformation (FFT)

Die *Fourier-Transformation* ist eine "Integraltransformation", mit der bei bestimmten Funktionen $u: \mathbb{R}^n \to \mathbb{R}^n$ unter anderem die Operation der Differentiation in die einfachere algebraische Operation der Multiplikation überführt und rückgängig gemacht werden kann.

Die *diskrete Fourier-Transformation* zeichnet sich ebenfalls durch eine Vereinfachungsmöglichkeit aus. Wir werden im Folgenden den Fall einer Variablen behandeln, weil er weitreichende Anwendungen besitzt. Ist $n \in \mathbb{N}$, $u:\{0,\ldots,n-1\} \to \mathbb{C}$ und $v(s) := \sum_{t=0}^{n-1} \exp\left(\frac{2\pi i}{n} st\right) u(t)$ für $s=0,\ldots,n-1$, so gilt $u(t) = \frac{1}{n} \sum_{s=0}^{n-1} \exp\left(-\frac{2\pi i}{n} st\right) v(s)$. In der m-dimensionalen Form ist $u:\{0,\ldots,n-1\}^m \to \mathbb{C}$, es treten m Summationen von 0 bis n-1 auf, st ist durch das Standardskalarprodukt der Variablen zu ersetzen, und der Faktor $\frac{1}{n}$ vor der Summe in der Umkehrformel geht in $\frac{1}{n^m}$ über.

Der Fall $m=1$ hat zunächst den Vorteil, daß wir die Transformation als Produkt einer Matrix $F_n \in \mathbb{C}^{n \times n}$ mit einem Vektor $\vec{u} \in \mathbb{C}^{n \times 1}$ schreiben können, wobei dann F_n^{-1} die Koeffizientenmatrix in der Umkehrformel darstellt. Die Elemente von F_n sind Potenzen der n-ten Einheitswurzel $w_n := \cos\left(\frac{2\pi}{n}\right) + i \sin\left(\frac{2\pi}{n}\right)$, die ihren Namen von der Eigenschaft $w_n^n = 1$ hat, und zwar ist $f_{jk} := {}^t\vec{e}_j F_n \vec{e}_k = w_n^{(j-1)(k-1)}$ für $j,k \in J_n$.

Setzen wir nun $\vec{u} := {}^t(u(0) \ldots u(n-1))$ und $\vec{v} := {}^t(v(0) \ldots v(n-1))$, so lautet die Ausgangsgleichung $\vec{v} = F_n \vec{u}$, und wir müssen ${}^t\vec{e}_j F_n^{-1} \vec{e}_k = \frac{1}{n} f_{jk}^{-1}$ für alle $j,k \in J_n$ beweisen. Mit $G_n := \frac{1}{n}\left(f_{jk}^{-1}\right)$ ist also $F_n G_n = E_n$ zu zeigen. Das Skalarprodukt des j-ten Zeilenvektors von F_n mit dem k-ten Spaltenvektor von G_n ergibt $c_{jk} := \frac{1}{n} \sum_{t=0}^{n-1} \left(w_n^{j-1} w_n^{1-k}\right)^t$. Daraus folgt direkt $c_{jj} = 1$ für $j = 1,\ldots,n$. Setzen wir $z := w_n^{j-1} w_n^{1-k} = w_n^{j-k}$ für $j \neq k$, so ist $z = \cos\left(2\pi \frac{j-k}{n}\right) + i \sin\left(2\pi \frac{j-k}{n}\right) \neq 1$ und $z^n = 1$. Damit erhalten wir $c_{jk} = \frac{1}{n} \sum_{t=0}^{n-1} z^t = \frac{1}{n} \frac{z^n - 1}{z-1} = 0$ für alle $j,k \in J_n$ mit $j \neq k$.

Jede der Matrizen F_n heißt *Fourier-Matrix*. Bevor wir zeigen, daß die Multiplikation eines Vektors mit F_n oder F_n^{-1} extrem schnell - nämlich in $\frac{1}{2 \log 2} n (\log n) \eta_n$ Schritten - erfolgen kann, wollen wir uns vor Augen führen, worin die Bedeutung dieser *schnellen Fourier-Transformation* liegt, die aufgrund ihrer englischen Bezeichnung **"Fast Fourier Transform"** überall mit **FFT** abgekürzt wird.

Wir überführen zwei Vektoren $\vec{u} := {}^t(u_0 \ldots u_{n-1})$ und $\vec{u}' := {}^t(u_0' \ldots u_{n-1}')$ in ${}^t(v_0 \ldots v_{n-1}) := F_n \vec{u}$, ${}^t(v_0' \ldots v_{n-1}') := F_n \vec{u}'$ und untersuchen, wie sich

2.6.2 Die schnelle Fourier-Transformation

die Komponenten der Rücktransformation von ${}^t(v_0 v_0' \ldots v_{n-1} v_{n-1}')$ durch die Komponenten von $\bar{u}$ und $\bar{u}'$ ausdrücken lassen.

Wegen $v_s = \sum_{j=0}^{n-1} u_j w_n^{js}$ und $v_s' = \sum_{k=0}^{n-1} u_k' w_n^{ks}$ für $s = 0,\ldots,n-1$ folgt

$$\frac{1}{n} \sum_{s=0}^{n-1} v_s v_s' w_n^{-rs} = \frac{1}{n} \sum_{s=0}^{n-1} \sum_{j=0}^{n-1} \sum_{k=0}^{n-1} u_j u_k' w^{js+ks-rs} =$$

$$\frac{1}{n} \sum_{j=0}^{n-1} \sum_{k=0}^{n-1} u_j u_k' \left(\sum_{s=0}^{n-1} (w^{j+k-r})^s \right) = \sum_{k=0}^{r} u_{r-k} u_k' + \sum_{k=r+1}^{n-1} u_{n+r-k} u_k'$$

für $r = 0,\ldots,n-1$, weil nur die geklammerten Summen mit $j+k = r$ und mit $j+k = n+r$ nicht 0 werden.

Auf diese Weise haben wir eine merkwürdige Verknüpfung von zwei Vektoren entdeckt, die *Faltung* genannt wird. Die obige Herleitung ergibt also, daß die Faltung der Vektoren $\bar{u}$ und $\bar{u}'$ in denjenigen Vektor transformiert wird, dessen Komponenten die Produkte der entsprechenden Komponenten der Bildvektoren von $\bar{u}$ und $\bar{u}'$ sind (sogenanntes **Faltungstheorem**). Zur Berechnung der Faltung benötigt man n^2 Multiplikationen und $n^2 - n$ Additionen, das gliedweise Produkt erfordert dagegen nur n Multiplikationen.

Die Faltung tritt in natürlicher Weise bei der Multiplikation von ganzen Zahlen und von Polynomen auf. Außerdem ist sie für die Signalverarbeitung grundlegend. Deshalb ist es nicht überraschend, daß schon früh nach einer schnellen Berechnungsmöglichkeit für die diskrete Fourier-Transformation gesucht wurde. Die wesentliche Idee hatten *C. Runge* und *H. König* im Jahr 1924, aber erst 1965 gelang *J.W. Cooley* und *J.W. Tukey* der entscheidende Durchbruch.

Von mehreren ähnlichen Möglichkeiten ist für uns diejenige am günstigsten, bei der F_n als Produkt von $(\log_2 n)\eta_n$ Matrizen dargestellt wird, die insgesamt nur $(n \log_2 n)\eta_n$ von 0 und 1 verschiedene Elemente enthalten. Wir drücken zunächst F_{2m} für jedes $m \in \mathbb{N}$ durch F_m aus. Mit der Transformation ${}^t(v_0 \ldots v_{2m-1}) = F_{2m} {}^t(u_0 \ldots u_{2m-1})$ erhalten wir $v_j = \sum_{k=0}^{2m-1} w_{2m}^{jk} u_k = \sum_{k=0}^{m-1} w_{2m}^{2kj} u_{2k} + \sum_{k=0}^{m-1} w_{2m}^{(2k+1)j} u_{2k+1} =$

$\sum_{k=0}^{m-1} w_m^{kj} u_{2k} + w_{2m}^j \sum_{k=0}^{m-1} w_m^{kj} u_{2k+1}$ für $j = 0,\ldots,2m-1$.

Mit $u_k' := u_{2k}$, $u_k'' := u_{2k+1}$, $v_j' := \sum_{k=0}^{m-1} w_m^{kj} u_k'$ und $v_j'' := \sum_{k=0}^{m-1} w_m^{kj} u_k''$

für $j,k \in \{0,\ldots,m-1\}$ folgt einerseits

$$^t(v'_0 \ldots v'_{m-1} \, v''_0 \ldots v''_{m-1}) = \begin{pmatrix} F_m & 0 \\ 0 & F_m \end{pmatrix} {}^t(u'_0 \ldots u'_{m-1} \, u''_0 \ldots u''_{m-1}),$$

und andererseits ergeben sich die Komponenten $v_0,\ldots,v_{2m-1}$ mit Hilfe der oben hergeleiteten Summe in der Form $v_{j+em} = v'_j + (-1)^e w^j_{2m} v''_j$ für $j = 0,\ldots,m-1$ und $e = 0,1$, weil $w^{j+m}_m = w^j_m$ und $w^{j+m}_{2m} = w_2 \, w^j_{2m} = -w^j_{2m}$ für $j = 0,\ldots,m-1$ gilt.

Ist P^*_{2m} die Permutationsmatrix, die $(u_0 \ldots u_{2m-1})$ in $(u'_0 \ldots u'_{m-1} \, u''_0 \ldots u''_{m-1})$ überführt, und H_{2m} die Matrix, die $(v_0 \ldots v_{2m-1})$ aus $(v'_0 \ldots v'_{m-1} \, v''_0 \ldots v''_{m-1})$ rekonstruiert, so erhalten wir zusammenfassend die für jedes $m \in \mathbb{N}$ gültige entscheidende Gleichung

$$F_{2m} = H_{2m} \begin{pmatrix} F_m & 0 \\ 0 & F_m \end{pmatrix} P^*_{2m} \quad \text{mit} \quad P^*_{2m} := \sum_{k=1}^{m} \left(\vec{e}_k \, {}^t\vec{e}_{2k+1} + \vec{e}_{k+m} \, {}^t\vec{e}_{2k} \right) \text{ und}$$

$$H_{2m} := \sum_{k=1}^{m} \left(\vec{e}_k \, {}^t(\vec{e}_k + w^{k-1}_m \vec{e}_{k+m}) + \vec{e}_{k+m} \, {}^t(\vec{e}_k - w^{k-1}_m \vec{e}_{k+m}) \right).$$

Es genügt, die Fourier-Matrizen F_{2^k} mit $k \in \mathbb{N}$ zu betrachten, weil die zu transformierenden Vektoren durch 0-Komponenten verlängert werden können. Wegen $\begin{pmatrix} UAV & 0 \\ 0 & UAV \end{pmatrix} = \begin{pmatrix} U & 0 \\ 0 & U \end{pmatrix} \begin{pmatrix} A & 0 \\ 0 & A \end{pmatrix} \begin{pmatrix} V & 0 \\ 0 & V \end{pmatrix}$ ergibt sich durch Iteration der obigen Produktdarstellung

$$F_{2^k} = H_{2^k} \begin{pmatrix} H_{2^{k-1}} & 0 \\ 0 & H_{2^{k-1}} \end{pmatrix} \cdots \begin{pmatrix} H_2 & 0 \\ 0 & \ddots & H_2 \end{pmatrix} P(2^k),$$

wobei $P(2^k)$ eine symmetrische Permutationsmatrix darstellt, bei der man die 1-Position in der j-ten Spalte für $j = 0,\ldots,2^k-1$ durch "Bitumkehr" (d.h. Rückwärtslesen) der Dualzahldarstellung von j gewinnt. Jede der übrigen k Matrizen enthält 2^{k-1} von 0 und 1 verschiedene Elemente. Deshalb können die Produkte $F_{2^k} \vec{u}$ und $F^{-1}_{2^k} \vec{v}$ mit jeweils nur $k 2^{k-1}$ Multiplikationen gebildet werden.

Nachdem *V. Strassen* 1968 die FFT mit Hilfe einer genügend genauen Binärdarstellung von w_n zur erheblichen Beschleunigung der (exakten) Multiplikation von (großen) ganzen Zahlen verwenden konnte, gelang es ihm und *A. Schönhage* 1970, die Arithmetik mit komplexen Zahlen durch das Rechnen mit Zahlen modulo $\left(2^{2^n}+1\right)$ zu ersetzen. Dieser Algorithmus, der zwei n-Bit-Zahlen in $O(n \log n \log\log n)$ Schritten multipliziert, bildet heute einen grundlegenden theoretischen Hintergrund für das wissenschaftliche Rechnen (siehe [7], 4.3.3).

3
Lineare Ungleichungssysteme

3.1 Lineare Ungleichungssysteme und konvexe Polyeder

3.1.1 Einführung

Wegen ihrer großen Bedeutung für wirtschaftliche Planungs- und Entscheidungsprobleme dürfen lineare Ungleichungssysteme in einer algorithmischen linearen Algebra nicht fehlen. Ähnlich wie die Angewandte Mathematik für das erste Kapitel ist jetzt ein Gebiet, das *Operations Research* genannt wird, der Hauptabnehmer. In den letzten fünf Jahrzehnten hat sich dieser Bereich allerdings so stark entwickelt und verselbständigt, daß hier nur die wichtigsten Teile berücksichtigt werden können.

Zunächst betrachten wir die Lösungsmengen von linearen Ungleichungssystemen unter geometrischen Gesichtspunkten. Damit gewinnen wir vor allem die Hilfsmittel für eine angemessene Beschreibung des grundlegenden "Simplex-Algorithmus" zur Lösung von Aufgaben der "linearen Optimierung" im zweiten Abschnitt.

Um beliebige Körperelemente aus K vergleichen zu können, muß zu dem Körper eine Anordnung gehören. In dieser Einführung genügt es, den Körper $\mathbb{R}$ (oder $\mathbb{Q}$) mit der "Kleinerrelation" $<$ (beziehungsweise $\leq$) zugrunde zu legen. Als zweckmäßige Abkürzung verwenden wir

$$\mathbb{R}_+ := \{r \in \mathbb{R} \mid r \geq 0\}.$$

Eine *lineare Ungleichung* entsteht aus 1.1.3 a), indem das Gleichheitszeichen durch $\leq$ oder $\geq$ ersetzt wird. Da sich der zweite Typ durch Multiplikation mit -1 in den ersten überführen läßt und da eine Gleichung ${}^t\vec{a}\,\vec{x} = b$ zu den beiden Ungleichungen ${}^t\vec{a}\,\vec{x} \leq b$ und $-{}^t\vec{a}\,\vec{x} \leq -b$ äquivalent ist, kann jedes *lineare Ungleichungssystem* mit reellen Elementen in der Form

$$A\vec{x} \leq \vec{b}$$

mit $A \in \mathbb{R}^{m \times n}$, $\vec{x} \in \mathbb{R}^{n \times 1}$ und $\vec{b} \in \mathbb{R}^{m \times 1}$ geschrieben werden, wobei die Zeichen $\leq$ beziehungsweise $\geq$ zwischen Vektoren derselben Länge bedeuten, daß die entsprechende Relation zwischen allen Komponenten mit gleichem Index besteht.

Um die Lösungsmenge

$$H({}^t\vec{a},b) := \{\vec{x} \in \mathbb{R}^{n \times 1} \mid {}^t\vec{a}\vec{x} \leq b\}$$

einer einzelnen linearen Ungleichung ${}^t\vec{a}\vec{x} \leq b$ mit $\vec{a} \in \mathbb{R}^{n \times 1} \setminus \{\vec{0}\}$ charakterisieren zu können, definieren wir den Begriff der *Strecke* $[\vec{u},\vec{v}]$ zwischen zwei Vektoren $\vec{u},\vec{v} \in \mathbb{R}^{n \times 1}$ durch

$$[\vec{u},\vec{v}] := \{\vec{x} \in \mathbb{R}^{n \times 1} \mid \text{Es gibt } t \in [0,1], \text{ so daß } \vec{x} = t\vec{u} + (1-t)\vec{v} \text{ gilt}\}.$$

Sind $\vec{u},\vec{v} \in H({}^t\vec{a},b)$, so folgt ${}^t\vec{a}(t\vec{u} + (1-t)\vec{v}) = t \,{}^t\vec{a}\vec{u} + (1-t){}^t\vec{a}\vec{v} \leq tb + (1-t)b = b$ für jedes $t \in [0,1]$. Damit gilt

(1) $\qquad [\vec{u},\vec{v}] \subset H({}^t\vec{a},b)$ für alle $\vec{u},\vec{v} \in H({}^t\vec{a},b)$.

Die gleiche Eigenschaft hat $H(-{}^t\vec{a},-b)$. Außerdem zerlegt die *Hyperebene*

$$E({}^t\vec{a},b) := \{\vec{x} \in \mathbb{R}^{n \times 1} \mid {}^t\vec{a}\vec{x} = b\} = H({}^t\vec{a},b) \cap H(-{}^t\vec{a},-b)$$

den Vektorraum $\mathbb{R}^{n \times 1}$ so in zwei Teile, daß sich $H({}^t\vec{a},b) \setminus E({}^t\vec{a},b)$ und $H(-{}^t\vec{a},-b) \setminus E({}^t\vec{a},b)$ als "gegenüberliegende Seiten" auffassen lassen, weil für je zwei Vektoren $\vec{u} \in H({}^t\vec{a},b) \setminus E({}^t\vec{a},b)$ und $\vec{w} \in H(-{}^t\vec{a},-b) \setminus E({}^t\vec{a},b)$ der eindeutig bestimmte Vektor $\vec{v}$ des Durchschnitts von $[\vec{u},\vec{w}]$ und $E({}^t\vec{a},b)$ die Teilstrecken $[\vec{u},\vec{v}]$ in $H({}^t\vec{a},b)$ und $[\vec{v},\vec{w}]$ in $H(-{}^t\vec{a},-b)$ ergibt. Für jedes $\vec{a} \in \mathbb{R}^{n \times 1} \setminus \{\vec{0}\}$ und $b \in \mathbb{R}$ wird deshalb $H({}^t\vec{a},b)$ als *Halbraum* von $\mathbb{R}^{n \times 1}$ bezeichnet.

Bei der weiteren Untersuchung der Lösungsmenge

$$P(A,\vec{b}) := \{\vec{x} \in \mathbb{R}^{n \times 1} \mid A\vec{x} \leq \vec{b}\}$$

spielt die Übertragung der Eigenschaft aus (1) eine wesentliche Rolle. Wir führen deshalb mehrere damit zusammenhängende Begriffe ein.

3.1.2 Definition der Konvexität, der Konvexkombination und der konvexen Hülle

a) Eine Menge $M \subseteq \mathbb{R}^{n \times 1}$ heißt *konvex* genau dann, wenn $[\vec{u},\vec{v}] \subseteq M$ für alle $\vec{u},\vec{v} \in M$ gilt.

b) Man bezeichnet $\vec{u} \in \mathbb{R}^{n \times 1}$ als *Konvexkombination* von $\vec{a}_1,\ldots,\vec{a}_m \in \mathbb{R}^{n \times 1}$ genau dann, wenn es

$$(u_1,\ldots,u_m) \in K_m := \{(x_1,\ldots,x_m) \in \mathbb{R}^m_+ \mid \sum_{i=1}^m x_i = 1\}$$

gibt, so daß

3.1.3 Konvexe Hülle

erfüllt ist.
$$\vec{u} = \sum_{i=1}^{m} u_i \vec{a}_i$$

c) Stellt M eine nichtleere Teilmenge von $\mathbb{R}^{n \times 1}$ dar, so wird die Menge aller Konvexkombinationen von je endlich vielen Vektoren aus M *konvexe Hülle von M* genannt und mit Konv M abgekürzt. Außerdem sei Konv $\emptyset := \emptyset$.

Sind M_1 und M_2 konvexe Mengen in $\mathbb{R}^{n \times 1}$, so folgt $[\vec{u},\vec{v}] \subseteq M_i$ für alle $\vec{u},\vec{v} \in M_i$, $i=1,2$. Insbesondere gilt also $[\vec{u},\vec{v}] \subseteq M_1 \cap M_2$ für alle $\vec{u},\vec{v} \in M_1 \cap M_2$, d.h. mit M_1 und M_2 ist auch $M_1 \cap M_2$ konvex. Vollständige Induktion ergibt die entsprechende Aussage für endlich viele konvexe Teilmengen von $\mathbb{R}^{n \times 1}$.

Da nach (1) jeder Halbraum konvex ist, stellt im Falle der Lösbarkeit von $A\vec{x} \leq \vec{b}$ die Lösungsmenge $P(A,\vec{b})$ als Durchschnitt der endlich vielen Halbräume zu den einzelnen Ungleichungen von $A\vec{x} \leq \vec{b}$ ebenfalls eine konvexe Menge dar, die *(konvexes) Polyeder* (oder *polyedrische Menge*) genannt wird. In anderen Teilbereichen der Mathematik bezeichnet man den nichtleeren Durchschnitt P von endlich vielen Halbräumen als (konvexes) *Polyeder*, wenn P beschränkt ist, d.h. wenn es eine Zahl $S > 0$ gibt, so daß $\|\vec{x}\| \leq S$ für alle $\vec{x} \in P$ gilt. Im Operations Research heißt ein beschränktes Polyeder *Polytop*. Ein Polyeder P ist *unbeschränkt*, wenn zu jedem $S > 0$ ein $\vec{x} \in P$ mit $\|\vec{x}\| > S$ existiert.

Im Unterabschnitt 3.1.15 werden wir unter anderem zeigen, daß sich jedes Polytop der Form $P(A,\vec{b})$ als konvexe Hülle der endlich vielen "Ecken" darstellen läßt. Der folgende Satz klärt deshalb den Begriff der konvexen Hülle.

3.1.3 Satz über die konvexe Hülle

Es sei M eine nichtleere Teilmenge von $\mathbb{R}^{n \times 1}$. Dann ist Konv M konvex, und für jede konvexe Menge $C \subseteq \mathbb{R}^{n \times 1}$ mit $M \subseteq C$ gilt Konv $M \subseteq C$.

Beweis (a1):
1. Konvexität von Konv M: Sind $\vec{u},\vec{v} \in $ Konv M, so gibt es $\vec{a}_1,...,\vec{a}_m$,

$\vec{b}_1,\ldots,\vec{b}_p \in M$ und $(x_1,\ldots,x_m) \in K_m$, $(y_1,\ldots,y_p) \in K_p$, so daß $\vec{u} = \sum_{i=1}^{m} x_i \vec{a}_i$ und $\vec{v} = \sum_{k=1}^{p} y_k \vec{b}_k$ gilt. Wegen $t\vec{u} + (1-t)\vec{v} = \sum_{i=1}^{m} t x_i \vec{a}_i + \sum_{k=1}^{p} (1-t) y_k \vec{b}_k$ und $(tx_1,\ldots,tx_m,(1-t)y_1,\ldots,(1-t)y_p) \in K_{m+p}$ für jedes $t \in [0,1]$ ist $[\vec{u},\vec{v}] \subseteq$ Konv M.

2. **Konvexe Hülle von konvexen Mengen:** Ist $C \subseteq \mathbb{R}^{n \times 1}$ eine nichtleere konvexe Menge, so zeigen wir durch vollständige Induktion über die minimale Anzahl m der positiven Koeffizienten in den Konvexkombinationen von $\vec{x} \in \text{Konv } C$, daß $\vec{x} \in C$ gilt. Im Falle des Induktionsanfangs $m = 1$ ist $\vec{x} \in C$. Die Induktionsannahme besagt, daß $m \in \mathbb{N}$ eine Zahl sei, für die alle Konvexkombinationen mit positiven Koeffizienten von je m Elementen aus C zu C gehören. Ist dann $\vec{x} := \sum_{i=1}^{m+1} x_i \vec{a}_i$ mit $\vec{a}_i \in C$ und $0 < x_i < 1$ für jedes $i \in J_{m+1}$ sowie $\sum_{i=1}^{m+1} x_i = 1$, so setzen wir $t := 1 - x_{m+1}$ und $\vec{y} := \sum_{i=1}^{m} \frac{x_i}{t} \vec{a}_i$. Damit folgt $\vec{y} \in C$ aufgrund der Induktionsannahme und $\vec{x} = t\vec{y} + (1-t)\vec{a}_{m+1} \in C$ wegen der Konvexität von C. Also gilt Konv $C \subseteq C$. Da $C \subseteq \text{Konv } C$ stets erfüllt ist, ergibt sich
$$\text{Konv } C = C \text{ für alle konvexen Mengen } C \subseteq \mathbb{R}^{n \times 1}.$$

3. **Minimalität von Konv M:** Für jede konvexe Menge $C \subseteq \mathbb{R}^{n \times 1}$ mit $M \subseteq C$ folgt
$$\text{Konv } M \subseteq \text{Konv } C = C,$$
so daß Konv M die kleinste konvexe Menge darstellt, die M enthält. □

3.1.4 Ecken und zulässige Basislösungen

Da die Konvexkombinationen an die Stelle der Linearkombinationen aus dem zweiten Kapitel treten, stellt sich nun die Frage, ob sich ähnlich wie bei der Beschreibung von $L(A,\vec{b})$ im *Satz über die Lösungsgesamtheit* (2.3.27) auch endlich viele "Erzeugende" finden lassen, deren konvexe Hülle die Lösungsmenge eines gegebenen lösbaren Ungleichungssystems ist. Bei konvexen Polytopen können solche Erzeugenden nur die durch ihre Extremaleigenschaft ausgezeichneten "Ecken" sein. Wir präzisieren deshalb zunächst diesen wichtigen Begriff.

3.1.5 Definition der Stützhyperebene und der Ecke

Es sei $P \subseteq \mathbb{R}^{n \times 1}$ ein nichtleeres konvexes Polyeder.

i) Eine Hyperebene $E(^t\vec{a}, b)$ mit $\vec{a} \in \mathbb{R}^{n \times 1} \setminus \{\vec{0}\}$ und $b \in \mathbb{R}$ heißt *Stützhyperebene von P* genau dann, wenn $E(^t\vec{a}, b) \cap P \neq \emptyset$ ist und wenn $P \subseteq H(^t\vec{a}, b)$ oder $P \subseteq H(-^t\vec{a}, -b)$ gilt.

ii) Ein Vektor $\vec{v} \in P$ heißt *Ecke von P* genau dann, wenn es eine Stützhyperebene S von P gibt, so daß $S \cap P = \{\vec{v}\}$ ist.

Es lassen sich leicht Bedingungen angeben, unter denen P keine Ecken haben kann. Ist nämlich $\vec{v} \in P(A, \vec{b})$ und $\vec{z} \in N(A) \setminus \{\vec{0}\}$, so folgt $\vec{v} + \text{Lin}\{\vec{z}\} \subseteq P(A, \vec{b})$. Damit ergibt sich $\vec{v} + \text{Lin}\{\vec{z}\} \subseteq E(^t\vec{a}, b)$ für jede Stützhyperebene $E(^t\vec{a}, b)$ von $P(A, \vec{b})$ mit $\vec{v} \in E(^t\vec{a}, b)$, so daß $\vec{v}$ keine Ecke von $P(A, \vec{b})$ darstellt. Diese Situation tritt genau dann ein, wenn $\dim N(A) > 0$ gilt, was wegen (2.13) mit Rang $A < n$ gleichbedeutend ist. In diesem Falle ist die Lösungsmenge $P(A, \vec{b})$ also unbeschränkt oder leer.

Ist Rang $A = m = n$, so hat $A\vec{x} = \vec{c}$ für jedes $\vec{c} \in \mathbb{R}^{n \times 1}$ mit $\vec{c} \leq \vec{b}$ eine eindeutige Lösung $\vec{x} = A^{-1}\vec{c}$. Also stellt $P(A, \vec{b})$ ein unbeschränktes Polyeder dar. Mit der auch im folgenden benötigten Abkürzung

$$\vec{e} := {}^t(1 \ldots 1) \in \mathbb{R}^{n \times 1}$$

läßt sich leicht zeigen, daß $S := E(^t\vec{e}A, {}^t\vec{e}\vec{b})$ eine Stützhyperebene von $P(A, \vec{b})$ ist, für die $S \cap P(A, \vec{b}) = \{A^{-1}\vec{b}\}$ gilt: Einerseits erhalten wir ${}^t\vec{e}A(A^{-1}\vec{b}) = {}^t\vec{e}\vec{b}$, also $A^{-1}\vec{b} \in S \cap P(A, \vec{b})$, und andererseits folgt für alle $\vec{x} \in P(A, \vec{b}) \setminus \{A^{-1}\vec{b}\}$ wegen $A\vec{x} \neq \vec{b}$, daß ${}^t\vec{e}A\vec{x} < {}^t\vec{e}\vec{b}$ gilt, womit $\vec{x} \in H(^t\vec{e}A, {}^t\vec{e}\vec{b}) \setminus S$ bewiesen ist.

Für $\vec{v} \in P(A, \vec{b})$ und $\vec{z} \in P(A, \vec{0}) \setminus \{\vec{0}\}$ ergibt sich, daß $\vec{v} + r\vec{z} \in P(A, \vec{b})$ für alle $r \in \mathbb{R}_+$ erfüllt ist. Nun schließen wir wie oben, daß jedes $\vec{v} \in P(A, \vec{b})$ mit ${}^t\vec{e}A\vec{v} < {}^t\vec{e}\vec{b}$ keine Ecke von $P(A, \vec{b})$ sein kann. Für $A \in GL(m; \mathbb{R})$ und $\vec{b} \in \mathbb{R}^{m \times 1}$ ist also $A^{-1}\vec{b}$ die einzige Ecke von $P(A, \vec{b})$.

Im verbleibenden Fall Rang $A = n < m$ gehen wir zunächst mit Hilfe des folgenden Satzes zu einem einfacheren Typ von linearen Ungleichungssystemen über, der auch im nächsten Abschnitt benötigt wird.

3.1.6 Zurückführungssatz

Es seien $A \in \mathbb{R}_n^{m \times n}$ mit $m > n$ und $\vec{b} \in \mathbb{R}^{m \times 1}$. Das lineare Ungleichungssystem $A\tilde{x} \leq \tilde{b}$ ist genau dann lösbar, wenn das lineare Gleichungssystem $^{\vee}A\tilde{y} = {^{\vee}A}\tilde{b}$ eine Lösung $\tilde{y} \in \mathbb{R}^{m \times 1}$ mit $\tilde{y} \geq \tilde{0}$ besitzt. Im Falle der Lösbarkeit kann $\tilde{y} := \tilde{b} - A\tilde{x}$ beziehungsweise $\tilde{x} := {^{q}A}(\tilde{b} - \tilde{y})$ gewählt werden.

Beweis (a1):
Ist $\tilde{x} \in P(A,\tilde{b})$, so gilt $\tilde{y} := \tilde{b} - A\tilde{x} \geq \tilde{0}$, und wir erhalten
$$^{\vee}A\tilde{y} = {^{\vee}A}\tilde{b} - {^{\vee}A}A\tilde{x} \stackrel{(2.21)}{=} {^{\vee}A}\tilde{b}.$$
Genügt $\tilde{u} \in \mathbb{R}^{m \times 1}$ den Bedingungen $^{\vee}A\tilde{u} = {^{\vee}A}\tilde{b}$ und $\tilde{u} \geq 0$, so folgt $^{\vee}A(\tilde{b} - \tilde{u}) = \tilde{0}$. Aufgrund des *Satzes über den Spaltenraum als Nullraum* (2.3.21) ist $N(^{\vee}A) = S(A)$. Also existiert ein $\tilde{w} \in \mathbb{R}^{n \times 1}$, so daß $A\tilde{w} = \tilde{b} - \tilde{u} \leq \tilde{b}$ erfüllt ist. Der *Satz über die Quasi-Inverse* (2.3.26) ergibt damit, daß $^{q}A(\tilde{b} - \tilde{u}) \in P(A,\tilde{b})$ gilt, wobei ^{q}A auch durch eine beliebige andere verallgemeinerte Inverse V von A ersetzt werden kann. □

Die Koeffizientenmatrix und der Ergebnisvektor des Gleichungssystems im *Zurückführungssatz* haben die Form $^{\vee}A \in \mathbb{R}_{p}^{p \times m}$ und $^{\vee}A\tilde{b} \in \mathbb{R}^{p \times 1}$ mit $p := m - n < m$. Deshalb setzen wir im folgenden für $B \in \mathbb{R}_{p}^{p \times m}$ mit $p < m$ und für $\tilde{c} \in \mathbb{R}^{p \times 1}$ zur Abkürzung
$$Q(B,\tilde{c}) := \{\tilde{y} \in \mathbb{R}^{m \times 1} \mid B\tilde{y} = \tilde{c} \text{ und } \tilde{y} \geq \tilde{0}\}.$$
Außerdem lassen wir manchmal $p = m$ zu.

Wegen $Q(B,\tilde{c}) = P\left(\begin{pmatrix} B \\ -B \\ -E_m \end{pmatrix}, \begin{pmatrix} \tilde{c} \\ -\tilde{c} \\ \tilde{0} \end{pmatrix}\right)$ stellt $Q(B,\tilde{c})$ ein konvexes Polyeder dar. Im Falle $p = m$ erhalten wir $Q(B,\tilde{c}) = \{B^{-1}\tilde{c}\}$, falls $B^{-1}\tilde{c} \geq \tilde{0}$ gilt, und $Q(B,\tilde{c}) = \emptyset$ sonst.

Anschaulich ist jede Ecke von $P(A,\tilde{b})$ für $A \in \mathbb{R}_{n}^{m \times n}$, $m \geq n$, Schnittpunkt von n Stützhyperebenen mit linear unabhängigen Koeffizientenvektoren, und jede Ecke von $Q(B,\tilde{c})$ mit $B \in \mathbb{R}_{p}^{p \times m}$, $p \leq m$, erscheint als Schnittpunkt von $L(B,\tilde{c})$ mit $m - p$ "Koordinatenhyperebenen" $E(^{t}\tilde{e}_i, 0)$, $i \in J_m$. In beiden Fällen müßten sich also die Ecken als Lösungsvektoren von linearen Gleichungssystemen bestimmen lassen. Die Nachweise für diese Berechnungsmöglichkeit sind bei den Polyedern $P(A,\tilde{b})$ und $Q(B,\tilde{c})$ im Prinzip ähnlich. Wir behandeln zunächst den zweiten Fall ausführlich, weil er sich viel leichter darstellen läßt, und beschreiben in Abschnitt 3.1.13 den Zusammenhang mit dem allgemeinen Typ.

3.1.7 Definition der Basisindexmenge und der Basislösung

Es seien $B \in \mathbb{R}_p^{p \times m}$ mit $p < m$ und $\vec{c} \in \mathbb{R}^{p \times 1}$.

i) Eine Indexmenge $I_b' \subseteq J_m$ heißt *Basisindexmenge* von B genau dann, wenn $\{B\vec{e}_i \mid i \in I_b'\}$ eine Basis von $S(B)$ darstellt. Die Indizes aus $I_f' := J_m \setminus I_b'$ werden *freie Indizes* genannt.

ii) Ein Vektor $\vec{v} \in L(B, \vec{c})$ heißt *Basislösung* von $B\vec{y} = \vec{c}$ zur *Basisindexmenge* I_b' genau dann, wenn ${}^t\vec{e}_j \vec{v} = 0$ für alle $j \in I_f'$ gilt. Als *Basislösung* von $B\vec{y} = \vec{c}$ bezeichnet man jeden Vektor $\vec{v} \in L(B, \vec{c})$, zu dem es eine Basisindexmenge I_b' gibt, mit der ${}^t\vec{e}_j \vec{v} = 0$ für alle $j \in I_f'$ ist.

iii) Eine Basislösung $\vec{v}$ von $B\vec{y} = \vec{c}$ heißt *zulässig* genau dann, wenn $\vec{v} \geq \vec{0}$ gilt.

Ist $M \in \mathbb{R}^{p \times m}$ und $\vec{x} \in \mathbb{R}^{m \times 1}$, so setzen wir im Rest dieses Kapitels für eine feste Basisindexmenge $I_b' := \{j_1, \ldots, j_p\}$ und für eine zugehörige Menge $I_f' := \{j_1', \ldots, j_{m-p}'\}$ von freien Indizes zur Abkürzung

$$E_{|b} := (\vec{e}_{j_1} \ldots \vec{e}_{j_p}) \in \mathbb{R}^{m \times p}, \quad E_{|f} := (\vec{e}_{j_1'} \ldots \vec{e}_{j_{m-p}'}) \in \mathbb{R}^{m \times (m-p)},$$
$$M_{|b} := M E_{|b}, \quad M_{|f} := M E_{|f}, \quad \vec{x}_b := {}^t E_{|b} \vec{x} \text{ und } \vec{x}_f := {}^t E_{|f} \vec{x}.$$

Dann ist $B_{|b} \in GL(p; \mathbb{R})$, und für jede Basislösung $\vec{v}$ von $B\vec{y} = \vec{c}$ zur Basisindexmenge I_b' folgt

(2) $\qquad \vec{v}_b = B_{|b}^{-1} \vec{c}$ und $\vec{v}_f = \vec{0}$.

Insbesondere ist also $\vec{v}$ durch I_b' eindeutig bestimmt. Wegen $B_{|b} \vec{v}_b = \vec{c}$ ist $\vec{v}$ auch nicht von der Reihenfolge der Indizes $j_1, \ldots, j_p$ abhängig.

Da es $\binom{m}{p}$ verschiedene Indexteilmengen mit p Elementen aus J_m gibt, enthält $L(B, \vec{c})$ höchstens $\binom{m}{p}$ Basislösungen von $B\vec{y} = \vec{c}$. Ihre Berechnung läßt sich durch folgende Überlegungen vereinfachen. Aufgrund des *Reduziertensatzes* (2.3.12) ist $B = {}^w B {}^r B$ mit ${}^w B \in GL(p; \mathbb{R})$. Also gilt

(3) $\qquad L(B, \vec{c}) = L({}^r B, ({}^w B)^{-1} \vec{c})$ und $Q(B, \vec{c}) = Q({}^r B, ({}^w B)^{-1} \vec{c})$.

Außerdem erhalten wir für $I_b' := I_b$ stets die Basislösung $\vec{v}$ mit

(4) $\quad \vec{v}_b = {}^{tu}B\vec{v} = ({}^wB)^{-1}\vec{c}$ und $\vec{v}_f = {}^{ty}B\vec{v} = \vec{0}$.

Im Anschluß an den folgenden Satz, der den wichtigen Zusammenhang zwischen Ecken und Basislösungen enthält, werden wir ein Verfahren beschreiben, das ausgehend von einer Basislösung schrittweise alle Basislösungen durch Austausch jeweils eines Basisindexes ergibt.

3.1.8 Eckensatz

Ein Vektor $\vec{v} \in Q(B,\vec{c})$ stellt genau dann eine Ecke von $Q(B,\vec{c})$ dar, wenn $\vec{v}$ eine zulässige Basislösung von $B\vec{y} = \vec{c}$ ist.

Beweis (a2):

i) Wir behandeln zunächst den Fall $\vec{v} = \vec{0}$. Wegen $B\vec{0} = \vec{0}$ muß dann $\vec{c} = \vec{0}$ sein. Da $S := E({}^t\vec{e},0)$ eine Stützhyperebene von $Q_0 := Q(B,\vec{0})$ mit $S \cap Q_0 = \{\vec{0}\}$ ist, stellt $\vec{0}$ eine Ecke von Q_0 dar. Gilt $\vec{y} \in Q_0$ mit $\vec{y} \neq \vec{0}$, so folgt $r\vec{y} \in Q_0$ für alle $r \in \mathbb{R}_+$. Damit ergibt sich $\{r\vec{y} \mid r \in \mathbb{R}_+\} \subseteq E({}^t\vec{a},b)$ für jede Stützhyperebene $E({}^t\vec{a},b)$ von Q_0 mit $\vec{y} \in E({}^t\vec{a},b)$, so daß $\vec{y}$ keine Ecke von Q_0 sein kann. Wegen (2) ist $\vec{v} = \vec{0}$ auch die einzige zulässige Basislösung von $B\vec{y} = \vec{0}$.

ii) Es sei $\vec{v} =: {}^t(v_1 \ldots v_m) \neq \vec{0}$ eine Ecke von $Q(B,\vec{c})$. Wir führen die auch später benötigte Indexmenge

$$T(\vec{v}) := \{i \in J_m \mid {}^t\vec{e}_i\vec{v} > 0\}$$

ein, die *Träger von* $\vec{v}$ genannt wird, und zeigen, daß die Vektoren $B\vec{e}_i$ für $i \in T(\vec{v})$ linear unabhängig sind. Dazu betrachten wir einen beliebigen Vektor

$$\vec{z} := \sum_{i \in T(\vec{v})} d_i B\vec{e}_i \text{ mit } d_i \in \mathbb{R} \text{ und } \vec{d} := \sum_{i \in T(\vec{v})} d_i \vec{e}_i \neq \vec{0}.$$

Setzen wir $\mu := \min\{s \in \mathbb{R}_+ \mid \text{Es gibt } i \in T(\vec{v}) \text{ mit } d_i \neq 0 \text{ und } s = \frac{v_i}{2|d_i|}\}$, so ist $\mu > 0$ und $v_i \pm \mu d_i > 0$ für alle $i \in T(\vec{v})$. Damit können wir die Vektoren $\vec{u} := \vec{v} + \mu\vec{d}$ und $\vec{w} := \vec{v} - \mu\vec{d}$ definieren, für die $\vec{v} = \frac{1}{2}\vec{u} + \frac{1}{2}\vec{w}$, $\vec{u} \geq \vec{0}$, $\vec{w} \geq \vec{0}$ und $\vec{u} \neq \vec{w}$ gilt. Aus $B\vec{v} = \vec{c}$ und $B\vec{d} = \vec{z}$ folgt außerdem $B(\vec{v} \pm \mu\vec{d}) = B\vec{v} \pm \mu B\vec{d} = \vec{c} \pm \mu\vec{z}$.

Wäre $\vec{z} = \vec{0}$, so lägen $\vec{u}$ und $\vec{w}$ in $Q(B,\vec{c})$. Da $\vec{v}$ eine Ecke von $Q(B,\vec{c})$ ist, gibt es eine Stützhyperebene $E({}^t\vec{a},b)$ von $Q(B,\vec{c})$ mit ${}^t\vec{a}\vec{v} = b$ und mit $^t\bar{a}\bar{y} > b$ für alle $\bar{y} \in Q(B,\bar{c}) \setminus \{\bar{v}\}$. Aus der Annahme $\bar{z} = \vec{0}$ ergibt sich nun wegen $\bar{v} = \frac{1}{2}\bar{u} + \frac{1}{2}\bar{w}$ und $\bar{u},\bar{w} \in Q(B,\bar{c}) \setminus \{\bar{v}\}$ der Widerspruch $b = {}^t\bar{a}\bar{v} = \frac{1}{2}{}^t\bar{a}(\bar{u}+\bar{w}) > \frac{1}{2}b + \frac{1}{2}b = b$. Also muß $\bar{z} \neq \vec{0}$ sein. Damit ist nachgewiesen, daß die Vektoren $B\bar{e}_i$ für $i \in T(\bar{v})$ linear unabhängig sind. Stellt $T(\bar{v})$ keine Basisindexmenge von B dar, so läßt sich mit Hilfe des *Basisergänzungssatzes* (2.3.14) eine Basisindexmenge I'_b von B mit $T(\bar{v}) \subseteq I'_b$ bestimmen. Wegen ${}^t\bar{e}_j\bar{v} = 0$ für alle $j \in I'_f$ ist $\bar{v}$ zulässige Basislösung von $B\bar{y} = \bar{c}$ zur Basisindexmenge I'_b.

iii) Es sei $\bar{v}$ eine zulässige Basislösung von $B\bar{y} = \bar{c}$ zur Basisindexmenge I''_b. Setzen wir
$$\bar{a} := \sum_{j \in I''_f} \bar{e}_j \in \mathbb{R}^{m \times 1},$$
so gilt $\bar{a} \neq \vec{0}$, ${}^t\bar{a}\bar{v} = 0$ und ${}^t\bar{a}\bar{y} \geq 0$ für jedes $\bar{y} \in Q := Q(B,\bar{c})$, d.h. $S' := E({}^t\bar{a},0)$ stellt eine Stützhyperebene von Q mit $\bar{v} \in S' \cap Q$ dar.
Ist $\bar{u} \in S' \cap Q$, so folgt aus ${}^t\bar{a}\bar{u} = 0$ und $\bar{u} \geq \vec{0}$, daß ${}^t\bar{e}_j\bar{u} = 0$ für alle $j \in I''_f$ gilt. Damit ist $\bar{u}$ eine Basislösung von $B\bar{y} = \bar{c}$ zur Basisindexmenge I''_b. Wegen (2) ergibt sich $\bar{u} = \bar{v}$, so daß $S' \cap Q$ nur $\bar{v}$ enthält. Also stellt $\bar{v}$ eine Ecke von $Q(B,\bar{c})$ dar. □

3.1.9 Berechnung der Basislösungen durch Basisaustausch

In der Regel ist es nicht sinnvoll, alle Basislösungen mit Hilfe von (2) zu bestimmen, weil angenommen werden kann, daß bei Basisindexmengen, die sich nur in wenigen Elementen unterscheiden, auch die zugehörigen Inversen $B_{|b}^{-1}$ durch einfache Umformungen ineinander übergehen. Am günstigsten wäre es, wenn - wie in (4) - die Basislösungskomponente $\bar{v}_b$ zu einer beliebigen Basisindexmenge I'_b stets als letzter Spaltenvektor einer Matrix $(C \; \bar{v}_b) \in \mathbb{R}_p^{p \times (m+1)}$ herauskäme, die aus der erweiterten Koeffizientenmatrix $(B \; \bar{c})$ durch elementare Zeilenumformungen entsteht und in der $C_{|b} = E_p$ gilt. Tatsächlich gibt es zu jeder Basisindexmenge von B genau eine solche Matrix. Seit den Anfängen der linearen Optimierung haben diese Matrizen einen besonderen Namen:

3.1.10 Definition des Tableaus

Eine Matrix $(C \; \bar{d}) \in \mathbb{R}_p^{p \times (m+1)}$ heißt *Tableau von* $B\bar{y} = \bar{c}$ *zur Basis-*

indexmenge I'_b genau dann, wenn $(C \; \vec{d})$ aus $(B \; \vec{c})$ durch elementare Zeilenumformungen hervorgeht und wenn $C_{|b} = E_p$ ist.

Ist I'_b eine Basisindexmenge von B, so können wir $^r(B_{|b} B_{|f})$ betrachten. Da die Spaltenvektoren von $B_{|b}$ definitionsgemäß eine Basis von $S(B)$ bilden und da $^r(B_{|b} B_{|f})$ aus $(B_{|b} B_{|f})$ durch elementare Zeilenumformungen entsteht, gilt einerseits

$$^r(B_{|b} \; B_{|f}) =: (E_p \; C_{|f}).$$

Andererseits lassen sich die elementaren Zeilenumformungen durch Multiplikation von links mit einer Matrix wiedergeben, die hier eindeutig bestimmt ist, so daß $(B_{|b} \; B_{|f}) = B_{|b}(E_p \; B_{|b}^{-1} B_{|f})$ und damit $C_{|f} = B_{|b}^{-1} B_{|f}$ folgt.

Dieser Zusammenhang läßt sich für jedes Tableau $(C \; \vec{d})$ von $B\vec{y} = \vec{c}$ zur Basisindexmenge I'_b herstellen. Also gibt es nur ein solches C. Aus der Eindeutigkeit der Basislösung $\vec{v}$ folgt außerdem die (2) entsprechende Gleichung $\vec{v}_b = C_{|b}^{-1} \vec{d} = \vec{d}$. Wegen $(C_{|b} \; C_{|f}) = C(E_{|b} \; E_{|f})$ und weil aufgrund des *Satzes über Permutationsmatrizen* (1.6.6) $(E_{|b} \; E_{|f})^{-1} = {}^t(E_{|b} \; E_{|f})$ gilt, erhalten wir schließlich

(5) $\quad C = (E_p \; B_{|b}^{-1} B_{|f})\,{}^t(E_{|b} \; E_{|f})$, $C_{|f} = B_{|b}^{-1} B_{|f}$ und $\vec{d} = \vec{v}_b$.

Bevor wir den Zusammenhang zwischen Tableaus herstellen, deren Basisindexmengen sich nur in einem Element unterscheiden, wollen wir zeigen, daß es genügt, *verkürzte Tableaus* der Form

	${}^t\vec{y}_f$	
$\vec{y}_b$	$C_{|f}$	$\vec{v}_b$

zu betrachten, weil sie alle nötigen Informationen enthalten. Völlig analog zur Herleitung des *Nullraumbasissatzes* (2.3.18) folgt nämlich, daß die Spaltenvektoren von $E_{|f} - E_{|b}C_{|f}$ eine Basis von $N(B)$ darstellen. Insbesondere ist also aufgrund des *Satzes über die Lösungsgesamtheit* (2.3.27)

(6) $\quad L(B,\vec{c}) = \vec{v} + S(E_{|f} - E_{|b}C_{|f})$ für jede Basisindexmenge I'_b.

Da die Spaltenvektoren von $C_{|f}$ gerade die Koordinatenvektoren bezüglich der Basis $\{\vec{e}_1,\ldots,\vec{e}_p\}$ sind, ist es sehr einfach zu entscheiden, welche der Spaltenvektoren und der Einheitsvektoren gegeneinander ausgetauscht werden können, um eine neue Basis zu erhalten. Stellt nämlich $\vec{u}_k =: {}^t(u_{1k} \ldots u_{pk})$ den k-ten Spaltenvektor von C_{lf} mit $k \in J_{m-p}$ dar, so gilt $\text{Rang}(\vec{e}_1 \ldots \vec{e}_{i-1} \vec{u}_k \vec{e}_{i+1} \ldots \vec{e}_p) = p$ genau dann, wenn $u_{ik} \neq 0$ ist. Welche dieser Zahlen als *Pivotelement* gewählt wird, hängt entweder von systematischen Überlegungen oder von weiteren Bedingungen ab. Bei dem Simplex-Algorithmus der linearen Optimierung, den wir im nächsten Abschnitt behandeln, spielt das Verhalten einer linearen "Zielfunktion" eine entscheidende Rolle.

Ist die Wahl getroffen, so kann auch das neue Tableau leicht berechnet werden. An die Stelle von $\vec{u}_k$ treten die Komponenten der folgenden Linearkombination von $\vec{e}_i$ bezüglich der aktuellen Basis:

$$(7) \qquad \vec{e}_i = \sum_{j=1}^{i-1} \left(-\frac{u_{jk}}{u_{ik}}\right)\vec{e}_j + \frac{1}{u_{ik}}\vec{u}_k + \sum_{j=i+1}^{p} \left(-\frac{u_{jk}}{u_{ik}}\right)\vec{e}_j .$$

Bei den übrigen Spaltenvektoren $\vec{u}_h$ mit $h \in J_{m-p}\setminus\{k\}$ und bei $\vec{v}_b =: \vec{u}_{m-p+1}$ ergibt das Ersetzen von $\vec{e}_i$ die entsprechenden Linearkombinationen

$$(8) \qquad \vec{u}_h = \sum_{j=1}^{i-1}\left(u_{jh} - u_{ih}\frac{u_{jk}}{u_{ik}}\right)\vec{e}_j + \frac{u_{ih}}{u_{ik}}\vec{u}_k + \sum_{j=i+1}^{p}\left(u_{jh} - u_{ih}\frac{u_{jk}}{u_{ik}}\right)\vec{e}_j .$$

Um eine übersichtlichere Darstellung zu erhalten, berücksichtigen wir bei der folgenden Zusammenfassung, daß sich die Komponenten in (7) und (8) durch Multiplikation mit einer Matrix gewinnen lassen, die sich nur in dem i-ten Spaltenvektor von E_p unterscheidet.

3.1.11 Satz über den Austauschschritt

In dem verkürzten Tableau

$$\begin{array}{c|c|c} & {}^t\vec{y}_f & \\ \hline \vec{y}_b & C_{lf} & \vec{v}_b \end{array}$$

seien $\vec{y}_b =: {}^t(y_{j_1} \ldots y_{j_p})$, $\vec{y}_f =: {}^t(y_{j'_1} \ldots y_{j'_{m-p}})$, $C_{lf} =: (\vec{u}_1 \ldots \vec{u}_{m-p})$ und ${}^t\vec{e}_j \vec{u}_k =: u_{jk}$ für $j \in J_p$, $k \in J_{m-p}$.

i) Der Basisindex j_i und der freie Index j'_k lassen sich genau dann austauschen, wenn $u_{ik} \neq 0$ gilt.

ii) Im Falle des Austausches ergibt sich unter Verwendung der Matrix

$$T_{ik} := E_p - \sum_{j=1}^{p} \frac{u_{jk}}{u_{ik}} \vec{e}_j{}^t\vec{e}_i + \frac{1}{u_{ik}} \vec{e}_i{}^t\vec{e}_i$$

das verkürzte Tableau

	${}^t\vec{y}_{f'}$
$\vec{y}_{b'}$	$C'_{|f'}$ $\vec{v}'_{b'}$

mit

(9) $\quad (C'_{|f'}, \vec{v}'_{b'}) = T_{ik}(\hat{u}_1 \ldots \hat{u}_{k-1} \vec{e}_i \hat{u}_{k+1} \ldots \hat{u}_{m-p} \vec{v}_b)$,

$\vec{y}_{b'} = {}^t(y_{j_1} \ldots y_{j_{i-1}} y_{j'_k} y_{j_{i+1}} \ldots y_{j_p})$ und

$\vec{y}_{f'} = {}^t(y_{j'_1} \ldots y_{j'_{k-1}} y_{j_i} y_{j'_{k+1}} \ldots y_{j'_{m-p}})$.

3.1.12 Beispiel

Wir gehen aus von dem Ungleichungssystem $A\vec{x} \leq \vec{b}$ mit

$$A := {}^t\begin{pmatrix} 1 & 0 & 0 & 1 & 3 \\ 0 & 1 & 0 & 3 & 2 \\ 0 & 0 & 2 & 5 & 0 \end{pmatrix} \quad \text{und} \quad \vec{b} := {}^t(1\ 2\ 1\ 7\ 6),$$

das in modifizierter Form im nächsten Abschnitt eine Rolle spielen wird. Der *Zurückführungssatz* (3.1.6) ergibt das zugehörige Gleichungssystem ${}^vA\vec{y} = {}^vA\vec{b}$ mit

$$B := {}^vA = \begin{pmatrix} -1 & -3 & -\frac{5}{2} & 1 & 0 \\ -3 & -2 & 0 & 0 & 1 \end{pmatrix} \quad \text{und} \quad \vec{c} := {}^vA\vec{b} = \begin{pmatrix} -\frac{5}{2} \\ -1 \end{pmatrix}.$$

Damit kann

	y_1	y_2	y_3	
y_4	-1	-3	$-\frac{5}{2}$	$-\frac{5}{2}$
y_5	-3	-2	0	-1

als verkürztes Ausgangstableau verwendet werden. Die Austauschschritte beschreiben wir im folgenden durch Angabe von $(\vec{y}_b, \vec{v}_b)$:

$$\begin{pmatrix} y_1 & \frac{5}{2} \\ y_5 & \frac{13}{2} \end{pmatrix}, \begin{pmatrix} y_1 & \frac{1}{3} \\ y_4 & -\frac{13}{6} \end{pmatrix}, \begin{pmatrix} y_1 & \frac{1}{3} \\ y_3 & \frac{13}{15} \end{pmatrix}, \begin{pmatrix} y_1 & -\frac{2}{7} \\ y_2 & \frac{13}{4} \end{pmatrix}, \begin{pmatrix} y_3 & \frac{2}{5} \\ y_2 & \frac{1}{2} \end{pmatrix}, \begin{pmatrix} y_4 & -1 \\ y_2 & \frac{1}{2} \end{pmatrix}, \begin{pmatrix} y_5 & \frac{2}{3} \\ y_2 & \frac{5}{6} \end{pmatrix}$$

und $\begin{pmatrix} y_5 & -1 \\ y_3 & 1 \end{pmatrix}$. $\{3,4\}$ ist keine Basisindexmenge, weil die zugehörige Matrix $\begin{pmatrix} -\frac{5}{2} & 1 \\ 0 & 0 \end{pmatrix}$ den Rang 1 hat. Die Ecken von $Q(B, \vec{c})$ sind also die zulässigen Basislösungen $\vec{v}_1 := {}^t\left(\frac{5}{2}\ 0\ 0\ 0\ \frac{13}{2}\right)$, $\vec{v}_2 := {}^t\left(\frac{1}{3}\ 0\ \frac{13}{15}\ 0\ 0\right)$,

$\vec{v}_3 := {}^t\left(0 \; \frac{1}{2} \; \frac{2}{5} \; 0 \; 0\right)$ und $\vec{v}_4 := {}^t\left(0 \; \frac{5}{6} \; 0 \; 0 \; \frac{2}{3}\right)$.

Durch den *Zurückführungssatz* (3.1.6) mit

$${}^qA = \begin{pmatrix} 1 & 0 & 0 & 0 & 0 \\ 0 & 1 & 0 & 0 & 0 \\ 0 & 0 & \frac{1}{2} & 0 & 0 \end{pmatrix} \quad \text{und} \quad \vec{x}_i := {}^qA(\vec{b} - \vec{v}_i), \; i = 1, \ldots, 4,$$

werden diesen Ecken die Vektoren $\vec{x}_1 = {}^t\left(-\frac{3}{2} \; 2 \; \frac{1}{2}\right)$, $\vec{x}_2 = {}^t\left(\frac{2}{3} \; 2 \; \frac{1}{15}\right)$, $\vec{x}_3 = {}^t\left(1 \; \frac{3}{2} \; \frac{3}{10}\right)$ und $\vec{x}_4 = {}^t\left(1 \; \frac{7}{6} \; \frac{1}{6}\right)$ des konvexen Polyeders $P(A, \vec{b})$ zugeordnet (siehe Figur 10 auf Seite 209).

Die folgenden allgemeinen Überlegungen ergeben, daß diese Vektoren die Ecken von $P(A, \vec{b})$ sind.

3.1.13 Zusammenhang zwischen $P(A, \vec{b})$ und $Q({}^vA, {}^vA\vec{b})$

Vom *Zurückführungssatz* (3.1.6) ausgehend lassen sich wesentlich schärfere Ergebnisse über die Zuordnung der beiden Polyedertypen gewinnen.

3.1.14 Bijektivitätssatz

Es seien $A \in \mathbb{R}_n^{m \times n}$ mit $m > n$, $\vec{b} \in \mathbb{R}^{m \times 1}$ und V eine verallgemeinerte Inverse von A. Dann sind die Abbildungen

$p : P(A, \vec{b}) \to Q({}^vA, {}^vA\vec{b}), \; \vec{x} \mapsto \vec{b} - A\vec{x}$, und

$q_V : Q({}^vA, {}^vA\vec{b}) \to P(A, \vec{b}), \; \vec{y} \mapsto V(\vec{b} - \vec{y})$,

bijektiv und zueinander invers. Außerdem werden durch p und q_V Ecken auf Ecken und Strecken auf Strecken abgebildet.

Beweis (h2):
Zur Abkürzung setzen wir $P := P(A, \vec{b})$ und $Q := Q({}^vA, {}^vA\vec{b})$.

i) Bijektivität:
Der Beweis des *Zurückführungssatzes* (3.1.6) ergibt bereits, daß $p(\vec{x}) \in Q$ für alle $\vec{x} \in P$ und $q_V(\vec{y}) \in P$ für alle $\vec{y} \in Q$ gilt. Außerdem ist $q_V(p(\vec{x})) = VA\vec{x}$. Aus $A(VA\vec{x} - \vec{x}) = AVA\vec{x} - A\vec{x} = A\vec{x} - A\vec{x} = \vec{0}$ folgt, daß $VA\vec{x} - \vec{x}$ in $N(A)$ liegt. Wegen Rang $A = n$ ist $N(A) = \{\vec{0}\}$. Damit erhalten wir

(10) $\qquad q_V(p(\vec{x})) = \vec{x}$ für alle $\vec{x} \in P(A, \vec{b})$.

Daraus ergibt sich sofort, daß p injektiv und q_V surjektiv ist; denn einerseits führt die Annahme $p(\tilde{x}_1) = p(\tilde{x}_2)$ zu $\tilde{x}_1 = q_V(p(\tilde{x}_1)) = q_V(p(\tilde{x}_2)) = \tilde{x}_2$, und andererseits ist $p(\tilde{w}) \in Q$ für jedes $\tilde{w} \in P$ ein Urbild von $\tilde{w}$ unter q_V, weil $\tilde{w} = q_V(p(\tilde{w}))$ gilt.

Außerdem hängen p und wegen (10) auch $q_V \mid p(P)$ nicht von V ab. Deshalb können wir zum Nachweis der Bijektivität die Pseudo-Inverse ^PA als geeignete verallgemeinerte Inverse V wählen. Dann erhalten wir nämlich aus (2.42) und (2.45), daß $\widehat{^PA} \mid S(A)$ und $\hat{A} \mid Z(A)$ bijektiv und zueinander invers sind. In unserem Falle ist $S(A) = N(^VA)$ aufgrund des *Satzes über den Spaltenraum als Nullraum* (2.3.21) und $Z(A) = \mathbb{R}^{n \times 1}$, so daß $P \subseteq Z(A)$ und $Q \subseteq \tilde{b} + S(A)$ gilt.

Da die Verschiebung um den festen Vektor $\tilde{b}$ und der Übergang von A zu -A bijektive Abbildungen darstellen, überträgt sich die Bijektivität und die Inverseneigenschaft von $\hat{A} \mid Z(A)$ und $\widehat{^PA} \mid S(A)$ unmittelbar auf p und q_{P_A}. Insbesondere ist also $p(P) = Q$, so daß q_V für jede verallgemeinerte Inverse V von A mit der Umkehrabbildung von p übereinstimmt. Wir schreiben deshalb im Folgenden q anstelle von q_V.

ii) Zuordnung der zulässigen Basislösungen:

Im Falle des Ungleichungssystems $A\tilde{x} \leq \tilde{b}$ mit $A \in \mathbb{R}_n^{m \times n}$, $m > n$, bezeichnet man eine n-elementige Indexmenge $I_f^. \subseteq J_m$ als *Basisindexmenge* von A genau dann, wenn $(^tA)_{|f}$ invertierbar ist. Entsprechend wird die Menge $I_b^. := J_m \setminus I_f^.$ der freien Indizes erklärt. Diese Vertauschung der Bezeichnungen wird sich gleich als sinnvoll herausstellen. Setzen wir vorübergehend zur Abkürzung

$$A_{f-} := {}^t({}^tA)_{|f} = {}^tE_{|f}A,$$

wobei die Indizierung f- auf die Auswahl der Zeilenvektoren von A mit den entsprechenden Indizes hinweist, so wird der eindeutig bestimmte Vektor

$$\tilde{u} := A_{f-}^{-1} \tilde{b}_f$$

Basislösung von $A\tilde{x} \leq \tilde{b}$ *zur Basisindexmenge* $I_f^.$ genannt. Eine Basislösung $\tilde{u}$ von $A\tilde{x} \leq \tilde{b}$ heißt *zulässig* genau dann, wenn $A\tilde{u} \leq \tilde{b}$ gilt.

Wir zeigen, daß $\tilde{v} \in Q(^VA, {}^VA\tilde{b})$ genau dann zulässige Basislösung von $^VA\tilde{y} = {}^VA\tilde{b}$ zur Basisindexmenge $I_b^.$ ist, wenn $\tilde{u} := q(\tilde{v})$ eine zulässige Basislösung von $A\tilde{x} \leq \tilde{b}$ zur Basisindexmenge $I_f^.$ darstellt. Gehen wir

3.1.14 Bijektivitätssatz

von $\vec{v}$ aus, so ergibt sich wie im Beweis des *Zurückführungssatzes*
(3.1.6) $A_{f_-}\vec{u} = A_{f_-}V(\vec{b}-\vec{v}) = {}^tE_{|f}AV(\vec{b}-\vec{v}) = {}^tE_{|f}(\vec{b}-\vec{v}) = \vec{b}_f - \vec{v}_f \overset{(2)}{=} \vec{b}_f$.
Aus $\vec{u} := A_{f_-}^{-1}\vec{b}_f$ und $\vec{v} := p(\vec{u}) = \vec{b} - A\vec{u}$ folgt umgekehrt $\vec{v}_f = {}^tE_{|f}\vec{v} = \vec{b}_f - {}^tE_{|f}AA_{f_-}^{-1}\vec{b}_f = \vec{b}_f - A_{f_-}A_{f_-}^{-1}\vec{b}_f = \vec{0}$.

Es muß also noch bewiesen werden, daß $A_{f_-} \in GL(n;\mathbb{R})$ genau dann gilt, wenn $({}^vA)_{|b}$ in $GL(m-n;\mathbb{R})$ liegt. Wir setzen zunächst die Invertierbarkeit von A_{f_-} voraus und nehmen an, daß $\vec{b} \in \mathbb{R}^{m\times 1}$ einen Vektor mit ${}^vA\vec{b} = \vec{0}$ und $\vec{b}_f = \vec{0}$ darstellt. Da $\vec{b} \in N({}^vA)$ ist und $N({}^vA) = S(A)$ aufgrund des *Satzes über den Spaltenraum als Nullraum* (2.3.21) gilt, gibt es ein $\vec{x} \in \mathbb{R}^{n\times 1}$ mit $A\vec{x} = \vec{b}$. Dann folgt $A_{f_-}\vec{x} = \vec{b}_f = \vec{0}$, so daß $\vec{x} = \vec{0}$ und damit auch $\vec{b} = \vec{0}$ ist. Wegen $\vec{b}_b = \vec{0}$ ergibt sich also die Invertierbarkeit von $({}^vA)_{|b}$.

Ist A_{f_-} nicht invertierbar, so existiert ein $\vec{x} \in \mathbb{R}^{n\times 1} \setminus \{\vec{0}\}$ mit $A_{f_-}\vec{x} = \vec{0}$. Setzen wir $\vec{b} := A\vec{x}$, so folgt $\vec{b} \neq \vec{0}$, weil $\vec{x} \neq \vec{0}$ und $N(A) = \{\vec{0}\}$ gilt. Wegen $\vec{b} \in S(A)$ und $S(A) = N({}^vA)$ erhalten wir ${}^vA\vec{b} = \vec{0}$, also auch $({}^vA)_{|b}\vec{b}_b = \vec{0}$. Da $\vec{b}_f = A_{f_-}\vec{x} = \vec{0}$ ist, muß $\vec{b}_b \neq \vec{0}$ sein. Damit stellt $({}^vA)_{|b}$ wie A_{f_-} keine invertierbare Matrix dar.

iii) Abbildung der Ecken und Strecken:

Um zu zeigen, daß durch p und q die Mengen der Ecken von P und Q bijektiv aufeinander abgebildet werden, benötigen wir aufgrund des *Eckensatzes* (3.1.8) und wegen des eben Bewiesenen nur noch die Aussage, daß auch in P Ecken und zulässige Basislösungen übereinstimmen.

Ist $\vec{u} := A_{f_-}^{-1}\vec{b}_f$ eine zulässige Basislösung von $A\vec{x} \leq \vec{b}$, so ergibt sich wie im Falle $\text{Rang}\,A = m = n$ (Seite 189), daß $S := E({}^t\vec{e}A_{f_-}, {}^t\vec{e}\vec{b}_f)$ eine Stützhyperebene von P mit $S \cap P = \{\vec{u}\}$ darstellt. Also ist $\vec{u}$ eine Ecke von P.

In der Gegenrichtung nehmen wir an, daß $\vec{w} \in P$ keine Basislösung von $A\vec{x} \leq \vec{b}$ ist und beweisen, daß dann $\vec{w}$ nicht Ecke von P sein kann. Setzen wir mit Hilfe des Trägers T aus dem Beweis des *Eckensatzes* (3.1.8) $J_h := T(\vec{b} - A\vec{w}) = \{j_1,...,j_s\} \subseteq J_m$ und $A_{h_-} := {}^t(\vec{e}_{j_1}...\vec{e}_{j_s})A$, so ist $s < m$ und $\text{Rang}\,A_{h_-} < n$, weil andernfalls $\vec{w}$ eine Basislösung wäre. Es gibt also ein $\vec{d} \in N(A_{h_-})\setminus\{\vec{0}\}$, so daß $A_{h_-}(\vec{w}+\lambda\vec{d}) = \vec{b}_k$ für alle $\lambda \in \mathbb{R}$ gilt, d.h. die "Gerade" $\{\vec{w}+\lambda\vec{d} \mid \lambda \in \mathbb{R}\}$ liegt in $P(A_{h_-},\vec{b}_h)$.

Für $j \in J_m \setminus I_h$ ist $\vec{w} \in H({}^t\vec{e}_j A, {}^t\vec{e}_j \vec{b}) \setminus E({}^t\vec{e}_j A, {}^t\vec{e}_j \vec{b})$. Also existiert zu jedem $j \in J_m \setminus I_h$ ein $\lambda_j > 0$, so daß $[\vec{w} - \lambda_j \vec{d}, \vec{w} + \lambda_j \vec{d}] \subseteq H({}^t\vec{e}_j A, {}^t\vec{e}_j \vec{b})$ erfüllt ist. Mit $\mu := \min\{\lambda_j \mid j \in J_m \setminus I_h\}$ folgt $\mu > 0$ und $[\vec{w} - \mu \vec{d}, \vec{w} + \mu \vec{d}] \subseteq P(A, \vec{b})$.

Wäre $\vec{w}$ eine Ecke von P, so gäbe es eine Stützhyperebene $S := E({}^t\vec{a}, c)$ von P mit $S \cap P = \{\vec{w}\}$. Wegen ${}^t\vec{a}(\vec{w} \pm \mu \vec{d}) < c$ entstünde dann der Widerspruch $c = {}^t\vec{a}\vec{w} = {}^t\vec{a}(\frac{1}{2}(\vec{w} + \mu \vec{d}) + \frac{1}{2}(\vec{w} - \mu \vec{d})) < \frac{1}{2}c + \frac{1}{2}c = c$. Also stimmen auch in P die Ecken mit den zulässigen Basislösungen $A\vec{x} \leq \vec{b}$ überein, so daß p und q die Mengen der Ecken von P und Q bijektiv aufeinander abbilden.

Die "Streckentreue" von p folgt aus $p(s_1 \vec{x}_1 + s_2 \vec{x}_2) = \vec{b} - A(s_1 \vec{x}_1 + s_2 \vec{x}_2) = s_1 p(\vec{x}_1) + s_2 p(\vec{x}_2)$ für alle $(s_1, s_2) \in K_2$ und für $\vec{x}_i \in P$, $i = 1, 2$. Analog gilt $q_V(t_1 \vec{y}_1 + t_2 \vec{y}_2) = V\vec{b} - V(t_1 \vec{y}_1 + t_2 \vec{y}_2) = t_1 q_V(\vec{y}_1) + t_2 q_V(\vec{y}_2)$ für alle $(t_1, t_2) \in K_2$ und für $\vec{y}_i \in Q$, $i = 1, 2$. □

Bei Ungleichungssystemen $A\vec{x} \leq \vec{b}$ mit $\vec{x} \geq \vec{0}$, die im nächsten Abschnitt eine grundlegende Rolle spielen, wird für jede Ungleichung von $A\vec{x} \leq \vec{b}$ eine *Schlupfvariable* $y_i \geq 0$, $i = 1, \ldots, m$, eingeführt, so daß $A\vec{x} + \vec{y} = \vec{b}$ mit ${}^t\vec{y} := (y_1 \ldots y_m)$ folgt. Auf diese Weise erhält man sehr einfach das lineare Gleichungssystem

$$(11) \qquad (A \; E_m)\binom{\vec{x}}{\vec{y}} = \vec{b} \text{ mit } \binom{\vec{x}}{\vec{y}} \geq \vec{0},$$

während der *Bijektivitätssatz* auf $\binom{A}{-E_n} \leq \binom{\vec{b}}{\vec{0}}$ anzuwenden wäre. Auf jeden Fall läßt sich stets der einfache Polyedertyp effektiv gewinnen. Für diese Polyederart können wir im folgenden Unterabschnitt explizit und algorithmisch die wichtige Darstellung als konvexe Hülle herleiten. Der *Bijektivitätssatz* erlaubt dann anschließend die Übertragung dieser Darstellung auf den allgemeinen Polyedertyp.

3.1.15 Beschreibung von konvexen Polyedern mit Hilfe von Ecken

Um eine einprägsame Formulierung des nächsten Satzes zu ermöglichen, verwenden wir für beliebige Teilmengen M_1 und M_2 eines $\mathbb{R}$-Vektorraums V die Abkürzungen

$M_1 + M_2 := \{\vec{z} \in V \mid \text{Es gibt } \vec{x}_i \in M_i, \ i=1,2, \text{ so daß } \vec{z} = \vec{x}_1 + \vec{z}_2 \text{ ist}\}$,
$\mathbb{R}_+ M_1 := \{\vec{z} \in V \mid \text{Es gibt } r \in \mathbb{R}_+ \text{ und } \vec{x} \in M_1 \text{ mit } \vec{z} = r\vec{x}\}$.

Außerdem bezeichnen wir die Menge der Ecken eines konvexen Polyeders $Q(C, \vec{d})$ mit $\langle C; \vec{d} \rangle$, wobei es möglich ist, daß es Ecken gibt, die jeweils zu mehr als einer Basisindexmenge von C gehören. Solche Ecken, die *entartet* heißen, spielen im nächsten Abschnitt eine Rolle.

Im Hinblick auf die zweite Summenmenge bei der folgenden Darstellung von $Q(B, \vec{c})$ halten wir fest, daß ein unbeschränktes konvexes Polyeder C *polyedrischer Kegel* genannt wird, wenn $\mathbb{R}_+ C \subseteq C$ gilt. Für $B \in \mathbb{R}_p^{p \times m}$ mit $p < m$ stellt $Q(B, \vec{0})$ einen polyedrischen Kegel dar, wenn $Q(B, \vec{0}) \neq \{\vec{0}\}$ ist, und der Fall i) aus dem Beweis des *Eckensatzes* (3.1.8) ergibt $\langle B; \vec{0} \rangle = \{\vec{0}\}$.

3.1.16 Polyedersatz

Für jedes $B \in \mathbb{R}_p^{p \times m}$ mit $p < m$ und für alle $\vec{c} \in \mathbb{R}^{p \times 1}$ gilt

$$Q(B, \vec{c}) = \text{Konv}\langle B; \vec{c} \rangle + \mathbb{R}_+\left(\{\vec{0}\} \cup \text{Konv}\left\langle \binom{B}{{}^t\vec{e}}; \binom{\vec{0}}{1} \right\rangle\right).$$

Beweis (h2):

Wir schreiben zur Abkürzung $Q_P := \text{Konv}\langle B; \vec{c} \rangle$ für den "Polytopanteil" und $Q_K := \mathbb{R}_+\left(\{\vec{0}\} \cup \text{Konv}\langle B_1; \vec{e}_{p+1} \rangle\right)$ mit $B_1 := \binom{B}{{}^t\vec{e}}$ für den "Kegelanteil".

i) $Q_P + Q_K \subseteq Q(B, \vec{c})$:

Da $\vec{0} \in Q_K$ ist, gilt $Q_P + Q_K = \emptyset$ genau dann, wenn Q_P die leere Menge darstellt. Nun seien $\langle B; \vec{c} \rangle =: \{\vec{x}_1, \ldots, \vec{x}_s\}$ mit $s \in \mathbb{N}$ und $\langle B_1; \vec{e}_{p+1} \rangle =: \{\vec{y}_1, \ldots, \vec{y}_t\}$ mit $t \in \mathbb{N}_0$. Zu jedem $\vec{x} \in Q_P + Q_K$ gibt es dann $(\lambda_1, \ldots, \lambda_s) \in K_s$, $(\mu_1, \ldots, \mu_t) \in K_t$ und $r \in \mathbb{R}_+$, so daß $\vec{x} = \sum_{i=1}^{s} \lambda_i \vec{x}_i + r \sum_{j=1}^{t} \mu_j \vec{y}_j$ gilt. Es folgt $\vec{x} \geq \vec{0}$ und $B\vec{x} = \sum_{i=1}^{s} \lambda_i B\vec{x}_i + r \sum_{j=1}^{t} \mu_j B\vec{y}_j = \left(\sum_{i=1}^{s} \lambda_s\right)\vec{c} + r\left(\sum_{j=1}^{t} \mu_i\right)\vec{0} = \vec{c}$. Damit ist $\vec{x} \in Q(B, \vec{c})$ erfüllt.

ii) $Q(B, \vec{c}) \subseteq Q_P$ und $Q_K = \{\vec{0}\}$, wenn $Q(B, \vec{c})$ beschränkt ist:

Wir zeigen zunächst, daß $Q(B, \vec{c})$ ein unbeschränktes Polyeder bildet, wenn $Q(B, \vec{c}) \neq \emptyset$ und $\langle B_1; \vec{e}_{p+1} \rangle \neq \emptyset$ ist. Es sei $\vec{x}_0 \in Q(B, \vec{c})$ und $\vec{y} \in \text{Konv}\langle B_1; \vec{e}_{p+1} \rangle$. Wegen ${}^t\vec{e}\vec{y} = 1$ gilt $\vec{y} \neq \vec{0}$, und es ergibt sich wie oben

$\bar{x}_0 + r\bar{y} \in Q(B,\bar{c})$ für alle $r \in \mathbb{R}_+$. Damit ist $Q(B,\bar{c})$ unbeschränkt, weil $\|\bar{x}_0 + r\bar{y}\| \geq r\|\bar{y}\| - \|\bar{x}_0\|$ aus der Definition der Norm (2.4.3) folgt. Wenn $Q(B,\bar{c})$ ein Polytop darstellt, muß also $Q_K = \{\bar{0}\}$ sein.

Nun sei $Q(B,\bar{c}) \neq \emptyset$, von $\{\bar{0}\}$ verschieden und beschränkt. Bezeichnet $T(\bar{x})$ für $\bar{x} \in Q(B,\bar{c})$, $\bar{x} \neq \bar{0}$, wie im Beweis des *Eckensatzes* (3.1.8) den Träger von $\bar{x}$ und ist

$$s := \text{card } T(\bar{x})$$

die Anzahl der Elemente von $T(\bar{x})$, so beweisen wir durch vollständige Induktion über s, daß $\langle B;\bar{c}\rangle \neq \emptyset$ ist und daß $\bar{x} \in Q_P$ gilt. Dazu benötigen wir zwei Vorbereitungen.

1. Sind die Vektoren $B\bar{e}_i$ für $i \in T(\bar{x})$ linear unabhängig, so läßt sich wegen $s \leq p = \text{Rang } B$ mit Hilfe des *Basisergänzungssatzes* (2.3.14) eine Basisindexmenge I'_b von B mit $T(\bar{x}) \subseteq I'_b$ bestimmen. Aufgrund des *Eckensatzes* (3.1.8) ist dann $\bar{x}$ eine Ecke von $Q(B,\bar{c})$, weil $\bar{x}$ wegen ${}^t\bar{e}_j\bar{x} = 0$ für alle $j \in I'_f$ eine zulässige Basislösung von $B\bar{y} = \bar{c}$ darstellt.

2. Im Falle linear abhängiger Vektoren $B\bar{e}_i$ für $i \in T(\bar{x})$ gibt es $d_i \in \mathbb{R}$, $i \in T(\bar{x})$, mit $\bar{d} := \sum_{i \in T(\bar{x})} d_i \bar{e}_i \neq \bar{0}$ und $B\bar{d} = \sum_{i \in T(\bar{x})} d_i B\bar{e}_i = 0$. Setzen wir

$$\bar{x}(u) := \bar{x} + u\bar{d} \text{ für } u \in \mathbb{R},$$

so folgt $B\bar{x}(u) = \bar{c}$ für jedes $u \in \mathbb{R}$. Außerdem gilt $\bar{x}(u) \geq \bar{0}$ für alle hinreichend nahe bei 0 liegenden u, weil $T(\bar{d}) \subseteq T(\bar{x})$ ist. Wäre $\bar{d} \geq \bar{0}$ oder $\bar{d} \leq \bar{0}$, so gehörten die Vektoren $\bar{x}(u)$ beziehungsweise $\bar{x}(-u)$ für jedes $u \in \mathbb{R}_+$ zu $Q(B,\bar{c})$. Dann wäre $Q(B,\bar{c})$ entgegen unserer Voraussetzung nicht beschränkt. Also existieren $i,j \in T(\bar{x})$ mit $d_i > 0$ und $d_j < 0$. Mit den Abkürzungen

$$u_1 := \min\left\{u \in \mathbb{R} \mid \text{Es gibt } i \in T(\bar{x}) \text{ mit } d_i > 0 \text{ und } u = -\frac{1}{d_i}{}^t\bar{e}_i\bar{x}\right\},$$

$$u_2 := \max\left\{u \in \mathbb{R} \mid \text{Es gibt } j \in T(\bar{x}) \text{ mit } d_j < 0 \text{ und } u = -\frac{1}{d_j}{}^t\bar{e}_j\bar{x}\right\}$$

ergibt sich $u_1 < 0$, $u_2 > 0$ und $\bar{x}(u_k) \geq \bar{0}$ für $k = 1, 2$. Damit erhalten wir

(12) $\bar{x} = \frac{u_2}{u_2 - u_1} \bar{x}(u_1) - \frac{u_1}{u_2 - u_1} \bar{x}(u_2)$ mit $\left(\frac{u_2}{u_2 - u_1}, \frac{-u_1}{u_2 - u_1}\right) \in K_2$,
$\bar{x}(u_k) \in Q(B,\bar{c})$ und card $T(\bar{x}(u_k)) < s$ für $k = 1, 2$.

Jetzt läßt sich der Induktionsbeweis leicht führen. Setzen wir

$$C(B,\bar{c}) := \left\{t \in J_m \cup \{\bar{0}\} \mid \text{Es gibt } \bar{x} \in Q(B,\bar{c}) \text{ mit card } T(\bar{x}) = t\right\},$$

$\sigma := \min C(B, \vec{c})$, $\tau := \max C(B, \vec{c})$,

so liefert $s = \sigma$ den Induktionsanfang, weil wegen (12) jedes $\vec{x} \in Q(B, \vec{c})$ mit card $T(\vec{x}) = \sigma$ nicht durch Fall 2 erfaßt wird, also nach Fall 1 eine Ecke sein muß. Damit ist auch gezeigt, daß $\langle B; \vec{c} \rangle \neq \emptyset$ gilt.

Für $s \in J_m$ mit $\sigma \leq s < \tau$ sei nun bereits bekannt, daß alle $\vec{x} \in Q(B, \vec{c})$ mit card $T(\vec{x}) = s$ in Q_P liegen. Dann folgt mit Fall 1 beziehungsweise mit (12), daß auch jedes $\vec{x} \in Q(B, \vec{c})$ mit card $T(\vec{x}) = s+1$ zu Q_P gehört.

iii) $Q(B, \vec{c}) \subseteq Q_P + Q_K$, wenn $Q(B, \vec{c})$ unbeschränkt ist:

Es sei $\vec{x} \in Q(B, \vec{c})$ mit $s := \text{card } T(\vec{x}) > 0$. Um durch vollständige Induktion über s zeigen zu können, daß $\vec{x} \in Q_P + Q_K$ gilt, müssen wir die zweite Vorbereitung aus ii) ergänzen. Der Vektor $\vec{d} \in \mathbb{R}^{m \times 1} \setminus \{\vec{0}\}$ mit $B\vec{d} = \vec{0}$ kann nun auch $\vec{d} \geq \vec{0}$ oder $\vec{d} \leq \vec{0}$ erfüllen. Wegen $\vec{d} \neq \vec{0}$ tritt aber jeweils höchstens eine der beiden Möglichkeiten ein. Mit den Abkürzungen

$v_1 := \min\{v \in \mathbb{R} \mid \text{Es gibt } i \in T(\vec{x}) \text{ mit } d_i > 0 \text{ und } v = -\frac{1}{d_i}{}^t\vec{e}_i\vec{x}\}$ für $\vec{d} \geq \vec{0}$,

$v_2 := \max\{v \in \mathbb{R} \mid \text{Es gibt } j \in T(\vec{x}) \text{ mit } d_j < 0 \text{ und } v = -\frac{1}{d_j}{}^t\vec{e}_j\vec{x}\}$ für $\vec{d} \leq \vec{0}$

ergibt sich wie oben $v_1 < 0$, $v_2 > 0$ und $\vec{x}(v_k) \geq \vec{0}$, $k \in J_2$. Damit gilt

(13)
$\vec{x} = \vec{x}(v_1) + (-v_1)\vec{d}$ für $\vec{d} \geq \vec{0}$ beziehungsweise
$\vec{x} = \vec{x}(v_2) + v_2(-\vec{d})$ für $\vec{d} \leq \vec{0}$ mit $\vec{x}(v_k) \in Q(B, \vec{c})$
und card $T(\vec{x}(v_k)) < s$ für $k \in J_2$.

Setzen wir $\vec{d}_1 := \frac{1}{{}^t\vec{e}\vec{d}}\vec{d}$ für $\vec{d} \geq \vec{0}$ oder $\vec{d} \leq \vec{0}$ ($\vec{d} \neq \vec{0}$), so folgt wegen $B\vec{d}_1 = \vec{0}$, $\vec{d}_1 \geq \vec{0}$ und ${}^t\vec{e}\vec{d}_1 = 1$, daß $\vec{d}_1 \in Q(B_1, \vec{e}_{p+1})$ gilt. Als Durchschnitt des polyedrischen Kegels $Q(B, \vec{0})$ mit dem Polytop $Q({}^t\vec{e}, 1)$ ist dabei $Q(B_1, \vec{e}_{p+1})$ beschränkt. Wegen i) und ii) haben wir also

(14) $\qquad Q(B_1, \vec{e}_{p+1}) = \text{Konv} \langle B_1; \vec{e}_{p+1} \rangle$.

Als Ergänzung von (13) ergibt sich damit

(15)
$\vec{x} = \vec{x}(v_k) + (-v_k {}^t\vec{e}\vec{d})\vec{d}_1$ mit $-v_k {}^t\vec{e}\vec{d} > 0$
und $\vec{d}_1 \in \text{Konv}\langle B_1; \vec{e}_{p+1} \rangle$ für $k \in J_2$.

Der Induktionsanfang stimmt mit dem von ii) überein. Für $s \in J_m$ mit $\sigma \leq s < \tau$ sei bereits bewiesen, daß alle $\bar{x} \in Q(B,\bar{c})$ mit card $T(\bar{x}) = s$ zu $Q_P + Q_K$ gehören. Dann folgt mit Fall 1 von ii) beziehungsweise mit (12) oder mit (13) und (15), daß auch jedes $\bar{x} \in Q(B,\bar{c})$ mit card $T(\bar{x}) = s+1$ in $Q_P + Q_K$ liegt. Bei der Anwendung von (15) sind die Koeffizienten der Konvexkombination jeweils mit den positiven Zahlen $-v_k{}^t \bar{e} \bar{d}$ zu multiplizieren. Der bei Q_K auftretende Faktor aus $\mathbb{R}_+$ entsteht dann durch Normierung der Koeffizientensumme aller vorkommenden Vektoren aus $\langle B_1 ; \hat{e}_{p+1} \rangle$. Der Induktionsschluß und i) ergeben damit

$$Q(B,\bar{c}) = Q_P + Q_K .$$

Da Q_P als konvexe Hülle der endlich vielen Ecken aus $\langle B;\bar{c} \rangle$ beschränkt ist, folgt aus der Unbeschränktheit von $Q(B,\bar{c})$, daß Q_K unbeschränkt sein muß. Das ist wegen (14) genau dann der Fall, wenn $Q(B_1, \hat{e}_{p+1}) \neq \emptyset$ gilt. □

Aus dem obigen Beweis läßt sich der nur wenig bekannte **Polyeder-Algorithmus** entwickeln, der
i) ausgehend von einem beliebigen $\bar{x} \in Q(B,\bar{c})$ eine Ecke von $Q(B,\bar{c})$ liefert,
ii) zu jedem $\bar{x}$ aus einem Polytop $Q(B,\bar{c})$ eine Konvexkombination von $\bar{x}$ aus den Ecken von $Q(B,\bar{c})$ ergibt, ohne die Ecken vorher berechnen zu müssen, und
iii) jedes $\bar{x}$ aus einem unbeschränkten konvexen Polyeder $Q(B,\bar{c})$ mit Hilfe der Ecken von $Q(B,\bar{c})$ und der "erzeugenden Ecken" $\langle B_1; \hat{e}_{p+1} \rangle$ des zugehörigen polyedrischen Kegels darstellt.

Anstelle der Induktion erfolgt dazu jeweils von $\bar{x}$ aus ein "Abstieg" über Vektoren $\bar{y} \in Q(B,\bar{c})$ mit abnehmender Elementzahl card $T(\bar{y})$ des Trägers. Dabei wird in i) jeweils nur ein Endvektor $\bar{x}(u_k)$, $k \in J_2$, ausgewählt, während in ii) jeder Endvektor, der noch keine Ecke bildet, in der angegebenen Weise weiter aufzuspalten ist. Bei iii) muß jeweils beim Auftreten eines Vektors $\bar{d} \geq \bar{0}$ oder $\bar{d} \leq \bar{0}$ nach der Normierung von $\bar{d}$ die zu ii) gehörende Prozedur für $Q(B_1, \hat{e}_{p+1})$ aufgerufen werden.

Außerdem haben wir mit dem Beweis des *Polyedersatzes* das folgende effektive *Beschränktheitskriterium* erhalten: Das konvexe Polyeder $Q(B,\bar{c})$ mit $B \in \mathbb{R}_p^{p \times m}$, $p < m$, und $\bar{c} \in \mathbb{R}^{p \times 1}$ ist genau dann ein Polytop, wenn $Q(B,\bar{c}) \neq \emptyset$ und $Q\left(\binom{B}{t\bar{e}}, \binom{\vec{0}}{1}\right) = \emptyset$ gilt.

3.1.17 Beispiel

Wir setzen Beispiel 3.1.12 fort und bestimmen den Kegelanteil von $Q(B,\vec{c})$ und von $P(A,\vec{b})$, indem wir die Ecken von $Q\left(\binom{B}{{}^t\vec{e}},\binom{\vec{0}}{1}\right)$. Aus $\binom{B\ \vec{0}}{{}^t\vec{e}\ 1}$ entsteht durch Addition der ersten und zweiten Zeile zur letzten, durch Addition des $\frac{5}{7}$-Fachen der letzten Zeile zur ersten und durch Multiplikation der letzten Zeile mit $\frac{2}{7}$ das verkürzte Ausgangstableau

	y_1	y_2	
y_4	$\frac{18}{7}$	$\frac{9}{7}$	$\frac{5}{7}$
y_5	-3	-2	0
y_3	$\frac{10}{7}$	$\frac{12}{7}$	$\frac{2}{7}$

Die ersten beiden Austauschschritte, die wir wieder abgekürzt in der Form $(\vec{y}_b, \vec{v}_b)$ schreiben, führen zu zwei weiteren Ecken:

$$\begin{pmatrix} y_4 & \frac{1}{2} \\ y_5 & \frac{1}{3} \\ y_2 & \frac{1}{6} \end{pmatrix} \quad \text{und} \quad \begin{pmatrix} y_4 & \frac{1}{5} \\ y_5 & \frac{3}{5} \\ y_1 & \frac{1}{5} \end{pmatrix}.$$

Die übrigen 7 Tableaus gehören noch zweimal zur ersten Ecke und sonst zu nicht zulässigen Basislösungen. Damit ist

$\left\langle \binom{B}{{}^t\vec{e}}; \binom{\vec{0}}{1} \right\rangle = \{\vec{w}_1, \vec{w}_2, \vec{w}_3\}$ mit $\vec{w}_1 := {}^t(0\ 0\ \frac{2}{7}\ \frac{5}{7}\ 0)$, $\vec{w}_2 := {}^t(0\ \frac{1}{6}\ 0\ \frac{1}{2}\ \frac{1}{3})$ und $\vec{w}_3 := {}^t(\frac{1}{5}\ 0\ 0\ \frac{1}{5}\ \frac{3}{5})$.

Da diese "Richtungsvektoren" durch Differenzbildung von Vektoren $\vec{x} + \vec{w}_j$ und $\vec{x}$ aus $Q(B,\vec{c})$ entstehen, sind ihre Urbilder die Differenzvektoren $\vec{z}_j := {}^qA(\vec{b} - \vec{x} - \vec{w}_j) - {}^qA(\vec{b} - \vec{x}) = -{}^qA\vec{w}_j$, $j = 1, 2, 3$. Hier erhalten wir $\vec{z}_1 = -\frac{1}{7}\vec{e}_3$, $\vec{z}_2 = -\frac{1}{6}\vec{e}_2$ und $\vec{z}_3 = -\frac{1}{5}\vec{e}_1$. Wie nachfolgend begründet wird, gilt damit $P(A,\vec{b}) = \text{Konv}\{\vec{x}_1, \ldots, \vec{x}_4\} + \mathbb{R}_+ \text{Konv}\{\vec{z}_1, \vec{z}_2, \vec{z}_3\}$ (siehe Figur 10 auf Seite 209). □

Mit einer Skizze der Herleitung des entsprechenden allgemeinen Ergebnisses für $A \in \mathbb{R}_n^{m \times n}$ mit $m > n$ und $\vec{b} \in \mathbb{R}^{m \times 1}$ schließen wir diesen Abschnitt. In einem $\mathbb{R}$-Vektorraum $V \neq \{\vec{0}\}$ heißen die Teilmengen $\{\vec{x}\} + \mathbb{R}_+\{\vec{z}\}$ mit $\vec{x}, \vec{z} \in V$ und $\vec{z} \neq \vec{0}$ *Halbgeraden*. Mit Hilfe des *Bijektivitätssatzes* (3.1.14) kann man beweisen, daß $q : Q({}^vA, {}^vA\vec{b}) \to P(A,\vec{b})$, $\vec{y} \mapsto {}^qA(\vec{b} - \vec{y})$, die Mengen der Halbgeraden aus $Q({}^vA, {}^vA\vec{b})$ beziehungsweise aus $P(A,\vec{b})$ bijektiv aufeinander abbildet, indem man die entsprechende Aussage für beliebige Teilstrecken der Halbgeraden zeigt. Ist $Q(^{\mathsf{v}}A,\vec{0}) \neq \emptyset$, so wird jeder erzeugende Vektor $\vec{w}$ des polyedrischen Kegels $Q(^{\mathsf{v}}A,\vec{0})$ wie im obigen Beispiel durch

$$\vec{w} \mapsto -{}^qA\vec{w}$$

in einen erzeugenden Vektor des polyedrischen Kegels $P(A,\vec{0})$ überführt. Konvexkombinationen aus $Q(^{\mathsf{v}}A,\vec{0})$ gehen dabei in die entsprechenden aus $P(A,\vec{0})$ über.

Für $A \in \mathbb{R}_n^{m \times n}$, $m > n$, und $\vec{b} \in \mathbb{R}^{m \times 1}$ erhalten wir damit die folgende Darstellung von $P(A,\vec{b})$. Ist $\langle {}^{\mathsf{v}}A; {}^{\mathsf{v}}A\vec{b}\rangle =: \{\vec{v}_1,\ldots,\vec{v}_s\}$, $\vec{x}_i := {}^qA(\vec{b}-\vec{v}_i)$, $i=1,\ldots,s$, mit $s \in \mathbb{N}_0$ und $\left\langle \binom{{}^{\mathsf{v}}A}{{}^t\vec{e}}; \binom{\vec{0}}{1} \right\rangle =: \{\vec{w}_1,\ldots,\vec{w}_t\}$, $\vec{z}_j := -{}^qA\vec{w}_j$, $j=1,\ldots,t$, mit $t \in \mathbb{N}_0$, so gilt

(16) $\quad P(A,\vec{b}) = \text{Konv}\{\vec{x}_1,\ldots,\vec{x}_s\} + \mathbb{R}_+\big(\{\vec{0}\} \cup \text{Konv}\{\vec{z}_1,\ldots,\vec{z}_t\}\big)$.

Im Falle $A \in \mathbb{R}_m^{m \times m}$ ergibt sich mit den Überlegungen im Anschluß an die Definition der Stützhyperebene und der Ecke (3.1.5)

(17) $\quad P(A,\vec{b}) = \{A^{-1}\vec{b}\} + \mathbb{R}_+ \text{Konv}\{-A^{-1}\vec{e}_1,\ldots,-A^{-1}\vec{e}_m\}$.

3.2 Lineare Optimierung und der Simplex-Algorithmus

3.2.1 Lineare Optimierung

Als Teilgebiet der *mathematischen Optimierung* beschäftigt sich die *lineare Optimierung* (oder "lineare Programmierung") mit der Ermittlung des Minimums oder Maximums einer linearen Funktion ("Zielfunktion") endlich vieler Variabler, die endlich vielen Nebenbedingungen ("Restriktionen") in Gestalt linearer Gleichungen oder linearer Ungleichungen unterworfen sind.

Bei vielen in der Praxis auftretenden Problemen hat das mathematische Modell zunächst eine der Formen

$$A\vec{x} \leq \vec{b}, \quad \vec{x} \geq \vec{0}, \quad {}^t\vec{p}\vec{x} = \text{Min!} \quad \text{oder}$$
$$A\vec{x} \geq \vec{b}, \quad \vec{x} \geq \vec{0}, \quad {}^t\vec{p}\vec{x} = \text{Max!}$$

mit $A \in \mathbb{R}^{m \times n}$, $\vec{b} \in \mathbb{R}^{m \times 1}$ und $\vec{p} \in \mathbb{R}^{n \times 1}$, wobei die Gleichung mit "!" jeweils bedeutet, daß zu der Funktion $f: A \to \mathbb{R}$, $\vec{z} \mapsto {}^t\vec{p}\vec{z}$, mit dem

3.2.1 Lineare Optimierung

Argumentbereich A, der durch die zugehörigen Ungleichungen bestimmt ist, ein Vektor $\bar{x} \in A$ gesucht wird, für den die Zielfunktion f ihren minimalen beziehungsweise maximalen Wert annimmt, falls ein solcher Wert existiert. Es ist klar, daß die zweite Problemstellung in der Form $-A\bar{x} \leq -\bar{b}$, $\bar{x} \geq \bar{0}$, $-{}^t\bar{p}\,\bar{x} = \text{Min}!$ mit der ersten äquivalent ist.

Außerdem haben wir mit (11) bereits die Möglichkeit gezeigt, durch Einführung von "Schlupfvariablen" den einfachen Polyedertyp $Q(B,\bar{c})$ mit $B := (A\ E_m)$ und $\bar{c} := \bar{b}$ als Argumentbereich zu erhalten, wobei dann die Nichtnegativitätsbedingung für den um die Schlupfvariablen verlängerten Vektor $\bar{x}$ gilt. Der Koeffizientenvektor $\bar{p}$ der Zielfunktion ist entsprechend durch m 0-Komponenten zu ergänzen. Die damit gewonnene Problemstellung

(18)
$$B\bar{y} = \bar{c},\ \bar{y} \geq \bar{0},\ {}^t\bar{d}\,\bar{y} = \text{Min}!$$
$$\text{mit } B \in \mathbb{R}_m^{m \times (m+n)} \text{ oder } B \in \mathbb{R}_p^{p \times m},\ p < m,$$

stellt den Grundtyp der linearen Optimierung dar. Das konvexe Polyeder $Q(B,\bar{c})$ wird *zulässiger Bereich* des Problems genannt, und jedes $\bar{y} \in Q(B,\bar{c})$ heißt zulässiger Vektor (Punkt).

Im Hinblick auf die Einfachheit dieses mathematischen Modells ist es bemerkenswert, wie vielfältig die praktischen Probleme sind, die auf (18) führen. Wir können hier nur einige Beispieltypen andeuten.

i) Transport: Die Beförderung eines Transportguts von endlich vielen Orten zu einer festen Anzahl von Verbrauchern ist so zu planen, daß der geringste Aufwand entsteht.

ii) Kapazitätsauslastung: Bestimmte Erzeugnisse sind in vorgegebenen Stückzahlbereichen bei bekannten Selbstkosten und Bearbeitungszeiten auf Maschinen mit eingeschränkter Auslastung möglichst kostengünstig zu produzieren.

iii) Mischung: Eine Reihe von Stoffen mit gewissen Eigenschaften und unterschiedlicher Verfügbarkeit sind zu Stoffen mit gewünschten Eigenschaftsbereichen so preiswert wie möglich zu mischen.

iv) Aufteilung: Eine Anzahl von Produkten ist in bestimmten Mengen herzustellen. Jede Produkteinheit kann auf einer beliebigen Maschine aus einem Maschinenpark mit unterschiedlichen Kosten und Zeiten fertiggestellt werden. Gesucht wird die kostengünstigste Aufteilung der Produktion auf die Maschinen.

v) Zuschnitt: Für ein Material mit einheitlichen Maßen gibt es verschiedene Zuschnittvarianten, bei denen jeweils eine bestimmte Anzahl der geforderten Teile und Verschnitt entsteht. Die gewünschte Teilemenge soll unter Verwendung von möglichst wenig Material zugeschnitten werden.

Es ist leicht zu erkennen, daß bei solchen Problemen die Methoden der Differentialrechnung nicht zu gebrauchen sind. Bevor wir ein konkretes Beispiel betrachten, wollen wir deshalb die entscheidende Aussage der linearen Optimierung bereitstellen, durch die entsprechende Aufgaben in endlich vielen Schritten gelöst werden können.

3.2.2 Satz über Optimallösungen

Ist die Problemstellung (18) lösbar, so befindet sich unter den Lösungsvektoren eine Ecke von $Q(B, \bar{c})$.

Beweis (r1):

Es sei zunächst $B \in \mathbb{R}_p^{p \times m}$ mit $p < m$ und $\bar{c} \in \mathbb{R}^{p \times 1}$. Dann hat jedes $\bar{x} \in Q(B, \bar{c})$ aufgrund des *Polyedersatzes* (3.1.16) eine Darstellung

$$\bar{x} = \sum_{i=1}^{s} \lambda_i \bar{x}_i + r \sum_{j=1}^{t} \mu_j \bar{y}_j \text{ mit } \bar{x}_i \in \langle B; \bar{c} \rangle, \ i \in J_s, \ (\lambda_1, \ldots, \lambda_s) \in K_s,$$

$\bar{y}_j \in \left\langle \begin{pmatrix} B \\ {}^t\bar{c} \end{pmatrix} ; \begin{pmatrix} \bar{0} \\ 1 \end{pmatrix} \right\rangle$, $j \in J_t$, $(\mu_1, \ldots, \mu_t) \in K_t$ und $r \in \mathbb{R}_+$.

Ist $u := \min\{v \in \mathbb{R} \mid \text{Es gibt } i \in J_s \text{ mit } v = {}^t\bar{d}\,\bar{x}_i\}$ und gilt ${}^t\bar{d}\,\bar{y}_j \geq 0$ für alle $j \in J_t$, so folgt

${}^t\bar{d}\,\bar{x} \geq u$ für alle $\bar{x} \in Q(B, \bar{c})$ und ${}^t\bar{d}\,\bar{x}_k = u$ für ein $\bar{x}_k \in \langle B; \bar{c} \rangle$.

Also ist die Ecke $\bar{x}_k$ eine Lösung.

Gibt es ein $j \in J_t$ mit ${}^t\bar{d}\,\bar{y}_j < 0$, so besitzt das Optimierungsproblem keine Lösung, weil die Zielfunktion nach unten unbeschränkt ist.

Im Falle $B \in \mathbb{R}^{p \times m}$ mit $r < p < m$ ist $Q(B, \bar{c})$ entweder leer, oder es lassen sich ohne Änderung der Lösungsmenge solange Zeilen von B streichen, bis die Zeilenzahl und der Rang übereinstimmen, womit dann der Grundtyp vorliegt.

Für $B \in \mathbb{R}^{p \times m}$ mit $p \geq m$ enthält $Q(B, \bar{c})$ höchstens einen Vektor, der dann auch Ecke und Lösung ist. □

3.2.3 Beispiel

Eine Firma erhält von mehreren Auftraggebern kurzfristige Bestellungen über insgesamt 1000 Stück von Produkt A, 2000 Stück von Produkt B und 500 Stück von Produkt C. Zur Herstellung dieser drei Produkte werden nacheinander zwei Maschinen benötigt: Pro Stück braucht Maschine 1 zur Fertigstellung von A eine Stunde, von B drei Stunden und von C fünf Stunden. Bei Maschine 2 betragen die Fertigungszeiten für A drei Stunden und für B zwei Stunden; Produkt C kann hiermit nicht bearbeitet werden. Beide Maschinen sind jedoch durch weitere Aufträge schon so ausgelastet, daß Maschine 1 nur noch freie Kapazitäten in Höhe von 7000 Stunden und Maschine 2 in Höhe von 6000 Stunden hat. Pro verkauftem Stück macht die Firma einen Gewinn von 7 DM bei Produkt A, 3 DM bei Produkt B und 10 DM bei Produkt C. Welche der Bestellmengen wird die Firma erfüllen, wenn Sie mit möglichst hohem Gewinn produzieren will?

Die mathematische Form dieses Problems lautet $A\vec{x} \leqq \vec{b}$, $\vec{x} \geqq \vec{0}$ und

$${}^t\vec{d}\,\vec{x} = \text{Max}!\ \text{mit}\ A := \begin{pmatrix} 1 & 0 & 0 & 1 & 3 \\ 0 & 1 & 0 & 3 & 2 \\ 0 & 0 & 1 & 5 & 0 \end{pmatrix}^t,\ \vec{b} := 1000\,{}^t(1\ 2\ \tfrac{1}{2}\ 7\ 6)\ \text{und}$$

$\vec{d} := {}^t(7\ 3\ 10)$. Ersetzen wir $\vec{x}$ durch $10^{-3}\vec{x}$, $\vec{b}$ durch $10^{-3}\vec{b}$ und multiplizieren wir dann die dritte Ungleichung mit 2, so finden wir die Darstellung von $P(A,\vec{b})$ als konvexe Hülle in den Beispielen 3.1.12 und 3.1.17. Wir berechnen die weiteren Ecken, die durch die Nichtnegativitätsbedingungen entstehen, mit Hilfe der erzeugenden Halbgeraden des polyedrischen Kegels $\mathbb{R}_+\text{Konv}\{\hat{z}_1,\hat{z}_2,\hat{z}_3\}$ und unter Verwendung der Hyperebene $E({}^t(1\ 3\ 5),7)$, die $\vec{x}_1,\vec{x}_2,\vec{x}_3$ und $\vec{x}_4$ enthält. Fi-

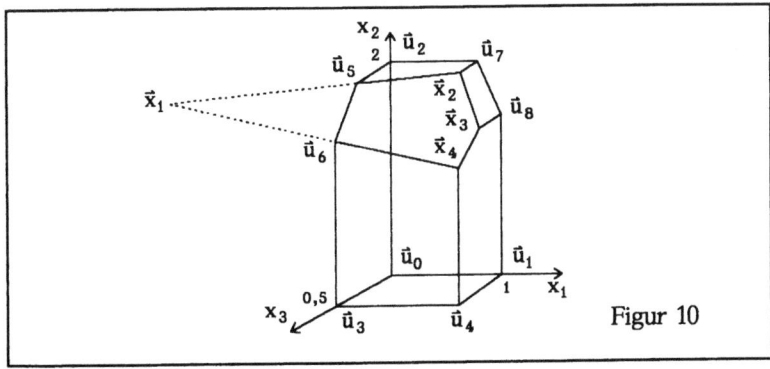

Figur 10

gur 10 gibt dann einen Eindruck von dem zulässigen Bereich mit den Ecken $\vec{x}_2 = {}^t\left(\frac{2}{3}\ 2\ \frac{1}{15}\right)$, $\vec{x}_3 = {}^t\left(1\ \frac{3}{2}\ \frac{3}{10}\right)$, $\vec{x}_4 = {}^t\left(1\ \frac{7}{6}\ \frac{1}{2}\right)$, $\vec{u}_0 = \vec{0}$, $\vec{u}_1 = \vec{e}_1$, $\vec{u}_2 = 2\vec{e}_2$, $\vec{u}_3 = \frac{1}{2}\vec{e}_3$, $\vec{u}_4 = \vec{u}_1 + \vec{u}_3$, $\vec{u}_5 = {}^t\left(0\ 2\ \frac{1}{5}\right)$, $\vec{u}_6 = {}^t\left(0\ \frac{3}{2}\ \frac{1}{2}\right)$, $\vec{u}_7 = {}^t\left(\frac{2}{3}\ 2\ 0\right)$ und $\vec{u}_8 = {}^t\left(1\ \frac{3}{2}\ 0\right)$.

Mit den Darstellungen (16) und (17) und durch Fallunterscheidung ergibt sich das Analogon zum *Satz über Optimallösungen* für $P(A, \vec{b})$. Deshalb brauchen wir nur die Komponenten der obigen Ecken in ${}^t\vec{d}\,\vec{x}$ einzusetzen und die Werte zu vergleichen. Dann erhalten wir $\vec{x}_4$ mit ${}^t\vec{d}\,\vec{x}_4 = 15{,}5$ als optimale Lösung. Der maximale Gewinn von 15500 DM würde also bei der Produktion von 1000 Stück des Produkts A, $1166\frac{2}{3}$ Stück von B und 500 Stück von C erreicht. Da nur ganze Stückzahlen in Frage kommen, ist die Eckenlösung durch einen "in der Nähe liegenden" zulässigen Vektor mit ganzen Komponenten zu ersetzen. Bei 1166 Stück von B ergibt sich in diesem Fall ein maximaler Gewinn von 15498 DM. Auf die "ganzzahlige lineare Optimierung" gehen wir kurz im Ausblick 3.4.3 ein. □

3.2.4 Der Simplex-Algorithmus

a) Vorbemerkungen

Natürlich kann man bei praktischen Problemen mit mehreren Hundert Variablen und Restriktionen weder - wie im Mathematikunterricht - mit graphischen Verfahren noch - wie im obigen Beispiel - durch Probieren die Lösung des Optimierungsproblems bestimmen. Da bei der Berechnung der Basislösungen durch Basisaustausch noch weitgehende Freiheit bei der Wahl des von 0 verschiedenen Pivotelements besteht, erscheint es möglich, die Zahl der Versuche erheblich zu verkleinern.

Anschaulich ist es plausibel, daß man von einer nicht optimalen Ecke ausgehend "benachbarte" Ecken in einer Reihenfolge durchlaufen kann, bei der die Werte der Zielfunktion in diesen Ecken monoton fallen. Das ist die Grundidee des 1947 von *G.B. Dantzig* entdeckten *Simplex-Algorithmus*, der seinen Namen denjenigen Polytopen verdankt, die die konvexe Hülle von linear unabhängigen Vektoren und $\vec{0}$ sind (siehe Abschnitt 5.4.1).

Wir beschreiben diesen wichtigen Algorithmus geometrisch und formal unter der anfänglichen Voraussetzung, daß eine Startecke gegeben ist und daß keine entarteten Ecken bei dem Ablauf auftreten. Da eine entartete Ecke $\vec{v}$ zu mindestens zwei Basisindexmengen I'_b und $I'_{b'}$ gehört, ist die Entartung daran zu erkennen, daß $\vec{v}_b$ eine 0-Komponente enthält, die von $\vec{v}_{f'} = \vec{0}$ stammt.

Dann gehen wir darauf ein, wie die bei entarteten Ecken vorkommenden Probleme zu lösen sind und wie sich eine Startecke finden läßt. Anschließend wenden wir das Verfahren auf unser Beispiel an.

Für die geometrische Erläuterung, die hier nur der Motivation dient, benötigen wir den Begriff der *Kante*, die bei einem konvexen Polyeder P eine Strecke oder Halbgerade K ist, zu der es eine Stützhyperebene S von P mit $S \cap P = K$ gibt. Zwei Ecken $\vec{u}$ und $\vec{v}$ heißen genau dann *benachbart*, wenn $[\vec{u}, \vec{v}]$ eine Kante von P darstellt.

b) Optimalitätstest

Das Optimierungsproblem habe die Form (18) mit $B \in \mathbb{R}_p^{p \times m}$, $p < m$. Die Ausgangsecke $\vec{v}$ sei nach (5) und (2) durch ein verkürztes Tableau

$$\begin{array}{c|c|} & {}^t\vec{y}_f \\ \hline \vec{y}_b & C_{lf} \; \vec{v}_b \end{array}$$

mit $C_{lf} = B_{lb}^{-1} B_{lf}$ und $\vec{v}_b = B_{lb}^{-1} \vec{c}$ gegeben. Da $\vec{v}$ zulässig ist, gilt $\vec{v}_b \geq \vec{0}$. Um feststellen zu können, wie sich die Änderung einer Komponente von $\vec{v}_f = \vec{0}$ auf die Zielfunktionswerte auswirkt, ist $\vec{y}_b$ in der Zielfunktion zu eliminieren. Aus $B\vec{y} = B_{lb}\vec{y}_b + B_{lf}\vec{y}_f = \vec{c}$ folgt

(19) $$\vec{y}_b = B_{lb}^{-1}\vec{c} - B_{lb}^{-1} B_{lf}\vec{y}_f = \vec{v}_b - C_{lf}\vec{y}_f.$$

Für die Zielfunktion ergibt sich damit

(20) $$\ {}^t\vec{d}\,\vec{y} = {}^t\vec{d}_b\vec{y}_b + {}^t\vec{d}_f\vec{y}_f = {}^t\vec{d}_b\vec{v}_b + \left({}^t\vec{d}_f - {}^t\vec{d}_b C_{lf}\right)\vec{y}_f.$$

In der Ausgangsecke $\vec{v}$ mit $\vec{v}_f = \vec{0}$ hat die Zielfunktion den Wert ${}^t\vec{d}_b\vec{v}_b$. Das Durchlaufen einer Kante zwischen $\vec{v}$ und einer benachbarten Ecke bedeutet, daß eine der 0-Komponenten von $\vec{v}_f$ positiv wird und solange wächst, bis die benachbarte Ecke erreicht ist - gekennzeichnet durch eine neue 0-Komponente des sich gleichzeitig ändernden

Vektors $\vec{v}_b$. Das Verhalten der Zielfunktion wird dabei durch den "Reduktionsvektor"

$$\vec{r} := \vec{d}_f - {}^tC_{|f}\vec{d}_b \in \mathbb{R}^{(m-p)\times 1}$$

bestimmt, der als Koeffizientenvektor von $\vec{y}_f$ in (20) auftritt. Besitzt $\vec{r}$ keine negative Komponente, so hat die Zielfunktion mit ${}^t\vec{d}_b\vec{v}_b$ ihren minimalen Wert erreicht. Damit ist $\vec{r} \geq \vec{0}$ der **Optimalitätstest** und auch die **Abbruchbedingung** für den Simplex-Algorithmus.

c) Wanderung entlang einer Kante

Besitzt $\vec{r}$ mindestens eine negative Komponente, so liegt keine Lösungsecke vor, weil sich die Zielfunktionswerte verkleinern lassen. Um die stärkste Abnahme zu erreichen, wählt man mit den Bezeichnungen des *Satzes über den Austauschschritt* (3.1.11) für den Basisaustausch einen Index $j'_k \in I'_f$, der

(21) $\qquad {}^t\vec{r}\,\vec{e}_k \leq {}^t\vec{r}\,\vec{e}_j$ für alle $j \in J_{m-p}$

erfüllt. In $\vec{v}_f = \vec{0}$ wird dann die k-te Komponente vergrößert, so daß sich Vektoren

$$\vec{v}_f^* := t\,\vec{e}_k \in \mathbb{R}^{(m-p)\times 1} \quad \text{mit } t \in \mathbb{R}_+$$

ergeben.

Ersetzen wir in (19) $\vec{y}_f$ durch $\vec{v}_f^*$ und $\vec{y}_b$ durch $\vec{v}_b^* := \vec{v}_b - C_{|f}\vec{v}_f^*$, so ist

$$\vec{v}_b^* = \vec{v}_b - t\,\vec{u}_k \quad \text{mit } \vec{u}_k := C_{|f}\vec{e}_k \in \mathbb{R}^{p\times 1}.$$

Schreiben wir nun analog zu (5)

$$\vec{v} = \begin{pmatrix}E_{|b} & E_{|f}\end{pmatrix}\begin{pmatrix}\vec{v}_b \\ \vec{v}_f\end{pmatrix}, \quad \vec{v}^* = \begin{pmatrix}E_{|b} & E_{|f}\end{pmatrix}\begin{pmatrix}\vec{v}_b^* \\ \vec{v}_f^*\end{pmatrix} \quad \text{und } \vec{u} := \begin{pmatrix}E_{|b} & E_{|f}\end{pmatrix}\begin{pmatrix}-\vec{u}_k \\ \vec{e}_k\end{pmatrix},$$

so erhalten wir $\vec{v}^* = \vec{v} + t\,\vec{u}$ mit $B\vec{u} = \vec{0}$. Aus $B\vec{v}^* = \vec{c}$ folgt dann

(22) $\qquad \vec{v} + t\,\vec{u} \in Q(B,\vec{c})$ für alle $t \in \mathbb{R}_+$ mit $t\,\vec{u}_k \leq \vec{v}_b$.

Wegen ${}^t\vec{r}\,\vec{e}_k < 0$ ergibt sich für die nach (20) berechneten Zielfunktionswerte

(23) $\qquad {}^t\vec{d}(\vec{v}+t\,\vec{u}) = {}^t\vec{d}_b\vec{v}_b + t\,\vec{r}\,\vec{e}_k < {}^t\vec{d}_b\vec{v}_b = {}^t\vec{d}\,\vec{v}$ für jedes $t > 0$.

Ist die Ecke $\vec{v}$ nicht entartet, so enthält $\vec{v}_b$ keine 0-Komponenten. Dann gibt es ein $t_0 > 0$ mit $\vec{v}+t_0\vec{u} \in Q(B,\vec{c})$ und ${}^t\vec{d}(\vec{v}+t_0\vec{u}) < {}^t\vec{d}\,\vec{v}$.

3.2.4 Der Simplex-Algorithmus

Für $\bar{u} \geq \bar{0}$ und damit $\bar{u}_k \leq \bar{0}$ stellt $\{\bar{v}\} + \mathbb{R}_+\{\bar{u}\}$ wegen (22) und $\bar{u} \neq \bar{0}$ eine Halbgerade in $Q(B,\bar{c})$ dar, und die mit (23) bestimmten Zielfunktionswerte sind für $t \in \mathbb{R}_+$ nach unten unbeschränkt. Damit besitzt die Optimierungsaufgabe (18) im Falle $\bar{u}_k \leq \bar{0}$ keine Lösung.

d) Erreichen einer benachbarten Ecke

Hat $\bar{u}_k$ mindestens eine positive Komponente, so definieren wir

$$
(24) \quad t_0 := \min\left\{ t \in \mathbb{R}_+ \,\Big|\, \text{Es gibt } h \in J_p \text{ mit } {}^t\bar{e}_h \bar{u}_k > 0 \text{ und } t = \frac{{}^t\bar{e}_h \bar{v}_b}{{}^t\bar{e}_h \bar{u}_k} \right\}
$$

$$
\text{und} \quad j_i := \min\left\{ j_h \in I'_b \,\Big|\, {}^t\bar{e}_h \bar{u}_k > 0 \text{ und } \frac{{}^t\bar{e}_h \bar{v}_b}{{}^t\bar{e}_h \bar{u}_k} = t_0 \right\}.
$$

Aufgrund des *Satzes über den Austauschschritt* (3.1.11) lassen sich wegen ${}^t\bar{e}_i \bar{u}_k > 0$ der Basisindex j_i und der freie Index j'_k austauschen. Als Ergebnis erhalten wir das verkürzte Tableau für die Basislösung $\bar{v}'$ zur Basisindexmenge $I'_{b'} = \left(I'_b \setminus \{j_i\} \right) \cup \{j_k\}$.

Durch Fallunterscheidung zeigen wir, daß $\bar{v}' = \bar{v} + t_0 \bar{u}$ gilt, wobei wir die Einheitsvektoren aus $\mathbb{R}^{m \times 1}$ mit $\bar{e}_j^*$, $j \in J_m$, bezeichnen. Im Falle $j \in I'_f \setminus \{j_k\}$ haben wir ${}^t\bar{e}_j^* \bar{v}' = 0 = {}^t\bar{e}_j^* \bar{v} + t_0 {}^t\bar{e}_j^* \bar{u}$. Außerdem ist ${}^t\bar{e}_{j_i}^* \bar{v}' = 0 = {}^t\bar{e}_i(\bar{v}_b - t_0 \bar{u}_k) = {}^t\bar{e}_{j_i}^*(\bar{v} + t_0 \bar{u})$ und ${}^t\bar{e}_{j_k}^* \bar{v}' = t_0 = {}^t\bar{e}_{j_k}^*(\bar{v} + t_0 \bar{u})$. Mit Hilfe der Matrix T_{ik} aus dem *Satz über den Austauschschritt* (3.1.11), mit der Abkürzung $u_{hk} := {}^t\bar{e}_h \bar{u}_k$ für $h \in J_p$ und wegen $\frac{1}{u_{ik}} {}^t\bar{e}_i \bar{v}_b = t_0$ erhalten wir schließlich für $h \in J_p \setminus \{i\}$ die Gleichungskette

$$
{}^t\bar{e}_{j_h}^* \bar{v}' = {}^t\bar{e}_h \bar{v}'_b \stackrel{(9)}{=} {}^t\bar{e}_h T_{ik} \bar{v}_b = {}^t\bar{e}_h \bar{v}_b - \frac{u_{hk}}{u_{ik}} {}^t\bar{e}_i \bar{v}_b = {}^t\bar{e}_h \bar{v}_b - t_0 u_{hk} =
$$
$$
{}^t\bar{e}_h(\bar{v}_b + t_0 \bar{u}_b) = {}^t\bar{e}_{j_h}^*(\bar{v} + t_0 \bar{u}).
$$

Da $\bar{v}'$ eine Basislösung von $B\bar{y} = \bar{c}$ darstellt und da $\bar{v} + t_0 \bar{u}$ wegen (22) zulässig ist, haben wir eine Ecke von $Q(B,\bar{c})$ erreicht, die im Falle $t_0 > 0$ von $\bar{v}$ verschieden ist. Sind alle Ecken, die bei dem Simplex-Algorithmus durchlaufen werden, nicht entartet, so fallen die Werte der Zielfunktion in diesen Ecken streng monoton. Da es höchstens $\binom{m+n}{n}$ beziehungsweise $\binom{m}{p}$ Ecken gibt, wird die Lösung des linearen Optimierungsproblems (18) aufgrund des *Satzes über Optimallösungen* (3.2.2) durch den Simplex-Algorithmus gefunden.

e) Vorgehen bei entarteten Ecken

Im Falle einer entarteten Ecke $\tilde{v}$ kann es passieren, daß $t_0 = 0$ ist, weil ${}^t\tilde{e}_h \tilde{v}_b = 0$ für alle $h \in J_p$ mit ${}^t\tilde{e}_h \tilde{u}_k > 0$ gilt. Der Austauschschritt läßt sich dann trotzdem durchführen. Aber es besteht die Möglichkeit, daß sich einige der nachfolgenden Basisindexmengen ständig "zyklisch" wiederholen. Diese Situation, die bei praktischen Problemen äußerst selten vorkommt, kann durch eine Abänderung der Pivotregeln vermieden werden. Am einfachsten ist die *Bland-Regel* (nach *R.G. Bland*, 1977), bei der (21) durch

$$(25) \qquad j'_k := \min\{j'_h \in I'_f \mid {}^t\tilde{r}\tilde{e}_h < 0\}$$

zu ersetzen ist. Einen zweiten Teil dieser Regel haben wir in (24) bereits berücksichtigt, indem der Index i eindeutig festgelegt wurde. Da diese Regel "fast nie" anzuwenden ist, verzichten wir auf den etwas längeren Nachweis dafür, daß dann keine zyklische Wiederholung von Basisindexmengen eintritt (siehe [2]).

Ein anderes Verfahren benutzt in (24) "lexikographische" Minimumbildung über die Quotienten der entsprechenden Komponenten aller Zeilenvektoren im nicht verkürzten Tableau. Schließlich führt auch eine geringe systematische Variation des konstanten Anteils der Restriktionen zum Erfolg. Diese Technik, durch eine geringfügige Störung übereinstimmender Größen das Verfahren zu einem zykelfreien Ablauf zu bringen, wird in der Praxis besonders gerne angewendet.

f) Bestimmung einer Startecke

Kennt man keine Ecke des nichtleeren konvexen Polyeders $Q(B, \tilde{c})$, so läßt sich ein Verfahren anwenden, das zunächst einen Vektor aus $Q(B, \tilde{c})$ ergibt, der dann mit dem ersten Teil des Polyeder-Algorithmus zu einer Ecke führt. Wir gehen dabei von einem Tableau $(C \; \tilde{d})$ zur Basisindexmenge $I'_b := \{j_1, \ldots, j_p\}$ aus. Im Falle $B = (A E)$ sei $C := B$ und $\tilde{d} := \tilde{b}$. Sonst können wir wegen (3) und (4) $I'_b := I_b$, $C := {}^rB$ und $\tilde{d} := ({}^wB)^{-1} \tilde{c}$ wählen.

Ist $\tilde{d} \geq 0$, so stellt $\tilde{v} := (E_{|b} \; E_{|f}) \binom{\tilde{d}}{0}$ bereits eine Ecke von $Q(B, \tilde{c})$ dar. Andernfalls seien $h_1, \ldots, h_s$ die Indizes der negativen Komponenten von $\tilde{d}$. Mit Hilfe der "Vorzeichenmatrix"

$$V := E_p - 2 \sum_{i=1}^{s} \tilde{e}_{h_i} {}^t\tilde{e}_{h_i} \in GL(p; \mathbb{R})$$

3.2.4 Der Simplex-Algorithmus

gehen wir zu dem Gleichungssystem $VC\vec{y} = V\vec{d}$ mit $V\vec{d} \geq \vec{0}$ über. Da nun $VC_{|b} \neq E_p$ ist, führen wir in jeder Gleichung, die mit -1 multipliziert wurde, eine "künstliche" Variable y_{m+i}, $i = 1,\ldots,s$, ein. Mit

(26) $\quad H := \left(VC\ \vec{e}_{h_1} \ldots \vec{e}_{h_s}\right),\ \vec{z} := \left(y_1 \ldots y_m\ y_{m+1} \ldots y_{m+s}\right)$
$\quad\quad$ und $I'_{b'} := \left(I_b \setminus \{j_{h_1},\ldots,j_{h_s}\}\right) \cup \{m+1,\ldots,m+s\}$

erhalten wir dann das Gleichungssystem $H\vec{z} = V\vec{d}$, für das der Vektor $\vec{v}' := \left(E_{|b'},\ E_{|f'}\right)\begin{pmatrix}V\vec{d}\\ \vec{0}\end{pmatrix}$ eine zulässige Basislösung zur Basisindexmenge $I'_{b'}$ darstellt.

Betrachten wir jetzt das lineare Optimierungsproblem

(27) $\quad H\vec{z} = V\vec{d},\ \vec{z} \geq \vec{0}$ und $\left({}^t\vec{0}\ {}^t\vec{e}\right)\vec{z} = \mathrm{Min}!$ mit $\vec{e} \in \mathbb{R}^{s \times 1}$,

so ergibt der Simplex-Algorithmus mit der Startecke $\vec{v}'$ eine Lösungsecke $\vec{v}'' := {}^t(v''_1 \ldots v''_{m+s})$, weil die Zielfunktion nach unten durch 0 beschränkt ist. Da jede Ecke $\vec{v}$ von $Q(B,\vec{c})$ zu einer Lösung ${}^t({}^t\vec{v}\ {}^t\vec{0})$ des Hilfsproblems führt, bei der die Zielfunktion den Wert 0 hat, bedeutet $\left({}^t\vec{0}\ {}^t\vec{e}\right)\vec{v}'' > 0$, daß $Q(B,\vec{c})$ aufgrund des *Polyedersatzes* (3.1.16) leer ist.

Gilt $\left({}^t\vec{0}\ {}^t\vec{e}\right)\vec{v}'' = 0$, so ist $v''_{m+1} = \ldots = v''_{m+s} = 0$. Damit erhalten wir ${}^t(v''_1 \ldots v''_m) \in Q(B,\vec{c})$. Der Polyeder-Algorithmus liefert dann eine Ecke von $Q(B,\vec{c})$, und (5) ergibt das zugehörige Tableau.

In der Praxis wird unter Berücksichtigung der Zielfunktion Basisaustausch vorgenommen, bis keine Indizes von künstlichen Variablen mehr zu den Basisvariablen gehören. Zum Zweck der schnelleren Elimination gewichtet man dabei die künstlichen Variablen in der Zielfunktion des Hilfsproblems oft durch große positive Konstanten.

g) Revision des Übergangsschritts

Im Verlauf des in b), c) und d) beschriebenen Algorithmusschritts werden die Vektoren $\vec{v}_b = B_{|b}^{-1}\vec{c}$, ${}^t\vec{r} = {}^t\vec{d}_f - {}^t\vec{d}_b\,C_{|f}$ und $\vec{u}_k = C_{|f}\vec{e}_k$ berechnet. Beachten wir, daß nach (5) $C_{|f} = B_{|b}^{-1} B_{|f}$ gilt, so ist es naheliegend, einen günstigeren Zugang zu den in allen drei Vektoren vorkommenden Produkten mit der Matrix $B_{|b}^{-1}$ zu suchen. Wegen (9) ist $\vec{v}'_{b'} = T_{ik}\vec{v}_b$. Damit folgt $B_{|b'}^{-1}\vec{c} = T_{ik}B_{|b}^{-1}\vec{c}$ für jedes $\vec{c} \in \mathbb{R}^{p \times 1}$. Wählen wir für $\tilde{c}$ die Einheitsvektoren aus $\mathbb{R}^{p \times 1}$, so erhalten wir spaltenweise

(28) $$B_{|b'}^{-1} = T_{ik} B_{|b}^{-1}.$$

Die Matrizen T_{ik}, die mit Hilfe von $\hat{u}_k$ bestimmt werden und die sich nur im i-ten Spaltenvektor von E_p unterscheiden, lassen sich in der Form $(i, T_{ik} \tilde{e}_i)$ speichern und sehr einfach von rechts oder links mit Vektoren multiplizieren:

(29) $$T_{ik} \hat{a} = \hat{a} - (^t\tilde{e}_i \hat{a})\tilde{e}_i + (^t\tilde{e}_i \hat{a})(T_{ik} \tilde{e}_i),$$
$$^t\hat{a} T_{ik} = {^t\hat{a}} - (^t\tilde{e}_i \hat{a})^t\tilde{e}_i + {^t\hat{a}} (T_{ik} \tilde{e}_i)^t\tilde{e}_i.$$

Um Rundungsfehler klein zu halten, wird $B_{|b}^{-1}$ in regelmäßigen Abständen (z.B. nach 10p Schritten) aus $B_{|b}$ explizit berechnet, und die gespeicherten Daten $(i, T_{ik} \tilde{e}_i)$ werden ersetzt.

Neuere Verfahren deuten $B_{|b}$ und $^tB_{|b}$ als Koeffizientenmatrizen der drei Gleichungssysteme $B_{|b} \vec{v}_b = \tilde{c}$ für $\vec{v}_b$, $^tB_{|b} \vec{d}_b^* = \vec{d}_b$ für $\vec{d}_b^*$ in $\vec{r} = \vec{d}_f - {^tB_{|f}} \vec{d}_b^*$ und $B_{|b} \hat{u}_k = B_{|f} \tilde{e}_k$ für $\hat{u}_k$. Benutzt man hier für $B_{|b}$ (beziehungsweise für $PB_{|b}$ mit einer geeigneten Permutationsmatrix) die US-Zerlegung, so können einerseits die Gleichungssysteme effizient gelöst werden, und andererseits lassen sich die Dreiecksmatrizen U und S ähnlich günstig aktualisieren wie $B_{|b}^{-1}$.

Wird mit Hilfe der Produktdarstellung von $B_{|b}^{-1}$ oder mit der US-Zerlegung von $PB_{|b}$ - und in der Praxis mit weiteren Modifikationen - vorgegangen, so spricht man von einem *revidierten Simplex-Algorithmus*.

3.2.5 Beispiel

Das lineare Optimierungsproblem aus Beispiel 3.2.3 wird nun mit dem Simplex-Algorithmus gelöst. Dabei stellen wir der Tableau-Methode einen revidierten Simplex-Algorithmus gegenüber. Mit $A := {^t\begin{pmatrix} 1 & 0 & 0 & 1 & 3 \\ 0 & 1 & 0 & 3 & 2 \\ 0 & 0 & 2 & 5 & 0 \end{pmatrix}}$
ist jetzt $B := (A \ E_5)$, $\tilde{c} := {^t(1\ 2\ 1\ 7\ 6)}$ und $\vec{d} := {^t(-7\ -3\ -10\ 0\ 0\ 0\ 0\ 0)}$. Die Optimierungsaufgabe lautet dann $B\vec{y} = \tilde{c}$, $\vec{y} \geq \vec{0}$ und $^t\vec{d}\vec{y} = \text{Min!}$.

Im verkürzten Tableau sind jeweils das Pivotelement und die Werte,

3.2.5 Der Simplex-Algorithmus

die zur Pivotauswahl führen, fett gedruckt. Der revidierte Algorithmus, der stets dieselben Pivotelemente und Ecken ergibt wie das Tableau-Verfahren, startet mit $\bar{y}_b := {}^t(y_4\ y_5\ y_6\ y_7\ y_8)$, $\bar{y}_f := {}^t(y_1\ y_2\ y_3)$, $\bar{v}_b := \bar{c}$ und ${}^t\bar{d}_b \bar{v}_b = 0$. In jedem Schritt (mit der Nummer j) werden die folgenden 10 Vektoren und Zahlen berechnet: 1: ${}^t\bar{d}_b B_{|b}^{-1}$; 2: ${}^t\bar{r}$; 3: k; 4: $\bar{u}_k = B_{|b}^{-1} B_{|f}\bar{e}_k$; 5: t_0; 6: i (als i_j gespeichert); 7: $T_{ik}\bar{e}_i$ (als $\bar{t}_j$ gespeichert und als $T_j := E_5 - \bar{e}_{i_j}{}^t\bar{e}_{i_j} + \bar{t}_j{}^t\bar{e}_{i_j}$ verwendet); 8: ${}^t\bar{y}_{b'}$, ${}^t\bar{y}_{f'}$; 9: $\bar{v}'_{b'} = T_{ik}\bar{v}_b$; 10: ${}^t\bar{d}_{b'}\bar{v}'_{b'}$. Die Vektoren in 8 und 9 ersetzen jeweils die entsprechenden Ausgangsvektoren.

Schritt 1:

	y_1	y_2	y_3	$\bar{v}_b$	t
y_4	1	0	0	1	
y_5	0	1	0	2	
y_6	0	0	2	1	**0,5**
y_7	1	3	5	7	1,4
y_8	3	2	0	6	
${}^t\bar{r}$	-7	-3	**-10**	0	

1: (0 0 0 0 0); 2: (-7 -3 -10);
3: 3; 4: ${}^t(0\ 0\ 2\ 5\ 0)$; 5: $\frac{1}{2}$; 6: 3;
7: ${}^t(0\ 0\ \frac{1}{2}\ -\frac{5}{2}\ 0)$;
8: $(y_4\ y_5\ y_3\ y_7\ y_8), (y_1\ y_2\ y_6)$;
9: ${}^t(1\ 2\ \frac{1}{2}\ \frac{9}{2}\ 6)$; 10: -5.

Schritt 2:

	y_1	y_2	y_6	$\bar{v}_b$	t
y_4	**1**	0	0	1	1
y_5	0	1	0	2	
y_3	0	0	$\frac{1}{2}$	$\frac{1}{2}$	
y_7	1	3	$-\frac{5}{2}$	$\frac{9}{2}$	4,5
y_8	3	2	0	6	2
${}^t\bar{r}$	**-7**	-3	5	-5	

1: ${}^t\bar{d}_b T_1 = (0\ 0\ -5\ 0\ 0)$;
2: (-7 -3 5); 3: 1;
4: $T_1 B_{|f}\bar{e}_1 = {}^t(1\ 0\ 0\ 1\ 3)$;
5: 1; 6: 1; 7: ${}^t(1\ 0\ 0\ -1\ -3)$;
8: $(y_1\ y_5\ y_3\ y_7\ y_8), (y_4\ y_2\ y_6)$;
9: ${}^t(1\ 2\ \frac{1}{2}\ \frac{7}{2}\ 3)$; 10: -12.

Schritt 3:

	y_4	y_2	y_6	$\bar{v}_b$	t
y_1	1	0	0	1	
y_5	0	1	0	2	2
y_3	0	0	$\frac{1}{2}$	$\frac{1}{2}$	
y_7	-1	**3**	$-\frac{5}{2}$	$\frac{7}{2}$	**1,16**
y_8	-3	2	0	3	1,5
${}^t\bar{r}$	7	**-3**	5	-12	

1: ${}^t\bar{d}_b T_2 T_1 = (-7\ 0\ -5\ 0\ 0)$;
2: (7 -3 5); 3: 2;
4: $T_2 T_1 B_{|f}\bar{e}_2 = {}^t(0\ 1\ 0\ 3\ 2)$;
5: $\frac{7}{6}$; 6: 4; 7: ${}^t(0\ -\frac{1}{3}\ 0\ \frac{1}{3}\ -\frac{2}{3})$;
8: $(y_1\ y_5\ y_3\ y_2\ y_8), (y_4\ y_7\ y_6)$;
9: ${}^t(1\ \frac{5}{6}\ \frac{1}{2}\ \frac{7}{6}\ \frac{2}{3})$; 10: $-\frac{31}{2}$.

Schritt 4:

	y_4	y_7	y_6	$\vec{v}_b$
y_1	1	0	0	1
y_5	$\frac{1}{3}$	$-\frac{1}{3}$	$\frac{5}{6}$	$\frac{5}{6}$
y_3	0	0	$\frac{1}{2}$	$\frac{1}{2}$
y_2	$-\frac{1}{3}$	$\frac{1}{3}$	$-\frac{5}{6}$	$\frac{7}{6}$
y_8	$-\frac{7}{3}$	$-\frac{2}{3}$	$\frac{5}{3}$	$\frac{2}{3}$
${}^t\vec{r}$	6	1	$\frac{5}{2}$	$-15{,}5$

1: ${}^t\vec{d}_b T_3 T_2 T_1 = (-6\ 0\ -\frac{5}{2}\ -1\ 0)$;

2: $(6\ 1\ \frac{5}{2})$.

Der maximale Gewinn und die Stückzahlen stimmen mit denen von Beispiel 3.2.3 überein. □

3.3 Dualitätstheorie

3.3.1 Duale lineare Optimierungsaufgaben

Bei theoretischen Untersuchungen und in der Praxis spielen neben "äquivalenten" linearen Optimierungsaufgaben auch Zuordnungen von Problemstellungen eine wichtige Rolle, die sich ähnlich zueinander verhalten wie die orthogonalen Komplemente von Untervektorräumen.

3.3.2 Definition der Dualität von linearen Optimierungsaufgaben

Es seien $A \in \mathbb{R}^{m \times n}$, $\vec{b} \in \mathbb{R}^{m \times 1}$ und $\vec{c} \in \mathbb{R}^{n \times 1}$. Von den Problemstellungen

(30) $A\vec{x} \leq \vec{b}$, $\vec{x} \geq \vec{0}$ und ${}^t\vec{c}\,\vec{x} = \text{Max}!$ sowie

(31) ${}^tA\vec{y} \geq \vec{c}$, $\vec{y} \geq \vec{0}$ und ${}^t\vec{b}\,\vec{y} = \text{Min}!$

heißt (31) zu (30) beziehungsweise (30) zu (31) *dual*, wenn jeweils die nachstehende gegeben ist, die dann auch *primale Aufgabe* genannt wird.

Offensichtlich ist die duale Problemstellung einer dualen Aufgabe wieder die ursprüngliche. Bei linearen Optimierungsaufgaben aus der Wirtschaft läßt sich das duale Problem manchmal als eine "Konkurrenzsituation" deuten. Aus Kosten werden dann "Schattenpreise".

Der folgende grundlegende Satz zeigt auch, daß nach Einführung von

Schlupfvariablen die gesuchte Lösung durch Anwendung des Simplex-Algorithmus auf die duale Aufgabe oft mit geringerem Aufwand gefunden werden kann als bei der primalen Problemstellung.

3.3.3 Dualitätssatz

i) Sind die zulässigen Bereiche der primalen und der dualen Aufgabe nicht leer, so ist jede der beiden Problemstellungen lösbar.

ii) Erfüllen $\vec{x}$ und $\vec{y}$ die Restriktionen von (30) beziehungsweise (31) und ist ${}^t\vec{c}\,\vec{x} = {}^t\vec{b}\,\vec{y}$, so sind $\vec{x}$ und $\vec{y}$ Lösungen der jeweiligen Problemstellung.

iii) Hat die primale Aufgabe eine Lösung, so ist auch die duale Problemstellung lösbar, und die optimalen Werte der Zielfunktionen sind gleich.

Beweis (a2):

i) Ist $\vec{x}_1 \in P(A,\vec{b})$ und $\vec{y}_1 \in P(-{}^tA,-\vec{c})$, so folgt

$$(32) \qquad {}^t\vec{c}\,\vec{x}_1 \leq \left({}^t\vec{y}_1 A\right)\vec{x}_1 = {}^t\vec{y}_1(A\,\vec{x}_1) \leq {}^t\vec{y}_1\,\vec{b} = {}^t\vec{b}\,\vec{y}_1,$$

weil die Multiplikation mit den nichtnegativen Vektoren $\vec{x}_1$ und ${}^t\vec{y}_1$ die Ungleichungsrelationen erhält. Damit sind die Zielfunktionen $\vec{x} \mapsto {}^t\vec{c}\,\vec{x}$, $\vec{x} \in P(A,\vec{b})$, und $\vec{y} \mapsto {}^t\vec{b}\,\vec{y}$, $\vec{y} \in P(-{}^tA,-\vec{c})$, nach oben beziehungsweise nach unten beschränkt. Also ergibt der Simplex-Algorithmus für jede der beiden Aufgaben eine Lösung.

ii) Sind $\vec{x}_1$ und $\vec{y}_1$ wie in i), so erhalten wir mit (32) ${}^t\vec{c}\,\vec{x}_1 \leq {}^t\vec{b}\,\vec{y}$ und ${}^t\vec{c}\,\vec{x} \leq {}^t\vec{b}\,\vec{y}_1$, also nach Voraussetzung ${}^t\vec{c}\,\vec{x}_1 \leq {}^t\vec{c}\,\vec{x}$ und ${}^t\vec{b}\,\vec{y} \leq {}^t\vec{b}\,\vec{y}_1$. Damit ist $\vec{x}$ Lösung von (30), und $\vec{y}$ erfüllt (31).

iii) Wir können uns darauf beschränken, von der primalen Aufgabe (30) auszugehen, weil (31) zu $-{}^tA\,\vec{x} \leq -\vec{c}$, $\vec{x} \geq \vec{0}$ und $-{}^t\vec{b}\,\vec{x} = \text{Max}!$ sowie (30) zu $-A\,\vec{y} \geq -\vec{b}$, $\vec{y} \geq \vec{0}$ und $-{}^t\vec{c}\,\vec{y} = \text{Min}!$ äquivalent ist.

Es sei $\vec{v}_1$ eine Lösung von (30) und $\vec{v}_2 := \vec{b} - A\vec{v}_1$. Dann erfüllt $\vec{v} := \begin{pmatrix}\vec{v}_1\\\vec{v}_2\end{pmatrix}$ die Problemstellung $B\vec{x}' = \vec{b}$, $\vec{x}' \geq \vec{0}$ und ${}^t\vec{d}\,\vec{x}' = \text{Min}!$ mit $B := (A\ E)$ und ${}^t\vec{d} := \left(-{}^t\vec{c}\ \ {}^t\vec{0}\right)$. Aus der zugehörigen Optimalitätsbedingung des Simplex-Algorithmus $^t\vec{r} = {}^t\vec{d}_f - {}^t\vec{d}_b B_{|b}^{-1} B_{|f} \geq {}^t\vec{0}$ folgt

$$(33) \qquad {}^t\vec{d}_b B_{|b}^{-1} B_{|f} \leq {}^t\vec{d}_f.$$

In der Ecke $\vec{v}$ hat die Zielfunktion wegen (2) und wegen $\vec{v}_f = \vec{0}$ den optimalen Wert

$$(34) \qquad {}^t\vec{d}_b \vec{v}_b = {}^t\vec{d}_b B_{|b}^{-1} \vec{b}.$$

Setzen wir hier $\vec{w} := -{}^tB_{|b}^{-1}\vec{d}_b$, so ergibt (33) ${}^tB_{|f}(-\vec{w}) \leq \vec{d}_f$. Zusammen mit ${}^tB_{|b}(-\vec{w}) = \vec{d}_b$ ist also $\binom{{}^tB_{|b}}{{}^tB_{|f}}(-\vec{w}) \leq \binom{\vec{d}_b}{\vec{d}_f}$. Mit $(E_{|b}\ E_{|f})\binom{{}^tB_{|b}}{{}^tB_{|f}} = {}^tB$ und $(E_{|b}\ E_{|f})\binom{\vec{d}_b}{\vec{d}_f} = \vec{d}$ erhalten wir daraus ${}^tB(-\vec{w}) = \binom{{}^tA}{{}^tE}(-\vec{w}) \leq \vec{d} = \binom{-\vec{c}}{\vec{0}}$, das heißt ${}^tA\vec{w} \geq \vec{c}$ und $\vec{w} \geq \vec{0}$. Wegen (34) ist außerdem $-{}^t\vec{b}\,\vec{w} = -{}^t\vec{w}\,\vec{b} = {}^t\vec{d}_b \vec{v}_b = {}^t\vec{d}\,\vec{v} = -{}^t\vec{c}\,\vec{v}_1$. Also stellt $\vec{w}$ nach ii) eine Lösung von (31) dar. □

3.3.4 Komplementarität

Erfüllen $\bar{x}$ und $\bar{y}$ die Restriktionen von (30) beziehungsweise (31), so ergeben die Teile ii) und iii) des *Dualitätssatzes*, daß $\bar{x}$ und $\bar{y}$ genau dann Lösungen der jeweiligen Aufgabe sind, wenn ${}^t\vec{c}\,\bar{x} = {}^t\vec{b}\,\bar{y}$ gilt. Durch eine einfache Umformung erhalten wir hier eine Gleichung, die einen tieferen Einblick in das Verhalten des "Schlupfes" $\vec{b} - A\bar{x}$ beziehungsweise ${}^tA\bar{y} - \vec{c}$ erlaubt:

$0 = {}^t\vec{b}\,\bar{y} - {}^t\vec{c}\,\bar{x} = {}^t\bar{y}\,\vec{b} - {}^t\bar{y}A\bar{x} + {}^t\bar{y}A\bar{x} - {}^t\vec{c}\,\bar{x} = {}^t\bar{y}(\vec{b} - A\bar{x}) + ({}^t\bar{y}A - {}^t\vec{c})\bar{x} =$
${}^t\bar{y}(\vec{b} - A\bar{x}) + {}^t\bar{x}({}^tA\bar{y} - \vec{c})$.

Da alle m+n Summanden dieser Skalarprodukte nicht negativ sind, muß jeder einzelne Summand gleich 0 sein. Bevor wir hiervon eine Anwendung bringen, die auch für die Praxis wichtig ist, halten wir dieses Ergebnis fest.

3.3.5 Satz über den komplementären Schlupf

Die Vektoren $\bar{x} \in P(A, \vec{b})$ und $\bar{y} \in P(-{}^tA, -\vec{c})$ stellen genau dann Lösungen von (30) beziehungsweise von (31) dar, wenn

$$(35) \qquad {}^t\bar{y}(\vec{b} - A\bar{x}) + {}^t\bar{x}({}^tA\bar{y} - \vec{c}) = 0$$

gilt, wobei jeder einzelne Summand der Skalarprodukte 0 ist.

Ist $\vec{y}$ eine nicht entartete Lösung von (31), so seien $i_1,\ldots,i_s$ die Indizes der positiven Komponenten von $\vec{y}$, und $j_1,\ldots,j_t$ seien die Indizes der positiven Komponenten von ${}^t A\vec{y}-\vec{c}$. Mit $H_1 := \left(\vec{e}_{i_1}\ldots \vec{e}_{i_s}\right)$ und $H_2 = \left(\vec{e}_{j_1}\ldots \vec{e}_{j_t}\right)$ ist dann (35) äquivalent zu ${}^t H_1(\vec{b}-A\vec{x})=\vec{0}$ und ${}^t H_2\vec{x}=\vec{0}$. Damit erfüllt $\vec{x}\in P(A,\vec{b})$ genau dann die primale Aufgabe (30), wenn

$$\begin{pmatrix}{}^t H_1 A\\ {}^t H_2\end{pmatrix}\vec{x} = \begin{pmatrix}{}^t H_1 \vec{b}\\ \vec{0}\end{pmatrix}$$

gilt.

Mit dem *Satz über den komplementären Schlupf* (engl. **complementary slackness**) sind wir in die Nähe eines anderen Zugangs zur Dualität gekommen, für den der folgende Satz typisch ist. Die abschließende kurze Beweisskizze (nach [1]) läßt auch einen Zusammenhang mit orthogonalen Komplementen von Untervektorräumen erkennen, womit eine Verbindung zu der auf Seite 218 erwähnten Beziehung zwischen dualen linearen Optimierungsaufgaben angedeutet wird.

3.3.6 Alternativensatz (*Farkas-Lemma*)

Sind $A\in\mathbb{R}^{m\times n}$ und $\vec{b}\in\mathbb{R}^{m\times 1}$, so gilt $P(A,\vec{b})\ne\emptyset$ genau dann, wenn $Q\left(\begin{pmatrix}{}^t A\\ {}^t\vec{b}\end{pmatrix},\begin{pmatrix}\vec{0}\\ -1\end{pmatrix}\right)$ leer ist.

Beweisskizze (a2):
In einem ersten Schritt wird mit der Abkürzung $B := \begin{pmatrix}A & -\vec{b}\\ {}^t\vec{0} & -1\end{pmatrix}$ gezeigt, daß die Satzaussage zu der folgenden ausschließenden Alternative äquivalent ist:

$$P\left(\begin{pmatrix}B\\ -{}^t\vec{e}_{n+1}\end{pmatrix},\begin{pmatrix}\vec{0}\\ -1\end{pmatrix}\right)\ne\emptyset \text{ oder } Q\left(\begin{pmatrix}{}^t B\\ {}^t\vec{e}_{m+1}\end{pmatrix},\begin{pmatrix}\vec{0}\\ 1\end{pmatrix}\right)\ne\emptyset.$$

Aufgrund des *Satzes über orthogonale Komplemente* (2.4.16) gilt $S(B)^\perp = N({}^t B)$. Mit $U := S(B)$ ergibt sich dann aus der vorigen die folgende ausschließende Alternative:

$\left(\text{Es gibt }\vec{y}\in U \text{ mit } \vec{y}\ge\vec{0} \text{ und } {}^t\vec{e}_{m+1}\vec{y}>0\right)$ oder
$\left(\text{Es gibt }\vec{u}\in U^\perp \text{ mit } \vec{u}\ge\vec{0} \text{ und } {}^t\vec{e}_{m+1}\vec{u}>0\right).$

In der umgekehrten Richtung wird genutzt, daß sich jeder Untervektorraum $U\subseteq\mathbb{R}^{(m+1)\times 1}$, dessen Vektoren nicht alle 0 als letzte Komponente haben, in der Form $U = S(B)$ mit obigem B bei geeignetem A und $\vec{b}$ schreiben läßt.

Der Beweis der letzten Alternative erfolgt durch vollständige Induktion über m, wobei der Untervektorraum $U \subseteq \mathbb{R}^{(m+1)\times 1}$ aufgrund des *Satzes über den Nullraum als Spaltenraum* (2.3.21) als Nullraum einer Matrix angesetzt wird. □

3.4 Ausblick

3.4.1 Der Ellipsoid-Algorithmus

Obwohl der Simplex-Algorithmus bei praktischen Problemen mit n Restriktionen meistens in $O(n)$ Schritten zum Ziel führt, können zu den verschiedenen Pivotisierungsregeln jeweils Problemklassen angegeben werden, bei denen die Schrittzahl exponentiell mit der Problemgröße zunimmt. Es war deshalb ein überraschendes und wichtiges Ereignis, als *L.G. Chatschijan* 1979 einen Algorithmus veröffentlichte, der für leicht modifizierte lineare Ungleichungssysteme und auch für lineare Optimierungsaufgaben die Lösung mit einer Schrittzahl ergibt, die durch einen Polynomwert $P(n)$ beschränkt ist.

Wir skizzieren hier nur den Algorithmus zur Lösung linearer Ungleichungssysteme im Anschluß an [2], wo auch die zugehörigen Beweise zu finden sind. Es seien $A := {}^t(\vec{a}_1 \ldots \vec{a}_m) \in \mathbb{R}^{m\times n}$, $\vec{b} := {}^t(b_1 \ldots b_m) \in \mathbb{R}^{m\times 1}$, $P^* := \{\vec{x} \in \mathbb{R}^{n\times 1} \mid {}^t\vec{a}_i \vec{x} < b_i \text{ für } i = 1, \ldots, m\}$, und $P := P(A, \vec{b})$ sei ein Polytop.

Mit Hilfe des *Satzes über die Hauptachsentransformation* (6.2.22) und des *Satzes über Eigenwertkriterien für Definitheit* (6.2.26) läßt sich die folgende Begriffsbildung begründen: Ist $B \in \mathbb{R}^{n\times n}$ positiv definit und symmetrisch, so heißt $O(B, \vec{x}') := \{\vec{x} \in \mathbb{R}^{n\times 1} \mid {}^t(\vec{x}-\vec{x}')B^{-1}(\vec{x}-\vec{x}') \leq 1\}$ *Ellipsoid mit Zentrum* $\vec{x}'$.

Der *Ellipsoid-Algorithmus* startet meistens mit einer Kugel $O(rE_n, \vec{x}_0)$, die P enthält, und bestimmt zu einem schon gewonnenen Ellipsoid $O_k := O(B_k, \vec{x}_k)$ mit $P \subset O_k$ und $\vec{x}_k \in P^*$ sowie zu einem Index $i \in J_m$ mit ${}^t\vec{a}_i \vec{x}_k \geq b_i$ ein Nachfolgeellipsoid O_{k+1}, das $O_k \cap H({}^t\vec{a}_i, b_i)$ enthält und dessen Volumen kleiner ist als das von O_k.

Den Radius r der Startkugel $O_0 := O(rE_n, \vec{x}_0)$ kann man aus einer groben Schranke für die Beträge der Elemente von P gewinnen. Sind die Parameter $\vec{x}_k$ und B_k eines Ellipsoids $O(B_k, \vec{x}_k)$ berechnet, so ist die Abbruchbedingung, daß ${}^t\vec{a}_i\vec{x}_k < b_i$ für alle $i \in J_m$ gilt. Im Falle $\vec{x}_k \notin P^*$ wählt man ein $i \in J_m$ mit ${}^t\vec{a}_i\vec{x}_k \geq b_i$ und bestimmt mit den Abkürzungen $\vec{w}_i := B_k\vec{a}_i$, $d_i := ({}^t\vec{a}_i\vec{w}_i)^{\frac{1}{2}}$ und $h_k := \frac{1}{d_i}(b_i - {}^t\vec{a}_i\vec{x}_k)$ das nächste Zentrum $\vec{x}_{k+1} := \vec{x}_k - \frac{1-nh_k}{(n+1)d_i}\vec{w}_i$ sowie die positiv definite Matrix

$$B_{k+1} := \frac{n^2}{n^2-1}(1-h_k^2)\left(B_k - \frac{2(1-nh_k)}{(n+1)(1-h_k)d_i^2}\vec{w}_i{}^t\vec{w}_i\right), \text{ für die } O(B_{k+1}, \vec{x}_{k+1})$$

die oben genannten Eigenschaften hat.

Ist $P^* \neq \emptyset$ und sind v beziehungsweise v_0 die Volumina von P und von O_0, so benötigt der Ellipsoid-Algorithmus maximal $2\lceil \ln\frac{v_0}{v}\rceil(n+1)$ Schritte, um eine Lösung zu finden.

3.4.2 Der Projektionsalgorithmus

Einen weiteren Algorithmus zur Lösung von linearen Optimierungsaufgaben hat *N. Karmarkar* 1983 veröffentlicht. Er approximiert eine Optimallösung mit Hilfe der "Zentren" von "deformierten Kugeln", die dem zulässigen Bereich einbeschrieben werden können. Wir skizzieren hier im Anschluß an [2] das Prinzip einer Algorithmus-Version, mit der Karmarkar zeigen konnte, daß die Schrittzahl wie bei dem Ellipsoid-Algorithmus "polynomial" in der Problemgröße ist.

Anstelle von (18) geht man von der folgenden Problemstellung aus, auf die jede lineare Optimierungsaufgabe mit Hilfe des *Dualitätssatzes* (3.3.3) zurückgeführt werden kann:

$$\begin{pmatrix} B \\ {}^t\vec{e} \end{pmatrix}\vec{x} = \begin{pmatrix} \vec{0} \\ 1 \end{pmatrix}, \quad \vec{x} \geq \vec{0}, \quad {}^t\vec{c}\,\vec{x} = \text{Min!}$$

wobei $B \in \mathbb{R}_m^{m \times n}$ eine Matrix ist, die $B\vec{e} = \vec{0}$ erfüllt und mit der ${}^t\vec{c}\,\vec{x} \geq 0$ für alle $\vec{x} \in Q\left(\begin{pmatrix} B \\ {}^t\vec{e} \end{pmatrix}, \begin{pmatrix} \vec{0} \\ 1 \end{pmatrix}\right)$ gilt. Stellt $\vec{x}_0$ eine Optimallösung dieser Aufgabe dar, so ist das ursprüngliche Problem unlösbar, wenn ${}^t\vec{c}\,\vec{x}_0 > 0$ gilt. Andernfalls kann man aus $\vec{x}_0$ eine Optimallösung der Ausgangsaufgabe konstruieren.

Es wird eine Folge von Vektoren $\vec{x}_k$ bestimmt, die $\vec{x}_k \in Q\left(\begin{pmatrix} B \\ {}^t\vec{e} \end{pmatrix}, \begin{pmatrix} \vec{0} \\ 1 \end{pmatrix}\right)$ und ${}^t\vec{e}_i\vec{x}_k > 0$ für alle $i \in J_n$ erfüllen und für die die positiven Zahlen ${}^t\vec{c}\,\vec{x}_k$ dem minimalen Zielfunktionswert beliebig nahekommen.

Der Startvektor ist $\vec{x}_0 := \frac{1}{n}\vec{e}$. Außerdem wählt man $\varepsilon > 0$ und berechnet vorweg $r := (n^2 - n)^{-\frac{1}{2}}$. Liegt $\vec{x}_k$ mit ${}^t\vec{c}\,\vec{x}_k > \varepsilon$ vor, so wird auf folgende Weise zu einem Ersatzproblem übergegangen, dort die zulässige Lösung verbessert und dann zurücktransformiert. Dazu sei

$$D_k := \sum_{i=1}^{n} \left({}^t\vec{e}_i\,\vec{x}_k\right)\left(\vec{e}_i\,{}^t\vec{e}_i\right) \text{ und } H_k := \begin{pmatrix} BD_k \\ {}^t\vec{e} \end{pmatrix}.$$

Der *Satz über orthogonale Komplemente* (2.4.16) und der *Satz über die Pseudo-Inverse* (2.4.23) ergeben, daß $\vec{p}_k := \left(E_n - {}^{P}H_k H_k\right)D_k \vec{c}$ die Projektion des Ersatzzielfunktionsvektors $D_k \vec{c}$ auf $N(H_k)$ darstellt, wodurch der Algorithmus seinen Namen erhält.

Gilt ${}^t\vec{c}\,\vec{x}_k > \frac{1}{r}\|\vec{p}_k\|$, so wird das Verfahren abgebrochen, weil sich zeigen läßt, daß dann der optimale Zielwert größer als 0 ist. Sonst setzt man $\vec{d}_k := D_k\left(\vec{x}_0 - \frac{r}{2}\|\vec{p}_k\|^{-1}\vec{p}_k\right)$ und bildet den nächsten Vektor $\vec{x}_{k+1} := \frac{1}{{}^t\vec{e}\,\vec{d}_k}\vec{d}_k$, mit dem die Abbruchbedingung ${}^t\vec{c}\,\vec{x}_{k+1} \leq \varepsilon$ geprüft und im Falle der Nichterfüllung wie oben fortgefahren wird.

3.4.3 Ganzzahlige lineare Optimierung

Müssen vor allem bei praktischen Problemen alle oder einige Komponenten des Lösungsvektors ganze Zahlen sein, so spricht man von einem *ganzzahligen linearen Optimierungsproblem*. Einen ersten Algorithmus, der mit endlich vielen Schritten eine solche Aufgabe löst, hat *R.E. Gomory* 1958 angegeben. Dabei wird zuerst das zugehörige lineare Optimierungsproblem ohne die Ganzzahligkeitsbedingung gelöst. Ist der Lösungsvektor $\vec{x}_0$ ein "Gittervektor", d.h. ein Vektor mit ausschließlich ganzzahligen Komponenten, so genügt dieser auch der ganzzahligen Aufgabe. Sonst fügt man eine weitere Nebenbedingung hinzu, die von allen zulässigen Gittervektoren aber nicht von $\vec{x}_0$ erfüllt wird, und wiederholt das Verfahren, das entscheidend von der Bestimmung der "Schnitthyperebene" abhängt, weshalb es *Schnittebenenverfahren* heißt.

Es gibt noch eine weitere Methode, die man Verzweigungsverfahren nennt, weil schrittweise jeweils ein Problem in zwei Teilprobleme aufgespalten wird, deren zulässige Bereiche zusammengenommen alle zulässigen Lösungen des vorherigen ganzzahligen Problems enthalten.

Obwohl also zwei verschiedene Algorithmen für die ganzzahlige lineare Optimierung existieren, ist die Situation bei dieser Problemstellung doch völlig anders als bei den übrigen algorithmisch gelösten Aufgaben dieses Buches. Wir können diese Besonderheit, die zur *Komplexitätstheorie* gehört, allerdings nur andeuten.

Mit P bezeichnet man die Menge aller Probleme, die von mindestens einem "deterministischen" Algorithmus in *polynomialer Laufzeit* gelöst werden, und NP steht für die entsprechende Menge mit *nichtdeterministischen Algorithmen*, wobei "nichtdeterministisch" grob bedeutet, daß der Algorithmus beim Vorliegen mehrerer Möglichkeiten die Fähigkeit hat, eine "zum Nulltarif" erratene Lösung zu verifizieren.

Man weiß, daß $P \subseteq NP$ gilt, daß die ganzzahlige lineare Optimierung zu NP gehört und daß sie mit polynomialer Laufzeit in jedes andere Problem aus NP überführt werden kann. Diese Eigenschaft, die auch zahlreiche weitere für die Praxis wichtige Probleme haben, heißt *NP-Vollständigkeit*. Die Entdeckung eines (deterministischen) Algorithmus, der die Aufgabe der ganzzahligen linearen Optimierung in polynomialer Laufzeit löst, würde deshalb bedeuten, daß $P = NP$ ist, obwohl man für kein einziges NP-vollständiges Problem einen solchen Algorithmus kennt (siehe [6], Kapitel 1, und [11], Kapitel 45). Viele Wissenschaftler nehmen an, daß $P = NP$ bewiesen werden wird.

3.4.4 Netzplantechnik und Spieltheorie

Zum Abschluß dieses Ausblicks sei auf zwei weitere wichtige Anwendungsbereiche hingewiesen, die mit der linearen Optimierung zusammenhängen. Die *Netzplantechnik* verwendet Hilfsmittel der Graphentheorie (siehe Seite 73f.), um vielfältige Probleme der Ablaufplanung zu lösen.

Die *Spieltheorie* als Teil der "Entscheidungstheorie" behandelt die Frage, welches Verhalten von Individuen oder gesellschaftlichen Gruppen unter verschiedenartigen Bedingungen in Bezug auf eine Nutzenskala optimal ist. Die große Klasse der "endlichen Zwei-Personen-Nullsummenspiele", bei denen also die Summen der "Gewinne" von zwei Spielern in jeder Phase 0 (oder konstant) sind, ist äquivalent zu "Matrixspielen", von denen mit Hilfe des *Dualitätssatzes* (3.3.3) gezeigt werden kann, daß sie stets eine Lösung besitzen.

4
Lineare Abbildungen
4.1 Definition und elementare Eigenschaften

4.1.1 Vektorraum-Homomorphismen

Im zweiten Kapitel haben wir zahlreiche wichtige Ergebnisse für die fundamentalen Untervektorräume der speziellen "arithmetischen" Vektorräume $K^{m \times 1}$ hergeleitet. Die meisten dieser Aussagen lassen sich mit Hilfe "strukturtreuer" Abbildungen auf andere Vektorräume über demselben Körper K übertragen. Da solche Abbildungen außerdem für die folgenden Teile der Linearen Algebra grundlegend sind, widmen wir ihnen ein eigenes Kapitel.

Bei beliebigen algebraischen Strukturen, die jeweils aus einer Grundmenge, endlich vielen Verknüpfungen und ausgezeichneten Elementen beziehungsweise Teilmengen bestehen, heißen die strukturtreuen Abbildungen *Homomorphismen*, wobei im Zweifelsfalle die Strukturbezeichnung vorangestellt wird, z.B. Gruppen-Homomorphismus, Ring-Homomorphismus oder Verbandshomomorphismus.

Vektorraum-Homomorphismen müssen nur mit den beiden Verknüpfungen verträglich sein, die zu dem jeweiligen Vektorraum gehören. Deshalb stimmen diese Homomorphismen mit den gleich zu definierenden *linearen Abbildungen* überein, die ihren Namen eher der geometrischen Eigenschaft verdanken, lineare Teilmengen (nämlich Untervektorräume) auf ebensolche abzubilden.

4.1.2 Definition der linearen Abbildung
Sind $(V, \boxplus, \boxdot)$ und $(W, \widehat{\boxplus}, \widehat{\boxdot})$ K-Vektorräume, so heißt eine Abbildung $\varphi : V \to W$ *linear* genau dann, wenn

i) $\varphi(\vec{x} \boxplus \vec{y}) = \varphi(\vec{x}) \widehat{\boxplus} \varphi(\vec{y})$ für alle $\vec{x}, \vec{y} \in V$ und

ii) $\varphi(c \boxdot \vec{x}) = c \widehat{\boxdot} \varphi(\vec{x})$ für jedes $c \in K$ und alle $\vec{x} \in V$ gilt.

Wie schon bei den einzelnen Vektorräumen lassen wir im folgenden auch bei linearen Abbildungen die zusätzliche Kennzeichnung der

Verknüpfungen weg, weil die Bedeutung immer aus dem Zusammenhang entnommen werden kann. Die Bedingungen i) und ii) sind äquivalent zu der Gleichung

(1) $\quad \varphi(c\vec{x}+d\vec{y}) = c\varphi(\vec{x}) + d\varphi(\vec{y})\quad$ für alle $\vec{x}, \vec{y} \in V$ und $c, d \in K$,

die meistens für den Nachweis der Linearität verwendet wird.

4.1.3 Beispiele und Bezeichnungen

Wir haben bereits mehrere lineare Abbildung benutzt, ohne sie systematisch einzuordnen. Die wichtigste davon ist die einer beliebigen Matrix $A \in K^{m \times n}$ zugeordnete Abbildung

$$\hat{A}: K^{n \times 1} \to S(A), \vec{x} \mapsto A\vec{x},$$

die in 2.4.15 eingeführt und für $K = \mathbb{K}$ untersucht wurde. Die Linearitätseigenschaft trat schon bei der Definition der symmetrischen Bilinearform und der hermiteschen Form (2.4.7) auf. Die in 2.4.14 beschriebenen Orthogonalprojektionen sind ebenfalls oft gebrauchte lineare Abbildungen.

Der im *Satz über hermitesche Formen und Matrizen* (2.5.3) definierte Koordinatenisomorphismus $\varkappa_B$ wird in diesem Kapitel mit einem beliebigen Körper K anstelle von $\mathbb{K}$ eine wesentliche Rolle spielen. Die Namensgebung hängt mit den folgenden Begriffen zusammen, die auch bei Homomorphismen anderer algebraischer Strukturen verwendet werden. Sind V und W K-Vektorräume, so erhält ein Homomorphismus von V nach W die in der folgenden Tabelle stehende Bezeichnung genau dann, wenn die durch ein Kreuz gekennzeichneten Bedingungen erfüllt sind:

Homomorphismus	injektiv	surjektiv	V = W
Monomorphismus	×		
Epimorphismus		×	
Isomorphismus	×	×	
Endomorphismus			×
Automorphismus	×	×	×

Zwei K-Vektorräume V und W heißen *isomorph*, wenn es einen Isomorphismus von **V** auf **W** gibt. Die Menge aller Homomorphismen von **V** nach **W** wird mit Hom(**V**,**W**) abgekürzt. Im nächsten Abschnitt werden wir zeigen, daß Hom(**V**,**W**) mit den im Beispiel 2.1.8.3 eingeführten Verknüpfungen einen K-Vektorraum darstellt. Als wichtigstes Ergebnis dieses Kapitels erhalten wir anschließend, daß Hom(**V**,**W**) und $K^{m \times n}$ isomorph sind, wenn **V** die Dimension n und **W** die Dimension m hat.

Die *Nullabbildung* $0 : V \to W, \vec{x} \mapsto \vec{0}$, ist stets in Hom(**V**,**W**) enthalten. Ebenso gehört die Identität $\text{id} : V \to V$, $\vec{x} \mapsto \vec{x}$ immer zu den Automorphismen von **V**, die außerdem nach Beispiel 1.6.3.5 mit der Hintereinanderausführung als Verknüpfung eine Gruppe bilden.

Das folgende letzte Beispiel kann als Repräsentant des wichtigen Gebiets der "Funktionalanalysis" angesehen werden, auf die wir im Ausblick eingehen. Für den Abbildungsvektorraum $C^1(\mathbb{R}) := \{ f : \mathbb{R} \to \mathbb{R} \mid f$ ist stetig differenzierbar $\}$ stellt $D : C^1(\mathbb{R}) \to C(\mathbb{R}), f \mapsto f'$, aufgrund der Differentiationsregeln und wegen des Hauptsatzes der Differential- und Integralrechnung einen Epimorphismus dar. In der Funktionalanalysis werden Abbildungen meistens *Operatoren* genannt. Hier handelt es sich um den *Differentialoperator*. Auch in der Physik - und dort vor allem in der Wellen- und Quantenmechanik - spielen lineare Operatoren eine wesentliche Rolle.

4.1.4 Eigenschaften von linearen Abbildungen

Im folgenden seien **V** und **W** K-Vektorräume, und $\varphi : V \to W$ sei eine lineare Abbildung. Die meisten Eigenschaften ergeben sich durch einfache Rechnungen. Unmittelbar aus der Definition folgt $\varphi(\vec{0}) = \varphi(0 \cdot \vec{0}) = 0 \cdot \varphi(\vec{0}) = \vec{0}$, wobei die Nullvektoren in **V** und **W** zur Vereinfachung mit demselben Symbol bezeichnet werden.

Mit vollständiger Induktion läßt sich 4.1.2 ii) und (1) zu

(2) $\quad \varphi(c_1 \vec{x}_1 + \ldots + c_n \vec{x}_n) = c_1 \varphi(\vec{x}_1) + \ldots + c_n \varphi(\vec{x}_n)$
$\quad$ für alle $\vec{x}_i \in V$ und $c_i \in K, i \in J_n$,

verallgemeinern. Zusammen mit $\varphi(\vec{0}) = \vec{0}$ erhalten wir daraus, daß linear abhängige Vektoren $\vec{x}_1, \ldots, \vec{x}_n$ aus **V** auf Vektoren $\varphi(\vec{x}_1), \ldots, \varphi(\vec{x}_n)$ abgebildet werden, die in **W** linear abhängig sind.

4.1.6 Linearkombinationen bei linearen Abbildungen

Achtung: Die Nullabbildung zeigt, daß die entsprechende Aussage für linear unabhängige Vektoren $\vec{y}_1,\ldots,\vec{y}_n$ falsch sein kann.

Ist aber φ injektiv und sind $\vec{y}_1,\ldots,\vec{y}_n$ in V linear unabhängige Vektoren, so gilt einerseits $\varphi(\vec{v}) \neq \vec{0}$ für alle $\vec{v} \in V \setminus \{\vec{0}\}$, und andererseits folgt wieder aus (2), daß $\vec{0} \neq \varphi(c_1 \vec{y}_1 + \ldots + c_n \vec{y}_n) = c_1 \varphi(\vec{y}_1) + \ldots + c_n \varphi(\vec{y}_n)$ für alle $(c_1,\ldots,c_n) \in K^n \setminus \{(0,\ldots,0)\}$ erfüllt ist. Damit stellen $\varphi(\vec{y}_1),\ldots,\varphi(\vec{y}_n)$ linear unabhängige Vektoren in W dar. Diese Ergebnisse fassen wir in einem Satz zusammen.

4.1.5 Satz über Linearkombinationen bei linearen Abbildungen

Sind V und W K-Vektorräume und ist $\varphi \in \mathrm{Hom}(V,W)$, so gilt:

i) $\varphi(\vec{0}) = \vec{0}$ und $\varphi(c_1 \vec{x}_1 + \ldots + c_n \vec{x}_n) = c_1 \varphi(\vec{x}_1) + \ldots + c_n \varphi(\vec{x}_n)$ für alle $\vec{x}_i \in V$ und $c_i \in K$ mit $i \in \mathcal{J}_n$.

ii) Für linear abhängige Vektoren $\vec{x}_1,\ldots,\vec{x}_n \in V$ stellen $\varphi(\vec{x}_1),\ldots,\varphi(\vec{x}_n)$ Vektoren dar, die in W linear abhängig sind.

iii) Ist φ **injektiv**, so werden linear unabhängige Vektoren $\vec{y}_1,\ldots,\vec{y}_n$ aus V auf linear unabhängige Vektoren $\varphi(\vec{y}_1),\ldots,\varphi(\vec{y}_n)$ in W abgebildet.

Der folgende Satz beruht darauf, daß die Definitionen des Untervektorraumes (2.1.11) und der linearen Abbildung (4.1.2) zueinander passen.

4.1.6 Satz über Untervektorräume bei linearen Abbildungen

Es seien V und W K-Vektorräume, und es sei $\varphi \in \mathrm{Hom}(V,W)$.

i) Stellen $V' \subseteq V$ und $W' \subseteq W$ Untervektorräume dar, so sind auch $\varphi(V') := \{\vec{w} \in W \mid \text{Es gibt } \vec{v} \in V', \text{ so daß } \varphi(\vec{v}) = \vec{w} \text{ gilt}\}$ und $\varphi^{-1}(W') := \{\vec{v} \in V \mid \varphi(\vec{v}) \in W'\}$ Untervektorräume von W beziehungsweise V. Dieses gilt insbesondere stets für *Bild* $\varphi := \varphi(V)$ und *Kern* $\varphi := \varphi^{-1}(\{\vec{0}\})$.

ii) Kern φ besteht genau dann nur aus dem Nullvektor, wenn φ injektiv ist.

Beweis (r1):

i) Da V' und W' nicht leer sind, gilt das gleiche für $\varphi(V')$ und $\varphi^{-1}(W')$. Die Untervektorraum-Eigenschaft von $\varphi(V')$ folgt dann direkt mit (1). Bei $\varphi^{-1}(W')$ schließen wir analog: Sind $\vec{v}_1, \vec{v}_2 \in \varphi^{-1}(W')$, also $\varphi(\vec{v}_i) \in W'$ für $i = 1,2$, so gilt $\varphi(c_1\vec{v}_1 + c_2\vec{v}_2) = c_1\varphi(\vec{v}_1) + c_2\varphi(\vec{v}_2) \in W'$ für alle $c_1, c_2 \in K$. Damit erhalten wir $c_1\vec{v}_1 + c_2\vec{v}_2 \in \varphi^{-1}(W')$.

ii) Aus $\varphi(\vec{0}) = \vec{0}$ folgt stets $\vec{0} \in \operatorname{Kern}\varphi$. Ist $\operatorname{Kern}\varphi = \{\vec{0}\}$ und sind $\vec{x}, \vec{y} \in V$ mit $\varphi(\vec{x}) = \varphi(\vec{y})$, so ergibt sich aus (1), daß $\vec{0} = \varphi(\vec{x}) - \varphi(\vec{y}) = \varphi(\vec{x} - \vec{y})$ gilt. Also ist $\vec{x} - \vec{y} \in \operatorname{Kern}\varphi$, so daß wir wegen $\vec{x} - \vec{y} = \vec{0}$ die Injektivität von φ nachgewiesen haben. Stellt umgekehrt φ eine injektive Abbildung dar, so ist $\varphi(\vec{v}) \neq \varphi(\vec{0}) = \vec{0}$ für alle $\vec{v} \in V \setminus \{\vec{0}\}$, und es folgt $\operatorname{Kern}\varphi = \{\vec{0}\}$. □

Die Untervektorräume $\operatorname{Kern}\varphi$ und $\operatorname{Bild}\varphi$ werden auch nach den englischen Begriffen "kernel" und "image" mit $\operatorname{Ker}\varphi$ und $\operatorname{Im}\varphi$ bezeichnet.

Übung 4.1.a

Es sei $\varphi : \mathbb{R}^{1 \times 4} \to \mathbb{R}^{1 \times 3}$ die durch $\varphi((x\ y\ s\ t)) := (x-y+s+t\ \ x+2s-t\ \ x+y+3s-3t)$ definierte lineare Abbildung. Geben Sie je eine Basis für $\operatorname{Bild}\varphi$ und für $\operatorname{Kern}\varphi$ an.

Übung 4.1.b

Es sei V ein endlich erzeugter K-Vektorraum und $\varphi \in \operatorname{Hom}(V, V)$ sowie $\varphi^k := \varphi \circ \varphi^{k-1}$ für $k \in \mathbb{N} \setminus \{1\}$.

i) Beweisen Sie, daß $\operatorname{Kern}\varphi^k \subseteq \operatorname{Kern}\varphi^{k+1}$ für jedes $k \in \mathbb{N}$ gilt und daß aus $\operatorname{Kern}\varphi^i = \operatorname{Kern}\varphi^{i+1}$ auch $\operatorname{Kern}\varphi^i = \operatorname{Kern}\varphi^{i+k}$ für jedes $k \in \mathbb{N}$ folgt.

ii) Zeigen Sie, daß es ein $k \in \mathbb{N}$ gibt, so daß $V = \operatorname{Bild}\varphi^k \oplus \operatorname{Kern}\varphi^k$ gilt.

Ist V ein endlich erzeugter K-Vektorraum und $B := \{\vec{b}_1, \ldots, \vec{b}_n\}$ eine Basis von V, so läßt sich aufgrund des *Satzes über eindeutige Linearkombinationen* (2.2.11) jeder Vektor $\vec{x} \in V$ mit Hilfe des Koordinatenisomorphismus

$$x_B : V \to K^{n \times 1}, \quad \sum_{i=1}^{n} x_i \vec{b}_i \mapsto {}^t(x_1 \ldots x_n)$$

eindeutig in der Form $\vec{x} = \sum_{i=1}^{n} \left({}^t\vec{e}_i\, x_B(\vec{x})\right) \vec{b}_i$ darstellen. Für jede auf V definierte lineare Abbildung ψ und für jedes $\vec{x} \in V$ folgt dann mit (2) die Beziehung $\psi(\vec{x}) = \sum_{i=1}^{n} \left({}^t\vec{e}_i\, x_B(\vec{x})\right) \psi(\vec{b}_i)$. Damit ist ψ bereits voll-

4.1.8 Isomorphe Vektorräume

ständig durch die Bilder der Basisvektoren bestimmt.

Geben wir nun diese Bildvektoren aus einem K-Vektorraum **W** durch eine beliebige Abbildung $f: B \to W$ vor, so erhalten wir einerseits aufgrund der Definition von x_B, daß

$$\varphi: V \to W, \vec{x} \mapsto \sum_{i=1}^{n} \left({}^t\vec{e}_i \, x_B(\vec{x}) \right) f(\vec{b}_i)$$

eine lineare Abbildung mit $\varphi(\vec{b}_i) = f(\vec{b}_i)$ für $i = 1, \ldots, n$ ist, und andererseits bedeutet die obige Überlegung, daß $\psi = \varphi$ für jede lineare Abbildung $\psi: V \to W$ mit $\psi(\vec{b}_i) = f(\vec{b}_i)$ für $i = 1, \ldots, n$ gilt.

Für diese Abbildung φ leiten wir noch zwei Eigenschaften her. Da es zu jedem $\vec{w} \in \varphi(V)$ einen Vektor $\vec{v} \in V$ mit $\vec{w} = \varphi(\vec{v}) = \sum_{i=1}^{n} \left({}^t\vec{e}_i \, x_B(\vec{v}) \right) f(\vec{b}_i)$ gibt, folgt Bild $\varphi = \text{Lin } f(B)$.

Aufgrund der zweiten Aussage des *Satzes über Untervektorräume bei linearen Abbildungen* und wegen der Isomorphismuseigenschaft von x_B ist φ genau dann injektiv, wenn die Vektoren $f(\vec{b}_1), \ldots, f(\vec{b}_n)$ in **W** linear unabhängig sind. Damit haben wir den folgenden wichtigen Satz, der bereits alle auf endlich erzeugten Vektorräumen definierten linearen Abbildungen beschreibt.

4.1.7 Festlegungssatz

Es sei $B := \{\vec{b}_1, \ldots, \vec{b}_n\}$ eine Basis des K-Vektorraums **V**. Ist $f: B \to W$ eine beliebige Abbildung in einen K-Vektorraum **W**, so stellt

$$\varphi: V \to W, \vec{x} \mapsto \sum_{i=1}^{n} \left({}^t\vec{e}_i \, x_B(\vec{x}) \right) f(\vec{b}_i)$$

die einzige lineare Abbildung dar, die $\varphi(\vec{b}_i) = f(\vec{b}_i)$ für $i = 1, \ldots, n$ erfüllt.

Für diese Abbildung gilt stets Bild $\varphi = \text{Lin } f(B)$, und φ ist genau dann injektiv, wenn die Vektoren $f(\vec{b}_1), \ldots, f(\vec{b}_n)$ in **W** linear unabhängig sind.

4.1.8 Isomorphe Vektorräume

Allein mit Hilfe des *Festlegungssatzes* könnten wir jetzt entscheiden, welche endlich erzeugten K-Vektorräume isomorph sind. Da wir die schon bekannte Isomorphie eines n-dimensionalen K-Vektorraums V zu $K^{n\times 1}$, die der Koordinatenisomorphismus ergibt, ins Spiel bringen wollen, benötigen wir noch einen Satz, der auch später gebraucht wird. Zur Abkürzung bezeichnen wir die Hintereinanderausführung von linearen Abbildungen als *Komposition*.

4.1.9 Satz über Kompositionen

Es seien U, V, W K-Vektorräume, und $\varphi: U \to V$ sowie $\psi: V \to W$ seien lineare Abbildungen.

i) Dann ist auch $\psi \circ \varphi: U \to W$ linear.

ii) Aus der Injektivität beziehungsweise Surjektivität von φ und ψ folgt, daß $\psi \circ \varphi$ jeweils dieselbe Eigenschaft hat.

iii) Für jeden Isomorphismus $\varphi: U \to V$ ist $\varphi^{-1}: V \to U$ ebenfalls ein Isomorphismus.

Beweis (r1):

i) Mit (1) gilt $\psi(\varphi(c\vec{x} + d\vec{y})) = \psi(c\varphi(\vec{x}) + d\varphi(\vec{y})) = c\psi(\varphi(\vec{x})) + d\psi(\varphi(\vec{y}))$ für alle $\vec{x}, \vec{y} \in U$ und alle $c, d \in K$. Also ist $\psi \circ \varphi$ linear.

ii) Sind φ und ψ injektiv, so folgt aus $\vec{x}, \vec{y} \in U$ mit $\vec{x} \neq \vec{y}$, daß $\varphi(\vec{x}) \neq \varphi(\vec{y})$ und $\psi(\varphi(\vec{x})) \neq \psi(\varphi(\vec{y}))$ ist. Damit stellt auch $\psi \circ \varphi$ eine injektive Abbildung dar. Im Falle der Surjektivität ergibt sich $\psi(\varphi(U)) = W$ aus $\varphi(U) = V$ und $\psi(V) = W$.

iii) Da φ ein Isomorphismus ist, gibt es zu jedem $\vec{v}_i \in V$, $i = 1, 2$, genau ein $\vec{u}_i \in U$ mit $\varphi(\vec{u}_i) = \vec{v}_i$, so daß $\varphi^{-1}(c_1 \vec{v}_1 + c_2 \vec{v}_2) = \varphi^{-1}(c_1 \varphi(\vec{u}_1) + c_2 \varphi(\vec{u}_2)) = \varphi^{-1}(\varphi(c_1 \vec{u}_1 + c_2 \vec{u}_2)) = c_1 \vec{u}_1 + c_2 \vec{u}_2 = c_1 \varphi^{-1}(\vec{v}_1) + c_2 \varphi^{-1}(\vec{v}_2)$ für alle $c_1, c_2 \in K$ gilt. Die Umkehrabbildung einer bijektiven Abbildung ist stets bijektiv. Also ist φ^{-1} ein Isomorphismus. □

4.1.10 Isomorphiesatz

Zwei endlich erzeugte K-Vektorräume V und W sind genau dann isomorph, wenn $\dim V = \dim W$ gilt. Insbesondere ist jeder n-dimensionale K-Vektorraum V zu $K^{n\times 1}$ isomorph, wobei für jede Basis B von V ein Isomorphismus durch $\varkappa_B$ gegeben wird.

Beweis (r1):

Ist $\varphi: V \to W$ ein Isomorphismus und $\{\vec{b}_1, \ldots, \vec{b}_n\}$ eine Basis von V, so ergibt der *Festlegungssatz* (4.1.7) mit $f := \varphi$, daß die Vektoren $\varphi(\vec{b}_1)$, ..., $\varphi(\vec{b}_n)$ in W linear unabhängig sind und daß $W = \varphi(V) = \text{Lin}\{\varphi(\vec{b}_1),\ldots,\varphi(\vec{b}_n)\}$ gilt. Damit ist $\{\varphi(\vec{b}_1),\ldots,\varphi(\vec{b}_n)\}$ eine Basis von W. Also folgt $\dim W = n = \dim V$.

Ist umgekehrt $n := \dim V = \dim W$ und sind B beziehungsweise B' Basen von V und W, so ergibt der *Satz über Kompositionen* (4.1.9) für die Isomorphismen $\varkappa_B : V \to K^{n \times 1}$ und $\varkappa_{B'}^{-1} : K^{n \times 1} \to W$, daß $\varkappa_{B'}^{-1} \circ \varkappa_B : V \to W$ einen Isomorphismus bildet. □

4.2 Lineare Abbildungen und Matrizen

4.2.1 Darstellung von linearen Abbildungen durch Matrizen

Mit Hilfe des *Isomorphiesatzes* übertragen sich alle Struktureigenschaften der arithmetischen Vektorräume $K^{n \times 1}$ mit $n \in \mathbb{N}$ auf beliebige n-dimensionale K-Vektorräume. Wenn wir nun beachten, daß der *Festlegungssatz* (4.1.7) für jede lineare Abbildung $\psi : K^{n \times 1} \to K^{m \times 1}$ wegen

$$(3) \qquad \psi(\vec{x}) = \sum_{i=1}^{n} ({}^t\vec{e}_i \vec{x}) \psi(\vec{e}_i) = (\psi(\vec{e}_1) \ldots \psi(\vec{e}_n)) \vec{x}$$

die "Darstellung" $\psi = \hat{A}$ mit $A := (\psi(\vec{e}_1) \ldots \psi(\vec{e}_n)) \in K^{m \times n}$ ergibt, so liegt es nahe, auch jede lineare Abbildung φ zwischen K-Vektorräumen V und W der Dimensionen n beziehungsweise m durch eine Matrix aus $K^{m \times n}$ zu beschreiben.

Da es in V und W im allgemeinen keine Standardbasis wie in $K^{n \times 1}$ gibt, müssen wir jeweils eine Basis A von V und B von W fest wählen, um mit den Koordinatenisomorphismen $\varkappa_A$ und $\varkappa_B$ die Matrixdarstellung der entsprechenden linearen Abbildung zwischen den zugehörigen arithmetischen Vektorräumen ins Spiel bringen zu können. Welches ist aber die φ entsprechende lineare Abbildung $\hat{M}_B^A(\varphi) : K^{n \times 1} \to K^{m \times 1}$? Der *Festlegunssatz* und $\varkappa_B$ entscheiden diese Frage eindeutig; denn natürlich sollen die Bilder der einander zugeordneten Basisvektoren von V und $K^{n \times 1}$ durch $\varkappa_B$ aufeinander abgebildet werden, d.h. mit $\vec{a}_i := \varkappa_A^{-1}(\vec{e}_i)$ muß $\varkappa_B(\varphi(\vec{a}_i)) = M_B^A(\varphi) \vec{e}_i$ für $i = 1, \ldots, n$ gelten. Also setzen wir

$$M_B^A(\varphi) := \big(\varkappa_B(\varphi(\vec{a}_1)) \ldots \varkappa_B(\varphi(\vec{a}_n))\big) \text{ mit } A =: \{\vec{a}_1, \ldots, \vec{a}_n\}.$$

Aufgrund des *Satzes über Kompositionen* (4.1.9) ergibt sich die Darstellung $\hat{M}_B^A(\varphi) = \varkappa_B \circ \varphi \circ \bar{\varkappa}_A^{-1}$, die durch Figur 11 veranschaulicht wird.

$$\begin{array}{ccc} V & \xrightarrow{\varphi} & W \\ \varkappa_A \downarrow & & \downarrow \varkappa_B \\ K^{n\times 1} & \xrightarrow{M_B^A(\varphi)} & K^{m\times 1} \end{array}$$

Figur 11

Insbesondere gilt also

(4) $\qquad \varkappa_B(\varphi(\vec{v})) = M_B^A(\varphi)\, \varkappa_A(\vec{v})$ für alle $\vec{v} \in V$.

Da die Matrizen $M_B^A(\varphi)$ zu dem K-Vektorraum $K^{m\times n}$ gehören, kann vermutet werden, daß auch Hom(V,W) mit geeigneten Verknüpfungen einen K-Vektorraum darstellt und daß

$$M_B^A : \mathrm{Hom}(V,W) \to K^{m\times n},\ \varphi \mapsto M_B^A(\varphi),$$

ein Isomorphismus ist. Diese beiden Aussagen, die erst die tiefere Bedeutung der Beschreibung von linearen Abbildungen durch Matrizen wiedergeben, werden nun hergeleitet.

4.2.2 Satz über den Homomorphismen-Vektorraum

Es seien **V** und **W** beliebige K-Vektorräume. Werden die Verknüpfungen

$+ : \mathrm{Hom}(V,W) \times \mathrm{Hom}(V,W) \to \mathrm{Hom}(V,W),\ (\varphi,\psi) \mapsto \varphi + \psi$, und

$\cdot : K \times \mathrm{Hom}(V,W) \to \mathrm{Hom}(V,W),\ (c,\varphi) \mapsto c\varphi$,

wie in Beispiel 2.1.8.3 definiert, so stellt (Hom(V,W), +, ·) einen K-Vektorraum dar.

Beweis (r1):

Für $\varphi,\psi \in \mathrm{Hom}(V,W)$, $a,b,c,d \in K$ und $\vec{x}, \vec{y} \in V$ gilt $(a\varphi + b\psi)(c\vec{x} + d\vec{y}) =$
$a\varphi(c\vec{x} + d\vec{y}) + b\psi(c\vec{x} + d\vec{y}) = ac\varphi(\vec{x}) + ad\varphi(\vec{y}) + bc\psi(\vec{x}) + bd\psi(\vec{y})$
$= c(a\varphi(\vec{x}) + b\psi(\vec{x})) + d(a\varphi(\vec{y}) + b\psi(\vec{y})) = c(a\varphi + b\psi)(\vec{x}) + d(a\varphi + b\psi)(\vec{y})$.
Also ist auch $a\varphi + b\psi \in \mathrm{Hom}(V,W)$, und (1) ergibt die Behauptung. □

4.2.3 Darstellungssatz

Es sei $A = \{\vec{a}_1, \ldots, \vec{a}_n\}$ eine Basis des K-Vektorraums **V**, und **W** sei

4.2.3 Darstellungssatz

ein m-dimensionaler K-Vektorraum mit der Basis B. Dann ist
$$M_B^A : \operatorname{Hom}(V,W) \to K^{m \times n}, \varphi \mapsto \big(\varkappa_B(\varphi(\vec{a}_1)) \ldots \varkappa_B(\varphi(\vec{a}_n))\big),$$
ein Isomorphismus mit dem zugehörigen Umkehrisomorphismus
$$\Lambda_B^A : K^{m \times n} \to \operatorname{Hom}(V,W), C \mapsto \bar{\varkappa}_B^1 \circ \hat{C} \circ \varkappa_A.$$

Beweis (a2):
Zur Vereinfachung lassen wir hier die Kennzeichnung der Basen A und B bei M_B^A und Λ_B^A weg. Die Linearität und die Injektivität von M ergeben sich aus den entsprechenden Eigenschaften von $\varkappa_B$. Für $\varphi, \psi \in \operatorname{Hom}(V,W)$ und $c,d \in K$ gilt nämlich $M(c\varphi + d\psi) =$
$\big(\varkappa_B(c\varphi(\vec{a}_1) + d\psi(\vec{a}_1)) \ldots \varkappa_B(c\varphi(\vec{a}_n) + d\psi(\vec{a}_n))\big) = c\big(\varkappa_B(\varphi(\vec{a}_1)) \ldots \varkappa_B(\varphi(\vec{a}_n))\big)$
$+ d\big(\varkappa_B(\psi(\vec{a}_1)) \ldots \varkappa_B(\psi(\vec{a}_n))\big) = cM(\varphi) + dM(\psi)$.

Ist $\varphi \neq \psi$, so gibt es aufgrund des *Festlegungssatzes* (4.1.7) ein $\vec{a}_i \in A$ mit $\varphi(\vec{a}_i) \neq \psi(\vec{a}_i)$. Damit folgt $\varkappa_B(\varphi(\vec{a}_i)) \neq \varkappa_B(\psi(\vec{a}_i))$, also $M(\varphi) \neq M(\psi)$.

Die Surjektivität von M zeigen wir zusammen mit dem Nachweis, daß M und Λ Umkehrabbildungen voneinander sind. Für alle $C \in K^{m \times n}$ erhalten wir $M(\Lambda(C)) = M(\bar{\varkappa}_B^1 \circ \hat{C} \circ \varkappa_A) = \big(\varkappa_B((\bar{\varkappa}_B^1 \circ \hat{C} \circ \varkappa_A)(\vec{a}_1)) \ldots$
$\varkappa_B((\bar{\varkappa}_B^1 \circ \hat{C} \circ \varkappa_A)(\vec{a}_n))\big) = \big(\varkappa_B(\bar{\varkappa}_B^1(C\vec{e}_1)) \ldots \varkappa_B(\bar{\varkappa}_B^1(C\vec{e}_n))\big) = C(\vec{e}_1 \ldots \vec{e}_n)$
$= C$. Damit ist M surjektiv.

Für alle $\vec{a}_i \in A$ gilt $\Lambda(M(\varphi))(\vec{a}_i) = (\bar{\varkappa}_B^1 \circ \hat{M}(\varphi) \circ \varkappa_A)(\vec{a}_i) = (\bar{\varkappa}_B^1 \circ \hat{M}(\varphi))(\vec{e}_i)$
$= \bar{\varkappa}_B^1(\varkappa_B(\varphi(\vec{a}_i))) = \varphi(\vec{a}_i)$. Der *Festlegungssatz* (4.1.7) ergibt also $\Lambda(M(\varphi)) = \varphi$ für jedes $\varphi \in \operatorname{Hom}(V,W)$. Zusammenfassend folgt $\Lambda = M^{-1}$. □

Übung 4.2.a
Es seien A und B die Standardbasen von $\mathbb{R}^{2 \times 1}$ bzw. $\mathbb{R}^{3 \times 1}$ und φ die lineare Abbildung mit $\varphi(\vec{e}_1) = {}^t(1\ 2\ 1)$, $\varphi(\vec{e}_2) = {}^t(1\ 0\ -2)$.
i) Bestimmen Sie $M_B^A(\varphi)$.
ii) Berechnen Sie $M_{B'}^{A'}(\varphi)$ zu den Basen $A' := \{{}^t(1\ 1), {}^t(1\ 2)\}$ von $\mathbb{R}^{2 \times 1}$ bzw. $B' := \{{}^t(0\ 1\ 1), {}^t(1\ 0\ 1), {}^t(1\ 1\ 0)\}$ von $\mathbb{R}^{3 \times 1}$.

Wir nutzen nun noch einmal die am Anfang dieses Abschnitts festgehaltene Idee, daß Isomorphismen alle Struktureigenschaften von Vektorräumen übertragen. Zunächst hilft der Koordinatenisomorphismus, einen Zusammenhang zwischen den Untervektorräumen Kern φ beziehungsweise Bild φ einerseits und $N(M_B^A(\varphi))$ sowie $S(M_B^A(\varphi))$ andererseits herzustellen. Außerdem erfolgt die in 2.4.24 angekündigte **Verallgemeinerung der zweiten Dimensionsformel** auf den Durchschnitt und die Summe von Untervektorräumen eines beliebigen endlich erzeugten Vektorraums.

4.2.4. Verallgemeinerungssatz

i) Es seien V und W endlich erzeugte K-Vektorräume mit den Basen A beziehungsweise B. Für $\varphi \in \mathrm{Hom}(V,W)$ stellen dann

$$\varkappa_A \mid \mathrm{Kern}\,\varphi : \mathrm{Kern}\,\varphi \to N(M_B^A(\varphi))\ \text{und}$$

$$\varkappa_B \mid \mathrm{Bild}\,\varphi : \mathrm{Bild}\,\varphi \to S(M_B^A(\varphi))$$

Isomorphismen dar. Insbesondere folgt

(5) $\qquad \dim \mathrm{Kern}\,\varphi + \dim \mathrm{Bild}\,\varphi = \dim V$ und

(6) $\qquad \dim \mathrm{Bild}\,\varphi = \mathrm{Rang}\,M_B^A(\varphi)$.

ii) Sind U und V Untervektorräume des endlich erzeugten K-Vektorraums W, so gilt

(7) $\qquad \dim(U \cap V) + \dim(U + V) = \dim U + \dim V$.

Beweis (a1):

i) Da die Injektivität und die Linearität bei Einschränkungen erhalten bleiben, ist nur die Surjektivität zu zeigen. Dabei sei $n := \dim V$. Dann gilt

$$N(M_B^A(\varphi)) = \{\vec{x} \in K^{n \times 1} \mid M_B^A(\varphi)\,\vec{x} = \vec{0}\} = \{\vec{x} \in K^{n \times 1} \mid \sum_{i=1}^n ({}^t\vec{e}_i\,\vec{x})\,\varkappa_B(\varphi(\vec{a}_i)) = \vec{0}\}$$

$$= \{\vec{x} \in K^{n \times 1} \mid \sum_{i=1}^n ({}^t\vec{e}_i\,\vec{x})\,\varphi(\vec{a}_i) = \vec{0}\} = \{\vec{x} \in K^{n \times 1} \mid \varphi\Big(\sum_{i=1}^n ({}^t\vec{e}_i\,\vec{x})\,\vec{a}_i\Big) = \vec{0}\}$$

$$= \{\vec{x} \in K^{n \times 1} \mid \text{Es gibt } \vec{y} \in \mathrm{Kern}\,\varphi,\ \text{so daß } \vec{x} = \varkappa_A(\vec{y}) \text{ ist}\} = \varkappa_A(\mathrm{Kern}\,\varphi).$$

Aufgrund der Definition von $M_B^A(\varphi)$ gilt $S(M_B^A(\varphi)) = \mathrm{Lin}\{\varkappa_B(\varphi(\vec{a}_1)),\ldots,\varkappa_B(\varphi(\vec{a}_n))\} = \mathrm{Lin}\,\varkappa_B(\varphi(A))$. Mit der Linearität von $\varkappa_B$ und mit dem *Festlegungssatz* (4.1.7) folgt dann $\mathrm{Lin}\,\varkappa_B(\varphi(A)) = \varkappa_B(\mathrm{Lin}\,\varphi(A))$ und $\mathrm{Lin}\,\varphi(A) = \mathrm{Bild}\,\varphi$. Aus (2.23) und dem *Isomorphiesatz* (4.1.10) ergibt sich damit (5) als *(verallgemeinerte) erste Dimensionsformel*.

Wegen $\dim \mathrm{Bild}\,\varphi = \dim S(M_B^A(\varphi)) \stackrel{(2.16)}{=} \mathrm{Rang}\,M_B^A(\varphi)$ erhalten wir Gleichung (6), die auch zeigt, daß $\mathrm{Rang}\,M_B^A(\varphi)$ von A und B unabhängig ist.

4.2.4 Verallgemeinerungssatz 237

ii) Es sei C eine Basis von W. Für $U' := \varkappa_C(U)$ und $V' := \varkappa_C(V)$ zeigen wir, daß $\varkappa_C(U \cap V) = U' \cap V'$ und $\varkappa_C(U+V) = U' + V'$ gilt. Ist $\bar w \in U \cap V$, so folgt unmittelbar $\varkappa_C(\bar w) \in U' \cap V'$, also $\varkappa_C(U \cap V) \subseteq U' \cap V'$. Umgekehrt ergibt die Surjektivität von $\varkappa_C$, daß zu $\bar w' \in U' \cap V'$ ein $\bar w \in W$ mit $\varkappa_C(\bar w) = \bar w'$ existiert. Wegen der Injektivität ist dann auch $\bar w \in U \cap V$ erfüllt, und wir erhalten $U' \cap V' \subseteq \varkappa_C(U \cap V)$.

Analog folgt aus der Linearität von $\varkappa_C$, daß $\varkappa_C(U+V) \subseteq U' + V'$ und $U' + V' \subseteq \varkappa_C(U+V)$ gilt. Der *Isomorphiesatz* (4.1.10) überführt damit (2.47) in (7). □

Die folgende Figur 12 kann dazu dienen, den wichtigen ersten Teil des *Verallgemeinerungssatzes* einzuprägen.

$$\begin{array}{ccccc}
\text{Kern } \varphi \subseteq V & \xrightarrow{\varphi} & W \supseteq \text{Bild } \varphi \\
\varkappa_A | \text{Kern } \varphi \downarrow & \varkappa_A \downarrow & \varkappa_B \downarrow & \varkappa_B | \text{Bild } \varphi \downarrow \\
N(M_B^A(\varphi)) \subseteq K^{n \times 1} & \xrightarrow{M_B^A(\varphi)} & K^{m \times 1} \supseteq S(M_B^A(\varphi))
\end{array}$$

Figur 12

Übung 4.2.b

Es sei $P_n := (\{f : \mathbb{R} \to \mathbb{R} \mid f(x) = a_n x^n + \ldots + a_0, \; a_i \in \mathbb{R}\}, +, \cdot)$ der $\mathbb{R}$-Vektorraum der Polynomfunktionen auf $\mathbb{R}$ vom Grad $\leq n$, und $D: P_n \to P_n$, $f \mapsto f'$ sei die "Ableitungsabbildung".

i) Zeigen Sie, daß D linear ist, und bestimmen Sie $\dim \text{Bild } D$ und $\dim \text{Kern } D$.

ii) Berechnen Sie die zu D bezüglich der Basis $B := \{\underline{1}, \text{id}, \ldots, \text{id}^n\}$ gehörende Matrix $M_B^B(D)$.

Wegen (6) läßt sich der grundlegende Begriff des *Ranges* von Matrizen auf Homomorphismen zwischen endlich erzeugten K-Vektorräumen V und W übertragen, indem

(8) $\qquad \text{Rang } \varphi := \dim \text{Bild } \varphi \quad \text{für } \varphi \in \text{Hom}(V, W)$

gesetzt wird, wobei also $\dim \text{Bild } \varphi$ in der Regel durch $\text{Rang } M_B^A(\varphi)$ für irgendwelche Basen A von V und B von W zu berechnen ist. Insbesondere ergibt (3), daß $\text{Rang } \hat{A} = \text{Rang } A$ für alle $A \in K^{m \times n}$ gilt. Aus

(5) folgt außerdem Rang $\varphi \leq \dim V$ für jedes $\varphi \in \text{Hom}(V,W)$.

Analog zum *Satz über Rechts- und Linksinverse* (2.3.32) können wir nun auch Rangkriterien für Monomorphismen, Epimorphismen und Isomorphismen angeben.

4.2.5 Satz über Rangkriterien

Es seien V und W endlich erzeugte K-Vektorräume. Ein Homomorphismus $\varphi : V \to W$ ist genau dann injektiv beziehungsweise surjektiv, wenn Rang $\varphi = \dim V$ beziehungsweise Rang $\varphi = \dim W$ gilt. Im Falle $\dim V = \dim W$ folgt die Bijektivität von φ schon aus der Injektivität oder aus der Surjektivität.

Bildet A eine Basis von V und B eine Basis von W, so stellt φ genau dann ein Isomorphismus dar, wenn $M_B^A(\varphi)$ eine invertierbare Matrix ist.

Beweis (a1):

Aufgrund des *Satzes über Untervektorräume bei linearen Abbildungen* (4.1.6) ist φ genau dann injektiv, wenn Kern $\varphi = \{\vec{0}\}$ gilt. Damit ergibt (5) die Äquivalenz der Injektivität mit Rang $\varphi = \dim V$. Die Surjektivität von φ ist gleichbedeutend mit Bild $\varphi = W$, so daß unmittelbar Rang $\varphi = \dim W$ folgt. Die Umkehraussage erhalten wir durch Anwendung des *Basissatzes* (2.2.19) auf den Untervektorraum Bild φ von W. Im Falle $\dim V = \dim W$ stimmen auch die Rangbedingungen für Injektivität und Surjektivität überein.

Die obigen Kriterien und (6) ergeben, daß φ genau dann ein Isomorphismus ist, wenn Rang $\varphi = $ Rang $M_B^A(\varphi) = \dim V = \dim W$ gilt. Dieses ist aufgrund des *Satzes über Rechts- und Linksinverse* (2.3.32) äquivalent mit der Invertierbarkeit von $M_B^A(\varphi)$. □

Da aufgrund des *Satzes über Kompositionen* (4.1.9) die Hintereinanderausführung von Homomorphismen wieder eine lineare Abbildung ergibt, liegt die Frage nahe, welcher Zusammenhang zwischen den zugehörigen darstellenden Matrizen besteht. Die Antwort gibt der folgende Satz, der zugleich für den nächsten Abschnitt dieses Kapitels und für weite Teile des sechsten Kapitels grundlegend ist.

4.2.6 Satz über die Darstellung von Kompositionen

Es seien U, V, W endlich erzeugte K-Vektorräume mit den Dimensionen n, m, p und den Basen A, B, C. Sind $M_B^A : \mathrm{Hom}(U,V) \to K^{m \times n}$, $\bar{M}_C^B : \mathrm{Hom}(V,W) \to K^{p \times m}$ und $\bar{\bar{M}}_C^A : \mathrm{Hom}(U,W) \to K^{p \times n}$ die Isomorphismen des *Darstellungssatzes* (4.2.3) mit den Umkehrisomorphismen Λ_B^A, $\bar{\Lambda}_C^B$ und $\bar{\bar{\Lambda}}_C^A$, so gilt

i) $\bar{\bar{M}}_C^A(\varphi_2 \circ \varphi_1) = \bar{M}_C^B(\varphi_2) M_B^A(\varphi_1)$ für alle $\varphi_1 \in \mathrm{Hom}(U,V)$ und $\varphi_2 \in \mathrm{Hom}(V,W)$ sowie

ii) $\bar{\bar{\Lambda}}_C^A(BA) = \bar{\Lambda}_C^B(B) \circ \Lambda_B^A(A)$ für alle $A \in K^{m \times n}$ und $B \in K^{p \times m}$.

Beweis (a1):
Es gilt $\varkappa_B(\varphi_1(\bar{u})) = M_B^A(\varphi_1) \varkappa_A(\bar{u})$, $\varkappa_C(\varphi_2(\varphi_1(\bar{u}))) = \bar{M}_C^B(\varphi_2) \varkappa_B(\varphi_1(\bar{u}))$ und $\varkappa_C(\varphi_2(\varphi_1(\bar{u}))) = \bar{\bar{M}}_C^A(\varphi_2 \circ \varphi_1) \varkappa_A(\bar{u})$ für alle $\bar{u} \in V$ wegen (4). Lassen wir $\bar{u}$ die Vektoren aus A durchlaufen, so ergibt sich i) aus $\bar{\bar{M}}_C^A(\varphi_2 \circ \varphi_1) \vec{e}_k = \bar{M}_C^B(\varphi_2) M_B^A(\varphi_1) \vec{e}_k$ für $k \in J_n$.
Wird $\varphi_1 := \Lambda_B^A(A)$ und $\varphi_2 := \bar{\Lambda}_C^B(B)$ gesetzt, so folgt ii) aus i) durch Anwendung des Umkehrisomorphismus $\bar{\bar{\Lambda}}_C^A$ auf beide Seiten der Gleichung, wobei $A = M_B^A(\varphi_1)$ und $B = \bar{M}_C^B(\varphi_2)$ ist. □

Die folgende Figur 13 gibt die Aussage i) des letzten Satzes in einprägsamer Form wieder.

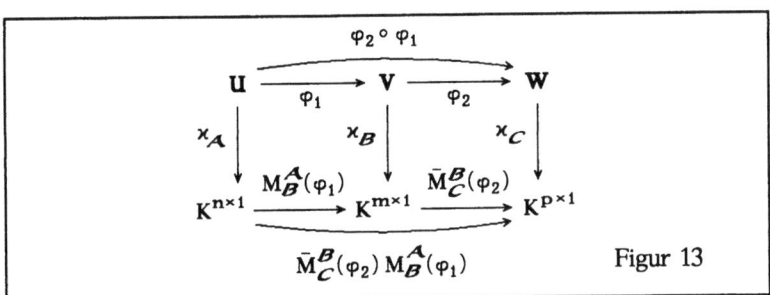

Figur 13

Übung 4.2.c

Es sei V ein K-Vektorraum mit $n := \dim V \geq 1$.

i) Ist $A = \{\bar{a}_1, \ldots, \bar{a}_n\}$ eine Basis von V, so wird durch $\varphi(\bar{a}_i) := \bar{a}_{i+1}$ für $i = 1, \ldots, n-1$ und $\varphi(\bar{a}_n) := \vec{0}$ ein Homomorphismus $\varphi \in \mathrm{Hom}(V,V)$

definiert. Beweisen Sie, daß $\varphi^n = 0 \, \mathrm{id}^0$ und $\varphi^{n-1} \neq 0 \, \mathrm{id}^0$ ist, und bestimmen Sie $M_{\mathcal{A}}^{\mathcal{A}}(\varphi)$.

ii) Es sei $\psi \in \mathrm{Hom}(V, V)$ mit $\psi^n = 0 \, \mathrm{id}^0$ und $\psi^{n-1} \neq 0 \, \mathrm{id}^0$ sowie $\vec{a} \in V$ mit $\psi^{n-1}(\vec{a}) \neq \vec{0}$. Beweisen Sie, daß dann $\mathcal{B} := \{\vec{b}_1, \ldots, \vec{b}_n\}$ mit $\vec{b}_k :=$ $\psi^k(\vec{a})$ für $k = 0, \ldots, n-1$ eine Basis von V ist, für die $M_{\mathcal{B}}^{\mathcal{B}}(\psi) = M_{\mathcal{A}}^{\mathcal{A}}(\varphi)$ gilt.

4.3 Basistransformationen und Normalformen

4.3.1 Basiswechsel

Wie am Anfang von Abschnitt 1.4 wollen wir nun versuchen zu vereinfachen. Da die darstellenden Matrizen von Homomorphismen von den gewählten Basen abhängen, kann erwartet werden, daß sich Basen bestimmen lassen, für die die darstellende Matrix eine möglichst einfache Gestalt hat. Die Suche nach der Form dieser Matrizen und nach den zugehörigen Basen wird als *Normalformproblem* bezeichnet. Für Homomorphismen werden wir das Normalformproblem in diesem Abschnitt vollständig lösen. Das viel schwierigere Darstellungsproblem für Endomorphismen, bei denen nur eine Basis zur Verfügung steht, können wir dagegen erst im sechsten Kapitel abschließen, weil dazu neue Methoden benötigt werden, die wir im nächsten Kapitel einführen.

Zunächst untersuchen wir die Wirkung eines Basiswechsels auf die darstellende Matrix eines Homomorphismus zwischen endlich erzeugten K-Vektorräumen V und W. Dazu können wir den *Satz über die Darstellung von Kompositionen* (4.2.6) verwenden, wenn wir beachten, daß sich die Übergänge zwischen Basen $\mathcal{A}$ und $\mathcal{A}'$ von V beziehungsweise $\mathcal{B}$ und $\mathcal{B}'$ von W mit Hilfe des *Darstellungssatzes* (4.2.3) durch die *Transformationsmatrizen* $M_{\mathcal{A}'}^{\mathcal{A}}(\mathrm{id}_V)$ und $M_{\mathcal{B}'}^{\mathcal{B}}(\mathrm{id}_W)$ beschreiben lassen, die den Isomorphismen id_V und id_W zugeordnet werden.

Aufgrund des *Satzes über Rangkriterien* (4.2.5) sind $M_{\mathcal{A}'}^{\mathcal{A}}(\mathrm{id}_V)$ und $M_{\mathcal{B}'}^{\mathcal{B}}(\mathrm{id}_W)$ invertierbare Matrizen. Der *Satz über die Darstellung von Kompositionen* (4.2.6) ergibt dann, daß einerseits

$$M_{\mathcal{B}'}^{\mathcal{A}'}(\varphi) = M_{\mathcal{B}'}^{\mathcal{B}}(\mathrm{id}_W) \, M_{\mathcal{B}}^{\mathcal{A}}(\varphi) \, M_{\mathcal{A}}^{\mathcal{A}'}(\mathrm{id}_V)$$

erfüllt ist und daß andererseits für die letzte Matrix des Produkts
$$M_{\mathcal{A}}^{\mathcal{A}'}(\mathrm{id}_V) = \left(M_{\mathcal{A}'}^{\mathcal{A}}(\mathrm{id}_V)\right)^{-1}$$
gilt. Die entsprechenden Gleichungen für Endomorphismen erhalten wir als Spezialfälle mit $\mathcal{A}' := \mathcal{A}$ und $\mathcal{B}' := \mathcal{B}$.

Damit haben wir den folgenden Satz, der anschließend durch Figur 14 veranschaulicht wird.

4.3.2 Transformationssatz

Es seien V,W endlich erzeugte K-Vektorräume mit den Basen $\mathcal{A}$ und $\mathcal{A}'$ beziehungsweise $\mathcal{B}$ und $\mathcal{B}'$, die durch die Matrizen $T_1 := M_{\mathcal{A}'}^{\mathcal{A}}(\mathrm{id}_V) \in GL(n;K)$ beziehungsweise $T_2 := M_{\mathcal{B}}^{\mathcal{B}'}(\mathrm{id}_W) \in GL(m;K)$ ineinander überführt werden. Dann gilt

(9) $\quad M_{\mathcal{B}'}^{\mathcal{A}'}(\varphi) = T_2 M_{\mathcal{B}}^{\mathcal{A}}(\varphi) T_1^{-1}\quad$ für jedes $\varphi \in \mathrm{Hom}(V,W)$.

Für Endomorphismen $\varphi \in \mathrm{Hom}(V,V)$ folgt mit $T := M_{\mathcal{A}'}^{\mathcal{A}}(\mathrm{id}_V)$ insbesondere

(10) $\quad M_{\mathcal{A}'}^{\mathcal{A}'}(\varphi) = T M_{\mathcal{A}}^{\mathcal{A}}(\varphi) T^{-1}$.

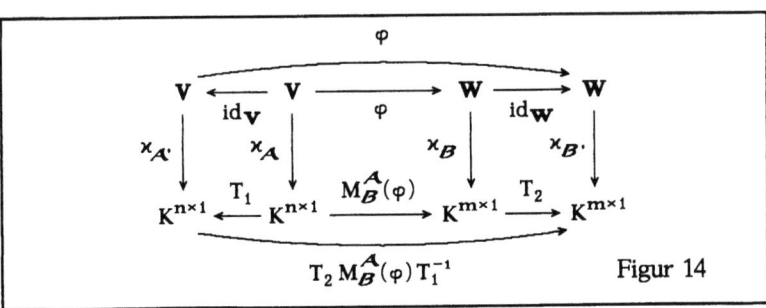

Figur 14

Übung 4.3.a

Es sei V ein $\mathbb{R}$-Vektorraum mit der Basis $\mathcal{A} := \{\vec{a}_1, \vec{a}_2, \vec{a}_3\}$, und φ sei ein Endomorphismus von V, der bezüglich dieser Basis die darstellende Matrix $M_{\mathcal{A}}^{\mathcal{A}}(\varphi) = \begin{pmatrix} 2 & 1 & 1 \\ 0 & -1 & 2 \\ 1 & 0 & 1 \end{pmatrix}$ besitzt. Berechnen Sie $M_{\mathcal{B}}^{\mathcal{B}}(\varphi)$ bezüglich der Basis $\mathcal{B} := \{\vec{a}_1 + \vec{a}_2, \, 2\vec{a}_2 - \vec{a}_3, \, -\vec{a}_1 - 2\vec{a}_2 + \vec{a}_3\}$.

Der *Transformationssatz* legt die Frage nahe, ob zu jedem Homomorphismus beziehungsweise Endomorphismus zwischen endlich erzeugten Vektorräumen bei geeigneter Wahl der Basen eine möglichst einfache Matrix gehört. Mit Hilfe der entsprechenden Transformationsformeln läßt sich diese Frage unabhängig von den Homomorphismen als Matrizenproblem formulieren und durch Angabe von "Normalformen" für die darstellenden Matrizen lösen. Hier werden wir die Suche nach den Normalformen von Homomorphismen erfolgreich abschließen.

4.3.3 Äquivalenz von Matrizen

Sind V und W endlich erzeugte Vektorräume der Dimensionen n beziehungsweise m, so wissen wir durch den *Darstellungssatz* (4.2.3), daß $\text{Hom}(V,W)$ und $K^{m \times n}$ isomorphe Vektorräume bilden. Jedem Homomorphismus $\varphi \in \text{Hom}(V,W)$ läßt sich die Matrizenmenge

$$M(\varphi) := \left\{ A \in K^{m \times n} \mid \text{Es gibt Basen } A \text{ von } V \text{ und } B \text{ von } W, \text{ so daß } A = M_B^A(\varphi) \text{ gilt} \right\}$$

zuordnen. Die Matrizen $M_B^A(\varphi)$ aus $M(\varphi)$ sind zwar von den gewählten Basen A und B abhängig; aber bei einem Basiswechsel von A zu A' und von B zu B' mit den Transformationsmatrizen $T_1 := M_{A'}^A(\text{id}_V) \in \text{GL}(n;K)$ und $T_2 := M_{B'}^B(\text{id}_W) \in \text{GL}(m;K)$ ergibt der *Transformationssatz* (4.3.2) die darstellende Matrix $M_{B'}^{A'}(\varphi) = T_2 M_B^A(\varphi) T_1^{-1}$, die auch zu $M(\varphi)$ gehört.

Da jedes Paar von Matrizen $T_1 \in \text{GL}(n;K)$ und $T_2 \in \text{GL}(m;K)$ zu einem Basiswechsel in V beziehungsweise in W führt, folgt $T_2 A T_1^{-1} \in M(\varphi)$ für jedes $A \in M(\varphi)$. Umgekehrt liegen zwei Matrizen $A, B \in K^{m \times n}$ nur dann in derselben Menge $M(\varphi)$, wenn es invertierbare Matrizen T_1 und T_2 mit $B = T_2 A T_1^{-1}$ gibt, weil A und B von der Form $M_B^A(\varphi)$ beziehungsweise $M_{B'}^{A'}(\varphi)$ sind und weil der Basiswechsel sich wie oben beschrieben auswirkt.

Um die Suche nach möglichst einfachen darstellenden Matrizen von dem jeweiligen Homomorphismus φ "abzukoppeln", können wir also die Eigenschaft der Matrizen aus $K^{m \times n}$, für einen geeigneten Homomorphismus φ zu derselben Menge $M(\varphi)$ zu gehören, durch die folgende von φ unabhängige Definition erfassen, wobei wir der Einfachheit halber T_1^{-1} durch T_1 ersetzen:

4.3.4 Definition der Äquivalenz von Matrizen

Zwei Matrizen $A, B \in K^{m \times n}$ heißen *äquivalent* genau dann, wenn es Matrizen $T_1 \in GL(n;K)$ und $T_2 \in GL(m;K)$ gibt, so daß
$$B = T_2 A T_1$$
gilt.

4.3.5 Äquivalenzrelationen

Die Äquivalenz von Matrizen sollte nicht mit dem folgenden viel allgemeineren und grundlegenden Begriff der "Äquivalenzrelation" verwechselt werden, von dem sie jedoch einen Spezialfall darstellt:

4.3.6 Definition der Äquivalenzrelation

Ist M eine Menge, so heißt eine Teilmenge $T \subseteq M \times M$ *Äquivalenzrelation auf M* genau dann, wenn für $x, y, z \in M$ mit der abkürzenden Schreibweise $x \sim y$ (gelesen "x äquivalent zu y") anstelle von $(x,y) \in T$ die folgenden drei Eigenschaften erfüllt sind:

i) $x \sim x$ ("Reflexivität");
ii)   Aus $x \sim y$ folgt $y \sim x$ ("Symmetrie");
iii)   Aus $x \sim y$ und $y \sim z$ folgt $x \sim z$ ("Transitivität").

Die Gruppeneigenschaft von $GL(m;K)$ und $GL(n;K)$ ergibt, daß die Relation, die durch die Äquivalenz von Matrizen erklärt ist, eine Äquivalenzrelation auf $K^{m \times n}$ bildet, weil $A = E_m A E_n$ gilt und weil $A = T_2^{-1} B T_1^{-1}$ aus $B = T_2 A T_1$ sowie $C = (T_2' T_2) A (T_1 T_1')$ aus $B = T_2 A T_1$ und $C = T_2' B T_1'$ mit $T_1, T_1' \in GL(n;K)$ und $T_2, T_2' \in GL(m;K)$ folgt.

Wie bei dem obigen Übergang zu der Menge $M(\varphi)$ ist es ein wesentliches Ziel bei der Einführung einer Äquivalenzrelation auf einer Menge M, alle Elemente von M, die paarweise die Äquivalenzrelation erfüllen, zusammenzufassen und die verschiedenen dieser disjunkten Teilmengen ("Äquivalenzklassen") durch charakteristische Eigenschaften ("Daten") oder durch ausgezeichnete Elemente ("Repräsentanten") zu beschreiben.

Mit der Abkürzung $[x] := \{y \in M \mid x \sim y\}$ für die *Äquivalenzklasse, die*

$x \in M$ *enthält*, folgt nämlich aus den drei Eigenschaften der Äquivalenzrelation, daß es eine *Repräsentantenmenge* R von M gibt, so daß $M = \bigcup_{x \in R} [x]$ und $[x] \cap [y] = \emptyset$ für alle $x, y \in R$ mit $x \neq y$ gilt: Denn einerseits ist $M = \bigcup_{x \in M} [x]$ wegen der Reflexivität und andererseits ergeben die Transitivität und die Symmetrie, daß $[x]$ und $[y]$ genau dann einen nichtleeren Durchschnitt haben, wenn $x \sim y$ und damit sogar $[x] = [y]$ erfüllt ist. Da je zwei Äquivalenzklassen also entweder gleich oder disjunkt sind, läßt sich R dadurch bilden, daß man aus jeder der verschiedenen Äquivalenzklassen ein Element auswählt.

Nach diesem Exkurs in die allgemeine Theorie können wir nun die Abkoppelung des Vereinfachungsproblems von den Vektorraum-Homomorphismen abschließen: Die Äquivalenzklassen der Matrizenäquivalenz auf $K^{m \times n}$ sind gerade die Mengen $M(\varphi)$ mit $\varphi \in \text{Hom}(V, W)$, und zugleich erklärt sich die Übereinstimmung solcher Mengen für verschiedene Homomorphismen aus $\text{Hom}(V, W)$. Wir könnten damit auch eine Äquivalenzrelation auf $\text{Hom}(V, W)$ einführen, die wir aber nicht weiter benötigen.

4.3.7 Charakterisierung der Äquivalenzklassen bezüglich der Matrizenäquivalenz

Wegen des Auftretens der beiden invertierbaren Matrizen in der Definition der Äquivalenz von Matrizen scheint die Suche nach einfachen, aber die Äquivalenzklassen vollständig charakterisierenden Eigenschaften und nach ausgezeichneten Repräsentanten recht schwierig zu sein. Erinnern wir uns jedoch daran, wie wir im Abschnitt 2.3.5 die Zeilenraumgleichheit, die als Äquivalenzrelation auf der Menge $\bigcup_{p \in \mathbb{N}} K^{p \times n}$ angesehen werden kann, auf die Gleichheit der zugehörigen reduzierten Stufenmatrizen zurückgeführt haben, die damit ausgezeichnete Repräsentanten der zugehörigen Äquivalenzklassen sind, so wird die Lösung des jetzigen Problems sogar recht einfach.

Der Beweis des *Satzes über die Gleichheit von Zeilenräumen* (2.3.8) enthält im Teil ii) die Überlegung, daß für jede Matrix $A \in K^{m \times n} \setminus \{(0)\}$ die Reduzierte ohne Nullzeilenstreichung $^r_0 A$ aus A durch elementare Zeilenumformungen entsteht, und im *Reduziertensatz* (2.3.12) haben

4.3.7 Matrizenäquivalenz

wir die zugehörige Gleichung $A = H \, _0^r A$ mit $H := (^w A \; P^{-1} L) \in GL(m;K)$ hergeleitet, aus der $_0^r A = S_2 A$ mit $S_2 := H^{-1}$ folgt.

Ist $r := \text{Rang } A$ und wird zur Abkürzung $D_r := \begin{pmatrix} E_r & 0 \\ 0 & 0 \end{pmatrix} \in K^{m \times n}$ sowie $D_0 := (0) \in K^{m \times n}$ gesetzt, so geht $^{tr}_0 A$ durch besonders einfache elementare Zeilenumformungen in $^t D_r$ über, d.h. es gibt eine Matrix $S_1 \in GL(n,K)$, so daß $D_r = {_0^r A} S_1$ und damit

$$D_r = S_2 A S_1$$

gilt. Ist also der Rang von zwei Matrizen $A, B \in K^{m \times n}$ gleich r, so sind sie zu derselben Matrix D_r und wegen der Symmetrie und Transitivität auch zueinander äquivalent.

Umgekehrt haben äquivalente Matrizen aufgrund des *Verallgemeinerungssatzes* (4.2.4) denselben Rang wie der zugehörige Homomorphismus. Unabhängig von Homomorphismen folgt die Gleichheit der Ränge von äquivalenten Matrizen mit dem *Rangvergleichssatz* (2.3.13):

$$\text{Rang } A = \text{Rang}(T_2^{-1} T_2 A T_1 T_1^{-1}) \leq \text{Rang}(T_2 A T_1) \leq \text{Rang } A.$$

Da die Matrizen D_k wegen $\text{Rang } D_k = k$ untereinander nicht äquivalent sind, ist $R := \{D_0, D_1, \ldots, D_{\min\{m,n\}}\}$ eine Repräsentantenmenge von $K^{m \times n}$ bezüglich der Matrizenäquivalenz.

Die Transformationsmatrizen S_1 und S_2 in der Darstellung $D_r = S_2 A S_1$ sind im allgemeinen nicht eindeutig bestimmt. Die oben hergeleiteten Matrizen können wir aber algorithmisch gewinnen und in besonders einfacher Form angeben: Wegen $S_2(A \; E_m) = (S_2 A \; S_2) = \begin{pmatrix} ^r_0 A & ^s A \\ 0 & ^v A \end{pmatrix}$ mit den in 2.3.17 und 2.3.23 definierten Matrizen $^s A$ und $^v A$ entsteht $S_2 = \begin{pmatrix} ^s A \\ ^v A \end{pmatrix}$ aus E_m durch simultane Anwendung der elementaren Zei-Zeilenumformungen, die A in $_0^r A$ überführen.

Für S_1 weisen wir die günstigere Darstellung $S_1 = (^u A \; ^z A)$ nach, ohne den Zusammenhang mit der obigen Herleitung herzustellen. Es gilt

$$\begin{pmatrix} ^s A \\ ^v A \end{pmatrix} A (^u A \; ^z A) \stackrel{(1.21)}{=} \begin{pmatrix} ^s A \\ ^v A \end{pmatrix} (A^u A \; A^z A) =$$

$$\begin{pmatrix} ^s A \\ ^v A \end{pmatrix} (^w A \; 0) \stackrel{(2.21)}{=} \begin{pmatrix} ^s A \, ^w A & 0 \\ 0 & 0 \end{pmatrix} \stackrel{(2.31)}{=} \begin{pmatrix} E_r & 0 \\ 0 & 0 \end{pmatrix}.$$

Außerdem erhalten wir

$$\begin{pmatrix}{}^u\!A & {}^z\!A\end{pmatrix} = \begin{pmatrix}{}^u\!A & {}^y\!A - {}^u\!A({}^r\!A\,{}^y\!A)\end{pmatrix} = \begin{pmatrix}{}^u\!A & {}^y\!A\end{pmatrix}\begin{pmatrix}E_r & -{}^r\!A\,{}^y\!A \\ 0 & E_{n-r}\end{pmatrix},$$

wobei das Produkt aus einer Permutationsmatrix und einer normierten oberen Dreiecksmatrix besteht. Damit ist $({}^u\!A\ {}^z\!A)$ als Produkt von invertierbaren Matrizen auch invertierbar.

Sind $T_1^{-1} = M_{\mathcal{A}'}^{\mathcal{A}}(\mathrm{id}_V)$ und $T_2 = M_{\mathcal{B}'}^{\mathcal{B}}(\mathrm{id}_W)$ die am Anfang von Abschnitt 4.3.1 eingeführten Transformationsmatrizen, die bei einem Basiswechsel auftreten, so stellt T_1 die *Wechselmatrix* dar, deren Spaltenvektoren die Koeffizienten der Linearkombinationen enthalten, mit denen die neuen Basisvektoren aus den gegebenen gebildet werden. Für den Vektorraum W ist T_2^{-1} die Wechselmatrix. Oben haben wir bereits die einfache Wechselmatrix $S_2^{-1} = ({}^w\!A\ P^{-1}L)$ gefunden. Damit ist das Normalformproblem für äquivalente Matrizen und für Homomorphismen zwischen endlich erzeugten Vektorräumen vollständig und sehr befriedigend gelöst:

4.3.8 Äquivalenzsatz

Zwei Matrizen aus $K^{m \times n}$ sind genau dann äquivalent, wenn sie denselben Rang haben. Jede Matrix $A \in K_r^{m \times n} \setminus \{(0)\}$ ist äquivalent zu $D_r := \begin{pmatrix} E_r & 0 \\ 0 & 0 \end{pmatrix} \in K^{m \times n}$, und es gilt

$$D_r = \begin{pmatrix} {}^s\!A \\ {}^v\!A \end{pmatrix} A \begin{pmatrix} {}^u\!A & {}^z\!A \end{pmatrix}^1 \text{ mit}$$

$\begin{pmatrix} {}^u\!A & {}^z\!A \end{pmatrix} =: S_1 \in GL(n;K)$ und $\begin{pmatrix} {}^s\!A \\ {}^v\!A \end{pmatrix} =: S_2 \in GL(m;K)$.

Ist $A = M_{\mathcal{B}}^{\mathcal{A}}(\varphi)$ die darstellende Matrix eines Homomorphismus φ zwischen endlich erzeugten K-Vektorräumen V und W mit den Basen $\mathcal{A}$ beziehungsweise $\mathcal{B}$, so sind S_1 und $S_2^{-1} = ({}^w\!A\ P^{-1}L)$ mit P und L aus dem *Reduziertensatz* (2.3.12) die Wechselmatrizen $M_{\mathcal{A}}^{\mathcal{A}'}(\mathrm{id}_V)$ und $M_{\mathcal{B}}^{\mathcal{B}'}(\mathrm{id}_W)$ zu Basen $\mathcal{A}'$ und $\mathcal{B}'$, mit denen $M_{\mathcal{B}'}^{\mathcal{A}'}(\varphi) = D_r$ gilt.

---

[1] Diese Darstellung von D_r läßt sich mit dem Wortpaar "ADReSse VAdUZ" (Hauptstadt von Liechtenstein) merken.

4.3.9 Beispiel

Zur Erläuterung der Berechnung und Anwendung von S_1, S_2 und S_2^{-1} verwenden wir die Matrix

$$A = \begin{pmatrix} 1 & 3 & 3 & 2 \\ 2 & 6 & 9 & 5 \\ -1 & -3 & 3 & 0 \end{pmatrix}, \text{ die schon im Beispiel 2.3.6 untersucht wurde:}$$

$$(A \; E_3) = \begin{pmatrix} 1 & 3 & 3 & 2 & | & 1 & 0 & 0 \\ 2 & 6 & 9 & 5 & | & 0 & 1 & 0 \\ -1 & -3 & 3 & 0 & | & 0 & 0 & 1 \end{pmatrix} \rightarrow \begin{pmatrix} 1 & 3 & 3 & 2 & 1 & 0 & 0 \\ 0 & 0 & 3 & 1 & -2 & 1 & 0 \\ 0 & 0 & 6 & 2 & 1 & 0 & 1 \end{pmatrix}$$

$$\rightarrow \begin{pmatrix} 1 & 3 & 3 & 2 & 1 & 0 & 0 \\ 0 & 0 & 3 & 1 & -2 & 1 & 0 \\ 0 & 0 & 0 & 0 & 5 & -2 & 1 \end{pmatrix} \rightarrow \begin{pmatrix} 1 & 3 & 0 & 1 & | & 3 & -1 & 0 \\ 0 & 0 & 1 & \frac{1}{3} & | & -\frac{2}{3} & \frac{1}{3} & 0 \\ 0 & 0 & 0 & 0 & | & 5 & -2 & 1 \end{pmatrix} = ({}_0^r A \; S_2),$$

Die Elemente von $S_1 = \begin{pmatrix} {}^u A & {}^y A - {}^u A {}^r A {}^y A \end{pmatrix}$ können nun unmittelbar aus ${}_0^r A$ entnommen werden. Zunächst ist ${}^u A = (\vec{e}_1 \; \vec{e}_3)$, wobei 1 und 3 die Indizes der Eckkoeffizienten sind. Mit den übrigen Indizes in aufsteigender Reihenfolge wird ${}^y A = (\vec{e}_2 \; \vec{e}_4)$ gebildet und hinter ${}^u A$ eingetragen. Durch $-{}^u A {}^r A {}^y A$ kommen die mit -1 multiplizierten Elemente der Spaltenvektoren von ${}^r A$, deren Indizes freie Variable sind, hinter diejenigen Zeilen von ${}^u A$, die eine 1 enthalten. Also gilt

$$D_2 = S_2 A S_1 \text{ mit } S_1 = \begin{pmatrix} 1 & 0 & -3 & -1 \\ 0 & 0 & 1 & 0 \\ 0 & 1 & 0 & -\frac{1}{3} \\ 0 & 0 & 0 & 1 \end{pmatrix} \text{ und } S_2 = \begin{pmatrix} 3 & -1 & 0 \\ -\frac{2}{3} & \frac{1}{3} & 0 \\ 5 & -2 & 1 \end{pmatrix}.$$

Außerdem ist $S_2^{-1} = ({}^w A \; \vec{e}_3) = \begin{pmatrix} 1 & 3 & 0 \\ 2 & 9 & 0 \\ -1 & 3 & 1 \end{pmatrix}$.

Sind $\mathcal{A} = \{\vec{a}_1, \vec{a}_2, \vec{a}_3, \vec{a}_4\}$ und $\mathcal{B} = \{\vec{b}_1, \vec{b}_2, \vec{b}_3\}$ Basen von $\mathbb{R}$-Vektorräumen V beziehungsweise W, so kann der Homomorphismus $\varphi \in \text{Hom}(V, W)$, dessen darstellende Matrix $A = M_\mathcal{B}^\mathcal{A}(\varphi)$ ist, aufgrund des *Festlegungssatzes* (4.1.7) durch

$$\varphi(\vec{a}_1) = \vec{b}_1 + 2\vec{b}_2 - \vec{b}_3, \quad \varphi(\vec{a}_2) = 3\vec{b}_1 + 6\vec{b}_2 - 3\vec{b}_3,$$
$$\varphi(\vec{a}_3) = 3\vec{b}_1 + 9\vec{b}_2 + 3\vec{b}_3, \quad \varphi(\vec{a}_4) = 2\vec{b}_1 + 5\vec{b}_2$$

bestimmt werden. Mit den Wechselmatrizen $S_1 = M_\mathcal{A}^{\mathcal{A}'}(\text{id}_V)$ und $S_2^{-1} = M_\mathcal{B}^{\mathcal{B}'}(\text{id}_W)$ erhalten wir die neuen Basisvektoren durch

$$\vec{a}_1' = \vec{a}_1, \quad \vec{a}_2' = \vec{a}_3, \quad \vec{a}_3' = -3\vec{a}_1 + \vec{a}_2, \quad \vec{a}_4' = -\vec{a}_1 - \frac{1}{3}\vec{a}_3 + \vec{a}_4 \quad \text{sowie}$$

$$\vec{b}_1' = \vec{b}_1 + 2\vec{b}_2 - \vec{b}_3, \quad \vec{b}_2' = 3\vec{b}_1 + 9\vec{b}_2 + 3\vec{b}_3, \quad \vec{b}_3' = \vec{b}_3,$$

und es gilt $\varphi(\vec{a}_1') = \vec{b}_1'$, $\varphi(\vec{a}_2') = \vec{b}_2'$, $\varphi(\vec{a}_3') = \vec{0}$, $\varphi(\vec{a}_4') = \vec{0}$. □

Übung 4.3.b

i) Berechnen Sie zu $A = \begin{pmatrix} 1 & -2 & 2 \\ 4 & -7 & 10 \\ -2 & 4 & -5 \\ 3 & -5 & 7 \end{pmatrix} \in \mathbb{R}^{4 \times 3}$ Matrizen $T_1 \in GL(3;\mathbb{R})$

und $T_2 \in GL(4;\mathbb{R})$, so daß $T_2 A T_1 = D_r$ mit $r := \text{Rang } A$ gilt.

ii) Es seien $\mathcal{A} := \{\vec{a}_1, \vec{a}_2, \vec{a}_3\}$ und $\mathcal{B} := \{\vec{b}_1, \vec{b}_2, \vec{b}_3, \vec{b}_4\}$ Basen von $\mathbb{R}$-Vektorräumen V beziehungsweise W und $\varphi \in \text{Hom}(V, W)$ mit $M_\mathcal{B}^\mathcal{A}(\varphi) = A$. Bestimmen Sie Basen $\mathcal{A}'$ von V und $\mathcal{B}'$ von W, für die $M_{\mathcal{B}'}^{\mathcal{A}'}(\varphi) = D_r$ ist.

4.3.10 Parameterdarstellung für verallgemeinerte Inverse

Als Anwendung des *Äquivalenzsatzes* leiten wir ein weiteres neues Ergebnis über verallgemeinerte Inverse her und schließen damit dieses Kapitel ab. Wir gehen von der verallgemeinerten Inversen $^qA = {}^uA \, {}^sA$ des *Satzes über die Quasi-Inverse* (2.3.26) aus und suchen eindeutige Parameterdarstellungen für alle verallgemeinerten Inversen V einer Matrix $A \in K_r^{m \times n} \setminus \{(0)\}$.

Aus $A \, {}^qA \, A = A$ und $A V A = A$ folgt aufgrund des *Satzes über Matrizenmultiplikation* (1.4.17), daß $A(V - {}^qA)A = (0)$ gilt. Setzen wir

$$U_0 := \{X \in K^{n \times m} \mid A X A = (0)\},$$

so ist auch umgekehrt $V := {}^qA + X$ für jedes $X \in U_0$ eine verallgemeinerte Inverse von A. Es genügt also, die Matrizen aus U_0 explizit zu bestimmen.

Dazu schreiben wir A aufgrund des *Äquivalenzsatzes* in der Form

$A = S_2^{-1} D_r S_1^{-1}$ mit $S_1 = ({}^uA \ {}^zA) \in GL(n;K)$ und $S_2 = \begin{pmatrix} {}^sA \\ {}^vA \end{pmatrix} \in GL(m;K)$.

Damit folgt

$$U_0 = \{X \in K^{n \times m} \mid \left(S_2^{-1} D_r S_1^{-1}\right) X \left(S_2^{-1} D_r S_1^{-1}\right) = (0)\}$$
$$= \{X \in K^{n \times m} \mid D_r \left(S_1^{-1} X S_2^{-1}\right) D_r = (0)\}.$$

Setzen wir hier $S_1^{-1} X S_2^{-1} =: \begin{pmatrix} B_0 & B_1 \\ B_2 & B_3 \end{pmatrix} \in K^{n \times m}$ mit $B_0 \in K^{r \times r}$, so ist

$D_r \begin{pmatrix} B_0 & B_1 \\ B_2 & B_3 \end{pmatrix} D_r = \begin{pmatrix} B_0 & 0 \\ 0 & 0 \end{pmatrix} = (0)$ gleichbedeutend mit $B_0 = (0)$. Also liegt X genau dann in U_0, wenn es Matrizen $B_1 \in K^{r \times (m-r)}$, $B_2 \in K^{(n-r) \times r}$ und

4.3.11 Parameterdarstellung für verallgemeinerte Inverse

$B_3 \in K^{(n-r) \times (m-r)}$ gibt, so daß $X = S_1 \begin{pmatrix} 0 & B_1 \\ B_2 & B_3 \end{pmatrix} S_2$ erfüllt ist. Das zeigt auch, daß U_0 einen Untervektorraum von $K^{n \times m}$ mit der Dimension $mn - r^2$ darstellt.

Beachten wir nun noch, daß $^qA = S_1 \begin{pmatrix} E_r & 0 \\ 0 & 0 \end{pmatrix} S_2$ gilt, so erhalten wir für jede verallgemeinerte Inverse V von A die Darstellung

$$V = {}^qA + X = S_1 \begin{pmatrix} E_r & B_1 \\ B_2 & B_3 \end{pmatrix} S_2,$$

bei der wegen der Invertierbarkeit von S_1 und S_2 die Matrizen B_1, B_2 und B_3 eindeutig durch V bestimmt sind.

Die zusätzliche Bedingung $VAV = V$ für symmetrisch verallgemeinerte Inverse V von A läßt sich jetzt durch einen einfachen Zusammenhang zwischen den Matrizen B_1, B_2 und B_3 wiedergeben. Mit $B := \begin{pmatrix} E_r & B_1 \\ B_2 & B_3 \end{pmatrix}$

ergibt sich $VAV = S_1 B(S_2 A S_1) B S_2 = S_1 (B D_r B) S_2 = S_1 \begin{pmatrix} E_r & B_1 \\ B_2 & B_2 B_1 \end{pmatrix} S_2$,

so daß $VAV = V = S_1 B S_2$ genau dann gilt, wenn $B_3 = B_2 B_1$ erfüllt ist.

Diese nicht naheliegenden Ergebnisse fassen wir in dem folgenden Satz zusammen.

4.3.11 Satz über verallgemeinerte Inverse

Ist $A \in K_r^{m \times n}$, so stellt $V \in K^{n \times m}$ genau dann eine verallgemeinerte Inverse von A dar, wenn es Matrizen $B_1 \in K^{r \times (m-r)}$, $B_2 \in K^{(n-r) \times r}$ und $B_3 \in K^{(n-r) \times (m-r)}$ gibt, so daß

$$V = \begin{pmatrix} {}^uA & {}^zA \end{pmatrix} \begin{pmatrix} E_r & B_1 \\ B_2 & B_3 \end{pmatrix} \begin{pmatrix} {}^sA \\ {}^vA \end{pmatrix}$$

gilt.

Die Matrix $V \in K^{n \times m}$ ist genau dann eine symmetrisch verallgemeinerte Inverse von A, wenn sich Matrizen $B_1 \in K^{r \times (m-r)}$ und $B_2 \in K^{(n-r) \times r}$ finden lassen, die

$$V = \begin{pmatrix} {}^uA & {}^zA \end{pmatrix} \begin{pmatrix} E_r & B_1 \\ B_2 & B_2 B_1 \end{pmatrix} \begin{pmatrix} {}^sA \\ {}^vA \end{pmatrix}$$

erfüllen.

Die Matrizen B_1, B_2, B_3 sind jeweils eindeutig durch V bestimmt.

5

Determinanten

5.1 Einführung und Eigenschaften

5.1.1 Das Volumen von Parallelotopen

Jeder Matrix $A \in K^{n \times n}$ läßt sich ein Körperelement $\det A$ - "Determinante von A" genannt - zuordnen, das eine Reihe von Eigenschaften der Matrix A "in konzentrierter Form" wiedergibt. Im nächsten Kapitel benötigen wir zum Beispiel, daß $\det A \neq 0$ genau dann gilt, wenn A invertierbar ist, und daß $\det A$ für alle Matrizen A, die aufgrund des *Darstellungssatzes* (4.2.3) einem beliebigen Endomorphismus eines n-dimensionalen K-Vektorraums zugeordnet sind, denselben Wert hat.

Diese Aussagen sind zur Definition ebensowenig geeignet wie die historisch ältesten Ansätze zur Lösung linearer Gleichungssysteme (durch G.W. Leibniz), weil sie auf komplizierten Formeln für die Determinante beruhen. Im Hinblick darauf, daß dieser grundlegende Begriff in einigen klassischen Teilbereichen der linearen Algebra an Bedeutung verloren hat, ist es günstig, daß sich die Determinante als Zuordnung durch drei einfache Eigenschaften charakterisieren läßt, die mit Hilfe einer unverändert wichtigen Anwendung motiviert werden können, nämlich mit der Bestimmung des *Volumens* der von n linear unabhängigen Vektoren $\vec{a}_1, \dots, \vec{a}_n \in \mathbb{R}^{n \times 1}$ "aufgespannten" *Parallelotope*

$$\left\{ \vec{x} \in \mathbb{R}^{n \times 1} \mid \text{Es gibt } (\lambda_1, \dots, \lambda_n) \in [0,1]^n, \text{ so daß } \vec{x} = \sum_{i=1}^{n} \lambda_i \vec{a}_i \text{ gilt} \right\}.$$

Für $n = 2$ handelt es sich um *Parallelogramme*, und im Fall $n = 3$ heißt ein solches Gebilde *Parallelepiped*.

Bereits der anschauliche Flächeninhalt von Parallelogrammen führt uns auf die folgenden wesentlichen Bedingungen, von denen wir später erkennen werden, daß sie das Volumen $V = V(\vec{a}_1, \dots, \vec{a}_n)$ eines Parallelotops als Funktion der aufspannenden Vektoren $\vec{a}_1, \dots, \vec{a}_n$ eindeutig festlegen (siehe Figur 15). Das Volumen eines Parallelotops ändert sich nicht, wenn einer der aufspannenden Vektoren zu einem anderen addiert wird; bei Multiplikation eines der Vektoren mit $c \in \mathbb{R} \setminus \{0\}$ er-

5.1.2   Die Determinantenfunktion   251

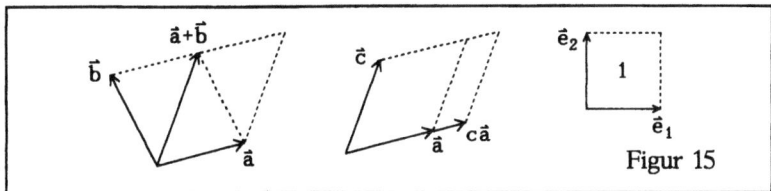

Figur 15

hält das Volumen den Faktor $|c|$, und für den "Einheitswürfel" hat das Volumen den Wert 1.

Natürlich soll das Volumen auch eine positive Zahl sein. Es wird sich aber ergeben, daß genau eine Abbildung $D: \mathbb{R}^{n \times n} \to \mathbb{R}$ existiert, die bezüglich der Spaltenvektoren die erste und die dritte Eigenschaft des Volumens besitzt und bei der die zweite Bedingung mit einem Faktor c anstelle von $|c|$ erfüllt ist. Wir führen deshalb die Determinante auf diese Weise für beliebige Matrizen aus $K^{n \times n}$ ein und erklären später im Falle $K = \mathbb{R}$ das Volumen $V(\vec{a}_1, \ldots \vec{a}_n)$ für n linear unabhängige Vektoren $\vec{a}_1, \ldots, \vec{a}_n$ durch die Zahl $|D(\vec{a}_1 \ldots \vec{a}_n)|$, von der wir dann wissen, daß sie eindeutig bestimmt und positiv ist. Darüber hinaus erhält das Vorzeichen von $D(\vec{a}_1 \ldots \vec{a}_n)$ die Bedeutung einer "Orientierung" des n-tupels $(\vec{a}_1, \ldots, \vec{a}_n) \in (\mathbb{R}^{n \times 1})^n$ (siehe 5.4.3).

5.1.2 Definition der Determinantenfunktion

Es sei K ein Körper und $n \in \mathbb{N}$. Eine Abbildung $D: K^{n \times n} \to K$, $(\vec{a}_1 \ldots \vec{a}_n) \mapsto D(\vec{a}_1 \ldots \vec{a}_n)$ heißt *Determinantenfunktion* genau dann, wenn sie folgende Eigenschaften hat, wobei die ersten beiden Aussagen für alle $(\vec{a}_1 \ldots \vec{a}_n) \in K^{n \times n}$ gelten und die Punkte jeweils für die nicht angegebenen Spaltenvektoren stehen:

D1 (Addition eines Spaltenvektors zu einem anderen)
$D(\ldots \vec{a}_i \ldots \vec{a}_k \ldots) = D(\ldots \vec{a}_i + \vec{a}_k \ldots \vec{a}_k \ldots)$ für alle $i, k \in J_n$ mit $i \neq k$;

D2 (S-Multiplikation eines Spaltenvektors)
$D(\ldots c\vec{a}_i \ldots) = cD(\ldots \vec{a}_i \ldots)$ für jedes $i \in J_n$ und für alle $c \in K$;

D3 (Normierung für die Einheitsmatrix)
$D(E_n) = 1$.

5.1.3 Eigenschaften der Determinantenfunktionen

Unter der Annahme, daß für jedes $n \in \mathbb{N}$ mindestens eine Determinantenfunktion existiert, werden wir aus den drei Bedingungen D1, D2 und D3 weitere Eigenschaften der Abbildung D herleiten. Auf diese Weise ergibt sich in neun Schritten eine explizite Darstellung von D, die bedeutet, daß es für jedes $n \in \mathbb{N}$ höchstens eine Determinantenfunktion geben kann. Indem wir nachweisen, daß diese konkrete Funktion D1, D2 und D3 erfüllt, schließen wir den "Rundgang", der für jeden Körper K und für jedes $n \in \mathbb{N}$ eine durch die Ausgangsbedingungen eindeutig festgelegte Determinantenfunktion ergibt.

Bis zur Eigenschaft D12 gelten also zunächst alle Aussagen über D unter der Voraussetzung, daß D eine Abbildung ist, die die Eigenschaften D1, D2 und D3 hat. Mit "Vektoren" sind hier stets Spaltenvektoren der jeweiligen Matrix A gemeint.

Aus D1 und D2 folgt (wie in Figur 2 III) $cD(\ldots \vec{a}_i \ldots \vec{a}_k \ldots) \stackrel{D2}{=} D(\ldots \vec{a}_i \ldots c\vec{a}_k \ldots) \stackrel{D1}{=} D(\ldots \vec{a}_i + c\vec{a}_k \ldots c\vec{a}_k \ldots) \stackrel{D2}{=} cD(\ldots \vec{a}_i + c\vec{a}_k \ldots \vec{a}_k \ldots)$. Ist $c \neq 0$, so können wir alle Teile der Gleichungskette durch c dividieren. Zusammen mit dem trivialen Fall $c = 0$ erhalten wir also

---

D4 (Addition des c-fachen eines Vektors zu einem anderen)
$$D(\ldots \vec{a}_i \ldots \vec{a}_k \ldots) = D(\ldots \vec{a}_i + c\vec{a}_k \ldots \vec{a}_k \ldots)$$
für alle $i, k \in J_n$ mit $i \neq j$ und für jedes $c \in K$.

Durch wiederholte Anwendung von D4 ergibt sich

D5 (Addition einer Linearkombination von Vektoren zu einem anderen Vektor)
$$D(\ldots \vec{a}_i \ldots) = D\left(\ldots \vec{a}_i + \sum_{\substack{k=1 \\ k \neq i}}^{n} c_k \vec{a}_k \ldots\right)$$
für jedes $i \in J_n$ und für alle $c_k \in K$ mit $k \in J_n \setminus \{i\}$.

Nun können wir das Verhalten der Determinantenfunktionen bei linear abhängigen Vektoren $\vec{a}_1, \ldots, \vec{a}_n \in K^{n \times 1}$ wiedergeben. In diesem Fall gibt es aufgrund des *Satzes über ein Kriterium für lineare Abhängigkeit* (2.2.8) ein $i \in J_n$, so daß $\vec{a}_i = -\sum_{\substack{k=1 \\ k \neq i}}^{n} c_k \vec{a}_k$ mit $c_k \in K$ für $k \in J_n \setminus \{i\}$

erfüllt ist. Mit D5 folgt dann $D(\ldots \vec{a}_i \ldots) = D\left(\ldots -\sum_{\substack{k=1 \\ k \neq i}}^{n} c_k \vec{a}_k + \sum_{\substack{k=1 \\ k \neq i}}^{n} c_k \vec{a}_k \ldots\right)$
$= D(\ldots 0\vec{a}_i \ldots) \overset{D2}{=} 0\, D(\ldots \vec{a}_i \ldots) = 0$.

D6 (Verhalten bei linear abhängigen Vektoren)
Sind die Vektoren $\vec{a}_1, \ldots, \vec{a}_n \in K^{n \times 1}$ linear abhängig, so gilt
$D(\vec{a}_1 \ldots \vec{a}_n) = 0$.

Bei den folgenden drei Eigenschaften werden wieder nur D1, D2 und D4 benötigt. Wie in Figur 2 IV ergibt sich zunächst das Verhalten beim Vertauschen von zwei Vektoren:

$D(\ldots \vec{a}_i \ldots \vec{a}_k \ldots) \overset{D2}{=} -D(\ldots \vec{a}_i \ldots -\vec{a}_k \ldots) \overset{D1}{=} -D(\ldots \vec{a}_i \ldots \vec{a}_i - \vec{a}_k \ldots) \overset{D4}{=}$
$-D(\ldots \vec{a}_i - (\vec{a}_i - \vec{a}_k) \ldots \vec{a}_i - \vec{a}_k \ldots) \overset{D1}{=} -D(\ldots \vec{a}_k \ldots \vec{a}_i \ldots)$, also

---

D7 (Verhalten beim Vertauschen von zwei Vektoren)
$D(\ldots \vec{a}_i \ldots \vec{a}_k \ldots) = -D(\ldots \vec{a}_k \ldots \vec{a}_i \ldots)$ für alle $i, k \in J_n$ mit $i \neq k$.

Während die letzte Eigenschaft für die oben erwähnte "Orientierung" typisch ist, läßt sich der nächste Zusammenhang auch als "Additivität" des Volumens von Parallelotopen mit $n-1$ festbleibenden erzeugenden Vektoren $\vec{a}_1, \ldots, \vec{a}_{i-1}, \vec{a}_{i+1}, \ldots, \vec{a}_n$ deuten. Sind diese Vektoren im Falle der Determinantenfunktionen linear abhängig, so gilt $D(\ldots \vec{a}'_i + \vec{a}''_i \ldots) = D(\ldots \vec{a}'_i \ldots) + D(\ldots \vec{a}''_i \ldots)$, weil alle drei Determinanten wegen D6 den Wert 0 haben.

Zu linear unabhängigen Vektoren $\vec{a}_1, \ldots, \vec{a}_{i-1}, \vec{a}_{i+1}, \ldots, \vec{a}_n \in K^{n \times 1}$ gibt es aufgrund des *Basisergänzungssatzes* (2.3.14) einen Vektor $\vec{a}_i \in K^{n \times 1}$, so daß die n Vektoren eine Basis von $K^{n \times 1}$ bilden. Werden $\vec{a}'_i, \vec{a}''_i \in K^{n \times 1}$ als Linearkombinationen dieser Basis mit Koeffizienten $c'_1, \ldots, c'_n, c''_1, \ldots, c''_n$ dargestellt, so ergeben D2 und D4 die Gleichungskette

$D(\ldots \vec{a}'_i + \vec{a}''_i \ldots) = D\left(\ldots \sum_{k=1}^{n}(c'_k + c''_k)\vec{a}_k \ldots\right) \overset{D4}{=} D(\ldots (c'_i + c''_i)\vec{a}_i \ldots) \overset{D2}{=}$
$(c'_i + c''_i) D(\ldots \vec{a}_i \ldots) = c'_i D(\ldots \vec{a}_i \ldots) + c''_i D(\ldots \vec{a}_i \ldots) \overset{D2}{=}$
$D(\ldots c'_i \vec{a}_i \ldots) + D(\ldots c''_i \vec{a}_i \ldots) \overset{D4}{=} D(\ldots \vec{a}'_i \ldots) + D(\ldots \vec{a}''_i \ldots)$.

Damit haben wir

> **D8** (Additivität in jeder Spalte)
> $$D(\ldots \vec{a}_i' + \vec{a}_i'' \ldots) = D(\ldots \vec{a}_i' \ldots) + D(\ldots \vec{a}_i'' \ldots)$$
> für jedes $i \in \mathcal{J}$ und für alle $\vec{a}', \vec{a}'' \in K^{n \times 1}$.

Diese Eigenschaft wird manchmal zusammen mit D7 anstelle von D1 bei der Definition der Determinantenfunktionen verwendet. Dabei ergeben D2 und D8 die "Linearität in jeder Spalte". Auf diese Weise werden die Determinantenfunktionen als *normierte, alternierende Multilinearformen* gewonnen, wobei das Adjektiv "alternierend" von D7 herkommt und die Normierung bei beiden Vorgehensweisen durch D3 erfolgt.

Sind $\vec{b}_1, \ldots, \vec{b}_n \in K^{n \times 1}$ und ist $\vec{a}_i := \sum_{k=1}^{n} c_{ki} \vec{b}_k$ mit beliebigen Koeffizienten $c_{ki} \in K$ für $i, k \in \mathcal{J}_n$, so läßt sich $D(\vec{a}_1 \ldots \vec{a}_n)$ durch wiederholte Anwendung von D8 und D2 mit vollständiger Induktion als n-fache Summe darstellen, in deren Summanden neben Koeffizientenprodukten nur Determinantenfunktionswerte zu den Vektoren $\vec{b}_1, \ldots, \vec{b}_n$ auftreten:

$$D(\vec{a}_1 \ldots \vec{a}_n) = D\left(\sum_{k=1}^{n} c_{k1} \vec{b}_k \ \ldots \ \sum_{k=1}^{n} c_{kn} \vec{b}_k\right)$$

$$\overset{D8}{=} \sum_{k_1=1}^{n} D\left(c_{k_1 1} \vec{b}_{k_1}, \sum_{k=1}^{n} c_{k2} \vec{b}_k \ \ldots \ \sum_{k=1}^{n} c_{kn} \vec{b}_k\right)$$

$$\overset{D2}{=} \sum_{k_1=1}^{n} c_{k_1 1} D\left(\vec{b}_{k_1}, \sum_{k=1}^{n} c_{k2} \vec{b}_k \ \ldots \ \sum_{k=1}^{n} c_{kn} \vec{b}_k\right)$$

$$\ldots$$

$$= \sum_{k_1=1}^{n} c_{k_1 1} \cdots \sum_{k_n=1}^{n} c_{k_n n} D\left(\vec{b}_{k_1} \ldots \vec{b}_{k_n}\right)$$

$$= \sum_{k_1=1}^{n} \ldots \sum_{k_n=1}^{n} c_{k_1 1} \cdot \ldots \cdot c_{k_n n} D\left(\vec{b}_{k_1} \ldots \vec{b}_{k_n}\right).$$

Wegen D6 gilt $D(\vec{b}_{k_1} \ldots \vec{b}_{k_n}) = 0$, wenn mindestens zwei der Indizes übereinstimmen. Die übrigbleibenden Summanden können mit Hilfe der in 1.6.5 eingeführten Permutationen $\sigma \in S_n$ in der Form

$$D(\vec{a}_1 \ldots \vec{a}_n) = \sum_{\sigma \in S_n} c_{\sigma(1)1} \cdot \ldots \cdot c_{\sigma(n)n} D\left(\vec{b}_{\sigma(1)} \ldots \vec{b}_{\sigma(n)}\right)$$

geschrieben werden, wobei die Reihenfolge der n! Permutationen beliebig ist. Für die konkrete Darstellung verwendet man in der Regel

D9 Eigenschaften der Determinantenfunktionen

die *lexikographische Anordnung* der n-tupel $(\sigma(1),\ldots,\sigma(n))$, bei der also bezüglich aller zulässigen n-tupel der Zahlen $1,\ldots,n$ entsprechende Regeln gelten wie bei der Folge der Wörter in einem Lexikon.

Mit (1.21) erhalten wir $(\vec{b}_{\sigma(1)}\ldots\vec{b}_{\sigma(n)}) = (\vec{b}_1\ldots\vec{b}_n)(\vec{e}_{\sigma(1)}\ldots\vec{e}_{\sigma(n)})$. Da $P := (\vec{e}_{\sigma(1)}\ldots\vec{e}_{\sigma(n)})$ eine Permutationsmatrix ist, gibt es aufgrund des *Satzes über Permutationsmatrizen* (1.6.6) endlich viele von der Einheitsmatrix verschiedene Vertauschungsmatrizen $P_1,\ldots,P_r$, mit denen $P = P_1 \cdot \ldots \cdot P_r$ gilt. Wegen D7 und D3 ergibt sich damit einerseits $D(\vec{e}_{\sigma(1)}\ldots\vec{e}_{\sigma(n)}) = (-1)^r D(\vec{e}_1\ldots\vec{e}_n) = (-1)^r$. Aus $(\vec{b}_{\sigma(1)}\ldots\vec{b}_{\sigma(n)}) P_r^{-1}\cdot\ldots\cdot P_1^{-1} = (\vec{b}_1\ldots\vec{b}_n)$ folgt mit D7 andererseits $D(\vec{b}_{\sigma(1)}\ldots\vec{b}_{\sigma(n)}) = (-1)^r D(\vec{b}_1\ldots\vec{b}_n)$, so daß zusammengefaßt $D(\vec{b}_{\sigma(1)}\ldots\vec{b}_{\sigma(n)}) = D(\vec{e}_{\sigma(1)}\ldots\vec{e}_{\sigma(n)}) D(\vec{b}_1\ldots\vec{b}_n)$ gilt.

Da die Anzahl r der Vertauschungen nicht eindeutig ist, könnte es sein, daß $D(\vec{e}_{\sigma(1)}\ldots\vec{e}_{\sigma(n)})$ für verschiedene Determinantenfunktionen unterschiedliche Werte annimmt. Diese Möglichkeit werden wir im nächsten Abschnitt ausschließen. Auf jeden Fall haben wir nun die folgende Eigenschaft, die für die weiteren Untersuchungen der Determinantenfunktionen entscheidend sein wird.

D9 (Darstellung bezüglich gegebener Vektoren)

Sind $\vec{b}_1,\ldots,\vec{b}_n \in K^{n\times 1}$, so gilt $D\left(\sum_{k=1}^{n} c_{k1}\vec{b}_k \ldots \sum_{k=1}^{n} c_{kn}\vec{b}_k\right) =$
$\left(\sum_{\sigma\in S_n} c_{\sigma(1)1}\cdot\ldots\cdot c_{\sigma(n)n} D(\vec{e}_{\sigma(1)}\ldots\vec{e}_{\sigma(n)})\right) D(\vec{b}_1\ldots\vec{b}_n)$

für alle $c_{ki} \in K$ mit Indizes $i,k \in J_n$.

Da aufgrund des *Basissatzes* (2.2.19) je n linear unabhängige Vektoren $\vec{b}_1,\ldots,\vec{b}_n \in K^{n\times 1}$ eine Basis von $K^{n\times 1}$ bilden, können wir von D9 auf das Verhalten der Determinantenfunktionen bei linear unabhängigen Vektoren schließen, indem wir die Koeffizienten c_{ki} so wählen, daß $\vec{e}_i = \sum_{k=1}^{n} c_{ki}\vec{b}_k$ für $i=1,\ldots,n$ gilt. Wegen

$1 \stackrel{D3}{=} D(\vec{e}_1\ldots\vec{e}_n) \stackrel{D9}{=} \left(\sum_{\sigma\in S_n} c_{\sigma(1)1}\cdot\ldots\cdot c_{\sigma(n)n} D(\vec{e}_{\sigma(1)}\ldots\vec{e}_{\sigma(n)})\right) D(\vec{b}_1\ldots\vec{b}_n)$

muß dann $D(\vec{b}_1\ldots\vec{b}_n) \neq 0$ sein. Zusammen mit D6 erhalten wir damit das am Anfang dieses Kapitels genannte wichtige Kriterium.

> **D10** (Verhalten bei linear unabhängigen Vektoren)
> Die Vektoren $\vec{b}_1,\ldots,\vec{b}_n \in K^{n\times 1}$ sind genau dann linear unabhängig, wenn $D(\vec{b}_1\ldots\vec{b}_n) \neq 0$ gilt.

5.2 Berechnung der Determinanten

5.2.1 Das Signum von Permutationen

Werden in D9 die Vektoren der Standardbasis $\{\vec{e}_1,\ldots,\vec{e}_n\}$ gewählt, so ergibt sich auf der linken Seite der Gleichung die Matrix

$$\left(\sum_{k=1}^{n} c_{k1}\vec{e}_k \ldots \sum_{k=1}^{n} c_{kn}\vec{e}_k\right) = \begin{pmatrix} c_{11} & \ldots & c_{1n} \\ \vdots & & \vdots \\ c_{n1} & \ldots & c_{nn} \end{pmatrix},$$ und auf der rechten Seite hat

der Faktor $D(\vec{e}_1\ldots\vec{e}_n)$ wegen D3 den Wert 1.

Gehen wir außerdem von den Koeffizienten c_{ik} zu den Matrixelementen a_{ik} von $A \in K^{n\times n}$ über, so erhalten wir eine Gleichung für $D(A)$, in der nur noch $D(\vec{e}_{\sigma(1)}\ldots\vec{e}_{\sigma(n)})$ berechnet werden muß:

> **D11** (Darstellung mit Hilfe der Matrixelemente)
> Für jede Matrix $A = \begin{pmatrix} a_{11} & \ldots & a_{1n} \\ \vdots & & \vdots \\ a_{n1} & \ldots & a_{nn} \end{pmatrix} \in K^{n\times n}$ gilt
>
> $$D(A) = \sum_{\sigma \in S_n} a_{\sigma(1)1} \cdot \ldots \cdot a_{\sigma(n)n} D(\vec{e}_{\sigma(1)}\ldots\vec{e}_{\sigma(n)}).$$

Der Versuch, mit Hilfe von D7 und D3 die Werte von $D(\vec{e}_{\sigma(1)}\ldots\vec{e}_{\sigma(n)})$ zu bestimmen, führt zu der Vermutung, daß bei jeder festen Permutation σ die Anzahl r der Vertauschungen nicht eindeutig ist, daß aber $(-1)^r$ und damit $D(\vec{e}_{\sigma(1)}\ldots\vec{e}_{\sigma(n)})$ nur von σ abhängt. Deshalb liegt es nahe, mit einem möglichst einfachen Vertauschungsalgorithmus den vermutlichen Wert von $D(\vec{e}_{\sigma(1)}\ldots\vec{e}_{\sigma(n)})$ als Funktion von $\sigma \in S_n$ einzuführen.

Da wir in der Regel nicht wissen, an welcher Position sich die Zahl i für jedes $i \in J_n$ befindet, läßt sich die Methode aus dem Beweis des *Satzes über Permutationsmatrizen* (1.6.6) hier nicht anwenden. Vertauschen wir aber der Reihe nach jeweils die beiden Vektoren mit

5.2.3 Das Signum einer Permutation

dem lexikographisch kleinsten "absteigenden" Indexpaar, so können wir feststellen, daß bei dem entstehenden Index-n-tupel die Gesamtzahl solcher "Fehlstände" um 1 kleiner ist als bei dem vorhergehenden. Dabei wird ein Paar $(i,k) \in J_n^2$ mit $i < k$ *Fehlstand* von $\sigma \in S_n$ genannt, wenn $\sigma(i) > \sigma(k)$ gilt.

Aufgrund der Minimalbedingungen für den jeweils zu vertauschenden Fehlstand läßt sich mit Fallunterscheidung leicht nachweisen, daß sich bei den übrigen Fehlständen höchstens die Positionen ändern. Damit stimmt die Gesamtzahl dieser speziellen Vertauschungen mit der Anzahl der Fehlstände bei dem ersten n-tupel $(\sigma(1), \ldots, \sigma(n))$ überein.

Beachten wir nun noch, daß die Fehlstände durch ein negatives Vorzeichen von $\sigma(k) - \sigma(i)$ charakterisiert werden, so können wir die vermutliche Invariante der Determinantenfunktionen in der folgenden zweckmäßigen Form definieren:

5.2.2 Definition des Signums einer Permutation

Für jedes $\sigma \in S_n$ heißt die Zahl $\operatorname{sgn}(\sigma) := \prod\limits_{1 \leq i < k \leq n} \operatorname{sign}(\sigma(k) - \sigma(i))$

Signum von σ, wobei $\operatorname{sign}(a)$ das Vorzeichen ("Signum") der ganzen Zahl a bezeichnet. Wird das Signum in einem Körper K verwendet, so sind die Zahlen 1 und -1 als die entsprechenden Körperelemente aufzufassen.

Wir leiten zunächst einige Eigenschaften des Signums her, um zeigen zu können, daß bei jeder Permutation $\sigma \in S_n$ für alle Vertauschungssequenzen - und nicht nur für die obige spezielle - $D(\hat{e}_{\sigma(1)} \ldots \hat{e}_{\sigma(n)}) = \operatorname{sgn}(\sigma)$ gilt und daß die dann wegen D11 allein übrigbleibende Funktion D die Bedingungen D1, D2 und D3 erfüllt.

Ist id die identische Permutation, so gilt natürlich $\operatorname{sgn}(\operatorname{id}) = 1$. Aber schon bei einer Permutation, die genau zwei Elemente von J_n vertauscht, läßt sich der Wert des Signums nicht unmittelbar erkennen. Da diese Permutationen als Bausteine angesehen werden können, haben sie einen eigenen Namen:

5.2.3 Definition der Transposition

Eine Permutation $\tau \in S_n$ heißt *Transposition* genau dann, wenn es ein Paar $(i,k) \in J_n^2$ mit $i<k$ gibt, so daß $\tau(k)=i$, $\tau(i)=k$ und $\tau(j)=j$ für alle $j \in J_n \setminus \{i,k\}$ gilt.

5.2.4 Satz über das Signum von Transpositionen
Für jede Transposition $\tau \in S_n$ gilt $\mathrm{sgn}(\tau) = -1$.

Beweis (r1):

Ist $(i,k) \in J_n$ mit $i<k$ das Paar, das durch τ vertauscht wird, so gibt es außer (i,k) noch die Fehlstände (i,j) und (j,k) mit $i+1 \leq j \leq k-1$. Die übrigen Paare sind keine Fehlstände, weil mindestens eine Komponente aus $J_n \setminus \{i,\ldots,k\}$ darin vorkommt, und diese steht zu allen anderen Zahlen aus J_n in der richtigen Relation. Damit gibt es $1+2(k-i-1)$ Fehlstände, und es folgt $\mathrm{sgn}(\tau) = (-1)^{2k-2i-1} = -1$. □

Da S_n eine Gruppe ist, existiert zu jedem $\sigma \in S_n$ ein inverses Element, das wir in 1.6.5 mit σ^{-1} bezeichnet haben, weil es wie σ eine Abbildung darstellt. Der folgende Satz, der auch über die Lineare Algebra hinaus grundlegende Bedeutung im Zusammenhang mit Permutationen hat, wird unter anderem das Signum von hintereinanderausgeführten Transpositionen und später von σ^{-1} ergeben.

5.2.5 Signumproduktsatz
Für alle $\rho, \sigma \in S_n$ gilt $\mathrm{sgn}(\sigma \circ \rho) = \mathrm{sgn}(\sigma)\, \mathrm{sgn}(\rho)$.

Beweis (a1):

Da $\mathrm{sgn}(\rho) \prod_{i<k} \mathrm{sign}(\rho(k) - \rho(i)) = 1$ ist und da $(i,k) \mapsto (\rho(i), \rho(k))$ eine bijektive Abbildung von J_n^2 auf J_n^2 darstellt, gilt

$$\mathrm{sgn}(\sigma \circ \rho) = \prod_{i<k} \mathrm{sign}\big(\sigma(\rho(k)) - \sigma(\rho(i))\big) =$$

$$\mathrm{sgn}(\rho) \prod_{i<k} \Big(\mathrm{sign}(\rho(k) - \rho(i))\Big)\Big(\mathrm{sign}\big(\sigma(\rho(k)) - \sigma(\rho(i))\big)\Big) =$$

$$\mathrm{sgn}(\rho) \prod_{\substack{i'<k' \\ \rho^{-1}(i') < \rho^{-1}(k')}} \Big(\mathrm{sign}(\sigma(k') - \sigma(i'))\Big) \prod_{\substack{k'<i' \\ \rho^{-1}(i') < \rho^{-1}(k')}} (-1)\Big(\mathrm{sign}(\sigma(k') - \sigma(i'))\Big) =$$

$$\mathrm{sgn}(\rho) \prod_{i'<k'} \mathrm{sign}(\sigma(k') - \sigma(i')) = \mathrm{sgn}(\rho)\, \mathrm{sgn}(\sigma),$$

wobei bezüglich des vorletzten Produktzeichens die Bezeichnungen der Laufparameter vertauscht wurden, so daß sich die beiden Produkte mit $\bar{\rho}^1$-Bedingungen zusammenfassen lassen. □

Nun können wir zeigen, daß $D(\tilde{e}_{\sigma(1)}...\tilde{e}_{\sigma(n)})$ für jede Vertauschungssequenz, die $(\tilde{e}_{\sigma(1)}...\tilde{e}_{\sigma(n)})$ in E_n überführt, denselben Wert $\text{sgn}(\sigma)$ besitzt. Einerseits läßt sich jede Vertauschung von Spaltenvektoren als Produkt von rechts mit der entsprechenden Vertauschungsmatrix schreiben, und andererseits ist $(\tilde{e}_{\sigma(1)}...\tilde{e}_{\sigma(n)})$ die durch (1.36) eingeführte Permutationsmatrix $\Phi(\sigma)$. Sind $P_1,...,P_r$ beliebige Vertauschungsmatrizen, mit denen $\Phi(\sigma)P_1\cdot...\cdot P_r = E_n$ gilt, so erhalten wir $D(\Phi(\sigma)) = (-1)^r$ wegen D7 und D3.

Aufgrund des *Satzes über die Invertierbarkeit der Elementarmatrizen* (1.5.7) ist $P_i^{-1} = P_i$ für $i=1,...,r$, und $\tau_i := \overset{-1}{\Phi}(P_i) \in S_n$ stellt jeweils die entsprechende Transposition dar. Durch wiederholte Anwendung von (1.37) folgt also $\sigma = \overset{-1}{\Phi}(P_r^{-1}\cdot...\cdot P_1^{-1}) = \overset{-1}{\Phi}(P_r\cdot...\cdot P_1) = \tau_r \circ ... \circ \tau_1$. Der *Signumproduktsatz* und der *Satz über das Signum von Transpositionen* (5.2.4) ergeben damit $\text{sgn}(\sigma) = \text{sgn}(\tau_r)\cdot...\cdot\text{sgn}(\tau_1) = (-1)^r = D(\Phi(\sigma))$.

Dieses ist die letzte Eigenschaft, die wir unter der Annahme hergeleitet haben, daß es wenigstens eine Determinantenfunktion gibt und daß D eine solche ist:

D12 (Darstellung für Permutationsmatrizen)

$D(\tilde{e}_{\sigma(1)}...\tilde{e}_{\sigma(n)}) = \text{sgn}(\sigma)$ für jedes $\sigma \in S_n$.

Zusammen mit D11 ist nun D durch die Elemente der Matrizen $A \in K^{n \times n}$ eindeutig festgelegt, d.h. **höchstens** diese spezielle Abbildung kann eine Determinantenfunktion sein. Im nächsten Unterabschnitt beweisen wir, daß sie tatsächlich die Eigenschaften D1, D2 und D3 besitzt. Für den folgenden Satz, den wir bei dem Nachweis von D1 verwenden werden, benötigen wir noch den Zusammenhang von $\text{sgn}(\overset{-1}{\sigma})$ und $\text{sgn}(\sigma)$ für jedes $\sigma \in S_n$.

Mit $\text{id} = \overset{-1}{\sigma}\circ\sigma$ ergibt der *Signumproduktsatz* $1 = \text{sgn}(\text{id}) = \text{sgn}(\overset{-1}{\sigma})\text{sgn}(\sigma)$. Daraus erhalten wir $\text{sgn}(\overset{-1}{\sigma}) = (\text{sgn}(\sigma))^{-1}$. Wegen $\text{sgn}(\sigma) \in \{1,-1\}$ folgt

---

(1) $\quad\quad\quad \text{sgn}(\overset{-1}{\sigma}) = \text{sgn}(\sigma)$ für jedes $\sigma \in S_n$.

5.2.6 Satz über die Zerlegung der symmetrischen Gruppe

Ist $A_n := \{\sigma \in S_n | \operatorname{sgn}(\sigma) = 1\}$ und wird für beliebiges $\tau \in S_n \setminus A_n$ die Menge $A_n\tau := \{\sigma \in S_n | \text{ Es gibt ein } \rho \in A_n, \text{ das } \sigma = \rho \circ \tau \text{ erfüllt}\}$ definiert, so gilt $A_n \cap A_n\tau = \emptyset$, $A_n \cup A_n\tau = S_n$, und die Abbildung $A_n \to A_n\tau$, $\rho \mapsto \rho \circ \tau$ ist bijektiv.

Beweis (r1):

Wir zeigen zunächst, daß $A_n\tau$ wie $S_n \setminus A_n$ genau aus den Permutationen $\sigma \in S_n$ mit $\operatorname{sgn}(\sigma) = -1$ besteht. Ist σ eine solche Permutation, so liegt $\sigma \circ \tau^{-1}$ aufgrund des *Signumproduktsatzes* (5.2.5) und wegen (1) in A_n. Also gehört $\sigma = (\sigma \circ \tau^{-1}) \circ \tau$ zu $A_n\tau$. Umgekehrt existiert zu jedem $\sigma \in A_n\tau$ ein $\rho \in A_n$ mit $\sigma = \rho \circ \tau$, so daß der *Signumproduktsatz* $\operatorname{sgn}(\sigma) = \operatorname{sgn}(\rho)\operatorname{sgn}(\tau) = -1$ ergibt.

Damit sind einerseits A_n und $A_n\tau$ disjunkte Teilmengen von S_n, und andererseits folgt aus $S_n \setminus A_n = A_n\tau$, daß $A_n \cup A_n\tau = S_n$ gilt. Die Surjektivität der angegebenen Abbildung ergibt sich unmittelbar aus der Definition von $A_n\tau$, und die Injektivität erhalten wir wegen der Umkehrbarkeit von τ, indem wir von $\rho \circ \tau = \rho' \circ \tau$ auf $\rho = \rho \circ \tau \circ \tau^{-1} = \rho' \circ \tau \circ \tau^{-1} = \rho'$ schließen. □

Bei der Herleitung von D12 haben wir festgestellt, daß die Anzahl der Transpositionen, die nacheinander ausgeführt eine Permutation mit positivem Signum ergeben, stets gerade ist. Deshalb heißen die Elemente von A_n *gerade Permutationen* und diejenigen von $S_n \setminus A_n$ entsprechend *ungerade Permutationen*. Da die Hintereinanderausführung von Permutationen aus A_n wieder in A_n liegt, stellt A_n mit der Verknüpfung $\circ$, dem neutralen Element id und der Inversenbildung $\square^{-1}$ von S_n eine Gruppe dar, die *alternierende Gruppe* der Menge J_n genannt wird.

5.2.7 Die *Leibnizsche Formel*

Mit dem folgenden Satz beenden wir den "Rundgang" über Eigenschaften von Determinantenfunktionen, indem wir zeigen, daß die nach D11 und D12 einzig mögliche Abbildung, die im Prinzip auf *G.W. Leibniz* (1678) zurückgeht, die Bedingungen D1, D2 und D3 erfüllt.

5.2.8 Determinantensatz

Ist K ein Körper und $n \in \mathbb{N}$, so stellt

$$\det: K^{n \times n} \to K, \begin{pmatrix} a_{11} \cdots a_{1n} \\ \vdots \quad \vdots \\ a_{n1} \cdots a_{nn} \end{pmatrix} \mapsto \sum_{\sigma \in S_n} \text{sgn}(\sigma)\, a_{\sigma(1)1} \cdot \ldots \cdot a_{\sigma(n)n}$$

die einzige Determinantenfunktion in $K^{n \times n}$ dar.

Die Bilder dieser Abbildung werden *Determinanten* genannt und mit $\det A$ für jedes $A \in K^{n \times n}$ bezeichnet.

Beweis (a1):

Zur Abkürzung sei $\vec{a}_j := {}^t(a_{1j} \ldots a_{nj})$ für $j \in J_n$.

D1: Sind $i, k \in J_n$ mit $i \neq k$, so gilt $\det(\vec{a}_1 \ldots \vec{a}_i + \vec{a}_k \ldots \vec{a}_k \ldots \vec{a}_n)$

$= \sum_{\sigma \in S_n} \text{sgn}(\sigma)\, a_{\sigma(1)1} \cdot \ldots \cdot (a_{\sigma(i)i} + a_{\sigma(i)k}) \cdot \ldots \cdot a_{\sigma(k)k} \cdot \ldots \cdot a_{\sigma(n)n}$

$= \sum_{\sigma \in S_n} \text{sgn}(\sigma)\, a_{\sigma(1)1} \cdot \ldots \cdot a_{\sigma(i)i} \cdot \ldots \cdot a_{\sigma(k)k} \cdot \ldots \cdot a_{\sigma(n)n} +$

$\sum_{\sigma \in S_n} \text{sgn}(\sigma)\, a_{\sigma(1)1} \cdot \ldots \cdot a_{\sigma(i)k} \cdot \ldots \cdot a_{\sigma(k)k} \cdot \ldots \cdot a_{\sigma(n)n}$.

Da die erste Summe bereits $\det(\vec{a}_1 \ldots \vec{a}_i \ldots \vec{a}_k \ldots \vec{a}_n)$ darstellt, müssen wir nur noch zeigen, daß die zweite Summe verschwindet. Ist τ die Transposition, die i und k vertauscht, so läßt sich aufgrund des *Satzes über die Zerlegung der symmetrischen Gruppe* (5.2.6) die Summation nacheinander über die Permutationen aus A_n und dann aus $A_n \tau$ erstrecken. Wegen der Bijektivität der Abbildung $A_n \to A_n \tau$, $\rho \mapsto \rho \circ \tau$, kann auch im zweiten Teil über $\rho \in A_n$ summiert werden, wobei in den Summanden der Laufparameter durch $\rho \circ \tau$ beziehungsweise der jeweilige Index durch $\rho(\tau(j))$ für $j = 1, \ldots, n$ zu ersetzen ist.

$\sum_{\sigma \in S_n} \text{sgn}(\sigma)\, a_{\sigma(1)1} \cdot \ldots \cdot a_{\sigma(i)k} \cdot \ldots \cdot a_{\sigma(k)k} \cdot \ldots \cdot a_{\sigma(n)n}$

$= \sum_{\rho \in A_n} \text{sgn}(\rho)\, a_{\rho(1)1} \cdot \ldots \cdot a_{\rho(i)k} \cdot \ldots \cdot a_{\rho(k)k} \cdot \ldots \cdot a_{\rho(n)n} +$

$\sum_{\rho \in A_n} \text{sgn}(\rho \circ \tau)\, a_{\rho(\tau(1))1} \cdot \ldots \cdot a_{\rho(\tau(i))k} \cdot \ldots \cdot a_{\rho(\tau(k))k} \cdot \ldots \cdot a_{\rho(\tau(n))n}$

$= \sum_{\rho \in A_n} (+1)\, a_{\rho(1)1} \cdot \ldots \cdot a_{\rho(i)k} \cdot \ldots \cdot a_{\rho(k)k} \cdot \ldots \cdot a_{\rho(n)n} +$

$\sum_{\rho \in A_n} (-1)\, a_{\rho(1)1} \cdot \ldots \cdot a_{\rho(k)k} \cdot \ldots \cdot a_{\rho(i)k} \cdot \ldots \cdot a_{\rho(n)n} = 0$.

D2: Für jedes $i \in J_n$ und alle $c \in K$ gilt

$$\det(\hat{a}_1 \ldots c\hat{a}_i \ldots \hat{a}_n) = \sum_{\sigma \in S_n} \text{sgn}(\sigma)\, a_{\sigma(1)1} \cdot \ldots \cdot c\, a_{\sigma(i)i} \cdot \ldots \cdot a_{\sigma(n)n} =$$

$$c \sum_{\sigma \in S_n} \text{sgn}(\sigma)\, a_{\sigma(1)1} \cdot \ldots \cdot a_{\sigma(i)i} \cdot \ldots \cdot a_{\sigma(n)n} = c \det(\hat{a}_1 \ldots \hat{a}_i \ldots \hat{a}_n).$$

D3: Da nur das Produkt der Diagonalelemente von E_n nicht verschwindet, ergibt sich $\det E_n = \text{sgn}(\text{id}) 1 \cdot \ldots \cdot 1 = 1$. □

Dieser etwas längere Weg zur Determinante hat den Vorteil, daß die Leibnizsche Formel vollständig motiviert ist und daß die Eigenschaften D4 bis D12 nun für die weitere Untersuchung von Determinanten zur Verfügung stehen. Zunächst ist klar, daß die Determinante wegen der Summandenzahl n! nur für kleine n auf diese Weise berechnet werden kann.

Für $n \leq 3$ erhalten wir

$$\det(a_{11}) = a_{11}, \quad \det\begin{pmatrix} a_{11} & a_{12} \\ a_{21} & a_{22} \end{pmatrix} = a_{11} a_{22} - a_{21} a_{12} \quad \text{und} \quad \det\begin{pmatrix} a_{11} & a_{12} & a_{13} \\ a_{21} & a_{22} & a_{23} \\ a_{31} & a_{32} & a_{33} \end{pmatrix} =$$

$a_{11} a_{22} a_{33} - a_{11} a_{32} a_{23} - a_{21} a_{12} a_{33} + a_{21} a_{32} a_{13} + a_{31} a_{12} a_{23} - a_{31} a_{22} a_{13}$.

Im Falle $n = 3$ läßt sich die Formel mit der *Regel von Sarrus* merken. Man denkt sich die erste Zeile noch einmal unter die Matrix und die letzte Zeile über die Matrix geschrieben. Die Produkte "parallel zur Hauptdiagonalen" haben dann das Signum 1, die übrigen -1.

Bevor wir bessere Berechnungsmöglichkeiten herleiten, zeigen wir noch, daß Spalten- und Zeilenvektoren bei Determinanten gleichberechtigt sind.

5.2.9 Satz über die Determinante der Transponierten

Für jedes $A \in K^{n \times n}$ gilt $\det {}^t A = \det A$.

Beweis (r1):

Da jedes $\sigma \in S_n$ eine bijektive Abbildung mit eindeutig bestimmter Inversenabbildung $\rho := \sigma^{-1}$ darstellt, gilt $\sigma(i) = j$ mit $i, j \in J_n$ genau dann, wenn $\rho(j) = \sigma^{-1}(j) = i$ ist. Daraus und mit (1) folgt $\text{sgn}(\sigma) a_{1\sigma(1)} \cdot \ldots \cdot a_{n\sigma(n)} = \text{sgn}(\rho) a_{\rho(1)1} \cdot \ldots \cdot a_{\rho(n)n}$, weil sich nur die Reihenfolge der Faktoren

5.2.12 Die Determinante von Dreiecksmatrizen

ändert. Da mit σ auch ρ alle Permutationen von S_n durchläuft, erhalten wir $\det {}^t A = \sum_{\sigma \in S_n} \mathrm{sgn}(\sigma)\, a_{1\sigma(1)} \cdot \ldots \cdot a_{n\sigma(n)}$

$= \sum_{\rho \in S_n} \mathrm{sgn}(\rho)\, a_{\rho(1)1} \cdot \ldots \cdot a_{\rho(n)n} = \det A$. □

5.2.10 Weitere Berechnungsmöglichkeiten

Wegen der Produktdarstellungen, die wir bisher für Matrizen gewonnen haben, hilft der folgende wichtige Satz oft bei der Vereinfachung von Determinantenberechnungen.

5.2.11 Determinantenproduktsatz

Für alle Matrizen $B, C \in K^{n \times n}$ gilt $\det(BC) = (\det B)(\det C)$.

Beweis (r1):
Beachten wir, daß in D9 auf der linken Seite der Gleichung die Matrix $\left(\sum_{k=1}^{n} c_{k1} \vec{b}_k \ldots \sum_{k=1}^{n} c_{kn} \vec{b}_k \right) = (\vec{b}_1 \ldots \vec{b}_n) \begin{pmatrix} c_{11} \ldots c_{1n} \\ \vdots \vdots \\ c_{n1} \ldots c_{nn} \end{pmatrix}$ steht, so ist wegen D11 und D12 der Satz bereits für $B := (\vec{b}_1 \ldots \vec{b}_n) \in K^{n \times n}$ und für

$C := \begin{pmatrix} c_{11} \ldots c_{1n} \\ \vdots \vdots \\ c_{n1} \ldots c_{nn} \end{pmatrix} \in K^{n \times n}$ bewiesen. □

Besonders wirkungsvoll ist dieser Satz, wenn wir ihn auf die US-Zerlegung von PA anwenden, weil wir die Determinante der Dreiecksmatrizen U und S sehr einfach mit Hilfe des folgenden Satzes berechnen können. Als Nebenergebnis erhalten wir damit, daß die Anzahl der Multiplikationen und Divisionen, die zur Berechnung einer Determinante benötigt werden, dieselbe Größenordnung $\frac{1}{3} n^3 \eta_n$ wie der Eliminationsalgorithmus bei einem $n \times n$-System hat.

5.2.12 Satz über die Determinante von Dreiecksmatrizen

Ist $B \in K^{n \times n}$ eine obere oder untere Dreiecksmatrix mit den Diagonalelementen $b_{11}, \ldots, b_{nn}$, so gilt

$$\det B = b_{11} \cdot \ldots \cdot b_{nn}.$$

Hat $A \in K^{n \times n}$ aufgrund des *Zerlegungssatzes* (1.5.18) die Darstellung $A = P^{-1} U S$, so folgt

$$\det A = (-1)^r s_{11} \cdot \ldots \cdot s_{nn},$$

wobei r die Anzahl der Zeilenvertauschungen während des Eliminationsalgorithmus bezeichnet und $s_{11}, \ldots, s_{nn}$ die Diagonalelemente von S sind.

Beweis (r1):

Ist $\sigma \in S_n \setminus \{\text{id}\}$ und wird $i := \min\{j \in J_n \mid \sigma(j) \neq j\}$ und $k := \sigma^{-1}(i)$ gesetzt, so gilt $\sigma(i) > i$ wegen $j = \sigma(j)$ für $j < i$ sowie $\sigma(i) \neq i$, und $\sigma(k) = i < k$ folgt aus dem gleichen Grunde. Bei Dreiecksmatrizen verschwinden damit in der Leibnizschen Formel alle Summanden, die zu Permutationen $\sigma \neq \text{id}$ gehören, weil sie mindestens einen Faktor 0 enthalten. Also bleibt nur der Summand zu $\sigma = \text{id}$, so daß sich $\det B = b_{11} \cdot \ldots \cdot b_{nn}$ ergibt.

Aus $A = P^{-1} U S$ folgt aufgrund des *Determinantenproduktsatzes* und wegen des eben hergeleiteten Ergebnisses über Dreiecksmatrizen, daß $\det A = \det(P^{-1}) s_{11} \cdot \ldots \cdot s_{nn}$ gilt. Nach 1.5.13 ist P und damit auch P^{-1} Produkt von r Vertauschungsmatrizen, deren Determinante wegen D7 jeweils den Wert -1 hat. Also ergibt sich $\det A = (-1)^r s_{11} \cdot \ldots \cdot s_{nn}$ wieder mit Hilfe des *Determinantenproduktsatzes*. □

Eine Produktformel erhalten wir auch für die Determinante von "Blockdreiecksmatrizen" mit Blockmatrizen auf der Hauptdiagonalen.

5.2.13 Satz über die Determinante von Blockdreiecksmatrizen

Ist $A \in K^{(m+n) \times (m+n)}$ eine Matrix der Form $A = \begin{pmatrix} A_1 & B \\ 0 & A_2 \end{pmatrix}$ mit $A_1 \in K^{m \times m}$, $A_2 \in K^{n \times n}$ und $B \in K^{m \times n}$, so gilt

$$\det A = (\det A_1)(\det A_2).$$

Beweis (a1):

Aufgrund des *Zerlegungssatzes* (1.5.18) besitzen die Matrizen A_1 und A_2 eine Darstellung $A_i = P_i^{-1} U_i S_i$, $i = 1, 2$, mit $P_1, U_1, S_1 \in K^{m \times m}$ und $P_2, U_2, S_2 \in K^{n \times n}$. Dabei sind die P_i^{-1} Produkte von r_i Vertauschungsmatrizen, die U_i normierte untere Dreiecksmatrizen und die S_i obere Dreiecksmatrizen. Die Matrix A besitzt dann die Produktdarstellung $A = \begin{pmatrix} P_1^{-1} & 0 \\ 0 & P_2^{-1} \end{pmatrix} \begin{pmatrix} U_1 & 0 \\ 0 & U_2 \end{pmatrix} \begin{pmatrix} S_1 & B' \\ 0 & S_2 \end{pmatrix}$. Hier ist $\begin{pmatrix} P_1^{-1} & 0 \\ 0 & P_2^{-1} \end{pmatrix}$ das

5.2.13 Die Determinante von Blockdreiecksmatrizen

Produkt von r_1+r_2 Vertauschungsmatrizen, $\begin{pmatrix} U_1 & 0 \\ 0 & U_2 \end{pmatrix}$ ist eine normierte untere Dreiecksmatrix, und $\begin{pmatrix} S_1 & B' \\ 0 & S_2 \end{pmatrix}$ stellt eine obere Dreiecksmatrix mit $B' := U_1^{-1} P_1 B$ dar.

Der *Satz über die Determinante von Dreiecksmatrizen* ergibt damit einerseits $\det A_i = (-1)^{r_i} \det S_i$ für $i = 1,2$ und andererseits $\det A = (-1)^{r_1+r_2} (\det S_1)(\det S_2)$, so daß $\det A = (\det A_1)(\det A_2)$ folgt. □

Übung 5.2.a

Zeigen Sie, daß $\det A_n = n!$ gilt, wenn $A_n = (a_{ik})$ die $n \times n$-Matrix mit

$$a_{ik} := \begin{cases} 1 & \text{für } i = k, \\ -1 & \text{für } i = k+1, \\ i^2 & \text{für } i = k-1, \\ 0 & \text{sonst,} \end{cases} \quad \text{darstellt.}$$

Übung 5.2.b

Es sei (a_{ik}) die $n \times n$-Matrix mit $a_{ik} := \begin{cases} 0 & \text{für } i = k, \\ 1 & \text{sonst.} \end{cases}$

Berechnen Sie $\det (a_{ik})$.

Übung 5.2.c

Es sei $A_n := (a_{ik})$ die $n \times n$-Matrix mit $a_{ik} := \begin{cases} 2 & \text{für } i = k, \\ -1 & \text{für } |i-k| = 1, \\ 0 & \text{sonst.} \end{cases}$

Berechnen Sie $\det A_n$ mit Hilfe der US-Zerlegung von A_n.

Übung 5.2.d

Es seien $x_1, \ldots, x_n \in K$ und $A := (a_{ik}) \in K^{n \times n}$ mit $a_{ik} := \sum_{j=1}^{n} x_j^{i+k-2}$.

Beweisen Sie, daß $\det A \neq 0$ genau dann gilt, wenn $x_i \neq x_j$ für alle $i,j \in J_n$ mit $i \neq j$ erfüllt ist. [Hinweis: Stellen Sie A mit Hilfe der **Vandermonde-Matrix** V_n (Seite 62) dar, und verwenden Sie die UDO-Zerlegung von V_n, um $\det V_n$ zu berechnen.]

Übung 5.2.e

Es seien $c \in K$, $\vec{a}, \vec{b} \in K^{n \times 1}$ und $A := E_n + \vec{a}\,{}^t\vec{b}$. Berechnen Sie $\det A$ und $\det \begin{pmatrix} c & {}^t\vec{b} \\ \vec{a} & A \end{pmatrix}$. [Hinweis: Berechnen Sie zuerst die zweite Determinante.]

Neben der expliziten Einführung der Determinanten mit Hilfe der Leibnizschen Formel gibt es noch ein rekursives Verfahren, bei dem die Determinante einer n-reihigen Matrix A als Linearkombination von Determinanten (n-1)-reihiger Matrizen mit Elementen von A als Koeffizienten dargestellt wird. Die (n-1)-reihigen Matrizen entstehen dabei alle aus A durch Streichen jeweils eines Zeilenvektors und eines Spaltenvektors.

5.2.14 Definition der Streichungsmatrizen
Mit $A_{ik}^* := {}^t(\vec{e}_1 \ldots \vec{e}_{i-1} \vec{e}_{i+1} \ldots \vec{e}_n) A (\vec{e}_1 \ldots \vec{e}_{k-1} \vec{e}_{k+1} \ldots \vec{e}_n) \in K^{(n-1)\times(n-1)}$
für $i,k \in J_n$ wird diejenige *Streichungsmatrix* von $A \in K^{n\times n}$ bezeichnet, in der die Elemente des i-ten Zeilenvektors und des k-ten Spaltenvektors von A fehlen.

5.2.15 Satz über die Determinantenentwicklung (*Entwicklungssatz von Laplace*)
Ist $A := \begin{pmatrix} a_{11} \ldots a_{1n} \\ \vdots \quad \vdots \\ a_{n1} \ldots a_{nn} \end{pmatrix} \in K^{n\times n}$, so gilt $\det A = \sum_{k=1}^n (-1)^{i+k} a_{ik} \det A_{ik}^*$

("Entwicklung nach der i-ten Zeile") und

$\det A = \sum_{i=1}^n (-1)^{i+k} a_{ik} \det A_{ik}^*$ ("Entwicklung nach der k-ten Spalte").

Beweis (r2):
Zur Abkürzung setzen wir $\vec{a}_i := {}^t(a_{1i} \ldots a_{ni})$ und ${}^t\vec{b} := (a_{i1} \ldots a_{i,k-1}\ a_{i,k+1} \ldots a_{in})$ für $i,k \in J_n$. Der *Satz über Blockdreiecksmatrizen* sowie D7 - zuerst auf Zeilenvektoren und dann auf Spaltenvektoren angewandt - ergibt

$\det A_{ik}^* = \det \begin{pmatrix} 1 & {}^t\vec{b} \\ \vec{0} & A_{ik}^* \end{pmatrix} \stackrel{D7}{=} (-1)^{i-1} \det(\vec{e}_i\ \vec{a}_1 \ldots \vec{a}_{k-1}\ \vec{a}_{k+1} \ldots \vec{a}_n)$

$\stackrel{D7}{=} (-1)^{i-1+k-1} \det(\vec{a}_1 \ldots \vec{a}_{k-1}\ \vec{e}_i\ \vec{a}_{k+1} \ldots \vec{a}_n)$, also

(2) $\qquad \det A_{ik}^* = (-1)^{i+k} \det(\vec{a}_1 \ldots \vec{a}_{k-1}\ \vec{e}_i\ \vec{a}_{k+1} \ldots \vec{a}_n)$.

Damit folgt

$\sum_{i=1}^n (-1)^{i+k} a_{ik} \det A_{ik}^* = \sum_{i=1}^n a_{ik} \det(\vec{a}_1 \ldots \vec{a}_{k-1}\ \vec{e}_i\ \vec{a}_{k+1} \ldots \vec{a}_n)$

$\stackrel{D2}{\underset{D8}{=}} \det(\vec{a}_1 \ldots \vec{a}_{k-1}\ \sum_{i=1}^n a_{ik}\vec{e}_i\ \vec{a}_{k+1} \ldots \vec{a}_n)$

$= \det(\vec{a}_1 \ldots \vec{a}_{k-1}\ \vec{a}_k\ \vec{a}_{k+1} \ldots \vec{a}_n) = \det A$.

5.2.15   Determinantenentwicklung

Die Entwicklung nach einer Zeile läßt sich analog oder durch Transponieren von A und A_{ik}^* herleiten.   □

Bei der Berechnung von Determinanten benutzt man diesen Satz vor allem, wenn die Zeile oder Spalte, nach der entwickelt wird, höchstens zwei von Null verschiedene Elemente enthält. In Übung 5.2.h ist noch ein anderes rekursives Verfahren zu finden, bei dem sich die Determinante einer n-reihigen Matrix als Produkt einer Elementpotenz mit der Determinante einer (n-1)-reihigen Matrix ergibt, deren Elemente Determinanten von zweireihigen Untermatrizen sind.

Übung 5.2.f

Zeigen Sie, daß $D_n := \det\left(\sum_{i=1}^n a_i \vec{e}_i{}^t\vec{e}_i + \sum_{j=2}^n (b_j \vec{e}_1{}^t\vec{e}_j + c_j \vec{e}_j{}^t\vec{e}_1)\right) =$

$= \prod_{i=1}^n a_i - \sum_{j=2}^n (b_j c_j \prod_{\substack{i=2 \\ i \neq j}}^n a_i)$ gilt. [Hinweis: Leiten Sie zunächst eine

Rekursionsformel für D_n her.]

Übung 5.2.g

Es sei $(a_{ik}) \in K^{n \times n}$ mit $a_{ik} := a + \left(i+k-1-n\left[\frac{i+k}{n+2}\right]\right)d$, wobei $[x] :=$ $\max\{g \in \mathbb{Z} \mid g \leq x\}$ für $x \in \mathbb{R}$ die "Gauß-Klammer" darstellt. Berechnen Sie $\det(a_{ik})$.

Übung 5.2.h

Es sei $A = (a_{ik}) \in K^{n \times n} \setminus \{(0)\}$. Sind $p,q \in J_n$ Indizes, für die $a_{pq} \neq 0$ gilt, so sei B die Matrix der Determinanten aller zweireihigen Untermatrizen von A, die a_{pq} enthalten und die in natürlicher ("lexikographischer") Reihenfolge gebildet werden. Drücken Sie $\det B$ durch a_{pq} und $\det A$ aus.

Achtung: Fundgrube! [Ist A_h eine h-reihige quadratische Untermatrix von A und $A \vert \overset{k}{A_h}$ für $1 \leq h < k < n$ die $\binom{n-h}{k-h}$-reihige quadratische Matrix der Determinanten aller k-reihigen Untermatrizen von A, die A_h enthalten und die in lexikographischer Reihenfolge zu bilden sind, so kann ein Zusammenhang zwischen $\det(A\vert\overset{k}{A_h})$, $\det A$ und $\det A_h$ gefunden werden.

5.3 Anwendungen von Determinanten

5.3.1 Die Adjunkte und die Cramersche Regel

Wir ordnen zunächst jeder Matrix $A \in K^{n \times n}$ eine $n \times n$-Matrix zu, deren Elemente die mit wechselndem Vorzeichen versehenen Determinanten aller Streichungsmatrizen von A sind. Diese Zuordnung wird überraschend viele Anwendungen in diesem Abschnitt und im nächsten Kapitel ermöglichen.

5.3.2 Definition der Adjunkten

Ist $A \in K^{n \times n}$, so heißt die Matrix

$$^\alpha A := \sum_{i=1}^{n} \sum_{k=1}^{n} (-1)^{i+k} (\det A_{ki}^*) \, \vec{e}_i \, ^t\vec{e}_k \in K^{n \times n}$$

Adjunkte von A. Sie wird auch mit $\mathrm{adj}(A)$ bezeichnet.

5.3.3 Adjunktenproduktsatz

Für jedes $A \in K^{n \times n}$ gilt

(3) $\qquad ^\alpha A\, A = A\, ^\alpha A = (\det A)\, E_n$.

Ist $A \in GL(n;K)$, so folgt insbesondere $\dfrac{1}{\det A}\, ^\alpha A = A^{-1}$.

Beweis (r2):

Sind a_{ik} und p_{ik} mit $i, k \in J_n$ die Elemente von $A =: (\vec{a}_1 \ldots \vec{a}_n)$ beziehungsweise von $^\alpha A\, A$, so folgt mit Hilfe des *Satzes über die Determinantenentwicklung* (5.2.15) $p_{kk} = \sum_{i=1}^{n} (-1)^{i+k} (\det A_{ik}^*)\, a_{ik} = \det A$ für $k = 1, \ldots, n$. Im Falle $j, k \in J_n$ mit $j \neq k$ ergibt sich

$$p_{jk} = \sum_{i=1}^{n} (-1)^{i+j} (\det A_{ij}^*)\, a_{ik} \overset{(2)}{=} \sum_{i=1}^{n} a_{ik} \det(\vec{a}_1 \ldots \vec{a}_{j-1}\, \vec{e}_i\, \vec{a}_{j+1} \ldots \vec{a}_n)$$

$$\overset{\mathrm{D2}}{\underset{\mathrm{D8}}{=}} \det\!\Big(\vec{a}_1 \ldots \vec{a}_{j-1}\, \sum_{i=1}^{n} a_{ik} \vec{e}_i\ \vec{a}_{j+1} \ldots \vec{a}_n\Big) = \det(\vec{a}_1 \ldots \vec{a}_{j-1}\, \vec{a}_k\, \vec{a}_{j+1} \ldots \vec{a}_n) \overset{\mathrm{D6}}{=} 0.$$

Damit haben wir $^\alpha A\, A = (\det A)\, E_n$.

Das zweite Produkt erhalten wir aufgrund des *Satzes über die Determinante der Transponierten* (5.2.9) und wegen $^t(^\alpha A) = \,^\alpha(^t A)$ am einfachsten durch Transponieren der eben gewonnenen Gleichung: $(\det {}^t A)\, E_n = (\det A)\, ^t E_n = \,^t(^\alpha A\, A) = \,^t A\, ^t(^\alpha A) = \,^t A\, ^\alpha(^t A)$. Da $^t A$ jede Matrix aus $K^{n \times n}$ darstellen kann, ist auch dieses Ergebnis allgemeingültig.

Für $A \in GL(n;K)$ gilt $\det A \neq 0$ wegen D10. Damit folgt $\frac{1}{\det A}{}^\alpha A = A^{-1}$ durch Multiplikation der Gleichung ${}^\alpha A A = (\det A) E_n$ von rechts mit $\frac{1}{\det A} A^{-1}$. □

Am Schluß des nächsten Unterabschnitts werden wir einen Algorithmus herleiten, der mit $n^4 \eta$ Operationen unter anderem ${}^\alpha A$ und $\det A$ gleichzeitig ergibt, wobei $A \in K^{n \times n}$ auch Parameter enthalten kann. Damit hat die obige Darstellung von A^{-1} nicht nur theoretische Bedeutung. Für eine invertierbare 2×2-Matrix läßt sich die Formel
$$\begin{pmatrix} a & b \\ c & d \end{pmatrix}^{-1} = \frac{1}{ad-bc} \begin{pmatrix} d & -b \\ -c & a \end{pmatrix}$$
noch direkt nachprüfen.

Das folgende Ergebnis, das die Komponenten der Lösung eines quadratischen Gleichungssystems mit invertierbarer Koeffizientenmatrix "elegant" als Quotienten von Determinanten darstellt, spielt heute in der Praxis für $n > 2$ wegen der relativ großen Operationenanzahl keine Rolle mehr.

5.3.4 Satz über die Determinantenlösung (*Cramersche Regel*)

Ist $\vec{x} =: {}^t(x_1 \ldots x_n)$ die eindeutig bestimmte Lösung des Gleichungssystems $A\vec{x} = \vec{b}$ mit $A =: (\vec{a}_1 \ldots \vec{a}_n) \in GL(n;K)$ und $\vec{b} \in K^{n \times 1}$, so gilt
$$x_k = \frac{1}{\det A} \det(\vec{a}_1 \ldots \vec{a}_{k-1}\, \vec{b}\, \vec{a}_{k+1} \ldots \vec{a}_n) \text{ für } k = 1, \ldots, n.$$

Beweis (r1):

Aus $\vec{x} = A^{-1} \vec{b}$ mit $\vec{b} =: {}^t(b_1 \ldots b_n)$ ergibt sich aufgrund des *Adjunktenproduktsatzes*

$$x_k = \frac{1}{\det A}({}^t\vec{e}_k\, {}^\alpha A)\vec{b} = \frac{1}{\det A} \sum_{i=1}^{n} (-1)^{i+k} (\det A_{ik}^*) b_i$$

$$\stackrel{(2)}{=} \frac{1}{\det A} \sum_{i=1}^{n} b_i \det(\vec{a}_1 \ldots \vec{a}_{k-1}\, \vec{e}_i\, \vec{a}_{k+1} \ldots \vec{a}_n)$$

$$\stackrel{\substack{D2 \\ D8}}{=} \frac{1}{\det A} \det\left(\vec{a}_1 \ldots \vec{a}_{k-1}\, \sum_{i=1}^{n} b_i \vec{e}_i\, \vec{a}_{k+1} \ldots \vec{a}_n\right)$$

$$= \frac{1}{\det A} \det(\vec{a}_1 \ldots \vec{a}_{k-1}\, \vec{b}\, \vec{a}_{k+1} \ldots \vec{a}_n) \text{ für jedes } k \in J_n. \quad \square$$

Übung 5.3.a

Zeigen Sie, daß $\det\begin{pmatrix} c & {}^t\vec{b} \\ \vec{a} & A \end{pmatrix} = c \det A - {}^t\vec{a}({}^{\alpha t}A)\vec{b}$ für alle $c \in K$, $\vec{a}, \vec{b} \in K^{n \times 1}$ und $A \in K^{n \times n}$ gilt.

Übung 5.3.b

Es sei K ein Körper mit $x+x \neq 0$ für alle $x \in K \setminus \{0\}$. Eine Matrix $A \in K^{n \times n}$ heißt *schiefsymmetrisch* genau dann, wenn ${}^tA = -A$ gilt. Beweisen Sie für schiefsymmetrische Matrizen A, daß $\det A$ in K stets ein Quadrat darstellt und daß $\det A = 0$ gilt, wenn n ungerade ist. [Hinweis: Zeigen Sie zunächst, daß

$$\begin{pmatrix} E_2 & 0 \\ {}^tBS^{-1} & E_{n-2} \end{pmatrix} \begin{pmatrix} S & B \\ -{}^tB & C \end{pmatrix} \begin{pmatrix} E_2 & -S^{-1}B \\ 0 & E_{n-2} \end{pmatrix} = \begin{pmatrix} S & 0 \\ 0 & C + {}^tBS^{-1}B \end{pmatrix} \text{ für } S := \begin{pmatrix} 0 & a \\ -a & 0 \end{pmatrix}$$

mit $a \neq 0$ und $B \in K^{2 \times (n-2)}$ sowie $C \in K^{(n-2) \times (n-2)}$ mit $n \geq 3$ gilt.]

Übung 5.3.c

Berechnen Sie $(\det F_n)^2$ für die *Fourier-Matrizen* $F_n := (f_{jk}) \in \mathbb{C}^{n \times n}$ mit $f_{jk} := u_n^{2(j-1)(k-1)}$ und $u_n := \cos\frac{\pi}{n} + i \sin\frac{\pi}{n}$. [Hinweis: Beachten Sie Übung 5.2.d und $0 = (u_n^2 - 1)(1 + u_n^2 + \ldots + u_n^{2n-2})$.]

Achtung: Fundgrube! [Bestimmung von $\det F_n$ durch Aufspalten von $\prod_{0 \leq j < k \leq n-1}(u_n^{2k} - u_n^{2j})$ in einen positiven, reellen Faktor und eine i-Potenz.

Übung 5.3.d

i) Beweisen Sie, daß $\det {}^\alpha A = (\det A)^{n-1}$ für alle $A \in GL(n;K)$ gilt.
ii) Zeigen Sie, daß $\det {}^\alpha A = 0$ aus $\det A = 0$ folgt.

5.3.5 Das charakteristische Polynom und die Busadjunkte

Im nächsten Kapitel werden zwei Polynome eine wichtige Rolle spielen, die zu Matrizen $tE - A \in K^{n \times n}$ für variables $t \in K$ zu bilden sind, wobei hier und im Folgenden E für E_n steht. Aufgrund des *Determinantensatzes* (5.2.8) ist $\chi_A := (t \mapsto \det(tE - A), t \in K)$ ein Polynom vom Grad n, das *charakteristisches Polynom von A* heißt. Werden die Produkte in der Leibnizschen Formel ausmultipliziert, so kommt t^n nur in dem Summanden für $\sigma = \text{id}$ vor. Damit erhalten wir

$$(4) \quad \chi_A(t) = \det(tE - A) =: t^n + a_1 t^{n-1} + \ldots + a_n \text{ für alle } t \in K.$$

Da $^\alpha A$ aus Determinanten von $(n-1)$-reihigen Matrizen besteht, hat jedes Element von $^\alpha(tE-A)$ als Polynom in t den maximalen Grad $n-1$. Wird dann $^\alpha(tE-A)$ durch Summenbildung so aufgespalten, daß sich die t-Potenzen herausziehen lassen, so gehört zu t^{n-k} für $k=1,\ldots,n$ eine "Koeffizientenmatrix" $H_{k-1} \in K^{n \times n}$. Damit stellt

$$^\beta A := (t \to {}^\alpha(tE-A), t \in K)$$

ein *Matrixpolynom* dar, das wir *Busadjunkte von A* nennen und das

(5) $\quad {}^\beta A(t) = {}^\alpha(tE-A) =: H_0 t^{n-1} + \ldots + H_{n-1}\quad$ für alle $t \in K$

mit Matrizen $H_{k-1} \in K^{n \times n}, k \in J_n$, erfüllt. Diese Matrizen wollen wir im folgenden zusammen mit den Koeffizienten a_k des charakteristischen Polynoms durch einen effizienten Algorithmus bestimmen. Für $t = 0$ ergeben (4), (5) und D2 dann auch

(6) $\quad \det A = (-1)^n a_n\quad$ und $\quad {}^\alpha A = (-1)^{n-1} H_{n-1}$.

Mit den aus (3) folgenden Identitäten

(7) $\quad {}^\beta A(t)(tE-A) = (tE-A)\,{}^\beta A(t) = \chi_A(t) E\quad$ für alle $t \in K$

erhalten wir bereits einen Zusammenhang zwischen $^\beta A$ und χ_A. Durch Einsetzen von (4) und (5) in die letzte Gleichung von (7) und durch Ausmultiplizieren folgt

(8) $\quad H_0 t^n + \sum_{k=1}^{n-1}(H_k - AH_{k-1})t^{n-k} - AH_{n-1} = E t^n + \sum_{k=1}^{n-1} a_k E t^{n-k} + a_n E.$

Um die Koeffizientenmatrizen elementweise vergleichen zu können, übertragen wir den *Koeffizientenvergleichssatz* (1.7.2) auf Körper K. Der Beweis verläuft analog, wenn "Zahlen" durch "Körperelemente" ersetzt wird und wenn beliebig viele Stützstellen zur Verfügung stehen. Damit sichern wir nachträglich auch den Begriff des "Grades" von Polynomen mit Koeffizienten aus K.

5.3.6 Polynomvergleichssatz

Es sei K ein Körper mit unendlich vielen Elementen, und es seien $P(x) = b_n x^n + \ldots + b_0$ und $Q(x) = c_n x^n + \ldots + c_0$ Polynome mit $b_i, c_i \in K$

für $i=0,\ldots,n$. Stimmen die Werte von $P(x)$ und $Q(x)$ für mindestens $n+1$ verschiedene Elemente x aus K überein, so gilt $b_i = c_i$ für $i=0,\ldots,n$, und es folgt, daß $P(x) = Q(x)$ für alle $x \in K$ erfüllt ist.

Da dieser Satz auch im nächsten Kapitel mehrfach gebraucht wird, vereinbaren wir für das Folgende, daß alle auftretenden Körper nicht endlich sind.

Vergleichen wir nun die Koeffizienten in (8) elementweise und fassen wir das Ergebnis wieder zu Matrizen zusammen, so erhalten wir

(9) $H_0 = E$, $H_k - AH_{k-1} = a_k E$ für $k=1,\ldots,n-1$ und $-AH_{n-1} = a_n E$.

Werden die Matrizen der k-ten Gleichung für $k=0,\ldots,n$ von links mit A^{n-k} multipliziert und dann aufsummiert, so heben sich auf der linken Seite alle Matrizen weg, und es bleibt die Gleichung

(10) $A^n + a_1 A^{n-1} + \ldots + a_n E = (0) \in K^{n \times n}$,

die als "**Satz von Cayley-Hamilton**" bekannt geworden ist.

Um die Matrizen H_k mit Hilfe von (9) rekursiv berechnen zu können, muß noch a_k für $k=1,\ldots,n$ in Abhängigkeit von A und $H_1,\ldots,H_{k-1}$ bestimmt werden. Der folgende neue Satz über die Spur der Busadjunkten ergibt diesen Zusammenhang recht einfach. Wir benötigen zur Formulierung und zur Herleitung die *formale Ableitung* von Polynomfunktionen.

5.3.7 Definition der formalen Ableitung von Polynomfunktionen

Ist K ein Körper und $P := \left(x \to \sum_{k=0}^{n} b_k x^k, x \in K\right)$ ein Polynom mit $b_k \in K$ für $k=0,\ldots,n$, so heißt $P' := \left(x \to \sum_{k=0}^{n-1} (k+1) b_{k+1} x^k, x \in K\right)$ *formale Ableitung von* P.

Für zwei Polynome P und $Q := \left(x \to \sum_{k=0}^{m} c_k x^k, x \in K\right)$ erhalten wir als Spezialfälle der Summe und des Produktes von Funktionen mit Hilfe des *Polynomvergleichssatzes*

$$(11) \quad P+Q = \left(x \to \sum_{k=0}^{\max\{m,n\}} (b_k + c_k) x^k, x \in K\right) \text{ und}$$

$$(12) \quad PQ = \left(x \to \sum_{k=0}^{m+n} \left(\sum_{i=0}^{k} b_i c_{k-i}\right) x^k, x \in K\right),$$

wobei $b_k := 0$ für $k > n$ und $c_k := 0$ für $k > m$ gesetzt wird. Damit lassen sich die "Summenregel" $(P+Q)' = P' + Q'$ und die "Produktregel" $(PQ)' = P'Q + PQ'$, die wir im Beweis verwenden werden, durch Ausrechnen gewinnen.

Übung 5.3.e

Es seien $f_i : \mathbb{R} \to \mathbb{R}, i = 1, \ldots, n$, n-mal differenzierbare Funktionen, die einer "Differentialgleichung" $f_i^{(n)}(x) = a_0 f_i^{(o)}(x) + \ldots + a_{n-1} f_i^{(n-1)}(x)$ mit $a_j \in \mathbb{R}$ für $j = 0, \ldots, n-1$ und mit $f_i^{(o)}(x) := f_i(x)$ genügen.

i) Zeigen Sie, daß die **Wronski**-Determinante $w(x) := \det A(x)$ mit $A(x) := \left(f_i^{(k-1)}(x)\right) \in \mathbb{R}^{n \times n}$ für jedes $x \in \mathbb{R}$ differenzierbar ist.

ii) Drücken Sie $w'(x)$ durch $a_0, \ldots, a_{n-1}$ und $w(x)$ aus.

iii) Beweisen Sie, daß $w(x) = 0$ für alle $x \in \mathbb{R}$ genau dann gilt, wenn es ein $x_0 \in \mathbb{R}$ mit $w(x_0) = 0$ gibt.

5.3.8 Satz über die Busadjunktenspur

Ist $A \in K^{n \times n}$, so gilt $\operatorname{Sp}(^\beta A(t)) = \chi_A'(t)$ für alle $t \in K$.

Beweis (a1):

Für die Elemente von $tE - A$ schreiben wir $f_{ij}(t) := \begin{cases} t - a_{jj} & \text{für } i = j, \\ -a_{ij} & \text{für } i \neq j. \end{cases}$

Damit gilt $f_{ij}'(t) = \delta_{ij}$ für alle $i, j \in J_n$ und jedes $t \in K$. Außerdem setzen wir zur Abkürzung $p_\sigma(t) := f_{\sigma(1)1}(t) \cdot \ldots \cdot f_{\sigma(n)n}(t)$ für jedes $\sigma \in S_n$ und

$$A_j(t) := \begin{pmatrix} f_{11}(t) & \ldots & f_{1,j-1}(t) & \delta_{1j} & f_{1,j+1}(t) & \ldots & f_{1n}(t) \\ \vdots & & \vdots & \vdots & \vdots & & \vdots \\ f_{n1}(t) & \ldots & f_{n,j-1}(t) & \delta_{nj} & f_{n,j+1}(t) & \ldots & f_{nn}(t) \end{pmatrix} \text{ für } j = 1, \ldots, n.$$

Der *Determinantensatz* (5.2.8) ergibt dann mit der Summen- und Produktregel

$$\chi_A'(t) = \sum_{\sigma \in S_n} \operatorname{sgn}(\sigma) \, p_\sigma'(t) = \sum_{\sigma \in S_n} \operatorname{sgn}(\sigma) \left(\sum_{j=1}^{n} f_{\sigma(j)j}'(t) \prod_{\substack{i=1 \\ i \neq j}}^{n} f_{\sigma(i)i}(t)\right)$$

$$= \sum_{j=1}^{n} \left(\sum_{\sigma \in S_n} \mathrm{sgn}(\sigma)\, \delta_{\sigma(j)j} \prod_{\substack{i=1 \\ i \neq j}}^{n} f_{\sigma(i)i}(t) \right) = \sum_{j=1}^{n} \det A_j(t) .$$

Entwickeln wir nun die n Determinanten $\det A_j(t)$ jeweils nach der j-ten Spalte und beachten, daß $(A_j(t))^*_{jj} = (tE - A)^*_{jj}$ für $j = 1, \ldots, n$ und für jedes $t \in K$ gilt, so folgt $\sum_{j=1}^{n} \det A_j(t) = \sum_{j=1}^{n} \sum_{i=1}^{n} (-1)^{i+j} \delta_{ij} \det (A_j(t))^*_{ij}$

$$= \sum_{j=1}^{n} \det (A_j(t))^*_{jj} = \sum_{j=1}^{n} \det (tE - A)^*_{jj} = \mathrm{Sp}(^\beta A(t)) . \qquad \square$$

In die gewonnene Gleichung $\chi'_A(t) = \mathrm{Sp}(^\beta A(t))$ setzen wir (4) und (5) ein. Wegen $\mathrm{Sp}(A+B) = \mathrm{Sp}(A) + \mathrm{Sp}(B)$ für alle $A, B \in K^{n \times n}$ erhalten wir dann
$n t^{n-1} + (n-1) a_1 t^{n-2} + \ldots + a_{n-1} = \mathrm{Sp}(H_0) t^{n-1} + \mathrm{Sp}(H_1) t^{n-2} + \ldots + \mathrm{Sp}(H_{n-1})$
für jedes $t \in K$.

Der *Polynomvergleichssatz* (5.3.6) und (9) ergeben $(n-k) a_k = \mathrm{Sp}(H_k)$ und $\mathrm{Sp}(H_k) = \mathrm{Sp}(A H_{k-1}) + \mathrm{Sp}(a_k E) = \mathrm{Sp}(A H_{k-1}) + n a_k$ für $k = 1, \ldots, n-1$. Durch Auflösen nach a_k folgt schließlich die Darstellung

---

(13) $\qquad a_k = -\frac{1}{k} \mathrm{Sp}(A H_{k-1})$ für $k = 1, \ldots, n$,

---

wobei der Fall $k = n$ wegen der letzten Gleichung in (9) gilt.

Damit haben wir den folgenden nützlichen Satz gewonnen, der in den Jahren 1948 und 1949 unabhängig voneinander durch *D.K. Faddejew* [4], *J.S. Frame* und *J.M. Souriau* entdeckt wurde.

5.3.9 Adjunktensatz

Werden für $A \in K^{n \times n}$ die Matrizen $H_{k-1} \in K^{n \times n}$ und die Koeffizienten $a_k \in K$ für $k = 1, \ldots, n$ rekursiv durch
$$H_0 := E , \quad a_k := -\tfrac{1}{k} \mathrm{Sp}(A H_{k-1}) \quad \text{und} \quad H_k := A H_{k-1} + a_k E$$
bestimmt, so gilt
(4) $\qquad \chi_A(t) = t^n + a_1 t^{n-1} + \ldots + a_n$ und
(5) $\qquad ^\beta A(t) = E t^{n-1} + H_1 t^{n-2} + \ldots + H_{n-1}$ für alle $t \in K$.

Der Aufwand dieses *Adjunkten-Algorithmus* ist leicht zu berechnen: Für die n-2 Matrizenprodukte $A H_{k-1}$, $k = 2, \ldots, n-1$, werden $n^4 \eta_n$ Multiplikationen und ebensoviele Additionen benötigt. Weitere Multiplikationen treten nicht auf, und die Anzahl der übrigen Additionen ist $n^2 \eta_n$. Im Unterschied zu den Quotienten bei dem Eliminationsalgorithmus sind die n-1 Ganzzahldivisionen zur Berechnung der Koeffizienten a_k völlig unkritisch.

Die damit vorliegende numerische Stabilität ist der wichtigste Vorteil dieses Algorithmus. Deshalb wird in manchen Situationen wegen (6) auch die Determinante in der Form $\det A = (-1)^n a_n$ und aufgrund des *Adjunktenproduktsatzes* (5.3.3) die Inverse durch $A^{-1} = -\frac{1}{a_n} H_{n-1}$ bestimmt, insbesondere wenn A Parameter oder Funktionssymbole (z.B. Wurzeln) enthält, die eine Pivotisierung (siehe Seite 44) ausschließen. Dadurch eignet sich der Adjunkten-Algorithmus insbesondere gut für *Computeralgebra-Systeme* (CAS), die stets symbolische *Formelmanipulation* ermöglichen.

5.3.10 Beispiel

Für die Matrix $A = \begin{pmatrix} -19 & 30 & 12 & -21 \\ -8 & 17 & 6 & -13 \\ -28 & 42 & 17 & -29 \\ -8 & 18 & 6 & -14 \end{pmatrix} \in \mathbb{Q}^{4 \times 4}$ ergibt der Adjunktensatz

mit Hilfe eines Computerprogramms $\chi_A(t) = t^4 - t^3 - 3t^2 + t + 2$ und

$$B_A(t) = E_4 t^3 + (A - E_4) t^2 + \begin{pmatrix} -31 & 36 & 18 & -24 \\ -40 & 47 & 24 & -32 \\ -20 & 24 & 11 & -16 \\ -40 & 48 & 24 & -33 \end{pmatrix} t + \begin{pmatrix} -10 & 6 & 6 & -3 \\ -32 & 32 & 18 & -19 \\ 8 & -18 & -4 & 13 \\ -32 & 30 & 18 & -17 \end{pmatrix}$$

für alle $t \in \mathbb{Q}$. Die vorkommenden Matrixelemente und Koeffizienten sind ganze Zahlen, obwohl in (13) Divisionen auftreten. Durch Vergleich mit dem *Determinantensatz* (5.2.8) ergibt sich, daß diese Eigenschaft stets gilt, wenn die Elemente von A ganze Zahlen sind.

Ein Beispiel mit Wurzeln kann aus Übung 6.2.9 rekonstruiert werden.

5.3.11 Eindeutigkeit der Volumenfunktion

Da wir die Einführung der Determinante mit dem Volumenproblem bei Parallelotopen motiviert haben, wollen wir die gefundene Lösung noch etwas genauer betrachten und anschließend in einer allgemeineren Situation anwenden. Sind $\vec{a}_1, \ldots, \vec{a}_n \in \mathbb{R}^{n \times 1}$ linear unabhängige Vektoren und setzen wir

$$(14) \qquad V(\vec{a}_1, \ldots, \vec{a}_n) := |\det(\vec{a}_1 \ldots \vec{a}_n)| ,$$

so ist $V(\vec{a}_1,\ldots,\vec{a}_n)$ eine positive Zahl. Als Abbildung erfüllt V wie gewünscht die Bedingungen D1 und D3 sowie D2 mit dem Faktor $|c|$ anstelle von c. Durch den Übergang zum Betrag könnte allerdings die Eindeutigkeit verlorengegangen sein, die bei der Volumenfunktion unbedingt vorliegen muß, um die Übereinstimmung mit dem "Inhalt" zu erhalten, der üblicherweise mit Hilfe des Integralbegriffs definiert wird.

Ist $V_1: \mathbb{R}^{n \times n} \to \mathbb{R}$ irgendeine "Volumenfunktion", die die obigen Eigenschaften hat, so läßt sich mit der Hilfsfunktion

$$F(\vec{a}_1,\ldots,\vec{a}_n) := \begin{cases} 0, & \text{für linear abhängige Vektoren } \vec{a}_1,\ldots,\vec{a}_n \in \mathbb{R}^{n \times 1}, \\ \dfrac{V_1(\vec{a}_1,\ldots,\vec{a}_n) \det(\vec{a}_1 \ldots \vec{a}_n)}{V(\vec{a}_1,\ldots,\vec{a}_n)} & \text{sonst,} \end{cases}$$

folgendermaßen der Nachweis dafür führen, daß $V = V_1$ gilt. Offensichtlich erfüllt $F(\vec{a}_1,\ldots,\vec{a}_n)$ die Bedingungen D1, D2 und D3, wobei sich der Fall $c = 0$ bei D2 durch die lineare Abhängigkeit der Vektoren $\vec{a}_1,\ldots,0\vec{a}_i,\ldots,\vec{a}_n$ für $i \in J_n$ ergibt. Aufgrund des *Determinantensatzes* (5.2.8) folgt damit $F(\vec{a}_1,\ldots,\vec{a}_n) = \det(\vec{a}_1 \ldots \vec{a}_n)$.

Für linear unabhängige Vektoren erhalten wir also

$$V_1(\vec{a}_1,\ldots,\vec{a}_n) = V(\vec{a}_1,\ldots,\vec{a}_n)$$

durch Kürzen. Diese Gleichung ist auch für linear abhängige Vektoren richtig, weil wie bei der Determinantenfunktion gezeigt werden kann, daß $V_1(\vec{a}_1,\ldots,\vec{a}_n) = 0$ gilt.

5.3.12 Volumen von Parallelotopen in Untervektorräumen von $\mathbb{R}^{n \times 1}$

Es ist naheliegend, die Volumenbestimmung mit Hilfe von Determinanten auf Parallelotope zu übertragen, die durch k linear unabhängige Vektoren $\vec{a}_1,\ldots,\vec{a}_k \in \mathbb{R}^{n \times 1}$ mit $k \leq n$ aufgespannt werden. Stellt $B := \{\vec{b}_1,\ldots,\vec{b}_k\}$ eine Orthonormalbasis von $\text{Lin}\{\vec{a}_1,\ldots,\vec{a}_k\}$ bezüglich des Standardskalarprodukts dar und ist $\varkappa_B$ der zugehörige Koordinatenisomorphismus, so erfüllt

(15) $\qquad V(\vec{a}_1,\ldots,\vec{a}_k) := |\det(\varkappa_B(\vec{a}_1) \ldots \varkappa_B(\vec{a}_k))|$

die Bedingungen für eine Volumenfunktion auf $\text{Lin}\{\vec{a}_1,\ldots,\vec{a}_k\}$, wenn $V(\vec{b}_1,\ldots,\vec{b}_k) = 1$ anstelle von D3 gefordert wird.

Definitionsgemäß gilt $\vec{a}_i = (\vec{b}_1 \ldots \vec{b}_k) \kappa_\mathcal{B}(\vec{a}_i)$ für $i=1,\ldots,k$. Setzen wir $A := (\vec{a}_1 \ldots \vec{a}_k) \in \mathbb{R}^{n \times k}$, $B := (\vec{b}_1 \ldots \vec{b}_k) \in \mathbb{R}^{n \times k}$ und $C := (\kappa_\mathcal{B}(\vec{a}_1) \ldots \kappa_\mathcal{B}(\vec{a}_k)) \in \mathbb{R}^{k \times k}$, so folgt $A = BC$. Außerdem ist $^tBB = E_k$, weil $\mathcal{B}$ eine Orthonormalbasis darstellt. Damit erhalten wir $^tCC = {}^tC{}^tBBC = {}^tAA$.

Der *Determinantenproduktsatz* (5.2.11) und der *Satz über die Determinante der Transponierten* (5.2.9) ergeben dann $(\det C)^2 = \det({}^tCC) = \det({}^tAA)$. Aus (15) folgt also

(16) $\quad V(\vec{a}_1, \ldots, \vec{a}_n) = |\det({}^tAA)|^{\frac{1}{2}}$ mit $A := (\vec{a}_1 \ldots \vec{a}_k) \in \mathbb{R}^{n \times k}$.

Da $\det({}^tAA)$ nicht von der Orthonormalbasis $\mathcal{B}$ abhängt, ist nun auch nachgewiesen, daß V für alle Orthonormalbasen von $\text{Lin}\{\vec{a}_1, \ldots, \vec{a}_k\}$ denselben Wert hat.

Als Volumenfunktion auf $\mathbb{R}^{n \times k}$ ist V ebenfalls eindeutig bestimmt, wenn man anstelle von D3 die Normierung $V(\vec{b}_1, \ldots, \vec{b}_k) = 1$ für je eine Orthonormalbasis $\{\vec{b}_1, \ldots, \vec{b}_k\}$ **jedes** k-dimensionalen Untervektorraumes von $\mathbb{R}^{n \times 1}$ fordert.

5.4 Ausblick

5.4.1 Das Volumen von Simplexen

Da viele Inhaltsprobleme durch Zerlegungen gelöst werden, ist es wünschenswert, auch für die einfachsten geradlinig begrenzten Objekte eine Volumenformel zu haben. Als Verallgemeinerung von Dreieck und Tetraeder definieren wir für $k \in J_n$ das von den linear unabhängigen Vektoren $\vec{a}_1, \ldots, \vec{a}_k \in \mathbb{R}^{n \times 1}$ aufgespannte *k-dimensionale euklidische Simplex* oder kurz *k-Simplex* durch

$\{\vec{x} \in \mathbb{R}^{n \times 1} \mid \text{Es gibt } (\lambda_1, \ldots, \lambda_k) \in [0,1]^k \text{ mit } \lambda_1 + \ldots + \lambda_k \leq 1 \text{, so daß}$
$\vec{x} = \sum_{i=1}^{k} \lambda_i \vec{a}_i \text{ gilt}\}$.

Man kann Parallelotope und Simplexe etwas allgemeiner einführen, indem man wie bei einem affinen Unterraum zu allen Vektoren der obigen Darstellungen einen festen Vektor addiert. Für uns kommt es nur darauf an, daß das von k linear unabhängigen Vektoren erzeugte k-Simplex eine Teilmenge des entsprechenden Parallelotops ist. Dann läßt sich das Parallelotop in k! volumengleiche k-Simplexe zerlegen, unter denen auch dasjenige mit denselben aufspannenden Vektoren ist.

Die Zerlegung kann systematisch mit elementaren kombinatorischen Überlegungen erfolgen. Zum Beweis der Volumengleichheit mit Hilfe eines verallgemeinerten *Cavalieri-Prinzips* benötigt man dagegen einen Volumenbegriff, der erst durch die Integralrechnung bereitgestellt wird. Im euklidischen Punktraum $\mathbb{R}^3$ besagt das Prinzip von Cavalieri, daß zwei räumliche Körper gleiches Volumen besitzen, wenn sie zwischen zwei parallelen Ebenen liegen und wenn sie in diesen Ebenen sowie in allen dazu parallelen Zwischenebenen flächengleiche Schnittfiguren haben.

Bezeichnet $S(\vec{a}_1,\ldots,\vec{a}_k)$ das Volumen des von $\vec{a}_1,\ldots,\vec{a}_k \in \mathbb{R}^{n\times 1}$ aufgespannten k-Simplexes, so gilt also mit (16) und aufgrund der obigen Zerlegung

$$(17) \quad S(\vec{a}_1,\ldots,\vec{a}_k) = \frac{1}{k!} |\det({}^t\!A\,A)|^{\frac{1}{2}} \quad \text{mit } A := (\vec{a}_1 \ldots \vec{a}_k) \in \mathbb{R}^{n\times k}.$$

Ist ein k-Simplex in einem euklidischen Punktraum durch seine Eckpunkte gegeben, so wird der Nullpunkt durch Koordinatentransformation in einen Eckpunkt gelegt und das Volumen mit Hilfe der Vektoren berechnet, die dann den übrigen Eckpunkten zugeordnet sind.

5.4.2 Die Funktionaldeterminante

Auch in der Analysis spielen Determinanten eine Rolle. Die weitreichendste Anwendung hängt mit dem folgenden Begriff zusammen. Ist $f := (f_1,\ldots,f_n)$ eine Abbildung von einer Teilmenge D des $\mathbb{R}^n$ nach $\mathbb{R}^n$, bei der alle Komponentenfunktionen $f_i := ((x_1,\ldots,x_n) \to f_i(x_1,\ldots,x_n)$, $(x_1,\ldots,x_n) \in D)$ mit $i \in J_n$ nach jeder Variablen x_k, $k \in J_n$, differenzierbar sind, so heißt die Determinante der Matrix, deren Elemente die ("partiellen") Ableitungen $\frac{\partial f_i}{\partial x_k}(c)$ in einem festen Punkt $c \in D$ sind, *Funktionaldeterminante* von f in c.

Wegen der Eigenschaft D10 charakterisiert die Funktionaldeterminante Punkte, in denen sich die zugrundeliegende Abbildung f "regulär" beziehungsweise "singulär" verhält. Bildet man den n-dimensionalen achsenparallelen Würfel mit dem Mittelpunkt c durch f ab und läßt die Kantenlänge gegen Null gehen, so stellt der Betrag der Funktionaldeterminante von f in c den Grenzwert der Quotienten des Würfelbildvolumens und des Würfelvolumens dar. Deshalb tritt die Funktionaldeterminante auch bei Transformationen der Integrationsvariablen von mehrfachen Integralen auf.

5.4.3 Orientierung

Die am Anfang dieses Kapitels erwähnte *Orientierung* von Vektor-n-tupeln $(\vec{a}_1,\ldots,\vec{a}_n) \in (\mathbb{R}^{n \times 1})^n$ hat zunächst nichts mit Determinanten zu tun. Sind $\vec{a}_1,\ldots,\vec{a}_n$ linear unabhängige Vektoren, so wird $(\vec{a}_1,\ldots,\vec{a}_n)$ *n-Kant* genannt. Zwei n-Kante $(\vec{a}_1,\ldots,\vec{a}_n)$ und $(\vec{b}_1,\ldots,\vec{b}_n) \in (\mathbb{R}^{n \times 1})^n$ heißen *gleich orientiert*, wenn es stetige Funktionen $(t \to f_{ik}(t), t \in [0,1])$ mit $i,k \in J_n$ gibt, so daß $^t(f_{1i}(0)\ldots f_{ni}(0)) = \vec{a}_i$, $^t(f_{1i}(1)\ldots f_{ni}(1)) = \vec{b}_i$ für jedes $i \in J_n$ und Rang $\begin{pmatrix} f_{11}(t) & \ldots & f_{1n}(t) \\ \vdots & & \vdots \\ f_{n1}(t) & \ldots & f_{nn}(t) \end{pmatrix} = n$ für alle $t \in [0,1]$ gilt. Man sagt, daß $(\vec{a}_1,\ldots,\vec{a}_n)$ ohne Ausartung stetig in $(\vec{b}_1,\ldots,\vec{b}_n)$ deformiert werden kann.

Dann läßt sich zeigen, daß jedes n-Kant entweder in $(\vec{e}_1,\ldots,\vec{e}_{n-1},\vec{e}_n)$ oder in $(\vec{e}_1,\ldots,\vec{e}_{n-1},-\vec{e}_n)$ ohne Ausartung stetig deformierbar ist. Werden alle n-Kante des ersten Falles als positiv orientiert und die des zweiten als negativ orientiert bezeichnet, so folgt, daß die Orientierung eines n-Kants $(\vec{a}_1,\ldots,\vec{a}_n)$ dem Vorzeichen von $\det(\vec{a}_1 \ldots \vec{a}_n)$ entspricht.

Diese Vorgehensweise wird unmittelbar auf die erzeugenden Vektoren von k-Simplexen im $\mathbb{R}^{k \times 1}$ übertragen. so daß sich *orientierte k-Simplexe* ergeben. Mit (17), (16) und (14) ist dann $\frac{1}{k!}\det(\vec{a}_1\ldots\vec{a}_k)$ das "orientierte Volumen" des von $\vec{a}_1,\ldots,\vec{a}_k$ aufgespannten orientierten k-Simplexes.

In der Physik finden wir die Orientierung unter anderem bei den *Dreifingerregeln* (rechte Hand: Richtung des Induktionsstromes; linke Hand: Richtung der Kraft, die an einem stromdurchflossenen Draht im Magnetfeld angreift). Hier hängt die Orientierung mit dem *Vektorprodukt* $\vec{a} \times \vec{b} := \sum_{i=1}^{3}(\det(\vec{a}\ \vec{b}\ \vec{e}_i))\vec{e}_i$ für $\vec{a},\vec{b} \in \mathbb{R}^{3 \times 1}$ zusammen.

6
Eigenwerte und Eigenvektoren

6.1 Ähnlichkeit und Diagonalform von Matrizen

Im Abschnitt 4.3 haben wir die Frage gestellt, ob es zu jedem Homomorphismus beziehungsweise Endomorphismus zwischen endlich erzeugten Vektorräumen bei geeigneter Wahl der Basen möglichst einfache darstellende Matrizen gibt. Dieses Normalformenproblem wurde dort für Homomorphismen vollständig gelöst. Nun wollen wir das viel schwierigere Problem der Normalformen von Endomorphismen in Angriff nehmen, wobei die neue Situation dadurch entsteht, daß wegen der Übereinstimmung von Urbild- und Bildraum nur eine Basis verwendet wird.

Ist A eine solche Basis des n-dimensionalen Vektorraums V und wird $M_A^A(\varphi)$ für den Endomorphismus $\varphi \in \text{Hom}(V, V)$ gesetzt, so ergibt der Transformationssatz (4.3.2) für die Matrix $B := M_{A'}^{A'}(\varphi)$ bei dem Übergang zu einer neuen Basis A' die Darstellung

$$B = T^{-1}AT \text{ mit } T := M_A^{A'}(\text{id}_V).$$

Wie bei den Homomorphismen können wir die Suche nach charakteristischen Eigenschaften derjenigen Matrizen, die einem Endomorphismus bezüglich aller möglichen Basen zugeordnet sind, von den Endomorphismen abkoppeln, indem wir auf der Menge der quadratischen Matrizen $K^{n \times n}$ die durch die obige Transformationsformel nahegelegte Äquivalenzrelation einführen:

6.1.1 Definition der Ähnlichkeit von quadratischen Matrizen

Zwei Matrizen $A, B \in K^{n \times n}$ heißen *ähnlich* genau dann, wenn es eine Matrix $T \in \text{GL}(n; K)$ gibt, so daß

(1) $\qquad B = T^{-1}AT$

gilt.

6.1.1 Ähnlichkeit von Matrizen

Ganz analog wie im Abschnitt 4.3.5 wird der Nachweis dafür geführt, daß durch die Ähnlichkeit von Matrizen eine Äquivalenzrelation erklärt ist und daß die Äquivalenzklassen genau diejenigen Matrizen enthalten, die sich einem geeigneten Endomorphismus bezüglich der verschiedenen möglichen Basen zuordnen lassen.

Da ähnliche Matrizen auch äquivalent sind, stellen die Äquivalenzklassen bezüglich der Matrizenähnlichkeit Teilmengen der Äquivalenzklassen bezüglich der Matrizenäquivalenz auf $K^{n \times n}$ dar. Insbesondere haben ähnliche Matrizen denselben Rang.

Für $T \in GL(n;K)$ ergibt sich außerdem durch mehrmalige Anwendung des *Determinantenproduktsatzes* (5.2.11.) die Determinantengleichung

(2) $\det(T^{-1}AT) = (\det T)^{-1}(\det A)(\det T) = \det A$.

Also besitzen ähnliche Matrizen auch dieselbe Determinante. Da zum Beispiel die Determinante der Matrix $A := E_n + (c-1)\vec{e}_1{}^t\vec{e}_1 \in K^{n \times n}$ für jedes $c \in K$ den Wert c hat, ist die Anzahl der Äquivalenzklassen bezüglich der Matrizenähnlichkeit in $K^{n \times n}$ mindestens so groß wie die Elementzahl von K. Anders als bei der Matrizenäquivalenz hängt damit die gesuchte Repräsentantenmenge nicht nur von der Größe der Matrizen, sondern auch von K ab.

Die nun naheliegende Vermutung, daß jede Matrix aus $K^{n \times n}$ zu einer Diagonalmatrix ähnlich ist, läßt sich durch ein einfaches Gegenbeispiel widerlegen. Wir nehmen an, daß es zu der Matrix $A := \begin{pmatrix} 1 & 1 \\ 0 & 1 \end{pmatrix}$ eine invertierbare Matrix $T = \begin{pmatrix} u & v \\ w & x \end{pmatrix}$ und eine Diagonalmatrix $D = \begin{pmatrix} \lambda & 0 \\ 0 & \mu \end{pmatrix}$ gibt, so daß $T^{-1}AT = D$ - beziehungsweise dazu äquivalent $AT = TD$ - gilt. Die beiden Matrizenprodukte ergeben $\begin{pmatrix} u+w & v+x \\ w & x \end{pmatrix} = \begin{pmatrix} \lambda u & \mu v \\ \lambda w & \mu x \end{pmatrix}$, und mit der Determinantengleichung (2) erhalten wir $\lambda \mu = 1$. Durch Elementvergleich und Umordnen folgen die Gleichungen $(\lambda-1)u = w$, $(\mu-1)v = x$, $(\lambda-1)w = 0$ und $(\mu-1)x = 0$. Sowohl für $\lambda = 1$, $\mu = 1$ als auch im Falle $\lambda \neq 1$, $\mu \neq 1$ muß $w = x = 0$ gelten, so daß T nicht invertierbar sein kann. Also ist A zu keiner Diagonalmatrix ähnlich.

Mit einiger Mühe ließe es sich beweisen, daß jede quadratische Matrix zu einer oberen Dreiecksmatrix ähnlich ist. Die folgende Übung ergibt aber, daß obere Dreiecksmatrizen auch zueinander ähnlich sein können, so daß sie im allgemeinen keine Repräsentantenmenge darstellen.

Übung 6.1.a

Zeigen Sie, daß die Matrizen $\begin{pmatrix} 1 & 1 \\ 0 & 1 \end{pmatrix}$ und $\begin{pmatrix} 1 & -1 \\ 0 & 1 \end{pmatrix}$ ähnlich sind.

Da die Lösung des Normalformenproblems für ähnliche Matrizen also kaum zu erraten ist, machen wir uns an drei Beispielen klar, daß es sich im Hinblick auf praktische Anwendungen lohnt, zunächst den Fall der Ähnlichkeit zu einer Diagonalmatrix ausführlich zu untersuchen. Tatsächlich werden die Ergebnisse, die wir dabei im nächsten Abschnitt herleiten, dann auch die entscheidenden Hilfsmittel für die vollständige Charakterisierung aller Äquivalenzklassen sein.

6.1.2 Beispiel

Im Abschnitt 2.2.19 haben wir für die Glieder der durch $f_{n+2} = f_{n+1} + f_n$ und $f_1 = f_2 = 1$ definierten *Fibonacci-Folge* eine explizite Darstellung hergeleitet, indem wir für den zugehörigen Folgenvektorraum eine geeignete Basis bestimmten. Solche *homogenen linearen Differenzengleichungen* mit konstanten Koeffizienten lassen sich meistens durch den folgenden Ansatz mit geringerer Mühe untersuchen.

Wir fassen die aufeinanderfolgenden Glieder, die in der Rekursionsgleichung auf der rechten Seite stehen, zu einem Vektor $\vec{f}_n := \begin{pmatrix} f_n \\ f_{n+1} \end{pmatrix}$ zusammen. Dann gilt $\vec{f}_{n+1} := F\vec{f}_n$ mit $F := \begin{pmatrix} 0 & 1 \\ 1 & 1 \end{pmatrix}$ für alle $n \in \mathbb{N}$, und vollständige Induktion ergibt

$$(3) \qquad \vec{f}_n = F^n \begin{pmatrix} 0 \\ 1 \end{pmatrix} \text{ für jedes } n \in \mathbb{N}.$$

Könnten wir eine invertierbare Matrix $T =: \begin{pmatrix} u & v \\ w & x \end{pmatrix}$ und eine Diagonalmatrix $D =: \begin{pmatrix} \lambda & 0 \\ 0 & \mu \end{pmatrix}$ finden, für die $T^{-1}FT = D$ gilt, so würde

$$(4) \qquad F^n = (TDT^{-1})^n = T \begin{pmatrix} \lambda^n & 0 \\ 0 & \mu^n \end{pmatrix} T^{-1}$$

folgen, weil sich beim Ausmultiplizieren der Potenz die Faktoren $T^{-1}T$ wegheben und weil ein Produkt von Diagonalmatrizen aus $K^{n \times n}$ stets die Diagonalmatrix mit den Produkten der entsprechenden Diagonalelemente auf der Diagonalen ist.

Durch Elementvergleich in den ausmultiplizierten Matrizenprodukten der Gleichung $FT = TD$ erhalten wir $w = \lambda u$, $x = \mu v$, $u + w = \lambda w$ und $v + x = \mu x$. Damit T invertierbar ist, muß $u \neq 0$ und $v \neq 0$ sein, so daß sich $\lambda^2 - \lambda - 1 = 0$ und $\mu^2 - \mu - 1 = 0$ ergibt, wobei $\lambda \neq \mu$ wegen der Determinantengleichheit $\lambda \mu = -1$ gilt. Mit $\lambda = \frac{1}{2}(1 - \sqrt{5})$, $\mu = \frac{1}{2}(1 + \sqrt{5})$ (oder umgekehrt) und $u = v = 1$ ist dann

$$T = \begin{pmatrix} 1 & 1 \\ \lambda & \mu \end{pmatrix}, \quad T^{-1} = \frac{1}{\mu - \lambda} \begin{pmatrix} \mu & -1 \\ -\lambda & 1 \end{pmatrix} \text{ und}$$

$$\vec{f}_n = \begin{pmatrix} 1 & 1 \\ \lambda & \mu \end{pmatrix} \begin{pmatrix} \lambda^n & 0 \\ 0 & \mu^n \end{pmatrix} \frac{1}{\mu - \lambda} \begin{pmatrix} \mu & -1 \\ -\lambda & 1 \end{pmatrix} \begin{pmatrix} 0 \\ 1 \end{pmatrix} = \frac{1}{\mu - \lambda} \begin{pmatrix} \mu^n - \lambda^n \\ \mu^{n+1} - \lambda^{n+1} \end{pmatrix}$$

in Übereinstimmung mit dem Ergebnis von Abschnitt 2.2.19.

6.1.3 Beispiel

In den Übungen 1.4.a und 1.4.g haben wir die Änderung des Anteils der Bewohner der Bundesrepublik Deutschland betrachtet, die am Ende der Jahre seit 1992 in Nordrhein-Westfalen lebten. Bezeichnen wir die Bevölkerungsanteile innerhalb und außerhalb Nordrhein-Westfalens am Ende des n-ten Jahres mit i_n und a_n, so ergibt sich unter der (nicht sehr realistischen) Annahme gleicher Abwanderungs- und Zuwanderungsraten in den nachfolgenden Jahren die Verteilung

$\begin{pmatrix} i_n \\ a_n \end{pmatrix} = \begin{pmatrix} 0.8 & 0.1 \\ 0.2 & 0.9 \end{pmatrix}^n \begin{pmatrix} i_0 \\ a_0 \end{pmatrix}$ mit der durch $i_0 := \frac{17}{79}$, $a_0 := \frac{62}{79}$ festgelegten

Anfangsverteilung $\begin{pmatrix} i_0 \\ a_0 \end{pmatrix}$.

Wie bei der Fibonacci-Folge untersuchen wir die Matrizenpotenzen stellvertretend für eine große Klasse von Anwendungssituationen, nämlich für die (endlichen homogenen) *Markow-Ketten*, die spezielle Zufallsprozesse beschreiben. Die *Übergangsmatrix* $A := \begin{pmatrix} 0.8 & 0.1 \\ 0.2 & 0.9 \end{pmatrix}$ ist hier wie bei Markow-Ketten eine *stochastische Matrix*, deren Elemente nichtnegativ sind und deren Spaltensummen stets 1 ergeben. Bei

Markow-Ketten stellen die Elemente der Übergangsmatrizen Wahrscheinlichkeiten dar. (In der Wahrscheinlichkeitstheorie werden die entsprechenden Vektoren, Matrizen und Gleichungen oft in transponierter Form geschrieben.)

Wir versuchen wieder, eine invertierbare Matrix $T =: \begin{pmatrix} u & v \\ w & x \end{pmatrix}$ und eine Diagonalmatrix $D =: \begin{pmatrix} \lambda & 0 \\ 0 & \mu \end{pmatrix}$ zu finden, so daß $AT = TD$ gilt. Jetzt erhalten wir durch Elementvergleich und durch Zusammenfassen die linearen Gleichungssysteme

$$\begin{pmatrix} 0.8 - \lambda & 0.1 \\ 0.2 & 0.9 - \lambda \end{pmatrix} \begin{pmatrix} u \\ w \end{pmatrix} = \vec{0} \quad \text{und} \quad \begin{pmatrix} 0.8 - \mu & 0.1 \\ 0.2 & 0.9 - \mu \end{pmatrix} \begin{pmatrix} v \\ x \end{pmatrix} = \vec{0},$$

wobei die Spaltenvektoren $\begin{pmatrix} u \\ w \end{pmatrix}$ und $\begin{pmatrix} v \\ x \end{pmatrix}$ der als invertierbar vorausgesetzten Matrix T nicht $\vec{0}$ sein dürfen.

Solche Lösungen gibt es genau dann, wenn die Spaltenvektoren der beiden Koeffizientenmatrizen linear abhängig sind. Hier hilft nun entscheidend die im vierten Kapitel entwickelte Determinantentheorie: Aufgrund der Determinanteneigenschaft D 10 sind n Vektoren $\vec{a}_1, \ldots, \vec{a}_n \in K^{n \times n}$ genau dann linear abhängig, wenn $\det(\vec{a}_1 \ldots \vec{a}_n) = 0$ gilt.

In unserem Falle müssen also λ und μ Lösungen der Gleichung

$$\det \begin{pmatrix} 0.8 - y & 0.1 \\ 0.2 & 0.9 - y \end{pmatrix} = y^2 - 1.7y + 0.7 = (y-1)(y-0.7) = 0 \quad \text{sein.}$$

Mit $\lambda = 1$, $\begin{pmatrix} u \\ w \end{pmatrix} = \begin{pmatrix} 1 \\ 2 \end{pmatrix}$, $\mu = 0.7$ und $\begin{pmatrix} v \\ x \end{pmatrix} = \begin{pmatrix} 1 \\ -1 \end{pmatrix}$ ist $T = \begin{pmatrix} 1 & 1 \\ 2 & -1 \end{pmatrix}$,

$T^{-1} = \frac{1}{3} \begin{pmatrix} 1 & 1 \\ 2 & -1 \end{pmatrix}$, und es folgt

$$\begin{pmatrix} i_n \\ a_n \end{pmatrix} = \frac{1}{3} \begin{pmatrix} 1 & 1 \\ 2 & -1 \end{pmatrix} \begin{pmatrix} 1 & 0 \\ 0 & 0.7^n \end{pmatrix} \begin{pmatrix} 1 & 1 \\ 2 & -1 \end{pmatrix} \begin{pmatrix} i_0 \\ 1-i_0 \end{pmatrix} = \frac{1}{3} \begin{pmatrix} 1 & 0.7^n \\ 2 & -0.7^n \end{pmatrix} \begin{pmatrix} 1 \\ 3i_0 - 1 \end{pmatrix} =$$

$\frac{1}{3} \begin{pmatrix} 1 \\ 2 \end{pmatrix} + (i_0 - \frac{1}{3}) 0.7^n \begin{pmatrix} 1 \\ -1 \end{pmatrix}$ für jedes $n \in \mathbb{N}$.

Wir erkennen unter anderem, daß die durch $i_\infty := \lim_{n \to \infty} i_n$ und $a_\infty := \lim_{n \to \infty} a_n$ definierte *Grenzverteilung* $\begin{pmatrix} i_\infty \\ a_\infty \end{pmatrix} = \frac{1}{3} \begin{pmatrix} 1 \\ 2 \end{pmatrix}$ mit der *stabilen Verteilung* übereinstimmt, nach der in Übung 1.4.a ii) gefragt wurde. Beide Verteilungen erfüllen das obige homogene Gleichungssystem für $\lambda = 1$ - eine Eigenschaft, die jede stochastische Matrix mit lauter positiven Elementen in der entsprechenden Form besitzt.

6.1.4 Beispiel

Eine weitere wichtige Anwendung der Ähnlichkeit zu einer Diagonalmatrix ist bei linearen homogenen *Differentialgleichungssystemen* erster Ordnung mit konstanten Koeffizienten möglich. Die allgemeine Situation läßt sich wieder an einem einfachen Beispiel erklären. Es seien $x(t)$ und $y(t)$ auf $\mathbb{R}$ differenzierbare Funktionen, deren Ableitungen durch die folgenden Linearkombinationen von $x(t)$ und $y(t)$ festgelegt sind:

$$\frac{dx(t)}{dt} = x(t) + 4y(t), \quad \frac{dy(t)}{dt} = 2x(t) + 3y(t).$$

Außerdem sei $x(0) = 5$ und $y(0) = 2$, so daß ein *Anfangswertproblem* vorliegt. Mit den Abkürzungen $\vec{u}(t) := \begin{pmatrix} x(t) \\ y(t) \end{pmatrix}$, $\frac{d}{dt}\vec{u}(t) := \begin{pmatrix} \frac{dx(t)}{dt} \\ \frac{dy(t)}{dt} \end{pmatrix}$, $A := \begin{pmatrix} 1 & 4 \\ 2 & 3 \end{pmatrix}$ und $\vec{u}_0 := \begin{pmatrix} 5 \\ 2 \end{pmatrix}$ erhalten wir die Vektorgleichung

(5) $\quad \frac{d}{dt}\vec{u}(t) = A\vec{u}(t)$ mit $\vec{u}(0) = \vec{u}_0$,

an der sich auch die einzelnen Begriffsteile dieser speziellen Gleichungssysteme erläutern lassen: Von einem Differentialgleichungssystem erster Ordnung spricht man, weil nur Funktionen und ihre ersten Ableitungen auftreten; das System ist linear mit konstanten Koeffizienten, weil die Funktionen und ihre Ableitungen jeweils in der ersten Potenz und nicht miteinander multipliziert sondern nur in Summen mit konstanten Koeffizienten vorkommen, und das Fehlen weiterer Funktionen oder Konstanten in den Summen ergibt in diesem Fall das Adjektiv "homogen", das eigentlich auf die Vektorraumeigenschaft der Menge der Lösungsfunktionen bei fehlenden Anfangsbedingungen hinweist. Trotz dieser Einschränkungen werden durch Differentialgleichungssysteme vom Typ (5) mit $\vec{u}(t) \in \mathbb{C}^{n \times 1}$ für jedes $t \in \mathbb{R}$ und mit $A \in \mathbb{C}^{n \times n}$ viele wichtige Anwendungssituationen erfaßt. Wie wir bei der abschließenden Behandlung dieser Differentialgleichungssysteme im Abschnitt 6.4 sehen werden, lassen sich außerdem die ebenso wichtigen linearen homogenen *Differentialgleichungen n-ter Ordnung* mit konstanten Koeffizienten vollständig darauf zurückführen.

Als Ausgangspunkt kann der Fall einer Gleichung mit einer Unbekannten Funktion dienen, der oft schon im Mathematikunterricht der Oberstufe behandelt wird: Die Differentialgleichung $\frac{dx(t)}{dt} = \lambda x(t)$ mit $\lambda \in \mathbb{C}$ wird genau durch die Funktionen $x(t) = c e^{\lambda t}$ erfüllt, wobei $c \in \mathbb{C}$ eine beliebige Konstante ist.

Da der *Differentialoperator* $\frac{d}{dt}$ wegen der Gültigkeit der Summenregel und der Produktregel einen Homomorphismus von dem Vektorraum (der Spaltenvektoren einer festen Länge n) aller differenzierbaren Funktionen auf $\mathbb{R}$ in den Vektorraum (der Spaltenvektoren derselben Länge n) aller Funktionen auf $\mathbb{R}$ darstellt, gilt

(6) $\quad B \frac{d}{dt} \hat{u}(t) = \frac{d}{dt}(B \hat{u}(t))$ für jedes $B \in \mathbb{C}^{n \times n}$.

Falls es zu der Matrix A in (5) eine invertierbare Matrix T und eine Diagonalmatrix D mit $D = T^{-1}AT$ gibt, liegt es nahe, den allgemeinen Fall (5) auf den Spezialfall einer Differentialgleichung zurückzuführen, indem die Funktionen durch Transformation von A auf Diagonalgestalt "entkoppelt" werden. Mit $\hat{z}(t) := T^{-1}\hat{u}(t)$ und mit (6) gilt nämlich

(7) $\quad \frac{d}{dt}\hat{z}(t) = \frac{d}{dt}(T^{-1}\hat{u}(t)) = T^{-1}\frac{d}{dt}\hat{u}(t) =$
$T^{-1}A\hat{u}(t) = T^{-1}AT(T^{-1}\hat{u}(t)) = D\hat{z}(t).$

Die nun schon bekannten Rechenschritte ergeben für unser Beispiel

$$D = \begin{pmatrix} 5 & 0 \\ 0 & -1 \end{pmatrix}, \quad T = \begin{pmatrix} 1 & 2 \\ 1 & -1 \end{pmatrix} \text{ und } T^{-1} = \frac{1}{3}\begin{pmatrix} 1 & 2 \\ 1 & -1 \end{pmatrix}.$$

Setzen wir $\hat{z}(t) =: \begin{pmatrix} v(t) \\ w(t) \end{pmatrix}$, so folgt $\frac{dv(t)}{dt} = 5v(t)$ und $\frac{dw(t)}{dt} = -w(t)$, also $v(t) = c e^{5t}$ und $w(t) = d e^{-t}$ mit $c, d \in \mathbb{C}$. Durch die Rücktransformation $\hat{u}(t) = T\hat{z}(t) = c e^{5t} \begin{pmatrix} 1 \\ 1 \end{pmatrix} + d e^{-t} \begin{pmatrix} 2 \\ -1 \end{pmatrix}$ und durch Berechnung der

Konstanten mit Hilfe der Anfangswerte $\begin{pmatrix} c \\ d \end{pmatrix} = \vec{z}(0) = T^{-1}\vec{u}_0 = \begin{pmatrix} 3 \\ 1 \end{pmatrix}$ erhalten wir schließlich die eindeutig bestimmten Lösungsfunktionen

$$x(t) = 3e^{5t} + 2e^{-t} \text{ und } y(t) = 3e^{5t} - e^{-t}.$$ □

Übung 6.1.b

i) Beweisen Sie, daß $A := \begin{pmatrix} 2 & 1 & 0 \\ 0 & 2 & 0 \\ 0 & 0 & 1 \end{pmatrix}$ zu ^tA ähnlich ist.

ii) Zeigen Sie, daß A zu keiner Diagonalmatrix ähnlich ist.

6.2 Diagonalisierbarkeit von Matrizen

Die durch die obigen drei Beispiele dargelegte Bedeutung der **Ähnlichkeit zu einer Diagonalmatrix** rechtfertigt es, eine abkürzende Sprechweise einzuführen:

6.2.1 Definition der Diagonalisierbarkeit

Eine Matrix $A \in K^{n \times n}$ heißt *diagonalisierbar* genau dann, wenn A zu einer Diagonalmatrix ähnlich ist.

Entsprechend heißt ein Endomorphismus $\varphi \in \text{Hom}(V, V)$ diagonalisierbar genau dann, wenn es eine Basis $\mathcal{A}$ von V gibt, so daß die darstellende Matrix $M_{\mathcal{A}}^{\mathcal{A}}(\varphi)$ eine Diagonalmatrix ist.

Damit ist also $A \in K^{n \times n}$ genau dann diagonalisierbar, wenn es eine Matrix $T =: (\vec{v}_1 \ldots \vec{v}_n) \in GL(n; K)$ und eine Diagonalmatrix $D =: (\lambda_1\vec{e}_1 \ldots \lambda_n\vec{e}_n)$ gibt, so daß

(8) $AT = (A\vec{v}_1 \ldots A\vec{v}_n) = TD = (\lambda_1 T\vec{e}_1 \ldots \lambda_n T\vec{e}_n) = (\lambda_1\vec{v}_1 \ldots \lambda_n\vec{v}_n)$

gilt. Die n Vektorgleichungen $A\vec{v}_i = \lambda_i \vec{v}_i$, $i = 1, \ldots, n$, führen zu den folgenden grundlegenden Begriffen:

6.2.2 Definition des Eigenwertes und des Eigenvektors

Ist $A \in K^{n \times n}$, so heißt $\lambda \in K$ *Eigenwert* von A genau dann, wenn es ein $\vec{v} \in K^{n \times 1} \setminus \{\vec{0}\}$ gibt, so daß

(9) $\qquad A\vec{v} = \lambda\vec{v}$

gilt. Jeder Vektor $\vec{v} \in K^{n \times 1} \setminus \{\vec{0}\}$, der (9) erfüllt, heißt *Eigenvektor* von A zum Eigenwert λ.

Ist V ein K-Vektorraum und $\varphi \in \text{Hom}(V,V)$, so heißt $\lambda \in K$ *Eigenwert* von φ genau dann, wenn es ein $\vec{v} \in V \setminus \{\vec{0}\}$ gibt, so daß $\varphi(\vec{v}) = \lambda\vec{v}$ gilt. Jeder Vektor $\vec{v} \in V \setminus \{\vec{0}\}$, der $\varphi(\vec{v}) = \lambda\vec{v}$ erfüllt, heißt *Eigenvektor* von φ zum Eigenwert λ.

Aus Beispiel 6.1.3. wissen wir schon, wie sich λ und $\vec{v}$ trennen lassen: Gleichung (9) ist äquivalent zu $(\lambda E - A)\vec{v} = \vec{0}$ mit $E := E_n$, und der Nullraum $N(\lambda E - A)$ enthält genau dann nicht nur den Nullvektor, wenn $\det(\lambda E - A) = 0$ gilt. Die Polynomfunktion $\chi_A := (t \to \det(tE - A), \ t \in K)$ ist das bereits in Abschnitt 5.3.5 eingeführte und berechnete *charakteristische Polynom* von A.

Wie in (2) folgt mit $T \in GL(n;K)$, daß

(10) $\qquad \chi_{T^{-1}AT}(t) = \chi_A(t)$ für jedes $t \in K$

gilt. Damit gehört zu ähnlichen Matrizen dasselbe charakteristische Polynom. Die Umkehrung ist jedoch nicht richtig, wie die Matrix $\begin{pmatrix} 1 & 1 \\ 0 & 1 \end{pmatrix}$ zeigt, von der wir nachgewiesen haben, daß sie nicht diagonalisierbar ist, die jedoch dasselbe charakteristische Polynom besitzt wie E_2.

Die Gleichheit von Funktionen wird durch die Übereinstimmung der Funktionswerte für jedes der möglichen Argumente definiert. Damit wir wie in Abschnitt 5.3.5 den *Polynomvergleichssatz* (5.3.6) als Gleichheitskriterium für Polynomfunktionen in K verwenden können, **setzen wir im folgenden stets voraus, daß K unendlich viele Elemente enthält.** Der Grad des Polynoms $P := (t \to P(t) = \sum_{k=0}^{n} a_k t^k, \ t \in K)$ mit $a_n \neq 0$ ist dann durch $\text{Grad } P := n$ definiert.

Für zwei Polynome P und Q erhalten wir die Summe und das Produkt wie in (5.10) und (5.11).

6.2.3 Eigenraumbasen

Wird das Nullpolynom durch $N := (t \to 0, \ t \in K)$ erklärt, so sind $P+Q$ und PQ Polynome mit $PQ \ne N$ für alle $P \ne N$ und $Q \ne N$.

Ergänzt man die obige Graddefinition durch $\operatorname{Grad} N := -\infty$ und erklärt man die entsprechenden Additionsregeln in $\mathbb{N}_0 \cup \{-\infty\}$, so erhält man die nützliche Gradformel

(11) $\operatorname{Grad}(PQ) = (\operatorname{Grad} P) + (\operatorname{Grad} Q)$ für alle Polynome P und Q.

Jedes $\lambda \in K$ mit $P(\lambda) = 0$ heißt *Nullstelle* von P. Ein vom Nullpolynom verschiedenes Polynom P hat aufgrund des *Polynomvergleichssatzes* (5.3.6) höchstens $\operatorname{Grad} P$ Nullstellen. Damit sind also die Eigenwerte von A genau die Nullstellen des charakteristischen Polynoms χ_A, und die Menge aller Eigenvektoren zu λ ist $N(\lambda E - A) \setminus \{\vec{0}\}$. Die endliche Menge der (verschiedenen) Eigenwerte von A, die auch leer sein kann, wird *Spektrum* von A genannt und mit $\operatorname{Spec}_K(A)$ oder kurz mit $\operatorname{Spec}(A)$ bezeichnet. Jeder der Nullräume $N(\lambda E - A)$ mit $\lambda \in \operatorname{Spec}(A)$ heißt *Eigenraum* von A (zum Eigenwert λ). Statt "Dimension des Eigenraums" sagt man aus etwas später erkennbaren Gründen auch *geometrische Vielfachheit* (des Eigenwerts λ).

Als vorläufiges Diagonalisierbarkeitskriterium können wir damit schon festhalten, daß $A \in K^{n \times n}$ **genau dann diagonalisierbar ist, wenn es n linear unabhängige Vektoren in der Vereinigung aller Eigenräume von A gibt.** Der folgende Satz zeigt, daß die Vereinigung der Basen aller Eigenräume linear unabhängig ist.

6.2.3 Satz über Eigenraumbasen

Es sei $A \in K^{n \times n}$ eine Matrix mit nichtleerem Spektrum $\{\lambda_1, \ldots, \lambda_s\}$ und mit den geometrischen Vielfachheiten $g_i := \dim N(\lambda_i E - A)$ für $i = 1, \ldots, s$. Ist $\{\vec{v}_{i1}, \ldots, \vec{v}_{ig_i}\}$ eine Basis von $N(\lambda_i E - A)$ für $i = 1, \ldots, s$, so sind die Vektoren $\vec{v}_{11}, \ldots \vec{v}_{1g_1}, \ldots, \ldots, \vec{v}_{s1}, \ldots, \vec{v}_{sg_s}$ linear unabhängig. Insbesondere läßt sich jeder Vektor $\vec{x} \in K^{n \times 1}$ eindeutig in der Form

(12) $\vec{x} = \sum_{i=1}^{s} \vec{z}_i$ mit $\vec{z}_i \in N(\lambda_i E - A)$

darstellen.

Beweis (a1):

Wir setzen $\vec{0} = \sum_{i=1}^{s} (\sum_{j=1}^{g_i} a_{ij} \vec{v}_{ij}) = \sum_{i=1}^{s} \vec{z}_i$ mit $a_{ij} \in K$ und $\vec{z}_i := \sum_{j=1}^{g_i} a_{ij} \vec{v}_{ij}$.

Für alle $j, k \in \{1, \ldots, s\}$ gilt $(\lambda_j E - A) \vec{z}_k = \lambda_j \vec{z}_k - A \vec{z}_k = (\lambda_j - \lambda_k) \vec{z}_k$.

Damit folgt $\vec{0} = \prod_{\substack{j=1 \\ j \neq k}}^{s} (\lambda_j E - A)(\sum_{i=1}^{s} \vec{z}_i) = \left(\prod_{\substack{j=1 \\ j \neq k}}^{s} (\lambda_j - \lambda_k) \right) \vec{z}_k$, also $\vec{z}_k = \vec{0}$

für jedes $k \in \{1, \ldots, s\}$. Wegen $\vec{0} = \vec{z}_i = \sum_{j=1}^{g_i} a_{ij} \vec{v}_{ij}$ mit den linear unabhängigen Vektoren $\vec{v}_{i1}, \ldots, \vec{v}_{ig_i}$ ist schließlich $a_{ij} = 0$ für $i = 1, \ldots, s$ und $j = 1, \ldots, g_i$. □

Übung 6.2.a

Es sei $\vec{a} \in \mathbb{R}^{n \times 1} \setminus \{\vec{0}\}$ und $\varphi : \mathbb{R}^{n \times 1} \to \mathbb{R}^{n \times 1}$, $\vec{x} \mapsto \vec{x} - 2 \frac{{}^t\vec{a}\vec{x}}{{}^t\vec{a}\vec{a}} \vec{a}$.

i) Zeigen Sie, daß φ ein Endomorphismus von $\mathbb{R}^{n \times 1}$ ist.
ii) Deuten Sie φ geometrisch im $\mathbb{R}^{3 \times 1}$ (vgl. Übung 2.5.c).
iii) Bestimmen Sie im Falle $n=3$ und $\vec{a} := {}^t(1\ -1\ 2)$ eine Basis $\mathcal{A}$ von $\mathbb{R}^{3 \times 1}$, so daß $M_{\mathcal{A}}^{\mathcal{A}}(\varphi) = -\vec{e}_1 {}^t\vec{e}_1 + \vec{e}_2 {}^t\vec{e}_2 + \vec{e}_3 {}^t\vec{e}_3$ gilt.

Übung 6.2.b

Es sei $A := \begin{pmatrix} 5 & -6 & -6 \\ -1 & 4 & 2 \\ 3 & -6 & -4 \end{pmatrix}$. Berechnen Sie die Eigenwerte von A, und bestimmen Sie Eigenvektoren von A, die eine Basis von $\mathbb{R}^{3 \times 1}$ bilden. Geben Sie weiter eine zu A ähnliche Diagonalmatrix D und eine Matrix $T \in GL(3; \mathbb{R})$ an, für die $D = T^{-1}AT$ ist.

Übung 6.2.c

Zeigen Sie für $A \in K^{n \times n}$:
i) Aus $A^2 = A$ folgt $\operatorname{Spec}(A) \subseteq \{0, 1\}$.
ii) Ist A nilpotent, so gilt $\operatorname{Spec}(A) = \{0\}$. [Hinweis: Vergessen Sie nicht den Nachweis dafür, daß 0 Eigenwert ist.]

Übung 6.2.d

Es sei $A \in GL(n;K)$ und $\text{Spec}(A) = \{\lambda_1,\ldots,\lambda_m\}$. Beweisen Sie, daß $\text{Spec}(A^{-1}) = \{\lambda_1^{-1},\ldots,\lambda_m^{-1}\}$ gilt, und drücken Sie $\chi_{A^{-1}}$ durch χ_A aus.

Übung 6.2.e

Berechnen Sie χ_A für $A := \sum_{i=1}^{n-1} \vec{e}_i {}^t\vec{e}_{i+1} - \sum_{k=1}^{n} a_{k-1} \vec{e}_n {}^t\vec{e}_k \in K^{n \times n}$ mit $n > 1$.

Übung 6.2.f

Es seien $\vec{a}, \vec{b} \in K^{n \times 1}$ und $A := \vec{a}\,{}^t\vec{b}$. Bestimmen Sie χ_A. [Hinweis: Beachten Sie Übung 5.2.e.]

Im Anschluß an unser vorläufiges Diagonalisierbarkeitskriterium könnten wir aufgrund des *Satzes über Eigenraumbasen* das Erfülltsein der Gleichung $g_1 + \ldots + g_s = n$ als theoretisch endgültige notwendige und hinreichende Bedingung für die Diagonalisierbarkeit einer Matrix $A \in K^{n \times n}$ ansehen. Im Hinblick auf das allgemeine Normalformenproblem wollen wir aber noch für die Eigenraumdimensionen aller Matrizen mit gleichem charakteristischem Polynom bestmögliche obere Schranken angeben - etwa um im Falle der Nichtdiagonalisierbarkeit feststellen zu können, welche Eigenräume nicht die notwendige Anzahl linear unabhängiger Eigenvektoren beitragen. Dazu benötigen wir eine weitere Eigenschaft von Polynomen in unendlichen Körpern K:

6.2.4 Satz über die Zerlegung von Polynomen

Es sei P ein vom Nullpolynom verschiedenes Polynom, das in K mindestens eine Nullstelle hat, und $\lambda_1,\ldots,\lambda_s$ seien die (verschiedenen) Nullstellen von P. Dann gibt es genau ein Polynom Q mit $Q(\lambda_i) \neq 0$ für $i = 1,\ldots,s$ und eindeutig bestimmte Zahlen $v_1,\ldots,v_s \in \mathbb{N}$, so daß

(13) $\quad P(t) = (t - \lambda_1)^{v_1} \cdot \ldots \cdot (t - \lambda_s)^{v_s} Q(t)$ für alle $t \in K$ gilt.

Beweis (a2):

Zu einem beliebigen Polynom $P_1 \neq N$ mit $P_1(t) = \sum_{k=0}^{n} a_k t^k$ und zu beliebigem $\lambda \in K$ definieren wir mit Hilfe des *Ruffini-Horner-Algorithmus* der auch *Horner-Schema* genannt wird, das Polynom $P_2(t) := \sum_{k=0}^{n-1} b_k t^k$ mit $b_{n-1} := a_n$, $b_{k-1} := a_k + \lambda b_k$, $k = n-1, n-2, \ldots, 1$. Durch Ausmultiplizieren und Umordnen erhalten wir damit

(14) $\quad P_1(t) = a_0 + \lambda b_0 + (t-\lambda)P_2(t)$ für alle $t \in K$ und $a_0 + \lambda b_0 = P_1(\lambda)$.

Umgekehrt ergibt der *Polynomvergleichssatz* (5.3.6), daß P_2 durch P_1 und λ eindeutig festgelegt ist. Stellt λ eine Nullstelle von P_1 dar, so folgt insbesondere $P_1(t) = (t-\lambda)P_2(t)$ für alle $t \in K$. Durch wiederholte Anwendung solcher Abspaltungen ergeben sich bei P die für alle $t \in K$ gültigen Darstellungen

(15) $\quad P(t) = (t-\lambda_i)^{v_i} Q_i(t)$ mit $Q_i(\lambda_i) \neq 0$ für $i = 1, \ldots, s$,

wobei v_i und Q_i jeweils eindeutig durch P und λ_i bestimmt sind. Bei fortgesetzter Abspaltung erhalten wir schließlich (13) mit den durch (15) definierten Exponenten. Die Eindeutigkeit des Polynoms Q mit Grad Q = (Grad P) - $(v_1 + \ldots + v_s)$, das noch von der Reihenfolge des Abspaltens abhängen könnte, ergibt sich indirekt bei Annahme einer zweiten (verschiedenen) Darstellung durch Differenzbildung und durch Ausklammern von $(t-\lambda_1)^{v_1} \cdot \ldots \cdot (t-\lambda_s)^{v_s}$, wobei dann die Gradformel (11) zu einem Widerspruch führt. □

Der durch (13) zu jeder Nullstelle λ_i von P eindeutig bestimmte Exponent v_i heißt *Vielfachheit* von λ_i. Im Falle des charakteristischen Polynoms nennt man v_i auch die *algebraische Vielfachheit* von λ_i, um eine begriffliche Verbindung zur Eigenraumdimension $\dim(\lambda_i E - A)$ herzustellen, für die aus diesem Grunde die Bezeichnung geometrische Vielfachheit von λ_i eingeführt wurde. Der folgende Satz ergibt nun, daß die algebraische Vielfachheit eines Eigenwertes die gesuchte (bestmögliche) obere Schranke für die geometrischen Vielfachheiten dieses Eigenwertes bei allen Matrizen mit demselben charakteristischen Polynom darstellt:

6.2.5 Satz über die Eigenraumdimension

Es sei λ ein Eigenwert von $A \in K^{n \times n}$. Ist v die algebraische Vielfachheit und g die geometrische Vielfachheit von λ, so gilt $g \leq v$.

Beweis (a1):

Ist $\{\vec{v}_1, \ldots, \vec{v}_g\}$ eine Basis von $N(\lambda E - A)$, so stellt

$$T := {}^W(\vec{v}_1 \ldots \vec{v}_g\ \vec{e}_1 \ldots \vec{e}_n) =: (\vec{v}_1 \ldots \vec{v}_n)$$

eine invertierbare Matrix dar. Wegen $A\vec{v}_i = \lambda \vec{v}_i = \lambda T\vec{e}_i$ für $i = 1, \ldots, g$ gilt

$$AT = (A\vec{v}_1 \ldots A\vec{v}_g\ A\vec{v}_{g+1} \ldots A\vec{v}_n) = (\lambda\vec{v}_1 \ldots \lambda\vec{v}_g\ A\vec{v}_{g+1} \ldots A\vec{v}_n) =$$

$$T(\lambda\vec{e}_1 \ldots \lambda\vec{e}_g\ T^{-1}A\vec{v}_{g+1} \ldots T^{-1}A\vec{v}_n) =: T\begin{pmatrix} \lambda E_g & B \\ 0 & C \end{pmatrix}$$

mit $B \in K^{g \times n}$ und $C \in K^{(n-g) \times (n-g)}$. Also folgt

$$T^{-1}AT = \begin{pmatrix} \lambda E_g & B \\ 0 & C \end{pmatrix},$$

und der *Satz über die Determinante von Blockdreiecksmatrizen* (5.2.13) sowie (10) ergeben

$$\chi_A(t) = \chi_{T^{-1}AT}(t) = (\det(tE_g - \lambda E_g))(\det(tE_{n-g} - C)) = (t-\lambda)^g Q(t),$$

so daß $g \leq v$ sein muß. □

Da wir die Gleichung $g_1 + \ldots + g_s = n$ schon als notwendige Bedingung für die Diagonalisierbarkeit einer Matrix $A \in K^{n \times n}$ mit s Eigenwerten erkannt haben und da stets $v_1 + \ldots + v_n \leq n$ und $g_i \leq v_i$, $i = 1, \ldots, s$, erfüllt ist, muß also einerseits $v_1 + \ldots + v_n = n$ und andererseits $g_i = v_i$ für $i = 1, \ldots, s$ gelten, damit A diagonalisierbar sein kann. Bei einem Polynom P mit $\text{Grad } P = n$ ist $v_1 + \ldots + v_s = n$ in (13) gleichbedeutend mit $\text{Grad } Q = 0$. Man sagt in diesem Fall, daß P in *Linearfaktoren zerfällt*. Um für Matrizen, deren charakteristisches Polynom in Linearfaktoren zerfällt, eine kurze Bezeichnung zu haben, definieren wir:

6.2.6 Definition der zerfallenden Matrix

Die Matrix $A \in K^{n \times n}$ heißt *zerfallend* genau dann, wenn das charakteristische Polynom $\chi_A(t)$ (über K) in Linearfaktoren zerfällt.

Außerdem führen wir für die im folgenden häufig auftretenden *Blockdiagonalmatrizen* $\begin{pmatrix} B_1 & 0 \\ & \ddots & \\ 0 & & B_k \end{pmatrix} \in K^{n \times n}$ mit quadratischen Matrizen B_i, $i=1,\ldots,k$, die Abkürzung $[B_1 \ldots B_k]$ ein. Damit formulieren wir die für die Theorie endgültige Diagonalisierungsbedingung, die aber in 6.4.3 durch ein algorithmisch brauchbares eigenwertfreies Kriterium ergänzt wird:

6.2.7 Diagonalisierungssatz

Die Matrix $A \in K^{n \times n}$ ist genau dann diagonalisierbar, wenn A zerfallend ist und wenn für jeden Eigenwert von A die algebraische Vielfachheit und die geometrische Vielfachheit übereinstimmen.

Für jede diagonalisierbare Matrix A mit dem Spektrum $\{\lambda_1,\ldots,\lambda_s\}$ und mit den zugehörigen algebraischen Vielfachheiten $v_1,\ldots,v_s$ stellt

(16) $\quad T := \left({}^z(\lambda_1 E - A) \ldots {}^z(\lambda_s E - A) \right) \in GL(n;K)$

eine Transformationsmatrix dar, mit der $T^{-1}AT = [\lambda_1 E_{v_1} \ldots \lambda_s E_{v_s}]$ gilt.

Beweis (r2):

Ist A diagonalisierbar, so gibt es eine Matrix $(\vec{v}_1 \ldots \vec{v}_n) \in GL(n;K)$ und eine Diagonalmatrix $D =: [\lambda_1 \ldots \lambda_n]$, so daß $A\vec{v}_j = \lambda_j \vec{v}_j$ für $j = 1,\ldots,n$ gilt. Die Diagonalelemente λ_j seien so indiziert, daß $\text{Spec}(A) = \{\lambda_1,\ldots,\lambda_s\}$ gesetzt werden kann. Mit den algebraischen Vielfachheiten $v_1,\ldots,v_s$ von $\lambda_1,\ldots,\lambda_s$ folgt dann $\chi_A(t) = \chi_D(t) = (t-\lambda_1)^{v_1} \cdot \ldots \cdot (t-\lambda_s)^{v_s}$ für jedes $t \in K$, d.h. A ist zerfallend. Da die Vektoren $\vec{v}_1,\ldots,\vec{v}_s$ linear unabhängige Eigenvektoren darstellen, ist $g_1 + \ldots + g_s = v_1 + \ldots + v_s = n$, und wegen $g_i \leq v_i$ für $i = 1,\ldots,s$ müssen die algebraischen und geometrischen Vielfachheiten für jeden Eigenwert gleich sein.

Für den Nachweis der Gegenrichtung gehen wir von dem in Linear-

6.2.7 Diagonalisierungssatz

faktoren zerfallenden charakteristischen Polynom $\chi_A(t) = \prod_{i=1}^{s}(t-\lambda_i)^{v_i}$ aus und verwenden die wegen $v_i = g_i$ für $i = 1,\ldots,s$ existierenden Basen $\{\vec{v}_{i1},\ldots,\vec{v}_{ig_i}\}$ von $N(\lambda_i E - A)$, um die Transformationsmatrix $T := (\vec{v}_{11}\ldots\vec{v}_{1g_1}\ldots\ldots\vec{v}_{s1}\ldots\vec{v}_{sg_s})$ zu bilden, die aufgrund des *Satzes über Eigenraumbasen* (6.2.3) invertierbar ist. Wie im Beweis des *Satzes über die Eigenraumdimension* (6.2.5) folgt dann

$$T^{-1}AT = [\lambda_1 E_{v_1}\ldots\lambda_s E_{v_s}].$$

Entsprechend der Darstellung im *Satz über die Lösungsgesamtheit* (2.3.25) bilden die Spaltenvektoren von $^z(\lambda_i E - A)$ eine Basis von $N(\lambda_i E - A)$ für $i = 1,\ldots,s$, so daß T explizit angegeben werden kann. □

Übung 6.2.g

Zeigen Sie, daß $AB = BA$ gilt, wenn es linear unabhängige Vektoren $\vec{c}_1,\ldots,\vec{c}_n \in K^{n \times 1}$ gibt, die Eigenvektoren sowohl von $A \in K^{n \times n}$ als auch von $B \in K^{n \times n}$ sind.

Übung 6.2.h

Zeigen Sie, daß $\chi_{AB} = \chi_{BA}$ für alle $A, B \in K^{n \times n}$ gilt.
[Hinweis: Verwenden Sie den *Äquivalenzsatz* (3.3.8), um den allgemeinen Fall auf den Spezialfall $A = D_r$ zurückzuführen.]

Übung 6.2.i

Bezüglich einer beliebigen Basis des zweidimensionalen $\mathbb{R}$-Vektorraums $V := (\{(a_n)_{n \in \mathbb{N}} \mid a_i \in \mathbb{R}$ und $a_{n+2} = a_{n+1} + 2a_n\}, +, \cdot)$ habe der Endomorphismus $\sigma : V \to V, (a_n)_{n \in \mathbb{N}} \mapsto (a_{n+1})_{n \in \mathbb{N}}$ die darstellende Matrix A. Berechnen Sie
i) $\chi_\sigma := \chi_A$, ii) eine Basis $\mathcal{B}$ von V, die aus Eigenvektoren von σ besteht, und iii) $M_{\mathcal{B}}^{\mathcal{B}}(\underbrace{\sigma \circ \ldots \circ \sigma}_{m})$ für jedes $m \in \mathbb{N}$.

Übung 6.2.j

Es sei $D(\mathbb{R})$ der $\mathbb{R}$-Vektorraum der auf $\mathbb{R}$ differenzierbaren Funktionen, $W := \text{Lin}\{2, e^x, e^{-x}, e^{2x}\} \subseteq D(\mathbb{R})$ und $D \in \text{Hom}(W, W)$ definiert durch $(Df)(x) := f'(x)$ für $f \in W$ und $x \in \mathbb{R}$. Bestimmen Sie alle Eigenwerte von D und eine Basis von W, die aus Eigenvektoren von D besteht. [Hinweis: Vergessen Sie nicht, die lineare Unabhängigkeit des Erzeugendensystems von W zu zeigen.]

Übung 6.2.k

Es seien $A, B \in \mathbb{C}^{n \times n}$ mit $AB = BA$. Beweisen Sie, daß A und B einen gemeinsamen Eigenvektor haben. [Hinweis: Wenden Sie A und B auf Vektoren aus $\text{Lin}\{\tilde{x}, B\tilde{x}, B^2\tilde{x}, \ldots\} \subseteq \mathbb{C}^{n \times 1}$ an, wobei $\tilde{x}$ ein Eigenvektor von A ist.]

Übung 6.2.l

Für jedes $n \in \mathbb{N} \setminus \{1\}$ sei F_n die Fourier-Matrix aus Übung 5.3.c. Bestimmen Sie alle Permutationsmatrizen P, für die $F_n^{-1} P F_n$ eine Diagonalmatrix darstellt.

Übung 6.2.m

Berechnen Sie eine Matrix $X \in \mathbb{R}^{3 \times 3}$, für die $X^3 = \begin{pmatrix} 4 & -2 & 0 \\ 6 & -2 & -1 \\ 6 & -4 & 1 \end{pmatrix}$ gilt.

Übung 6.2.n

Es seien $D := \begin{pmatrix} -1 & 0 & 0 \\ 0 & 3 & 0 \\ 0 & 0 & 3 \end{pmatrix}$, $V_1 := \begin{pmatrix} 2 \\ -1 \\ 1 \end{pmatrix}$, $V_2 := \begin{pmatrix} 1 & 1 \\ 1 & 0 \\ 0 & 1 \end{pmatrix}$ und $\begin{pmatrix} W_1 \\ W_2 \end{pmatrix} := (V_1 \; V_2)^{-1}$,

wobei ^tW_i für $i = 1, 2$ dieselbe Spaltenzahl wie V_i habe. Zeigen Sie, daß $-V_1 W_1 + 3 V_2 W_2$ eine zu D ähnliche Matrix darstellt.

Achtung: Fundgrube! [Summendarstellung einer beliebigen diagonalisierbaren Matrix $A \in K^{n \times n}$ durch entsprechende Aufspaltung der Transformationsmatrizen T und T^{-1} wie oben; Eigenschaften der Matrizen $V_i W_i$.]

6.2.8 Spektralzerlegung

Bisher haben wir nur Produktdarstellungen von Matrizen gewonnen. Für diagonalisierbare Matrizen A läßt sich aus der Gleichung $A = TDT^{-1}$ auch eine wichtige Summendarstellung herleiten. Dazu fassen wir die Eigenraumbasisvektoren in T zu Matrizen $V_i \in K^{n \times v_i}$, $i = 1, \ldots, s$, zusammen oder setzen wie in (16) direkt $T := (V_1 \ldots V_s)$ mit $V_i := {}^z(\lambda_i E - A)$, $i = 1, \ldots, s$. Entsprechend bilden wir

$$T^{-1} =: \begin{pmatrix} W_1 \\ \vdots \\ W_s \end{pmatrix} \quad \text{mit} \quad W_i \in K^{v_i \times n}, \; i = 1, \ldots, s.$$

6.2.8 Spektralzerlegung

Nach (1.21) gilt dann

$$E_n = T^{-1}T = T^{-1}(V_1 \ldots V_s) = (T^{-1}V_1 \ldots T^{-1}V_s) = \begin{pmatrix} W_1V_1 & \cdots & W_1V_s \\ \vdots & & \vdots \\ W_sV_1 & \cdots & W_sV_s \end{pmatrix},$$

und durch Vergleich mit E_n erhalten wir

(17) $\quad W_iV_i = E_{v_i}$ für $i = 1, \ldots, s$ und
$\quad W_jV_k = (0) \in K^{v_j \times v_k}$, für $j, k \in J_n$ mit $j \neq k$.

Die entsprechende Aufspaltung der Summen in Gleichung (1.23) für das Matrizenprodukt ergibt außerdem

(18) $\quad E_n = TT^{-1} = \sum_{i=1}^{s} V_iW_i.$

Setzen wir nun $P_i := V_iW_i$ für $i = 1, \ldots, s$, so geht (18) in

(19) $\quad \sum_{i=1}^{s} P_i = E_n$

über, und aus (17) folgt

(20) $\quad P_i^2 = V_iW_iV_iW_i = V_iE_{v_i}W_i = V_iW_i = P_i$ für $i = 1, \ldots, s$
sowie
$\quad P_jP_k = V_jW_jV_kW_k = V_j(0)W_k = (0) \in K^{n \times n}$
für alle $j, k \in J_s$ mit $j \neq k$.

Wegen $D = [\lambda_1 E_{v_1} \ldots \lambda_s E_{v_s}]$ erhalten wir schließlich durch Verknüpfen von Blockmatrizen wie in (17) und (18) die gesuchte Summendarstellung $A = (TD)T^{-1} = [\lambda_1 V_1 \ldots \lambda_s V_s]T^{-1} = \sum_{i=1}^{s} \lambda_i V_i W_i$, d.h.

(21) $\quad A = \sum_{i=1}^{s} \lambda_i P_i.$

Bevor wir den entsprechenden Satz formulieren, wollen wir die Bedeutung der Matrizen P_i klären und passende Bezeichnungen einführen. Wegen $P_i^2 = P_i$ handelt es sich wie im Anschluß an 2.4.21 um *Projektionsmatrizen*. Aber worauf wird $K^{n \times 1}$ durch P_i projiziert?

Da die Spaltenvektoren von V_i eine Basis von $N_i := N(\lambda_i E - A)$ bilden, ist $P_i \vec{x} = V_i(W_i \vec{x})$ aus $S(V_i) = N_i$ für jedes $\vec{x} \in K^{n \times 1}$. Im Falle einer diagonalisierbaren Matrix A ergibt der *Satz über Eigenraumbasen* (6.2.3), daß die Spaltenvektoren von $(V_1 \ldots V_s)$ eine Basis von $K^{n \times 1}$ darstellen und daß sich jeder Vektor $\vec{x} \in K^{n \times 1}$ **in eindeutiger Weise** als Summe $\vec{x} = \sum_{i=1}^{s} \vec{z}_i$ mit $\vec{z}_i \in N_i$ schreiben läßt. Wegen

(19) ist auch $\vec{x} = \sum_{i=1}^{s} P_i \vec{x}$, so daß $\vec{z}_i = P_i \vec{x} = V_i(W_i \vec{x})$ für $i = 1, \ldots, s$

gelten muß, wobei $W_i \vec{x}$ die Koeffizienten der Linearkombination von $\vec{z}_i$ durch die Spaltenvektoren von V_i ergibt. Aus der Eindeutigkeit der Darstellung folgt außerdem $P_i \vec{y} = \vec{y}$ für alle $\vec{y} \in N_i$, so daß

$$(22) \qquad S(P_i) = S(V_i) = N_i$$

gilt. Jede der Matrizen P_i projiziert also $K^{n \times 1}$ auf den entsprechenden Eigenraum N_i und diesen auf sich selbst.

Im *Satz über direkte Summen* (2.5.9) ist die eindeutige Darstellbarkeit aller Elemente eines Untervektorraums W von $K^{n \times 1}$ als Summe von je einem Element aus zwei Untervektorräumen U und V von W eine notwendige und hinreichende Bedingung dafür, daß W die *direkte Summe* $U \oplus V$ von U und V bildet. Verallgemeinern wir nun die *Definition der direkten Summe* (2.5.8) auf $k (\geq 2)$ Untervektorräume W_i eines K-Vektorraumes W, indem wir $W = \text{Lin}(W_1 \cup \ldots \cup W_k)$ und $W_i \cap \text{Lin}(W_1 \cup \ldots \cup W_{i-1} \cup W_{i+1} \cup \ldots \cup W_k) = \{\vec{0}\}$ für $i = 1, \ldots, k$ fordern und $W = W_1 \oplus \ldots \oplus W_k$ schreiben, so ist wegen (19), (20) und (22) einerseits $K^{n \times 1} = N_1 \oplus \ldots \oplus N_s$, und andererseits ergeben die Matrizen P_i zu jedem $\vec{x} \in K^{n \times 1}$ in besonders einfacher Weise die direkten Summanden $\vec{z}_i = P_i \vec{x}$, die sonst durch Lösen von linearen Gleichungssystemen berechnet werden müßten.

Da auch die Darstellung (21) von A zu wichtigen Anwendungen führt, die bis zur Quantenmechanik reichen, fassen wir die Ergebnisse dieses Abschnitts in einer Definition und einem Satz zusammen:

6.2.9 Definition der Spektralzerlegung

Die Matrix $A \in K^{n \times n}$ mit dem Spektrum $\{\lambda_1, \ldots, \lambda_s\}$ besitzt eine *Spektralzerlegung* genau dann, wenn es Matrizen $P_i \in K^{n \times n} \setminus \{(0)\}$, $i = 1, \ldots, s$, gibt, so daß die folgenden Gleichungen erfüllt sind:

(19) $\qquad P_1 + \ldots + P_s = E_n$,

(20) $\qquad P_j P_k = (0) \in K^{n \times n}$ für $j, k \in J_s$ mit $j \neq k$ und

(21) $\qquad A = \sum_{i=1}^{s} \lambda_i P_i$.[1]

Die Gleichung $P_i^2 = P_i$ für $i = 1, \ldots, s$ läßt sich aus (19) und (20) herleiten. Außerdem legen die Bedingungen (19), (20) und (21) die Projektionsmatrizen eindeutig fest: Aus (21) und (20) folgt $A(P_i \vec{x}) = \lambda_i (P_i \vec{x})$, so daß $P_i \vec{x} \in N_i$ für jedes $\vec{x} \in K^{n \times 1}$ gilt; (19) führt auf $\vec{x} = \sum_{i=1}^{s} P_i \vec{x}$, und die eindeutige Darstellung (12) $\vec{x} = \sum_{i=1}^{s} \vec{z}_i$ mit $\vec{z}_i \in N_i$ ergibt $P_i \vec{x} = \vec{z}_i$ für $i = 1, \ldots, s$. Damit sind die Spaltenvektoren $P_i \vec{e}_k$ von P_i für $k = 1, \ldots, n$ bereits durch A, λ_i und $\vec{e}_k$ bestimmt. Insbesondere hängen die Projektionsmatrizen nicht von T oder von den Eigenraumbasen ab.

6.2.10 Spektralzerlegungssatz

Ist $A \in K^{n \times n}$ eine diagonalisierbare Matrix mit dem Spektrum $\{\lambda_1, \ldots, \lambda_s\}$ und wird $T := (V_1 \ldots V_s) \in GL(n; K)$ mit $V_i := {}^z(\lambda_i E - A)$ für $i = 1, \ldots, s$ sowie ${}^t(T^{-1}) =: ({}^t W_1 \ldots {}^t W_s)$ gesetzt, wobei ${}^t W_i$ für $i = 1, \ldots, s$ dieselbe Spaltenzahl wie V_i hat, so besitzt A die Spektralzerlegung

(23) $\qquad A = \sum_{i=1}^{s} \lambda_i V_i W_i$.

---

[1] Wir sagen im folgenden kurz: A besitzt die Spektralzerlegung $A = \sum_{i=1}^{s} \lambda_i P_i$.

6.2.11 Beispiel

Die Matrix $A = \begin{pmatrix} 1 & 2 & 2 \\ 1 & 2 & -1 \\ -1 & 1 & 4 \end{pmatrix}$ besitzt das charakteristische Polynom

$\chi_A(t) = t^3 - 7t^2 + 15t - 9 = (t-1)(t-3)^2$. Also ist A zerfallend mit $\text{Spec}(A) = \{1,3\}$. Der *Eliminationsalgorithmus* ergibt

$$V_1 = {}^z(E-A) = \begin{pmatrix} 2 \\ -1 \\ 1 \end{pmatrix} \text{ und } V_2 = {}^z(3E-A) = \begin{pmatrix} 1 & 1 \\ 1 & 0 \\ 0 & 1 \end{pmatrix}. \text{ Damit ist}$$

$$T = (V_1 \; V_2), \; T^{-1} = \tfrac{1}{2} \begin{pmatrix} 1 & -1 & -1 \\ 1 & 1 & -1 \\ -1 & 1 & 3 \end{pmatrix} = \begin{pmatrix} W_1 \\ W_2 \end{pmatrix},$$

$$P_1 = \tfrac{1}{2} \begin{pmatrix} 2 \\ -1 \\ 1 \end{pmatrix} \begin{pmatrix} 1 & -1 & 1 \end{pmatrix} = \tfrac{1}{2} \begin{pmatrix} 2 & -2 & -2 \\ -1 & 1 & 1 \\ 1 & -1 & -1 \end{pmatrix},$$

$$P_2 = \tfrac{1}{2} \begin{pmatrix} 1 & 1 \\ 1 & 0 \\ 0 & 1 \end{pmatrix} \begin{pmatrix} 1 & 1 & -1 \\ -1 & 1 & 3 \end{pmatrix} = \tfrac{1}{2} \begin{pmatrix} 0 & 2 & 2 \\ 1 & 1 & -1 \\ -1 & 1 & 3 \end{pmatrix} \text{ und } A = P_1 + 3P_2.$$

Übung 6.2.o

Die Matrix $A \in K^{n \times n}$ besitze die Spektralzerlegung $A = \sum_{i=1}^{s} \lambda_i P_i$. Beweisen Sie, daß $T := ({}^w P_1 \ldots {}^w P_s) \in GL(n;K)$ eine Transformationsmatrix ist, mit der $T^{-1}AT = [\lambda_1 {}^{tu}P_1 {}^u P_1 \ldots \lambda_s {}^{tu}P_s {}^u P_s]$ gilt.

Übung 6.2.p

Die Matrix $A \in K^{n \times n}$ besitze die Spektralzerlegung $A = \sum_{i=1}^{s} \lambda_i P_i$, und $f := \left(t \to f(t) = \sum_{k=0}^{m} a_k t^k, \; t \in K\right)$ sei ein Polynom mit $a_k \in K$, $k = 0, \ldots, m$. Zeigen Sie, daß zu $f(A) = \sum_{k=0}^{m} a_k A^k$ mit $A^0 := E_n$ die Spektralzerlegung $f(A) = \sum_{i=0}^{s} f(\lambda_i) P_i$ gehört.

Der *Spektralzerlegungssatz* (6.2.10) und Übung 6.2.o bedeuten, daß die Diagonalisierbarkeit einer Matrix A und die Existenz einer Spektralzerlegung von A äquivalent sind, wobei sich die Transformationsmatrix einfacher aus der Spektralzerlegung ergibt als umgekehrt. Übung 6.2.p zeigt außerdem, daß sich bei Kenntnis einer Spektralzerlegung von A nicht nur Potenzen sondern auch beliebige polynomiale Verknüpfungen von A in einfacher Weise berechnen lassen.

Durch das folgende wohl **merkwürdigste aller neuen Ergebnisse** in diesem Buch erhalten wir für jede diagonalisierbare Matrix eine *a-priori-Spektralzerlegung*, bei der ohne Verwendung der Eigenwerte oder einer Transformationsmatrix ein Matrixpolynom bestimmt wird, aus dem sich durch Einsetzen der Eigenwerte die mit einem skalaren Faktor multiplizierten zugehörigen Projektionsmatrizen ergeben.

Da die von $\vec{0}$ verschiedenen Spaltenvektoren der Projektionsmatrizen Eigenvektoren sind, die sogar ein Erzeugendensystem für den entsprechenden Eigenraum bilden, kann das Eigenwert-Eigenvektor-Problem sinnvoll entkoppelt werden: Das erzeugende Matrixpolynom läßt sich ohne Rundungsfehler beziehungsweise mit guter Rundungsfehlerkontrolle berechnen, und die jeweils gewünschte Eigenvektorgenauigkeit entscheidet über die Fehlerschranke bei der Eigenwertapproximation. Es sei deshalb auch darauf hingewiesen, daß im letzten Abschnitt dieses Kapitels ein sicherer und effizienter Algorithmus zur Annäherung aller Nullstellen von Polynomen mit komplexen Koeffizienten hergeleitet wird.

Um den folgenden Satz kurz formulieren zu können, definieren wir für Matrixpolynome $M := (t \to M(t), t \in K)$ mit "Koeffizienten" aus $K^{n \times n}$ die *Teilbarkeit* durch ein Polynom $p := (t \to p(t), t \in K)$, indem wir die Existenz eines Matrixpolynoms $M_1 := (t \to M_1(t), t \in K)$ fordern, mit dem $M(t) = p(t) M_1(t)$ für alle $t \in K$ gilt. Wir schreiben dann $M_1 = M/p$. Wegen ${}^t\vec{e}_i M(t) \vec{e}_k = p(t) {}^t\vec{e}_i M_1(t) \vec{e}_k$ für $i, k \in J_n$ und für alle $t \in K$ ist diese Definition äquivalent dazu, daß p jedes "Komponentenpolynom" von M teilt.

Für die Berechnung des im folgenden benötigten größten gemeinsamen Teilers von Polynomen gibt es Standard-Algorithmen, die analog zum euklidischen Algorithmus für die Bestimmung des ggT von ganzen Zahlen ablaufen (siehe [7]).

6.2.12 Adjunktenspektralsatz

Die Matrix $A \in K^{n \times n}$ sei diagonalisierbar und habe das Spektrum

$\{\lambda_1,\ldots,\lambda_s\}$ mit den zugehörigen algebraischen Vielfachheiten $v_1,\ldots,v_s$. Dann teilt das Polynom $g_A := ggT(\chi_A, \chi'_A)$ die Busadjunkte $^\beta A$, und mit dem ausdividierten Matrixpolynom $^\gamma A := {}^\beta A / g_A$ ist

(24) $\qquad A = \sum_{i=1}^{s} \lambda_i \dfrac{v_i}{Sp(^\gamma A(\lambda_i))} {}^\gamma A(\lambda_i)$

die Spektralzerlegung von A.

Beweis (h3):

1. Schritt (Zusammenhang zwischen den Busadjunkten ähnlicher Matrizen):

Es sei $A \in K^{n \times n}$, $T \in GL(n;K)$ und $B := T^{-1}AT$. Der *Adjunktensatz* (5.3.9) ergibt $^\alpha(tE-A) = H_0 t^{n-1} + H_1 t^{n-2} + \ldots + H_{n-1}$ und $^\alpha(tE-B) = H'_0 t^{n-1} + H'_1 t^{n-2} + \ldots + H'_{n-1}$, $t \in K$, mit $H_0 = H'_0 = E_n$, $a_i := -\frac{1}{i} Sp(AH_{i-1})$, $H_i := AH_{i-1} + a_i E_n$, $a'_i := -\frac{1}{i} Sp(BH'_{i-1})$ und $H'_i := BH'_{i-1} + a'_i E_n$ für $i = 1,\ldots,n$. Zunächst folgt $a_i = a'_i$ für $i = 1,\ldots,n$ durch Koeffizientenvergleich aus (5.4) und (10). Für $i=1$ erhalten wir aus der rekursiven Definition wegen $a_1 = -Sp(A) = -Sp(B)$ den im folgenden mehrfach benötigten Spezialfall

(25) $\quad Sp(T^{-1}AT) = Sp(A)$ für jedes $A \in K^{n \times n}$ und alle $T \in GL(n;K)$.

Vollständige Induktion mit dem Induktionsschritt $T^{-1} H_i T = T^{-1}A(TT^{-1})H_{i-1}T + T^{-1} a_i E_n T = B(T^{-1}H_{i-1}T) + a_i E_n$ liefert $H'_i = T^{-1}H_i T$ für $i = 0,\ldots,n-1$ und damit $^\alpha(tE_n - B) = T^{-1} \, ^\alpha(tE_n - A) T$ für alle $t \in K$ oder abgekürzt

(26) $\quad ^\beta(T^{-1}AT) = T^{-1} \, ^\beta A \, T$ für jedes $A \in K^{n \times n}$ und alle $T \in GL(n;K)$.

2. Schritt (Zurückführung auf die zugehörige Diagonalmatrix):

Für $T := (^z(\lambda_1 E - A) \ldots {}^z(\lambda_s E - A))$ gilt aufgrund des *Diagonalisierungssatzes* (6.2.7)

$$T^{-1}AT = \left[\lambda_1 E_{v_1} \ldots \lambda_s E_{v_s}\right] =: D.$$

6.2.12 Adjunktenspektralsatz

Die Adjunkte einer Diagonalmatrix ist diejenige Diagonalmatrix, deren Diagonalelemente die Produkte aller Elemente sind, die in der Ausgangsmatrix auf den übrigen Diagonalpositionen stehen. Damit erhalten wir

$$^\alpha(tE-D) = {}^\alpha\left[(t-\lambda_1)E_{v_1} \ldots (t-\lambda_s)E_{v_s}\right] =$$

$$\prod_{i=1}^{s}(t-\lambda_i)^{v_i-1}\left[f_1(t)E_{v_1} \ldots f_s(t)E_{v_s}\right]$$

$$\text{mit } f_k(t) := \prod_{\substack{i=1 \\ i \neq k}}^{s}(t-\lambda_i) \text{ für } k=1,\ldots,s.$$

Aus $\chi_A(t) = \prod_{i=1}^{s}(t-\lambda_i)^{v_i}$ folgt mit der Produktregel für die formale Differentiation $\chi'_A(t) = \left(\prod_{i=1}^{s}(t-\lambda_i)^{v_i-1}\right)\left(\sum_{k=1}^{s}f_k(t)\right)$.

Dabei ist $\sum_{k=1}^{s}f_k(\lambda_j) = f_j(\lambda_j) = \prod_{\substack{i=1 \\ i \neq j}}^{s}(\lambda_j-\lambda_i) \neq 0$ für $j=1,\ldots,s$, so daß sich aufgrund des *Satzes über die Zerlegung von Polynomen* (6.2.4)

$$(27) \quad g_A(t) := \mathrm{ggT}(\chi_A(t), \chi'_A(t)) = \prod_{i=1}^{s}(t-\lambda_i)^{v_i-1} \text{ für alle } t \in K$$

ergibt.

Also ist $^\beta D$ durch g_A teilbar, und wegen $g_A = g_D$ gilt $^\gamma D := {}^\beta D/g_D = (t \to [f_1(t)E_{v_1} \ldots f_s(t)E_{v_s}], t \in K)$. Mit (26) erhalten wir nun $^\beta A = g_A T\,{}^\gamma D\,T^{-1}$, wobei $T\,{}^\gamma D\,T^{-1} = (t \to T[f_1(t)E_{v_1} \ldots f_s(t)E_{v_s}]T^{-1}, t \in K)$ ein Matrixpolynom darstellt. Damit teilt g_A auch $^\beta A$, und wir haben

$$(28) \qquad {}^\gamma A := {}^\beta A/g_A = T\,{}^\gamma D\,T^{-1}.$$

Wegen $({}^\gamma A(\lambda_k))^2 = (T\,{}^\gamma D(\lambda_k)\,T^{-1})^2 = T({}^\gamma D(\lambda_k))^2\,T^{-1} = f_k(\lambda_k)\,{}^\gamma A(\lambda_k)$ und $\mathrm{Sp}({}^\gamma A(\lambda_k)) \overset{(25)}{=} \mathrm{Sp}({}^\gamma D(\lambda_k)) = v_k f_k(\lambda_k)$ für $k=1,\ldots,s$, bietet sich

$$P_k := \frac{v_k}{\mathrm{Sp}({}^\gamma A(\lambda_k))}\,{}^\gamma A(\lambda_k) \text{ für jedes } k \in J_s$$

als Projektionsmatrix an, weil

$$(29) \qquad P_k^2 = \frac{1}{f_k(\lambda_k)} {}^\Upsilon\!A(\lambda_k) = P_k \quad \text{für } k=1,\dots,s$$

gilt. Aufgrund des *Äquivalenzsatzes* (4.3.8) ist außerdem

$$(30) \qquad \text{Rang } P_k = v_k \quad \text{für } k=1,\dots,s,$$

weil P_k und ${}^\Upsilon\!D(\lambda_k)$ äquivalent sind. Darüber hinaus folgt aus (5.6) nach Division durch $g_A(t)$ für $t \notin \{\lambda_1,\dots,\lambda_s\}$ und nach Anwendung des *Polynomvergleichssatzes* (5.3.6) auf die einzelnen Matrizenkomponenten

$$(31) \qquad (tE-A)\,{}^\Upsilon\!A(t) = {}^\Upsilon\!A(t)(tE-A) = \mu_A(t)\,E_n \quad \text{für alle } t \in K,$$

wobei $\mu_A := \left(t \to \prod_{i=1}^{s}(t-\lambda_i),\, t \in K\right)$ das *Minimalpolynom von* A ist, das aber nur für diagonalisierbare Matrizen A diese spezielle Form hat (siehe 6.3.11). Wegen $(\lambda_k E-A)P_k = \frac{1}{f_k(\lambda_k)}(\lambda_k E-A)\,{}^\Upsilon\!A(\lambda_k) = (0) \in K^{n\times n}$

und mit (30) erhalten wir also

$$(32) \qquad AP_k = \lambda_k P_k \quad \text{und} \quad N(\lambda_k E-A) = S(P_k) \quad \text{für } k=1,\dots,s.$$

3. Schritt (Nachweis der Spektralzerlegung):
Aus (31) folgt $P_j(\lambda_j E-A) = \frac{1}{f_j(\lambda_j)}{}^\Upsilon\!A(\lambda_j)(\lambda_j E-A) = (0) \in K^{n\times n}$ für $j=1,$
$\dots,s$. Damit gilt $(0) = P_j(\lambda_j E-A)P_k \overset{(32)}{=} P_j(\lambda_j P_k - \lambda_k P_k) = (\lambda_j-\lambda_k)P_j P_k$
für $j,k=1,\dots,s$. Also ist

$$(33) \qquad P_j P_k = (0) \in K^{n\times n} \quad \text{für alle } j,k \in J_s \text{ mit } j \neq k.$$

Aufgrund der Basisdarstellung (12) im *Satz über Eigenraumbasen* (6.2.3) läßt sich jeder Vektor $\bar{x} \in K^{n\times 1}$ in eindeutiger Weise als Summe $\bar{x} = \sum_{i=1}^{s} \hat{z}_i$ mit $\hat{z}_i \in N(\lambda_i E-A)$ schreiben. Wegen (32) gibt es zu

6.2.13 Adjunktenspektralsatz

jedem $\vec{z}_j$, $j=1,\ldots,s$, ein $\vec{y}_j \in K^{n\times 1}$, so daß $\vec{z}_j = P_j \vec{y}_j$ ist. Damit folgt

$$P_j \vec{z}_j = P_j^2 \vec{y}_j \stackrel{(33)}{=} P_j \vec{y}_j = \vec{z}_j \text{ und } P_j \vec{z}_k = \vec{0} \text{ für } j \neq k.$$ Also gilt $P_j \vec{x} = \sum_{i=1}^{s} P_j \vec{z}_i = \vec{z}_j$,

so daß die Ausgangsgleichung die Darstellung $\vec{x} = \sum_{i=1}^{s} P_i \vec{x} = \left(\sum_{i=1}^{s} P_i \right) \vec{x}$

für alle $\vec{x} \in K^{n\times 1}$ ergibt. Indem wir für $\vec{x}$ die Einheitsvektoren $\vec{e}_1,\ldots,\vec{e}_n$ einsetzen, erhalten wir

$$\sum_{i=1}^{s} P_i = E_n.$$

Nach Multiplikation von links mit A gewinnen wir daraus wegen (32) schließlich die Spektralzerlegung

$$A = \sum_{i=1}^{s} \lambda_i P_i.$$ □

In Abschnitt 6.4.3 werden wir zeigen, daß die Teilbarkeit von $^\beta A$ durch g_A für die Diagonalisierbarkeit einer zerfallenden Matrix auch hinreichend ist, so daß damit ein eigenwertfreies Diagonalisierbarkeitskriterium zur Verfügung steht.

Das Matrixpolynom $^\gamma A$ nennen wir *generierende Adjunkte* oder kurz *Genadjunkte*. Natürlich ist $(t \to Sp(^\gamma A(t)), t \in K)$ auch ein Polynom, und zwar gilt aufgrund des *Satzes über die Busadjunktenspur* (5.3.8) $Sp(^\gamma A(t)) = \chi'_A(t)/g_A(t)$ für alle $t \in K$. Bei der Berechnung der Projektionsmatrizen wird aber normalerweise nicht in dieses Polynom eingesetzt, sondern die Spur von $^\gamma A(\lambda_k)$ gebildet, weil hierzu nur $n-1$ Additionen auszuführen sind.

6.2.13 Beispiel

Die Matrix $A = \begin{pmatrix} -19 & 30 & 12 & -21 \\ -8 & 17 & 6 & -13 \\ -28 & 42 & 17 & -29 \\ -8 & 18 & 6 & -14 \end{pmatrix}$ aus Beispiel 5.3.10 hat das charak-

teristische Polynom $\chi_A(t) = (t-1)(t-2)(t+1)^2$ und ist damit über $\mathbb{Q}$ zerfallend. Mit einem Computerprogramm erkennen wir, daß $g_A = (t \to t+1, t \in \mathbb{Q})$ die Busadjunkte $^\beta A$ teilt. Durch Ausdividieren erhalten wir $^\gamma A = (t \to E_4 t^2 + (A - 2E_4)t - {}^\alpha A, t \in \mathbb{Q})$ mit

$$^\alpha A = \begin{pmatrix} 10 & -6 & -6 & 3 \\ 32 & -32 & -18 & 19 \\ -8 & 18 & 4 & -13 \\ 32 & -30 & -18 & 17 \end{pmatrix}.$$

Für $\lambda_1 = 1$, $v_1 = 1$, $\lambda_2 = 2$, $v_2 = 1$, $\lambda_3 = -1$ und $v_3 = 2$ liefert (24) die Spektralzerlegung

$$A = \begin{pmatrix} 15 & -18 & -9 & 12 \\ 20 & -24 & -12 & 16 \\ 10 & -12 & -6 & 8 \\ 20 & -24 & -12 & 16 \end{pmatrix} + 2 \begin{pmatrix} -16 & 22 & 10 & -15 \\ -16 & 22 & 10 & -15 \\ -16 & 22 & 10 & -15 \\ -16 & 22 & 10 & -15 \end{pmatrix} - \begin{pmatrix} 2 & -4 & -1 & 3 \\ -4 & 3 & 2 & -1 \\ 6 & -10 & -3 & 7 \\ -4 & 2 & 2 & 0 \end{pmatrix}$$

Mit den durch ihren größten gemeinsamen Teiler dividierten ersten beziehungsweise ersten beiden Spaltenvektoren der Projektionsmatrizen läßt sich die invertierbare Matrix

$$T := \begin{pmatrix} 3 & 1 & 1 & -4 \\ 4 & 1 & -2 & 3 \\ 2 & 1 & 3 & -10 \\ 4 & 1 & -2 & 2 \end{pmatrix}$$

bilden, die die Diagonalmatrix $T^{-1}AT = [1\ 2\ -1\ -1]$ ergibt. □

Der *Adjunktenspektralsatz* wird durch die zahlreichen Computerprogramme mit **symbolischer Algebra** und durch die Möglichkeit der *Parallelverarbeitung* noch erheblich leistungsfähiger. Zum Beispiel lassen sich **Eigenvektoren a priori** gewinnen, indem zu den Polynomen eines Spaltenvektors von $^\tau A(t)$ der größte gemeinsame Teiler mit $\chi_A(t)$ solange gebildet wird, bis man ein zu $\chi_A(t)$ teilerfremdes Polynom gefunden hat. Ein solcher Spaltenvektor ergibt dann durch Einsetzen eines beliebigen Eigenwerts von A einen zugehörigen Eigenvektor.

In diesem Falle ist es zweckmäßig, auch nur einzelne Spaltenvektoren von $^\tau A(t)$ mit Hilfe der Rekursionsgleichung $H_i \bar{e}_k := A(H_{i-1} \bar{e}_k) + a_i \bar{e}_k$ für $k \in J_n$ zu berechnen, die aus derjenigen des *Adjunktensatzes* (5.3.9) durch Multiplikation mit $\bar{e}_k$ hervorgeht. Im ersten Durchgang wird zwar AH_{i-1} für $i \in J_n \setminus \{1\}$ gebraucht, um a_i und H_i bestimmen zu können, aber es wird nicht H_{i-1} sondern nur $H_{i-1} \bar{e}_k$ gespeichert. Sobald die Koeffizienten a_i bekannt sind, läßt sich die obige Rekursion vollständig spaltenweise (und parallel) durchführen.

Ferner kann man auch mit Wurzelausdrücken oder mit Parametern "exakt rechnen" - wie etwa bei der Überprüfung der Angaben in der folgenden Übung.

Übung 6.2.q

Bestimmen Sie die Spektralzerlegung von

$$A := E_4 + \sqrt{2} \begin{pmatrix} 13 & -80 & 16 & 10 \\ -16 & 81 & -16 & -8 \\ -108 & 570 & -113 & -60 \\ 28 & -160 & 32 & 19 \end{pmatrix} \in \mathbb{R}^{4 \times 4},$$

indem Sie davon ausgehen, daß $\chi_A(t) = (t^2 - 2t - 1)^2$ und $\Upsilon_A(t) = E_4 t + A - 2E_4$ mit $t \in \mathbb{R}$ gilt.

Achtung: Fundgrube! [Ganzzahlige Projektionsmatrizen, Eigenschaften der Koeffizientenmatrizen von Υ_A.]

Übung 6.2.r

Es sei $A \in \mathbb{R}^{n \times n}$ mit $^tAA = E$. Zeigen Sie:

i) $\text{Spec}(A) \subseteq \{1, -1\}$;

ii) Ist $\text{Spec}(A) = \{1, -1\}$ und sind $\vec{x}_i$, $i = 1, 2$, Eigenvektoren zu den Eigenwerten $(-1)^i$, so gilt $^t\vec{x}_1 \vec{x}_2 = 0$.

[Hinweis: Beachten Sie, daß $^t(A\vec{x})(A\vec{y}) = {}^t\vec{x}\vec{y}$ für alle $\vec{x}, \vec{y} \in \mathbb{R}^{n \times 1}$ gilt.]

6.2.14 Spektraltheorie in euklidischen und unitären Vektorräumen

Im Hinblick auf die Bedeutung der Diagonalisierbarkeit und wegen der wichtigen Rolle, die hermitesche oder symmetrische Matrizen in unitären beziehungsweise euklidischen Vektorräumen spielen, stellt sich die Frage, ob solche Matrizen diagonalisierbar sind. Bevor wir darauf eine Antwort geben, wollen wir zeigen, wie sich für jede diagonalisierbare hermitesche Matrix H sogar eine unitäre Matrix U bestimmen läßt, mit der $^t\bar{U}HU$ eine Diagonalmatrix darstellt, wobei also wegen $^t\bar{U} = U^{-1}$ unter anderem die Inversenberechnung vereinfacht wird.

Abkürzend nennen wir zwei Matrizen $A, B \in \mathbb{K}^{n \times n}$ unitär (orthogonal) ähnlich genau dann, wenn es eine unitäre (orthogonale) Matrix U gibt, so daß $B = U^{-1}AU$ gilt. Entsprechend bezeichnen wir eine Matrix $A \in \mathbb{K}^{n \times n}$ als unitär (orthogonal) diagonalisierbar, wenn sie zu einer Diagonalmatrix unitär (orthogonal) ähnlich ist.

Wir benötigen zunächst eine Aussage über Eigenwerte von hermiteschen Matrizen und fügen gleich eine Eigenschaft der Eigenwerte von orthogonalen und unitären Matrizen hinzu:

6.2.15 Satz über spezielle Eigenwerte
i) Alle Eigenwerte einer **hermiteschen** oder **symmetrischen** Matrix sind **reell**.
ii) Für jeden Eigenwert λ einer **unitären** beziehungsweise **orthogonalen** Matrix gilt $|\lambda|=1$.

Beweis (r1):

i) Ist λ ein Eigenwert der hermiteschen Matrix H und $\vec{x} \neq \vec{0}$ ein zu λ gehörender Eigenvektor, so folgt $\lambda \|\vec{x}\|^2 = \lambda {}^t\overline{\vec{x}}\,\vec{x} = {}^t\overline{\vec{x}}\,H\vec{x} = {}^t\overline{\vec{x}}\,{}^t\overline{H}\,\vec{x} = {}^t\overline{({}^t\overline{\vec{x}}\,H\vec{x})} = \overline{\lambda}\,\|\vec{x}\|^2$. Also ist $\lambda = \overline{\lambda}$ und damit $\lambda \in \mathbb{R}$.

ii) Ähnlich erhalten wir bei einer unitären Matrix Q für einen Eigenwert λ und einen Eigenvektor $\vec{x}$ die Gleichung ${}^t\overline{\vec{x}}\,\vec{x} = {}^t\overline{\vec{x}}\,({}^t\overline{Q}\,Q)\,\vec{x} = {}^t\overline{(Q\vec{x})}(Q\vec{x}) = {}^t\overline{(\lambda\vec{x})}(\lambda\vec{x}) = \lambda\overline{\lambda}\,{}^t\overline{\vec{x}}\,\vec{x}$, aus der sich wegen $\vec{x} \neq \vec{0}$ zunächst $\overline{\lambda}\lambda = 1$ und dann $|\lambda|=1$ ergibt. □

Sind nun $\vec{x}$ und $\vec{y}$ Eigenvektoren zu zwei verschiedenen Eigenwerten λ und μ einer hermiteschen Matrix H, so gilt $\lambda({}^t\overline{\vec{x}}\,\vec{y}) = {}^t\overline{(\lambda\vec{x})}\,\vec{y} = {}^t\overline{(H\vec{x})}\,\vec{y} = {}^t\overline{\vec{x}}\,H\vec{y} = \mu\,{}^t\overline{\vec{x}}\,\vec{y}$. Aus $(\lambda-\mu)\,{}^t\overline{\vec{x}}\,\vec{y} = 0$ folgt dann wegen $\lambda \neq \mu$, daß ${}^t\overline{\vec{x}}\,\vec{y} = 0$ sein muß. Eigenvektoren zu verschiedenen Eigenwerten einer hermiteschen Matrix sind also stets paarweise orthogonal bezüglich des kanonischen Skalarprodukts in $\mathbb{K}^{n\times 1}$.

Ist H diagonalisierbar mit dem Spektrum $\{\lambda_1,\ldots,\lambda_s\}$ und besteht U_i für $i=1,\ldots,s$ aus den orthonormalisierten Spaltenvektoren von ${}^z(\lambda_i E - A) \in \mathbb{K}^{n\times v_i}$, die eine Basis des Eigenraums zum Eigenwert λ_i bilden, so stellt also $U := (U_1 \ldots U_s)$ eine unitäre Matrix dar, und der *Diagonalisierungssatz* (6.2.7) ergibt

$$U^{-1}HU = \left[\lambda_1 E_{v_1} \ldots \lambda_s E_{v_s}\right].$$

Mit dem *Spektralzerlegungssatz* (6.2.10) erhalten wir außerdem die Spektralzerlegung

$$H = \sum_{i=1}^{s} \lambda_i U_i\,{}^t\overline{U}_i,$$

aus der folgt, daß die eindeutig bestimmten Projektionsmatrizen P_i wegen $P_i = U_i{}^t\bar{U}_i$ hermitesch sind.

Da wir die a-priori-Spektralzerlegung (24) zur Verfügung haben, verwenden wir ^wP_i mit $P_i := \dfrac{v_i}{\operatorname{Sp}(^\gamma H(\lambda_i))}\,^\gamma H(\lambda_i)$ anstelle von $^z(\lambda_i E - A)$ zur Berechnung von U. Damit gewinnen wir durch den folgenden Nachweis der unitären Diagonalisierbarkeit aller hermiteschen Matrizen einen der wichtigsten Sätze der Linearen Algebra in algorithmischer Form.

6.2.16 Spektralsatz

Jede hermitesche (symmetrische) Matrix $H \in \mathbb{K}^{n \times n}$ ist unitär (orthogonal) diagonalisierbar.

Stellt $\sum_{i=1}^{s} \lambda_i P_i$ die Spektralzerlegung von H dar und besteht U_i für $i = 1, \ldots, s$ aus den orthonormalisierten Spaltenvektoren von $^wP_i \in \mathbb{K}^{n \times v_i}$, so ist $U := (U_1 \ldots U_s)$ eine unitäre (orthogonale) Matrix, die $U^{-1} H U = \left[\lambda_1 E_{v_1} \ldots \lambda_s E_{v_s}\right] \in \mathbb{R}^{n \times n}$ ergibt.

Die Projektionsmatrizen sind hermitesch (symmetrisch), und es gilt $P_i = U_i{}^t\bar{U}_i$ für $i = 1, \ldots, s$.

Beweis (a2):

Bei vollständiger Induktion über n ist $HE = EH$ für $n = 1$ der Induktionsanfang. Dann nehmen wir für $n > 1$ an, daß die unitäre Diagonalisierbarkeit für (n-1)-reihige hermitesche Matrizen schon bewiesen sei, und schließen wie folgt auf die Gültigkeit für n.

Da χ_H über $\mathbb{C}$ in Linearfaktoren zerfällt und da aufgrund des *Satzes über spezielle Eigenwerte* (6.2.15) alle Eigenwerte von H reell sind, läßt sich χ_H sogar über $\mathbb{R}$ in Linearfaktoren zerlegen. Es gibt also stets einen reellen Eigenwert λ_1 und einen Eigenvektor $\bar{x}_1 \in \mathbb{K}^{n \times 1}$, der definitionsgemäß $H\bar{x}_1 = \lambda_1 \bar{x}_1$ erfüllt. Wird $\bar{x}_1$ durch n-1 Vektoren zu einer Basis von $\mathbb{K}^{n \times 1}$ ergänzt und darauf der Orthonormalisierungsalgorithmus angewandt, so ergibt die Zusammenfassung dieser orthonormalisierten Spaltenvektoren eine unitäre Matrix U_1, für die

$$U_1^{-1}HU_1 = \begin{pmatrix} \lambda_1 & {}^t\vec{b} \\ \vec{0} & H_1 \end{pmatrix} \text{ mit } {}^t\vec{b} \in \mathbb{K}^{1\times(n-1)} \text{ und } H_1 \in \mathbb{K}^{(n-1)\times(n-1)} \text{ gilt.}$$

Wegen ${}^t\overline{(U_1^{-1}HU_1)} = {}^t\overline{({}^t\bar{U}_1HU_1)} = {}^t\bar{U}_1{}^t\bar{H}U_1 = U_1^{-1}HU_1$ stellt $U_1^{-1}HU_1$ ebenfalls eine hermitesche Matrix dar. Damit ist $\vec{b}=\vec{0}$, und H_1 muß eine (n-1)-reihige hermitesche Matrix sein. Also gibt es aufgrund der Induktionsannahme eine unitäre Matrix U_2, so daß

$$U_2^{-1}H_1U_2 =: D$$

eine Diagonalmatrix mit reellen Diagonalelementen bildet.

Die Matrix $U := U_1 \begin{pmatrix} 1 & {}^t\vec{0} \\ \vec{0} & U_2 \end{pmatrix}$ ist auch unitär, da aufgrund des *Satzes über orthogonale und unitäre Gruppen* (2.5.14) O(n) und U(n) Gruppen sind, und es gilt

$$HU = HU_1\begin{pmatrix} 1 & {}^t\vec{0} \\ \vec{0} & U_2 \end{pmatrix} = U_1\begin{pmatrix} \lambda_1 & {}^t\vec{0} \\ \vec{0} & H_1 \end{pmatrix}\begin{pmatrix} 1 & {}^t\vec{0} \\ \vec{0} & U_2 \end{pmatrix} = U_1\begin{pmatrix} \lambda_1 & {}^t\vec{0} \\ \vec{0} & H_1U_2 \end{pmatrix} = U_1\begin{pmatrix} \lambda_1 & {}^t\vec{0} \\ \vec{0} & U_2D \end{pmatrix} =$$

$$U_1\begin{pmatrix} 1 & {}^t\vec{0} \\ \vec{0} & U_2 \end{pmatrix}\begin{pmatrix} \lambda_1 & {}^t\vec{0} \\ \vec{0} & D \end{pmatrix} = U\begin{pmatrix} \lambda_1 & {}^t\vec{0} \\ \vec{0} & D \end{pmatrix}.$$

Also ist $U^{-1}HU$ eine Diagonalmatrix mit reellen Diagonalelementen. Der Beweis des algorithmischen Teils und der Aussage über die Projektionsmatrizen wurde dem Satz vorangestellt. □

6.2.17 Beispiel

Die hermitesche Matrix $H = \begin{pmatrix} 0 & -1 & i \\ -1 & 0 & -i \\ -i & i & 0 \end{pmatrix}$ hat das charakteristische Polynom $\chi_H(t) = (t+1)^2(t-2)$, $t \in \mathbb{R}$. Die Matrizen U_1 und U_2 würden wir in diesem Falle mit Hilfe von ${}^z(\lambda_i E - H)$ einfacher erhalten als mit der Spektralzerlegung

$$H = -\frac{1}{3}\begin{pmatrix} 2 & 1 & -i \\ 1 & 2 & i \\ i & -i & 2 \end{pmatrix} + \frac{2}{3}\begin{pmatrix} 1 & -1 & i \\ -1 & 1 & -i \\ -i & i & 1 \end{pmatrix},$$

die aber zugleich ein Beispiel für hermitesche (nicht reelle) Projektionsmatrizen liefert. Orthonormalisierung der ersten beiden Spaltenvektoren von P_1 und des ersten Spaltenvektors von P_2 ergibt die unitäre Matrix $U := \begin{pmatrix} \frac{2}{\sqrt{6}} & 0 & \frac{1}{\sqrt{3}} \\ \frac{1}{\sqrt{6}} & \frac{1}{\sqrt{2}} & -\frac{1}{\sqrt{3}} \\ \frac{1}{\sqrt{6}}i & -\frac{1}{\sqrt{2}}i & -\frac{1}{\sqrt{3}}i \end{pmatrix}$, für die $U^{-1}HU = [-1\ -1\ 2]$ gilt.

Übung 6.2.s
Zeigen Sie, daß $^\tau H(t)$ für jede hermitesche Matrix H und für alle $t \in \mathbb{R}$ hermitesch ist.

Übung 6.2.t
Bestimmen Sie zu der Matrix $A := \begin{pmatrix} 2 & 2 & -2 \\ 2 & 5 & -4 \\ -2 & -4 & 5 \end{pmatrix}$ eine orthogonale Matrix Q, mit der ^tQAQ eine Diagonalmatrix darstellt.

Mit Hilfe des folgenden Begriffs kann die Gesamtheit der unitär diagonalisierbaren Matrizen angegeben werden:

6.2.18 Definition der normalen Matrix

Eine Matrix $A \in \mathbb{K}^{n \times n}$ heißt *normal* genau dann, wenn $^t\bar{A}A = A{}^t\bar{A}$ gilt.

Hermitesche und unitäre Matrizen sind offensichtlich normal.

6.2.19 Satz über unitäre Diagonalisierbarkeit

Die Matrix $A \in \mathbb{K}^{n \times n}$ ist genau dann unitär (orthogonal) diagonalisierbar, wenn A eine zerfallende, normale Matrix darstellt.

Beweis (a1):

i) Ist $B \in \mathbb{K}^{n \times n}$ eine normale Matrix und $V \in U(n)$, so gilt
$^t\overline{(\bar{V}BV)}(^t\bar{V}BV) = {}^t\bar{V}{}^t\bar{B}V{}^t\bar{V}BV = {}^t\bar{V}{}^t\bar{B}BV = {}^t\bar{V}B{}^t\bar{B}V = {}^t\bar{V}BV{}^t\bar{V}{}^t\bar{B}V = {}^t(^t\bar{V}BV){}^t\overline{(^t\bar{V}BV)}$. Damit stellt auch $V^{-1}BV$ eine normale Matrix dar.
Da jede Diagonalmatrix D normal ist, überträgt sich diese Eigenschaft mit $A = UDU^{-1}$ und $V := U^{-1}$ auf die unitär diagonalisierbare Matrix A.

ii) Den Beweis der Gegenrichtung führen wir ganz ähnlich wie bei dem *Spektralsatz* (6.2.16). Im Falle $\mathbb{K} = \mathbb{C}$ braucht A nun keine reellen Eigenwerte zu haben. Deshalb ist in dem dortigen Beweis das Adjektiv "reell" durch "aus $\mathbb{K}$" zu ersetzen. Außerdem steht natürlich "normal" für "hermitesch".

An der entscheidenden Stelle ist jetzt $W := U_1^{-1} A U_1 = \begin{pmatrix} \lambda_1 & {}^t\vec{b} \\ \vec{0} & H_1 \end{pmatrix}$ wegen

i) eine normale Matrix. Durch Vergleich von

$$W {}^t\overline{W} = \begin{pmatrix} |\lambda_1|^2 + {}^t\vec{b}\overline{\vec{b}} & {}^t\vec{b}_1 \\ \overline{\vec{b}}_1 & H_1 {}^t\overline{H}_1 \end{pmatrix} \text{ und } {}^t\overline{W} W = \begin{pmatrix} |\lambda_1|^2 & {}^t\vec{b}_2 \\ \overline{\vec{b}}_2 & {}^t\overline{H}_1 H_1 \end{pmatrix} \text{ mit }$$

$\vec{b}_1, \vec{b}_2 \in \mathbb{K}^{(n-1) \times 1}$ folgt ${}^t\vec{b}\overline{\vec{b}} = \|\vec{b}\|^2 = 0$ und $H_1 {}^t\overline{H}_1 = {}^t\overline{H}_1 H_1$, so daß $\vec{b} = \vec{0}$ gilt und H_1 normal ist. Der Rest des Beweises verläuft wie bei dem Spektralsatz. □

Übung 6.2.u

Beweisen Sie, daß jede zerfallende Matrix $A \in \mathbb{K}^{n \times n}$ zu einer oberen Dreiecksmatrix unitär (orthogonal) ähnlich ist.

Von den zahlreichen Anwendungen des Spektralsatzes sollen im folgenden einige typische behandelt werden. Das Ziel ist in den meisten Fällen eine Vereinfachung beziehungsweise die Herleitung einer "Normalform". In Abhängigkeit von den zugelassenen Transformationsmatrizen entstehen verschiedene Problemkreise.

i) Quadratische Formen $\mathbb{K}^{n \times 1} \to \mathbb{R}, \vec{x} \mapsto {}^t\overline{\vec{x}} H \vec{x}$, die wir gleich präzisieren werden, lassen sich mit Hilfe von unitären Matrizen auf "Hauptachsenform" bringen.

ii) Sind beliebige invertierbare Matrizen bei der Koordinatentransformation erlaubt, so ergibt sich in der eindeutig bestimmten Normalform eine Diagonalmatrix mit Elementen aus $\{0, 1, -1\}$.

iii) Schließlich werden wir die "Singulärwert-Zerlegung" einer beliebigen Matrix $A \in \mathbb{K}_r^{m \times n}$ mit weiteren wichtigen Anwendungen betrachten. Sie hat die Form $A = U_1 \begin{pmatrix} D & 0 \\ 0 & 0 \end{pmatrix} {}^t\overline{U}_2$ mit $U_1 \in U(m)$, $U_2 \in U(n)$ und mit einer positiv definiten Diagonalmatrix $D \in \mathbb{R}^{r \times r}$.

6.2.20 Hauptachsentransformation

Die Vereinfachung von quadratischen Formen spielt zum Beispiel in der ebenen **Geometrie** eine Rolle, wenn die Hauptachsenform von *Kegelschnitten* (Ellipse, Parabel, Hyperbel) gesucht wird. Die **Physik** liefert ein räumliches Beispiel mit den Hauptträgheitsachsen des *Trägheitsellipsoids* eines starren Körpers, das mit den Trägheitsmomenten bei Drehung um alle Achsen durch einen festen Punkt erklärt wird.

Obwohl quadratische Formen in der Mathematik einen alten und inzwischen recht umfangreichen Forschungsbereich bilden, betrachten wir hier nur einen speziellen, mehr an der Praxis orientierten Fall, der durch die Konkretisierung der Skalarprodukte mit Hilfe des *Satzes über hermitesche Formen und Matrizen* (2.5.3) nahegelegt wird.

6.2.21 Definition der quadratischen Form

Eine Abbildung $q : \mathbb{K}^{n \times 1} \to \mathbb{R}$ heißt *quadratische Form* genau dann, wenn es eine hermitesche Matrix $H \in \mathbb{K}^{n \times n}$ gibt, so daß $q(\vec{x}) = {}^t\overline{\vec{x}} H \vec{x}$ für alle $\vec{x} \in \mathbb{K}^{n \times 1}$ gilt.

Im Falle $\mathbb{K} = \mathbb{R}$ kann von einer beliebigen quadratischen "Koeffizientenmatrix" $A \in \mathbb{R}^{n \times n}$ ausgegangen werden, weil wegen $q(\vec{x}) = {}^t\vec{x} A \vec{x} = {}^t\vec{x} {}^tA \vec{x}$ für alle $\vec{x} \in \mathbb{R}^{n \times 1}$ auch $q(x) = {}^t\vec{x} B \vec{x}$ mit der symmetrischen Matrix $B := \frac{1}{2}(A + {}^tA)$ gilt.

Der *Spektralsatz* (6.2.16) ergibt zu jeder hermiteschen Matrix $H \in \mathbb{K}^{n \times n}$ eine unitäre Matrix $U =: (\vec{u}_1 \ldots \vec{u}_n)$ und eine Diagonalmatrix $D \in \mathbb{R}^{n \times n}$, so daß $H = U D U^{-1}$ ist. Bei der zugehörigen quadratischen Form folgt damit $q(\vec{x}) = {}^t\overline{\vec{x}} H \vec{x} = {}^t\overline{(U^{-1} \vec{x})} D (U^{-1} \vec{x})$ für alle $\vec{x} \in \mathbb{K}^{n \times 1}$. Deuten wir $\vec{x} \mapsto U^{-1} \vec{x}$ als Koordinatentransformation, so erhalten wir aus (2.55) und (2.56) mit $\mathcal{B} := \{\vec{e}_1, \ldots, \vec{e}_n\}$ und $\mathcal{B}' := \{\vec{u}_1, \ldots, \vec{u}_n\}$ die Transformationsgleichung ${}^t\overline{U} \vec{x} = U^{-1} \vec{x} = \varkappa_{\mathcal{B}'}(\vec{x})$ für alle $\vec{x} \in \mathbb{K}^{n \times 1}$. Damit haben wir den folgenden nützlichen Satz gewonnen:

6.2.22 Satz über die Hauptachsentransformation

Es sei $q : \mathbb{K}^{n \times 1} \to \mathbb{R}, \vec{x} \mapsto {}^t\overline{\vec{x}} H \vec{x}$, eine quadratische Form mit der hermiteschen Matrix H, für die der *Spektralsatz* (6.2.16) die unitäre Matrix $U =: (\tilde{u}_1 \ldots \tilde{u}_n)$ und die Diagonalmatrix $D =: [\mu_1 \ldots \mu_n] \in \mathbb{R}^{n \times n}$ mit $U^{-1}HU = D$ ergebe. Für die Orthonormalbasis $B' := \{\tilde{u}_1, \ldots, \tilde{u}_n\}$ von $\mathbb{K}^{n \times 1}$ bezüglich des Standardskalarprodukts auf $\mathbb{K}^{n \times 1}$ gilt dann

(34) $\quad q(\vec{x}) = \sum\limits_{i=1}^{n} \mu_i |y_i|^2 \quad$ mit $\quad {}^t(y_1 \ldots y_n) := x_{B'}(\vec{x}) = U^{-1}\vec{x} \quad$ für alle $\vec{x} \in \mathbb{K}^{n \times 1}$.

6.2.23 Beispiel

Mit Hilfe der Hauptachsentransformation wollen wir untersuchen, welchen "Kegelschnitt" $\{{}^t(x_1\, x_2) \in \mathbb{R}^{2 \times 1} \mid x_1^2 + 4x_1x_2 + x_2^2 = 7\}$ darstellt. Mit $A := \begin{pmatrix} 1 & 2 \\ 2 & 1 \end{pmatrix}$ und $\vec{x} := {}^t(x_1\, x_2)$ erhalten wir $q(\vec{x}) := x_1^2 + 4x_1x_2 + x_2^2 = {}^t\vec{x}A\vec{x}$. Zu den Eigenwerten $\lambda_1 = 3$ und $\lambda_2 = -1$ finden wir die normierten Eigenvektoren $\tilde{u}_1 := \frac{1}{\sqrt{2}}{}^t(1\ 1)$ und $\tilde{u}_2 := \frac{1}{\sqrt{2}}{}^t(-1\ 1)$. Damit ist $B' := \{\tilde{u}_1, \tilde{u}_2\}$ eine Orthonormalbasis von $\mathbb{R}^{2 \times 1}$, und mit ${}^t(y_1\, y_2) := x_{B'}(\vec{x})$ gilt ${}^t\vec{x}A\vec{x} = (y_1\ y_2)\begin{pmatrix} 3 & 0 \\ 0 & -1 \end{pmatrix}\begin{pmatrix} y_1 \\ y_2 \end{pmatrix} = 3y_1^2 - y_2^2 = 7$ für alle $\vec{x} \in \mathbb{R}^{2 \times 1}$. Es handelt sich also um eine Hyperbel, deren (Haupt-) Achsen $\mathrm{Lin}\{\tilde{u}_1\}$ und $\mathrm{Lin}\{\tilde{u}_2\}$ mit den Winkelhalbierenden der Quadranten zusammenfallen (siehe Figur 16).

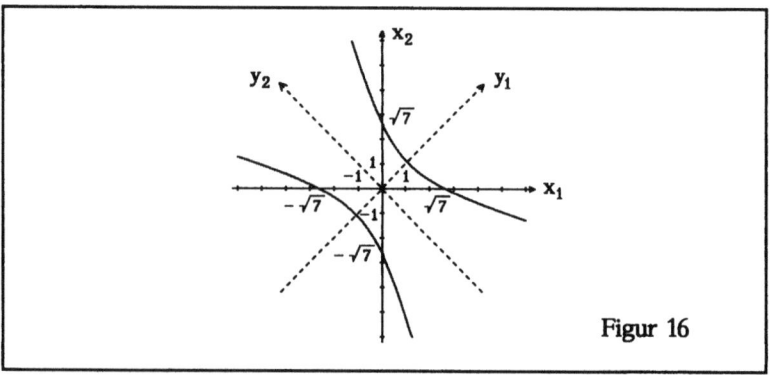

Figur 16

6.2.24 Quadratische Formen und Definitheit

Die Wertemenge einer quadratischen Form $\vec{x} \mapsto {}^t\bar{\vec{x}} H \vec{x}, \vec{x} \in \mathbb{K}^{n \times 1}$, ändert sich nicht, wenn durch die umkehrbare Koordinatentransformation $\vec{y} = U^{-1} \vec{x}$ zu der Darstellung $\vec{y} \mapsto {}^t\bar{\vec{y}}(U^{-1} H U)\vec{y}, \vec{y} \in \mathbb{K}^{n \times 1}$, übergegangen wird. Da einerseits ${}^t\bar{\vec{x}} H \vec{x}$ für jedes $\vec{x} \in \mathbb{K}^{n \times 1}$ eine reelle Zahl ist und da mit $H\vec{z} = \lambda \vec{z}$ andererseits

$$(35) \quad \frac{{}^t\bar{\vec{z}} H \vec{z}}{{}^t\bar{\vec{z}} \vec{z}} = \lambda \text{ für jedes } \lambda \in \text{Spec}(H) \text{ und alle } \vec{z} \in N(\lambda E - H) \setminus \{\vec{0}\}$$

gilt, bietet es sich also an, (34) zu verwenden, um bestmögliche Schranken für die *Rayleigh-Quotienten* $\dfrac{{}^t\bar{\vec{x}} H \vec{x}}{{}^t\bar{\vec{x}} \vec{x}}$ mit $\vec{x} \in \mathbb{K}^{n \times 1} \setminus \{\vec{0}\}$ zu bestimmen. Wegen $\mu_i \in \text{Spec}(H)$ für $i = 1, \ldots, n$ erhalten wir zunächst die Abschätzungen

$(\min \text{Spec}(H)) {}^t\bar{\vec{y}} \vec{y} \leq {}^t\bar{\vec{x}} H \vec{x} \leq (\max \text{Spec}(H)) {}^t\bar{\vec{y}} \vec{y}$ für alle $\vec{x} \in \mathbb{K}^{n \times 1}$,

wobei $\vec{y} = U^{-1} \vec{x}$ ist. Mit ${}^t\bar{\vec{y}} \vec{y} = {}^t\bar{\vec{x}} U U^{-1} \vec{x} = {}^t\bar{\vec{x}} \vec{x}$ folgt daraus

$$(36) \quad \min \text{Spec}(H) \leq \frac{{}^t\bar{\vec{x}} H \vec{x}}{{}^t\bar{\vec{x}} \vec{x}} \leq \max \text{Spec}(H) \text{ für alle } \vec{x} \in \mathbb{K}^{n \times 1} \setminus \{\vec{0}\}.$$

Zusammen mit (35) ergibt (36), daß H genau dann positiv definit ist, wenn $\lambda > 0$ für jedes $\lambda \in \text{Spec}(H)$ gilt. Analog läßt sich schließen, daß die Aussagen ${}^t\bar{\vec{x}} H \vec{x} \geq 0$ für alle $\vec{x} \in \mathbb{K}^{n \times 1}$ und $\min \text{Spec}(H) \geq 0$ äquivalent sind. Da hermitesche Matrizen mit dieser Eigenschaft oft neben den positiv definiten Matrizen gebraucht werden, haben sie einen ähnlichen Namen:

6.2.25 Definition der positiv semidefiniten Matrix

Eine Matrix $H \in \mathbb{K}^{n \times n}$ heißt positiv semidefinit genau dann, wenn H hermitesch ist und wenn ${}^t\bar{\vec{x}} H \vec{x} \geq 0$ für alle $\vec{x} \in \mathbb{K}^{n \times 1}$ gilt.

Der folgende Satz faßt die obigen Ergebnisse zusammen:

6.2.26 Satz über Eigenwertkriterien für Definitheit

Ist $H \in \mathbb{K}^{n \times n}$ eine hermitesche Matrix und $\lambda \in \text{Spec}(H)$, so gilt

(35) $\quad \dfrac{{}^t\bar{z}H\bar{z}}{{}^t\bar{z}\bar{z}} = \lambda\quad$ für alle $\bar{z} \in N(\lambda E - H)\setminus\{\vec{0}\}$

und

(36) $\quad \min \operatorname{Spec}(H) \leq \dfrac{{}^t\bar{x}H\bar{x}}{{}^t\bar{x}\bar{x}} \leq \max \operatorname{Spec}(H)\quad$ für alle $\bar{x} \in \mathbb{K}^{n\times 1}\setminus\{\vec{0}\}$.

Insbesondere stellt H genau dann eine positiv definite beziehungsweise positiv semidefinite Matrix dar, wenn $\lambda > 0$ bzw. $\lambda \geq 0$ für jedes $\lambda \in \operatorname{Spec}(H)$ erfüllt ist.

Wie im ersten Teil des *Satzes über Definitheit und Normalmatrizen* (2.5.7) beruht die folgende typische Anwendung der positiven Semidefinitheit darauf, daß zu entsprechenden Diagonalmatrizen die Quadratwurzel erklärt werden kann:

6.2.27 Satz über Quadratwurzeln

Es sei $H \in \mathbb{K}^{n\times n}$ eine positiv semidefinite Matrix. Ist U eine unitäre Matrix, so daß aufgrund des *Spektralsatzes* (6.2.16) $D := U^{-1}HU$ eine positiv semidefinite Diagonalmatrix darstellt, so gilt

$$H = P^2 \text{ mit } P := UD^{\frac{1}{2}}U^{-1},$$

und P ist die einzige positiv semidefinite Matrix, die $H = P^2$ erfüllt.

Beweis (a1):

Da sich $P^2 = (UD^{\frac{1}{2}}U^{-1})^2 = UDU^{-1} = H$, ${}^t\bar{P} = P$ und $\operatorname{Spec}(P) = \operatorname{Spec}(D^{\frac{1}{2}})$ sofort beziehungsweise aus (10) ergeben, bleibt nur zu beweisen, daß eine positiv semidefinite Matrix P mit $H = P^2$ eindeutig durch H bestimmt ist. Wir zeigen dazu, daß $N(\lambda E - H) = N(\sqrt{\lambda} E - P)$ für jedes $\lambda \in \operatorname{Spec}(H)$ gilt.

Falls $\lambda = 0$ ist, folgt $N(H) = N(P^2) = N(P)$ wegen $P = {}^t\bar{P}$ aus dem *Satz über die Normalmatrix* (2.4.20). Im Falle $\lambda \in \operatorname{Spec}(H)$ mit $\lambda \neq 0$ können wir $\lambda E - H = (\sqrt{\lambda}E + P)(\sqrt{\lambda}E - P)$ schreiben, weil aufgrund des *Satzes über Eigenwertkriterien für Definitheit* (6.2.26) $\lambda \geq 0$ ist. Mit $(\sqrt{\lambda}E - P)\vec{v} = \vec{0}$ gilt dann auch $\vec{v} \in N(\lambda E - H)$. Gehen wir umgekehrt von $(\lambda E - H)\vec{v} = \vec{0}$ aus und setzen $\vec{u} := (\sqrt{\lambda}E - P)\vec{v}$, so muß $\vec{u} = \vec{0}$ sein, weil P sonst wegen $(\sqrt{\lambda}P + E)\vec{u} = \vec{0}$ den negativen Eigenwert $-\sqrt{\lambda}$ hätte.

Also folgt $\vec{v} \in N(\sqrt{\lambda}E-P)$ und damit $N(\lambda E-H) = N(\sqrt{\lambda}E-P)$. Außerdem ist $\text{Spec}(P) = \{\sqrt{\lambda_1}, \ldots, \sqrt{\lambda_s}\}$, wenn H das Spektrum $\{\lambda_1, \ldots, \lambda_s\}$ hat.

Aufgrund des *Spektralsatzes* (6.2.16) sind H und P diagonalisierbar. Wegen der Übereinstimmung der Nullräume ergibt der *Spektralzerlegungssatz* (6.2.10), daß H und P auch dieselben eindeutig durch H festgelegten Projektionsmatrizen $P_1, \ldots, P_s$ besitzen. Damit erfüllt nur $P = \sum_{i=1}^{s} \sqrt{\lambda_i} P_i$ die vorgegebenen Bedingungen. □

Wegen der Eindeutigkeit der positiv semidefiniten Matrix P in der Darstellung $H = P^2$ wird $H^{\frac{1}{2}} := P$ *Quadratwurzel von H* genannt, wenn H positiv semidefinit ist.

Übung 6.2.v

Es sei $B \in \mathbb{K}_n^{m \times n}$. Bestimmen Sie eine Matrix $Q \in \mathbb{K}_n^{m \times n}$ mit $^t\bar{Q}Q = E_n$ und eine positiv definite Matrix P, so daß $B = QP$ gilt. [Hinweis: Betrachten Sie $^t\bar{B}B$.]

6.2.28 Normalform und Invarianten bei Kongruenztransformationen

Hat die Matrix H aus dem *Satz über die Hauptachsentransformation* (6.2.22) den Rang r, so sind aufgrund des *Äquivalenzsatzes* (3.3.8) genau r der n reellen Zahlen μ_i in (34) von 0 verschieden. Durch Vertauschen der Spaltenvektoren von U lassen sich dann die Eigenwerte auf der Diagonalen von D so anordnen, daß

$$\mu_1 \geq \ldots \geq \mu_p > 0 > \mu_{p+1} \geq \ldots \geq \mu_r$$

gilt, wobei p die Summe der Vielfachheiten aller positiven Eigenwerte von H ist.

Sind $\vec{u}_1, \ldots, \vec{u}_n$ die entsprechend umgeordneten Spaltenvektoren von U und wird $\mathcal{B}'' := \{\vec{w}_1, \ldots, \vec{w}_n\}$ mit

$$\vec{w}_i := \begin{cases} |\mu_i|^{-\frac{1}{2}} \vec{u}_i & \text{für } i = 1, \ldots, r, \\ \vec{u}_i & \text{sonst}, \end{cases}$$

gesetzt, so ergibt sich die besonders einfache Normalform

$$q(\vec{x}) = \sum_{i=1}^{p} |z_i|^2 - \sum_{i=p+1}^{r} |z_i|^2 \text{ mit } {}^t(z_1 \ldots z_n) := x_{\mathcal{B}''}(\vec{x}) \text{ für alle } \vec{x} \in \mathbb{K}^{n \times 1}.$$

Die Matrix $W := (\vec{w}_1 \ldots \vec{w}_n)$ ist im allgemeinen nicht mehr unitär. Mit $D_1 := [|\mu_1| \ldots |\mu_r| 1 \ldots 1]$ gilt aber

$$W = U D_1^{-\frac{1}{2}} \in GL(n; \mathbb{K}).$$

Da bei der quadratischen Form $\vec{x} \mapsto {}^t\vec{\bar{x}} H \vec{x}$ jede "Variablensubstitution" durch $\vec{x} = V\vec{z}$ mit $V \in GL(n;\mathbb{K})$ ausgedrückt werden kann, stellt sich die Frage, welche "Invarianten" die darstellenden Matrizen ${}^t\bar{V} H V$ der dabei entstehenden quadratischen Formen $\vec{z} \mapsto {}^t\vec{\bar{z}} \, {}^t\bar{V} H V \vec{z}$ besitzen. Der folgende Satz, der auf eine Veröffentlichung von *J. J. Sylvester* aus dem Jahre 1852 zurückgeht und der deshalb häufig nach ihm benannt wird, gibt darauf eine Antwort.

6.2.29 Trägheitssatz

Für die hermitesche Matrix $H \in \mathbb{K}_r^{n \times n}$ seien die Spaltenvektoren der unitären Matrix $U := (\hat{u}_1 \ldots \hat{u}_n)$ aus dem *Spektralsatz* (6.2.16) so angeordnet, daß $U^{-1} H U = [\mu_1 \ldots \mu_r \, 0 \ldots 0] \in \mathbb{R}^{n \times n}$ mit $\mu_1 \geq \ldots \geq \mu_p > 0 > \mu_{p+1} \geq \ldots \geq \mu_r$ erfüllt ist, wobei p die Summe der Vielfachheiten aller positiven Eigenwerte von H darstellt.

i) Wird dann $W := \left(\frac{1}{\sqrt{|\mu_1|}} \hat{u}_1 \ldots \frac{1}{\sqrt{|\mu_r|}} \hat{u}_r \, \hat{u}_{r+1} \ldots \hat{u}_n \right)$ gesetzt, so gilt

$W \in GL(n;\mathbb{K})$ und ${}^t\bar{W} H W = [E_p \; -E_{r-p} \; 0 E_{n-r}]$.

ii) Ist ${}^t\bar{V} H V = [E_q \; -E_{r-q} \; 0 E_{n-r}]$ mit $V \in GL(n;\mathbb{K})$ und $q \in \{0,\ldots,r\}$, so folgt $q = p$.

iii) Für jede Matrix ${}^t\bar{T} H T$ mit $T \in GL(n;\mathbb{K})$ sind p und $r-p$ die Summen der Vielfachheiten aller positiven beziehungsweise aller negativen Eigenwerte.

Beweis (a2):

i) Mit $D_1 := [|\mu_1| \ldots |\mu_r| 1 \ldots 1]$ gilt $D_1^{-\frac{1}{2}} U^{-1} H U D_1^{-\frac{1}{2}} = [E_p \; -E_{r-p} \; 0 E_{n-r}]$. Wegen $W = U D_1^{-\frac{1}{2}}$ und ${}^t\bar{W} = D_1^{-\frac{1}{2}} U^{-1}$ folgt daraus die erste Aussage, die die darstellende Matrix der quadratischen Form $\vec{x} \mapsto {}^t\vec{\bar{x}} H \vec{x}$ nach der Variablensubstitution $\vec{x} = W \vec{z}$ wiedergibt.

ii) Es sei $W =: (\vec{w}_1 \ldots \vec{w}_n)$, $V =: (\vec{v}_1 \ldots \vec{v}_n)$, $\mathcal{W} := \mathrm{Lin}\{\vec{w}_1,\ldots,\vec{w}_p\}$, $\mathcal{V} := \mathrm{Lin}\{\vec{v}_{q+1},\ldots,\vec{v}_n\}$ und $D(k) := [E_k \; -E_{r-k} \; 0 E_{n-r}] \in \mathbb{R}^{n \times n}$ für $k \in \{0,\ldots,r\}$.

Dann ist nach Voraussetzung $H = ({}^t\overline{W})^{-1} D(p) W^{-1} = ({}^t\overline{V})^{-1} D(q) V^{-1}$.

Zu jedem $\vec{w} \in W \setminus \{\vec{0}\}$ gibt es genau ein $\vec{a} = {}^t(a_1 \ldots a_p\, 0 \ldots 0) \in \mathbb{K}^{n \times 1} \setminus \{\vec{0}\}$ mit $\vec{w} = W\vec{a}$. Damit erhalten wir

$${}^t\overline{\vec{w}} H \vec{w} = {}^t\overline{\vec{a}} D(p) \vec{a} = \sum_{i=1}^{p} |a_i|^2 > 0.$$

Entsprechend läßt sich jedes $\vec{v} \in V$ in der Form $\vec{v} = V\vec{b}$ mit $\vec{b} = {}^t(0 \ldots 0\, b_{q+1} \ldots b_n)$ schreiben, so daß

$${}^t\overline{\vec{v}} H \vec{v} = {}^t\overline{\vec{b}} D(q) \vec{b} = - \sum_{i=q+1}^{n} |b_i|^2 \le 0$$

gilt. Also ist $W \cap V = \{\vec{0}\}$. Der *Satz über die zweite Dimensionsformel* (2.4.30) ergibt dann

$$n \ge \dim(W + V) = \dim W + \dim V - \dim(W \cap V) = p + (n-q),$$

so daß $p \le q$ sein muß. Mit $W' := \text{Lin}\{\vec{w}_{p+1}, \ldots, \vec{w}_n\}$ und $V' := \text{Lin}\{\vec{v}_1, \ldots, \vec{v}_q\}$ folgt analog $q \le p$. Also ist $p = q$.

iii) Es sei $T \in GL(n;\mathbb{K})$. Da ${}^t\overline{T} H T$ hermitesch ist, läßt sich wie in der Voraussetzung des Satzes und unter i) eine Matrix $W_1 \in GL(n;\mathbb{K})$ konstruieren, mit der

$${}^t\overline{W}_1 {}^t\overline{T} H T W_1 = D(p')$$

gilt, wobei p' die Summe der Vielfachheiten aller positiven Eigenwerte von ${}^t\overline{T} H T$ darstellt. Mit W aus i) und $W_2 := T^{-1} W \in GL(n;\mathbb{K})$ ist aber auch

$${}^t\overline{W}_2 {}^t\overline{T} H T W_2 = {}^t\overline{W} H W = D(p),$$

so daß $p' = p$ nach ii) folgt.

Aufgrund des *Äquivalenzsatzes* (3.3.8) gilt $\text{Rang}({}^t\overline{T} H T) = r$, und der Eigenwert 0 hat die Vielfachheit $n-r$. Damit ist $r-p$ die Summe der Vielfachheiten aller negativen Eigenwerte von ${}^t\overline{T} H T$. □

Wegen der Invarianz von p und $r-p$ bei allen zu H *kongruenten* Matrizen ${}^t\overline{T} H T$ mit $T \in GL(n;\mathbb{K})$, die als darstellende Matrizen einer quadratischen Form $\vec{x} \mapsto {}^t\overline{\vec{x}} H \vec{x}$ durch eine *Kongruenztransformation* $\vec{x} = T\vec{y}$ entstehen, heißt p *Trägheitsindex von* H, und $p-(r-p)$ wird *Signatur von* H genannt.

6.2.30 Die Singulärwert-Zerlegung

Wir schließen die Spektraltheorie in euklidischen und unitären Vektorräumen mit der Herleitung einer *unitären* (*orthogonalen*) *Normalform* für beliebige Matrizen $A \in \mathbb{K}_r^{m \times n} \setminus \{(0)\}$. Wie im *Äquivalenzsatz* (3.3.2) werden zwei verschiedene Transformationsmatrizen zugelassen, die jetzt aber unitär sein müssen. Die Wirkung des Übergangs von einer invertierbaren Transformationsmatrix zu einer unitären zeigen uns die Normalformen im *Trägheitssatz* (6.2.24) und im *Spektralsatz* (6.2.16). Wir nehmen deshalb an, daß sich der neue Satz zum Äquivalenzsatz verhält wie der Spektralsatz zum Trägheitssatz und ordnen die entsprechenden Normalformen in einem Rechteck an:

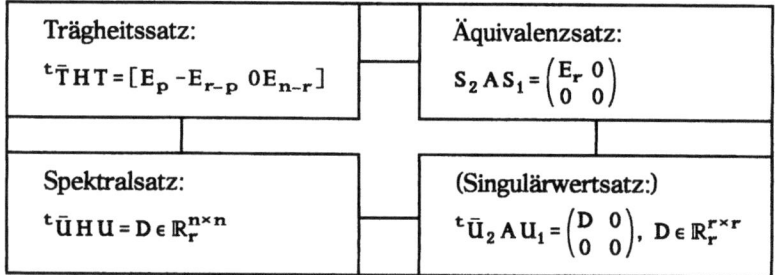

Aufgrund der Teile ii) und iii) des *Satzes über Definitheit und Normalmatrizen* (2.5.7) sind ${}^t\bar{A}A$ und $A{}^t\bar{A}$ positiv semidefinit. Wir können deshalb mit Hilfe dieser Produkte notwendige Bedingungen für $U := U_2 \in U(m)$, $V := U_1 \in U(n)$ und $\Sigma := \begin{pmatrix} D & 0 \\ 0 & 0 \end{pmatrix} \in \mathbb{R}_r^{m \times n}$ finden, wobei wir D versuchsweise als Diagonalmatrix ansetzen.

Aus $A = U\Sigma{}^t\bar{V}$ folgt ${}^t\bar{A}A = V{}^t\bar{\Sigma}\Sigma{}^t\bar{V}$ und $A{}^t\bar{A} = U\Sigma{}^t\bar{\Sigma}{}^t\bar{U}$, wobei aufgrund des *Satzes über Eigenwertkriterien für Definitheit* (6.2.26) ${}^t\bar{\Sigma}\Sigma \in \mathbb{R}_r^{n \times n}$ und $\Sigma{}^t\bar{\Sigma} \in \mathbb{R}_r^{m \times m}$ positiv semidefinite Diagonalmatrizen sind, deren von Null verschiedene Diagonalelemente bis auf die Reihenfolge übereinstimmen. Die Spaltenvektoren von U und V müssen also Eigenvektoren von $A{}^t\bar{A}$ beziehungsweise ${}^t\bar{A}A$ sein, und durch Umordnen dieser Spaltenvektoren läßt sich erreichen, daß etwa ${}^t\bar{\Sigma}\Sigma = [\mu_1 \ldots \mu_r \, 0 \ldots 0]$ mit $\mu_1 \geq \ldots \geq \mu_r > 0$ ist.

Wegen $AV = U\Sigma$ können U und V nicht beliebig mit Hilfe des *Spektralsatzes* (6.2.16) bestimmt werden. Wir wählen deshalb zunächst $V =: (\vec{v}_1 \ldots \vec{v}_n) \in U(n)$, so daß

$$V^{-1}{}^t\bar{A}AV = [\mu_1 \ldots \mu_r \, 0 \ldots 0] \text{ mit } \mu_1 \geq \ldots \geq \mu_r > 0$$

6.2.31 Singulärwertsatz

gilt. Insbesondere folgt ${}^t\bar{A}A\vec{v}_i = \mu_i \vec{v}_i$ und $\|A\vec{v}_i\| = \sqrt{\mu_i} > 0$ für $i = 1,\ldots,r$.
Setzen wir nun
$$\hat{u}_i := \frac{1}{\sigma_i} A\vec{v}_i \text{ mit } \sigma_i := \sqrt{\mu_i} \text{ für } i = 1,\ldots,r,$$
so sind diese Vektoren wegen
$$\,{}^t\bar{\hat{u}}_i \hat{u}_j = \frac{{}^t\bar{\vec{v}}_i\,{}^t\bar{A}A\vec{v}_j}{\sigma_i \sigma_j} = \frac{\mu_j\,{}^t\bar{\vec{v}}_i \vec{v}_j}{\sigma_i \sigma_j} = \frac{\sigma_j}{\sigma_i}\delta_{ij} \text{ für } i,j \in \{1,\ldots,r\}$$
normiert und paarweise orthogonal. Mit Hilfe des *Basisergänzungssatzes* (2.3.14) und des *Orthonormalisierungsalgorithmus* können sie durch $m-r$ Vektoren $\hat{u}_{r+1},\ldots,\hat{u}_m$ zu einer Orthonormalbasis von $\mathbb{K}^{m\times 1}$ und damit zu einer unitären Matrix $U := (\hat{u}_1 \ldots \hat{u}_m)$ ergänzt werden.
Wegen ${}^t\bar{e}_{m,i}\,{}^t\bar{U}AV\vec{e}_{n,k} = {}^t\bar{\hat{u}}_i A\vec{v}_k$ für $i = 1,\ldots,m$ und $k = 1,\ldots,n$ lassen sich die Elemente von ${}^t\bar{U}AV$ durch Fallunterscheidung bestimmen:
Aus $A\vec{v}_k = \sigma_k \vec{v}_k$ für $k \leq r$ und $A\vec{v}_k = \vec{0}$ für $k > r$ folgt
$$\,{}^t\bar{\hat{u}}_i A\vec{v}_k = \begin{cases} \delta_{ik}\sigma_k & \text{für } k \leq r, \\ 0 & \text{für } k > r. \end{cases}$$
Also gilt ${}^t\bar{U}AV = \begin{pmatrix} D & 0 \\ 0 & 0 \end{pmatrix}$ mit $D = [\sigma_1 \ldots \sigma_r]$. Daraus ergibt sich die

Singulärwert-Zerlegung

$$(37) \quad A = U\begin{pmatrix} D & 0 \\ 0 & 0 \end{pmatrix}{}^t\bar{V} \text{ mit } U \in U(m), V \in U(n), D = [\sigma_1 \ldots \sigma_r] \in \mathbb{R}_r^{r\times r}$$
$$\text{und } \sigma_1 \geq \ldots \geq \sigma_r > 0,$$

und D ist wegen $V^{-1}\,{}^t\bar{A}AV = \begin{pmatrix} D^2 & 0 \\ 0 & 0 \end{pmatrix}$ die einzige Diagonalmatrix mit monoton fallenden, positiven Diagonalelementen, die (37) erfüllt.

Zusammenfassend erhalten wir damit den folgenden Satz, dessen Bedeutung für die Praxis in den letzten Jahren ständig gewachsen ist.

6.2.31 Singulärwertsatz

Es sei $A \in \mathbb{K}_r^{m\times n} \setminus \{(0)\}$, und zu der hermiteschen Matrix ${}^t\bar{A}A$ sei $V := (\vec{v}_1 \ldots \vec{v}_n)$ aufgrund des *Spektralsatzes* (6.2.16) eine unitäre Matrix, deren Spaltenvektoren so angeordnet sind, daß
$$V^{-1}({}^t\bar{A}A)V = [\mu_1 \ldots \mu_r\, 0 \ldots 0] \in \mathbb{R}_r^{n\times n} \text{ mit } \mu_1 \geq \ldots \geq \mu_r > 0$$
erfüllt ist. Werden dann die paarweise orthogonalen, normierten

> Vektoren $\frac{1}{\sqrt{\mu_i}} A \bar{v}_i$, $i = 1, \ldots, r$, mit Hilfe des Orthonormalisierungsalgorithmus zu einer unitären Matrix U ergänzt, so gilt
> $$A = U \begin{pmatrix} D & 0 \\ 0 & 0 \end{pmatrix} {}^t\bar{V} \text{ mit } D = [\sqrt{\mu_1} \ldots \sqrt{\mu_r}].$$
> Als Diagonalmatrix mit positiven, monoton fallenden Diagonalelementen ist die *Singulärwert-Matrix* D durch A eindeutig bestimmt.

Übung 6.2.w
Zeigen Sie, daß $\text{Spec}({}^t\bar{A}A) = \text{Spec}(A{}^t\bar{A})$ für jedes $A \in \mathbb{K}^{m \times n}$ gilt.

6.2.32 Anwendungen der Singulärwert-Zerlegung

Wird das Produkt $A = (\hat{u}_1 \ldots \hat{u}_m) \begin{pmatrix} D & 0 \\ 0 & 0 \end{pmatrix} {}^t\overline{(\bar{v}_1 \ldots \bar{v}_n)}$ blockweise ausmultipliziert, so ergibt sich

$$(38) \quad A = (\hat{u}_1 \ldots \hat{u}_r) D \, {}^t(\bar{v}_1 \ldots \bar{v}_r) = \sum_{i=1}^{r} \sigma_i \hat{u}_i \, {}^t\bar{v}_i \text{ mit } \hat{u}_i \, {}^t\bar{v}_i \in \mathbb{K}_1^{m \times n}$$

für $i = 1, \ldots, r$.

Wegen $A\bar{x} = \sum_{i=1}^{r} \sigma_i ({}^t\bar{v}_i \bar{x}_i) \hat{u}_i$ für alle $\bar{x} \in \mathbb{K}^{n \times 1}$ und wegen $A\bar{v}_j = \sum_{i=1}^{r} \sigma_i \hat{u}_i ({}^t\bar{v}_i \bar{v}_j) = \bar{0}$ für $j = r+1, \ldots, n$ folgt aufgrund des *Basissatzes* (2.2.19), daß $\{\hat{u}_1, \ldots, \hat{u}_r\}$ und $\{\bar{v}_{r+1}, \ldots, \bar{v}_n\}$ Orthonormalbasen von $S(A)$ beziehungsweise $N(A)$ sind. Analog erhalten wir für ${}^t\bar{A}$ durch Transponieren und Bilden der Konjugierten in (38), daß $\{\bar{v}_1, \ldots, \bar{v}_r\}$ und $\{\hat{u}_{r+1}, \ldots, \hat{u}_m\}$ Orthonormalbasen von $Z(\bar{A})$ beziehungsweise $L(\bar{A})$ darstellen.

Darüber hinaus sind diese Basen so speziell, daß der *Darstellungssatz* (3.2.1) mit $A := \{\bar{v}_1, \ldots, \bar{v}_r\}$, $B := \{\hat{u}_1, \ldots, \hat{u}_r\}$, $A' := \{\bar{v}_1, \ldots, \bar{v}_n\}$ und $B' := \{\hat{u}_1, \ldots, \hat{u}_m\}$ für den in 2.4.15 behandelten Homomorphismus $\hat{A}: \mathbb{K}^{n \times 1} \to \mathbb{K}^{m \times 1}$, $\bar{x} \mapsto A\bar{x}$, die darstellende Matrix $M_{B'}^{A'}(\hat{A}) = \begin{pmatrix} D & 0 \\ 0 & 0 \end{pmatrix}$ und für den Isomorphismus $\hat{A} | Z(\bar{A}) : Z(\bar{A}) \to S(A)$ die zugeordnete Matrix $M_B^A(\hat{A} | Z(\bar{A})) = D$ ergibt.

Für viele praktische Anwendungen sind folgende Überlegungen typisch. Die Singulärwert-Matrix D hat denselben Rang wie A. Im

6.2.32 Anwendungen der Singulärwert-Zerlegung

Unterschied zu den Eckkoeffizienten der Stufenmatrix in einer US-Zerlegung von A lassen sich die "singulären Werte" auf der Diagonalen von D flexibel und vielseitig nutzen.

Zum Beispiel kann es wegen der Rundungsfehler beim Rechnen mit Dezimalarithmetik schwierig sein, den Rang einer Matrix durch Zählen der von Null verschiedenen Eckkoeffizienten zu ermitteln, weil die Folgen des Ignorierens von sehr kleinen Eckkoeffizienten kaum zu kontrollieren sind. Dagegen läßt sich in der Summendarstellung (38) der durch Nullsetzen von singulären Werten entstehende Fehler direkt abschätzen. In der numerischen Mathematik spricht man deshalb von dem *effektiven Rang* bezüglich einer vorgegebenen Toleranz für die Berücksichtigung von singulären Werten. Darüber hinaus wurde eine umfassende "Störungstheorie" entwickelt, die auf der Singulärwert-Zerlegung beruht, wobei sich die singulären Werte sogar ohne Kenntnis von $^t\bar{A}A$ approximieren lassen.

Beeindruckend kann die Wirkung der Singulärwert-Zerlegung in der *Bildverarbeitung* sein. Hier enthält die "Bildmatrix" A die geeignet codierten Farb- und (oder) Grauwerte aller genügend kleinen Quadrate ("Pixel"), in die das Bild aufgeteilt wird. Bei einem "normalen" Bild treten in der Singulärwert-Zerlegung der Bildmatrix viele kleine singuläre Werte auf, die ohne wesentlichen Verlust an Bildqualität weggelassen werden können. Zur Übertragung oder Speicherung eines solchen Bildes mit Hilfe der Summenform (38) benötigt man also bei einer Bildmatrix aus $\mathbb{R}^{m \times n}$ nur $r(m+n+1)$ Zahlen, wobei jetzt der effektive Rang r einen Erfahrungswert darstellt, der viel kleiner als m und n ist.

Werden die "Zwischenbilder" zu einer Bildmatrix bei variablem effektivem Rang r sichtbar gemacht, so läßt sich beobachten, daß mit wachsendem r das Erkennen des Bildinhalts deutlich später einsetzt als umgekehrt bei abnehmendem r das Nicht-mehr-erkennen-können beginnt. Dieses ist ein eindrucksvolles Beispiel für die "Faltenkatastrophe" der *Katastrophentheorie*, in der Unstetigkeitsphänomene untersucht und klassifiziert werden.

Zwei weitere Anwendungen des *Singulärwertsatzes* sind mit neuen Produktzerlegungen verbunden. Zunächst sei $B \in \mathbb{K}^{n \times n}$. Die Singulär-

wert-Zerlegung $B = U \Sigma {}^t\bar{V}$ mit $U, V \in U(n)$ erweitern wir auf zwei Weisen:
$$B = (U \Sigma {}^t\bar{U})(U {}^t\bar{V}) = (U {}^t\bar{V})(V \Sigma {}^t\bar{V}).$$
Aufgrund des *Satzes über orthogonale und unitäre Gruppen* (2.5.14) ist $Q := U {}^t\bar{V}$ eine unitäre Matrix, und der *Satz über Eigenwertkriterien für Definitheit* (6.2.26) ergibt, daß $P := U \Sigma {}^t\bar{U}$ und $P' := V \Sigma {}^t\bar{V}$ wie Σ positiv semidefinite Matrizen darstellen. Wegen $B{}^t\bar{B} = P{}^t\bar{P} = P^2$ und ${}^t\bar{B}B = {}^t\bar{P}'P' = (P')^2$ folgt mit Hilfe des *Satzes über Quadratwurzeln* (6.2.27), daß $P = (B{}^t\bar{B})^{\frac{1}{2}}$ und $P' = ({}^t\bar{B}B)^{\frac{1}{2}}$ gilt, womit P und P' durch B eindeutig bestimmt sind.

Da die Polarkoordinaten-Darstellungen der komplexen Zahlen sowohl in der Gestalt $z = re^{i\varphi}$ $(n=1)$ als auch in der zweidimensionalen Form
$$\begin{pmatrix} a & -b \\ b & a \end{pmatrix} = \begin{pmatrix} r & 0 \\ 0 & r \end{pmatrix} \begin{pmatrix} \cos\varphi & -\sin\varphi \\ \sin\varphi & \cos\varphi \end{pmatrix} \in \mathbb{R}^{2\times 2}$$
Spezialfälle der obigen Produktzerlegung bilden, heißt diese Darstellung, die wir in dem folgenden Satz festhalten, *Polarzerlegung* von A.

6.2.33 Satz über die Polarzerlegung

Besitzt $B \in \mathbb{K}^{n \times n} \setminus \{(0)\}$ die Singulärwert-Zerlegung $B = U \Sigma {}^t\bar{V}$ mit $U, V \in U(n)$, so gilt
$$B = PQ = QP'$$
mit $Q := U {}^t\bar{V} \in U(n)$ und mit eindeutig bestimmten positiv semidefiniten Matrizen $P := U \Sigma {}^t\bar{U} = (B{}^t\bar{B})^{\frac{1}{2}}$ und $P' := V \Sigma {}^t\bar{V} = ({}^t\bar{B}B)^{\frac{1}{2}}$.

Eine analoge Zerlegung für $B \in \mathbb{K}_n^{m \times n}$ ist in Übung 6.2.v enthalten.

Die älteste und wichtigste Anwendung der Polarzerlegung mit $B \in \mathbb{R}^{3 \times 3}$ stammt von *H. v. Helmholtz*, der um 1850 in der **Elastizitätstheorie** den Satz formulierte, daß jeder homogene Verzerrungszustand eines deformierten Körpers als Verknüpfung einer Verschiebung, einer Drehung und je einer Dehnung oder Stauchung nach den drei Hauptverzerrungsrichtungen dargestellt werden kann. Dabei beschreibt Q die räumliche Drehung, und die auf P oder P' angewandte Hauptachsentransformation ergibt die "Hauptverzerrungsrichtungen" als Eigenvektoren sowie die "Hauptdehnungen" mit $\sigma_1 \geq \sigma_2 \geq \sigma_3$ als Eigenwerte.

6.2.34 Singulärwert-Darstellung der Pseudo-Inversen

Wir schließen diesen Ausblick auf Anwendungen der Singulärwert-Zerlegung mit der Herleitung einer weiteren Darstellung für die *Pseudo-Inverse* $^P A$. Ist $A = U \begin{pmatrix} D & 0 \\ 0 & 0 \end{pmatrix} {}^t \bar V$ mit $U =: (\vec u_1 \ldots \vec u_m) \in U(m)$, $V =: (\vec v_1 \ldots \vec v_n) \in U(n)$ und $D =: [\sigma_1 \ldots \sigma_r]$ die Singulärwert-Zerlegung von A, so können wir aufgrund unserer obigen Ergebnisse zu den Orthonormalbasen der fundamentalen Untervektorräume mit Hilfe des *Satzes über die Orthogonalprojektion* (2.5.16) und mit Teil ii) des *Satzes über die Pseudo-Inverse* (2.4.23) die Matrix $A\,^P A$ bestimmen, die die Orthogonalprojektion von $\mathbb{K}^{m \times 1}$ auf $S(A)$ beschreibt: Zunächst gilt $A\,^P A \vec b = \sum_{i=1}^{r} \langle \vec b, \vec u_i \rangle \vec u_i = \sum_{i=1}^{r} \vec u_i\,{}^t \bar{\vec u}_i \vec b$. Ersetzen von $\vec b$ durch die Einheitsvektoren führt dann spaltenweise auf

$$A\,^P A = \sum_{i=1}^{r} \vec u_i\,{}^t \bar{\vec u}_i, \quad \text{und} \quad {}^P A\, A = \sum_{i=1}^{r} \vec v_i\,{}^t \bar{\vec v}_i$$

erhält man analog durch Orthogonalprojektion auf $Z(\bar A)$. Mit der Definition der Vektoren $\vec u_i$ folgt $A\,^P A = A \left(\sum_{i=1}^{r} \frac{1}{\sigma_i} \vec v_i\,{}^t \bar{\vec u}_i \right)$. Wegen $A \left(\sum_{i=1}^{r} \frac{1}{\sigma_i} \vec v_i\,{}^t \bar{\vec u}_i \right) \vec b \in S(A)$ und $\sum_{i=1}^{r} \frac{1}{\sigma_i} \vec v_i ({}^t \bar{\vec u}_i \vec b) \in Z(\bar A)$ ergibt der *Satz über die Optimallösung* (2.4.22), daß

$$^P A = \sum_{i=1}^{r} \frac{1}{\sigma_i} \vec v_i\,{}^t \bar{\vec u}_i = V \begin{pmatrix} D^{-1} & 0 \\ 0 & 0 \end{pmatrix} {}^t \bar U$$

sein muß. Hier kann man unmittelbar erkennen, daß $^P{}^P A = A$ ist.

Obwohl sich U, V und D im Unterschied zu den Matrizen in der Darstellung (2.44) normalerweise nur näherungsweise berechnen lassen, wird in der Praxis zur Bestimmung der Pseudo-Inversen wegen der oben erläuterten numerischen Stabilität fast ausschließlich die Singulärwert-Darstellung benutzt, die wir deshalb in dem folgenden Satz festhalten:

6.2.34 Satz über die Singulärwert-Darstellung der Pseudo-Inversen

Hat $A \in \mathbb{K}_r^{m \times n} \setminus \{(0)\}$ die Singulärwert-Zerlegung $A = U \begin{pmatrix} D & 0 \\ 0 & 0 \end{pmatrix} {}^t \bar V$ mit $U =: (\vec u_1 \ldots \vec u_m) \in U(m)$, $V =: (\vec v_1 \ldots \vec v_n) \in U(n)$ und $D =: [\sigma_1 \ldots \sigma_r]$, so gilt

$$P_A = V \begin{pmatrix} D^{-1} & 0 \\ 0 & 0 \end{pmatrix} {}^t\bar{U} = \sum_{i=1}^{r} \frac{1}{\sigma_i} \vec{v}_i {}^t\vec{\bar{u}}_i.$$

Die Projektionsmatrizen der Orthogonalprojektionen von $\mathbb{K}^{m \times 1}$ auf $S(A)$ und von $\mathbb{K}^{n \times 1}$ auf $Z(\bar{A})$ haben die Form

$$A\,P_A = \sum_{i=1}^{r} \vec{u}_i {}^t\bar{\vec{u}}_i \quad \text{und} \quad P_A A = \sum_{i=1}^{r} \vec{v}_i {}^t\bar{\vec{v}}_i.$$

6.3 Normalisierung

6.3.1 Die *Jordan*-Normalform

Wir wollen nun das Normalformproblem für die Äquivalenzklassen ähnlicher, zerfallender Matrizen aus $\mathbb{K}^{n \times n}$ lösen, wobei nur zerfallende Matrizen betrachtet werden[2], damit die Normalform mindestens eine (obere) Dreiecksmatrix sein kann, deren Diagonalelemente Eigenwerte darstellen. Obwohl in der Praxis wegen der möglichen Rundungsfehler fast alle quadratischen Matrizen diagonalisierbar sind, hat die Charakterisierung der Ähnlichkeitsklassen und die Bestimmung **ausgezeichneter Repräsentanten** nicht nur theoretische Bedeutung. Einerseits ist die Normalform, die wir gleich herleiten werden, so einfach, daß sich zum Beispiel für die zugehörigen Matrizenpotenzen und für eine Matrix-Exponentialreihe, die bei Anwendungen eine Rolle spielt, explizite Formeln angeben lassen. Andererseits werden wir im nächsten Abschnitt mit Hilfe der Normalform zwei weitere wichtige Algorithmen gewinnen.

6.3.2 Definition der *Jordan*-Blockmatrix

Eine Matrix $C \in \mathbb{K}^{s \times s}$ heißt *Jordan-Matrix* genau dann, wenn sie die Form $C = \mu E_s + N_s$ mit $\mu \in K$ und $N_s := \sum_{i=1}^{s-1} \vec{e}_i {}^t\vec{e}_{i+1} \in \mathbb{K}^{s \times s}$ für $s > 1$ sowie $N_1 := (0)$ besitzt. Eine Matrix $J \in \mathbb{K}^{n \times n}$ heißt *Jordan*-

---

[2] In der Algebra wird gezeigt, daß es zu jedem Körper K einen "Erweiterungskörper" L gibt, der K enthält und in dem jedes $A \in \mathbb{K}^{n \times n}$ zerfallend ist. Jedes $A \in \mathbb{C}^{n \times n}$ stellt über $\mathbb{C}$ eine zerfallende Matrix dar.

6.3.3 Die Jordan-Normalform

Blockmatrix genau dann, wenn es Jordan-Matrizen $J_1,...,J_m$ gibt, so daß $J = [J_1 \ ... \ J_m]$ gilt.

6.3.3 Satz über *Jordan*-Blockmatrizen

Jede zerfallende Matrix $A \in K^{n \times n}$ ist ähnlich zu einer Jordan-Blockmatrix.

Beweis (h3 und mit $4\frac{1}{2}$ Seiten besonders lang):

I. Motivation:

Die Grundidee des folgenden Beweises, der einfacher ist als die bisher bekannten, wurde 1971 von dem russischen Mathematiker *A.F. Filippow* veröffentlicht. Er geht davon aus, daß $M^{-1}AM = J$ zu der Gleichung $AM = MJ$ mit $M \in GL(n;K)$ äquivalent ist. Hat die i-te Jordan-Matrix von J die Form $J_i = \mu_i E_{r_i} + N_{r_i}$, $i = 1,...,m$, und gruppiert man entsprechend die Spaltenvektoren von $M =: (\vec{v}_{11}...\vec{v}_{1r_1}... \ ...\vec{v}_{m1}...\vec{v}_{mr_m})$, so ist $AM = MJ$ gleichbedeutend mit den Gleichungsketten

(39) $\quad A\vec{v}_{i1} = \mu_i \vec{v}_{i1}, \ A\vec{v}_{ik} = \mu_i \vec{v}_{ik} + \vec{v}_{i,k-1}$
$\quad\quad$ für $i = 1,...,m$ und $k = 2,...,r_i$ (falls $r_i > 1$).

Die gesuchten Spaltenvektoren von M sind also zu "Ketten" verbunden, deren erstes Glied $\vec{v}_{i1}$ jeweils ein Eigenvektor von A zum Eigenwert μ_i ist.

Filippow beweist die **Existenz** dieser Ketten für Endomorphismen von n-dimensionalen $\mathbb{C}$-Vektorräumen durch vollständige Induktion über n. Der Induktionsschritt kommt durch folgende Überlegung zustande: Ist λ ein Eigenwert von A und wird $A_0 := A - \lambda E$ gesetzt, so beschreibt $\hat{A}_0: \mathbb{C}^{n \times 1} \to S(A_0)$, $\vec{x} \mapsto A_0\vec{x}$, einen Endomorphismus von $\mathbb{C}^{n \times 1}$, dessen Bild $S(A_0)$ eine Dimension r besitzt, die wegen $r = \text{Rang } A_0$ kleiner als n ist, und $\hat{A}_0|S(A_0)$ stellt einen Endomorphismus von $S(A_0)$ dar. Kennt man dann per Induktionsannahme eine Basis B von $S(A_0)$ derart, daß die zu $\hat{A}_0|S(A_0)$ gehörende darstellende Matrix eine Jordan-Blockmatrix $J' \in \mathbb{C}^{r \times r}$ ist, so läßt sich mit Hilfe der Vektoren von B eine Transformationsmatrix M und eine Jordan-Blockmatrix J angeben, für die $M^{-1}AM = J$ gilt.

Wir werden Filippows Beweis insofern abändern, als wir mit Matrizen über einem beliebigen unendlichen Körper K arbeiten. Dabei beschreiben wir außerdem einen Algorithmus, dessen Anwendung zum besseren Verständnis des Beweises beitragen kann.

II. Durchführung (Vollständige Induktion über n):

Für $n=1$ gilt offensichtlich $A=J$. Es sei also im folgenden $n>1$. Wir nehmen an, wir hätten die Behauptung des Satzes für alle Matrizen $B \in K^{r \times r}$ mit $r<n$, deren charakteristisches Polynom χ_B in Linearfaktoren zerfällt, bereits bewiesen, und zeigen nun durch Fallunterscheidung, daß die Aussage dann auch für $A \in K^{n \times n}$ erfüllt ist, wenn χ_A in Linearfaktoren zerfällt.

1. Fall: $A = (0) \in K^{n \times n}$.

A stellt selbst eine Jordan-Blockmatrix dar.

2. Fall: $0 < \text{Rang } A < n$.

Es sei $A =: (\vec{a}_1 \dots \vec{a}_n)$, $r := \text{Rang } A$ und $\mathcal{A} := \{\vec{a}_{k_1}, \dots, \vec{a}_{k_r}\}$ die im *Satz über Basis und Dimension des Spaltenraums* (2.3.11) bestimmte Basis von $S(A)$ sowie $B := M_{\mathcal{A}}^{\mathcal{A}}(\hat{A}|S(A))$. Um auf B die Induktionsvoraussetzung anwenden zu können, müssen wir zeigen, daß das charakteristische Polynom χ_B in Linearfaktoren zerfällt. Dazu berechnen wir B in Abhängigkeit von A.

Mit $^WA = (\vec{a}_{k_1} \dots \vec{a}_{k_r}) \in K^{n \times r}$ und $B =: (\vec{b}_1 \dots \vec{b}_r)$ ist das Bild des i-ten Basisvektors $A\vec{a}_{k_i} = {}^WA\vec{b}_i$ für $i=1, \dots, r$, und wir erhalten

$$(40) \qquad A\,{}^WA = {}^WA\,B.$$

Aufgrund des *Reduziertensatzes* (2.3.12) gilt

$$(41) \qquad A = H_0^r A = {}^WA\,{}^rA,$$

mit $H := ({}^WA\ P^{-1}L) \in GL(n;K)$, wobei P die im *Zerlegungssatz* (1.5.18)

6.3.3 Die Jordan-Normalform

bestimmte Matrix darstellt und $L := (\vec{e}_{r+1} \ldots \vec{e}_n) \in K^{n \times (n-r)}$ ist.

Aus $A^wA = (^wA^rA)^wA = {}^wA(^rA^wA)$ ergibt sich damit wegen der eindeutigen Bestimmtheit von B in (40) die einfache und nützliche Darstellung

$$(42) \qquad B = {}^rA^wA.$$

Wegen ${}^r_0AH = \begin{pmatrix} B & * \\ 0 & 0 \end{pmatrix} \in K^{n \times n}$ sowie $A = H({}^r_0AH)H^{-1}$ folgt nun, daß A und ${}^r_0AH$ ähnlich sind, und mit (10) sowie aufgrund des *Satzes über die Determinante von Blockdreiecksmatrizen* (5.3.3) erhalten wir

$$(43) \qquad \chi_A(x) = \chi_{{}^r_0AH}(x) = x^{n-r}\chi_B(x) \text{ für alle } x \in K.$$

d.h. wenn χ_A in Linearfaktoren zerfällt, so ist dieses auch bei χ_B der Fall. Außerdem haben A und B - eventuell von $\lambda = 0$ abgesehen - dieselben Eigenwerte.

Aufgrund unserer Induktionsannnahme (und in der Praxis aufgrund der rekursiven Konstruktion) gibt es also eine Matrix $M_1 \in GL(r;K)$ und eine Jordan-Blockmatrix $J' \in K^{r \times r}$, so daß

$$(44) \qquad BM_1 = M_1 J'$$

gilt. In drei Schritten konstruieren wir nun die gesuchte Transformationsmatrix M und die Jordan-Blockmatrix J.

1. Schritt:

Multiplizieren wir (44) von links mit ${}^wA$, so erhalten wir ${}^wABM_1 = {}^wAM_1J'$, und mit (40) ergibt sich

$$(45) \qquad A({}^wAM_1) = ({}^wAM_1)J'.$$

Die r Spaltenvektoren von ${}^wAM_1$ bilden auch eine Basis von $S(A)$, weil aus $\vec{0} = {}^wAM_1\vec{x} =: {}^wA\vec{y}$ zunächst $\vec{y} = \vec{0}$ und dann $\vec{x} = M_1^{-1}\vec{y} = \vec{0}$ folgt. Besteht J' aus den Jordan-Matrizen $J_i = \mu_i E_{n_i} + N_{n_i}$, $i = 1, \ldots, h$, und sind die Spaltenvektoren von

$$^{w}AM_l =: (\vec{v}_{11} \ldots \vec{v}_{1n_1} \ldots \ldots \vec{v}_{h1} \ldots \vec{v}_{hn_h}) \in K^{n \times r}$$

entsprechend indiziert, so erhalten wir aus (45) die Gleichungsketten

(46) $\quad A\vec{v}_{i1} = \mu_i \vec{v}_{i1}, \ A\vec{v}_{ik} = \mu_i \vec{v}_{ik} + \vec{v}_{i,k-1}$
für $i = 1,\ldots,h$ und $k = 2,\ldots,n_i$ (falls $n_i > 1$).

Die Matrix $^{w}AM_l$ erweitern wir nun durch Hinzunahme geeigneter Spaltenvektoren.

2. Schritt:

Es sei p die Anzahl der Jordan-Matrizen J'_i mit $\mu_i = 0$, $i \in \{1,\ldots,h\}$, und I_0 sei die Menge der Indizes dieser J'_i. Da $\vec{v}_{in_i}$ ein Spaltenvektor von $^{w}AM_l$ ist, gibt es einen Spaltenvektor $\vec{x} = {}^t(x_1 \ldots x_r)$ von M_l, so daß $^{w}A\vec{x} = \vec{v}_{in_i}$ gilt. Bilden wir mit Hilfe von $\vec{x}$ den Vektor $\vec{v}_{i,n_i+1}$, indem wir für $j = 1,\ldots,r$ die k_j-te Komponente von $\vec{v}_{i,n_i+1}$ gleich x_j und alle übrigen Komponenten gleich 0 setzen, so gilt $A\vec{v}_{i,n_i+1} = {}^{w}A\vec{x} = \vec{v}_{in_i}$. Wegen

(47) $\quad A\vec{v}_{i,n_i+1} = 0 \cdot \vec{v}_{i,n_i+1} + \vec{v}_{in_i}$ für $i \in I_0$

ist damit die entsprechende Kette in (46) um den Vektor $\vec{v}_{i,n_i+1}$ erweitert.

3. Schritt:

Streicht man die p Nullzeilen von J', so entsteht eine Stufenmatrix mit $r-p$ Eckkoeffizienten. Also gilt Rang J' $= r-p$ und dim $N(J') = r -$ Rang J' $= p$. Wegen Teil ii) des *Verallgemeinerungssatzes* (4.2.4) ist $N(J')$ isomorph zu Kern $\hat{A}|S(A) = N(A) \cap S(A)$. Damit folgt auch dim$(N(A) \cap S(A)) = p$. Die p Vektoren $\vec{v}_{i1}$ mit $i \in I_0$ liegen sowohl in $N(A)$ als auch in $S(A)$. Da sie linear unabhängig sind, bilden sie eine Basis von $N(A) \cap S(A)$. Ist $p < n-r =$ dim $N(A)$, so ergänzen wir die Vektoren $\vec{v}_{i1}$ mit $i \in I_0$ durch n-r-p Vektoren $\vec{v}_{i1}$, $i = h+1,\ldots,h+n-r-p$, zu einer Basis von $N(A)$. Mit $m := h+n-r-p$ gilt dann

(48) $\quad A\vec{v}_{i1} = 0 \cdot \vec{v}_{i1} = \vec{0}$ für $i = h+1,\ldots,m$.

6.3.3 Die Jordan-Normalform

Setzen wir

$$r_i := \begin{cases} n_i+1, & \text{wenn } i \in I_0, \\ n_i, & \text{wenn } i \in \{1,\dots,h\} \setminus I_0, \\ 1, & \text{wenn } i \in \{h+1,\dots,m\}, \end{cases}$$

so ist $\sum_{i=1}^{m} r_i = r+p+(m-h)=n$, und $M := (\vec{v}_{11} \dots \vec{v}_{1r_1} \dots \vec{v}_{m1} \dots \vec{v}_{mr_m}) \in K^{n \times n}$ stellt die gesuchte Transformationsmatrix dar. Wegen (46), (47) und (48) gilt nämlich

(49) $$AM = MJ$$

mit $J = [J_1 \dots J_m]$ und $J_i = \mu_i E_{r_i} + N_{r_i}$, $i=1,\dots,m$.

Wir müssen also nur noch zeigen, daß die Spaltenvektoren von M linear unabhängig sind, so daß $M \in GL(n;K)$ ist.

Dazu setzen wir

(50) $$\vec{0} = \sum_{i=1}^{h} \sum_{k=1}^{n_i} a_{ik} \vec{v}_{ik} + \sum_{i \in I_0} b_i \vec{v}_{i,n_i+1} + \sum_{i=h+1}^{m} c_i \vec{v}_{i1}.$$

Durch Multiplikation von links mit A folgt

$$\vec{0} = A\vec{0} = \sum_{i=1}^{h} a_{i1} \mu_i \vec{v}_{i1} + \sum_{i=1}^{h} \sum_{k=2}^{n_i} a_{ik}(\mu_i \vec{v}_{ik} + \vec{v}_{i,k-1}) + \sum_{i \in I_0} b_i \vec{v}_{in_i} =$$

$$= \sum_{\substack{i=1 \\ i \in I_0}}^{h} \sum_{k=1}^{n_i} a_{ik} \mu_i \vec{v}_{ik} + \sum_{i=1}^{h} \left(\sum_{k=1}^{n_i-1} a_{i,k+1} \vec{v}_{ik} \right) + \sum_{i \in I_0} b_i \vec{v}_{in_i}.$$

Hier treten nur die linear unabhängigen Spaltenvektoren von $^wAM_1$ auf, und die Vektoren $\vec{v}_{in_i}$ mit $i \in I_0$ kommen nur in der letzten Summe vor. Für ihre Koeffizienten b_i muß also $b_i = 0$ gelten.

Damit ergibt (50) die Gleichung

$$\vec{c} := \sum_{i=1}^{h} \sum_{k=1}^{n_i} a_{ik} \vec{v}_{ik} = -\sum_{i=h+1}^{m} c_i \vec{v}_{i1}.$$

Wegen der ersten Linearkombination ist $\vec{c} \in S(A)$, und wegen der zweiten gilt $\vec{c} \in N(A)$, d.h. $\vec{c}$ liegt in $N(A) \cap S(A)$. Also läßt sich $\vec{c}$ als Linearkombination $\vec{c} =: \sum_{i \in I_0} d_i \vec{v}_{i1}$ der Basisvektoren $\vec{v}_{i1}$, $i \in I_0$, von

N(A)∩S(A) schreiben. Da $\{\vec{v}_{i1} \mid i \in I_0\} \cup \{\vec{v}_{i1} \mid i=h+1,...,m\}$ eine Basis von **N(A)** darstellt, folgt aus $\vec{0} = \sum_{i \in I_0} d_i \vec{v}_{i1} + \sum_{i=h+1}^{m} c_i \vec{v}_{i1}$, daß $d_i = 0$ für alle $i \in I_0$ und $c_i = 0$ für $i=h+1,...,m$ gelten muß. Nun ergibt (50) schließlich, daß auch alle Koeffizienten a_{ik} gleich 0 sein müssen.

3. Fall: Rang A = n.

Ist λ ein beliebiger Eigenwert von **A**, so ist der Rang der Matrix $A_0 := A - \lambda E$ kleiner als n. Damit kann A_0 wie im ersten oder zweiten Fall behandelt werden. Wir erhalten also eine Matrix $M \in GL(n;K)$ und eine Jordan-Blockmatrix $J^* \in K^{n \times n}$, so daß $M^{-1} A_0 M = J^*$ gilt. Dann folgt mit derselben Matrix **M** auch

$$M^{-1}AM = M^{-1}A_0 M + M^{-1}(\lambda E_n)M = J^* + \lambda E_n =: J,$$

wobei **J** wieder eine Jordan-Blockmatrix darstellt. □

6.3.4 Algorithmus zur Berechnung einer Jordan-Blockmatrix und einer Transformationsmatrix

In 6.3.14 ist ein effizienter "Normalform-Algorithmus" zu finden, dessen Herleitung allerdings einen recht großen Aufwand erfordert, wobei auch der *Satz über Jordan-Blockmatrizen* verwendet wird. Der nachfolgend wiedergegebene neue *Ähnlichkeitsalgorithmus*, mit dessen Hilfe man zu jeder zerfallenden Matrix $A \in K^{n \times n}$ eine Jordan-Blockmatrix **J** und eine Transformationsmatrix $M \in GL(n;K)$ mit $M^{-1}AM = J$ bestimmen kann, ergibt sich unmittelbar aus den konstruktiven Teilen des obigen Beweises. Das Algorithmus-Schema soll einerseits zum Verständnis des Beweises beitragen und andererseits die Erstellung eines Computerprogramms erleichtern. Das anschließende Beispiel zeigt, wie sich die Berechnung für eine reelle 5×5-Matrix **A** durchführen läßt.

Algorithmus-Schema:

⌐ 1 ⌐ Berechne das charakteristische Polynom χ_A; notiere die verschiedenen Eigenwerte von **A** mit ihren Vielfachheiten. Berechne die Dimensionen (und evtl. Basen) der zugehörigen Nullräume. Ist

6.3.4 Der Ähnlichkeitsalgorithmus

A zu einer Diagonalmatrix D ähnlich? Wenn ja, so ist J = D. Andernfalls fahre mit $\boxed{2}$ fort.

$\boxed{2}$ Setze $A_0 := A$, $r_0 := n$ und $i := 1$.

$\boxed{3}$ Berechne $C_i := A_{i-1} - \mu_{i-1} E$, wobei μ_{i-1} ein Eigenwert von A_{i-1} mit maximaler Vielfachheit ist.

$\boxed{4}$ Berechne die Reduzierte $^r C_i$ und notiere $r_i := \text{Rang}\, ^r C_i$ sowie die Matrizen $^w C_i$ und $^u C_i$.

$\boxed{5}$ Berechne $A_i := {}^r C_i {}^w C_i$

$\boxed{6}$ Ist eine Jordan-Blockmatrix $J^{(i)}$ und eine Matrix $M_i \in GL(r_i; K)$ bekannt, so daß $A_i M_i = M_i J^{(i)}$ gilt?
Wenn ja, so gehe nach $\boxed{8}$; andernfalls fahre mit $\boxed{7}$ fort.

$\boxed{7}$ Bestimme folgendermaßen die Eigenwerte von A_i:
Von allen Eigenwerten von A_{i-1} wird μ_{i-1} subtrahiert; die Vielfachheit des (neuen) Eigenwertes 0 wird um $\dim N(C_i) = r_{i-1} - r_i$ vermindert, während die Vielfachheiten der übrigen Eigenwerte erhalten bleiben.
Haben alle Eigenwerte die Vielfachheit 1, so berechne mit Hilfe des *Diagonalisierungssatzes* (6.2.7) eine Diagonalmatrix $J^{(i)}$ sowie eine Matrix $M_i \in GL(r_i; K)$ mit $A_i M_i = M_i J^{(i)}$ und gehe nach $\boxed{8}$.
Andernfalls ersetze i durch $i+1$, und fahre mit $\boxed{3}$ fort.

$\boxed{8}$ Berechne $^w C_i M_i =: (\vec{v}_1 \ldots \vec{v}_{r_i})$.
Notiere die (evtl. leeren) Mengen A_i und E_i der jeweils ersten bzw. letzten Spaltenindizes der Jordan-Matrizen in $J^{(i)}$, die zum Eigenwert 0 gehören.

⑨ Konstruiere M_{i-1} auf folgende Weise:
a) Füge für jedes $j \in E_i$ den Spaltenvektor $\vec{v}'_j := {}^u C_i(M_i \vec{e}_j)$ hinter $\vec{v}_j$ in die Matrix ${}^w C_i M_i$ ein.
b) Wenn A_i weniger als dim $N(C_i)$ Zahlen enthält, berechne ${}^z C_i$ und füge diejenigen Spaltenvektoren von ${}^z C_i$, die $\{\vec{v}_k | k \in A_i\}$ zu einer Basis von $N(C_i)$ ergänzen, hinter dem Spaltenvektor $\vec{v}_{r_i}$ (bzw. $\vec{v}'_{r_i}$) in die (erweiterte) Matrix ${}^w C_i M_i$ ein.

⑩ Nun bilde $J^{(i-1)}$ folgendermaßen:
a) Füge für jedes $j \in E_i$ hinter dem j-ten Spaltenvektor von $J^{(i)}$ den Einheitsvektor $\vec{e}_j$ und unter der j-ten Zeile von $J^{(i)}$ eine Nullzeile ein.
b) Ergänze diese (erweiterte) Matrix durch Nullspalten rechts und Nullzeilen unten zu einer $(r_{i-1} \times r_{i-1})$-Matrix.
c) Addiere $\mu_{i-1} E_{r_{i-1}}$ zu dieser Matrix.

⑪ Ist i-1=0? Falls nein, ersetze i durch i-1 und fahre mit ⑧ fort; falls ja, so ist $M_0^{-1} A_0 M_0 = J^{(0)}$.

6.3.5 Beispiel

Gegeben sei die Matrix $A_0 := A = \begin{pmatrix} -1 & 0 & 0 & -3 & -3 \\ 0 & 1 & 0 & 1 & 1 \\ 0 & 0 & 1 & 0 & 0 \\ 1 & 1 & 1 & 2 & 3 \\ -1 & -1 & -1 & -1 & -2 \end{pmatrix} \in \mathbb{R}^{5 \times 5}$, deren

① charakteristisches Polynom $\chi_A(x) = x^5 - x^4 - 2x^3 + 2x^2 + x - 1 = (x-1)^3 (x+1)^2$ über $\mathbb{R}$ in Linearfaktoren zerfällt und die die Eigenwerte $\mu_{0,1} = 1$ ($\nu = 3$) und $\mu_{0,2} = -1$ ($\nu = 2$) hat. Der Eigenwert mit
② der maximalen Vielfachheit ist somit $\mu_0 := 1$. Außerdem wird $r_0 := 5$ gesetzt. Man rechnet folgendermaßen weiter:

③
④ $C_1 = A_0 - 1 E = \begin{pmatrix} -2 & 0 & 0 & -3 & -3 \\ 0 & 0 & 0 & 1 & 1 \\ 0 & 0 & 0 & 0 & 0 \\ 1 & 1 & 1 & 1 & 3 \\ -1 & -1 & -1 & -1 & -3 \end{pmatrix}$, ${}^r C_1 = \begin{pmatrix} 1 & 0 & 0 & 0 & 0 \\ 0 & 1 & 1 & 0 & 2 \\ 0 & 0 & 0 & 1 & 1 \end{pmatrix}$,

Rang ${}^r C_1 = 3 =: r_1$.

6.3.5 Der Ähnlichkeitsalgorithmus

An der Indexmenge $\{1,2,4\}$ der Eckkoeffizienten von $^rC_1$ liest man $^uC_1 =$ $(\vec{e}_1\,\vec{e}_2\,\vec{e}_4)$ ab und bildet $^wC_1$ mit den entsprechenden Spaltenvektoren von C_1:

$$^wC_1 = \begin{pmatrix} -2 & 0 & -3 \\ 0 & 0 & 1 \\ 0 & 0 & 0 \\ 1 & 1 & 1 \\ -1 & -1 & -1 \end{pmatrix}$$

Außerdem ermittelt man $\dim N(C_1) = 2 \neq 3 = v(\chi_{A_0}, 1)$, weswegen A_0 zu keiner Diagonalmatrix ähnlich ist. Wir fahren fort mit

⑤
⑥ $A_1 = {}^rC_1{}^wC_1 = \begin{pmatrix} -2 & 0 & -3 \\ -2 & -2 & -1 \\ 0 & 0 & 0 \end{pmatrix}$ und den Eigenwerten $\left.\begin{array}{l}\mu_{1,1} = 0\ (v=1), \\ \mu_{1,2} = -2\ (v=2)\end{array}\right\}$,
⑦ so daß $\mu_1 := -2$ gewählt wird.

Reduziere weiter mit $i = 2$:

③
④ $C_2 = A_1 - (-2)E = \begin{pmatrix} 0 & 0 & -3 \\ -2 & 0 & -1 \\ 0 & 0 & 2 \end{pmatrix}$, $^rC_2 = \begin{pmatrix} 1 & 0 & 0 \\ 0 & 0 & 1 \end{pmatrix}$, $^wC_2 = \begin{pmatrix} 0 & -3 \\ -2 & -1 \\ 0 & 2 \end{pmatrix}$,

$^uC_2 = (\vec{e}_1\,\vec{e}_3)$ und Rang $^rC_2 = 2 =: r_2$. Wegen $\dim N(C_2) = 1 \neq 2 = v(\chi_{A_1}, -2)$ ist auch A_1 zu keiner Diagonalmatrix ähnlich. Daher
⑤ berechnet man $A_2 = {}^rC_2{}^wC_2 = \begin{pmatrix} 0 & -3 \\ 0 & 2 \end{pmatrix}$ mit den Eigenwerten $\mu_{2,1} = 2$
⑦ $(v=1)$, $\mu_{2,2} = 0\ (v=1)$.

Da jetzt beide Eigenwerte nur mit einfacher Vielfachheit auftreten, kann hier die Matrix M_2 mit Hilfe des *Diagonalisierungssatzes* (6.2.7) bestimmt werden, wobei man $J^{(2)} = \begin{pmatrix} 2 & 0 \\ 0 & 0 \end{pmatrix}$ und $M_2 = \begin{pmatrix} -3 & 1 \\ 2 & 0 \end{pmatrix}$ gewinnt.

⑧ An dieser Stelle kehren wir um und erhalten $A_2 = E_2 = \{2\}$ sowie $^wC_2M_2 = \begin{pmatrix} -6 & 0 \\ 4 & -2 \\ 4 & 0 \end{pmatrix} =: (\vec{v}_1\,\vec{v}_2)$. Der ergänzende Vektor $\vec{v}'_2 = \begin{pmatrix} 1 \\ 0 \\ 0 \end{pmatrix}$

⑨ entsteht aus dem zweiten Spaltenvektor $\begin{pmatrix} 1 \\ 0 \end{pmatrix}$ von M_2 durch Einfügen einer Null an der (neuen) zweiten Position. Auf diese Weise erhält man $M_1 = \begin{pmatrix} -6 & 0 & 1 \\ 4 & -2 & 0 \\ 4 & 0 & 0 \end{pmatrix}$. Die Matrix $^zC_2 = \begin{pmatrix} 0 \\ 1 \\ 0 \end{pmatrix}$ braucht nicht mehr betrachtet zu werden, da schon Rang $M_1 = 3 = r_1$ gilt.

⑩ In $J^{(2)}$ muß hinter die zweite Spalte der Einheitsvektor $\vec{e}_2 = \begin{pmatrix} 0 \\ 1 \end{pmatrix}$ und unter die zweite Zeile eine Nullzeile angefügt werden, so daß sich zunächst die Matrix $\begin{pmatrix} 2 & 0 & 0 \\ 0 & 0 & 1 \\ 0 & 0 & 0 \end{pmatrix}$ und nach abschließender

Addition von $\mu_1 E_3 = (-2) E_3$ die Jordan-Blockmatrix $J^{(1)} = \begin{pmatrix} 0 & 0 & 0 \\ 0 & -2 & 1 \\ 0 & 0 & -2 \end{pmatrix}$

boxed{11} ergibt.

boxed{8} Im letzten Konstruktionsschritt erhalten wir ${}^w C_1 M_1 = \begin{pmatrix} 0 & 0 & -2 \\ 4 & 0 & 0 \\ 0 & 0 & 0 \\ 2 & -2 & 1 \\ -2 & 2 & -1 \end{pmatrix}$

boxed{9} $=: (\vec{v}_1\, \vec{v}_2\, \vec{v}_3)$ und $A_1 = E_1 = \{1\}$. M_0 entsteht aus ${}^w C_1 M_1$ einerseits durch Ergänzung des um zwei Nullkomponenten verlängerten ersten Spaltenvektors $\begin{pmatrix} -6 \\ 4 \\ 4 \end{pmatrix}$ von M_1: In ${}^u C_1$ liest man ab, daß die Nullkomponenten an der dritten und fünften Stelle des neuen Vektors $\vec{v}'_1 = {}^t(-6\ 4\ 0\ 4\ 0)$ zu schreiben sind. Dieser Vektor wird hinter $\vec{v}_1$ in die Matrix ${}^w C_1 M_1$ eingefügt.

Andererseits haben wir ${}^z C_1 = \begin{pmatrix} 0 & 0 \\ -1 & -2 \\ 1 & 0 \\ 0 & -1 \\ 0 & 1 \end{pmatrix}$; hiervon bildet der erste Spaltenvektor zusammen mit $\vec{v}_1$ eine Basis von $N(C_1)$. Er wird daher als weiterer ergänzender Vektor hinten an die Matrix ${}^w C_1 M_1$ angefügt.

Damit erhalten wir nun $M_0 = \begin{pmatrix} 0 & -6 & 0 & -2 & 0 \\ 4 & 4 & 0 & 0 & -1 \\ 0 & 0 & 0 & 0 & 1 \\ 2 & 4 & -2 & 1 & 0 \\ -2 & 0 & 2 & -1 & 0 \end{pmatrix}$.

boxed{10} In $J^{(1)}$ wird hinter dem ersten Spaltenvektor der Einheitsvektor $\vec{e}_1$ und unter die erste Zeile eine Nullzeile eingefügt. Nach Hinzufügen jeweils einer Nullspalte und Nullzeile rechts und unten und Addition von $\mu_0 E_5$ ergibt sich

boxed{11} die gesuchte Jordan-Blockmatrix $J^{(0)} = \left(\begin{array}{cc|cc|c} 1 & 1 & 0 & 0 & 0 \\ 0 & 1 & 0 & 0 & 0 \\ \hline 0 & 0 & -1 & 1 & 0 \\ 0 & 0 & 0 & -1 & 0 \\ \hline 0 & 0 & 0 & 0 & 1 \end{array} \right)$.

6.3.6 Erweiterung der Eigenräume

Wir wissen nun, daß zu jeder Äquivalenzklasse ähnlicher, zerfallender Matrizen aus $K^{n \times n}$ mindestens eine Jordan-Blockmatrix gehört. Um das Normalformproblem vollständig lösen zu können, müssen wir noch klären, welche Jordan-Blockmatrizen in derselben Ähnlichkeitsklasse liegen.

Für je zwei Jordan-Blockmatrizen, die bis auf die Reihenfolge dieselben Jordan-Matrizen enthalten, läßt sich der Ähnlichkeitsnachweis durch Angabe der Transformationsmatrix führen. Ist $A := [J_1 \dots J_m]$ und $B := [J_{\sigma(1)} \dots J_{\sigma(m)}]$ mit Jordan-Matrizen $J_1, \dots, J_m$ und mit einer Permutation $\sigma \in S(J_m)$, so sei M diejenige Permutationsmatrix, die aus m^2 Blöcken mit den Zeilenzahlen der Blöcke von A und den Spaltenzahlen der Blöcke von B besteht und die in der i-ten Blockspalte für $i = 1,\dots,m$ als $\sigma(i)$-ten Block die jeweilige Einheitsmatrix enthält.

Dann gilt $^tMAM = B$, da die Jordan-Matrizen von A durch Multiplikation von rechts mit M spaltenweise permutiert werden, während die Multiplikation mit ^tM von links die entsprechende Vertauschung der Blockzeilen ergibt. Wegen $^tM = M^{-1}$ sind also A und B ähnlich.

Zwei ähnliche Jordan-Blockmatrizen $A, B \in K^{n \times n}$ haben wegen (10) bis auf die Reihenfolge dieselben Diagonalelemente. Ist $B = MAM^{-1}$ mit $M \in GL(n;K)$, so gilt

$$\lambda E - A = \lambda M^{-1}M - M^{-1}BM = M^{-1}(\lambda E - B)M$$

für jedes $\lambda \in \text{Spec}(A) = \text{Spec}(B)$, und

$$\hat{M} : N(\lambda E - A) \to N(\lambda E - B)$$

stellt einen Isomorphismus dar. Da zu jeder Jordan-Matrix mit dem Eigenwert λ genau ein Basisvektor des zugehörigen Eigenraums gehört, enthalten A und B gleich viele Jordan-Matrizen mit den Diagonalelementen λ. Um die **Vermutung** beweisen zu können, daß auch die Anzahlen der Jordan-Matrizen zu demselben Eigenwert und mit gleicher Größe übereinstimmen, benötigen wir eine weiterführende Überlegung.

Da das Format der Jordan-Matrizen durch die Länge der Ketten in (39) festgelegt ist, bietet es sich an, die Kettenvektoren $\vec{v}_{jk}$ für jedes

$j \in \mathcal{J}_m$ mit $\mu_j = \lambda_i$ und für $k=1,\ldots,r_j$ zu untersuchen, wobei $\{\lambda_1,\ldots,\lambda_s\}$ das Spektrum von A sei. Mit vollständiger Induktion über k erhalten wir zunächst, daß

(51) $\quad \vec{v}_{jk} \in N((\mu_j E - A)^k) \setminus N((\mu_j E - A)^{k-1})$ für $k=1,\ldots,r_j$

gilt.

Setzen wir nun für $i=1,\ldots,s$ zur Abkürzung

$\mathcal{L}_i := \{j \in \mathcal{J}_m \mid \mu_j = \lambda_i\}$,
$m_i := \max\{r \in \mathcal{J}_n \mid \text{Es gibt } j \in \mathcal{L}_i \text{ mit } r_j = r\}$,
$N_{ik} := N((\lambda_i E - A)^k)$, $k \in \mathbb{N}$, und
$U_{ik} := \text{Lin}\{\vec{v}_{jh_j} \mid j \in \mathcal{L}_i \text{ und } h_j = 1,\ldots,\min\{r_j,k\}\}$, $k=1,\ldots,m_i$,

so folgt

(52) $\quad U_{ik} \subseteq N_{ik}$ für $i=1,\ldots,s$ und $k=1,\ldots,m_i$.

Da die n erzeugenden Vektoren von $U_{1m_1},\ldots,U_{sm_s}$ eine Basis von $K^{n \times 1}$ bilden, gilt außerdem

(53) $\quad K^{n \times 1} = U_{1m_1} \oplus \ldots \oplus U_{sm_s}$.

Um den Zusammenhang mit den Blockgrößen erkennen zu können, ordnen wir die erzeugenden Vektoren von U_{ik} für $i \in \mathcal{J}_s$ und für $k=1,\ldots,m_i$ in einem Schema mit untereinanderstehenden Kettenvektoren

U_{i1}	$\vec{v}'_{11} \ldots \vec{v}'_{a_1 1}$	$\vec{v}'_{a_1+1,1} \ldots \vec{v}'_{a_2 1}$	$\ldots \quad \ldots$	$\vec{v}'_{a_{m-1}+1,1} \ldots \vec{v}'_{a_m 1}$
$U_{i2} \setminus U_{i1}$		$\vec{v}'_{a_1+1,2} \ldots \vec{v}'_{a_2 2}$	$\ldots \quad \ldots$	$\vec{v}'_{a_{m-1}+1,2} \ldots \vec{v}'_{a_m 2}$

$(A - \lambda_i E)\vec{v}'_{j1} = \vec{0}$, $j=1,\ldots,a_m$,
$(A - \lambda_i E)\vec{v}'_{jk} = \vec{v}'_{j,k-1}$, $k=2,\ldots,m$,
$\qquad j = a_{k-1}+1,\ldots,a_m$

$U_{im} \setminus U_{i,m-1}$ $\quad \vec{v}'_{a_{m-1}+1,m} \ldots \vec{v}'_{a_m m}$

Figur 17

an, wobei wir mit a_k für $k=1,\ldots,m_i$ die Anzahl der Vektoren aus U_{i1} bezeichnen, die zu einer Kette der Länge h mit $h \leq k$ gehören. Zur Vereinfachung ersetzen wir den Index i bei den Vektoren durch ' und lassen ihn bei m_i weg.

Mit der Abkürzung

$$(54) \qquad d_{ik} := \begin{cases} \dim U_{i1} & \text{für } k=1, \\ \dim U_{ik} - \dim U_{i,k-1} & \text{für } k=2,\ldots,m_i \end{cases}$$

erhalten wir $d_{ik} = a_{m_i} - a_{k-1}$ für $k=1,\ldots,m_i$ mit $a_0 := 0$. Die Anzahl der k-reihigen Jordan-Matrizen zum Eigenwert λ_i ist also

$$(55) \qquad a_k - a_{k-1} = d_{ik} - d_{i,k+1} \text{ für } k=1,\ldots,m_i.$$

Mit dem Nachweis der Gleichheit von U_{ik} und N_{ik} für alle vorkommenden i und k werden wir die Lösung des Normalformproblems abschließen, weil dann einerseits

$$(56) \qquad d_{ik} = \text{Rang}(\lambda_i E - A)^{k-1} - \text{Rang}(\lambda_i E - A)^k$$
$$\text{für } i=1,\ldots,s \text{ und } k=1,\ldots,m_i$$

gilt und weil andererseits wegen

$$(57) \quad \text{Rang}(\lambda_i E - M^{-1}AM)^k = \text{Rang } M^{-1}(\lambda_i E - A)^k M = \text{Rang}(\lambda_i E - A)^k$$
$$\text{für jedes } M \in GL(n;K)$$

je zwei ähnliche, zerfallende Matrizen aus $K^{n \times n}$ für jeden Eigenwert λ_i und für jedes $k \in \{1,\ldots,m_i\}$ eine übereinstimmende Anzahl von zugehörigen k-reihigen Jordan-Matrizen haben.

6.3.7 Projektion auf die erweiterten Eigenräume

Um in (52) die Möglichkeit auszuschließen, daß $N_{i m_i}$ für $i \in J_s$ Elemente aus $\text{Lin}(N_{1m_1} \cup \ldots \cup N_{i-1,m_{i-1}} \cup N_{i+1,m_{i+1}} \cup \ldots \cup N_{s m_s})$ enthält, zeigen wir, daß jeder Vektor $\bar{x} \in K^{n \times 1}$ eine eindeutige Summendarstellung

$$\bar{x} = \sum_{k=1}^{s} \bar{z}_k \text{ mit } \bar{z}_k \in N_{k m_k} \text{ für } k=1,\ldots,s$$

besitzt. Ähnlich wie im *Satz über direkte Summen* (2.4.32) kann man mit vollständiger Induktion über s beweisen, daß dieses mit

$$K^{n\times 1} = N_{1m_1} \oplus \ldots \oplus N_{sm_s}$$

gleichbedeutend ist. Da wir bei diagonalisierbaren Matrizen die Summenvektoren $\hat{z}_k$ mit Hilfe von Projektionsmatrizen gewonnen haben, versuchen wir auch hier, Matrizen $P_k \in K^{n\times n}$ für $k=1,\ldots,s$ zu finden, so daß $P_k \vec{x} = \hat{z}_k$ für jedes $\vec{x} \in K^{n\times 1}$ und $E_n = P_1 + \ldots + P_n$ gilt.

Beachten wir, daß $(\lambda_i E - A)^{m_i} \vec{v} = \vec{0}$ für jedes $i \in J_s$ und für alle $\vec{v} \in U_{im_i}$ aus (52) folgt und daß die Matrizen $(\lambda_i E - A)^{m_i}$ in dem Produkt $\prod_{i=1}^{s}(\lambda_i E - A)^{m_i}$ beliebig vertauscht werden können, so ergibt sich

$$\left(\prod_{i=1}^{s}(\lambda_i E - A)^{m_i}\right) M = (0)$$

mit der invertierbaren Transformationsmatrix M, deren Spaltenvektoren die erzeugenden Vektoren von $U_{1m_1},\ldots,U_{sm_s}$ sind. Nach Multiplikation mit M^{-1} erhalten wir daraus die entscheidende Gleichung

(58) $$\prod_{i=1}^{s}(\lambda_i E - A)^{m_i} = (0).$$

Einerseits sind in dem Produkt die Faktoren

$$f_k(A) := \prod_{\substack{i=1 \\ i \neq k}}^{s}(\lambda_i E - A)^{m_i}, \quad k=1,\ldots,s,$$

enthalten, mit denen wir

(59) $f_k(A)\vec{x} \in N_{km_k}$ für jedes $k \in J_s$ und alle $\vec{x} \in K^{n\times 1}$
sowie $f_k(A)\hat{z}_j = \vec{0}$ für alle $\hat{z}_j \in N_{jm_j}$ im Falle $j \neq k$

gewinnen.

Andererseits können wir die Polynome

(60) $$f_k := \left(t \rightarrow \prod_{\substack{i=1 \\ i \neq k}}^{s}(\lambda_i - t)^{m_i}, t \in K\right) \text{ für } k=1,\ldots,s$$

betrachten und dazu Polynome g_k bestimmen, mit denen

6.3.7 Projektion auf die erweiterten Eigenräume

$$id^o = \sum_{k=1}^{s} g_k f_k$$

gilt, weil wir dann durch Einsetzen von A die Summe

(61) $$E_n = \sum_{k=1}^{s} g_k(A) f_k(A)$$

erhalten, deren Summanden $g_k(A) f_k(A)$ sich folgendermaßen als die gesuchten Projektionsmatrizen P_k erweisen: Mit (59) und wegen der Vertauschbarkeit aller Faktoren, die durch Einsetzen von A in Polynome mit Koeffizienten aus K entstehen, gilt

(62) $$\vec{x} = \sum_{k=1}^{s} \vec{z}_k \text{ mit } \vec{z}_k := g_k(A) f_k(A) \vec{x} \in N_{k m_k}$$
für $k = 1, \ldots, s$ und für alle $\vec{x} \in K^{n \times 1}$.

Ist $\vec{x} = \sum_{k=1}^{s} \vec{z}_k'$ eine beliebige Darstellung mit $\vec{z}_k' \in N_{k m_k}$ für $k = 1, \ldots, s$, so folgt wieder mit (59)

$$g_j(A) f_j(A) \vec{x} = \sum_{k=1}^{s} g_j(A) f_j(A) \vec{z}_k' = g_j(A) f_j(A) \vec{z}_j',$$

und (62) mit $\vec{z}_j'$ anstelle von $\vec{x}$ ergibt

$$\vec{z}_j' = \sum_{k=1}^{s} g_k(A) f_k(A) \vec{z}_j' = g_j(A) f_j(A) \vec{z}_j' = g_j(A) f_j(A) \vec{x} = \vec{z}_j$$

für jedes $j \in \{1, \ldots, s\}$. Also ist die Darstellung (62) eindeutig.

Nun müssen wir nur noch geeignete Polynome g_k finden. Die Gleichung $1 = \sum_{k=1}^{s} g_k(t) f_k(t)$ ist für alle $t \in K \setminus \{\lambda_1, \ldots, \lambda_s\}$ äquivalent zu der *Partialbruchzerlegung*

$$\frac{1}{\prod_{i=1}^{s} (\lambda_i - t)^{m_i}} = \sum_{k=1}^{s} \frac{g_k(t)}{(\lambda_k - t)^{m_k}} =: \sum_{k=1}^{s} \left(\sum_{j=1}^{m_k} \frac{c_{kj}}{(\lambda_k - t)^j} \right)$$

mit eindeutig bestimmten Zahlen c_{kj}, die meistens als Lösungskomponenten eines durch Koeffizientenvergleich gewonnenen linearen Gleichungssystems berechnet werden. Der dadurch motivierte Ansatz für $g_k(t)$ führt durch wiederholte Anwendung des *Polynomvergleichssatzes* (5.3.6) zu dem folgenden effizienten Algorithmus.

In die Gleichung

$$(63) \qquad 1 = \sum_{k=1}^{s} \left(\sum_{j=1}^{m_k} c_{kj} (\lambda_k - t)^{m_k - j} \right) f_k(t)$$

wird zunächst der Reihe nach $t = \lambda_1, \ldots, \lambda_s$ eingesetzt. Dadurch ergibt sich $c_{k m_k}$ für $k = 1, \ldots, s$ aus den Gleichungen $1 = c_{k m_k} f_k(\lambda_k)$. Die damit bestimmten Summanden werden auf beiden Seiten von (63) subtrahiert. Die nun auf der rechten Seite abspaltbaren Linearfaktoren $\lambda_k - t$ lassen sich mit Hilfe des Horner-Schemas (15) auch auf der linken Seite ausklammern und für $t \ne \lambda_k$ kürzen. Aufgrund des *Polynomvergleichssatzes* ist die entstehende Gleichung für alle $t \in K$ gültig.

Die folgenden Schritte werden dann solange wiederholt, bis alle Koeffizienten berechnet sind: Ersetzen von t in der jeweiligen für alle $t \in K$ gültigen Gleichung durch alle Eigenwerte λ_k, zu denen noch ein Koeffizient c_{kj} auf der rechten Seite vorkommt; Bestimmung des Koeffizienten c_{kj} mit maximalem verbliebenem j; Subtraktion der damit bekannten Summanden; Ausklammern und Kürzen der zugehörigen Linearfaktoren.

6.3.8 Ähnlichkeitskriterium für zerfallende Matrizen

Wegen (53) besitzt jedes $\hat{z}_i \in N_{i m_i}$ für $i \in J_s$ eine eindeutige Darstellung $\hat{z}_i = \hat{z}_i^1 + \ldots + \hat{z}_s^i$ mit $\hat{z}_k^i \in U_{k m_k}$ für $k = 1, \ldots, s$. Aus (52) und (62) folgt dann, daß $\hat{z}_i^i = \hat{z}_i$ und $\hat{z}_j^i = \hat{0}$ für $j \ne i$ sein muß. Also ist $N_{i m_i} \subseteq U_{i m_i}$, und mit (52) erhalten wir $N_{i m_i} = U_{i m_i}$ für $i = 1, \ldots, s$.

Aus (51) ergibt sich $\dim N_{ik} \ge \dim N_{i, k-1} + (\dim U_{ik} - \dim U_{i, k-1})$ für $i = 1, \ldots, s$ und für $k = 2, \ldots, m_i$. Durch Umordnen und mit vollständiger Induktion gewinnen wir daraus $0 = \dim N_{i m_i} - \dim U_{i m_i} \ge \dim N_{ik} - \dim U_{ik} \ge 0$, so daß $\dim N_{ik} = \dim U_{ik}$ gilt. Aufgrund des *Basissatzes* (2.2.19) ist also

$$(64) \qquad N_{ik} = U_{ik} \text{ für } i = 1, \ldots, s \text{ und } k = 1, \ldots, m_i.$$

Wegen (55) und (56) läßt sich nun die Anzahl $d_{ik} - d_{i, k+1}$ der k-reihi-

6.3.8 Ähnlichkeitskriterium für zerfallende Matrizen

gen Jordan-Matrizen zum Eigenwert λ_i ohne Kenntnis einer Transformationsmatrix oder einer Jordan-Blockmatrix berechnen, und (57) bedeutet, daß diese Anzahlen bei ähnlichen, zerfallenden Matrizen aus $K^{n \times n}$ für jedes $i \in J_s$ und für jedes $k \in \{1,...,m_i\}$ übereinstimmen.

Damit ist auch die am Anfang von 6.3.6 für ähnliche Jordan-Blockmatrizen formulierte Vermutung über die Anzahlen der Jordan-Matrizen mit gleichen Diagonalelementen und gleicher Größe bestätigt, so daß aufgrund der dort voraufgegangenen Überlegungen **zwei Jordan-Blockmatrizen genau dann ähnlich** sind, wenn sie abgesehen von der Reihenfolge **dieselben Jordan-Matrizen** enthalten.

Zusammen mit dem *Satz über Jordan-Blockmatrizen* (6.3.3) folgt daraus, daß zwei zerfallende Matrizen aus $K^{n \times n}$ ähnlich sind, wenn sie dasselbe charakteristische Polynom und die gleichen Zahlen $d_{ik} - d_{i,k+1}$ für $k = 1,...,m_i$ besitzen. Da d_{ik} in (54) mit Hilfe von U_{ik} definiert wurde, ersetzen wir im folgenden d_{ik} wegen (56) durch

$$(65) \qquad r_{ik} := \text{Rang}\,(\lambda_i E - A)^{k-1} - \text{Rang}\,(\lambda_i E - A)^k .$$

Wenn wir beachten, daß $\dim U_{im_i}$ die algebraische Vielfachheit v_i von λ_i ist, können wir mit (53) und (64) auch m_i ohne Kenntnis einer Jordan-Blockmatrix durch

$$(66) \qquad m_i = \min\{k \in \mathbb{N} \mid \text{Rang}\,(\lambda_i E - A)^k = n - v_i\}$$

bestimmen.

Um eine möglichst einfache Charakterisierung der Ähnlichkeit von zerfallenden Matrizen zu erhalten, wollen wir aber m_i eliminieren, indem wir noch $N_{ik} = N_{im_i}$ für $k > m_i$ zeigen, so daß die nicht vorhandenen Jordan-Matrizen mit $k > m_i$ durch $r_{ik} - r_{i,k+1} = 0$ für $k > m_i$ wiedergegeben werden.

Wir gehen dazu analog vor wie bei dem obigen Nachweis von $U_{im_i} = N_{im_i}$. Sind $n_1,...,n_s$ natürliche Zahlen mit $n_i \geq m_i$ für $i = 1,...,s$ und mit $\sum_{i=1}^{s} n_i > \sum_{i=1}^{s} m_i$, so gelten (58) bis (63) auch mit n_k anstelle von m_k

für $k=1,\ldots,s$. Also besitzt jedes $\vec{x} \in K^{n \times 1}$ eine eindeutige Darstellung $\vec{x} = \vec{z}_1'' + \ldots + \vec{z}_s''$ mit $\vec{z}_i'' \in N_{in_i}$ für $i=1,\ldots,s$, und nach (62) ist $\vec{x} = \vec{z}_1 + \ldots + \vec{z}_s$ mit eindeutig bestimmten Vektoren $\vec{z}_i \in N_{im_i}$.

Da aus $(\lambda_i E - A)^{m_i} \vec{x} = \vec{0}$ auch $(\lambda_i E - A)^{n_i} \vec{x} = \vec{0}$ folgt, gilt $N_{im_i} \subseteq N_{in_i}$, so daß $\vec{z}_i'' = \vec{z}_i$ für $i=1,\ldots,s$ sein muß. Insbesondere ist jedes $\vec{x} \in N_{in_i}$ in N_{im_i} enthalten. Damit haben wir

> (67) $N_{ik} = N_{im_i}$ für jedes $i \in J_s$ und für alle $k \in \mathbb{N}$ mit $k > m_i$.

Nun können wir die Invariante definieren, die es anschließend ermöglicht, die Ähnlichkeitsklassen zerfallender Matrizen kurz und einprägsam ohne Rückgriff auf Jordan-Blockmatrizen zusammenfassend zu beschreiben.

6.3.9 Definition des Blocktyps

Ist $A \in K^{n \times n}$ eine zerfallende Matrix, so bezeichnen wir die Abbildung $\mathrm{Spec}(A) \to \mathbb{N}_0^n$, $\lambda_i \mapsto (r_{i1} - r_{i2}, \ldots, r_{in} - r_{i,n+1})$ mit $r_{ik} := \mathrm{Rang}(\lambda_i E - A)^{k-1} - \mathrm{Rang}(\lambda_i E - A)^k$ für $k=1,\ldots,n+1$ als *Blocktyp von* A.

Dabei stellt die Differenz $r_{ik} - r_{i,k+1}$ für $k \in J_n$ die Anzahl der k-reihigen Jordan-Matrizen zum Eigenwert λ_i in jeder zu A ähnlichen Jordan-Blockmatrix dar.

6.3.10 Ähnlichkeitssatz

Zwei zerfallende Matrizen aus $K^{n \times n}$ sind genau dann ähnlich, wenn sie denselben Blocktyp haben.

6.3.11 Das Minimalpolynom

Im Hinblick darauf, daß m_i für jedes $i \in J_s$ den maximalen Index k mit $r_{ik} - r_{i,k+1} \neq 0$ darstellt, wollen wir die bisher gefundenen verschiedenen Bedeutungen von m_i zusammenfassen und durch eine weitere wichtige Eigenschaft ergänzen.

6.3.11 Das Minimalpolynom 345

i) Definitionsgemäß ist m_i die maximale Zeilenzahl der Jordan-Matrizen zum Eigenwert λ_i in einer zu A ähnlichen Jordan-Blockmatrix;

ii) Nach (66) gilt $m_i = \min\{k \in \mathbb{N} \mid \text{Rang}(\lambda_i E - A)^k = n - v_i\}$;

iii) Aus (67) folgt $m_i = \max\{k \in \mathbb{N} \mid r_{ik} > 0\}$.

Die zusätzliche Eigenschaft entnehmen wir aus (58), indem wir wie in (60) ein Polynom

$$(68) \qquad \mu_A := \left(t \to \prod_{i=1}^{s}(t - \lambda_i)^{m_i}, t \in K\right)$$

mit $\mu_A(A) = (0)$ definieren, bei dem aber gegenüber (58) der Koeffizient der höchsten Potenz durch Multiplikation mit $\prod_{i=1}^{s}(-1)^{m_i}$ zu 1 "normiert" ist. Dieses Polynom wird aus Gründen, die wir gleich darlegen, *Minimalpolynom von A* genannt. Damit erhalten wir:

iv) m_i ist die Vielfachheit von λ_i in der Linearfaktorzerlegung des Minimalpolynoms μ_A.

Unter allen normierten Polynomen f mit Grad $f \geq 1$ und $f(A) = (0)$ sei μ_A^* eines mit kleinstmöglichem Grad. Wir zeigen, daß $\mu_A^* = \mu_A$ ist. Polynomdivision von μ_A durch μ_A^* ergibt zunächst Polynome Q und R mit Grad R < Grad μ_A^*, so daß $\mu_A(t) = Q(t)\mu_A^*(t) + R(t)$ für alle $t \in K$ gilt. Durch Einsetzen von A folgt $R(A) = (0)$. Wegen Grad R < Grad μ_A^* muß R das Nullpolynom sein. Also hat μ_A^* als Teiler von μ_A die Form

$$\mu_A^* = \left(t \to \prod_{i=1}^{s}(t - \lambda_i)^{n_i}, t \in K\right) \text{ mit } n_i \leq m_i \text{ für } i = 1,\ldots,s.$$

Nun sei

$$h_k := \left(t \to f_k(t)(\lambda_k - t)^{m_k - 1}, t \in K\right) \text{ für } k \in J_s,$$

wobei f_k das in (60) definierte Polynom ist. Wegen (51), (55) und (64) läßt sich für jedes $k \in \{1,\ldots,s\}$ ein Vektor

$$\vec{v}_k \in N\left((\lambda_k E - A)^{m_k}\right) \setminus N\left((\lambda_k E - A)^{m_k - 1}\right)$$

finden. Wird $\vec{w}_k := (\lambda_k E - A)^{m_k - 1} \vec{v}_k$ gesetzt, so folgt $\vec{w}_k \in N(\lambda_k E - A)$, $\vec{w}_k \neq \vec{0}$ und $h_k(A)\vec{v}_k = f_k(A)\vec{w}_k = \prod_{\substack{i=1\\i \neq k}}^{s}(\lambda_i - \lambda_k)\vec{w}_k \neq \vec{0}$.

Damit ist $h_k(A) \neq (0)$ für jedes $k \in J_s$. Also muß $\mu_A^* = \mu_A$ sein.

6.3.12 Satz über das Minimalpolynom

Es sei $A \in K^{n \times n} \setminus \{(0)\}$ eine zerfallende Matrix mit dem Spektrum $\{\lambda_1, \ldots, \lambda_s\}$ und mit den zugehörigen algebraischen Vielfachheiten $v_1, \ldots, v_s$. Ist μ_A unter allen normierten Polynomen f mit Grad $f \geq 1$ und $f(A) = (0)$ dasjenige mit kleinstem Grad, so gilt

$$(68) \qquad \mu_A = \left(t \to \prod_{i=1}^{s} (t - \lambda_i)^{m_i}, t \in K \right)$$

mit $m_i = \min\{k \in \mathbb{N} \mid \text{Rang}\,(\lambda_i E - A)^k = n - v_i\}$ für $i = 1, \ldots, s$.

6.3.13 Ein effizienter Normalform-Algorithmus

Der in 6.3.4 angegebene Algorithmus zur Berechnung einer Jordan-Blockmatrix und einer Transformationsmatrix ist sowohl für den praktischen Einsatz als auch für die weiteren Anwendungen in diesem Buch ausreichend. Die Mängel der Unübersichtlichkeit, des hohen Speicherplatzbedarfs und der schwierigen Aufwandsabschätzung (wegen der Rekursion) lassen sich durch den folgenden Algorithmus beheben, der als Nebenergebnis der Herleitung des *Ähnlichkeitssatzes* (6.3.10) angesehen werden kann und der außerdem im Prinzip das in einigen Lehrbüchern auf anderem Wege gewonnene übliche Verfahren wiedergibt.

Wir gehen von Figur 17 auf Seite 338 aus. Wegen (64) bilden die Vektoren der ersten k Zeilen für $k = 1, \ldots, m_i$ eine Basis von N_{ik}. Für jedes $\lambda_i \in \text{Spec}(A)$ können wir solche Basisvektoren als Spaltenvektoren von Matrizen $U_{i1}, \ldots, U_{im_i}$ blockweise konstruieren, indem wir

$$(69) \qquad U_{i1} := {}^z(\lambda_i E - A) \text{ und } (U_{i1} \ldots U_{i,k-1}\, U_{ik}) := {}^w\!\left(U_{i1} \ldots U_{i,k-1}\, {}^z((\lambda_i E - A)^k)\right) \text{ für } k = 2, \ldots, m_i$$

setzen. Dann ist

$$(70) \qquad S((U_{i1} \ldots U_{ik})) = N_{ik} \text{ für } k = 1, \ldots, m_i.$$

6.3.13 Normalform-Algorithmus

Aber die "untereinanderstehenden" Vektoren in der neu gefüllten Figur 17 bilden in der Regel noch keine Ketten gemäß (39). Würden wir versuchen, mit den Vektoren von U_{i1} Ketten anzufangen, so müßten wir lineare Gleichungssysteme mit den Koeffizientenmatrizen $A - \lambda_i E$ lösen, wodurch eine schwer zu kontrollierende Mehrdeutigkeit entstünde. Deshalb starten wir mit den Vektoren von

$$U_{im_i} =: (\hat{u}'_{a_{m-1}+1,m} \ldots \hat{u}'_{a_m m}) \text{ mit } m := m_i,$$

die wegen

$$(A - \lambda_i E)^k \hat{u}'_{jm} \in N_{ik} \text{ für } j = a_{m-1}+1, \ldots, a_m \text{ und } k = 1, \ldots, m$$

als Schlußvektoren von Ketten der maximalen Länge m verwendet werden können. Bilden wir nämlich

$$\hat{u}''_{jm} := \hat{u}'_{jm} \text{ und } \hat{u}''_{j,k-1} := (A - \lambda_i E) \hat{u}''_{jk} \text{ für } k = m, \ldots, 2,$$

so erhalten wir für jedes $j \in \{a_{m-1}+1, \ldots, a_m\}$ eine vollständige Kette $\hat{u}''_{j1}, \ldots, \hat{u}''_{jm}$.

Um dieses Verfahren fortsetzen zu können, müßten wir nachweisen, daß die neuen Vektoren $\hat{u}''_{jk}$ für $j = a_{m-1}+1, \ldots, a_m$ und $k = 1, \ldots, m$ linear unabhängig sind und daß sie sich durch Spaltenvektoren von $(U_{i1} \ldots U_{i,m-1})$ zu einer Basis von $N_{i,m-1}$ ergänzen lassen. Damit wir gleich den Induktionsschritt für die absteigende vollständige Induktion über k und ein wesentlich besseres Ergebnis bezüglich des Basisaustauschs erhalten, definieren wir für jedes $i \in \{1, \ldots, s\}$ die Matrizen $V_{im}, \ldots, V_{i1}$ blockweise durch

(71) $V_{im} := U_{im}$ und $(U_{i1} \ldots U_{i,k-1} V_{ik}) :=$
$^w(U_{i1} \ldots U_{i,k-1} (A - \lambda_i E) V_{i,k+1} U_{ik})$ für $k = m-1, \ldots, 1$

und zeigen, daß die Spaltenvektoren von $(U_{i1} \ldots U_{i,k-1} (A - \lambda_i E) V_{i,k+1})$ linear unabhängig sind, was zur Folge hat, daß V_{ik} mit den Spaltenvektoren von $(A - \lambda_i E) V_{i,k+1}$ beginnt und sonst nur Spaltenvektoren von U_{ik} enthält.

Da sich die Anfangsschritte des Eliminationsalgorithmus bei der Berechnung von $(U_{i1} \ldots U_{i,k-1} V_{ik})$ für $k = m-1, \ldots, 1$ ständig wiederholen, kann das Verfahren durch Nutzung der gespeicherten US-Zerlegung von $(U_{i1} \ldots U_{im_i})$ beschleunigt werden.

Zur Abkürzung setzen wir vorübergehend $U := (U_{i1} \ldots U_{i,k-1})$ für $k > 1$, $V := U_{ik}$, $W := V_{i,k+1}$ und $A_i := A - \lambda_i E$. Die Induktionsvoraussetzung lautet dann, daß die Spaltenvektoren von $(U\ V\ W)$ eine Basis von $N_{i,k+1}$ bilden. Aus der Annahme

$$U\vec{a} + A_i W \vec{b} = \vec{0}$$

mit geeigneten Spaltenvektoren $\vec{a}$ und $\vec{b}$ folgt $A_i W \vec{b} = -U\vec{a} \in N_{i,k-1}$ für $k > 1$ wegen (70). Damit ist $\vec{0} = A_i^{k-1}(A_i W \vec{b}) = A_i^k (W \vec{b})$, so daß $W\vec{b} \in N_{ik}$ und mit (70) $W\vec{b} \in S((U\ V))$ gilt. Aufgrund der Induktionsvoraussetzung erhalten wir nun zunächst $\vec{b} = \vec{0}$ und anschließend auch $\vec{a} = \vec{0}$. Damit sind die Spaltenvektoren von $(U\ A_i W)$ linear unabhängig. Im Falle $k = 1$ ergibt sich $\vec{b} = \vec{0}$ aus $W\vec{b} \in N_{i1} = S(V)$.

Nach Induktionsvoraussetzung ist $S(W) \subseteq N_{i,k+1}$, so daß $S(A_i W) \subseteq N_{ik}$ folgt. Mit (70) erhalten wir $S((U\ A_i W\ V)) = N_{ik}$. Damit ist der Induktionsschritt abgeschlossen, und wir haben außerdem gezeigt, daß

$$V_{ik} = ((A - \lambda_i E) V_{i,k+1}\ Z_{ik})$$

mit einer eventuell leeren Matrix Z_{ik} gilt, deren Spaltenvektoren aus U_{ik} stammen. Jeder dieser Vektoren bildet das Ende einer Kette der Länge k. Die Blöcke der Figur 11 werden also bei diesem Algorithmus zeilenweise von unten nach oben gefüllt, wobei die Zählung der Vektoren von rechts nach links erfolgt. Beachten wir noch die Formeln (55), (56) und (65) für die Anzahl der Ketten der Länge k, so können wir den vollständigen *Normalform-Algorithmus* in dem folgenden Satz zusammenfassen.

6.3.14 Normalformsatz

Es sei $A \in K^{n \times n} \setminus \{(0)\}$ eine zerfallende Matrix mit dem Spektrum $\{\lambda_1, \ldots, \lambda_s\}$ und mit den zugehörigen Vielfachheiten $v_1, \ldots, v_s$. Für jedes $i \in J_s$ werde

$$m_i := \min\{k \in \mathbb{N}\ |\ \text{Rang}(\lambda_i E - A)^k = n - v_i\}\text{ und}$$

$$r_{ik} := \text{Rang}(\lambda_i E - A)^{k-1} - \text{Rang}(\lambda_i E - A)^k$$

für $k = 1, \ldots, m_i$ gesetzt. Die Matrizen $U_{i1}, \ldots, U_{im_i}$, $V_{im_i}, \ldots, V_{i1}$ seien für jedes $i \in J_s$ durch

$$U_{i1} := {}^z(\lambda_i E - A),$$

$$(U_{i1} \ldots U_{i,k-1}\ U_{ik}) := {}^w(U_{i1} \ldots U_{i,k-1}\ {}^z((\lambda_i E - A)^k))$$

für $k = 2, \ldots, m_i$,
$$V_{im_i} := U_{im_i} \text{ und}$$
$$(U_{i1} \ldots U_{i,j-1} V_{ij}) := {}^W(U_{i1} \ldots U_{i,j-1} (A - \lambda_i E) V_{i,j+1} U_{ij})$$
für $j = m_i - 1, \ldots, 1$ bestimmt.

Werden dann die Matrizen
$$W_{ijk} := (V_{i1} \vec{e}_k \ldots V_{ij} \vec{e}_k),$$
die für jedes $i \in J_s$, für jedes $j \in \{1, \ldots, m_i\}$ mit $r_{ij} > r_{i,j+1}$ und für $k = r_{i,j+1} + 1, \ldots, r_{ij}$ zu bilden sind, in beliebiger Reihenfolge nebeneinanderstehend zu einer Matrix M zusammengefaßt, so ist $M \in GL(n; K)$, und $M^{-1} A M$ stellt eine Jordan-Blockmatrix mit Jordan-Matrizen $\lambda_i E_j + N_j$ dar, deren Anordnung und Form durch die Aufeinanderfolge sowie durch die Werte λ_i und j der Matrizen W_{ijk} in M festgelegt sind.

6.3.15 Beispiel

Für die Matrix A aus Beispiel 6.3.5 erhalten wir mit Hilfe des Normalformsatzes sukzessiv

$$U_{11} = \begin{pmatrix} 0 & 0 \\ -1 & -2 \\ 1 & 0 \\ 0 & -1 \\ 0 & 1 \end{pmatrix}, \quad U_{12} = \begin{pmatrix} -\frac{3}{2} \\ 1 \\ 0 \\ 1 \\ 0 \end{pmatrix} = V_{12} \text{ (wegen Rang } (E - A)^2 = 2),$$

$$V_{11} = \begin{pmatrix} 0 & 0 \\ 1 & -1 \\ 0 & 1 \\ \frac{1}{2} & 0 \\ -\frac{1}{2} & 0 \end{pmatrix}, \quad U_{21} = \begin{pmatrix} 0 \\ 0 \\ 0 \\ -1 \\ 1 \end{pmatrix}, \quad U_{22} = \begin{pmatrix} 1 \\ 0 \\ 0 \\ 0 \\ 0 \end{pmatrix} = V_{22} \text{ (wegen Rang } (E + A)^2 = 3)$$

und $V_{21} = {}^t(0\ 0\ 0\ 1\ -1)$.

Damit ist $M'_0 := \begin{pmatrix} 0 & -\frac{3}{2} & 0 & 1 & 0 \\ 1 & 1 & 0 & 0 & -1 \\ 0 & 0 & 0 & 0 & 1 \\ +\frac{1}{2} & 1 & 1 & 0 & 0 \\ -\frac{1}{2} & 0 & -1 & 0 & 0 \end{pmatrix} \in GL(5, \mathbb{Q})$ eine Transformations-

matrix, mit der $M'_0{}^{-1} A M'_0$ die Jordan-Blockmatrix $J^{(0)}$ aus Beispiel

6.3.5 ergibt. Der *Normalform-Algorithmus* führt also wesentlich schneller zum Ziel als der Ähnlichkeitsalgorithmus. Dabei ist aber zu bedenken, daß der Ähnlichkeitsalgorithmus vor allem den *Satz über Jordan-Blockmatrizen* (6.3.3), der für die Herleitung des Normalform-Algorithmus benötigt wird, durchschaubar machen soll.

6.4 Anwendungen

Wir führen zunächst die Anwendungen aus den Beispielen 6.1.2 bis 6.1.4 weiter, leiten dann ein eigenwertfreies Diagonalisierbarkeitskriterium her und entwickeln schließlich einen Algorithmus zu Approximation aller Nullstellen von Polynomen mit reellen oder komplexen Koeffizienten.

6.4.1 Matrizenpotenzen

Eine ähnliche Vereinfachung der Berechnung von Matrizenpotenzen wie in den Beispielen 6.1.2 und 6.1.3 ist für beliebige zerfallende Matrizen $A \in K^{n \times n}$ möglich. Aufgrund des *Satzes über Jordan-Blockmatrizen* (6.3.3) gibt es eine Transformationsmatrix $T \in GL(n;K)$ und eine Jordan-Blockmatrix $J = D + N$ mit $D = [\mu_1 E_{r_1} \ldots \mu_m E_{r_m}]$ und $N = [N_{r_1} \ldots N_{r_m}]$, so daß $A = TJT^{-1}$ gilt, wobei $\mu_1, \ldots, \mu_m$ Eigenwerte von A sind und N_s in der Definition der Jordan-Blockmatrix (6.3.2) enthalten ist. Wie in (4) folgt damit

(72) $$A^k = (TJT^{-1})^k = TJ^k T^{-1}.$$

Wegen

(73) $$DN = [\mu_1 N_{r_1} \ldots \mu_m N_{r_m}] = ND$$

kann $J^k = (D+N)^k$ mit der Binomialformel ausmultipliziert werden. Vollständige Induktion ergibt außerdem

(74) $$D^i = [\mu_1^i E_{r_1} \ldots \mu_m^i E_{r_m}] \text{ und}$$

(75) $$N^j = [N_{r_1}^j \ldots N_{r_m}^j] \text{ mit}$$

$$(76) \quad N_s^j = \begin{cases} \sum_{i=1}^{s-j} \vec{e}_i {}^t\vec{e}_{i+j} & \text{für } j < s \\ (0) & \text{für } j \geq s. \end{cases}$$

Ist $r := \max\{r_1, \ldots, r_m\}$, so gilt also

$$(77) \quad J^k = \sum_{j=0}^{\min\{k, r-1\}} \binom{k}{j} D^{k-j} N^j.$$

6.4.2 Die Matrix-Exponentialreihe

Die Lösung des linearen homogenen *Differentialgleichungssystems* in Beispiel 6.1.4 kann in der Form $\vec{u}(t) = T[e^{st} e^{-t}] T^{-1} \vec{u}_0$ geschrieben werden, wobei die Exponenten aus der Diagonalmatrix $D = [5 \; -1]$ stammen, die zu der gegebenen Koeffizientenmatrix ähnlich ist. Wenn wir nun beachten, daß sich die Diagonalmatrix $[e^{st} e^{-t}]$ wegen

(74) als "**Matrix-Exponentialreihe**" $\sum_{k=0}^{\infty} \frac{1}{k!} D^k t^k$ darstellen läßt,

wobei die Limesbildung komponentenweise durchzuführen ist, so liegt es nahe, auch im Falle einer beliebigen zerfallenden Koeffizientenmatrix A einen Lösungsansatz mit einer Matrix-Exponentialreihe zu versuchen, weil wegen der Ähnlichkeit von A zu einer Jordan-Blockmatrix $J = D + N$ und wegen (74) bis (76) erwartet werden kann, daß neben den Transformationsmatrizen und der obigen Matrix-Exponentialreihe nur die abbrechende Matrix-Exponentialreihe $\sum_{j=0}^{\infty} \frac{1}{j!} N^j t^j$ als Faktor in den Lösungsvektoren des Differentialgleichungssystems (5) mit $A \in \mathbb{K}^{n \times n}$ und $\vec{u}_0 \in \mathbb{K}^{n \times 1}$ auftritt.

Wir zeigen deshalb zunächst, daß die Matrixfolge $\left(\sum_{k=0}^{m} \frac{1}{k!} B^k \right)_m$ für jedes $B \in \mathbb{K}^{n \times n}$ komponentenweise absolut konvergent ist. Dazu bezeichnen wir das Maximum der Beträge aller Elemente von B vorübergehend mit $\|B\|$. Dann ergibt sich mit vollständiger Induktion, daß

$$\left\| \sum_{k=0}^{m} \frac{1}{k!} B^k \right\| \leq \sum_{k=0}^{m} \frac{1}{k!} \|B^k\| \quad \text{für alle } m \in \mathbb{N}_0 \text{ und}$$

$$\|B^k\| \leq n^{k-1} \|B\|^k \quad \text{für alle } k \in \mathbb{N} \text{ gilt.}$$

Damit ist $\left(\frac{1}{n} \sum_{k=0}^{m} \frac{1}{k!} (n \|B\|)^k \right)_m$ eine konvergente Majorante für jede der Zahlenfolgen $\left(\vec{e}_i \sum_{k=0}^{m} \frac{1}{k!} B^k \, t \, \vec{e}_j\right)_m$ mit $i,j \in J_n$. Es kann also

(78) $\quad \exp(B) := \sum_{k=0}^{\infty} \frac{1}{k!} B^k \quad$ für jedes $B \in \mathbb{K}^{n \times n}$

definiert werden, wobei der Limes komponentenweise zu bilden ist. Wegen der absoluten Konvergenz dieser Reihe folgt wie bei der natürlichen Exponentialfunktion, daß

(79) $\quad \exp(B_1 + B_2) = \exp(B_1) \exp(B_2)$
für alle $B_1, B_2 \in \mathbb{K}^{n \times n}$ mit $B_1 B_2 = B_2 B_1$

gilt. Ist nun $A \in \mathbb{K}^{n \times n}$ eine zerfallende Matrix und werden J,D,N und r wie in 6.4.1 erklärt, so erhalten wir mit (72) bis (79) und mit den Limeseigenschaften

(80) $\quad \exp(At) = T \exp(Jt) T^{-1} = T \exp(Dt) \exp(Nt) T^{-1} =$
$T \left[e^{\mu_1 t} E_{r_1} \ldots e^{\mu_m t} E_{r_m} \right] \left(\sum_{k=0}^{r-1} \frac{1}{k!} N^k t^k \right) T^{-1}$ für jedes $t \in \mathbb{R}$.

Da alle Terme dieser Darstellung endlich sind, können wir ohne weitere Anwendungen der Reihentheorie die Ableitungen nach t bilden. Dann ergibt sich sukzessiv

$\frac{d}{dt} \exp(Dt) = D \exp(Dt)$, $\frac{d}{dt} \exp(Nt) = N \exp(Nt)$,

$\frac{d}{dt} \exp(Jt) = (D+N) \exp(Dt) \exp(Nt) = J \exp(Jt)$ und

$\frac{d}{dt} \exp(At) = T \frac{d}{dt} \exp(Jt) T^{-1} = (TJT^{-1})(T \exp(Jt) T^{-1})$, also

(81) $\quad \frac{d}{dt} \exp(At) = A \exp(At)$,

d.h. alle Spaltenvektoren von $\exp(At)$ sind Lösungsvektoren des **linearen homogenen Differentialgleichungssystems**

(82) $\quad \frac{d}{dt} \vec{u}(t) = A \vec{u}(t)$ mit $A \in \mathbb{K}^{n \times n}$ und $\vec{u}(t) \in \mathbb{K}^{n \times 1}$ für $t \in \mathbb{R}$.

Da mit $\vec{u}_1(t)$ und $\vec{u}_2(t)$ auch $\vec{u}_1(t) + \vec{u}_2(t)$ und $c \vec{u}_1(t)$ für jedes $c \in \mathbb{K}$ Lö-

6.4.2 Die Matrix-Exponentialreihe

sungen von (82) sind, stellt die Lösungsmenge von (82) einen $\mathbb{K}$-Vektorraum dar. Wir zeigen nun, daß die Spaltenvektoren von $\exp(At)$ eine Basis dieses Lösungsraums bilden.

Einerseits folgt aus (79), daß $\exp(At)\exp(-At) = E_n$ für alle $t \in \mathbb{R}$ gilt. Damit ist $\exp(At)$ invertierbar, und insbesondere sind die Spaltenvektoren von $\exp(At)$ linear unabhängig.

Mit einer Methode, die der Rückwärtselimination ähnelt, läßt sich andererseits nachweisen, daß jede Lösung von (82) in $S(\exp(At))$ liegt. Da wir wie in (7) schließen können, daß $\tilde{u}(t)$ genau dann (82) erfüllt, wenn $\tilde{z}(t) := T^{-1}\tilde{u}(t)$ eine Lösung von $\frac{d}{dt}\tilde{z}(t) = J\tilde{z}(t)$ darstellt, genügt es, dieses Differentialgleichungssystem zu betrachten.

Ist $\tilde{z}(t) =: {}^t(z_1(t)\ldots z_n(t))$ und sind $h,\ldots,k$ mit $1 \leq h \leq k \leq n$ die Zeilenindizes einer beliebigen Jordan-Matrix aus J mit dem Eigenwert λ, so gilt $\frac{d}{dt}z_k(t) = \lambda z_k(t)$ und $\frac{d}{dt}z_{k-j}(t) = \lambda z_{k-j}(t) + z_{k-j+1}(t)$ für $j = 1,\ldots,k-h$. Mit vollständiger Induktion über j folgt dann, daß es Konstanten $c_h,\ldots,c_k$ gibt, so daß

$$(83) \qquad z_{k-j}(t) = \sum_{i=0}^{j} c_{k-j+i} \frac{1}{i!} t^i e^{\lambda t} \quad \text{für } j = 0,\ldots,k-h$$

erfüllt ist. Der Induktionsanfang für $j = 0$ beruht auf der schon in Beispiel 6.1.4 begründeten Tatsache, daß die Differentialgleichung $\frac{d}{dt}x(t) = \lambda x(t)$ mit $\lambda = \mathbb{K}$ und mit $x(t) \in \mathbb{K}$ für alle $t \in \mathbb{R}$ genau die Lösungen $x(t) = ce^{\lambda t}$ besitzt, wobei $c \in \mathbb{K}$ eine beliebige Konstante ist. Der für $k > h$ durchzuführende Induktionsschluß verwendet ebenfalls diese Idee, indem zunächst - durch (80) motiviert - die "spezielle" Lösungskomponente

$$z^*_{k-j}(t) = \sum_{i=1}^{j} c_{k-j+i} \frac{1}{i!} t^i e^{\lambda t}$$

gewählt wird, die

$$\frac{d}{dt} z^*_{k-j}(t) = \lambda z^*_{k-j}(t) + z_{k-j+1}(t)$$

erfüllt und mit der

$$\frac{d}{dt}\left(z_{k-j}(t) - z^*_{k-j}(t)\right) = \lambda\left(z_{k-j}(t) - z^*_{k-j}(t)\right)$$

gilt, so daß sich die "allgemeine" Lösungskomponente

$$z_{k-j}(t) = c_{k-j} e^{\lambda t} + z^*_{k-j}(t) = \sum_{i=0}^{j} c_{k-j+i} \frac{1}{i!} t^i e^{\lambda t}$$

mit der zusätzlichen Konstanten $c_{k-j} \in \mathbb{K}$ ergibt.

Setzen wir nun $\tilde{c} := {}^t(c_1 \ldots c_n)$ und vergleichen (83) mit (80), wobei wir (75) und (76) beachten, so erhalten wir $\tilde{z}(t) = \exp(Jt)\tilde{c}$. Nach Rücktransformation hat also jede Lösung $\tilde{u}(t)$ von (82) die Form

(84) $\qquad \tilde{u}(t) = T\,\tilde{z}(t) = \exp(At)\,(T\tilde{c}) =: \exp(At)\,\tilde{u}_0$.

Dabei kann $\tilde{u}(0) = \tilde{u}_0 = T\tilde{c}$ wie $\tilde{c}$ beliebig aus $\mathbb{K}^{n \times 1}$ gewählt werden. Zusammen mit der Invertierbarkeit von $\exp(At)$ ist damit gezeigt, daß die Spaltenvektoren von $\exp(At)$ eine Basis des Lösungsraumes von (82) darstellen und daß jede Lösung eindeutig durch den Vektor $\tilde{u}_0$ der Anfangswerte bestimmt ist.

Der große Anwendungsbereich der Differentialgleichungssysteme vom Typ (82) vor allem in der Physik und in der Technik wird noch beträchtlich dadurch erweitert, daß sich die linearen homogenen *Differentialgleichungen n-ter Ordnung*

(85) $\qquad f^{(n)}(t) = a_0 f(t) + a_1 f'(t) + \ldots + a_{n-1} f^{(n-1)}(t)$

mit n-mal differenzierbaren Funktionen $(t \to f(t), t \in \mathbb{R})$ und mit konstanten Koeffizienten $a_j \in \mathbb{K}$, $j = 0, \ldots, n-1$, vollständig auf Differentialgleichungssysteme der Form (82) zurückführen lassen. Wird nämlich $\tilde{u}(t) := {}^t(f^{(0)}(t) \ldots f^{(n-1)}(t)) \in \mathbb{K}^{n \times 1}$ mit $f^{(0)}(t) := f(t)$ und

$$A := \sum_{i=1}^{n-1} \tilde{e}_i \, {}^t\tilde{e}_{i+1} + \sum_{k=1}^{n} a_{k-1} \tilde{e}_n \, {}^t\tilde{e}_k \in \mathbb{K}^{n \times n}$$

gesetzt, so ist (85) äquivalent zu $\frac{d}{dt}\tilde{u}(t) = A\tilde{u}(t)$, da $\frac{d}{dt}f^{(k-1)}(t) = f^{(k)}(t)$ für $k = 1, \ldots, n$ gilt. Wegen $\chi_A(t) = t^n - a_{n-1}t^{n-1} - \ldots - a_0 =: P(t)$ heißt A *Begleitmatrix* des Polynoms P, mit dem sich (85) symbolisch in der Form $P\left(\frac{d}{dt}\right)f(t) = 0$ schreiben läßt.

Die Ergebnisse, die wir für Differentialgleichungssysteme des Typs (82) gewonnen haben, können also auf (85) übertragen werden. Insbesondere stellt die Lösungsmenge einen n-dimensionalen $\mathbb{K}$-Vektorraum dar. Diese für die Lineare Algebra wesentliche Aussage gilt auch noch, wenn in (82) und (85) die Komponenten der Matrix beziehungsweise die Koeffizienten der Differentialgleichung stetige Funktionen auf einem geeigneten gemeinsamen Intervall sind.

In allen diesen Fällen wird jede Basis des Lösungsraums *Fundamentalsystem* genannt. Die Determinante der Matrix, deren Spaltenvektoren bei (82) aus den Komponenten und bei (85) aus den ersten n Ableitungen (bei 0 beginnend) eines Systems von n Lösungen bestehen, heißt *Wronski-Determinante*. Sie erfüllt für alle Fundamentalsysteme eine einfache lineare Differentialgleichung und charakterisiert die Fundamentalsysteme dadurch, daß die Determinante für jedes Argument von 0 verschieden ist, während sie bei den übrigen Lösungssystemen für alle Argumente den Wert 0 hat (siehe Übung 5.3.e).

6.4.3 Ein eigenwertfreies Diagonalisierbarkeitskriterium

Obwohl "fast alle" zerfallenden Matrizen $A \in \mathbb{K}^{n \times n}$ diagonalisierbar sind oder durch eine geringe Änderung eines Elements von A diagonalisierbar werden, ist es aus algorithmischer Sicht nicht befriedigend, daß die bisher gewonnenen Diagonalisierbarkeitskriterien die genaue Kenntnis aller Eigenwerte voraussetzen. Einerseits können die Eigenwerte in der Regel nicht exakt berechnet werden, und andererseits gibt es keinen Algorithmus, der es erlaubt, die geometrische Vielfachheit eines Eigenwerts λ zu bestimmen, wenn diese kleiner ist als die algebraische Vielfachheit, weil dann $\text{Rang}(\lambda^* E - A) \neq \text{Rang}(\lambda E - A)$ für jede Eigenwertnäherung λ^* gilt, die nicht zum Spektrum von A gehört.

Der folgende **überraschende neue Satz** liefert ein Diagonalisierbarkeitskriterium, das bei zerfallenden Matrizen nur Operationen im Grundkörper erfordert und das außerdem im Falle des positiven Ausgangs die Genadjunkte ergibt, mit deren Hilfe sich die Diagonalisierung effektiv durchführen läßt.

6.4.4 Diagonalisierbarkeitssatz

Die zerfallende Matrix $A \in \mathbb{K}^{n \times n}$ ist genau dann diagonalisierbar, wenn das Polynom $\text{ggT}(\chi_A, \chi'_A)$ die Busadjunkte β_A teilt.

356   Diagonalisierbarkeitssatz   6.4.4

Beweis (h3):

Aufgrund des *Diagonalisierungssatzes* (6.2.7) und des *Adjunktenspektralsatzes* (6.2.12) hat jede diagonalisierbare Matrix die angegebenen Eigenschaften. Die Gegenrichtung zeigen wir indirekt, indem wir annehmen, daß die zerfallende Matrix A nicht diagonalisierbar sei, daß aber $g := ggT(\chi_A, \chi'_A)$ die Busadjunkte $^\beta A$ teile.

1. Schritt (Zurückführung auf die zugehörige Jordan-Blockmatrix):
Da A zerfallend ist, liefert der *Satz über Jordan-Blockmatrizen* (6.3.3) eine Matrix $M \in GL(n;K)$ und eine Jordan-Blockmatrix J, so daß $A = MJM^{-1}$ gilt. Aus (26) folgt dann

$$(86) \qquad {}^\beta A = M\,{}^\beta J\,M^{-1}.$$

Wegen $^\beta J(t) = {}^\alpha(tE - J)$ ergibt (5.6), daß

$$(87) \qquad {}^\beta J(t) = \det(tE-J)(tE-J)^{-1} \quad \text{für alle } t \in K \setminus \mathrm{Spec}(A)$$

erfüllt ist. Für die weiteren Berechnungen sei $\mathrm{Spec}(A) := \{\lambda_1,\ldots,\lambda_s\}$ mit den zugehörigen Vielfachheiten $v_1,\ldots,v_s$ und $J := [\mu_1 E_{r_1} + N_{r_1} \ldots \mu_m E_{r_m} + N_{r_m}]$ mit $\mu_k \in \mathrm{Spec}(A)$ für $k=1,\ldots,m$. Außerdem setzen wir $\sigma_i := t - \lambda_i$ für $i=1,\ldots,s$ und $\tau_k := t - \mu_k$ für $k=1,\ldots,m$.

Wie in (27) folgt dann

$$g = g(t) = \prod_{i=1}^{s} \sigma_i^{v_i - 1},$$

und es gilt

$$d = d(t) := \det(tE-J) = \chi_J(t) = \prod_{i=1}^{s} \sigma_i^{v_i} = \prod_{k=1}^{m} \tau_k^{r_k}.$$

Durch Blockmultiplikation und wegen (73) sowie (76) erhalten wir

$$(88) \qquad (tE-J)^{-1} = \left[\left(\tau_1 E_{r_1} - N_{r_1}\right)^{-1} \ldots \left(\tau_m E_{r_m} - N_{r_m}\right)^{-1}\right] \text{ mit}$$

$$\left(\tau_k E_{r_k} - N_{r_k}\right)^{-1} = \sum_{j=0}^{r_k - 1} \frac{1}{\tau_k^{j+1}} N_{r_k}^j \quad \text{für alle } t \in K \setminus \mathrm{Spec}(A).$$

Nach Multiplikation von (88) mit d und nach dem Ausdividieren von d und τ_k^{j+1} folgt damit aus (87) und aufgrund des *Polynomvergleichssatzes* (5.3.6)

6.4.4 Diagonalisierbarkeitssatz

(89) $\,^\beta J(t) =: [B_1(t) \ldots B_m(t)]\,$ mit $\,B_k(t) := \sum_{j=0}^{r_k-1} \left(\prod_{\substack{h=1 \\ h \neq k}}^{m} \tau_h^{r_h} \right) \tau_k^{r_k-j-1} N_{r_k}^j$

für $k = 1, \ldots, m$ und für alle $t \in K$.

2. Schritt (Teilbarkeitseigenschaften):

Jedes von Null verschiedene Element von $^\beta J(t)$ ist also ein Produkt von Linearfaktoren $t - \lambda_i$ mit $i \in \mathcal{J}_s$. Für die genauere Untersuchung schreiben wir $^\beta J$ als Summe des Diagonalanteils $D = [D_1 \ldots D_m]$ mit

$$D_k(t) := \left(\prod_{\substack{h=1 \\ h \neq k}}^{m} \tau_h^{r_h} \right) \tau_k^{r_k-1} E_{r_k} \quad \text{für } k = 1, \ldots, m$$

und des Matrixpolynoms $R := \,^\beta J - D =: [R_1 \ldots R_m]$. Aus (86) folgt dann

(90) $\qquad\qquad\,^\beta A = M D M^{-1} + M R M^{-1}.$

Zu jedem $k \in \mathcal{J}_s$ gibt es genau ein $i_k \in \mathcal{J}_s$ mit $\mu_k = \lambda_{i_k}$. Die Diagonalelemente von $D_k(t)$ erhalten damit für $k = 1, \ldots, m$ die Form

$$\left(\prod_{i=1}^{s} \sigma_i^{v_i-1} \right) \left(\prod_{\substack{i=1 \\ i \neq i_k}}^{s} \sigma_i \right) = g(t) \prod_{\substack{i=1 \\ i \neq i_k}}^{s} \sigma_i.$$

Also ist D durch g teilbar. Da alle Elemente von $MD(t)M^{-1}$ Linearkombinationen der Elemente von $D(t)$ sind, ist g auch Teiler von MDM^{-1}. Aus unserer Annahme, daß $^\beta A$ durch g teilbar ist, folgt nun, daß g auch $MRM^{-1} = \,^\beta A - MDM^{-1}$ teilen muß.

Alle Elemente von $MR(t)M^{-1}$ sind Linearkombinationen der Elemente von $R(t)$ und damit von $R_k(t)$ für $k = 1, \ldots, m$. Ist m_i wie in 6.3.11 die maximale Blockgröße der Jordan-Matrizen zu λ_i für $i = 1, \ldots, s$, so erhalten wir für die von Null verschiedenen Elemente von $R(t)$ aus (89) mit denselben Überlegungen wie bei den Diagonalelementen von $D(t)$ die Darstellung

(91) $\qquad \left(\prod_{\substack{h=1 \\ h \neq i}}^{s} \sigma_h^{v_h} \right) \sigma_i^{v_i - j}$ mit $i \in \{k \in \mathbb{N} \mid k \leq s$ und $m_k > 1\}$
$\qquad\qquad\qquad\qquad\qquad\quad$ und $j \in \{2, \ldots, m_i\}$.

Für jedes Element von $MR(t)M^{-1}$ bedeutet dann die Teilbarkeit durch $g(t)$, daß es Körperelemente c_{ij} mit i,j wie in (91) und ein Polynom $P(t)$ mit Koeffizienten aus K gibt, so daß

$$(92) \quad \sum_{\substack{i=1 \\ m_i>1}}^{s} \left(\prod_{\substack{h=1 \\ h \neq i}}^{s} \sigma_h^{v_h} \right) \left(\sum_{j=2}^{m_i} c_{ij} \sigma_i^{v_i - j} \right) = P(t) g(t) \quad \text{für alle } t \in K$$

erfüllt ist. Hier wurden bei c_{ij} und $P(t)$ die Indizes weggelassen, die die Abhängigkeit von der Elementposition in $MR(t)M^{-1}$ wiedergeben, weil die folgenden Schlüsse für jedes Element von $MR(t)M^{-1}$ gleich verlaufen.

Beachten wir, daß alle Elemente in (91) und $g(t)$ durch $\prod_{h=1}^{s} \sigma_h^{v_h - m_h}$ teilbar sind, so erhält (92) nach Divsdion durch dieses Polynom für $t \in K \setminus \mathrm{Spec}(A)$ und anschließende Anwendung des *Polynomvergleichssatzes* (5.3.6) die zweckmäßige Form

$$(93) \quad \sum_{\substack{i=1 \\ m_i>1}}^{s} \left(\prod_{\substack{h=1 \\ h \neq i}}^{s} \sigma_h^{m_h} \right) \left(\sum_{j=2}^{m_i} c_{ij} \sigma_i^{m_i - j} \right) = P(t) \prod_{\substack{k=1 \\ m_k>1}}^{s} \sigma_k^{m_k - 1} \quad \text{für alle } t \in K.$$

3. Schritt (Herleitung des Widerspruchs):
Wir betrachten nun die Zahlen m_i für $i = 1, \ldots, s$ als Variable und zeigen durch vollständige Induktion über die Anzahl $p := \sum_{k=1}^{s} (m_k - 1)$ der Koeffizienten c_{ij}, daß die Darstellung (93) für jedes s-tupel $(m_1, \ldots, m_s) \in \mathbb{N}^s$ mit $p \geq 1$ das Verschwinden aller p Koeffizienten zur Folge hat. (Für $p = 0$ wäre die Jordan-Blockmatrix J eine Diagonalmatrix.)

Im Falle des Induktionsanfangs für $p = 1$ gibt es jeweils genau ein $g \in J_s$ mit $m_g = 2$. Gleichung (93) hat dann die Form $c_{g2} = P(t) \sigma_g$. Für $t = \lambda_g$ folgt daraus wegen $\sigma_g = 0$, daß $c_{g2} = 0$ ist. Als Induktionsannahme sei q eine Zahl, für die bereits bekannt ist, daß die obige Aussage für alle s-tupel $(m_1, \ldots, m_s) \in \mathbb{N}^s$ mit $p = q$ gilt. Ist dann $(m_1, \ldots, m_s) \in \mathbb{N}^s$ mit $p = q+1$ **irgendein** s-tupel, für das (93) erfüllt ist, und stellt g einen Index mit $m_g > 1$ dar, so ergibt sich für $t = \lambda_g$, daß $\prod_{\substack{h=1 \\ h \neq g}}^{s} (\lambda_g - \lambda_h)^{m_h} c_{g m_g} = 0$ und damit $c_{g m_g} = 0$ gilt.

Jetzt kann auf beiden Seiten der Gleichung (93) für $t \in K \setminus \{\lambda_g\}$ durch σ_g dividiert werden. Aufrund des *Polynomvergleichssatzes* (5.3.6) hat das Ergebnis wieder die Form (93), wobei m_g überall durch $m_g - 1$ ersetzt beziehungsweise im Falle $m_g = 2$ gestrichen ist, weil σ_g in den Produkten einen Exponenten m_g oder $m_g - 1$ besitzt und weil der Summand für $i = g$ die Form

$$\left(\prod_{\substack{h=1 \\ h \neq g}}^{s} \sigma_h^{m_h} \right) \left(\sum_{j=2}^{m_g - 1} c_{gj} \sigma_g^{m_g - 1 - j} \right)$$

hat.

Damit ist $p = q$. Aufgrund der Induktionsannahme verschwinden dann auch alle übrigen Koeffizienten. Vollständige Induktion ergibt also, daß aus der Gültigkeit von (93) stets $c_{ij} = 0$ für jedes $i \in J_s$ mit $m_i > 1$ und für alle $j \in \{2, \ldots, m_i\}$ folgt.

Da die linke Seite von (92), die die allgemeine Form der Elemente von $MR(t)M^{-1}$ darstellt, mit dem Verschwinden aller Koeffizienten stets den Wert 0 hat, erhalten wir $MR(t)M^{-1} = (0)$ und damit $R(t) = (0)$ für alle $t \in K$, so daß $^\beta J(t)$ für jedes $t \in K$ mit der Diagonalmatrix $D(t)$ übereinstimmt. Aus (89) ergibt sich dann, daß $r_k = 1$ für $k = 1, \ldots, m$ gilt – im Widerspruch dazu, daß J keine Diagonalform hat. Also ist $ggT(\chi_A, \chi_A')$ für jede zerfallende, nicht diagonalisierbare Matrix $A \in K^{n \times n}$ kein Teiler von $^\beta A$. □

6.4.5 Potenzsummen von Polynomnullstellen

Der folgende Satz dient unter anderem dazu, einen Algorithmus zur **Approximation aller Nullstellen von Polynomen** über $\mathbb{C}$ zu entwickeln. Zur Vereinfachung wird dabei jede Nullstelle so oft mit verschiedenen Indizes notiert, wie es ihrer Vielfachheit entspricht.

6.4.6 Satz über Potenzsummen von Polynomnullstellen

Es sei K ein unendlicher Körper. Ist $P(t) = t^m + b_{m-1} t^{m-1} + \ldots + b_0$ mit $m \in \mathbb{N}$ und $b_i \in K$, $i = 0, \ldots, m-1$, ein Polynom, das über K in

Linearfaktoren zerfällt, und sind $\lambda_1, \ldots, \lambda_m$ die Nullstellen von $P(t)$, so gelten für die *Potenzsummen* $\sigma_n := \lambda_1^n + \ldots + \lambda_m^n$ mit $n \in \mathbb{N}$ die *Newtonschen Formeln*

$$(94) \qquad \sigma_n = \begin{cases} -\sum_{j=1}^{m} b_{m-j} \sigma_{n-j} & \text{für } n > m, \\ -\sum_{j=1}^{n-1} b_{m-j} \sigma_{n-j} - n b_{m-n} & \text{für } n \leq m. \end{cases}$$

Beweis (a1):

Aus $\lambda_j^m + b_{m-1} \lambda_j^{m-1} + \ldots + b_0 = 0$ folgt $\lambda_j^n + b_{m-1} \lambda_j^{n-1} + \ldots + b_0 \lambda_j^{n-m} = 0$ für $j = 1, \ldots, m$, und Aufsummieren ergibt $\sigma_n = -\sum_{j=1}^{m} b_{m-j} \sigma_{n-j}$ für $n > m$.

Um die übrigen Fälle zu gewinnen, betrachten wir die Matrix $A := \sum_{i=1}^{m-1} \vec{e}_i {}^t \vec{e}_{i+1} - \sum_{k=1}^{m} b_{k-1} \vec{e}_m {}^t \vec{e}_k \in K^{m \times m}$. Für das charakteristische Polynom von A erhalten wir durch wiederholte Entwicklung nach der letzten Spalte und durch Rekursion $\chi_A(t) = P(t)$. Wegen dieser Beziehung wird A *Begleitmatrix* des Polynoms P genannt.

Nun stellen wir einen Zusammenhang zwischen σ_k und $Sp(A^k)$ her und wenden dann den *Adjunktensatz* (5.3.9) an. Da A zerfallend ist, gibt es aufgrund des *Satzes über Jordan-Blockmatrizen* (6.3.3) eine Jordan-Blockmatrix mit den Diagonalelementen $\lambda_1, \ldots, \lambda_m$ und eine Matrix $M \in GL(m; K)$, so daß $M^{-1} A M = J$ gilt. Wegen (25) folgt

$$(95) \qquad Sp(A^k) = Sp(J^k) = \lambda_1^k + \ldots + \lambda_m^k = \sigma_k \quad \text{für jedes } k \in \mathbb{N}.$$

Aus dem *Adjunktensatz* mit $n := m$ und $a_i := b_{m-i}$, $i = 1, \ldots, m$, benötigen wir nur die definierenden Gleichungen (5.9) $H_j := A H_{j-1} + b_{m-j} E$ für $j = 1, \ldots, m-1$, $H_0 := E$ und (5.13) $b_{m-i} := -\frac{1}{i} Sp(A H_{i-1})$, $i = 1, \ldots, m$. Durch Multiplikation von (5.9) mit A^{n-j} für $j = 1, \ldots, n-1$ und durch Aufsummieren beider Seiten der entstehenden Gleichungen folgt

$$A H_{n-1} = A^n + \sum_{j=1}^{n-1} b_{m-j} A^{n-j} \quad \text{für } n \leq m.$$

Wegen $Sp(B + C) = Sp(B) + Sp(C)$ für alle $B, C \in K^{m \times m}$ ergibt sich schließlich durch Bildung der Spur auf beiden Seiten der zweite Fall von (94). □

6.4.7 Design eines sicheren und effizienten Algorithmus zur Approximation aller Nullstellen von Polynomen über $\mathbb{C}$

a) Vorbemerkungen

In der Algebra wird gezeigt, daß die Nullstellen von Polynomen, deren Grad größer als vier ist, über unendlichen Körpern im allgemeinen nicht in endlich vielen Schritten mit den Körperoperationen und durch "Wurzelziehen" darstellbar sind. Im Körper $\mathbb{C}$, in dem ein *Abstand* zur Verfügung steht, werden deshalb die Nullstellen von nichtlinearen Polynomen mit Hilfe von *Approximationsverfahren* angenähert.

Wegen der großen Bedeutung von Polynomnullstellen in vielen Teilen der Mathematik wollen wir im folgenden einen **neuen Algorithmus** entwickeln, den wir *Potenzsummen-Algorithmus* nennen, weil er den *Satz über Potenzsummen von Polynomnullstellen* (6.4.6) verwendet. Er hat **gegenüber den bisher bekannten Verfahren** den **Vorteil, daß alle Nullstellen effizient**, d.h. mit vergleichsweise geringem Aufwand, beliebig genau approximiert werden können. Damit lassen sich natürlich auch alle Eigenwerte einer Matrix mit komplexen Elementen näherungsweise berechnen. In der numerischen Mathematik werden aber meistens Verfahren benutzt, die einen Eigenwert und einen zugehörigen Eigenvektor ohne Verwendung des charakteristischen Polynoms gleichzeitig approximieren.

Bei der folgenden Herleitung wird der *Fundamentalsatz der Algebra* vorausgesetzt, der besagt, daß jedes nichtkonstante Polynom mit komplexen Koeffizienten in $\mathbb{C}$ eine Nullstelle besitzt. Für diesen wichtigen Satz gibt es im Rahmen des Konzepts der *"Elementaranalysis"* [10] einen elementaren Beweis, der weder Algebra noch - wie bisher - Funktionentheorie benutzt.

Mit (14) folgt, daß jedes nichtkonstante Polynom über $\mathbb{C}$ in Linearfaktoren zerfällt. Insbesondere besitzt jedes Polynom $g(z) = c_m z^m + \ldots + c_0$ mit $m \in \mathbb{N}$, $c_i \in \mathbb{C}$ und $c_m \neq 0$ genau m (nicht notwendig verschiedene) komplexe Nullstellen $z_1, \ldots, z_m$. Werden die Koeffizienten von $g(z)$ durch einen von Null verschiedenen Faktor dividiert, so entsteht ein Polynom mit denselben Nullstellen. Da wir den Fall $g(0) = c_0 = 0$ nicht weiter zu untersuchen brauchen, setzen wir $c_0 \neq 0$ voraus und betrachten aus Gründen, die sogleich klar werden, das "normierte" Polynom

$$f(z) = a_m z^m + \ldots + a_1 z - 1$$

mit $a_j := -\dfrac{c_j}{c_0}$ für $j = 1, \ldots, m$, das also wie $g(z)$ die Nullstellen $z_1, \ldots, z_m$ hat, welche nun alle von Null verschieden sind. Das Polynom

$$P(t) := -t^m f(\tfrac{1}{t}) = t^m - a_1 t^{m-1} - \ldots - a_m$$

besitzt dann die Nullstellen $z_1^{-1}, \ldots, z_m^{-1}$. Wird $a_j := 0$ für $j > m$ gesetzt, so ergibt der *Satz über Potenzsummen von Polynomnullstellen* (6.4.6) für die Potenzsummen $s_n := z_1^{-n} + \ldots + z_m^{-n}$ die einfache Rekursionsgleichung

(96) $\quad s_n = \sum\limits_{j=1}^{n-1} a_j s_{n-j} + n a_n \quad$ für jedes $n \in \mathbb{N}$.

b) Die Quotientenfolge

Besitzt $f(z)$ nur eine Nullstelle mit minimalem Betrag aber mit beliebiger Vielfachheit, so zeigt der nächste Satz, daß die Folge der Quotienten aufeinanderfolgender, von Null verschiedener Potenzsummen s_n gegen die betragskleinste Nullstelle konvergiert.

Diese Idee geht auf die älteste Methode zur Annäherung der Nullstellen von Polynomen beliebigen Grades zurück. Sie wurde 1728 von *D. Bernoulli* veröffentlicht und 1748 durch *L. Euler* in seinem berühmten Werk "Introductio in Analysin Infinitorum" auf 19 Seiten erläutert. Anstelle der *Newtonschen* Formeln verwenden beide die Reihenentwicklung einer rationalen Funktion (d.h. des Quotienten von zwei Polynomfunktionen), deren Nenner die gegebene Polynomfunktion ist.

6.4.8 Satz über die Konvergenz von Quotientenfolgen

Sind $z_1, \ldots, z_m$ mit $0 < |z_1| \leq \ldots \leq |z_m|$ die Nullstellen eines Polynoms vom Grad m mit komplexen Koeffizienten und ist

6.4.9 Quotientenrekursion

$s_n := \sum_{j=1}^{m} z_j^{-n}$ für $n \in \mathbb{N}_0$, so sei $k(n) := \min\{k \in \mathbb{N} \mid k > n$ und $s_k \neq 0\}$
und $q_n := \frac{s_n}{s_{k(n)}}$ für jedes $n \in \mathbb{N}_0$.

Ist $v := \max\{j \in J_m \mid |z_1| = |z_j|\}$ und gilt $z_1 = \ldots = z_v$, so hat die Folge $(q_n)_n$ den Grenzwert z_1.

Beweis (r2 mit Infinitesimalrechnung):

Im Falle $v < m$ ist $s_n = z_1^{-n} + \ldots + z_m^{-n} = z_1^{-n}\left[v + \left(\frac{z_1}{z_{v+1}}\right)^n + \ldots + \left(\frac{z_1}{z_m}\right)^n\right]$

mit $\left|\frac{z_1}{z_j}\right| < 1$ für $j = v+1, \ldots, m$. Damit stellt jede der Folgen $\left(\frac{z_1}{z_j}\right)^n_n$ für

$j = v+1, \ldots, m$ eine Nullfolge dar, und es gibt ein $n_0 \in \mathbb{N}$, so daß die Abschätzung $\left|\left(\frac{z_1}{z_{v+1}}\right)^n + \ldots + \left(\frac{z_1}{z_m}\right)^n\right| < \frac{v}{2}$ für alle $n \in \mathbb{N}$ mit $n \geq n_0$ gilt. Insbesondere ist $s_n \neq 0$, also $k(n) = n+1$ für alle $n \in \mathbb{N}$ mit $n \geq n_0$. Für

diese n erhalten wir $q_n = \frac{s_n}{s_{n+1}} = z_1 \frac{v + \left(\frac{z_1}{z_{v+1}}\right)^n + \ldots + \left(\frac{z_1}{z_m}\right)^n}{v + \left(\frac{z_1}{z_{v+1}}\right)^{n+1} + \ldots + \left(\frac{z_1}{z_m}\right)^{n+1}}$, so daß

sich $|q_n - z_1|$ für $n \geq n_0$ folgendermaßen abschätzen läßt:

$|q_n - z_1| \leq |z_1|\frac{2}{v}\left|\sum_{j=v+1}^{m}\left(\frac{z_1}{z_j}\right)^n\left(1 - \frac{z_1}{z_j}\right)\right| \leq 2\frac{m-v}{v}|z_1|\left(1 + \left|\frac{z_1}{z_{v+1}}\right|\right)\left|\frac{z_1}{z_{v+1}}\right|^n.$

Im Falle $v = m$ ist $s_n = m z_1^{-n}$, also $q_n = \frac{s_n}{s_{n+1}} = z_1$ für alle $n \in \mathbb{N}_0$. □

Da $|s_n|$ mit wachsendem n unbeschränkt groß werden oder auch sehr nahe bei Null liegen kann, ist es für die Effizienz des *Potenzsummen-Algorithmus* entscheidend, daß die **Quotienten** q_n, die im Falle einer konvergenten Quotientenfolge beschränkt sind, ohne Verwendung der Potenzsummen **rekursiv berechnet** werden können.

6.4.9 Satz über die Quotientenrekursion

Es sei $f(z) = a_m z^m + \ldots + a_1 z - 1$ ein Polynom vom Grad m mit $a_i \in \mathbb{C}$ für $i \in J_m$ und mit den Nullstellen $z_1, \ldots, z_m$.

Wird s_n, $k(n)$ und q_n für $n \in \mathbb{N}_0$ wie im *Satz über die Konvergenz von Quotientenfolgen* (6.4.4) definiert, so ist $k(0) = \min\{k \in J_m \mid a_k \neq 0\}$ und $q_0 = m\bigl(k(0)a_{k(0)}\bigr)^{-1}$. Sind die Zahlen $k(s)$ und q_s für $s = \max\{0, n-m\}, \ldots, n-1$ bekannt, so lassen sich $k(n)$ und q_n folgendermaßen rekursiv berechnen:

Für die obigen s und für $t \in J_m$ setze man

$$q_s^{(s+t)} := \begin{cases} q_s, & \text{wenn } s > 0 \text{ und } q_s \neq 0, \\ 1, & \text{wenn } s > 0 \text{ und } q_s = 0, \\ t\bigl(k(0)a_{k(0)}\bigr)^{-1}, & \text{wenn } s = 0, \end{cases}$$

$$a_t^{(s+t)} := \begin{cases} a_t, & \text{wenn } q_s \neq 0, \\ 0 & \text{sonst.} \end{cases}$$

Falls $k(n-1) = n$ ist, definiere man

$$p_{n,k} := a_{k-n} + \sum_{t=k-n+1}^{\min\{k,m\}} \left(a_t^{(k)} \prod_{s=k-t}^{n-1} q_s^{(k)} \right) \quad \text{für } k = n+1, \ldots, n+m.$$

Dann gilt $k(n) = n + \min\{j \in J_m \mid p_{n,n+j} \neq 0\}$ und $q_n = p_{n,k(n)}^{-1}$.

Wenn $k(n) > n+1$ ist, folgt außerdem $k(n) = k(n+1) = \ldots = k(k(n)-1)$ und $q_{n+1} = \ldots = q_{k(n)-1} = 0$.

Im Falle $k(n-1) > n$ gilt $k(n-1) = k(n) = \ldots = k(k(n-1)-1)$ und $q_n = \ldots = q_{k(n-1)-1} = 0$.

Beweis (a3):

Es sei $r := \min\{k \in J_m \mid a_k \neq 0\}$. Wegen $1 \leq r < m$ gilt $s_r = \sum_{j=0}^{r-1} a_j s_{r-j} + r a_r$ $= r a_r \neq 0$ und $s_n = 0$ für $1 \leq n < r$. Also folgt $k(0) = r$ und $q_0 = m s_r^{-1} = m(r a_r)^{-1}$.

Die Voraussetzung $k(n-1) = n$ ist gleichbedeutend mit $s_n \neq 0$. Für $k = n+1$ gilt dann

$$s_k s_n^{-1} = a_1 + \sum_{t=2}^{\min\{k,m\}} a_t (s_{k-t}^{(k)} s_n^{-1}) \quad \text{mit } s_j^{(k)} := s_j \text{ für } j > 0 \text{ und } s_0^{(k)} := k.$$

Für $t < k$ erweitert man jeden der Quotienten $s_{k-t}^{(k)} s_n^{-1}$ mit allen s_j, für die $k-t < j < n$ und $s_j \neq 0$ gilt. Bildet man die Quotienten von je zwei aufeinanderfolgenden dieser s_j einschließlich s_{k-t} und s_n, so

6.4.9 Quotientenrekursion

erhält man das Produkt von q_{k-t} mit allen q_s, für die $k-t < s < n$ und $q_s \neq 0$ gilt. Werden diese q_s in der Form $q_s^{(k)}$ geschrieben und die fehlenden q_s mit $k-t < s < n$ als Faktoren $q_s^{(k)}$ mit $q_s^{(k)} = 1$ ergänzt, so folgt

$$a_t (s_{k-t}^{(k)} s_n^{-1}) = a_t q_{k-t} \prod_{s=k-t+1}^{n-1} q_s^{(k)} = a_t^{(k)} \prod_{s=k-t}^{n-1} q_s^{(k)}.$$

Für $t = k$ läßt sich der Summand $s_0^{(k)} s_n^{-1}$ analog als Produkt schreiben, wenn anstelle von q_0 der Faktor $q_0^{(k)} = k \, s_{k(0)}^{-1} = k \, (k(0) \, a_{k(0)})^{-1}$ eingesetzt wird. Damit folgt zusammengefaßt

$$s_{n+1} s_n^{-1} = a_1 + \sum_{t=2}^{\min\{n+1,m\}} (a_t^{(n+1)} \prod_{s=n+1-t}^{n-1} q_s^{(n+1)}) = p_{n,n+1}.$$

Insbesondere gilt $p_{n,n+1} \neq 0$ genau dann, wenn $s_{n+1} \neq 0$ ist. In diesem Falle erhält man $q_n = p_{n,n+1}^{-1}$.

Die Äquivalenz von $s_{n+1} = 0$ mit $p_{n,n+1} = 0$ bildet zugleich den Induktionsanfang des Beweises durch vollständige Induktion für die Äquivalenz der entsprechenden Aussagen $s_j = 0$ und $p_{n,j} = 0$ - jeweils für $j = n+1, \ldots, k$ mit $k < k(n)$. Dabei gilt $k(n) \leq n+m$; denn andernfalls ergäbe der *Satz über Potenzsummen von Polynomnullstellen* (6.4.6) mit

$$s_{k(n)} = \sum_{j=1}^{m} a_j s_{k(n)-j} = 0$$

einen Widerspruch zur Definition von $k(n)$.

Es sei also die Äquivalenz für $j = n+1, \ldots, k-1$ bereits gezeigt. Ist $s_n \neq 0$ und $s_{n+1} = \ldots = s_{k-1} = 0$, so folgt wie oben

$$s_k s_n^{-1} = a_{k-n} + \sum_{t=k-n+1}^{\min\{k,m\}} a_t (s_{k-t}^{(k)} s_n^{-1}) =$$

$$a_{k-n} + \sum_{t=k-n+1}^{\min\{k,m\}} (a_t^{(k)} \prod_{s=k-t}^{n-1} q_s^{(k)}) = p_{n,k}.$$

Damit gilt die Äquivalenz auch für $j = n+1, \ldots, k$. Insbesondere ist $k(n) = \min\{k \in \mathbb{N} \mid k > n \text{ und } p_{n,k} \neq 0\}$. Wegen $s_{n+1} = \ldots = s_{k(n)-1} = 0$ folgt außerdem $s_{k(n)} s_n^{-1} = p_{n,k(n)}$, so daß sich $q_n = p_{n,k(n)}^{-1}$ ergibt. Ist $k(s) > s+1$ mit $s \in \mathbb{N}_0$, so gilt einerseits $k(s) = k(s+1) = \ldots = k(k(s)-1)$, und andererseits folgt schließlich $q_j = s_j s_{k(s)}^{-1} = 0$ für $j = s+1, \ldots, k(s)-1$. □

c) Konvergenzverbesserung

Besitzt das Polynom $f(z)$ nur eine Nullstelle z_1 mit minimalem Betrag, so ist z_1 aufgrund des *Satzes über die Konvergenz von Quotientenfolgen* (6.4.4) Grenzwert von $(q_n)_n$.

Die Quotientenfolge konvergiert um so schneller, je kleiner $\left|\frac{z_1}{z_2}\right|$ ist.

Da die Folge $\left(\frac{q_n - q_{n+1}}{q_{n+1} - q_{n+2}}\right)_n$ im Falle $0 < |z_1| < |z_2| < |z_3|$ gegen $\frac{z_1}{z_2}$ konvergiert, läßt sich auch der "Konvergenzquotient" $\left|\frac{z_1}{z_2}\right|$ annähern und damit das weitere Verhalten der Folge $(q_n)_n$ abschätzen. Unterschreiten erstmalig m sukzessive Werte der Folge $(|q_n - q_{n+1}|^2)_n$ eine feste kleine Schranke S_m (etwa $\frac{1}{m}$) und lassen die Glieder von $\left(\frac{|q_n - q_{n+1}|^2}{|q_{n+1} - q_{n+2}|^2}\right)_n$ einen relativ großen Konvergenzquotienten erwarten, so lohnt sich die Anwendung des Potenzsummen-Algorithmus auf ein neues Polynom $g(u) := f(u+w)$, wobei w zum Beispiel das letzte der obigen Glieder q_n mit $|q_{n-1} - q_n|^2 < S_m$ sein kann. Die Entscheidung über diese *Spektralverschiebung* wird dadurch erleichtert, daß sich der Aufwand für die Berechnung eines q-Werts und für den "Ursprungswechsel", die beide mit einem verallgemeinerten Horner-Schema (siehe Seite 292) erfolgen, im wesentlichen exakt angeben läßt.

Ist eine Nullstelle bestimmt oder genügend genau approximiert, so muß sie bei dem jeweils vorliegenden Polynom (vom Grad m), durch Abspalten des entsprechenden Linearfaktors mit Hilfe von (15) entfernt werden, um den Potenzsummen-Algorithmus fortsetzen zu können. Im Falle einer Nullstellennäherung bringt dieses Vorgehen, das in der numerischen Mathematik *Deflation* genannt wird, einen systematischen Fehler in die weiteren Berechnungen, weil sich die Koeffizienten des neuen Polynoms (vom Grad m-1) dann auch nur näherungsweise bestimmen lassen. Deshalb ist es notwendig, die Wirkung der sukzessiven Deflationen zu kontrollieren. Darauf wird im Unterabschnitt e) eingegangen.

d) Das Minimum der Nullstellenbeträge

Führt das obige Verfahren nicht zu der gewünschten Nullstellennäherung, so wird die Bestimmung der Folgenglieder q_n nach einer relativ kleinen Schrittzahl (zur Zeit [50 log m]) abgebrochen, weil in jedem Falle eine geringe Anzahl von q-Werten ausreicht, um das Minimum der Nullstellenbeträge mit Hilfe des folgenden Satzes effizient zu approximieren. Auf dem Kreis mit dem entsprechenden Radius lassen sich dann mindestens zwei - häufig aber mehr - gute Nullstellennäherungen finden.

6.4.10 Satz über den kleinsten Nullstellenbetrag

Sind $z_1,...,z_m$ mit $0 < |z_1| \leq ... \leq |z_m|$ die Nullstellen eines Polynoms vom Grad m mit komplexen Koeffizienten und werden s_n, $k(n)$ sowie q_n wie im *Satz über die Konvergenz von Quotientenfolgen* (6.4.8) definiert, so ist $|z_1|^{-1}$ Grenzwert der Folge

$$\left(\max\left\{r \in \mathbb{R} \mid \text{Es gibt ein } k \in J_n \text{ mit } r = \left|\tfrac{1}{m}s_k\right|^{\frac{1}{k}}\right\}\right)_n,$$

die aus den "sukzessiven Maxima" von $(c_n)_n$ mit $c_n := \left|\tfrac{1}{m}s_n\right|^{\frac{1}{n}}$ besteht.

Die Folgenglieder c_n erfüllen mit der durch $h(0) := k(0)$ und $h(j+1) := k(h(j))$ für jedes $j \in \mathbb{N}_0$ definierten Indexhilfsfolge $(h(n))_n$ die Rekursionsformel

$$c_{h(n+1)} = c_{h(n)}\left(c_{h(n)}^{h(n+1)-h(n)}|q_{h(n)}|\right)^{-\frac{1}{h(n+1)}} \quad \text{für alle } n \in \mathbb{N}_0.$$

Beweis (a2 mit Infinitesimalrechnung):
Definitionsgemäß und aufgrund der Dreiecksungleichung gilt

$$|s_n|^{\frac{1}{n}} = |z_1|^{-1}\left|1 + \left(\tfrac{z_1}{z_2}\right)^n + ... + \left(\tfrac{z_1}{z_m}\right)^n\right|^{\frac{1}{n}} \leq |z_1|^{-1} m^{\frac{1}{n}}.$$

Damit folgt $c_n \leq |z_1|^{-1}$ für jedes $n \in \mathbb{N}_0$. Die monoton steigende Folge der sukzessiven Maxima von $(c_n)_n$ hat also die obere Schranke $|z_1|^{-1}$, so daß der *Satz von Bolzano-Weierstraß* (über monotone, beschränkte Folgen) die Konvergenz ergibt. Für den Nachweis, daß $|z_1|^{-1}$ Grenzwert dieser Folge ist, genügt es deshalb zu zeigen, daß $|z_1|^{-1}$ einen Häufungswert der Folge $(c_n)_n$ darstellt.

Wir betrachten zunächst den Fall aus dem *Satz über die Konvergenz von Quotientenfolgen* (6.4.8). Mit den dort definierten Zahlen v und n_0 gilt für alle $n \in \mathbb{N}$ mit $n \geq n_0$ die untere Abschätzung

$$(97) \quad c_n = |z_1|^{-1} \left| \frac{1}{m} \left(v + \left(\frac{z_1}{z_{v+1}}\right)^n + \ldots + \left(\frac{z_1}{z_m}\right)^n \right) \right|^{\frac{1}{n}} \geq |z_1|^{-1} \left| \frac{v}{2m} \right|^{\frac{1}{n}}.$$

Wegen $\lim\limits_{n \to \infty} a^{\frac{1}{n}} = 1$ für jedes $a > 0$ ist $|z_1|^{-1}$ hier sogar einziger Häufungswert und damit Grenzwert von $(c_n)_n$.

Bezeichnet v im übrigbleibenden Fall ebenfalls die Vielfachheit von z_1, so setzen wir voraus, daß $z_1 = \ldots = z_v$ und damit $z_j \neq z_1$ für $j = v+1, \ldots, m$ gilt. Dann sei

$$w := \max\{ j \in J_m \mid |z_j| = |z_1| \},$$

$$\alpha_j := \frac{1}{2\pi} \arccos\left(\frac{z_1}{z_j}\right) \text{ mit } 0 < \alpha_j < 1 \text{ für } j = v+1, \ldots, w \text{ und}$$

$$M := \{ n \in \mathbb{N} \mid \operatorname{Re}\left(\frac{z_1}{z_j}\right)^n = \cos(n\, 2\pi\, \alpha_j) \geq 0 \text{ für } j = v+1, \ldots, w \}.$$

Außerdem sei j im Rest des Beweises immer ein Index, der die Menge $\{v+1, \ldots, w\}$ durchläuft oder darin liegt.

Für jedes $n \in M$ ist

$$\left| v + \sum_{j=v+1}^{w} \left(\frac{z_1}{z_j}\right)^n \right| = \left(\left(v + \sum_{j=v+1}^{w} \cos(2\pi n \alpha_j) \right)^2 + \left(\sum_{j=v+1}^{w} \sin(2\pi n \alpha_j) \right)^2 \right)^{\frac{1}{2}} \geq v.$$

Im Falle $w < m$ gibt es wie bei dem Beweis des *Satzes über die Konvergenz von Quotientenfolgen* (6.4.8) ein $n_1 \in \mathbb{N}$ (anstelle von n_0), so daß $\left| \left(\frac{z_1}{z_{w+1}}\right)^n + \ldots + \left(\frac{z_1}{z_m}\right)^n \right| < \frac{v}{2}$ für alle $n \in \mathbb{N}$ mit $n \geq n_1$ gilt. Für $w = m$ sei $n_1 := 1$. Damit ist die Ungleichung von (97) für alle $n \in M$ mit $n \geq n_1$ erfüllt. Durch den folgenden Nachweis der Unendlichkeit von M ergibt sich dann wie im Anschluß an (97), daß $|z_1|^{-1}$ einen Häufungswert der Folge $(c_n)_n$ darstellt.

Sind die Zahlen α_j rational, so liegen alle Vielfachen ihres (kleinsten) Hauptnenners in M. Nun sei α_j für mindestens ein j irrational. Beachten wir, daß $\cos(n 2\pi \alpha_j) \geq 0$ genau dann gilt, wenn es ein $p_j \in \mathbb{N}$ mit $|p_j - n\alpha_j| \leq \frac{1}{4}$ gibt, so bietet es sich an, eine auf *G. Lejeune Dirichlet* zurückgehende zahlentheoretische Methode zur Approximation von Zahlen zu verwenden.

6.4.10 Kleinster Nullstellenbetrag

Für beliebiges (noch näher zu bestimmendes) $q \in \mathbb{N}$ wird der "Einheitswürfel" $\{(x_{v+1},\ldots,x_w) \in \mathbb{R}^{w-v} \mid 0 \leq x_j \leq 1\}$ durch parallele Ebenen in q^{w-v} Teilwürfel der Kantenlänge $\frac{1}{q}$ eingeteilt. Von den $q^{w-v}+1$ Punkten $\left(i\alpha_{v+1} - [i\alpha_{v+1}], \ldots, i\alpha_w - [i\alpha_w]\right)$ für $i = 0, \ldots, q^{w-v}$ müssen mindestens zwei in demselben Teilwürfel liegen ("*Dirichletscher Schubfachschluß*"). Sind i_1 und i_2 mit $i_2 > i_1$ die entsprechenden Faktoren und wird $n := i_2 - i_1$ gesetzt, so gilt $1 \leq n \leq q^{w-v}$ und $|[n\alpha_j + \frac{1}{2}] - n\alpha_j| < \frac{1}{q}$, wobei $[x + \frac{1}{2}]$ wie in 2.2.20 die nächste ganze Zahl bei x darstellt. Mit $q = 4$ und $p_j := [n\alpha_j + \frac{1}{2}]$ folgt dann, daß $n \in M$ gilt.

Der Nachweis dafür, daß M unendlich ist, wird indirekt geführt. Dazu sei $i \in \{v+1, \ldots, w\}$ ein Index mit $\alpha_i \notin \mathbb{Q}$. Wäre M endlich, so gäbe es ein $q \in \mathbb{N}$ mit $q > 4$ und $|\frac{p_i}{n} - \alpha_i| > \frac{1}{q}$ für alle $n \in M$, wobei $p_i = p_i(n)$ wegen $|p_i - n\alpha_i| \leq \frac{1}{4}$ jeweils eindeutig durch n bestimmt ist. Dieses steht im Widerspruch dazu, daß die obige Konstruktion für jedes $q \in \mathbb{N}$ eine Lösung mit $|\frac{p_i}{n} - \alpha_i| < \frac{1}{nq} \leq \frac{1}{q}$ liefert.

Damit ist gezeigt, daß $|z_1|^{-1}$ stets einen Häufungswert der Folge $(c_n)_n$ darstellt. Mit den Vorüberlegungen folgt also, daß $|z_1|^{-1}$ Grenzwert der Folge der sukzessiven Maxima von $(c_n)_n$ ist.

Da die Folge $(h(n))_n$ genau die Indizes durchläuft, für die $s_{h(n)} \neq 0$ ist und da $s_{h(n+1)} = s_{k(h(n))} = \frac{s_{h(n)}}{q_{h(n)}}$ für jedes $n \in \mathbb{N}_0$ gilt, ergibt sich die Rekursionsformel für die von 0 verschiedenen Glieder $c_{h(n)}$ der Folge $\left(\left|\frac{1}{m} s_n\right|^{\frac{1}{n}}\right)_n$ durch einfache Umformung:

$$c_{h(n+1)} = \left|\frac{1}{m} s_{h(n+1)}\right|^{\frac{1}{h(n+1)}} = \left|\frac{1}{m} \frac{s_{h(n)}}{q_{h(n)}}\right|^{\frac{1}{h(n+1)}} = \left|\frac{c_{h(n)}^{h(n)}}{q_{h(n)}}\right|^{\frac{1}{h(n+1)}} =$$

$$c_{h(n)} \left(c_{h(n)}^{h(n+1)-h(n)} |q_{h(n)}|\right)^{-\frac{1}{h(n+1)}}. \qquad \square$$

Der Ideen von *R. Argand* (1814) und *A.L. Cauchy* (1820) verwendende Beweis des Fundamentalsatzes der Algebra in der Elementaranalysis [10] zeigt, daß **jede Nullstelle** von $f(z)$ **in einer "Mulde"** der sonst muldenfreien "Polynomlandschaft" $\{(x,y,w) \in \mathbb{R}^3 \mid w = |f(x+iy)|^2\}$ liegt. Wird diese Fläche mit dem Zylinder über einem Kreis mit dem Ursprung als Mittelpunkt und mit dem Radius r geschnitten, so läßt sich jedes lokale Minimum der durch Abwicklung des Zylinders entstehenden Funktion $g_r := \left(t \to |f(r\cos t + ir\sin t)|^2, t \in [0, 2\pi]\right)$ einer Nullstelle in einer benachbarten Mulde zuordnen, wobei der Wert des Minimums als ein relatives Maß für den Abstand zwischen der Nullstelle und dem Kreis angesehen werden kann.

Wir setzen deshalb den Potenzsummen-Algorithmus mit dem folgenden "Minimalkreis-Verfahren" fort. Ist r der mit Hilfe von $(c_{h(n)})_n$ berechnete Näherungswert von $|z_1|$, so werden zunächst für die *Fourier-Entwicklung*

$$g_r(t) = \tfrac{1}{2} p_0 + \sum_{k=1}^{m} \left(p_k \cos(kt) + q_k \sin(kt)\right)$$

die Koeffizienten

$$p_k := 2r^k \sum_{j=0}^{m-k} \operatorname{Re}(\overline{a_{j+k}} a_j) r^{2j} \quad \text{und} \quad q_k := 2r^k \sum_{j=0}^{m-k} \operatorname{Im}(\overline{a_{j+k}} a_j) r^{2j}$$

(mit $a_0 = -1$) bestimmt, die auch eine "Lipschitz-Konstante" (Steigungsschranke) $L := \sum_{k=1}^{m} k(|p_k| + |q_k|)$ von g_r ergeben.

Mit dem gering modifizierten "Sägezahn-Verfahren"

$$t_{n+1} := t_n + \max\{\tfrac{1}{L} g_r(t_n), \tfrac{1}{m}\} \quad \text{für } n \in \mathbb{N}_0 \text{ und } t_0 := 0,$$

wobei $t_{n+1} > 2\pi$ die Abbruchbedingung darstellt, finden wir dann durch Vergleich von je drei aufeinanderfolgenden Funktionswerten $g_r(t_n)$ Näherungen für die Minimalstellen, die zu relativ kleinen Minima von g_r gehören.

Ist $\{x_1, \ldots, x_k\}$ mit $g_r(x_j) \leq g_r(x_{j+1})$ für $j = 1, \ldots, k-1$ die nach der Größe der Minima geordnete Menge der Minimalstellennäherungen, so wählen wir $r \cos x_j + ir \sin x_j$ für $j = 1, \ldots, k$ jeweils als Ursprung für eine Spektralverschiebung, wenden auf das entstehende Polynom den Potenzsummen-Algorithmus an, spalten im Falle der erfolgreichen Nullstellapproximation den zugehörigen Linearfaktor mit Hilfe von (15) ab und fahren mit dem neuen Polynom sowie dem entsprechend verschobenen nächsten Näherungswert fort. Minimalstellennäherungen, die nicht schnell genug zum Ziel führen, werden verworfen, weil mindestens zu denjenigen Nullstellen von f, die für die schlechte Konvergenz der Quotientenfolge gesorgt haben, nun besonders günstige Näherungen vorliegen.

6.4.10 Fehlerschranken

Nach dem Durchlaufen aller k Minimalstellennäherungen wird diese zweite Phase des Potenzsummen-Algorithmus verlassen und nach Rückkehr zum ursprünglichen Nullpunkt wieder in die erste Phase mit der Berechnung der entsprechenden Quotientenfolge eingetreten, wenn durch die wiederholten Deflationen nicht ein quadratisches Polynom entstanden ist, dessen Nullstellen sich in bekannter Weise bestimmen lassen.

Steht keine schnelle Berechnungsmöglichkeit für $\cos t$ und $\sin t$ zur Verfügung oder soll der Potenzsummen-Algorithmus nur mit rationalen Operationen durchgeführt werden (z.B. für die durchgehende Verwendung von hochgenauer Arithmetik), so kann man anstelle von g_r die vier Funktionen

$$h_{rj} := \left(u \to \left|f\left(r(-1)^j \frac{1-u^2}{1+u^2} + ir(-1)^{[\frac{j}{2}]} \frac{2u}{1+u^2}\right)\right|^2, u \in [0,1]\right), \; j = 0,1,2,3,$$

die durch "rationale Parametrisierung" des jeweiligen Viertelkreises entstehen, zur Minimalstellensuche verwenden. Für genügend großes N und für $k \in \{e_j, \ldots, N-1+e_j\}$ mit $e_j := \frac{1}{2}\left|(-1)^j - (-1)^{[\frac{j}{2}]}\right|$, $j = 0,1,2,3$,

sind dann die Argumente $u_k := \frac{k}{2N-k}$ wegen $\left|\arctan \frac{2u_k}{1-u_k^2} - \frac{\pi k}{2N}\right| < \frac{1}{7}$

hinreichend gleichmäßig in $[0,1]$ verteilt.

Die Wurzelapproximationen zur Bestimmung der Folgenglieder $c_{h(n)}$ und zur Lösung von quadratischen Gleichungen lassen sich mit Hilfe des "Newton-Verfahrens", das im Unterabschnitt f) beschrieben wird, ebenfalls ausschließlich mit rationalen Operationen ausführen. Um das Wurzelziehen bei dem Betrag von komplexen Zahlen zu vermeiden, wird im Potenzsummen-Algorithmus meistens zum Betragsquadrat übergegangen.

e) Fehlerschranken

Sowohl zur Kontrolle der Deflationen als auch für die endgültigen Abbruchbedingungen werden Schranken für den Abstand zwischen einer Nullstellennäherung und der nächsten Nullstelle benötigt. Wir setzen dazu im folgenden stets voraus, daß f ein Polynom vom Grad m mit m verschiedenen Nullstellen darstellt. Erfüllt f nicht diese Bedingung, die wegen (27) mit $\gcd(f,f') = \mathrm{id}^0$ äquivalent ist, so wird zu dem Polynom $\dfrac{f}{\gcd(f,f')}$ übergegangen, dessen Nullstellen, die alle die Vielfachheit 1 haben, mit denen von f übereinstimmen. Außerdem schreiben wir zur Abkürzung $N =: \{z_1,\ldots,z_m\}$ und N_1 für die Nullstellenmengen von f beziehungsweise von f' sowie

$$h_k(u) := u - k\frac{f(u)}{f'(u)} \text{ für } k \in \{1, \tfrac{m}{2}, m\} \text{ und für jedes } u \in \mathbb{C}\setminus N_1.$$

Die notwendigen Fehleraussagen gewinnen wir dann mit Hilfe des folgenden Ergebnisses von *E. Laguerre*.

6.4.11 Satz über Nullstellentrennung

Für alle $u \in \mathbb{C}\setminus(N \cup N_1)$ hat jeder Kreis durch u und $h_m(u)$ die Eigenschaft, daß entweder Punkte aus N sowohl im Inneren als auch im Äußeren des Kreises liegen oder daß alle Punkte aus N sich auf dem Kreis befinden.

Beweisskizze (a1):

Wie bei (27) erhalten wir

$$(98) \qquad \frac{f'(u)}{f(u)} = \frac{1}{u-z_1} + \ldots + \frac{1}{u-z_m}.$$

Für $v := h_m(u)$ gilt also $\dfrac{m}{u-v} = \dfrac{1}{u-z_1} + \ldots + \dfrac{1}{u-z_m}$ und damit

$$0 = \left(\frac{a}{u-z_1} - \frac{a}{u-v}\right) + \ldots + \left(\frac{a}{u-z_m} - \frac{a}{u-v}\right) \text{ für alle } a \in \mathbb{C}.$$

Zu jedem Kreis K durch u und v gibt es genau ein $a \in \mathbb{C}$ mit $|a|=1$, so daß die Funktion $\left(w \mapsto \dfrac{a}{u-w} - \dfrac{a}{u-v}, w \in \mathbb{C}\setminus\{u\}\right)$ den Punkt v auf 0, den punktierten Kreis $K\setminus\{u\}$ auf die reelle Achse und das Innere des Kreises auf die obere Halbebene $\{z \in \mathbb{C} \mid \operatorname{Im} z > 0\}$ umkehrbar eindeutig abbildet. Diese Aussagen ergeben sich durch einfache Umformungen, wenn man beachtet, daß alle Kreise und alle Geraden in $\mathbb{C}$ die Form

$$cz\bar{z} + \bar{\alpha}z + \alpha\bar{z} + d = 0 \text{ mit } c,d \in \mathbb{R},\ \alpha \in \mathbb{C} \text{ und } \alpha\bar{\alpha} > cd$$

besitzen, wobei die Geraden zu $c=0$ gehören.

6.4.12 Abschätzungssatz

Die Nullstellen $z_1,\ldots,z_m$ werden durch die obige Funktion in Bildpunkte $z_1^*,\ldots,z_m^*$ überführt, die aufgrund der vorher hergeleiteten Beziehung die Gleichung $0 = z_1^* + \ldots + z_m^*$ erfüllen. Also liegen entweder alle z_i^* für $i = 1,\ldots,m$ auf der reellen Achse, oder es gibt jeweils mindestens einen Bildpunkt in der oberen und in der unteren Halbebene. Wegen der Zuordnungseigenschaften der Abbildung gilt damit die entsprechende Aussage für die Lage der Nullstellen von f in Bezug auf den Kreis K. □

Insbesondere enthält die abgeschlossene Kreisscheibe

$$L_u = L_u(f) := \left\{ w \in \mathbb{C} \mid |w - h_{\frac{1}{2}\operatorname{Grad} f}(u)| \leq \tfrac{1}{2} d_u \right\}$$

mit dem Durchmesser $d_u = d_u(f) := (\operatorname{Grad} f) \left|\frac{f(u)}{f'(u)}\right|$, die wir *Laguerre-Kreis von* u nennen, mindestens eine Nullstelle von $f(z)$.

Der folgende Satz zeigt, daß der Radius des Laguerre-Kreises L_u kleiner als $m|u - z_i|$ ist, wenn u genügend nahe bei der Nullstelle z_i liegt. Für $i \in J_m$ schreiben wir zur Abkürzung $m\backslash i := J_m \backslash \{i\}$ und

$$\mu_i := \min\{ s \in \mathbb{R}_+ \mid \text{Es gibt } j \in m\backslash i, \text{ so daß } s = |z_j - z_i| \text{ gilt} \}.$$

6.4.12 Abschätzungssatz

Für jedes $i \in J_m$ und alle $u \in \mathbb{C}$ mit $0 < |u - z_i| \leq \frac{1}{2m}\mu_i$ gilt

(99) $\qquad |u - z_i| < m \left|\frac{f(u)}{f'(u)}\right| \leq (2m - 1) |u - z_i|$

und $L_u \cap N = \{z_i\}$.

Beweis (a1):

Unter Verwendung von (98) für $u \in \mathbb{C} \backslash N_f$ ergibt sich

$$m \left|\frac{f(u)}{f'(u)}\right| = \frac{m}{|1 + S_i|} |u - z_i| \quad \text{mit } S_i := \sum_{j \in m\backslash i} \frac{u - z_i}{u - z_j}.$$

Aus der Voraussetzung folgt

$$2m |u - z_i| \leq \mu_i \leq |z_i - z_j| \leq |u - z_i| + |u - z_j|.$$

Also gilt $\left|\frac{u - z_i}{u - z_j}\right| \leq \frac{1}{2m - 1}$ für jedes $j \in m\backslash i$. Damit erhalten wir

$$|S_i| \leq \frac{m - 1}{2m - 1} \quad \text{und} \quad m\left|\frac{f(u)}{f'(u)}\right| \leq \frac{m}{1 - |S_i|} |u - z_i| \leq (2m - 1) |u - z_i|.$$

Rückblickend erkennen wir auch, daß sich aus $|u-z_i| \leq \frac{1}{2m}\mu_i$ bereits $u \in N_i$ ergibt.

Nehmen wir nun an, daß eine Nullstelle z_j mit $j \in m \setminus i$ existiert, die im "Inneren" von L_u liegt, so gilt also $|z_j - h_{\frac{m}{2}}(u)| < \frac{1}{2}d_u$, und es folgt

$$|z_i - z_j| = \left|(z_i - u) + \left(\tfrac{1}{2}u - \tfrac{1}{2}h_{\frac{m}{2}}(u)\right) - \left(z_j - h_{\frac{m}{2}}(u)\right)\right|$$

$$\leq |z_i - u| + \tfrac{1}{2}d_u + \left|z_j - h_{\frac{m}{2}}(u)\right| < \tfrac{1}{2m}\mu_i + \left(1 - \tfrac{1}{2m}\right)\mu_i = \mu_i$$

– im Widerspruch zu $|z_i - z_j| \geq \mu_i$. Befände sich keine Nullstelle im Inneren von L_u, so müßten aufgrund des *Satzes über Nullstellentrennung* (6.4.11) alle Punkte aus N auf dem Rande liegen. Dann wäre aber $|z_i - z_j| \leq d_u \leq \left(1 - \tfrac{1}{2m}\right)\mu_i$ für alle $j \in m \setminus i$ – ebenfalls im Widerspruch zu $|z_i - z_j| \geq \mu_i$. Also ist z_i die einzige Nullstelle von f in L_u. Da z_i im Inneren von L_u liegt, folgt die erste Ungleichung von (99) aus dem *Satz über Nullstellentrennung* (6.4.11). □

Der Durchmesser des Laguerre-Kreises L_u kann in jedem Fall zur Fehlerabschätzung für alle in L_u liegenden Nullstellen verwendet werden. Wenn die Abweichung höchstens $\frac{1}{2m}\mu_i$ beträgt, gilt die Fehlerschranke sogar nur für den Grenzwert z_i der jeweiligen Quotientenfolge.

Dazu läßt sich μ_i mit Hilfe des Potenzsummen-Algorithmus beliebig genau approximieren, wenn zunächst mit der entsprechenden Nullstellennäherung eine Spektralverschiebung vorgenommen wird, die es erlaubt, nach dem Nullsetzen des sehr kleinen konstanten Gliedes den Linearfaktor z herauszudividieren. Für die folgenden Überlegungen ist zu bemerken, daß sich der Fehler, der bei den Koeffizienten des neuen Polynoms f_i aufgrund der Deflation entsteht, abschätzen und berücksichtigen läßt.

Da μ_i im Abschätzungssatz auch durch eine kleinere positive Zahl μ_i' ersetzt werden kann, genügt es, zu f_i in Abhängigkeit von den Koeffizienten einen nullstellenfreien Kreis um den Nullpunkt zu finden, dessen Radius dann ein geeignetes μ_i' darstellt.

Bei einem beliebigen Polynom $g(z) := c_m z^m + \ldots + c_0$ mit $c_0 c_m \neq 0$ läßt sich auf folgende Weise sehr einfach ein Kreisring um den Nullpunkt

6.4.12 Fehlerschranken

angeben, in dem alle Nullstellen von g(z) liegen. Die innere Kreisscheibe ist dann nullstellenfrei.

Wegen $g(0) = c_0 \neq 0$ gilt $g(z) = 0$ genau dann, wenn $z = -\frac{1}{c_m}\left(c_{m-1} + c_{m-2}z^{-1} + \ldots + c_0 z^{-m+1}\right)$ erfüllt ist. Mit der Dreiecksungleichung erhalten wir daraus $|z| \leq \frac{1}{|c_m|} \max_{i \in m \setminus m} |c_i| \left(1 + |z|^{-1} + \ldots + |z|^{-m+1}\right)$, wobei hier und im folgenden $\max_{i \in m \setminus j} |c_i|$ für $\max\{s \in \mathbb{R}_+ |$ Es gibt ein $i \in m \setminus j$, so daß $s = |c_i|$ ist$\}$ mit $j \in J_m$ steht.

Im Falle $|z| > 1$ ergibt sich $1 + |z|^{-1} + \ldots + |z|^{-m+1} = \frac{1 - |z|^{-m}}{1 - |z|^{-1}} < \frac{|z|}{|z|-1}$.

Damit folgt $|z| < 1 + \frac{1}{|c_m|} \max_{i \in m \setminus m} |c_i|$. Der Fall $|z| \leq 1$ läßt sich darin einschließen.

Diese Ungleichung ergänzen wir durch eine entsprechende untere Abschätzung, die wir mit Hilfe des Polynoms $z^m g(\frac{1}{z})$ gewinnen:

$$(100) \quad \left(1 + \frac{1}{|c_0|} \max_{i \in m \setminus 0} |c_i|\right)^{-1} < |z| < 1 + \frac{1}{|c_m|} \max_{i \in m \setminus m} |c_i|$$
für alle $z \in \mathbb{C}$ mit $g(z) = 0$.

Nun können wir die Fehler- und Deflationskontrolle während der Durchführung des Potenzsummen-Algorithmus zusammenfassend beschreiben:

1. Solange die maximale Schrittzahl bei der Berechnung der Quotientenfolge $(q_n)_n$ nicht erreicht ist, wird das Unterschreiten einer geeigneten Schranke durch die Betragsquadrate der Realteil- und Imaginärteildifferenzen von aufeinanderfolgenden Gliedern als vorläufige Abbruchbedingung gewählt.

2. Nach dem Erreichen dieser Genauigkeit ist der zur letzten Näherung $u := q_n$ des Grenzwerts z_i gehörende Laguerre-Kreisdurchmesser d_u zu berechnen und mit der vom Benutzer eingegebenen Fehlerschranke oder mit $\frac{1}{2m} \mu'_i := \frac{1}{2m}\left(1 + \max_{j \in m \setminus 0} |a'_j|\right)^{-1}$ zu vergleichen, wobei a'_j die Koeffizienten des durch Spektralverschiebung um u und Abspalten von z entstehenden Polynoms sind, die eventuell in Abhängigkeit von der $|u - z_i|$ abschätzenden Größe d_u korrigiert werden.

Das Erfüllen der Bedingung $d_u \leq \frac{1}{2m} \mu_i'$ dient außer zur Isolation der Nullstelle auch als Kriterium für den Eintritt in ein wesentlich besser konvergierendes Verfahren, das im folgenden Unterabschnitt dargestellt wird.

Ist die entsprechende Schranke noch nicht erreicht, so sind weitere Glieder der Quotientenfolge zu berechnen, bis der d_u-Test erfolgreich ist. Dieses Kriterium läßt sich stets erfüllen, weil die Konvergenz der Quotientenfolge das Unterschreiten jeder positiven Schranke durch $|u-z_i|$ und aufgrund des Abschätzungssatzes auch durch d_u garantiert.

3. Die Deflationskontrolle erfolgt in Abhängigkeit von der Rechengenauigkeit. Bei 20-stelliger Arithmetik genügt es zum Beispiel, nach 40 Deflationen die systematische Abweichung zu überprüfen. Dazu läßt sich folgendes Verfahren verwenden. Ist f^* das durch wiederholte Deflation aus f entstandene Polynom, so wird zunächst mit Hilfe des Potenzsummen-Algorithmus eine Näherung u für eine betragskleinste Nullstelle von f^* so genau berechnet, daß $d_u(f^*)$ eine geeignete Schranke δ unterschreitet. Für das aus f durch Spektralverschiebung um u hervorgehende Polynom liefert der Potenzsummen-Algorithmus eine Nullstellennäherung v, die $d_{u+v}(f) \leq \delta$ erfüllt. Gilt dann $|u-v| > 2\delta$, so sollte keine weitere Deflation durchgeführt werden.

Um diese Situation möglichst auszuschließen, überdecken wir zu Beginn des Potenzsummen-Algorithmus den alle Nullstellen enthaltenden Kreis mit dem aus (100) folgenden Radius $1 + \frac{1}{|a_m|} \max_{i \in m \setminus m} |a_i|$ durch so viele achsenparallele, kongruente Quadrate, daß die durchschnittliche Nullstellenzahl in den Quadraten die kritische Deflationszahl nicht übersteigt. In jedem Quadrat wird der Potenzsummen-Algorithmus jeweils vom ursprünglichen Polynom ausgehend mit Spektralverschiebung um den Quadratmittelpunkt so lange mit Deflation durchgeführt, bis die betragskleinste Nullstelle außerhalb des Kreises durch die Quadrateckpunkte liegt.

Auf diese Weise gefundene Nullstellennäherungen in unbearbeiteten Quadraten werden dort vorgemerkt und vor der Anwendung des Potenzsummen-Algorithmus in dem entsprechenden Quadrat durch Deflation entfernt. Ebenso erhalten alle noch nicht abgearbeiteten Quadrate in einem nullstellenfreien Kreis eine Markierung, die später zum Überspringen des jeweiligen Quadrats führt.

Tritt der kritische Deflationsfall in einem Quadrat dennoch ein, so läßt sich entweder die Rechengenauigkeit erhöhen, oder das betreffende Quadrat kann durch kleinere Quadrate unterteilt werden, in denen unter Berücksichtigung der schon gewonnenen Näherungen der Potenzsummen-Algorithmus mit einer geringeren Deflationsanzahl ausgeführt wird. Die zunehmende Bedeutung des "Parallelrechnens" spricht für die zweite Methode.

f) Quadratische Konvergenz

Die Sicherheit des Potenzsummen-Algorithmus wird mit einer mäßigen ("geometrischen") Konvergenz erkauft. Die Beobachtung, daß unter den Bedingungen des Abschätzungssatzes die einzige Nullstelle in dem Laguerre-Kreis L_u sehr nahe bei $h_1(u) = u - \frac{f(u)}{f'(u)}$ liegt, läßt vermuten, daß ein Übergang zu dem *Newton-Verfahren* möglich ist, das eine Nullstelle z_i von f durch die Iteration

$$u_{n+1} := h_1(u_n) \text{ für } n \in \mathbb{N}_0$$

mit "quadratischer Konvergenz" approximiert, wenn $|u_0 - z_i|$ genügend klein ist. Hier reicht eine abgeschwächte Definition dieser Konvergenz, um den Vorteil des Newton-Verfahrens wiederzugeben:

6.4.13 Definition der mindestens quadratischen Konvergenz

Die Folge $(u_n)_n$ *konvergiert mindestens quadratisch gegen* z_i genau dann, wenn z_i Grenzwert von $(u_n)_n$ ist und wenn es eine Konstante $K > 0$ gibt, so daß

$$|u_{n+1} - z_i| \leq K |u_n - z_i|^2 \text{ für alle } n \in \mathbb{N}_0$$

gilt.

Der folgende Satz zeigt, daß diese günstige Situation bei dem Newton-Verfahren mit $u_0 := u$ bereits unter den Voraussetzungen des *Abschätzungssatzes* (6.4.12) eintritt:

6.4.14 Satz über quadratische Konvergenz

Für jedes $i \in J_m$ und alle $u \in \mathbb{C}$ mit $|u - z_i| \leq \frac{1}{2m} \mu_i$ gilt

(101) $\qquad |h_1(u) - z_i| \leq (1 - \frac{1}{m})|u - z_i|$.

Die Folge $(u_n)_n$ mit $u_0 := u$ und $u_{n+1} := h_1(u_n)$ für $n \in \mathbb{N}_0$ konvergiert mindestens quadratisch gegen z_i, und der Approximationsfehler läßt sich durch

(102) $\qquad |u_{n+1} - z_i| \leq (m-1)|u_{n+1} - u_n|$ für jedes $n \in \mathbb{N}_0$

abschätzen.

Beweis (a1 mit Infinitesimalrechnung):
Wie im Beweis des *Abschätzungssatzes* (6.4.12) ergibt sich zunächst

$$|h_1(u) - z_i| = \left|1 - \frac{1}{1+S_i}\right| |u - z_i| \leq \frac{|S_i|}{1 - |S_i|} |u - z_i| \leq (1 - \frac{1}{m})|u - z_i|.$$

Daraus erhalten wir mit vollständiger Induktion

$$|u_n - z_i| \leq (1 - \frac{1}{m})^n |u_0 - z_i| \leq \frac{1}{2m} \mu_i (1 - \frac{1}{m})^n \text{ für jedes } n \in \mathbb{N}_0,$$

so daß $(u_n)_n$ gegen z_i konvergiert.

Da $h_1(u)$ wegen $f'(u) \neq 0$ für alle $u \in \mathbb{C}$ mit $|u - z_i| \leq \frac{1}{2m} \mu_i$ beliebig oft differenzierbar ist, gibt es eine Konstante $K > 0$, mit der

$$|h_1(u) - h_1(z_i) - h_1'(z_i)(u - z_i)| \leq K |u - z_i|^2$$

gilt. (In der Elementaranalysis [10] wird die "Parabelschranke" K kalkülmäßig gewonnen.)

Aus $f(z_i) = 0$ folgt $h_1(z_i) = z_i$ und $h_1'(z_i) = \dfrac{f(z_i) f''(z_i)}{(f'(z_i))^2} = 0$. Damit liefert $|h_1(u) - z_i| \leq K |u - z_i|^2$ die mindestens quadratische Konvergenz der Iterationsfolge $(u_n)_n$.

Mit (101) erhalten wir wegen

$$|u_{n+1} - z_i| \leq (1 - \frac{1}{m}) |u_n - z_i| \leq (1 - \frac{1}{m}) |u_n - u_{n+1}| + (1 - \frac{1}{m}) |u_{n+1} - z_i|$$

schließlich die Abschätzung (102). □

Das Newton-Verfahren hat die folgenden Vorteile: Es ist unempfindlich gegen Rundungsfehler, und es benötigt weder Deflationen noch Spektralverschiebungen. Die Berechnung von $f(u_n)$ und $f'(u_n)$ läßt

6.4.14 Quadratische Konvergenz

sich in einem erweiterten Horner-Schema kombinieren, und die Anzahl der "festbleibenden" Ziffern verdoppelt sich ungefähr bei jedem Schritt.

Mit der Bedingung für die Isolation der Nullstellen im *Abschätzungssatz* (6.4.12) haben wir zugleich die Voraussetzung für die Anwendung des Newton-Verfahrens mit der ausgezeichneten "a-posteriori-Abschätzung" (102) gewonnen. Durch das folgende Ergebnis wird das Zusammenspiel des Potenzsummen-Algorithmus und des Newton-Verfahrens sogar noch besser: Der minimale Nullstellenabstand $\mu := \min \{r \in \mathbb{R}_+ \mid \text{Es gibt } i \in J_m \text{ mit } r = \mu_i\}$ läßt sich ohne Kenntnis der Nullstellen mit Hilfe des Potenzsummen-Algorithmus approximieren.

Dazu zeigen wir, daß die Koeffizienten d_j des Polynoms

$$D(z) := \prod_{1 \leq i < k \leq m} (z - (z_i - z_k)^2) =: \sum_{j=0}^{\binom{m}{2}} d_j z^j \quad \text{mit} \quad d_{\binom{m}{2}} := 1$$

algorithmisch aus den Koeffizienten c_k des Polynoms

$$g(z) := \prod_{i=1}^{m}(z - z_i) =: \sum_{k=0}^{m} c_k z^k \quad \text{mit} \quad c_m := 1$$

bestimmt werden können.

Mit $\sigma_j := \sum_{k=1}^{m} z_k^j$ und $\sigma'_j := \sum_{1 \leq i < k \leq m} (z_i - z_k)^{2j}$ für $j \in \mathbb{N}$ gilt

$$\sigma'_j = \frac{1}{2} \sum_{i=1}^{m} \sum_{k=1}^{m} (z_i - z_k)^{2j} = m\sigma_{2j} + \frac{1}{2} \sum_{k=1}^{2j-1} (-1)^k \binom{2j}{k} \sigma_k \sigma_{2j-k},$$

und wegen $\frac{1}{2}\binom{2j}{j} = \binom{2j-1}{j-1}$ folgt

$$\sigma'_j = m\sigma_{2j} + \sum_{k=1}^{j-1} (-1)^k \binom{2j}{k} \sigma_k \sigma_{2j-k} + (-1)^j \binom{2j-1}{j-1} \sigma_j^2 \quad \text{für} \quad j = 1, \ldots, \binom{m}{2}.$$

Die Potenzsummen σ_k für $k = 1, \ldots, (m-1)m$ berechnen sich mit Hilfe von (94) rekursiv in Abhängigkeit von den Koeffizienten c_i durch

$$\sigma_1 = -c_{m-1} \quad \text{und} \quad \sigma_k = -\sum_{j=1}^{k-1} c_{m-j} \sigma_{k-j} - k c_{m-k} \quad \text{für} \quad 2 \leq k \leq m \quad \text{sowie}$$

$$\sigma_k = -\sum_{j=1}^{m} c_{m-j} \sigma_{k-j} \quad \text{für} \quad m < k \leq (m-1)m.$$

Umgekehrt ergeben die Potenzsummen σ'_j die Koeffizienten d_k ebenfalls rekursiv durch $d_{\binom{m}{2}} = 1$ und

$$d_{\binom{m}{2}-k} = -\frac{1}{k} \sum_{j=0}^{k-1} d_{\binom{m}{2}-j} \sigma'_{k-j} \quad \text{für} \quad k = 1, \ldots, \binom{m}{2}.$$

Da $z_i \neq z_k$ für alle $i, k \in J_m$ mit $i \neq k$ vorausgesetzt wurde, ergibt der Potenzsummen-Algorithmus bei dem Polynom D eine beliebig genaue Näherung für den betragskleinsten Wert von $(z_i - z_k)^2$ mit $i \neq k$ oder für μ^2. In der Regel und insbesondere, wenn der Grad $\binom{m}{2}$ von D für die Anwendung des Potenzsummen-Algorithmus zu groß ist, verwenden wir die aus (100) folgende Schranke

$$(103) \quad \mu' := \left(1 + \frac{1}{|d_0|} \max_{j \in \binom{m}{2} \setminus 0} |d_j|\right)^{-\frac{1}{2}} \text{ mit } \mu' < \mu \leq \mu_i \text{ für } i = 1, \ldots, m,$$

die als Ersatz für μ_i einen optimalen Übergang vom Potenzsummen-Algorithmus zum Newton-Verfahren ermöglicht.

Ist das Newton-Verfahren konvergent, so bedeutet die mindestens quadratische Konvergenz, daß die Schrittzahl bis zum Erreichen einer genügend kleinen Genauigkeitsschranke ε die Größenordnung $\log\log \frac{1}{\varepsilon}$ hat, weil zum Beispiel aus der für hinreichend große $k \in \mathbb{N}$ erfüllten Bedingung $|K(m-1)(u_{k+1} - u_k)| \leq 10^{-1}$ und aus (102) mit vollständiger Induktion die Abschätzung

$$|u_{n+k-2} - z_i| \leq \frac{1}{K} 10^{-2^n} \text{ für alle } n \in \mathbb{N}$$

folgt, die für die wesentliche Schrittzahl n die äquivalenten Ungleichungen $\frac{1}{K} 10^{-2^n} \leq \varepsilon$ und $n \geq \frac{1}{\log 10}\left(\log\log \frac{1}{\varepsilon} + \log \frac{1 + \frac{\log K}{\log \varepsilon}}{\log 2}\right)$ ergibt.

Meistens kann die Konvergenz des Newton-Verfahrens schon bei einer einzelnen Nullstelle nur mit Mühe gesichert werden. Andere Verfahren, die stets ("global") konvergieren, erlauben dagegen keine befriedigende Fehlerabschätzung.

Durch das beschriebene Zusammenwirken des Potenzsummen-Algorithmus mit dem Newton-Verfahren entsteht nun die folgende neue Situation: Da die Schranke μ' algorithmisch bestimmbar ist, ergibt der **Potenzsummen-Algorithmus** mit einer nur von f abhängigen Schrittzahl **zu jeder Nullstelle** von f eine **Näherung**, die als Startwert des Newton-Verfahrens zur **sicheren mindestens quadratischen Konvergenz** gegen die betreffende Nullstelle führt. Damit ist das "globale $\log\log \frac{1}{\varepsilon}$-Problem" bei der Approximation aller Nullstellen von Polynomen mit komplexen Koeffizienten gelöst.

Literaturverzeichnis

[1] Bachem, A., Kern, W.: Linear Programming Duality. An Introduction to Oriented Matroids. Springer-Verlag, Berlin [e.a.] 1991.

[2] Beisel, E.-P., Mendel, W.: Optimierungsaufgaben des Operations Research. Bd. 1. F. Vieweg & Sohn, Braunschweig 1987.

[3] Bunse, W., Bunse-Gerstner, A.: Numerische lineare Algebra. B. G. Teubner, Stuttgart 1985.

[4] Faddejew, D.K., Faddejewa, W.N.: Numerische Methoden der linearen Algebra. R. Oldenburg, München 1970.

[5] Fischer, G.: Lineare Algebra. F. Vieweg & Sohn, Wiesbaden 1995.

[6] Grötschel, M., Lovasz, L., Schrijver, A.: Geometric Algorithms and Combinatorial Optimization. Springer-Verlag, Berlin [e.a.] 1987.

[7] Knuth, D.: The Art of Computer Programming. Vol. 2 / Seminumerical Algorithms. Addison-Wesley, Reading (Mass.) [e.a.] 1969.

[8] Koecher, M.: Lineare Algebra und analytische Geometrie. Springer-Verlag, Berlin [e.a.] 1985.

[9] Maurer, S.B., Ralston, A.: Discrete Algorithmic Mathematics. Addison-Wesley, Reading (Mass.) [e.a.] 1991.

[10] Möller, H.: Elementaranalysis 1. Skriptum, Münster 1995.

[11] Sedgewick, R.: Algorithmen. Addison-Wesley, Bonn [e.a.] 1992.

[12] Späth, H.: Numerik. Eine Einführung für Mathematiker und Informatiker. F. Vieweg & Sohn, Braunschweig/Wiesbaden 1994.

[13] Strang. G.: Linear Algebra and its Applications. Academic Press, New York [e.a.] 1976.

[14] Zurmühl, R., Falk, S.: Matrizen und ihre Anwendungen 1. Grundlagen. Springer-Verlag, Berlin [e.a.] 1992.

Symbolverzeichnis

$\{x_1,\ldots,x_m\}$ 1
$m \times n$-System 3
$\begin{pmatrix} b_1 \\ \vdots \\ b_n \end{pmatrix}$ 14
:= 14
$\vec{a}, \vec{b}, \ldots$ 14
J_n 15
$m \times n$-Matrix 16
$\begin{pmatrix} a_{11} & \cdots & a_{1n} \\ \vdots & & \vdots \\ a_{m1} & \cdots & a_{mn} \end{pmatrix}$ 16
AB 22, 24
${}^t A$ 23
Sp(A) 29
(a_{ik}) 26
$E_{ik}(\lambda), P_{ik}$ 30
E_n 30
$\sum_{j=m}^{n} A(j)$ 35
$\prod_{j=m}^{n} M(j)$ 35
A^{-1} 37
$(G, \circ, n, ^-)$ 54
$GL(n; \mathbb{R})$ 55
$\overset{-1}{f}$ 55
id_M 55
$S(M)$ 55
++ 57
S_n 59
P_σ 59
Perm_n 59
Φ 59
$\sigma_i(x_0,\ldots,x_k)$ 63
$\Delta^k(x_0,\ldots,x_k)w$ 65
$[a,b]$ 68

$O(g(n))$ 77
η_n 77
$f | A$ 80
Z_p 82
$K^{m \times 1}$ 86
$\vec{0}$ 88
$K^{m \times n}$ 88
$\text{Abb}(X, K)$ 89
$N(A)$ 90
$S(A)$ 90
$C(\mathbb{R}), D(\mathbb{R})$ 91
$\text{Lin} M$ 92
$\vec{e}_{p,k}$ 92
P_n 93
id^k 93
$K[x]$ 93
δ_{ik} 93
$\bar{A}$ 101
$\dim_K V$ 104
$[x]$ 108
$Z(A)$ 109
$L(A)$ 109
Rang A 111
$K_r^{m \times n}$ 111
${}^r A, {}^r_0 A$ 115
I_b 116
I_f 117
${}^w A$ 117
${}^u A$ 117
min M 119
max M 119
${}^v A$ 122
${}^y A$ 124
${}^z A$ 124
$L(A, \vec{b})$ 128

${}^s A$ 130
${}^q A$ 131
$\vec{v} + U$ 133
${}^x A$ 137
$\mathbb{K}$ 139
Re u, Im u 139
$|u|$ 139
$d(x,y)$ 139
$\|\vec{x}\|$ 140
$\langle \vec{x}, \vec{y} \rangle$ 142
$U^{\perp}$ 145
$\hat{A}$ 148
${}^P A$ 154
$U + V$ 156
$U \oplus V$ 159
$M_{B,h}$ 161
$\varkappa_B$ 162
$f_{B,H}(\vec{x}, \vec{y})$ 162
$D^{\frac{1}{2}}$ 165
$O(n), U(n)$ 173
P_n, p_n 179
$\mathbb{R}_+$ 185
$A\vec{x} \leq \vec{b}$ 185
$H({}^t\vec{a}, b)$ 186
$E({}^t\vec{a}, b)$ 186
$[\vec{u}, \vec{v}]$ 186
$P(A, \vec{b})$ 186
Konv M 187
$Q(B, \vec{c})$ 190
M_{lb}, M_{lf} 191
$\vec{x}_b, \vec{x}_f$ 191
$T(\vec{v})$ 192
$\langle C; \vec{d} \rangle$ 201
P, NP 225
$\text{Hom}(V, W)$ 228

Bild φ 229
Kern φ 229
$M_B^A(\varphi)$ 233
Λ_B^A 235
Rang φ 237
D_r 245
$\text{sgn}(\sigma)$ 257
A_n 260
det A 261
A_{ik}^* 266
${}^\alpha A$ 268
χ_A 270
${}^\beta A$ 271
P' 272
$\text{Spec}(A)$ 289
$[B_1 \ldots B_k]$ 294
$W_1 \oplus \ldots \oplus W_k$ 298
M/p 301
g_A 302
${}^\gamma A$ 302
N_s 326
N_{ik}, U_{ik} 338
r_{ik}, m_i 343
$\exp(B)$ 352
σ_n 360
s_n 362
q_n 363
c_n 367
$h_k(u)$ 372
L_u, d_u 373
$m \setminus i$ 373
μ_i 373
$\max_{i \in m \setminus j} |c_i|$ 375
μ 379

Namen- und Sachverzeichnis

abelsch 54
abgeschlossenes Intervall 68
Abstand 139
Addition 14
Adjazenzmatrix 73
Adjunkte 268
Adjunkten-Algorithmus 274
affiner Unterraum 135
ähnlich 280
Ähnlichkeitsalgorithmus 332
algebraische Struktur 54
algebraische Vielfachheit 292
allgemeine lineare Gruppe 55
alternierende Gruppe 260
Anfangsverteilung 283
Anfangswertproblem 285
Anisotropie 140
Approximationsverfahren 361
a-priori-Spektralzerlegung 301
äquivalent 343
äquivalente Umformungen 4
Äquivalenzklasse 243
Äquivalenzrelation 243
Argand, R. 369
Assoziativgesetz 25
Auflösungsalgorithmus 125
Ausgleichslösung 151
Austauschsatz 103, 104
Automorphismus 227
axiomatische Definition 54

Bandmatrix 71
Basis 100
Basisindex 117
Basisindexmenge 191, 198
Basislösung 191, 198
Basisvariable 117
Begleitmatrix 354, 360
Bellmann, R. 74
benachbart 211
Bernoulli, D. 362

beschränkt 187
Beschränktheitskriterium 204
Betrag 139
Betragshomogenität 140
bewerteter Graph 74
bijektiv 55
Bild 229
Bildverarbeitung 323
binäre Addition 57
Bland, R.G. 214
Bland-Regel 214
Block 22
Blockdiagonalmatrix 294
Blocktyp 344
Buchhaltungsmatrix 124
Bunjakowski, V.J. 143
Busadjunkte 271

Cauchy, A.L. 143, 369
Cavalieri-Prinzip 278
Cayley, A. 272
charakteristisches Polynom 270, 288
Chatschijan, L.G. 222
Cholesky (Commandant) 165
Cholesky-Zerlegung 165
Computeralgebra-System (CAS) 275
Cooley, J.W. 183

Dantzig, G.B. 210
Deflation 366
Dekel, E. 78
Determinante 261
Determinantenfunktion 251
deterministischer Algorithmus 225
diagonalisierbar 287
Diagonalmatrix 50
Diening, L. 131
Differentialgleichung 91, 286

Differentialgleichung n-ter
 Ordnung 354
Differentialgleichungs-
 system 285, 351
Differentialoperator 228, 286
Differenzengleichung 107
Differenzenquotient 65
Dimension 104
Dimensionsformel 122, 136
direkte Summe 159, 298
Dirichlet, P.G. Lejeune 368
Dirichletscher Schubfach-
 schluß 369
diskrete Metrik 141
diskrete Fourier-Transforma-
 tion 182
Distributivgesetze 27
Dreiecksform, normierte obere 9
Dreiecksmatrix 39
Dreiecksungleichung 139
Dreifingerregel 279
dual 218
Durchschnitt 157

Ecke 189
Eckkoeffizient 7, 12
Edmonds, J. 78
effektiver Rang 323
Eigenraum 289
Eigenvektor 288
Eigenwert 287
Einheitsmatrix 30
Einschränkung 80
Einzelschrittverfahren 76
Element 17
Elementaranalysis 361, 369, 378
Elementarmatrizen 33
elementarsymmetrische Funk-
 tion 63
Eliminationsalgorithmus 6
Ellipsoid 222
Ellipsoid-Algorithmus 222
endlich erzeugt 102

Endomorphismus 227
entartet 201
Epimorphismus 227
erste Dimensionsformel, verallgemeinerte 236
Erzeugendensystem 92
Euklid 142
euklidischer Vektorraum 142
Euler, L. 362

Faddejew, D.K. 274
Faltung 183
Farkas-Lemma 221
fehlerkorrigierender Code 83
Fehlstand 257
Fibonacci 106
Fibonacci-Folge 106, 282
Filippow, A.F. 327
Fixpunktgleichung 76
Folgenraum 89
Ford Jr., L.R. 74
Form 141
formale Ableitung 272
Formelmanipulation 275
Fourier, J.B.J. de 181
Fourier-Entwicklung 370
Fourier-Matrix 182, 270
Fourier-Reihe 181
Fourier-Transformation 181
Frame, J.S. 274
freie Variable 117
freier Index 117, 191
Fundamentalsystem 355
Funktionaldeterminante 278
Funktionenraum 89

ganzzahliges lineares Optimierungsproblem 224
Gauß, C.F. 6, 52, 76, 112, 138
Gauß-Jordan-Normalform 112
Genadjunkte 305
generierende Adjunkte 305
geometrische Vielfachheit 289

geordnete Menge 1
gerade Permutation 260
Gesamtschrittverfahren 76
gleich orientiert 279
Gleichungssystem, lineares 3
Gomory, R.E. 224
Grad 65
Gram, J.P. 169
Graph 73
Grassmann, H.G. 385
Grenzverteilung 284
Gruppe 54
Gruppenisomorphismus 60

Halbgerade 205
Halbraum 186
Hamilton, W.R. 272
Hamming, R.W. 85
Hamming-Code 85
Hauptdiagonale 30
Hauptuntermatrix 164
Helmholtz, H. von 324
Hermite, C. 112
hermitesch 161
hermitesche Form 142
hermitesche Normalform 112
Heuristik 18
Hilbert, D. 181
Hilbert-Raum 181
Hintereinanderausführung 55
homogene lineare Differenzengleichung 282
homogenes lineares Gleichungssystem 125
Homomorphismus 226
Horner, W.G. 292
Horner-Schema 292
Householder-Transformation 173
Hypercube-Netzwerk 78
Hyperebene 186

Identifikation 139
identische Abbildung 55

Imaginärteil 139
Index 1
inhomogen 128
injektiv 55
inneres Produkt 17
Interpolationsproblem 61
Inverse 37
Inversen-Algorithmus 52, 121, 130
invertierbar 37
isomorph 227
Isomorphismus 227
Iterationsverfahren 76

Jacobi, C.G.J. 76, 176
Jacobi-Polynome 176
Jordan, C. 51, 112, 326
Jordan-Blockmatrix 326
Jordan-Matrix 326

Kant (n-Kant) 279
Kante 211
Karmarkar, N. 223
Katastrophentheorie 323
Kegelschnitt 313
Kern 229
Koeffizient 2
Koeffizientenmatrix 17
Koeffizientenvergleich 64
kommutativ 54
Kommutativgesetz 15, 26
Komplexitätstheorie 225
Komponenten 17
Komposition 54, 232
kongruent 319
Kongruenztransformation 319
König, H. 183
konjugiert komplexe Zahl 139
konjugierte Symmetrie 142
Konvergenz, mindestens quadratische 377
konvex 186
konvexe Hülle 187
konvexes Polyeder 187

Konvexkombination 186
Koordinatenisomorphismus 162
Körper 80
Kronecker, L. 93
Kronecker-Symbol 93
Kung, H.T. 78
Kurz, S. vii
Kürzungsregel 56, 81

Lagrange, J.L. 66
Lagrangesche Interpolationsformel 66
Laguerre, E. 372
Laguerre-Kreis 373
Länge (von Vektoren) 14, 139
Legendre, A.M. 101, 176
Legendre-Polynome 101, 176
Leibniz, G.W. 260
Leibnizsche Formel 260
Leiserson, C.E. 78
Leonardo von Pisa 106
lexikographische Anordnung 255
linear 226
linear abhängig 95
lineare Abbildung 226
lineare Gleichung 2
lineare Hülle 92
lineare Optimierung 206
lineares Ausgleichsproblem 139
lineares Ungleichungssystem 185
lineare Ungleichung 185
Linearfaktoren 293
Linearität 142
Linearkombination 91
linear unabhängig 95
Linksinverse 135
Linksnullraum 109
Lösung 3

Maaß, J. vii
Markow, A.A. 283
Markow-Ketten 283
Matrix 16

Matrixpolynom 271
Matrixprodukt mit Spaltenvektor 16
Matroid 104
Maurer, S.B. v
Maximum 119
Methode der Superposition 18
Methode der kleinsten Quadrate 149
Methode des wechselseitigen Enthaltenseins 6
Metrik 139
metrischer Raum 139
Minimalpolynom 304, 345
Minimum 119
Möhring, R. ii
Monomorphismus 227
Moore, E.H. 156
Moore-Penrose-Inverse 154, 156

Nassimi, D. 78
natürliche kubische Splinefunktion 68
Netzplantechnik 225
Neville, E.H. 66
Newton, Sir I. 68
Newtonsche Formeln 360
Newtonsche Interpolationsformel 68
Newton-Verfahren 377
nichtdeterministischer Algorithmus 225
nichtsingulär 37
nichttrivial 95
nilpotent 42
Nimspiel 57
Norm 140
normal 311
Normalform-Algorithmus 348
Normalformproblem 240
Normalgleichung 151
Normalmatrix 152
normiert 140

normierte, alternierende Multilinearformen 254
normierte Dreiecksmatrix 39
normierter Raum 140
NP-Vollständigkeit 225
Nullabbildung 228
Nullraum 109
Nullstelle 289
Nullvektor 88
Nullvektorraum 90

obere Dreiecksform 9
obere Dreiecksmatrix 39
Oberschelp, W. ii, vii
Operations Research 185
Operator 228
Optimallösung 151
Ordnung 79
orientiertes k-Simplex 279
Orientierung 279
orthogonal 145, 172
orthogonal ähnlich 307
orthogonal diagonalisierbar 307
orthogonale Gruppe 173, 310
orthogonale Normalform 320
orthogonale Summe 174
orthogonales Komplement 146
Orthogonalprojektion 146
Orthonormalbasis 168
Orthonormalisierungsalgorithmus 170

Parallelepiped 250
paralleler Algorithmus 78
Parallelogramm 250
Parallelogrammgleichung 144
Parallelotop 250
Parallelverarbeitung 306
Partialbruchzerlegung 341
Penrose, R. 156
Permutation 59
Permutationsmatrix 47
Pfeifer, D. ii

Pivotelement 195
Pivotisierung, teilweise 44
Polarzerlegung 324
Polyeder 187
Polyeder-Algorithmus 204
polyedrische Menge 187
polyedrischer Kegel 201
Polynom 61
Polynomfunktion 61
polynomiale Laufzeit 225
Polytop 187
positiv definit 163
positive Definitheit 142
Potenzsummen 360
Potenzsummen-Algorithmus 361
primale Aufgabe 218
Produkt von Matrizen 21, 22
Projektionsmatrix 153, 297
Pseudo-Inverse 154, 325
Pythagoras 144
Pythagorasgleichung 144

quadratische Form 313
Quadratwurzel 317
Quasi-Inverse 131

Ralston, A. v
Rang 237
Rayleigh-Quotient 315
Realteil 139
Rechtsinverse 135
Reduzierte 112
Reduzierte ohne Nullzeilenstreichung 113
reduzierte Stufenmatrix 112
Regel von Sarrus 262
regulär 37
Rekursionsformel von Neville 66
rekursive Definition 58
Repräsentantenmenge 244
revidierter Simplex-Algorithmus 216
Rückwärtselimination 8

Ruffini, P. 292
Ruffini-Horner-Algorithmus 292
Runge, C. 183

Sahni, S. 78
Sarrus 262
Schachtelsumme 177
schiefsymmetrisch 270
schiefsymmetrische Matrix 105
Schlupfvariable 200
Schmidt, E. 169
schnelle Fourier-Transformation (FFT) 182
Schnittebenenverfahren 224
Schönhage, A. 184
schwach besetzt 71
Schwarz, H. A. 143
Sedgewick, R. v
Seidel, P. L. von 76
Signatur 319
Signum 257
Simplex (k-Simplex) 277
Simplex-Algorithmus 210
Simultan-Algorithmus 125
Simultane 130
Singulärwert-Matrix 322
Singulärwert-Zerlegung 321
Skalarprodukt 17, 142
S-Multiplikation 15, 27
Souriau, J. M. 274
Spalte 17
Spaltenindex 17
Spaltenraum 90, 109
Spaltenvektor 14
Spektralverschiebung 366
Spektralzerlegung 299
Spektrum 289
Spieltheorie 225
Splinefunktion 68
Spur 29
stabile Verteilung 284
Standardskalarprodukt 142
Steinitz, E. 103

stochastische Matrix 283
Storp, I. von vii
Strang, G. v, 156
Strassen, V. 77, 184
Strecke 186
Streichungsmatrix 266
Strukturmatrix 167
Stufenform 12
Stufenmatrix 33
Stufenzahl 33
Stützhyperebene 189
Summe 27
Summe von Untervektorräumen 156
surjektiv 55
Sylvester, J. J. 318
symbolische Algebra 306
Symmetrie 139, 142
symmetrisch verallgemeinerte Inverse 130
symmetrische Bilinearform 142
symmetrische Gruppe 55, 59
symmetrische Matrix 105, 161
systolischer Algorithmus 78

Tableau 193
Teilbarkeit 301
Teilmenge 87
teilweise Pivotisierung 44
Träger 192
Trägheitsellipsoid 313
Trägheitsindex 319
Transformationsmatrix 240
transponierte Matrix 23
Transposition 23, 257
tridiagonale Matrix 71
Tschebyscheff, P. L. 176
Tschebyscheff-Polynome 176
Tukey, J. W. 183

Übergangsmatrix 283
Übrigbleibende 124
Umformungen, äquivalente 4

Umkehrabbildung 55
umkehrbar 37
Unbekannte 3
unbeschränkt 187
unendlich-dimensional 104
ungerade Permutation 260
unitär 172
unitär ähnlich 307
unitär diagonalisierbar 307
unitäre Gruppe 173, 310
unitäre Normalform 320
unitärer Vektorraum 142
untere Dreiecksmatrix 39
Untereinheitsmatrix 117
Untermatrix 137
Untervektorraum 90

Vandermonde, A.T. 62
Vandermonde-Matrix 62, 265
Vektorprodukt 279
Vektorraum 88
verallgemeinerte Inverse 130
Verknüpfung 54
verkürztes Tableau 194
Verschwindende 122
Vertauschungsmatrix 30
Vielfachheit 292

Vollrangzerlegung 156
vollständiges Orthonormalsystem 181
Vollständigkeit 79
Volumen 250
Vorwärtselimination 8

Wahlbasismatrix 117
Wechselmatrix 246
Weg 74
Weyl, H. v
Whitney, H. 104
Winkel 145
Wronski, J.M. 273
Wronski-Determinante 273, 355

Zeile 17
Zeilenindex 17
Zeilenraum 109
Zeilenvektor 17
zerfallend 293
Zerlegungsalgorithmus 156, 164
zulässig 191, 198
zulässiger Bereich 207
Zusammengesetzte 124
zusammengesetzte Matrix 22
zweite Dimensionsformel 157

Bücher aus dem Umfeld

Stochastik
Eine anwendungsorientierte Einführung für Informatiker, Ingenieure und Mathematiker

von Gerhard Hübner
1996, X, 205 Seiten.
(Mathematische Grundlagen der Informatik; hrsg. von Möhring, R./ Oberschelp, W./ Pfeifer, D.)
Kartoniert.
ISBN 3-528-05443-3

Das Buch komplettiert die Grundbausteine der Reihe „Mathematische Grundlagen der Informatik". Es soll Informatiker, Ingenieure und Mathematiker in die Lage versetzen, konkrete Vorgänge mit Zufallseinfluß in den wesentlichen Aspekten zu verstehen, zu modellieren und daraus Prognosen und Entscheidungshilfen abzuleiten. Neu ist die Einbeziehung von Modellen und Bewertungen für Bedienungsprobleme und Kommunikationsnetze auf elementarem Niveau. Die Begriffe und Methoden werden anhand zahlreicher Beispiele erklärt. Viele Skizzen und herausgehobene Stichwörter erleichtern die visuelle Vorstellung und das Nachschlagen. Übungsaufgaben, ein Tabellenanhang und Verweise auf weiterführende Literatur runden das Werk ab.

Analysis
Eine Einführung für Mathematiker und Informatiker

von Gerald Schmieder
1994. VIII, 215 Seiten.
(Mathematische Grundlagen der Informatik; hrsg. von Möhring, R./ Oberschelp, W./ Pfeifer, D.)
Kartoniert.
ISBN 3-528-05418-2

Aus dem Inhalt: Reelle Zahlen - Komplexe Zahlen - Folgen und Konvergenz - Reihen - Stetigkeit - Differenzierbarkeit im IR^1 - Mittelwertsätze - Riemann-Integrale im IR^1 - Funktionenfolgen - Differentialrechnung im IR^n - Extrema - implizite Funktionen - Kurvenintegrale - Riemann-Integrierbarkeit im IR^n - Integralsätze.

Das Buch behandelt die Hauptthemen der Grundvorlesung „Analysis", wie sie vor allem für Informatiker, aber auch für Mathematiker und Physiker geeignet ist. Das Buch beruht auf Vorlesungen, die an der Universität Oldenburg vom Autor gehalten wurden.

Verlag Vieweg · Postfach 1547 · 65005 Wiesbaden · Fax (0611) 78 78-420

| MIX |
| Papier aus verantwortungsvollen Quellen |
| Paper from responsible sources |
| FSC® C105338 |

If you have any concerns about our products,
you can contact us on
ProductSafety@springernature.com

In case Publisher is established outside the EU,
the EU authorized representative is:
**Springer Nature Customer Service Center GmbH
Europaplatz 3, 69115 Heidelberg, Germany**

Printed by Libri Plureos GmbH
in Hamburg, Germany